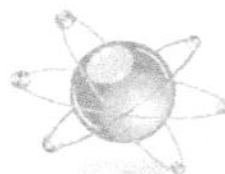
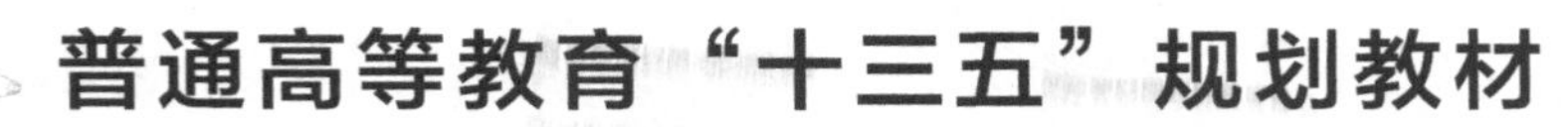

电化学测量

Electrochemical Measurements

胡会利　李 宁　编著

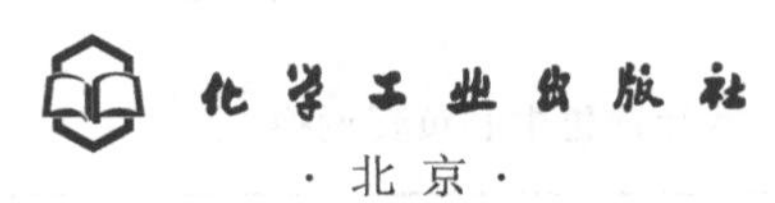

·北京·

本书较为系统而全面地介绍了电化学研究中涉及的各类研究方法的原理、测量技术和数据分析方法。每种测量方法均增设了实验内容，并以不同的研究对象为例说明了这些测量方法的综合运用。

全书分三个部分：第1章简要介绍了电化学基本原理及相关概念，简明扼要地阐述了电极过程的基本动力学；第2～6章详尽地介绍了电化学测量的入门知识，讲述了稳态极化法、电流阶跃法、电势阶跃法、线性电势扫描法、循环伏安法和电化学阻抗法等测试技术；第7章为电化学测量综合实验，针对不同的研究对象综合运用多种电化学测试手段进行深入研究。全书引用相关领域新近研究成果，以实例形式详细介绍了各种测量方法的实验设计和结果分析。

本书可作为电化学、分析化学、金属材料等相关专业的本科生或研究生教材，也可作为电分析化学、化学电源、电镀、金属腐蚀、电解、电催化、电合成及冶金等专业或相关领域技术人员的参考用书。

图书在版编目（CIP）数据

电化学测量/胡会利，李宁编著. —北京：化学工业出版社，2019.11（2024.5重印）
ISBN 978-7-122-35219-4

Ⅰ.①电… Ⅱ.①胡… ②李… Ⅲ.①电化学-测量方法-高等学校-教材 Ⅳ.①O657.1

中国版本图书馆CIP数据核字（2019）第209221号

责任编辑：成荣霞　　装帧设计：王晓宇
责任校对：杜杏然

出版发行：化学工业出版社（北京市东城区青年湖南街13号　邮政编码100011）
印　　装：北京科印技术咨询服务有限公司数码印刷分部
787mm×1092mm　1/16　印张21　字数454千字　2024年5月北京第1版第6次印刷

购书咨询：010-64518888　　售后服务：010-64518899
网　　址：http://www.cip.com.cn
凡购买本书，如有缺损质量问题，本社销售中心负责调换。

定　　价：58.00元

前言

perface

尽管电化学的工程问题体现为各种应用场合，但其主要研究对象是由电子导体和离子导体构成的电极界面。电化学的任务是研究该界面的结构和性质，掌握电化学反应过程特征规律，进而依据试验和生产需要进行反应过程的动力学调控。电化学测量是在电化学理论的基础上采用黑箱理论进行研究的。对电化学体系开展研究时，从激发函数和响应函数的观察中获得化学信息，包括热力学和动力学方面的多种参数，还可以方便地实现定性定量分析。正是由于电化学测量方法的先进性和便捷性，近些年，电化学测量在诸多领域渗透颇深，得到了蓬勃发展。

笔者于2007年出版过一本《电化学测量》，时至今日，笔者又历经13轮的本科生教学，在课堂教学和课题研究过程中，积累了更为丰富的经验。为了能更好地服务于教学和科研，笔者特意对原有书稿进行了修订与更新。

本书分三个部分：第1章简要介绍了电化学基本原理及相关概念，简明扼要地阐述了电极过程的基本动力学；第2～6章详尽地介绍了电化学测量的入门知识，讲述了稳态极化法、电流阶跃法、电势阶跃法、线性扫描法、循环伏安法和电化学阻抗法等测试技术；第7章为电化学测量综合实验，针对不同的研究对象综合运用多种电化学测试手段进行深入研究。对电化学噪声、超微电极、局部电化学阻抗技术也进行了必要介绍。全书引用相关领域新近研究成果，以实例形式详细介绍了各种测量方法的实验设计和结果分析。本书第1章由李宁编写，第2～7章由胡会利编写，全书由胡会利统稿。

书稿编写过程中得到了许多前辈和好友的大力支持。屠振密老师和蒋雄老师给予了诸多帮助。高鹏老师审阅了部分书稿并提出了许多建设性意见，于元春老师在各章实验内容的编写中提供了帮助，曹立新老师、滕祥国老师、朱永明老师提供了综合实验的部分素材和数据，综合实验部分还参考了 Liana Muresan、Yücel Sahin、Mohammed A. Amin 和 S. Gojković的研究工作。此外，不少使用该书的教师和读者对本书给予了极大的喜爱和支持。在此一并向大家致以诚挚的谢意！

胡会利

2019年5月

为了方便教学，随书附赠本书配套教学课件，下载地址 https://cip.com.cn/Service/Download

目录

Contents

第1章

电化学基本原理

任何一种方法都必须以理论为基础，电化学测量技术是建立在电化学基本原理上的系统研究方法。为了能很好地阐明各种测量技术的原理，本章仅将电化学的基础理论作简单介绍，欲了解详细的论述，可参考本书所列“一般性参考文献”[1-8]。

1.1 电化学热力学

电极过程是一个异相催化的氧化还原过程。然而，由于这种反应是在电极表面上进行的，它与一般的氧化还原反应又有许多不同。其主要特征是，伴随电荷在两相之间转移，同时会在两相界面上发生化学变化。

电极反应是发生在电极/溶液界面上的异相氧化还原反应。该界面区域内的电荷与粒子分布不同于本体相，而且该界面的结构和性质对电极过程有很大的影响，这是电极反应不同于一般化学反应的根源。

电极反应的特殊性主要表现在电极表面上存在着双电层，界面区的电场分布直接影响电极反应速率，而且可以在一定范围内任意地、连续地改变界面区内电场的强度和方向，因而可以在一定范围内任意地、连续地改变电极反应的活化能和反应速率。在电极表面的双电层内存在着高达 10^8 V/cm 的强电场，在如此高的电场作用下，即使是结构非常稳定的分子如 CO_2 和 N_2 也可以在电极上发生反应。如 CO_2 可通过阴极还原[1] 生成烃、醇等燃料，N_2 阴极还原[2] 可以生成氨，这些反应的研究对于环境保护和人类社会的可持续发展具有重大意义。

由于电极反应具有上述基本特征，这类反应的动力学规律也比较特殊。大致说来，有关电极反应的基本动力学可分为两大类：

(1) 影响异相催化反应速率的一般规律。这是经典化学动力学的研究内容，包括传质过程动力学（反应粒子移向反应界面及反应产物移离界面的规律）、反应表面的性质对反应速率的影响（如有效表面积，活化中心的形成及毒化，物种表面吸附态及表面化合物的形成）、生成新相的动力学（析出气体，出现沉淀相或沉积层）等。

(2) 表面电场对电极反应速率的影响。这是电极反应的特殊规律。电极界面区电场发生变化将引起电子能量变化，如电极电势正向移动会引起电极中电子的能量下降，继而影响电子在异相间转移的方向和速率。表面电场的强弱还会直接影响电荷在界面区内的排布状态，进而影响电极反应速率。

这两类规律并不是截然无关的。例如，若电极电势不同（表面电场不同），则同一电极的表面状态也往往不同。反过来，改变了电极的表面状态，也会影响电极-溶液界面上电场的分布情况，进而影响电极反应速率。

电极过程是一种复杂的过程，包含着许多分步骤。研究电极过程，必须认清各分步骤的特征，进而根据电极过程体现出来的特征寻求决定电极过程的主要矛盾，对症下药，通过各条件及参数的选定以控制电极反应速率，使其朝我们所期望的方向发展。

1.1.1 电极与电极反应

在电化学体系中，主要研究电荷在相界面之间转移的过程及其影响因素，例如电子导体（电极，electrode）和离子导体（电解质，electrolyte）之间的电子转移。人们希望了解电极/电解质界面的性质以及施加电势和电流通过时该界面上所发生的情况。

1.1.1.1 电极

在电极反应历程中，电极的作用表现在两个方面：一方面，电极是电子的传递介质，由于反应中涉及的电子能通过电极和外电路传递，因此氧化反应和还原反应可以分别在阳极和阴极上进行；另一方面，电极表面又是“反应地点”，起着相当于异相催化反应中催化剂表面的作用。

电极上的电荷迁移是通过电子（或空穴）运动而实现的。典型的电极材料包括固体金属（例如铂、镍、铁等）、液体金属（汞、镓等）、合金或金属间化合物、碳（石墨、碳纳米管、石墨烯等）和半导体（硅、砷化镓等）。常用电极的电导率在 10^2～10^4 S/cm 数量级，且一般随温度的升高而下降。

1.1.1.2 电解质

在电解质相中，电荷迁移是通过离子运动来进行的。最常用的电解质溶液是含有 H^+、OH^-、Cl^- 和 K^+ 等离子的水溶剂或非水溶剂的液态溶液。电解质还包括熔融盐（如 NaCl-KCl 的低共熔混合物）和离子型导电聚合物（如质子交换膜，聚环氧乙烯-$LiClO_4$），还有固体电解质（如 $RbCu_3Cl_4$，$RbAg_4I_5$，β-氧化铝钠）。在离子导电的溶液中，物质经常被离解或部分离解成离子，在下面的叙述中，采用“物种（species）”这个词来通指某一物质的离子和未离解的该物质的分子。

事实上，除了电子导体和离子导体以外，还有一类称为混合导体（mixed conductors）的材料，在这类材料中，既有电子导电也有可以自由移动的离子导电。有些场合也用混合导体作为电极，如用作固体氧化物燃料电池的阴极[3]和阳极[4]。

目前已经广泛使用的锂离子电池，其阴阳极过程与常规的氧化还原反应不一样，锂离子电池的氧化还原过程发生嵌入反应，嵌入反应（intercalation reaction）就是客体粒子（也称嵌质，主要是阴、阳离子）嵌入主体晶格（也称嵌基）生成非化学计量化合物的反应，我国学者吴浩青先生较早地进行该领域的研究，并取得了一系列的成果[5-7]。

由于电极反应是在电极/溶液界面上进行的，一般情况下，在概念上很难对“电极”“电极体系”“电极表面”“电极表面附近”和“电极表面区域”等名词给出严密的定义，本书中没有将它们严格地分开，它们所表示的具体意义在上下文中很容易分辨。

1.1.1.3　电极反应

电解池中所发生的总化学反应，是由两个独立的半反应（half reaction）构成的，它们描述两个电极上真实的化学变化。电极发生的反应是一种异相的氧化还原反应，即在相界面上发生了电荷的转移。图 1-1 简单地表示了电子在电极/溶液界面上发生转移的趋向性。

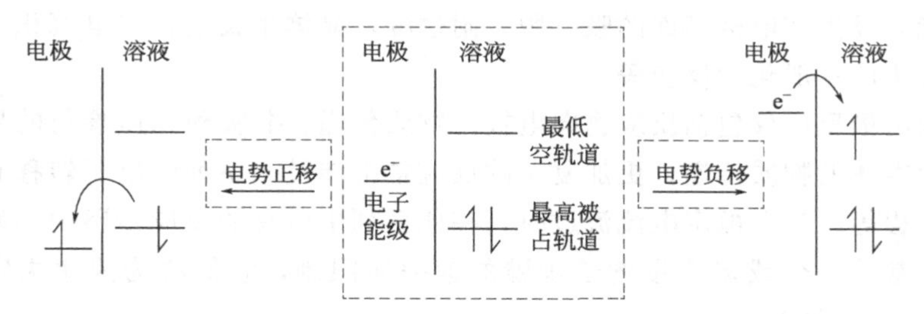

图 1-1　异相氧化还原反应中电子相对能量的图示

当电极达到更负的电势时（例如，将工作电极与一个电源的负端接在一起），电子的能量升高。当此能量升高到一定程度时，电子就从电极迁移到电解液中物种 A 的最低空轨道上（图 1-1 右方）。在这种情况下，电极失去电子发生氧化，而溶液中的物种 A 得到电子而发生还原。同理，通过外加正电势使电子的能量降低，当达到一定程度时，电解液中物种 A 的电子将会发现有一个更合适的即能量更低的能级存在，就会转移到那里，如图 1-1（左方）所示。

电子的定向移动形成了电流。电流的大小反映了电子转移的快慢。但电化学体系中我们更常用的是电流密度，而不是电流。这是因为只有"电流密度"才能与多相化学反应速率相联系，才能确切反映电化学反应速率的大小。

考察一个总反应，为了使电极表面发生的溶液中溶解的氧化态 O 转化为还原态 R 的过程能持续进行，在发生电子转移的同时，还经常伴随有其他基本过程（又称子过程、子步骤），如图 1-2 所示。电极总过程一般包括下列几种基本过程：

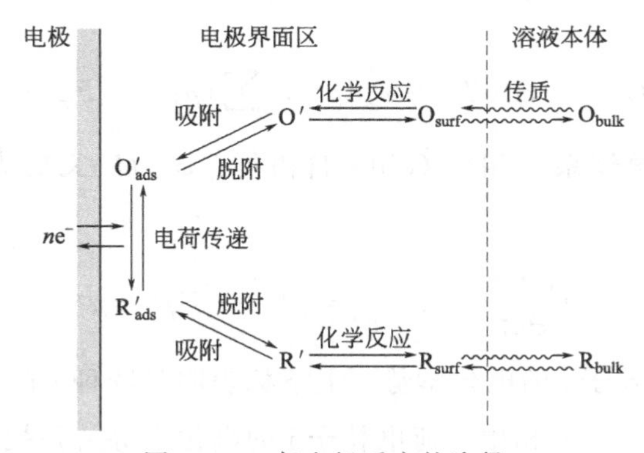

图 1-2　一般电极反应的途径

(1) 电化学反应（电荷传递反应）过程。

(2) 反应物和产物的传质过程，包括反应物从溶液本体迁移到反应区和反应产物从反应区移离。当电化学反应产物是可溶性且与溶液中的成分不相互起化学反应则能以扩散、对流和迁移达到移去电化学反应产物的目的。

（3）电子转移步骤的前置或后续化学反应，这些可以是均相过程（例如质子化或二聚作用）或电极表面的异相过程（如催化分解）。前置反应一般是产生电活性物质的化学反应；而当反应产物是不溶性或与溶液中的成分相互起二次反应，我们必须考虑电极反应产物转移到溶液本体或这些产物在电极-溶液界面上的二次反应过程，这类继续于电荷传递反应之后的反应称为随后反应或随后过程。

（4）可能有发生在电极表面的吸（脱）附过程、晶体生长过程（电沉积）以及伴随电化学反应而发生的一般化学反应等。

最简单的电极反应仅包括反应物向电极的物质传递、非吸附物质参与的异相电子转移和产物向溶液本体的物质传递。更加复杂的反应常常涉及一系列的电子转移和质子化、副反应和并行过程等。当有恒定电流流过时，在此系列中所有的反应步骤的速率相同。这个电流的大小通常受一个或多个慢的子步骤的速率所限制，它们称为速率决定步骤（rate-determining steps，RDS）。

1.1.2 界面电势差与液接电势

电极过程与普通的化学过程不同的是，在电极反应中，除了物质变化以外，还有电荷在两种不同的导体相之间的转移。在电极反应中，电极电势对反应过程有很大的影响，电极电势是电化学科学中最基础的概念之一。为了阐明电极电势这一概念，有必要先从电化学势谈起。

1.1.2.1 电化学势

同一相中，一个离子如 Zn^{2+} 处在有电场和无电场两种不同的状态时，其内能、焓、Gibbs 自由能等热力学状态函数是不同的，因此发生相变、化学变化时其后果也不相同。在无电场作用下，不产生有序的电子流动即不做电功，但有热效应。在有电场作用下，产生有序的电子流动，做电功，同时也有热效应。因此，电化学体系中荷电组分的热力学状态既与化学状态有关，又与电状态有关。

根据电学原理，处于电势 φ^{α} 的 1mol 荷电粒子 i，其电势能为 $z_i F\varphi^{\alpha}$，其热力学基本方程为

$$\mathrm{d}\bar{G}^{\alpha}=-S^{\alpha}\mathrm{d}T^{\alpha}+V^{\alpha}\mathrm{d}p^{\alpha}+\sum(\mu_i^{\alpha}+z_iF\varphi^{\alpha})\mathrm{d}n_i^{\alpha} \tag{1-1}$$

式中，$\bar{G}^{\alpha}$ 为电化学体系 α 相的 Gibbs 自由能；φ 为广义的力；$G=z_iF\mathrm{d}n_i$ 为广义位移。

$$\left(\frac{\partial \bar{G}^{\alpha}}{\partial n_i^{\alpha}}\right)_{T,\ p,\ n_{j\neq i}}=\mu_i^{\alpha}+z_iF\varphi^{\alpha}=\bar{\mu}_i^{\alpha} \tag{1-2}$$

式中，$\bar{\mu}_i^{\alpha}$ 称为荷电粒子 i 的电化学势，上下标表明是物种 i 在 α 相中的电化学势，电化学势具有能量的量纲。在 α 相中，荷电粒子 i 的电化学势 $\bar{\mu}_i^{\alpha}$ 是把 1 mol 荷电 Z_i 的粒子 i 在恒温恒压并保持 α 相中各组分浓度不变的情况下，从无穷远处移入 α 相时所引起的 Gibbs 自由能的变化值，也就是在等温等压条件下以可逆方式完成这一过程所做的非膨胀功。这一转移过程既有静电作用又有化学作用，所以 $\bar{\mu}_i^{\alpha}$ 可分为电功 $z_iF\varphi^{\alpha}$ 和化学功 μ_i^{α} 两部分。μ_i^{α} 就是 i 在 α 相中的化学势，是单纯由化学作用引起的能量改变。

正如可以用化学势来判断不带电的物质自动迁移的方向一样，在带电系统中，可用电

化学势来判断粒子自动迁移的方向。粒子 i 总是从电化学势高的地方移向电化学势低的地方，当达到平衡时二者的电化学势相等。

在化学体系中相平衡条件为

$$\mu_i^\alpha = \mu_i^\beta \tag{1-3}$$

化学平衡条件

$$\sum v_i \mu_i = 0 \tag{1-4}$$

在电化学体系中相平衡条件为

$$\mu_i^\alpha + z_i F \varphi^\alpha = \mu_i^\beta + z_i F \varphi^\beta \tag{1-5}$$

$$\Delta_\alpha^\beta G_m = \mu_i^\alpha - \mu_i^\beta = z_i F \Delta_\alpha^\beta \varphi \tag{1-6}$$

式中，$\Delta_\alpha^\beta \varphi$ 为平衡电极电势时界面两侧的电势差，即界面右侧电势 φ^β 与界面左侧电势 φ^α 之差，$\Delta_\alpha^\beta \varphi = \varphi^\beta - \varphi^\alpha$，记作 φ。

以电池 Zn｜$ZnSO_4$｜｜$CuSO_4$｜Cu 为例，当电池达到电化学平衡时，

$$\mu(Zn^{2+} + 2e^-)_\alpha + \mu(Cu^{2+})_\beta = \mu(Zn^{2+})_\beta + \mu(Cu^{2+} + 2e^-)_\gamma \tag{1-7}$$

由式（1-5）有

$$(\mu_{Zn^{2+}}^\alpha + 2F\varphi^\alpha) + \mu_{Cu^{2+}}^\beta = \mu_{Zn^{2+}}^\beta + (\mu_{Cu^{2+}}^\gamma + 2F\varphi^\gamma) \tag{1-8}$$

即

$$2F(\varphi^\gamma - \varphi^\alpha) = (\mu_{Zn^{2+}}^\alpha - \mu_{Zn^{2+}}^\beta) + (\mu_{Cu^{2+}}^\beta - \mu_{Cu^{2+}}^\gamma) \tag{1-9}$$

由式（1-2）得

$$-(\Delta_r G_m)_{T,p} = 2F(\varphi^\gamma - \varphi^\alpha) = 2F\varphi \tag{1-10}$$

记作普遍的公式，即为

$$-(\Delta_r G_m)_{T,p} = nF\varphi \tag{1-11}$$

式中，n 为电化学反应中的电子转移数；$\varphi = \varphi^\gamma - \varphi^\alpha$ 为可逆电池的电动势。

1.1.2.2 费米能级

若 α、β 两相之间可以发生粒子的转移，当达到相间平衡后，对于所有能在两相间转移并达到平衡的粒子 i 均有：$\bar{\mu}_i^\alpha = \bar{\mu}_i^\beta$，对于能在 α、β 两相之间转移的电子则有$\bar{\mu}_e^\alpha = \bar{\mu}_e^\beta$。

在 α 相中电子的电化学势$\bar{\mu}_e^\alpha$称为费米（Fermi）能级，费米能级是指在 α 相中有效电子（即可转移的）的平均能量，与电子在此相中的化学势 μ_e^α 以及 α 相的内电势有关。一种金属或半导体的费米能级取决于该物质的功函。对于一个溶液相，它是溶液中溶解的氧化还原物种电化学势的函数。例如，对于一个含有 Fe^{3+} 和 Fe^{2+} 的溶液

$$\bar{\mu}_e^s = \bar{\mu}_{Fe^{2+}}^s - \bar{\mu}_{Fe^{3+}}^s \tag{1-12}$$

对于一个与溶液（S）相接触的惰性金属（M），电（或电子）平衡的条件是两相的 Fermi 能级相等，即 $E_F^S = E_F^M$，这个条件就等价于在两相中的自由电子的电化学势相等，或者说有效电子的平均能量在两相中是一样的。

当金属与溶液相接触时，Fermi 能级通常是不相同的。等势点是通过两相之间的电子转移来达到的，电子从 Fermi 能级较高的相流向 Fermi 能级较低的相。这种电子流动引起相间电势差的变化。

1.1.2.3 电池电动势与电极电势

电化学电池由两个电子导电相（又称“电极”）Ⅰ相、Ⅱ相和电解质相 S 组成。从形

式上看，电化学电池是由两个反向串联的“电极/电解质”系统（又称半电池）所组成。因此，整个电池的性质应为两个反向串联的半电池性质的加和。用两个半电池的“绝对电极电势”，即相对于真空中自由电子的电势，可以计算出电池的电动势。但是测量或计算“电极/电解质”之间的相间电势差存在很多困难，同时在处理各种电化学问题时也没有必要这样做。与物体的重力势能选取的参考点相类似，采用一个平衡态半电池反应的电极作为电势基准，测算得到的电极电势称为“相对电极电势”。

按照 IUPAC（国际纯粹与应用化学联合会）的规定：若任意电极 M 与标准氢电极组成无液接电势的电池，则 M 电极的相对电极电势即为该电池的电动势，其正负号与 M 电极在该电池中的极性相同。通常相对电极电势简称为电极电势，在一般的电化学领域，除了特别说明，“电极电势”均通指电极的“相对电极电势”。

1.1.2.4 液接电势

当两种不同的电解质溶液，或相同的电解液但组分浓度不同的两种溶液相接触时，离子从浓度高的一边向浓度低的一边扩散，阴阳离子由于淌度不同，即运动速率不同，在界面两边就会有过剩电荷积累，产生电势差。这种电势差称为液接电势（liquid junction potential），用 φ_j 来表示。

如图 1-3 所示，在液体接界处，H^+ 和 Cl^- 有很大的浓度梯度，因此，两种离子势必从右向左扩散。由于氢离子较氯离子的淌度大得多，所以它最初以较高的速度进入浓度较稀的相。这个过程使得浓度较稀的相得到正电荷而浓度较大的相得到负电荷，其结果就产生了界面电势差。而后，相间剩余电荷形成的电场阻碍 H^+ 的运动并加快 Cl^- 的通过，直到两者穿过此界面的速率相等，形成一个可以检测的稳定电势，由于此界面电势是由于粒子的扩散而形成的，故也被称为扩散电势（diffusion potential）。

0.01mol/L HCl　0.1mol/L HCl

H^+

Cl^-

+　−

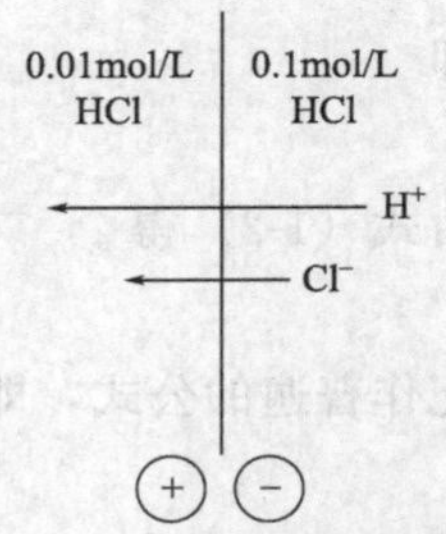

图 1-3 液接电势的形成示意图

箭头所指方向是每种离子的净传递方向，箭头的长度表示离子的相对淌度，圆圈内的符号表示液接电势的极性

两种不同的电解质溶液相接触，形成的液接电势有以下三种类型：① 组成相同但浓度不同的两种溶液；② 相同浓度的两种不同电解质溶液，有一种共同离子；③ 组成和浓度均不相同。

液接电势至今尚无法精确测量和计算，但在稀溶液中，使用 Henderson 公式可符合一般要求，Henderson 公式为

$$\varphi_j = \frac{RT(u_1 - V_1) - (u_2 - V_2)}{F(u'_1 + V'_1) - (u'_2 + V'_2)} \ln \frac{u'_1 + V'_1}{u'_2 + V'_2} \qquad (1\text{-}13)$$

式中，$u = \sum c_+ \lambda_+$，$V = \sum c_- \lambda_-$，$u' = \sum c_+ \lambda_+ z_+$，$V' = \sum c_- \lambda_- z_-$；$c_+$ 和 c_- 分别为阳、阴离子的浓度，λ_+、λ_- 分别为阳、阴离子的电导率，z_+、z_- 分别为阳、阴离子的价数；下标“1”和“2”分别表示相互接触的溶液 1 和 2。例如在 25℃，K^+ 的 λ_+ 为 73.50，NO_3^- 的 λ_- 为 71.42，Cl^- 的 λ_- 为 76.3，它们的 λ 相近。因此，如将 KNO_3 溶液与 KCl 溶液相接触，可推测 φ_j 是较小的。若为浓度相同的这两种溶液可由上式计算得 φ_j 为 8.5×10^{-4} V。

因 H^+ 和 OH^- 的扩散系数和电导率均要比其他的离子大得多（表 1-1），所以酸（或碱）与盐溶液间的 φ_j 往往要比盐与盐溶液间的大。

表 1-1 溶液无限稀释时离子的电导率 λ^0（25℃）

阴离子	λ^0/(10^{-4}S·m^2/mol)	阴离子	λ^0/(10^{-4}S·m^2/mol)	阳离子	λ^0/(10^{-4}S·m^2/mol)	阳离子	λ^0/(10^{-4}S·m^2/mol)
OH^-	197.6	$1/2MoO_4^{2-}$	74.5	H^+	349.7	Ag^+	61.9
Br^-	78.4	MnO_4^{2-}	62.8	Li^+	38.68	$1/3Ce^{3+}$	67
CN^-	78	NO_3^-	71.42	K^+	73.5	$1/2Cd^{2+}$	54
BrO_3^-	55.8	$H_2PO_4^-$	36	Na^+	50.10	$1/2Co^{2+}$	54
CH_3COO^-	41	$1/2HPO_4^{2-}$	57	Rb^+	77.5	$1/3Cr^{3+}$	67
$1/2\ CO_3^{2-}$	69.3	$1/2CrO_4^{2-}$	85	Cs^+	76.8	$1/2Cu^{2+}$	56.6
HCO_3^-	44.5	SCN^-	66.5	NH_4^+	73.7	$1/2Fe^{2+}$	53.5
Cl^-	76.3	SH^-	65	$1/2Be^{2+}$	45	$1/3Fe^{3+}$	68
ClO_3^-	64.6	HSO_3^-	50	$1/2Mg^{2+}$	53.06	$1/2Mn^{2+}$	53.5
ClO_4^-	67.5	$1/2SO_3^{2-}$	72	$1/2Ca^{2+}$	59.5	$1/2Ni^{2+}$	54
F^-	55.4	$1/2SO_4^{2-}$	79.8	$1/2Sr^{2+}$	59.5	$1/2Zn^{2+}$	53.5
I^-	76.9	$1/2S_2O_3^{2-}$	86	$1/2Ba^{2+}$	63.7	$1/2Hg^{2+}$	63.6
IO_3^-	41.0	$1/2SeO_4^{2-}$	75.7	$1/3Al^{3+}$	63	Tl^+	74.9
IO_4^-	54.5	$1/2WO_4^{2-}$	69.4	$1/3La^{3+}$	69.7	$1/3Sc^{3+}$	64.7

在水溶液体系中，两种不同溶液的 φ_j 一般小于 50mV。由电解质水溶液和有机电解质溶液相接界产生的液接电势则要大得多，例如饱和甘汞电极所用的饱和 KCl 水溶液和以乙腈作溶剂的有机电解质稀溶液（如含 0.01mol/L Ag^+）间的液接电势高达 0.25V。因此，在测量电极电势时必须注意尽量减少液接电势，尤其在准确测量电极电势时。

1.1.3 可逆电池与能斯特方程

可逆性是热力学上的概念，热力学只能严格地适用于平衡体系。对化学电池而言，就意味着要达到化学可逆和热力学可逆，也就是达到物质可逆和能量可逆。

1.1.3.1 化学可逆性与热力学可逆性

(1) 化学可逆性（chemical reversibility)。即物质可逆，也就是化学电池两电极反应可逆。电池充电时两电极上发生的反应，应该是放电时两电极反应的逆反应。

例 1：$Pt/H_2/H^+$，$Cl^-/AgCl/Ag$

当所有的物质都处于标准状态时，实验测得 Pt 丝和 Ag 丝之间的电势差为 0.222V，Pt 丝为阴极，当两个电极连接在一起时，发生反应：

$$H_2+2AgCl \longrightarrow 2Ag+2H^++2Cl^-$$

如果用一个电池或者其他直流电源，来抵消这个电化学池的电压，那么通过此电化学池的电流将反向，新的电池反应为

$$2Ag+2H^++2Cl^- \longrightarrow H_2+2AgCl$$

改变电池电流方向仅仅改变了电池反应的方向，并没有新的反应发生，因此该电池就称为“化学上可逆的”(chemically reversible)。

例 2：Zn/H^+，SO_4^{2-}/Pt

锌电极相对铂电极是负极，电池放电时，锌电极上发生如下反应：

$$Zn \longrightarrow Zn^{2+} + 2e^-$$

在铂电极上有氢气析出： $2H^+ + 2e^- \longrightarrow H_2$

净反应为 $Zn + 2H^+ \longrightarrow H_2 + Zn^{2+}$

当外加一个大于电池电压的反向电压时，就有反向电流通过，所观测到的反应为

$$2H^+ + 2e^- \longrightarrow H_2 \text{（锌电极上）}$$

$$2H_2O \longrightarrow O_2 + 4H^+ + 4e^- \text{（铂电极上）}$$

$$2H_2O \longrightarrow 2H_2 + O_2 \text{（净反应）}$$

当电流反向后，不仅有不同的电极反应发生，而且有不同的净反应过程，这种电池称为“化学上不可逆的”（chemically irreversible）。

(2) 热力学可逆性（thermodynamic reversibility）。即能量可逆，电池在接近平衡条件下工作，放电时所需消耗的能量，恰好等于充电时所需的能量，并使体系与环境都恢复到原来的状态。要达到这一要求必须充放电电流无限小。本质上讲，此过程总是处于平衡状态。因而一个体系中两个状态之间的可逆途径是一系列连续的平衡态，穿越它需要无限长的时间。

化学不可逆电池不可能具有热力学意义的可逆行为，一个化学可逆的电池不一定以趋于热力学可逆性的方式工作。

1.1.3.2 能斯特方程

一个过程是否可逆取决于人们测定失衡信号的能力。这种能力与测量时间范畴、所观察的过程的驱动力变化的速率和体系重新建立平衡的速度有关。如果施加于体系的扰动足够小，或者与测量时间相比该体系重新建立平衡的速度足够快，热力学关系仍可适用。在电化学中，如果一个体系遵守能斯特（Nernst）公式，则此电极反应称为热力学可逆或电化学可逆。

对于一般的电极反应

$$O + ne^- \rightleftharpoons R$$

有

$$\varphi_e = \varphi^\ominus + \frac{RT}{nF}\ln\frac{a_O}{a_R} \tag{1-14}$$

式 (1-14) 即为能斯特方程。

Nernst 方程反映了电池的电动势与参加反应的各组分的性质、浓度、温度等的关系。根据平衡电势，通过式 (1-11) 等化学热力学中的一些基本公式，可以较精确地计算 $\Delta_r G_m$、$\Delta_r S_m$、$\Delta_r H_m$ 等热力学函数值，还可以求算电池中化学反应的热力学平衡常数。Nernst 方程实际上是给出了化学能与电能的转换关系。

满足热力学可逆条件的电池，其两端的电势差为该可逆电池的电动势。形象地说，电动势是促使电荷流动的势头。可逆电池须满足以下三个条件：① 电极和电池反应本身须可逆，这样在电池充电时，可使放电反应的物质得到复原；② 在充电或放电过程中，通过电极的电流须无限小，此时电极反应在接近电化学平衡的状态下进行，电池能做最大的非体积功，这样在电池充电时，可使原放电时的能量得到复原；③ 电池工作时所进行的其他过程也必须可逆。

1.1.3.3 电池电动势（electromotive force，emf）

若采用一个无限大的电阻使电化学池放电，放电过程将是可逆的。因而电势差总是其平衡值（开路电势值）。由于假设反应程度足够小，所有组分的活度都保持不变，所以电势也保持不变。这样散耗在电阻 R 上的能量为：$\Delta G=nF\mid\varphi\mid$。

考虑一个普通的电池，其电极的半反应是

$$v_{\mathrm{O}}\mathrm{O}+n\mathrm{e}^{-}\rightleftharpoons v_{\mathrm{R}}\mathrm{R}$$

式中，v 为化学计量数；以 a_{O} 和 a_{R} 分别表示 O 和 R 的活度，以 γ_{O} 和 γ_{R} 分别表示 O 和 R 的活度系数，根据 Nernst 方程有

$$\varphi=\varphi^{\ominus}+\frac{RT}{nF}\ln\frac{a_{\mathrm{O}}^{v_{\mathrm{O}}}}{a_{\mathrm{R}}^{v_{\mathrm{R}}}}=\varphi^{\ominus}+\frac{RT}{nF}\ln\frac{(\gamma_{\mathrm{O}}c_{\mathrm{O}})^{v_{\mathrm{O}}}}{(\gamma_{\mathrm{R}}c_{\mathrm{R}})^{v_{\mathrm{R}}}}=\varphi^{\ominus\prime}+\frac{RT}{nF}\ln\frac{(c_{\mathrm{O}})^{v_{\mathrm{O}}}}{(c_{\mathrm{R}})^{v_{\mathrm{R}}}} \tag{1-15}$$

其中

$$\varphi^{\ominus\prime}=\varphi^{\ominus}+\frac{RT}{nF}\ln\frac{\gamma_{\mathrm{O}}}{\gamma_{\mathrm{R}}} \tag{1-16}$$

$\varphi^{\ominus\prime}$称为形式电势（formal potential），又称为条件电极电势（conditional potential），形式电势是物质 O 和 R 的浓度比为 1 且介质中各种组分的浓度均为定值时测得的半电池电势。测量不同离子强度下的形式电势，然后外推得到离子强度为零（此时活度系数趋近于 1）处的形式电势值，即可得到半反应或电池的标准电势值。

1.1.4 法拉第定律与电化学工程

法拉第总结了大量电解电量与物质量间的关系，于 1834 年提出了两条基本规律：① 当电流通过电解质溶液时，在电极（即相界面）上发生化学变化物的物质的量与通过的电量成正比；② 若几个电解池串联通过一定的电量后，各个电极上发生化学变化物的物质的量与 $1/z$ 成正比，其中 z 为各电极反应的得失电子数。

对于普通的电极反应

$$v_{\mathrm{O}}\mathrm{O}+n\mathrm{e}^{-}\rightleftharpoons v_{\mathrm{R}}\mathrm{R}$$

式中，n 为电极反应转移的电荷数，取正值。

当反应进度为 ξ 时，通过电极元电荷的物质的量为 $n\xi$，通过的电荷数为 $nL\xi$（L 为阿伏伽德罗常数）。因为每个电荷所带电量为 e，故通过的电量为 $Q=nL\xi e$。定义法拉第常数为 $F=Le$，得出：通过电极的电量正比于电极反应进度与电极反应电荷数之积，见式(1-17)。

$$Q=nF\xi \tag{1-17}$$

此即法拉第定律表达式。因 $L=6.0221367\times10^{23}$ 以及 $e=1.60217733\times10^{-19}\mathrm{C}$，故法拉第常数为 $F=Le=96485.309\ \mathrm{C/mol}$。

法拉第定律虽然是通过电解实验得出的，但其本质是物质守恒定律和电荷守恒定律在电化学过程中的具体体现形式，反映化学反应中物质变化与电量间的客观联系，适用于所有电化学过程。该定律不受温度、压力、电解质溶液的组成和浓度、电极材料和形状等因素的影响，在水溶液中、非水溶液中或熔融盐中均适用。

依据法拉第定律，可以通过分析测试电解过程中电极反应物和产物的量的变化，来计算通过电路的电量，这就是库仑计的原理。库仑计在电化学定量研究中发挥了重要作用。

此外，在电解和电沉积行业，利用法拉第电解定律计算原料、产物与电量的关系，从而进一步为电解槽处理量、进出料量、电解设备及供电设备等方面的设计提供理论基础。

电化学在工业上起着相当重要的作用，包括电解、金属电化学加工、化学电源等方面的应用，在工业生产和人们的日常生活中，经常提到“原电池”和“电解池”，下面对两者进行简单的比较。

能直接利用化学反应产生电能的装置，称为原电池。原电池的负极应有氧化还原反应中的还原剂，且负极的电极反应即为还原剂失电子变为氧化产物的过程。而氧化剂得电子变为还原产物的过程就是原电池的正极反应。也就是说原电池两个电极半反应的加和是一个自发进行的氧化还原反应，原电池把氧化还原反应中氧化的过程和还原的过程分开来进行了，在这一过程中把化学能转变为电能，向外界输出了能量。

这里用来与原电池相比较的电解池是指发生电解反应的装置，狭义的电解是指通过外接电源来完成某些氧化还原过程，这些氧化还原过程大多属于仅借助氧化剂或还原剂不能自发进行的过程，如金属镁和铝的还原。

原电极与电解池的比较见表 1-2。

表 1-2 原电池与电解池的比较

装置	原电池	电解池
能量转化	化学能→电能(发生氧化还原反应而产生电流,作电源)	电能→化学能(在电流的作用下发生氧化还原反应)
电极	正极——较不活泼,负极——较活泼(电极材料活泼性一定不同)	阳极——连电源正极,阴极——连电源负极(电极材料活泼性可以相同,也可以不相同)
反应特征	自发进行的氧化还原反应	非自发进行的氧化还原反应
电极名称	由电极本身决定 负极:相对较活泼的电极(φ_e 较负,阳极) 正极:相对不活泼的电极(φ_e 较正,阴极)	由电源决定 阴极:与负极相连 阳极:与正极相连
电极反应	负极:本身失电子,发生氧化反应 正极:溶液中的氧化剂得电子,发生还原反应	阴极:溶液中的氧化剂得电子,发生还原反应 阳极:① 惰性电极(Pt、C):溶液中的还原剂,发生氧化反应 ② 非惰性电极(如 Cu、Fe):本身失电子,发生氧化反应
电极反应	负极:氧化反应 正极:还原反应	阴极:还原反应 阳极:氧化反应
电子流动的方向	负极上的电子通过导线流向正极,溶液中的氧化剂从正极上得到电子	电源负极上的电子通过导线流向电解池的阴极,溶液中的氧化剂从阴极上得到电子,还原剂在阳极上失电子,阳极上的电子通过导线流向电源正极
装置特征	无电源,两极不同	有电源,两极可以相同,也可以不同

1.2 双电层

在电极上有两种过程发生。一种包括 1.1.1 节中讨论的反应那样，在这些反应中，电荷（例如电子）在电极/电解质界面上转移，电子转移引起氧化或还原反应。由于这些反应遵守法拉第定律，所以它们称为法拉第过程（Faradaic process）。另一种是，在某些条件下，对于一个给定的电极/电解质界面，在一定的电势范围内，由于热力学或动力学方面的不利因素，没有发生电荷转移反应，而是发生了其他过程，如吸脱附过程等，这些过程称为非法拉第过程（nonfaradaic process）。在非法拉第过程中，电极/电解质界面的结构可以随电势或溶液组成的变化而变化。当电极反应发生时，法拉第和非法拉第过程两者均发生。

无论外部所加电势如何，都没有发生跨越电极/电解质界面的电荷转移的电极，称为理想极化电极（ideal polarized electrode，IPE）。没有真正的电极能在溶液可提供的整个电势范围内表现为 IPE，但是一些电极/电解质体系在一定电势范围（电势窗，potential window）内可以接近理想极化，例如，汞电极与除氧的氯化钾溶液所构成的电极体系在 2V 的电势范围内，就接近于一个 IPE 的行为。在很正的电势下，汞可被氧化，其半反应如下：

$$Hg+Cl^- \longrightarrow \frac{1}{2}Hg_2Cl_2+e^- \qquad (约+0.25V)$$

当电势非常负时，K^+ 可被还原

$$K^+ +e^- \longrightarrow K \qquad (约-2.1V)$$

在上述过程发生的电势范围（−2.1V，+0.25V）内，几乎没有电荷转移反应发生。水的还原

$$H_2O+e^- \longrightarrow \frac{1}{2}H_2+OH^-$$

在热力学上是可能的，但在汞电极表面上除非达到很负的电势，否则此过程的反应速率可以忽略。

当电势变化时电荷不能穿过 IPE 界面，此时电极/电解质界面的行为与一个电容器的行为类似，它的行为遵守如下公式：

$$\frac{q}{\varphi}=C \tag{1-18}$$

式中，q 为电容器上存储的电荷（C）；φ 为跨越电容器的电势（V）；C 为电容（F）。

由于电极/电解质界面行为与电容器的相似性，可以给出与一个电容器类似的界面区域模型(图 1-4)，在给定的电势下，在电极上将带有电荷 q^M，在电解质一侧有电荷 q^S。当电极材料为导电性良好的金属时，金属上的电荷仅存在于金属表面很薄的一层中（<0.01nm），如图 1-5 所示。相对于电解质，电极上的电荷是正是负，与跨越界面的电势和电解质组成有关。

一般地，在电极/电解质界面上的荷电物质和偶极子的定向排列称为电解质双电层（electrolyte double layer region），简称双电层（electrical double layer）。本书中重点讨论的双电层也仅限于这一定义。有关电极一侧的空间电荷区（space-charge region）的详细论述可参看文献［8-10］。

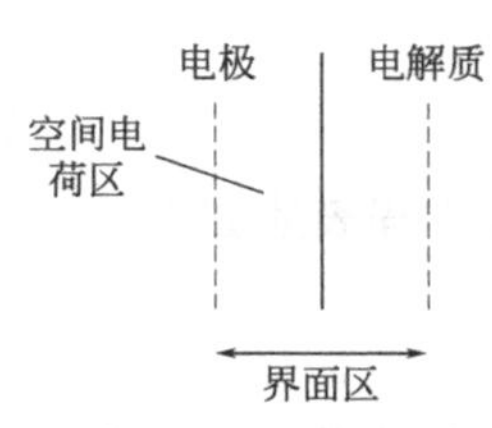

图 1-4　电极/电解质界面示意图

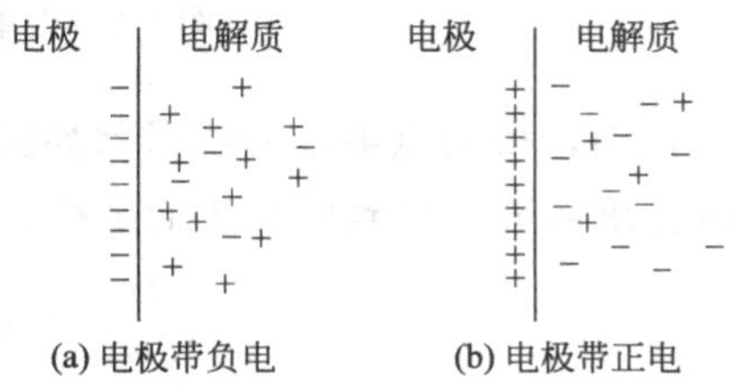

电极　电解质　电极　电解质

(a) 电极带负电　(b) 电极带正电

图 1-5　电极/电解质界面

1.2.1 双电层的性质及其研究方法

关于双电层的许多知识来自宏观平衡状态的性质的测量，如表面张力和界面电容。

1.2.1.1 电毛细曲线

电极与电解质界面间存在着界面张力，它与试图缩小两相界面面积的倾向有关。这种倾向越大，界面张力也越大。试验结果表明，电极电势的变化会改变界面张力的大小。若将理想极化电极极化至不同电势(φ)，同时测出相应的界面张力(σ)值，就得到电毛细曲线[图 1-6(a)]。电毛细曲线测量法（electrocapillary measurements）是在汞电极上发展起来的一种方法，只能应用于液体电极。

利用毛细管静电计测量电毛细曲线可以得到高度精确的试验结果。这是一种基于重力与表面张力相抵消的原理，实验装置见图 1-7。装置中包括一个带刻度的汞柱高度为 h 的毛细管。改变所加电势，调节 h 让汞/溶液界面保持不变，此时表面张力与重力相平衡，即

$$2\pi r\sigma\cos\theta=\pi r^2\rho_{Hg}hg \tag{1-19}$$

式中，r 为毛细管半径；θ 为接触角；ρ_{Hg} 为汞的密度；σ 为表面张力；g 为重力加速度；h 为汞柱的高度。

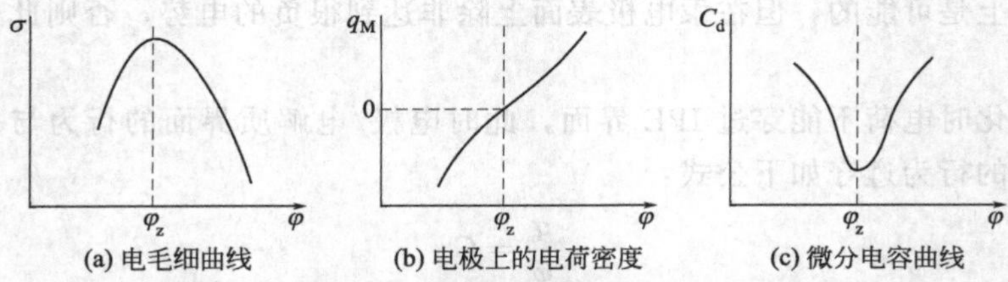

图 1-6 双电层区的各性质随电极电势的变化

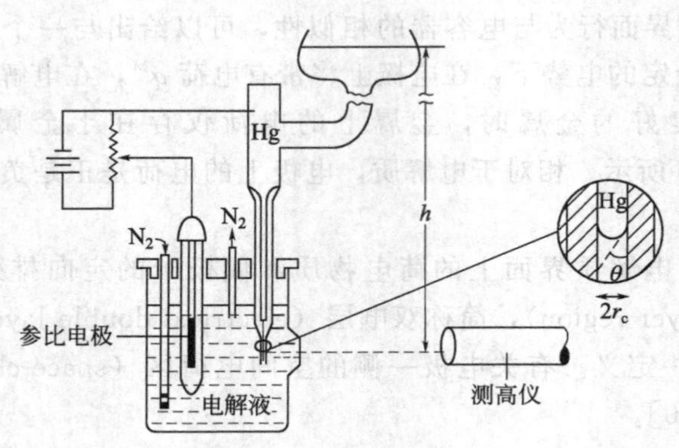

图 1-7 毛细管静电计

以 σ 对 φ 作图，得到电毛细曲线形状如图 1-6(a) 所示。

对电极电势求微分，得到电极表面电荷，用 Lippmann 方程表述如下：

$$\frac{\partial\sigma}{\partial\varphi}=-q_M=q_S \tag{1-20}$$

式中，q_M 为金属电极所带的电荷，即通常所说的电极表面剩余电荷密度；q_S 为溶液一侧的剩余电荷密度。表面电荷密度与电极电势的关系见图 1-6(b)。

电毛细曲线中斜率为零的点对应的电势下，电极表面所带电荷为零，这一点所对应的电势称为零电荷电势（potential of zero charge，PZC)，用 φ_z 表示。在零电荷电势 φ_z 下，界面张力最大，对应于电毛细曲线的最高点[图 1-6(a)]，只是因为电极表面出现剩余电荷时（无论正负)，同性电荷的排斥作用使电极表面积呈增大的趋向，故界面张力减小，表面剩余电荷越多，界面张力就越小，只有在电极表面剩余电荷为零时，界面张力最大。

电极/电解质界面的许多重要性质都是相对于零电荷电势的电极电势数值所决定的，其中最主要的有表面剩余电荷的符号与数量、双电层中的电势分布、各种无机和有机粒子在界面上的吸附行为等。虽然电极反应速率的基本驱动因素是电极电势，但电极/电解质界面的性质对电极反应速率也有着相当大的影响。

用汞电极在不同无机盐溶液中测得的电毛细曲线在较负电势区基本重合（图 1-8)，表示当电极表面荷负电时界面结构基本相同，但在较正电势区各曲线相差较大，表示电极表面荷正电时界面结构与阴离子的特性有关，零电荷电势也与所选用的阴离子有关。

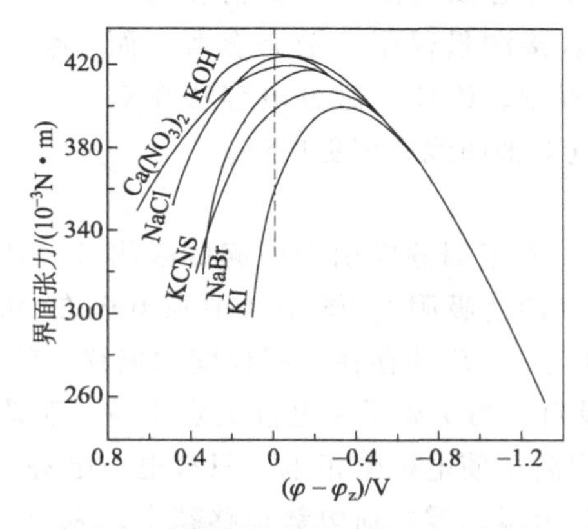

图 1-8 各电解质溶液中汞电极的电毛细曲线（σ-φ）

φ_z 是汞在 NaF 溶液中的零电荷电势，18℃

1.2.1.2 微分电容法

表面张力对电极电势求二阶微商，得到界面微分电容（differential capacitance）值，用 C_d表示：

$$C_d=\frac{\partial q_M}{\partial \varphi}=-\frac{\partial^2 \sigma}{\partial \varphi^2} \tag{1-21}$$

该电容值是 q_M-φ 曲线上任一点的斜率，微分电容与电极电势的关系见图 1-6(c)。由此可见，电极界面区的 C_d并不像理想的电容器那样。

由于 C_d随着电极电势有较大的变化，人们还定义了一个积分电容 C_i，

$$C_i=\frac{q_M}{\varphi-\varphi_z}=\frac{\int_{\varphi_z}^{\varphi} C_d \mathrm{d}\varphi}{\int_{\varphi_z}^{\varphi} \mathrm{d}\varphi} \tag{1-22}$$

该定义式表明，C_i是从 φ_z 到 φ 的电势范围内 C_d的平均值。

微分电容 C_d既可以用交流电桥法精确地测量，也可以由阻抗技术求得。其中交流电桥法仅适用于液体电极，而阻抗技术可以应用于固体电极。电化学阻抗技术在第 6 章中有更详细的论述。

为了测出不同电势下 q 的数值，需将式（1-21）积分，如此得到

$$q=\int C_{\mathrm{d}}\mathrm{d}\varphi+\mathrm{const} \tag{1-23}$$

式中，const 为积分常数，可由 $q_{\varphi=\varphi_z}=0$ 求得，故

$$q=\int_{\varphi_z}^{\varphi} C_{\mathrm{d}}\mathrm{d}\varphi \tag{1-24}$$

因此，电极电势为 φ 时 q 的数值相当于图 1-9 中曲线下方阴影部分的面积。

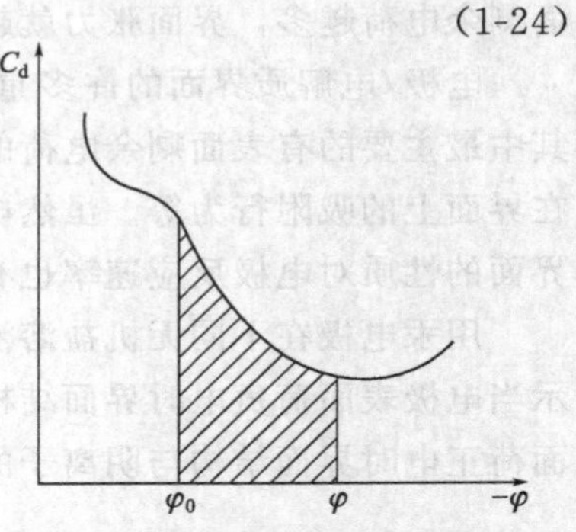

图 1-9　微分电容曲线与 q 的计算

电毛细曲线法利用曲线的斜率求 q；而微分电容法利用曲线的积分面积求 q。两种测量方法的差别在于采用电毛细曲线法实际测量的 σ 是 q 的积分函数；而采用微分电容法实际测量的 C_d 是 q 的微分函数。对于反映 q 值的变化量来说，显然是用微分电容曲线能得出更精确的结果。另外，电毛细曲线的直接测量仅限于液态金属，而微分电容的测量不受这个限制。因此，微分电容法在双电层性质的研究工作中比电毛细曲线应用更广泛。

1.2.1.3　**特性吸附**

在电极/电解质界面上，除了因静电引力引起的吸附外，还有一种即使电场不存在也能发生的吸附现象，称为“特性吸附”。图 1-8 中汞电极在 $NaBr$、KI、$KSCN$、$NaCl$ 等溶液中的零电荷电势相对于 NaF 均存在不同程度的偏移，就是因为 Br^-、I^-、SCN^-、Cl^- 等在电极上都有特性吸附。当阴离子在电极上发生特性吸附时，它所带的负电荷排斥金属电极上的电子，吸引阳离子使电极带正电，只有电极电势更负时特性吸附的阴离子脱附，继而才能达到表面电荷为零。零电荷电势负移越多，表明阴离子的特性吸附越强。在汞电极上，一些常见的阴离子特性吸附的强弱顺序为 $S^{2-}>I^->Br^->Cl^->OH^->F^-$。这一顺序大致与 Hg_2^{2+} 和这些离子所生成的难溶盐的溶解度顺序相似，显示导致这些离子在汞电极上特性吸附时涉及的相互作用可能与形成化学键时涉及的相互作用相似。

某些阳离子也存在特性吸附，如 $N(C_3H_7)_4^+$、Tl^+ 等。与阴离子特性吸附相对应的是，阳离子的特性吸附使得零电荷电势向正方向移动，同样，零电荷电势正移越多，阳离子的特性吸附越强。

1.2.2　双电层的结构

双电层的微观结构即双电层模型的建立经过了很长的历史发展过程。第一个双电层模型是 *Helmholtz* 于 1879 年提出的 *Helmholtz* 模型（也称紧密型双电层，*compact double layer*）。该模型是基于刚性界面两侧正负电荷排列的规则考虑的，如图 1-10 所示。该理论模型认为双电层的厚度是离子半径。在浓溶液中，特别是在界面电势差较大时，用 *Helmholtz* 模型计算的电容值能很好地符合实验结果，表明该模型在一定条件下反映了双电层的真实结构。根据式（1-18）该模型所描述的双电层电容是一个常数，但实际体系中 C_d 并非常数。图 1-11 是汞电极在不同浓度的氟化钠溶液中的界面双电层电容与电极电势的关系曲线。该模型与实际情况的不相符主要是因为该模型只考虑了电极与第一吸附层之间的相互作用，而忽略了离电极稍远处的溶液成分的作用，而且该模型没有考虑溶液浓度

的影响。

到 20 世纪初，*Gouy* 和 *Chapman* 分别独立提出了 *Gouy-Chapman* 模型（又称为分散双电层，*diffuse double layer*），他们考虑到了所加电势和电解液浓度都会影响双电层电容值，这样双电层就不像 *Helmholtz* 模型描述的紧密排列，而是具有不同的厚度（图 1-12），因为离子是自由运动的。

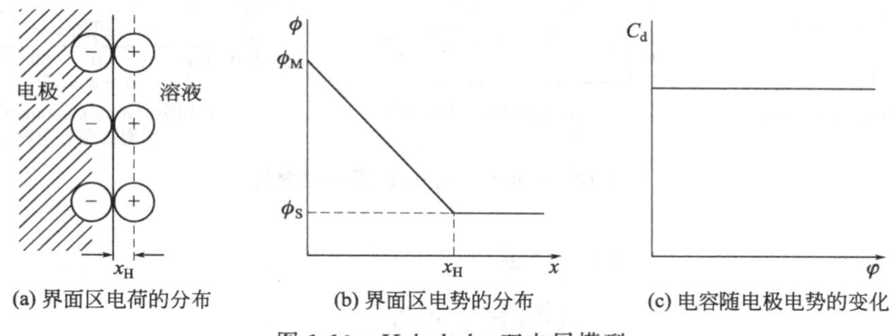

图 1-10 Helmholtz 双电层模型

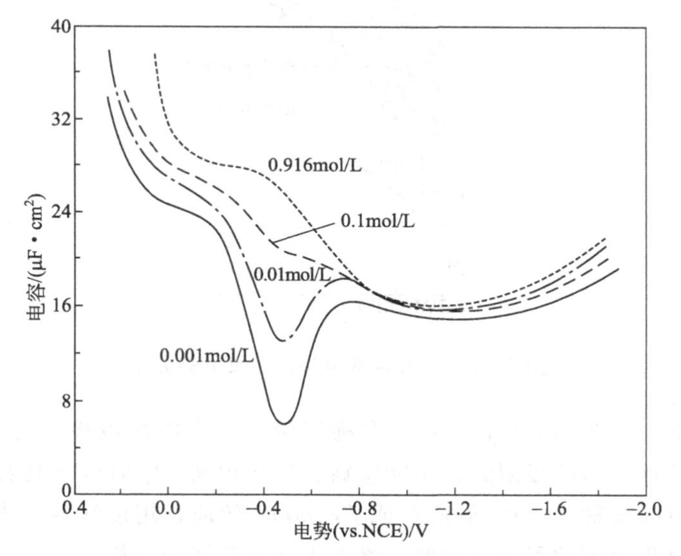

图 1-11 汞在 NaF 溶液（25℃）中的微分电容曲线

1924 年，*Stern* 将 *Helmholtz* 模型和 *Gouy-Chapman* 模型结合起来，认为形成的双电层紧靠电极处是紧密层，接下来是分散层，延伸到溶液本体。1947 年 *Grahame* 提出了分三个区域的概念，与 *Stern* 模型不同的是 *Grahame* 考虑了特性吸附的存在。此后，*Bockris* 等提出了考虑溶剂化作用的 *Bockris* 模型，认为溶剂分子优先排列在电极的表面（图 1-13）。溶剂偶极分子的取向是根据电极所带电荷的性质，偶极溶剂分子与特性吸附离子在同一层。特性吸附离子电中心的位置叫做内 *Helmholtz* 面（*inner Helmholtz plane*，*IHP*），外 *Helmholtz* 面（*outer Helmholtz plane*，*OHP*）是指通过吸附的溶剂化离子层的中心面，*OHP* 以外是分散层。

双电层的结构能够影响电极过程的速率。考虑一个没有特性吸附的电活性物质，它只能靠近电极到 *OHP*，它所感受到的总电势比电极和溶液之间的电势差小 $\phi_2-\phi^S$，该值是

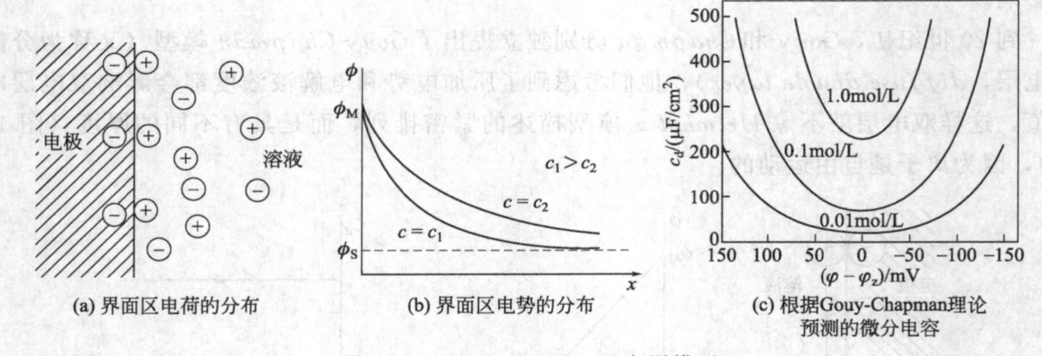

图 1-12 Gouy-Chapman 双电层模型

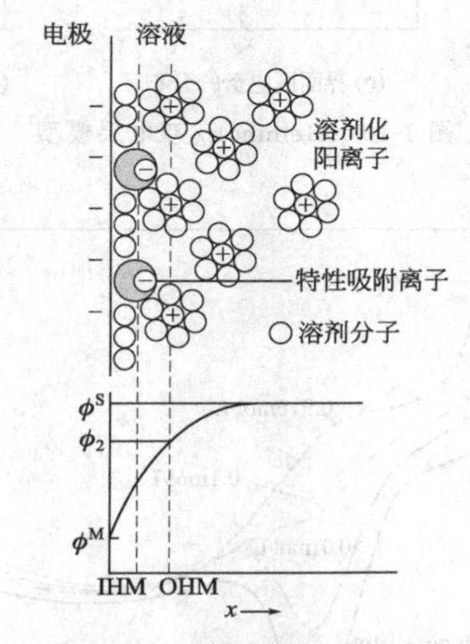

图 1-13 Bockris 双电层模型及电势分布

分散层上的电势降，记为 $\Psi_1=\phi_2-\phi^S$。在稀溶液中，当电极电势接近于零电荷电势时，特别是存在表面活性物质的吸附时，不能忽略分散层电势 Ψ_1 对电子转移步骤反应速率的影响，这种作用有时被称为“Ψ_1 效应”或 *Frumkin* 效应，用以解释双电层结构和离子的特性吸附对电极过程速率的影响。对此，将在 1.3.5 节详加分析。

1.3 电极反应的基础动力学

对于一个给定的电极过程，在某些电势区没有电流产生，而在其他的电势区有不同程度的电流流过。反应速率强烈依赖于电势，因此，为了精确地描述界面电荷转移动力学，需要建立与电势相关的速率常数。为此，有必要回顾一下均相动力学的某些概念。

1.3.1 动力学基本理论

1.3.1.1 动态平衡与交换速率

考虑一个最简单的基元反应：

$$A \underset{\overleftarrow{v}}{\overset{\overrightarrow{v}}{\rightleftharpoons}} B$$

两个基元反应始终都在进行，正向反应的速率为

$$\overrightarrow{v} = \overrightarrow{k}_C c_A$$

而逆反应的速率为

$$\overleftarrow{v} = \overleftarrow{k}_C c_B$$

式中，$\overrightarrow{v}$和$\overleftarrow{v}$的单位是 mol/（cm^3 · s）；c_A 和 c_B 分别是 A 和 B 的浓度，在这里其单位是 mol/cm^3；$\overrightarrow{k}_C$和$\overleftarrow{k}_C$分别是正向反应和逆向反应的化学反应速率常数，量纲是 s^{-1}，为了同下面的电极反应速率常数相区别，在右下脚用“C”注明它们是化学反应的速率常数。从 A 转化为 B 的净速率是

$$v_{net} = \overrightarrow{v} - \overleftarrow{v} = \overrightarrow{k}_C c_A - \overleftarrow{k}_C c_B$$

平衡时的净转化速率为零，即

$$\overrightarrow{k}_C c_A - \overleftarrow{k}_C c_B = 0, \Rightarrow \frac{\overrightarrow{k}_C}{\overleftarrow{k}_C} = K = \frac{c_B}{c_A} \tag{1-25}$$

式中，K 为化学反应的平衡常数。

由式（1-25）可知，在体系达到平衡时，动力学理论和热力学一样，可预测出恒定的浓度比值。动力学描述了贯穿整个体系物质流动的变化情况，包括平衡状态的达到和平衡状态的动态保持这两个方面。热力学仅描述平衡态，不能提供保持平衡态所需的机理方面的信息，而动力学可以定量地描述复杂的平衡过程。在上述基元反应中，平衡时从 A 转化为 B 的速率(反之亦然)并非为零，而是相等的。平衡时的内部反应速率称为反应的交换速率 v^0：

$$v^0 = \overrightarrow{k}_C (c_A)_{eq} = \overleftarrow{k}_C (c_B)_{eq}$$

交换速率的思想在处理电极动力学方面发挥着重要的作用。

1.3.1.2 Arrhenius 公式

实验事实表明，在溶液相中的大多数反应，其速率常数 k 随温度变化有一共同的模式，即 $\ln k$ 与 $1/T$ 几乎都呈线性关系。Arrhenius 首先认识到这种行为的普遍性，提出速率常数可表达为

$$k = A e^{-E_A/RT} \tag{1-26}$$

式中，E_A具有能量的单位，称为活化能（activation energy），表示从反应物生成产物所必须越过的能垒高度；A 为指前因子，暗示着利用热能去克服一个高度为 E_A的能垒的可能性，A 与企图达到此可能性的频率有关，因此 A 一般称为频率因子（frequency factor）。

1.3.1.3 过渡态理论

已经发展了多个动力学理论以阐述控制反应速率的因素，这些理论的主要目的是根据特定的化学体系从定量的分子性质来预测 A 和 E_A的值。对于电极动力学，广泛采用的一

个重要的通用理论是过渡态理论（transition state theory），它也称为绝对速率理论（absolute rate theory）或活化配合物理论（activated complex theory）。

此方法的中心思想是反应通过一个相当明确的过渡态或活化配合物来进行的，如图1-14所示。

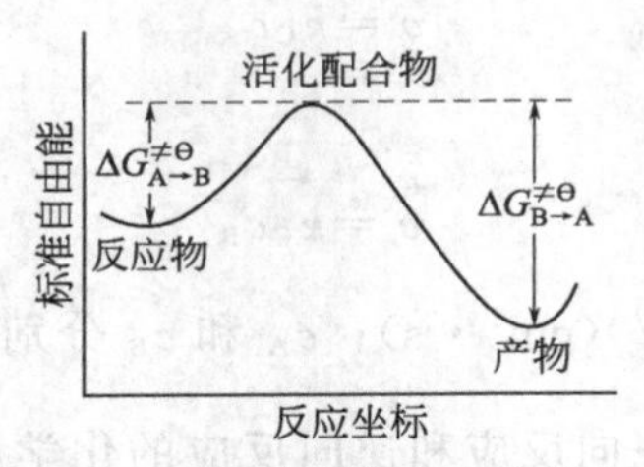

图 1-14 反应过程中自由能的变化

对于单分子反应

$$A \underset{\overleftarrow{k}_C}{\overset{\overrightarrow{k}_C}{\rightleftharpoons}} B$$

设从反应物到活化配合物的标准自由能的变化为 $\Delta G^{\neq\ominus}_{A\to B}$，而从产物升到活化配合物的标准自由能的变化为 $\Delta G^{\neq\ominus}_{B\to A}$，则有

$$\overrightarrow{k}_C = \frac{k_B T}{h_P}\exp\left(-\frac{\Delta G^{\neq\ominus}_{A\to B}}{RT}\right)$$

$$\overleftarrow{k}_C = \frac{k_B T}{h_P}\exp\left(-\frac{\Delta G^{\neq\ominus}_{B\to A}}{RT}\right)$$

式中，k_B是玻尔兹曼（Boltzman）常数；h_P为普朗克（Planck）常数。

1.3.2 电极过程的 Butler-Volmer 模型

1.3.2.1 电极电势对反应活化能的影响

考虑可能的最简单的电极过程，用O、R分别表示一个氧化还原电对中的氧化态物种和还原态物种，在此O和R仅参与界面上的单电子转移反应，而没有其他任何化学步骤

$$O + e^- \underset{\overleftarrow{k}}{\overset{\overrightarrow{k}}{\rightleftharpoons}} R$$

还假设标准自由能沿着反应坐标的剖面图具有抛物线形状，如图 1-15 所示。这里以所考虑条件下电对的形式电势作为参比点，假设电极电势为 $\varphi^{\ominus\prime}$，阴极和阳极反应活化能分别是 $\Delta G^{\neq\ominus}_c$ 和 $\Delta G^{\neq\ominus}_a$，这里下标“c、a”分别表示阴极和阳极反应。

若将电极电势正移 $\Delta\varphi$ 达到一个新值 φ（$\varphi=\varphi^{\ominus}+\Delta\varphi$），并假设分散层的电势（$\Psi_1$ 电势）没有变化，电极电势的变化全部发生在紧密层，$\Delta\varphi$ 全部用于改变即将参加电化学反应的粒子的活化能，而没有作用于分散层。这样，电极上电子的相对能量变化为 $-F\Delta\varphi<0$，因此$O+e^-$ 的曲线将下移这一数值。显然氧化的能垒值的变化（$\Delta G^{\neq}_a-\Delta G^{\neq\ominus}_a$）比总能量变化小一个分数，该分数称为 $1-\alpha$，这里称为传递系数（transfer coefficient），其值可从 0 到 1，与交叉区域的形状有关。所以，

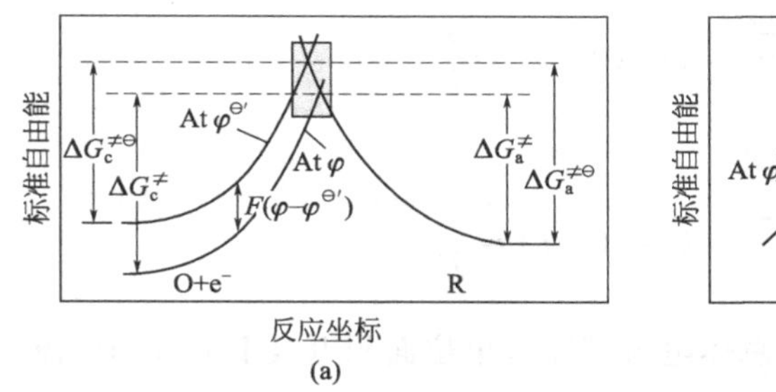

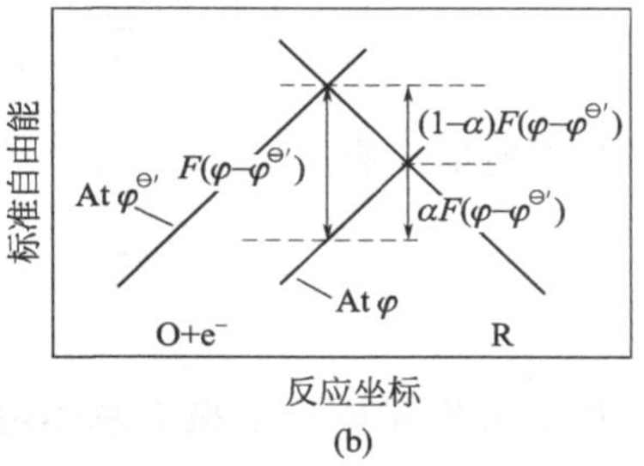

图 1-15 电势的变化对于氧化和还原反应的标准活化自由能的影响
图（b）是图（a）阴影部分的放大图

$$\Delta G_a^{\neq}=\Delta G_a^{\neq\ominus}-(1-\alpha)F\Delta\varphi \tag{1-27}$$

此图同时反映了阴极反应能垒较电势变化前高出 $\alpha F\Delta\varphi$，因此

$$\Delta G_c^{\neq}=\Delta G_c^{\neq\ominus}+\alpha F\Delta\varphi \tag{1-28}$$

式（1-27）、式（1-28）分别表示了电极电势对氧化和还原反应活化能的影响，可以看出，电极电势的正移使氧化反应活化能 $\Delta G_a^{\neq}$ 减小，这有利于氧化反应的进行。

1.3.2.2 电极电势对反应速率的影响

假设速率常数 $\vec{k}$ 和 $\overleftarrow{k}$ 有 Arrhenius 的形式，可表示为

$$\vec{k}=\vec{A}\exp(-\Delta G_c^{\neq}/RT) \tag{1-29}$$

$$\overleftarrow{k}=\overleftarrow{A}\exp(-\Delta G_a^{\neq}/RT) \tag{1-30}$$

将式（1-29）和式（1-30）所表示的活化能代入，得到

$$\vec{k}=\vec{A}\exp\left(-\frac{\Delta G_c^{\neq\ominus}}{RT}\right)\exp\left(-\frac{\alpha F\Delta\varphi}{RT}\right) \tag{1-31}$$

$$\overleftarrow{k}=\overleftarrow{A}\exp\left(-\frac{\Delta G_a^{\neq\ominus}}{RT}\right)\exp\left[\frac{(1-\alpha)F\Delta\varphi}{RT}\right] \tag{1-32}$$

现在考察标准状态下的情况，反应物和产物的本体浓度（活度）相等且等于单位浓度，即 $c_O^B=c_R^B$ 。而标准状态下总的反应速率为零，即

$$\vec{k}c_O^B=\overleftarrow{k}c_R^B$$

所以

$$k_S=\vec{A}\exp\left(-\frac{\Delta G_c^{\neq\ominus}}{RT}\right)=\overleftarrow{A}\exp\left(-\frac{\Delta G_a^{\neq\ominus}}{RT}\right) \tag{1-33}$$

此时的速率常数 k_S称为标准速率常数（standard rate contant），也称为固有速率常数。其他电势时的速率常数可简单地通过 k_S来表示，式（1-31）和式（1-32）可分别写成

$$\vec{k}=k_S\exp\left[-\frac{\alpha F\Delta\varphi}{RT}\right] \tag{1-34}$$

$$\overleftarrow{k}=k_S\exp\left[\frac{(1-\alpha)F\Delta\varphi}{RT}\right] \tag{1-35}$$

正向的反应以速率 $\vec{v}$ 进行，将距离电极表面 x 处、在时间 t 时 O 的浓度表达为 $c_O(x，t)$，则表面浓度为 $c_O(0，t)$，有

$$\overrightarrow{v}=\overrightarrow{k}c_O(0,\ t)=\frac{\overrightarrow{i}}{F} \tag{1-36}$$

同理，对于逆反应有

$$\overleftarrow{v}=\overleftarrow{k}c_R(0,\ t)=\frac{\overleftarrow{i}}{F} \tag{1-37}$$

这里 $\overleftarrow{i}$ 和 $\overrightarrow{i}$ 分别是同一电极上总体电流密度（单位面积电极上通过的电流）中的阳极和阴极部分。电极的净反应速率为

$$v_{net}=\overrightarrow{v}-\overleftarrow{v}=\overrightarrow{k}c_O(0,\ t)-\overleftarrow{k}c_R(0,\ t)=\frac{i}{F} \tag{1-38}$$

对于整个反应有

$$i=\overrightarrow{i}-\overleftarrow{i}=F[\overrightarrow{k}c_O(0,\ t)-\overleftarrow{k}c_R(0,\ t)] \tag{1-39}$$

将式（1-34）和式（1-35）代入式（1-39）中，可得到电流—电势特征关系式：

$$i=Fk_S\left[c_O(0,\ t)\exp(-\frac{\alpha F\Delta\varphi}{RT})-c_R(0,\ t)\exp\left(\frac{(1-\alpha)F\Delta\varphi}{RT}\right)\right] \tag{1-40}$$

即

$$i=Fk_S\left[c_O(0,\ t)\exp\left(-\frac{\alpha F(\varphi-\varphi^{\ominus'})}{RT}\right)-c_R(0,\ t)\exp\left(\frac{(1-\alpha)F(\varphi-\varphi^{\ominus'})}{RT}\right)\right] \tag{1-41}$$

该公式非常重要，它或通过它所导出的关系式可用于处理几乎每一个需要解释的异相动力学问题。这些结果和由此所得出的推论通称为 Butler-Volmer 电极动力学公式，以纪念该领域的两位开创者。

特别指出的是，上面各式中 $\overleftarrow{i}$ 和 $\overrightarrow{i}$ 即内部电流密度，是不可直接测量的；而 i 即外电流密度，既可以是氧化电流也可以是还原电流，它与电极上物种的消耗或生成的速率相对应，是可以通过电流计或其他仪器测量的。

1.3.3 标准速率常数、交换电流密度和传递系数

1.3.3.1 标准速率常数

k_S的物理阐述是很直观的，它可以简单地理解为氧化还原电对对动力学难易程度的量度。一个具有较大 k_S值的体系将在较短的时间内达到平衡，而 k_S值较小的体系达到平衡将很慢。一些涉及形成汞齐［例如，Na^+/Na(Hg)，Cd^{2+}/Cd（Hg）和 Hg_2^{2+}/Hg］的电极过程相当快。涉及与电子转移相关的分子重排的复杂反应，例如将分子氧还原成过氧化氢或水，或将质子还原成分子氢，可能会很慢。表 1-3 给出了一些电化学反应体系的标准速率常数值。

表 1-3 一些电化学反应体系的标准速率常数值

电极反应	支持电解质	电极	k_s/(cm/s)
$Bi^{3+}+3e^-\longrightarrow Bi$	1mol/L $HClO_4$	Hg	3.0×10^{-4}
$Cd^{2+}+3e^-\longrightarrow Cd$	1mol/L KNO_3	Hg	1.0

续表

电极反应	支持电解质	电极	k_s/(cm/s)
$Ce^{4+}+e^{-}\longrightarrow Cd^{3+}$	1mol/L H_2SO_4	Pt	3.7×10^{-4}
$Cr^{3+}+e^{-}\longrightarrow Cr^{2+}$	1mol/L KCl	Hg	1.0×10^{-5}
$Cs^{+}+e^{-}\longrightarrow Cs$	1mol/L $N(CH_3)_4OH$	Hg	2.0×10^{-1}
$Fe^{3+}+e^{-}\longrightarrow Fe^{2+}$	1mol/L H_2SO_4	Pt	5.3×10^{-3}
$Hg^{+}+e^{-}\longrightarrow Hg$	0.2mol/L $HClO_4$	Hg	3.5×10^{-1}
$Ni^{2+}+2e^{-}\longrightarrow Ni$	2.5mol/L$Ca(ClO_4)_2$	Hg	1.6×10^{-7}
$Pb^{2+}+2e^{-}\longrightarrow Pb$	1mol/L$HClO_4$	Hg	2.0
$Tl^{+}+e^{-}\longrightarrow Tl$	1mol/L$HClO_4$	Hg	1.8
$Zn^{2+}+2e^{-}\longrightarrow Zn$	1mol/L KCl	Hg	6.0×10^{-3}
$Zn^{2+}+2e^{-}\longrightarrow Zn$	1mol/L KI	Hg	7.0×10^{-2}
$Zn^{2+}+2e^{-}\longrightarrow Zn$	1mol/L KSCN	Hg	1.7×10^{-2}

1.3.3.2 交换电流密度

在平衡（$\varphi=\varphi_e$）时净电流为零，对于式（1-41）有，

$$Fk_Sc_O(0,t)\exp\left(-\frac{\alpha F(\varphi_e-\varphi^{\ominus\prime})}{RT}\right)=Fk_Sc_R(0,t)\exp\left(\frac{(1-\alpha)F(\varphi_e-\varphi^{\ominus\prime})}{RT}\right) \tag{1-42}$$

将 $\Delta\varphi=\varphi_e-\varphi^{\ominus\prime}$代入式（1-42），同时考虑平衡态时 O 和 R 的本体浓度与表面浓度相等，

$$c_O(0,t)=c^S_{O(\varphi=\varphi_e)}=c^B_{O(\varphi=\varphi_e)}=c^*_O$$

$$c_R(0,t)=c^S_{R(\varphi=\varphi_e)}=c^B_{R(\varphi=\varphi_e)}=c^*_R$$

所以

$$\frac{c^*_O}{c^*_R}=\exp\left[\frac{F(\varphi_e-\varphi^{\ominus\prime})}{RT}\right] \tag{1-43}$$

转换成对数表达式，得

$$\varphi_e=\varphi^{\ominus\prime}+\frac{RT}{F}\ln\frac{c^*_O}{c^*_R} \tag{1-44}$$

这表明，由 Butler-Volmer 动力学理论得到的平衡电势与 O 和 R 的本体浓度的关系遵守 Nernst 公式，验证了对于平衡体系而言，热力学理论和动力学理论的一致性。

即使在平衡时净电流为零，但仍然存在平衡时的电化学活性，这可以通过交换电流密度 i^0 (exchange current density) 来表示，其数值等于平衡电势下的 i_a 或 i_c，即

$$i^0=Fk_Sc^*_O\exp\left(-\frac{\alpha F(\varphi_e-\varphi^{\ominus\prime})}{RT}\right)=Fk_Sc^*_R\exp\left(\frac{(1-\alpha)F(\varphi_e-\varphi^{\ominus\prime})}{RT}\right) \tag{1-45}$$

在式（1-43）两边同乘以 $-\alpha$ 幂次方，得到

$$\left(\frac{c^*_O}{c^*_R}\right)^{-\alpha}=\exp\left[\frac{-\alpha F(\varphi_e-\varphi^{\ominus\prime})}{RT}\right] \tag{1-46}$$

将式（1-46）代入式（1-45）中，可得

$$i^0 = Fk_S (c_O^*)^{(1-\alpha)} (c_R^*)^\alpha \tag{1-47}$$

该式表明，交换电流密度 i^0 与 k_S 成正比，在动力学公式中经常可用 i^0 代替 k_S。

将式（1-47）代入式（1-41），用交换电流密度来表示反应速率，有

$$i = i^0 \left[\exp\left(-\frac{\alpha F(\varphi - \varphi_e)}{RT} \right) - \exp\left(\frac{(1-\alpha)F(\varphi - \varphi_e)}{RT} \right) \right] \tag{1-48}$$

1.3.3.3 传递系数

传递系数 α 是能垒对称性的度量，可用图 1-16 作简单的说明。

假设自由能曲线为直线，则角 θ 和角 ϕ 可以由下面的等式来确定：

$$\tan\theta = \frac{\alpha F \varphi}{x} \tag{1-49}$$

$$\tan\phi = \frac{(1-\alpha) F \varphi}{x} \tag{1-50}$$

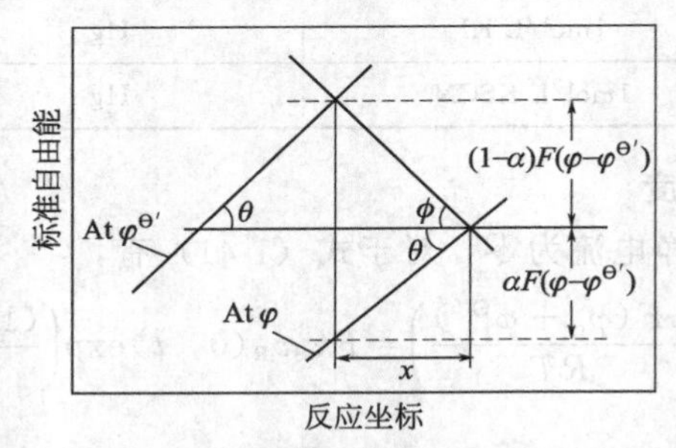

图 1-16 传递系数与反应自由能曲线对称性的关系

所以

$$\alpha = \frac{\tan\theta}{\tan\phi + \tan\theta} \tag{1-51}$$

当 $\theta = \phi = 45°$，则 $\alpha = 0.5$，这意味着活化配合物在反应坐标中位于反应物和生成物的中间，其结构对应于反应物和生成物是等同的。其他的情况则是 $0 \leqslant \alpha \leqslant 1$。在大多数体系中，$\alpha$ 值处于 0.3～0.7 之间。对于单金属电极，其值在 0.5 左右，所以在没有进行实际测量的情况下，α 值通常可以近似取 0.5。

如果在所研究的电势区内自由能曲线不是直线，那么 α 就是一个与电势有关的因子，因为 θ 和 ϕ 取决于交点的具体位置，而交点的位置本身又受电势的影响。

1.3.4 多电子步骤机理

为了便于理解，前面的讨论只涉及一个电子转移的单电子反应，但这种反应并不多。实际上，绝大部分电极反应都有两个以上的电子参加，常将这种反应称为多电子电极反应。

多电子的电极反应总是分成好多个步骤进行，其中有电子转移步骤，也有表面转化步骤。在一般情况下，一个电子转移步骤中只有一个电子参加，而且在许多接续进行的步骤中，常常会有一个是速率控制步骤。

对于反应

$$O + ne^- \rightleftharpoons R$$

假定第 j 步反应速率最小，为速率控制步骤，具体反应历程如下：

$O + e^- \rightleftharpoons A$（步骤1）

$A + e^- \rightleftharpoons B$（步骤2）

$\vdots \qquad \vdots$

$P + e^- \rightleftharpoons Q$（步骤 $j-1$）

$Q + e^- \rightleftharpoons S$（速率控制步骤）

$S + e^- \rightleftharpoons T$（步骤 $j+1$）

$\vdots \qquad \vdots$

$Y + e^- \rightleftharpoons R$（步骤 n）

近似地认为速率控制步骤以外的各步骤均处于平衡，这样一方面可以利用各步骤的平衡常数来求算速率控制步骤中各物种的浓度，另外可将处于平衡条件的各电子转移步骤前后的表面转化步骤均并入电子转移步骤，进行合并处理，所以在上面的反应历程中只列出了 n 个电子转移步骤。

每消耗一个O需要 n 个电子。而速率控制步骤只消耗1个电子，因为在稳态下各个单元步骤的速率均与速率控制步骤相等，故电极上通过的总电流密度应当是速率控制步骤的净电流密度的 n 倍。

经过推导可得

$$i = ni^0\left[\exp\left(-\frac{(\alpha + n - j)F(\varphi - \varphi_e)}{RT}\right) - \exp\left(\frac{(j - \alpha)F(\varphi - \varphi_e)}{RT}\right)\right] \tag{1-52}$$

为了简单起见，令

$$\alpha + n - j = n\alpha_c$$

$$j - \alpha = n\alpha_a$$

则有

$$n\alpha_c + n\alpha_a = n$$

更一般地，常将 n 个电子参加的电极反应的电极动力学公式表示为

$$i = i^0\left[\exp\left(-\frac{\alpha_c nF(\varphi - \varphi_e)}{RT}\right) - \exp\left(\frac{\alpha_a nF(\varphi - \varphi_e)}{RT}\right)\right] \tag{1-53}$$

在多数场合，为了叙述的方便，引入表观传递系数 β 表示电极电势对绝对阴极反应速率的影响分数，其数值大小与涉及 n 个电子传递过程的动力学机理有关。

$$i = i^0\left[\exp\left(-\frac{\beta nF(\varphi - \varphi_e)}{RT}\right) - \exp\left(\frac{(1-\beta)nF(\varphi - \varphi_e)}{RT}\right)\right] \tag{1-54}$$

1.3.5 相间电势分布对电荷转移速率的影响

在前面的各节中，均假定电极电势的改变只发生在紧密层，即认为分散层中的电势变化 $\Delta\Psi_1 = 0$，当溶液为浓溶液且电极电势偏离零电荷电势较远时，这一假定能近似成立。在稀溶液中，特别是电极电势接近零电荷电势时，Ψ_1 电势的变化就比较显著，若是发生了离子的特性吸附，则 Ψ_1 电势的变化更大。在 Ψ_1 电势值变化较显著的情况下，必须对相关的动力学公式加以修正。

考虑双电层的结构模型，在 Ψ_1 电势变化较大的情况下，处于紧密层和分散层交界处

的反应粒子（带有电荷 $z_0 e$）浓度为

$$c_{\mathrm{O}}^{\neq}=c_{\mathrm{O}}^{\mathrm{S}}\exp\left(-\frac{z_0 F}{RT}\Psi_1\right) \tag{1-55}$$

考虑 Ψ_1 电势的影响，应用 $\varphi-\Psi_1$ 代替 φ，得到

$$\vec{i}=Fk_1 c_{\mathrm{O}}^{\mathrm{S}}\exp\left(-\frac{z_0 F\Psi_1}{RT}\right)\exp\left(-\frac{\beta nF(\varphi-\Psi_1)}{RT}\right) \tag{1-56}$$

$$\overleftarrow{i}=Fk_1 c_{\mathrm{R}}^{\mathrm{S}}\exp\left(-\frac{z_0 F\Psi_1}{RT}\right)\exp\left(\frac{(1-\beta)nF(\varphi-\Psi_1)}{RT}\right) \tag{1-57}$$

式中，k_1表示当 $\varphi=\Psi_1$ 时的反应速率常数。

再代入 $i=\vec{i}-\overleftarrow{i}$，可得考虑 Ψ_1 电势影响后的极化曲线公式。考虑 $i\gg i^0$ 的情况，则阴极电流密度为

$$i=Fk_1 c_{\mathrm{O}}^{\mathrm{S}}\exp\left(-\frac{z_0 F}{RT}\Psi_1\right)\exp\left[-\frac{\beta nF(\varphi-\Psi_1)}{RT}\right] \tag{1-58}$$

若电极反应为阳离子的阴极还原反应，Ψ_1 电势对反应速率的影响是两项对立因素的统一。一方面，当 Ψ_1 电势负移时，由式(1-55)知，反应粒子浓度 $c_{\mathrm{O}}^{\neq}$ 增大，有利于反应速率的增大；另一方面，Ψ_1 变负，若电极电势 φ 保持不变，电化学反应直接驱动力 $\varphi-\Psi_1$ 增大，而 $\exp\left[-\frac{\beta nF(\varphi-\Psi_1)}{RT}\right]$ 减小，不利于阴极反应的进行。而考虑到式(1-1)中 $z_0>\alpha n$，故总的来说，Ψ_1 电势变负能加速阳离子的还原反应。

若反应粒子是中性的，$z_0=0$，此时 Ψ_1 电势的变化对反应粒子的表面浓度没有影响，若 φ 不变，则 Ψ_1 负移引起 $\exp\left[-\frac{\beta nF(\varphi-\Psi_1)}{RT}\right]$ 减小，反应速率减慢。

若电极反应是阴离子的还原反应，则 Ψ_1 对反应粒子浓度和电化学反应直接驱动力两方面的影响是同向的。故改变 Ψ_1 电势对阴离子还原反应速率的影响特别显著。

可以证明，如果电极电势远离零电荷电势且不出现离子的特性吸附，则动力学公式中没有必要加入包含 Ψ_1 的项。

在上面的讨论中我们假定电极表面是均匀的，全部电极表面都以同样的速率进行电极反应，实际情况往往不是这样。另外，以上各式中假定 c_{O}和 c_{R}都不随电极电势改变，在 $\varphi=\varphi_{\mathrm{e}}$ 或 φ 偏离 φ_{e} 时，都用同样的 c_{O}和 c_{R}数值。这就意味着，在电极附近的溶液层中参与电极反应的反应物刚消耗掉，立即可以从溶液深处得到补充，而电极反应的产物则立即可以传输出去。实际情况往往不是这样。因此需要对式（1-41）和式（1-54）等诸式作适当的修正。但是目前我们还不涉及这些问题，而是近似地认为在整个测量的电势区间，c_{O}和 c_{R}以及电极表面状况没有显著的变化，因而可以用上述各式来表示电极反应的速率。这在整个电极反应的速率仅仅是由荷电粒子穿越紧密层这一步骤所控制的情况下是适用的。在这种情况下，过电势 η 是由荷电粒子穿越紧密层放电，即在电极表面进行电极反应的步骤所引起的，所以把这种过电势称为电化学过电势（electrochemical overpotential）或活化过电势（active overpotential）。

1.4 电极体系中的传质过程

当电极反应进行时，如果反应物是溶液中的某一组分，那么随着它在电极反应中的不

断消耗，它就必须不断从溶液深处传输到电极表面的溶液层中，才能保证电极反应不断进行下去。同样，在多数情况下电极反应的产物也要不断地通过传质离开电极表面。总之，伴随着电极反应的进行，在溶液中不免有传质过程同时进行。

溶液中的传质过程，可以依靠三种过程进行，即液体对流、电迁移和扩散。其示意图见图 1-17。

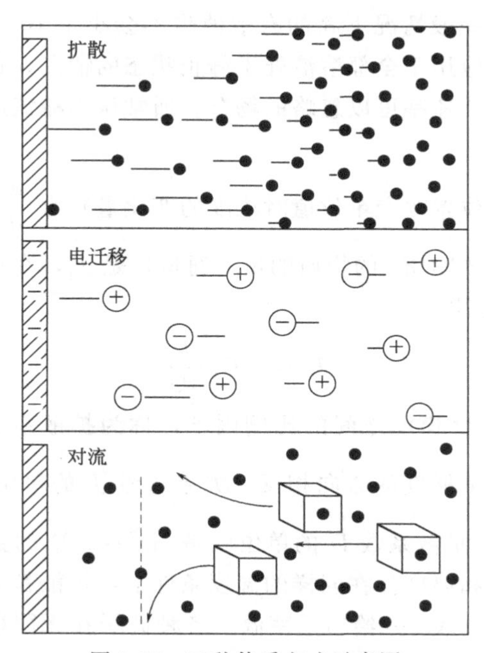

图 1-17 三种传质方式示意图

对流（convection），分强制对流和自然对流。局部浓度、温度的不同导致液体内部局部密度存在差异，形成自然对流。如果反应过程中有气体生成，气体的析出对溶液造成搅拌，通常也纳入自然对流的范围。当传质过程仅以对流的方式进行时，反应物或产物随溶液一起流动，粒子与液体一起运动，粒子和溶液之间不存在相对运动。

荷电粒子在电场的作用下，受带有反向电荷的电极的库仑力吸引而形成的定向运动称为电迁移（electrical migration）。通常，在测定电流－电势曲线时，由于使用含有相当高浓度的支持电解质，所以由电迁移而传输的物质可以忽略不计。但是，当支持电解质的浓度较稀时，电迁移对物质的传输也起很大的作用。

如果某一物质 i 在溶液相中的浓度不是均匀分布的，而是空间位置的函数，而化学势 μ_i 与物质的浓度 c_i 之间存在下列关系：

$$\mu_i = \mu_i^{\ominus} + RT\ln c_i$$

μ_i 也将是空间位置的函数。此时，如果没有别的力的作用，物质将自发地从 μ_i 高的区域向 μ_i 低的区域传输，直到其化学势的数值在各处都一样而达到平衡为止，这一过程与该粒子是否带电没有直接关系。这种由于某一物质的浓度的差异而引起其从高的区域向浓度低的区域的传质过程，叫做扩散（diffusion）过程。

当溶液中的某一物质因为参加电极反应而不断消耗，致使电极表面该物质的浓度低于溶液深处的浓度值时该物质不断从溶液深处向电极表面扩散。如果溶液的体积足够大，电极反应的速率不是很快，那就可以近似地认为这一物质在溶液深处的浓度不变。另外，由于溶液的搅拌或其自然对流的作用，还可以认为溶液深处的浓度是均匀的。但在靠近电极表面处有一层厚度为 δ 的滞流层。这一层的厚度与溶液的搅拌情况有关。一般说来，搅拌越强烈，δ 的数值越小。室温下，在没有搅拌而只有溶液的自然对流的情况下，达到稳态时 δ 的数值约为 10^{-2}cm。当电极上有大量气体析出时，δ 可减小约一个数量级。但是，即使很猛烈地搅拌溶液，在一般情况下 δ 的有效值也不会小于 10^{-4}cm，这相当于几千个分子层的厚度。滞流层可以应用于全部溶液处于静止状态的情况，也适用于溶液本体中虽有对流但表面液层中对流传质速率可以忽略的场合。通常认为滞流层中主要靠扩散进行物质传递。

设在浓度梯度（空间位置改变单位值时浓度的变化量）为 $\frac{\partial c_i}{\partial x}$ 的等浓度面上，单位时间内通过单位面积的扩散的物质 i 的物质的量（通量）是 J_i，在这两者之间存在着一个关系式，这就是 Fick 第一定律：

$$J_i = -D_i \frac{\partial c_i}{\partial x} \tag{1-59}$$

式中，D_i为通量与浓度梯度之间的比例因子，称为扩散系数(diffusion coefficient)；负号表示扩散的方向与浓度梯度的方向相反。如果通量 J_i 的单位是 mol/（$cm^2 \cdot s$），$\frac{\partial c_i}{\partial x}$ 的单位是(mol/cm^3)/cm，扩散系数 D_i的单位就是 cm^2/s。D_i的数值取决于扩散物质的粒子大小、溶液的黏度系数和温度。在同样的温度条件下，扩散粒子的半径越大，溶液的黏度越大，扩散系数就越小。表 1-4 给出了室温下各种离子在无限稀释时的扩散系数，可以看出，大多数无机离子在水溶液中的扩散系数一般在 $1\times10^{-5}cm^2/s$ 左右，这主要是由于水化过程对离子半径起了平均化作用。H^+ 与 OH^- 这两种离子在水溶液中的扩散系数比其他粒子大得多，是因为它们在水溶液中的扩散机制不同。

表 1-4 无限稀释时离子的扩散系数（25℃）

离子	$D/(cm^2/s)$	离子	$D/(cm^2/s)$	离子	$D/(cm^2/s)$
H^+	9.34×10^{-5}	Zn^{2+}	0.72×10^{-5}	CH_3COO^-	1.09×10^{-5}
Li^+	1.04×10^{-5}	Cu^{2+}	0.72×10^{-5}	BrO_3^-	1.44×10^{-5}
Na^+	1.35×10^{-5}	Ni^{2+}	0.69×10^{-5}	SO_4^{2-}	1.08×10^{-5}
K^+	1.98×10^{-5}	OH^-	5.23×10^{-5}	CrO_4^{2-}	1.07×10^{-5}
Pb^{2+}	0.98×10^{-5}	Cl^-	2.03×10^{-5}	$Fe(CN)_6^{3-}$	0.76×10^{-5}
Cd^{2+}	0.72×10^{-5}	NO_3^-	1.92×10^{-5}	$C_6H_5COO^-$	0.86×10^{-5}

1.4.1 稳态扩散

现在来讨论进行电极反应时的稳态扩散过程，即溶液内各点浓度均不随时间而发生变化。在远离电极表面的液体中，传质过程主要依靠对流作用来实现，而在电极表面附近的液层中，起主要作用的是扩散传质过程。为了不使问题一开始就具有很复杂的形式，我们的讨论只限于一维的、稳态的扩散过程。一维的扩散过程是指只在一个坐标轴方向上存在着浓度梯度。

因为扩散到电极界面的物质摩尔数 N 参加电化学反应，所对应的电量 Q 根据 Faraday 定律等于 nFN，所以极化电流 i 与扩散到电极界面的物质速率有如下的关系：

$$i=\frac{\mathrm{d}Q}{\mathrm{d}t}=nF\left(\frac{\mathrm{d}N}{\mathrm{d}t}\right)_{x=0}=nFD_{\mathrm{i}}\left(\frac{\mathrm{d}c_{\mathrm{i}}}{\mathrm{d}x}\right)_{x=0} \tag{1-60}$$

由于对流作用，除了电极界面很薄的液层可以认为是静止不动的以外，扩散层的其余区域同时存在扩散和对流的传质过程（忽略电迁移时）。定义不考虑对流作用的扩散层等效厚度为

$$\delta=\frac{c^{\mathrm{B}}-c^{\mathrm{S}}}{\left(\frac{\mathrm{d}c}{\mathrm{d}x}\right)_{x=0}} \tag{1-61}$$

在一般情况下，很难严格区分对流和扩散这两种传质过程的作用范围，因为总是存在一段两种传质过程交叠作用的空间区域。我们可以设想一种理想的实验装置，如图 1-18 所示。在图示的情况下，扩散传质区（简称“扩散区”）和对流传质区（简称“对流区”）可以截然分开。与此同时，我们还假设溶液中存在大量惰性电解质，因此可以忽视电迁移传质作用。

在图 1-18 中，电解池由容器 A 及侧方长度为 l 的毛细管组成，两个电极则分别装在毛细管末端和容器 A 中。由于采用了搅拌设备，可以认为容器 A（对流区）中各物种浓度分布均匀，又由于溶液的总体积较大，因此，只要电解持续的时间不太长，可以近似地认为容器 A 中反应粒子 i 的浓度（c_{i}）不随时间变化，即恒等于初始浓度 $c_{\mathrm{i}}^{\mathrm{B}}$。与此相反，可以认为毛细管中液体总是静止的，因而其中仅存在扩散传质过程。

设通过电流时反应粒子 i 能在位于毛细管末端的电极上作用，则该电极附近将出现 i 粒子的浓度极化，并不断向 x 增大的方向发展。但是，由于对流区中的传质速率很快，出现浓度极化的空间范围不会超过 l。当体系达到稳态后，在扩散途径中每一点的通量都相等。这就是说，沿着 x 轴，对于每一个垂直于 x 轴的平面来说，各个瞬间自右方扩散进来的物质 i 的量应与向左方扩散出去的物质 i 的量相等。因为只有这样才能保持相应于各个平面的浓度不随时间改变而处于稳态。如果 D_{i}是不随 x 改变的常数，根据式（1-59），此时应有 $\frac{\mathrm{d}c_{\mathrm{i}}}{\mathrm{d}x}=$常数，这意味着毛细管内反应粒子 i 的浓度 c_{i}是随着 x 值线性的变化的，如图 1-19 所示。毛细管内的浓度梯度为

$$\frac{\mathrm{d}c_{\mathrm{i}}}{\mathrm{d}x}=\frac{c_{\mathrm{i}(x=l)}-c_{\mathrm{i}(x=0)}}{l}=\frac{c_{\mathrm{i}}^{\mathrm{B}}-c_{\mathrm{i}}^{\mathrm{S}}}{l}$$

即该理想实验装置中的毛细管长度相当于普通电极表面的滞流层厚度，亦即扩散层的有效厚度 δ，代入式（1-60），得相应的稳态扩散电流密度 i

$$i=nFD_{\mathrm{i}}\frac{c_{\mathrm{i}}^{\mathrm{B}}-c_{\mathrm{i}}^{\mathrm{S}}}{l} \tag{1-62}$$

当 $c_{\mathrm{i}}^{\mathrm{S}}\rightarrow 0$（称为“完全浓度极化”），$i$ 将趋近于最大极限值，这一极限电流密度值习惯上称为“极限扩散电流密度”（i_{d}），

$$i_{\mathrm{d}}=nFD_{\mathrm{i}}\frac{c_{\mathrm{i}}^{\mathrm{B}}}{l} \tag{1-63}$$

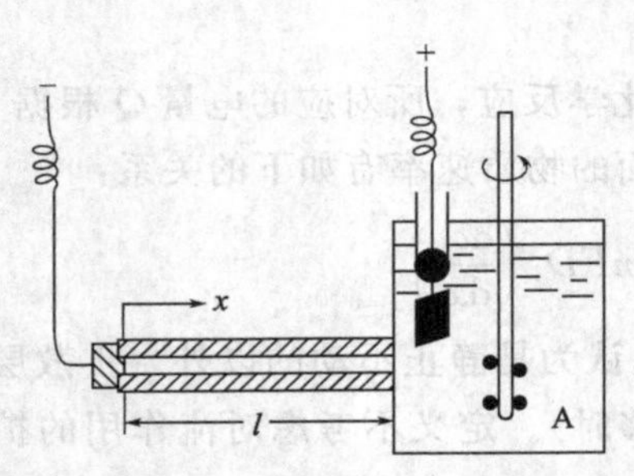

图 1-18 理想的稳态扩散实验装置

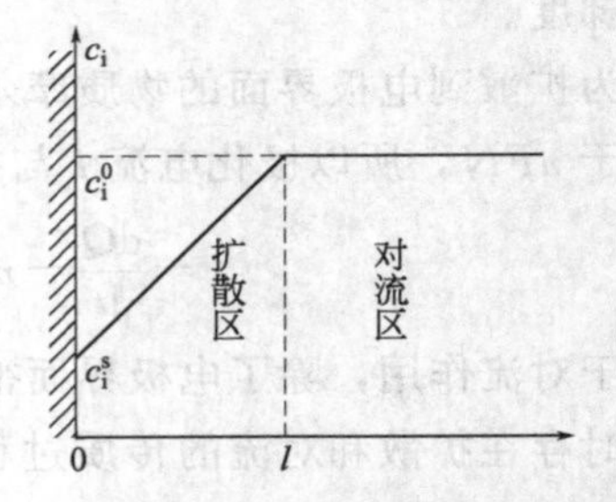

图 1-19 图 1-18 所示装置中电极表面反应粒子的浓度分布

将式（1-63）代入式（1-62），可得

$$c_i^S = c_i^B\left(1-\frac{i}{i_d}\right) \tag{1-64}$$

式（1-62）和式（1-64）适用于电极反应的反应物。对于电极反应的产物，它们应为

$$i = nFD_j\frac{c_j^S - c_j^B}{\delta} \tag{1-65}$$

$$c_j^S = c_j^B\left(1+\frac{i}{i_d}\right) \tag{1-66}$$

这里 i_d 是设想电极反应逆向进行时的极限电流，且取正值。

对于简单反应

$$O + ne^- \rightleftharpoons R$$

设氧化态 O 和还原态 R 均可溶，当电子传递过程达到平衡时

$$\varphi_e = \varphi^{\ominus\prime} + \frac{RT}{nF}\ln\frac{c_O^S}{c_R^S} \tag{1-67}$$

假定反应开始前，溶液内部没有产物 R，即 $c_R^B=0$，由式（1-65）可得

$$c_R^S = \frac{i\delta_R}{nFD_R} \tag{1-68}$$

对于反应物 O，由式（1-62）、式（1-64）有，

$$c_O^S = \frac{i_d\delta_O}{nFD_O}(1-i/i_d) \tag{1-69}$$

将式（1-68）、式（1-69）代入式（1-67）中，得

$$\varphi_e = \varphi^{\ominus\prime} + \frac{RT}{nF}\ln\frac{\delta_O D_R}{\delta_R D_O} + \frac{RT}{nF}\ln\frac{i_d - i}{i} \tag{1-70}$$

当 $i=\frac{1}{2}i_d$ 时，式(1-70)右边第三项为零，这种条件下的电势称为半波电势，即

$$\varphi_{1/2} = \varphi^{\ominus\prime} + \frac{RT}{nF}\ln\frac{\delta_O D_R}{\delta_R D_O} \tag{1-71}$$

稳态扩散时，δ_O 和 δ_R 均为常数，多数情况下，D_O、D_R 随 c_O 和 c_R 的变化很小，也可以视作常数，因此半波电势与物质浓度无关，只取决于反应物和产物的特性，这一点已经广泛用于无机离子的电化学分析中。因溶液组成与浓度在一定程度上对形式电势、扩散系数有影响，所以在具体的分析中要标明基底溶液的组成和浓度。

1.4.2 非稳态扩散

电极表面上稳态传质过程的建立，必须先经历一段非稳态阶段。通过研究非稳态扩散过程可以进一步认识建立稳态扩散过程的可能性以及所需要的时间，还可以直接利用非稳态过程来实现电化学反应或研究电极过程。

分析非稳态扩散过程时，首先要找到非稳态浓度场的表示式，即各处粒子浓度随时间的变化，这就是 Fick 第二定律

$$\frac{\partial c}{\partial t}=D\ \nabla^2 c$$

上式中 ∇^2 是 Laplace 算符 $\frac{\partial^2}{\partial x^2}+\frac{\partial^2}{\partial y^2}+\frac{\partial^2}{\partial z^2}$。对于平面电极而言，Fick 第二定律可表述为

$$\frac{\partial c_i(x,\ t)}{\partial t}=D_i\ \frac{\partial^2 c_i(x,\ t)}{\partial x^2} \tag{1-72}$$

式（1-72）是一个二阶偏微分方程，因此只有在确定了初始条件及两个边界条件后才具有具体的解。一般求解时，常作下列假定：

① D_i＝常数，即扩散系数不随粒子的浓度改变而变化；

② 开始电解前，扩散粒子完全均匀地分布在液相中，此即为初始条件，即

$$c_i(x,\ 0)=c_i^B \tag{1-73}$$

③ 距离电极表面无穷远处始终不出现浓度极化，这可以作为边界条件之一，可以认为

$$c_i(\infty,\ t)=c_i^B \tag{1-74}$$

该条件不应只理解为只有在溶液体积为无限大时才能实现，事实上，只要液相的体积足够大，以致在非稳态扩散过程实际进行的时间内，在远离电极表面的液层中不会发生可察觉的浓度极化，就可以采用式（1-74）。这种条件常称为“半无限扩散条件”。“半”无限扩散是指扩散只在“电极/溶液”界面的溶液侧进行。

另一个边界条件取决于电解时在电极表面上（$x=0$）处所维持的具体极化条件。正是由于这一条件的不同，电极表面附近液层中的非稳态扩散过程才具有不同的形式。在这里，只给出电极界面区不同时间反应粒子的浓度分布示意图（图 1-20），具体的推导及函数表示式见第 4 章相关章节内容。

以上考虑的是仅存在一维浓度差的简单情况，对于各方向都存在浓度差的情况，Fick 第一定律可写为

$$J_i=-D_i\left[\left(\frac{\partial c_i}{\partial x}\right)\boldsymbol{i}+\left(\frac{\partial c_i}{\partial y}\right)\boldsymbol{j}+\left(\frac{\partial c_i}{\partial z}\right)\boldsymbol{k}\right] \tag{1-75}$$

式中，$\boldsymbol{i}$，$\boldsymbol{j}$ 和 $\boldsymbol{k}$ 分别为 x，y 和 z 方向上的单位向量。

对于任意几何形状的电极，Fick 第二定律的一般式为

$$\frac{\partial c_i(r,\ t)}{\partial t}=D_i\ \nabla^2 c_i \tag{1-76}$$

式中，∇^2 为拉普拉斯算符。表 1-5 给出了各种几何形状的电极对应 ∇^2 的形式。

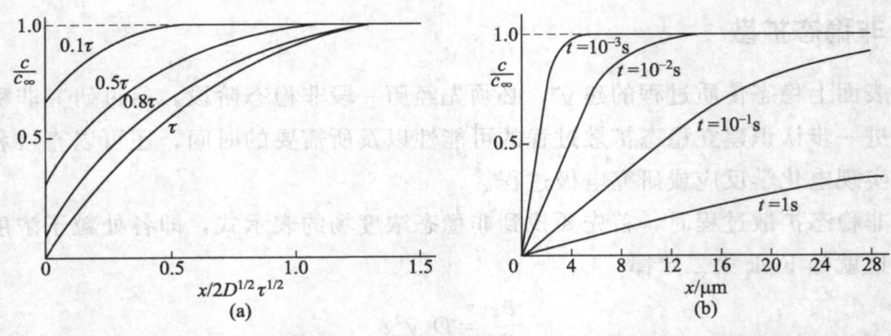

图 1-20 电极表面附近粒子浓度在电流阶跃(a)和电势阶跃(b)不同时间后的分布情况

表 1-5 各种几何形状的电极对应的拉普拉斯算符的形式

类型	例	变量	∇^2
线性	平板盘电极	x	$\partial^2/\partial x^2$
球形	悬汞电极	r	$\partial^2/\partial r^2+(2/r)(\partial/\partial r)$
圆柱形(轴向)	丝状电极	r	$\partial^2/\partial r^2+(1/r)(\partial/\partial r)$
圆盘①	镶嵌圆盘超微电极	r,z	$\partial^2/\partial r^2+(1/r)(\partial/\partial r)+\partial^2/\partial z^2$
带状②	镶嵌带电极	x,z	$\partial^2/\partial x^2+\partial^2/\partial z^2$

① r 为从圆盘中心所测的径向距离，z 为到圆盘表面的法向距离；

② x 为带平面上的距离，z 为到带表面的法向距离。

1.5 电极过程动力学

1.5.1 极化条件对电极过程动力学的影响

众所周知，电极过程是复杂和多步骤的过程，因此，极化类型也有许多种。对于只有四个基本步骤（电荷转移步骤，双层充电步骤，离子导电步骤和反应物、产物粒子的传质步骤）的电极过程，共有三种类型的极化：电化学极化是电子得失迟缓而造成的，电化学极化过电势用 η_e 表示；浓度极化是由反应物、产物粒子的传质迟缓而造成的，这种传质迟缓多数情况下取决于粒子扩散速率，浓度极化过电势用 η_c 表示；电阻极化主要是溶液对离子导电的阻力而造成的，其过电势用 η_Ω 表示，η_Ω 的实质是电解质的欧姆压降。

通电时，所测得电极电势的变化，一般包括三部分，即电化学极化过电势，浓度极化过电势，电阻极化过电势，可表示为：$\eta=\eta_{界}+\eta_\Omega=\eta_e+\eta_c+\eta_\Omega$。

1.5.1.1 浓度极化和电化学极化共同控制下的电极过程

为了便于讨论，假定电化学反应为简单的电荷传递反应，

$$\mathrm{O}+ne^-\rightleftharpoons\mathrm{R}$$

当电极发生还原反应时，η 为阴极过电势，$\eta=\varphi_e-\varphi$，由式（1-54）有

$$i=i^0\left[\exp\left(\frac{\beta nF\eta}{RT}\right)-\exp\left(-\frac{(1-\beta)nF\eta}{RT}\right)\right] \tag{1-77}$$

式（1-77）只考虑了电化学极化，而尚未考虑浓度极化。考虑浓度极化时，$\vec{v}$ 和 $\overleftarrow{v}$ 应

该分别乘上校正因子 c_O^S/c_O^B 和 c_R^S/c_R^B，则式（1-77）变为

$$i=i^0\left[\frac{c_O^S}{c_O^B}\exp\left(\frac{\beta nF\eta}{RT}\right)-\frac{c_R^S}{c_R^B}\exp\left(-\frac{(1-\beta)nF\eta}{RT}\right)\right] \tag{1-78}$$

对于稳态系统扩散电流密度，由式（1-64）和式（1-66）有

$$\frac{c_O^S}{c_O^B}=1-\frac{i}{(i_d)_O} \tag{1-79}$$

$$\frac{c_R^S}{c_R^B}=1+\frac{i}{(i_d)_R} \tag{1-80}$$

将式（1-79）和式（1-80）代入式（1-78），可得

$$i=i_c-i_a=i^0\left[\left(1-\frac{i}{(i_d)_O}\right)\exp\left(\frac{\beta nF\eta}{RT}\right)-\left(1+\frac{i}{(i_d)_R}\right)\exp\left(-\frac{(1-\beta)nF\eta}{RT}\right)\right] \tag{1-81}$$

上式是同时包括电化学极化和浓度极化的 i-η 关系式，既适用于不可逆电极，也适用于可逆电极，对各种程度的极化（从平衡电势 → 弱极化 → 强极化 → 极限电流）均适用。图1-21描绘了式（1-81）所预测的行为。实线显示的是实际的总电流密度，它是 i_c和 i_a的总和。对于较大的阴极过电势，阳极部分可以忽略，因而总的电流曲线与 i_c重合。对于较大的阳极过电势，阴极部分可忽略，总的电流基本上与 i_a一样。电势从向正负两个方向移动时，电流值迅速增大，这是因为指数因子占主导地位，但对于极端的 η 值，电流趋于稳定。在这些电流保持不变的区域，电流是由物质传递过程所决定的。

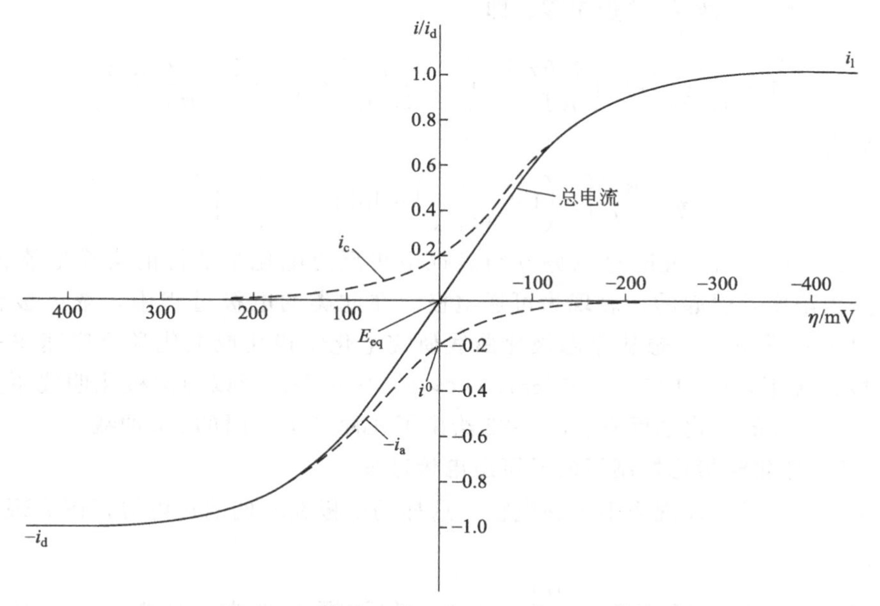

图 1-21 体系 $O+ne^- \rightleftharpoons R$ 的 $i \sim \eta$ 曲线

$\alpha=0.5$，$T=298K$，$c_O=c_R$，$i^0=0.2i_d$

式（1-81）中的 i^0 和 i_d 分别为表示电化学极化和浓度极化的参量。在 $c_O=c_R=c$ 的情况下，

$$i^0=nFk_Sc \tag{1-82}$$

这时的

$$i_{d}=\frac{nFDc}{\delta} \tag{1-83}$$

因此

$$i^{0}:i_{d}=\frac{k_{S}\delta}{D} \tag{1-84}$$

$i^{0}:i_{d}$ 这个比值决定了电极的可逆性。此处“可逆”一词的用法不同于热力学上的用法。这里(以及本书后面多处)电极反应“可逆”是指电荷转移步骤正、反方向的交换速率非常快。一个电化学体系，如果其界面电荷转移步骤总是处于平衡状态，称为可逆(reversible)体系，或称 Nernst 型的体系。可逆体系电荷迁移速率很快(例如 $k_{S}>10^{-2}$ cm/s)，电流的大小由物质传输过程所决定。不可逆（irreversible）或者准可逆（quasi-reversible)表示电荷迁移速率慢($k_{S}<10^{-4}$ cm/s)，电极表面上即使有电化学活性物质存在，也难以完全进行反应。$i^{0}:i_{d}$ 越大，电极的可逆程度越好，当 $i^{0}\rightarrow\infty$ 时，电极电势不会因通过外电流而改变，又称为理想不极化电极。

1.5.1.2 浓度极化控制下的可逆电极过程

当 $i^{0}:i_{d}\gg 1$，即 $k_{S}\gg\frac{D}{\delta}$ 时，由式 (1-81) 有

$$\frac{i}{i^{0}}=\left(1-\frac{i}{(i_{d})_{O}}\right)\exp\left(\frac{\beta nF\eta}{RT}\right)-\left(1+\frac{i}{(i_{d})_{R}}\right)\exp\left(-\frac{(1-\beta)nF\eta}{RT}\right) \tag{1-85}$$

因 $i^{0}\gg i_{d}>i$，故 $\frac{i}{i^{0}}$ 趋近于零，即

$$\left(1-\frac{i}{(i_{d})_{O}}\right)\exp\left(\frac{\beta nF\eta}{RT}\right)=\left(1+\frac{i}{(i_{d})_{R}}\right)\exp\left(-\frac{(1-\beta)nF\eta}{RT}\right)$$

整理后得

$$\eta=\frac{RT}{nF}\left[\ln\left(1+\frac{i}{(i_{d})_{R}}\right)-\ln\left(1-\frac{i}{(i_{d})_{O}}\right)\right] \tag{1-86}$$

由式 (1-86) 可见，此时过电势 η 与表征电极反应电化学活性的交换电流密度 i^{0} 无关，完全是由浓度差引起的，表现为可逆电极。在此类的电极过程中，浓度极化占主导地位，在这种情况下，要想从稳态极化曲线研究电化学极化或电化学反应速率是不可能的。在一般情况下，$\delta=10^{-2}\sim10^{-3}$ cm，$D\approx10^{-5}$ cm^{2}/s，所以稳态极化曲线不宜用于研究 $k_{S}>10^{-2}$ cm/s 的电化学反应。图 1-22 给出了几种 $i^{0}:i_{d}$ 时的 i-η 曲线。

1.5.1.3 电化学极化控制下的不可逆电极过程

当 $i^{0}:i_{d}\ll 1$ 时，表现为不可逆电极。这样的电极在不同的过电势范围表现出不同的极化行为。

① 强极化条件下　当 $\eta\gg\frac{RT}{(1-\beta)nF}$ 时，逆反应可以忽略，即式 (1-81) 方括号内的第二项可略，因此，

$$i=i^{0}\left(1-\frac{i}{(i_{d})_{O}}\right)\exp\left(\frac{\beta nF\eta}{RT}\right) \tag{1-87}$$

两边取对数，经整理后得

$$\eta=\frac{RT}{\beta nF}\ln\frac{i}{i^{0}}+\frac{RT}{\beta nF}\ln\frac{(i_{d})_{O}}{(i_{d})_{O}-i} \tag{1-88}$$

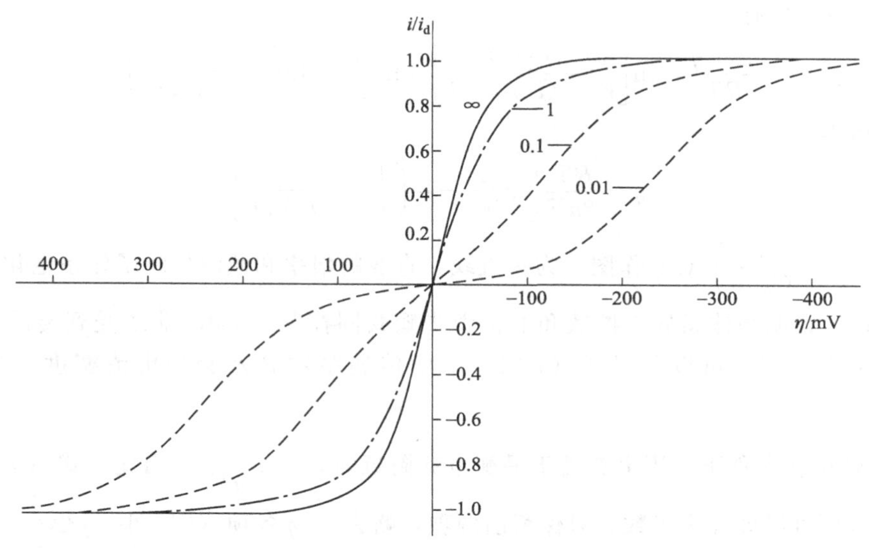

图 1-22　$i^0 : i_d$ 不同时的 i-η 曲线

$\alpha=0.5$，$T=298$K，$c_O=c_R$，$i^0 : i_d$ 的值标在曲线上

式(1-88)的等号右边两项分别表示电化学极化过电势 η_e 和浓度极化过电势 η_c，即

$$\eta_e=\frac{RT}{\beta nF}\ln\frac{i^0}{i} \tag{1-89}$$

$$\eta_c=\frac{RT}{\beta nF}\ln\frac{(i_d)_O}{(i_d)_O-i} \tag{1-90}$$

若 $i \ll (i_d)_O$，由式（1-90）有 $\eta_c \approx 0$，故 $\eta \approx \eta_e$，即

$$\eta=\frac{RT}{\beta nF}\ln\frac{i^0}{i}=\frac{RT}{\beta nF}\ln i^0-\frac{RT}{\beta nF}\ln i \tag{1-91}$$

令 $a=\frac{RT}{\beta nF}\ln i^0$, $b=-\frac{RT}{\beta nF}$，则得

$$\eta=a+b\ln i \tag{1-92}$$

以 $\lg i$ - η 作图，可以得到 Tafel 直线。这种电极的极化行为示于图 1-23，与图 1-22 对比，可以看出 η_e 和 η_c 具有完全不同的特征。一般地，在电流密度较小时以 η_e 为主，在大电流密度时以 η_c 为主，它们变化的规律也不相同。

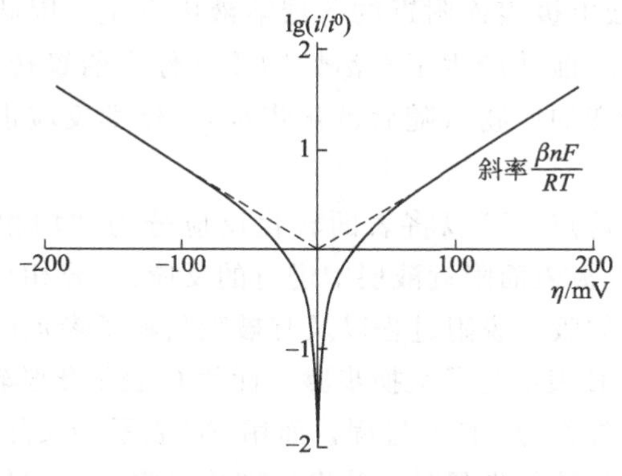

图 1-23　Tafel 曲线的阳极支和阴极支

由式（1-88）有

$$\frac{\beta nF\eta}{RT}=\ln\left[\frac{i}{i^0}\cdot\frac{(i_d)_O}{(i_d)_O-i}\right]=\ln\frac{1}{i^0}-\ln\left(\frac{1}{i}-\frac{1}{(i_d)_O}\right) \tag{1-93}$$

整理后得

$$\eta=\frac{RT}{\beta nF}\left[\ln\frac{1}{i^0}-\ln\left(\frac{1}{i}-\frac{1}{(i_d)_O}\right)\right] \tag{1-94}$$

以 $\ln\left(\frac{1}{i}-\frac{1}{(i_d)_O}\right)$ 对 η 作图，为一直线，直线的斜率和截距反映了体系电化学反应的动力学特征。说明当体系处于扩散和电化学步骤共同控制（Tafel 曲线受到传质过程的影响而变得复杂）时，可以通过式（1-94）求解传递系数 β 及交换电流密度 i^0 等动力学参数。

② 线性极化条件下　当电势处于平衡电势附近时，$\eta \ll \frac{RT}{nF}$，因此，式(1-81)的方括号内的指数项可以展开为级数，只保留前两项，略去 $i\cdot\eta$ 各项（因 i 小，η 也小，$i\cdot\eta$ 就更小，可略）整理后得

$$\eta=\frac{RT}{nF}\frac{1}{i^0}i \tag{1-95}$$

它表明在 φ_e 附近较窄的电势范围内，净电流与过电势呈线性关系。$|\eta/i|$ 有电阻的量纲，常称为电荷传递电阻 R_{ct}（charge transfer resistance）

$$R_{ct}=\left(\frac{d\varphi}{di}\right)_{\eta=0}=\frac{RT}{nFi^0} \tag{1-96}$$

该参数是 i-η 曲线在 $\eta=0$ 处的斜率的倒数，R_{ct}可作为衡量动力学难易程度的参数，可以看出当 i^0 很大时，R_{ct} 接近于零；当 i^0 很小时，R_{ct} 则很大，说明反应难以进行。R_{ct}可以从一些实验中直接得到。

1.5.2 复杂电极过程

迄今为止我们主要讨论电化学步骤和扩散过程的动力学。然而，不少电极反应的历程要更复杂得多。反应粒子的主要存在形式（初始反应粒子）往往并不直接参加电化学反应，而是经过某些转化步骤才形成能直接参加电化学反应的物种。同样，在电化学步骤中形成的初始反应产物也往往要经过一些转化步骤才能形成最终的反应产物。这些转化反应主要在电极/溶液界面上或电极表面附近的薄层溶液中发生，因此称为表面转化步骤。这些反应或是在电化学反应之前并产生了电活性物质（称为前置转化步骤），或是随后于电化学反应并使用电化学转变的产物（随后转化步骤），化学反应也能与电荷转移平行进行（平行转化步骤）。

按照发生转化反应的地点，可以将表面转化反应分为“均相反应”和“异相反应”。“均相反应”是指那些在电极表面附近液层中进行的反应；“异相反应”是指那些直接在电极表面上发生的反应，例如吸、脱附过程以及有被吸附粒子参加的非电化学反应等。

在电化学文献中常用 E 表示电子交换步骤，而用 C 表示化学转化步骤。因此，包含有前置转化步骤的电极过程常称为 CE 型过程，而用 EC 表示涉及随后转化步骤的过程。

当电极过程中存在表面转化步骤时，若表面转化步骤的速率较其他步骤要慢，就有可

能出现由于这一步骤进行得缓慢而引起的极化现象。在极端的情况下，表面转化步骤的速率比 i^0 和 i_d 都小得多，外电流通过时既不出现电化学极化，也不出现浓度极化，却能引起“表面转化极化”。由于表面转化步骤为速率控制步骤而引起的过电势，称为反应过电势。

在这里，我们只考虑一种简单的情况，即电化学步骤是可逆的，所有的均相反应都发生在距电极表面一定距离的反应层中，且假设反应层厚度较扩散层厚度要小得多，两层可以认为是独立的。表面转化反应速率较慢而电化学步骤很快的反应体系，在曲线上会出现一极限电流密度（不是由于扩散引起的）。若表面转化反应发生在电荷转移步骤之前，则该极限电流密度称为极限动力电流密度，若表面转化反应与电荷转移步骤平行进行，则该极限电流密度称为极限催化电流密度。

1.5.2.1 前置转化步骤

溶液相 $A_1 \underset{\overleftarrow{k}}{\overset{\overrightarrow{k}}{\rightleftharpoons}} A_2 \qquad K=\dfrac{\overleftarrow{k}}{\overrightarrow{k}}$

电极 $A_2 \pm ne^- \longrightarrow A_3$

A_2的浓度比不存在化学步骤时的要低，其值与 K 的大小有关。根据曲线上电流的减小［图 1-24(a)］确定 $\overrightarrow{k}$ 和 $\overleftarrow{k}$ 的值。在电势坐标轴上，极化曲线的位置不受均相反应步骤的影响。

1.5.2.2 平行转化步骤

溶液相 $A_1 \underset{\overleftarrow{k}}{\overset{\overrightarrow{k}}{\rightleftharpoons}} A_2 \qquad K=\dfrac{\overleftarrow{k}}{\overrightarrow{k}}$

电极 $A_2 \pm ne^- \longrightarrow A_1$

这是一个催化过程，由于 A_2不断通过平行转化反应得到补充，电流比没有均相反应时的大［图 1-24(b)］。

在 Fe^{3+}/Fe^{2+} 体系影响下 H_2O_2的催化还原反应是均相平行转化步骤的经典例子，其反应式为

电极反应 $Fe^{3+} + e^- \longrightarrow Fe^{2+}$

液相反应 $Fe^{2+} + \dfrac{1}{2}H_2O_2 \underset{\overleftarrow{k}}{\overset{\overrightarrow{k}}{\rightleftharpoons}} Fe^{3+} + OH^-$

在这个例子中，虽然 H_2O_2/H_2O 电对的热力学平衡电势很高，但是由于H_2O_2直接在电极上还原时需要很高的活化能，因此在 Fe^{3+}/Fe^{2+} 体系的平衡电势附近实际上不可能发生 H_2O_2的直接还原。

1.5.2.3 随后转化步骤

电极 $A_3 \pm ne^- \longrightarrow A_1$

溶液相 $A_1 \underset{\overleftarrow{k}}{\overset{\overrightarrow{k}}{\rightleftharpoons}} A_2 \qquad K=\dfrac{\overleftarrow{k}}{\overrightarrow{k}}$

化学步骤减小了电极表面 A_1 的量，所以导致伏安波更负（氧化反应）或更正（还原反应）。电势的移动［图 1-24(c)］与均相反应动力学直接相关。

当金属电极在含有配合物的溶液中发生阳极溶解时，往往先生成的是一些配位数较低

的配离子，然后通过随后转化反应生成最稳定的配离子。

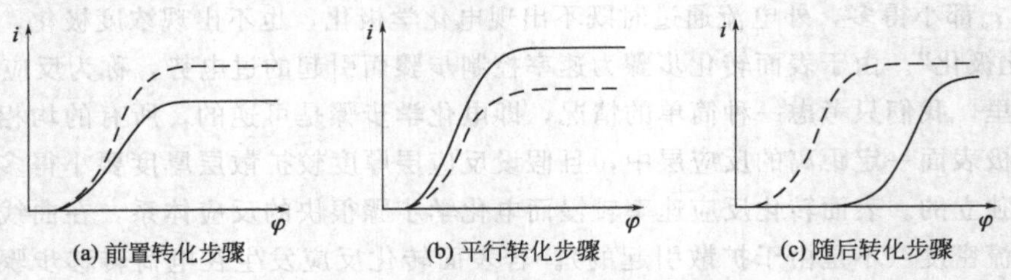

图 1-24 均相化学反应对电极反应的影响
虚线表示不含均相步骤；实线表示含均相反应

对表面转化步骤的深入研究表明，若电极过程仅由表面转化步骤控制，其他步骤均处于平衡，则整个过程的动力学仍可用式（1-77）来表示，只是其中传递系数的数值及物理意义有所改变，详细推导可参考文献［1,2］。

除了上述均相化学反应外，在实际电极体系中，也经常有涉及表面吸脱附过程的异相转化步骤。当多电子反应过程中包含有这些转化步骤时，反应过程的特征、各步骤的动力学信息的求解及控制就更加复杂。

因为改变速率控制步骤的速率就可以改变整个电极过程的速率，所以在电极过程中找出它的速率控制步骤，显然是一个很重要的任务。也只有通过实验才能解决这个问题。首先要通过实验对每个单元控制步骤的动力学特征分别进行研究。采取措施使电极过程中其他步骤都远比需要研究的步骤容易进行，或者是使其他单元步骤的影响变成已知的，可以定量地修正它对我们需要研究的步骤的干扰。这样就可以研究出某一单元步骤的特征和影响这个步骤的各种因素。应当注意，当电极过程受到几个步骤共同控制时，其过电势并不等于这几个步骤独自作为控制步骤时所得出的各个过电势的总和。

在电化学反应的动力学研究中，我们已经掌握了反映各单元步骤的动力学特征参量后，可以把由实验得到的需要研究的电极过程动力学特征加以分析。例如极化曲线上有极限电流，表明浓度极化是由于慢的扩散或化学反应所引起的。极限扩散电流取决于流体动力学条件，而极限动力电流不是这样，可以以此来区别这些过程。极限动力电流有高的温度系数，因为化学反应速率常数随温度而强烈的变化一般比扩散系数的变化还要大。如果控制步骤是电子转移步骤，电流达不到极限值，而主要是取决于电极电势。

参考文献

［1］Tao Ma，Qun Fan，Xin Li，et al. Graphene-based materials for electrochemical CO_2 reduction［J］. Journal of CO_2 Utilization，2019，30：168-182.

［2］Jiao Deng，Jesus A. Iñiguez，Chong Liu. Electrocatalytic nitrogen reduction at low temperature［J］. Joule，2018，2（5）：846-856.

［3］Jian Wang，Kwun Yu Lam，Mattia Saccoccio，et al. Ca and In co-doped $BaFeO_{3-\delta}$ as a cobalt-free cathode material for intermediate-temperature solid oxide fuel cells［J］. Journal of Power Sources，2016，324：224-232.

［4］Muhammad Shirjeel Khan，Seung-Bok Lee，Rak-Hyun Song，et al. Fundamental mechanisms involved in the degradation of nickel-yttria stabilized zirconia（Ni-YSZ）anode during solid oxide fuel cells operation：A review［J］. Ceramics International，2016，42（1）：35-48.

[5] Wu Haoqing. The electrochemical intercalation of into oxides of non-layered structured. ISE 33rd Meeting，France 1982，Extended Abstracts：347-349.
[6] 吴浩青. 在 Li-TiO_2 中的嵌入反应 [J]. 化学学报，1982 (40)：201-210.
[7] 何涛，吴浩青. 四元尖晶石相 Li-M-Mn-O（M＝Ni，Cr，Mo，V）嵌入电极的研究 [J]. 化学学报，1999，57：653-658.
[8] 莫里森 R. 半导体和金属氧化物的电化学 [M]. 吴辉煌译. 北京：科学出版社，1988.
[9] Rüdiger Memming. Semiconductor Electrochemistry [M]. 2nd Edition. Wiley-VCH，2015.
[10] V S Bagotsky. Fundamentals of Electrochemistry [M]. 2nd Edition. Wiley，2006.

第2章

电化学测量基础知识

电极电势、通过电极的电流是表征总的、复杂的、微观电极过程特点的宏观物理量。复杂电极过程包含的许多步骤随着条件的变化或增强、或减弱、或成为决定总过程的控制步骤，或降为不影响总过程的次要步骤，它们的变化都要引起电极电势、电流或两者同时变化。在经典电化学的测量中，我们基本上就是通过测量电极过程中各种微观信息的宏观物理量（电流、电势）来研究电极过程的各个步骤。

大多数研究工作都遵照一定的程序进行，大致如下：

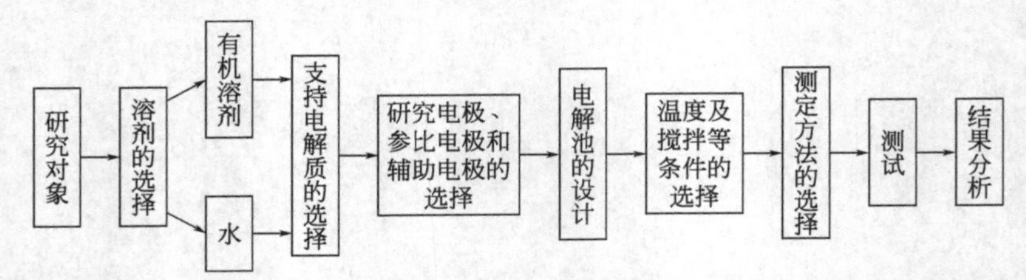

电化学测量是应用电化学仪器给研究体系（电解池）施加一定的激励，并检测其响应信号，对实验数据进行分析，从而达到研究体系的动力学规律的目的。在此过程中，电解池设计和装置、电极及其准备、溶液和除氧以及电化学测量技术的基础知识是所有电化学实验者必须熟悉和掌握的。本章将着重在实验应用和实验技能方面对上述有关问题进行介绍。

2.1 电极电势与测量体系

2.1.1 电极电势

电极和溶液界面双电层的电势为绝对电极电势，直接反映了电极过程的热力学和动力学的特征，可是绝对电极电势无法测量，因为人们无法单凭一个电极进行电极电势的测量，而必须用两个电极，用测量电池电动势的方法测量电极电势。这样测得的电极电势称作相对电极电势。

相对电极电势，通常称为电极电势。按照 1953 年 IUPAC（国际纯粹化学与应用化学联合会）的斯德哥尔摩惯例，（相对）电极电势的定义如下：若任一电极 M 与标准氢电极组成无液体接界电势的电池，则 M 电极的电极电势即是此电池的电动势，其正负号与 M

电极在此电池中的导线的极性相同。

例如：

$$\mathrm{Pt},\ H_2(101.325\mathrm{kPa})\mid H^+(a_{H^+}=1)\parallel Zn^{2+}(a_{Zn^{2+}}=1)\mid Zn$$

其电动势 E 即是锌的标准电极电势 $\varphi^{\ominus}_{Zn^{2+}/Zn}$

$$E=\varphi^{\ominus}_{Zn^{2+}/Zn}=-0.763\mathrm{V}\qquad(25℃)$$

按照这一国际惯例，在原电池表达式中，以标准氢电极为负极(左端，发生氧化反应)，以欲测电极为正极(右端，发生还原反应)，则此电池的标准电动势就是欲测电极发生该还原反应的标准电极电势。在上例中，锌的标准电极电势为−0.763V，相应的电极反应为 $Zn^{2+}+2e^-=Zn$ 。显然，按照此惯例，标准氢电极的电极电势为 0。附录给出了一些电极反应的标准电极电势。由于它和自由能相关，因而标准电极电势值为计算平衡常数、配位常数和溶度积提供了方便的手段。

由于氢电极需要高纯的氢气，且在使用上不方便，所以经常采用另一些较方便的电极作为比较标准，如甘汞电极、银-氯化银电极、汞-氧化汞电极等。这些电极的电势都已经测量或计算得知。测量电极电势所用的作为参照对象的电极称为参比电极。测量电极电势时，把参比电极和被测电极组成电池，用高内阻电压表测量该电池的开路电压，此开路电压即为被测量电极相对于这一参比电极的电势，正负号与被测电极在电池中的极性相同。因为参比电极的电势是已知的，所以被测量电极的电势就可以计算得到。

在电化学研究中，往往需要的参数是电极电势的变化值，或几个电极的电极电势的相对值，而不需要知道该电极相对标准氢电极的电极电势值。为了使用的方便，常常采用相对于某参比电极的电极电势的表示法，如用 $\varphi_{\mathrm{vs.\ SCE}}$ 表示相对于饱和甘汞电极（saturated calomel electrode）的电极电势。在有机电解液中用 $\varphi_{\mathrm{vs.\ Li/Li^+}}$ 表示某电极相对于同溶液中 Li 电极的电极电势。如果要强调某电极电势相对于标准氢电极电势，则可以用 $\varphi_{\mathrm{vs.\ SHE}}$ 表示。这里应该指出，严格地讲，目前只公认 $\varphi_{\mathrm{vs.\ SHE}}$ ，但是，为使用方便，还常常采用 $\varphi_{\mathrm{vs.\ SCE}}$ 之类的表示式以表示相对某参比电极的电势。此外，因测量电极电势实际上是测量被测电极和参比电极间的电势差，故还常常用 V 或 E 表示电极电势，如 $V_{\mathrm{vs.\ SCE}}$ ，$E_{\mathrm{vs.\ SHE}}$ 等。

由上述可知，测量电极电势实质上是测量电极和氢标电极（或者其他参比电极）所组成的原电池的电动势。其简单电路如图 2-1 所示。

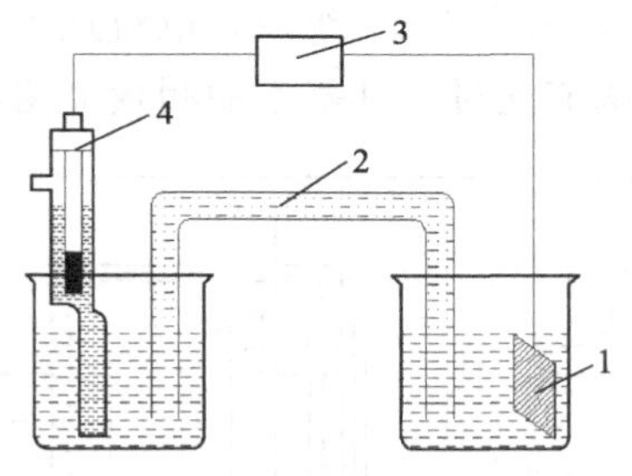

图 2-1　测量电极电势的电路

1—研究电极；2—盐桥；3—测量电动势的仪器；4—参比电极

如图 2-1 所示的电池电动势即为待测量电极即研究电极相对于某参比电极的电势。该电池的电动势为

$$E=\left|\varphi_{测}-\varphi_{参}\right|\tag{2-1}$$

实际采用的电路是测量该原电池的路端电压 V_{AB}，知道

$$V_{AB}=|\varphi_{测}-\varphi_{参}|-i_{测}R_{测}-|\Delta\varphi_{极}| \tag{2-2}$$

式中，$i_{测}$ 为测量回路流过的电流；$R_{测}$ 为测量回路的欧姆电阻，它是电子导体和溶液对电流的阻力；$\Delta\varphi_{极}$ 为由于电化学反应的迟缓和扩散过程的迟缓而造成的电极的极化。显然只有满足下列条件

$$i_{测}R_{测}=0 \text{ 且 } \Delta\varphi_{极}=0$$

才会使得 $V_{AB}=E$。实质 V_{AB}绝对等于 E 是不可能的，但只要 $i_{测}$、$R_{测}$、$|\Delta\varphi_{极}|$ 足够小，以致使 V_{AB}与 E 的差别小于某允许值，就可以认为 $V_{AB}=E$。在一般的电化学测量中，允许这种差别小于 1mV。

引起式（2-2）第二、三项的原因是通过的电流 $i_{测}$。由图 2-1 可知：

$$i_{测}\approx E/(R_{AB}+R_{测}) \tag{2-3}$$

其中，R_{AB}为测量电动势仪器的内阻，当 $R_{AB}\gg R_{测}$时

$$i_{测}\approx E/R_{AB}$$

测量回路的电流取决于测量仪器的内阻 R_{AB}，R_{AB} 越大，$i_{测}$越小。大多由金属、溶液构成的测试体系内阻较小，通常不超过 $10^4\,\Omega$，即一般的电化学测量中要求 $R_{AB}>(10^6\sim10^7)\Omega$ 即可。

对于控制研究电极电势的仪器，同样道理也要求控制电势仪器的输入电阻足够高，以便保证控制电势的精度。

可逆电池电动势的测定有多方面的应用，根据测定数据计算化学反应的热力学函数变化值（ΔH、ΔS、ΔG），化学反应的平衡常数，电池的标准电动势及标准电极电势，电解质溶液的离子平均活度系数，难溶盐的活度积和弱酸的解离平衡常数，溶液的 pH 值，溶液中离子的迁移数和反应速率常数等，这部分内容在大多数《物理化学》教材中均有较详细的介绍。

2.1.2 三电极体系

为了测定单个电极的极化曲线，必须同时测定通过电极的电流和电势，为此常用三电极体系。三电极体系由研究电极（work electrode，WE）、参比电极（reference electrode，RE）和辅助电极（counter electrode，CE）组成，电流从工作电极流到辅助电极，独立的参比电极只提供参比电势而无电流通过。其基本的测量电路如图 2-2 所示。

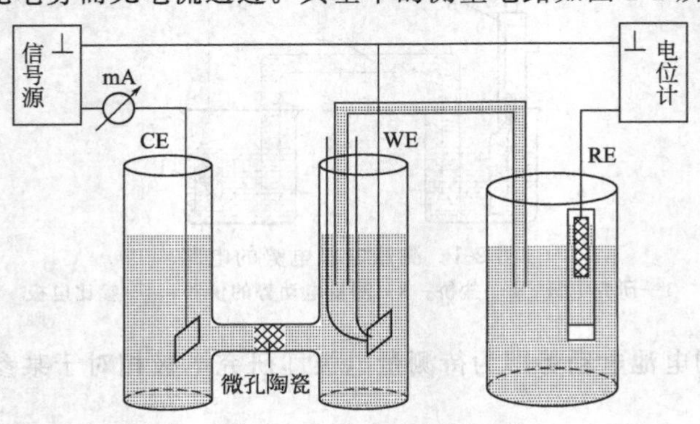

图 2-2　三电极体系的基本电路图

图 2-2 中所画的电解池为 H 型管，这种形式的电解池便于电极的固定。为了防止辅助电极的产物对研究体系有影响，常用素烧瓷或微孔烧结玻璃板（D）把阴阳极区隔开。

下面对三电极体系中的研究电极、辅助电极和参比电极做一简单介绍。

（1）研究电极　也称工作电极或试验电极。该电极上所发生的电极过程就是我们的研究对象。因此要求研究电极具有重现的表面性质，包括电极的组成和电极的表面状态等。电化学研究中应用较广的研究电极有固体金属电极、液体金属电极以及碳电极等。

（2）辅助电极　也称对电极。它只用来通过电流以实现研究电极的极化。研究电极表面发生阴极还原时，辅助电极表面发生氧化反应；而研究阳极过程时，辅助电极则为阴极。在电化学测量或生产中为了保证研究电极表面各处电流密度相同，要求辅助电极能为研究电极表面提供均匀的极化强度，这对辅助电极的形状、几何大小、安放位置等多方面提出了要求。在电化学研究中，辅助电极的有效面积一般比研究电极大，这样就降低了辅助电极上的电流密度，使其在测量过程中基本上不发生极化，因而常用铂黑电极作辅助电极。在某些测量中，辅助电极也可以采用与研究电极相同的材料制作。

（3）参比电极　是测量过程中电极电势的参照标准，具有已知且稳定的电极电势。利用参比电极和待测电极组成电池，测量电池的电动势便可计算待测电极的电极电势。一般对参比电极性能要求比较严格，参比电极是可逆电极，它的电势是平衡电势，符合 Nernst 电极电势公式。

2.1.3 两回路

图 2-3 为图 2-2 的简化示意图。图中 B 表示极化电源，为研究电极提供极化电流；mA 为电流表，用以测量电流；E 为测量电势的仪器。从图 2-2 和图 2-3 可以看出，三电极体系构成了两个回路：一是极化回路（又称电流回路，图中左侧），由辅助电极、研究电极和极化电源构成，它的作用是保证研究电极上发生我们所希望的极化，因此，此回路中有极化电流通过，其极化电流大小的控制和测量在此回路中进行；二是测量回路（又称电势回路，图中右侧），由参比电极、研究电极和电势测量仪器构成，它的作用是测量或控制研究电极相对参比电极的电势。

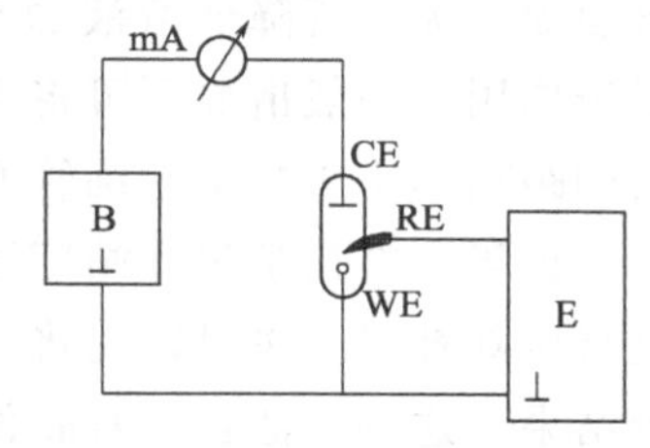

图 2-3　三电极体系示意图

为了提高电势测量与控制的精度，应注意几方面的问题：

（1）参比电极的电势必须稳定，而参比电极电势的稳定性除了取决于它本身的性能外，严格地说还不允许有电流通过参比电极，也就是说测量回路几乎没有电流通过（电流 $<10^{-7}$A），使参比电极不至因电流过大而被极化，从而保证参比电极电势的稳定性。

（2）必须考虑液接电势的消除。在测量电极电势时，参比电极内的溶液常常与被研究体系中的溶液组成不一样。这样当参比电极直接插入研究体系的溶液中时，在两种溶液间就会有一个接界面。接界面两侧由于粒子的扩散速度不同会在接界面上产生电势差，这个电势差就叫液体接界电势。液体接界电势的产生显然对电势测量会带来误差，因此，必须设法消除。这一点在 2.1.1 节中介绍的电极电势的 IUPAC 定义中也强调了。消除液体接界电势最理想的办法是使参比电极溶液与被测体系的溶液相同，这时便不存在液体接界电势的问题。为了尽量减小液体接界电势通常采用盐桥。常见的盐桥是一种充满盐溶液的玻璃管，管的两端分别与两种溶液相连接。通常盐桥做成U形状，充满盐溶液后，把它置于两溶液间，使两溶液导通。在盐桥内充满凝胶状电解液，也可以抑制两边溶液的流动。

（3）必须尽量减小或消除溶液的欧姆压降。由图2-2和图2-3可见，在三电极体系中同属于两回路的公共部分除研究电极外，还有盐桥端口（鲁金毛细管口）至研究电极表面之间的溶液，这部分溶液有电阻，其电阻用R_S或R_Ω表示，R_S两端的电压降常称为溶液的欧姆压降（或称溶液电阻压降，ohmic drops），这部分压降是电势测量或控制时的主要误差来源。在测量回路中，由于$i_{测}$很小（$<10^{-6}$A），由测量回路的电流造成的压降$i_{测}R_S$极小，完全可以忽略不计。在极化回路中，由于研究电极的外加电流密度将会在R_S上产生一可观的电压降，即溶液电阻压降，这一压降附加在被测的电极电势上，造成被测电势的主要误差。例如，在中等极化电流密度下，$i=10\text{mA/cm}^2$，鲁金毛细管离电极表面距离$l=0.5\text{cm}$，溶液电阻率为$20\Omega\cdot\text{cm}^2/\text{m}$，则研究电极表面溶液电阻压降$\Delta\varphi=10\text{mA/cm}^2\times0.5\text{cm}\times20\Omega\cdot\text{cm}^2/\text{m}=100\text{mV}$，可见误差是相当大的，对于电势控制和测量是不能容许的。图2-4是阳极钝化曲线，由于溶液的欧姆压降引起了极化曲线的歪曲（虚线），可以看出电流越大（活化电流峰处），偏差越大。溶液的欧姆电势降对Tafel直线段、三角波电势扫描曲线在大电流区域有明显歪曲。在方波电势试验中，由于电势突跃时双电层充电电流很大，溶液欧姆电势降很大，使真正的电势偏离了方波形状。所以，在电势的精确测量和控制中，必须尽量减少溶液的欧姆电势降。

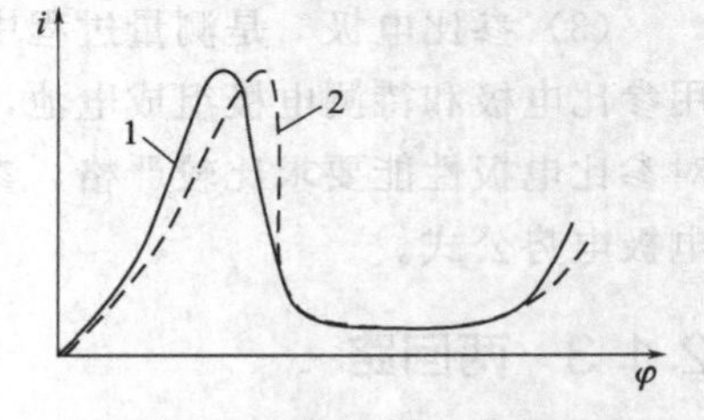

图2-4　阳极钝化曲线
1—真实的曲线；
2—受溶液欧姆压降歪曲的曲线

为了减少这种误差，一方面可以通过支持电解质提高溶液导电性，另一方面可使参比电极尽量靠近研究电极表面。为了既降低溶液的欧姆压降，又不产生明显的屏蔽作用，一般情况下可将鲁金毛细管的外径拉到0.5～0.1mm，使其尖嘴离研究电极表面的距离不小于鲁金毛细管的外径。

近年来电化学工作站广泛应用于电化学的研究中，利用电压反馈方法可以对溶液压降进行压降补偿，也可以先将溶液电阻测出来，然后对溶液欧姆压降进行补偿计算以修正测量结果。这些方法在测量软件界面上可以很方便地操作。

当研究电极的面积非常小时，极化回路中的极化电流不足以引起辅助电极的极化，即辅助电极的电势在测量中始终保持一稳定值，此时辅助电极可以作为测量电路中的电势基准，即参比电极。也就是说，当研究电极为（超）微电极时，用两电极体系就可以完成极化曲线的测量。许多有关微电极的研究工作也确实是这样完成的[1,2]。此外，为了方便地控制或测量阴阳极间的电势、电沉积[3]、电致变色[4]等研究中也常常采用两电极体系。

在电化学研究中，如果除了进行电流、电势的测量与控制外，还想检测其他如pH值、Cl^-浓度等信息时，可以采用四电极甚至五电极体系。在电化学微区分析中也经常采用四电极。在电化学扫描探针技术中，除了常规的三电极外，还采用了原子力显微镜探针观察电极表面形貌[5]，或者采用隧道显微镜探针检测隧道电流[6]。扫描电化学显微镜[7-9]则是通过研究发生在探针与基底之间溶液层中的化学反应动力学，研究包括生物对象在内的各种界面的氧化还原活性，分辨不均匀电极表面的电化学活性，甚至可以实现对材料进行微加工。

2.2 电解质溶液

随着电化学科学和技术的发展，研究对象已经由水溶液扩展到有机体系、熔融盐体系和离子液体等。若采取适当的措施，则电化学试验几乎可以在任何介质中进行。实际上，在关于混凝土[10-13]、玻璃[14,15]甚至活体生物中[16]进行的试验已有报道。电化学电解质已从液态扩展到了固态、凝胶态和气态。

固态电解质[17-22]可以分为晶态固态电解质、非晶态固态电解质和聚合物电解质。晶态固态电解质又叫做无机固态电解质、快离子导体以及超离子导体，是一种对某些离子具有选择性的快速传导的电解质。非晶态或者玻璃态固态电解质的结构是高度无序的三维网状结构，易获得较高的室温离子电导率，同时由于其热稳定性高、安全性好、电化学窗口宽等优点成为极具潜力的固态电池电解质材料。无机固体电解质材料体系主要有以下几种：Li_3N、LiPON、钙钛矿结构、钠快离子导体（NASICON）、锂快离子导体（LISICON）及 Thio-LISICON 结构、氧化物、新型硫化物和石榴石结构固体电解质。聚合物电解质是含有聚合物材料且能发生离子迁移的电解质。包括固态聚合物电解质和凝胶态聚合物电解质。二者的主要区别是凝胶态聚合物电解质中加入了液体增塑剂。

为了拓展便携式化学电源的使用温度范围，研究人员使用氟甲烷和二氟甲烷两种气体，把它们制成锂离子电池和超级电容器的电解质[23]。锂离子电池的最低工作温度从−20℃延伸到−60℃，而超级电容器的工作温度从−40℃延伸到−80℃。不仅如此，即使设备回归到正常室温，这些电解质仍然能保持高效的工作状态。

2.2.1 电解质体系用溶剂

溶剂的选择主要取决于待分析物的溶解度以及它的活性。还要考虑溶剂的性质，如导电性、电化学活性。溶剂应不与待分析物反应，也应在较宽的电势范围内不参与电化学反应。溶剂的介电常数是一个重要的参量，介电常数越大，盐在该介质中离解越好，电解质溶液导电性也越好。水的介电常数为 80，0.5mol/L 盐水溶液的电导率可达 10^2 S/cm 量级。对于乙腈和二甲基亚砜等中等介电常数（20～50）的溶剂，则需要大于 1mol/L 的盐才能达到相当的电导率。若用低介电常数的溶剂如四氢呋喃，就要更高的浓度才能获得合适的电导率。

2.2.1.1 水

水是一种很理想的溶剂，大多数的电化学反应均是在水溶液中进行研究的。用作溶剂的水要求是高纯度的水。一般将离子交换水进行蒸馏后使用或者使用二次蒸馏水。纯水几乎是不导电的(电导率 5.49×10^{-8} S/cm)，但用作电解液时需要具有较好的导电性，所以一般在水中加入适量具有离子导电性的支持电解质（supporting electrolyte）。

以水作为溶剂的电化学反应体系中，经常发生水分子或者 OH^- 的氧化、H^+ 还原的背景电化学反应。而且由于该反应物的浓度较大，因此可进行测定的电势区域由以下两个反应所决定。

$$2H^+ + 2e^- \longrightarrow H_2$$

$$H_2O \longrightarrow 1/2O_2 + 2H^+ + 2e^-$$

由 Nernst 方程式可得到这两个反应的平衡电势

$$E_H = E^{\ominus}_{H_2/H^+} - 0.059pH$$

$$E_O = E^{\ominus}_{H_2/H^+} + 1.23 - 0.059pH$$

如果假定氧气和氢气的分压均为 1atm，则有

$$E_H = -0.059pH \tag{2-4}$$

$$E_O = 1.23 - 0.059pH \tag{2-5}$$

式（2-4）和式（2-5）的反应表示了以水溶剂进行研究的理论电势值的上下限。这种电势范围因 pH 值而改变。由式（2-4）、式（2-5）两式得到电势区域如图 2-5 所示。图中的中间区是不产生氧气和氢气的区域，该区域可进行电解液中化合物反应的测定，这个区域叫做水的稳定区域，也称为水的热力学电化学窗，简称电化学窗口或电势窗。

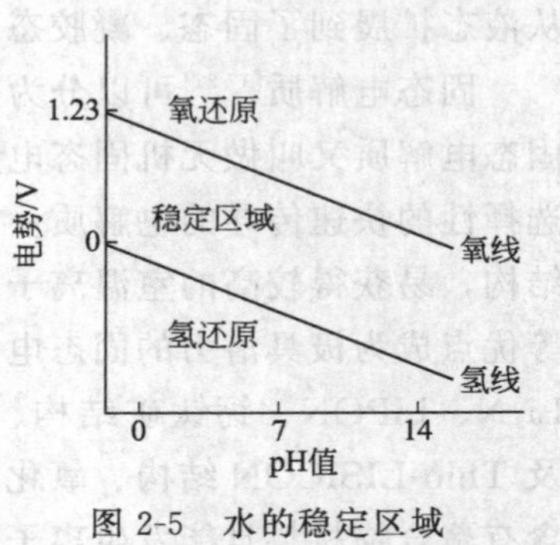

图 2-5 水的稳定区域

但是，实际上产生氢气的还原电势因材料而异。例如铂电极，产生氢气的电势非常接近理论值，而汞电极则高于理论值 1V 以上。产生氢气的实际电势与热力学理论值的偏离值叫做氢过电势。氢过电势的大小就是超过热力学理论值的部分，氢过电势的重要参数是交换电流密度（i^0），若干有代表性的金属的 i^0 列于表 2-1 中。在一定的介质中，i^0 的值越大，氢气越容易产生。

表 2-1 各种金属电极在 1mol/L H_2SO_4 中产生氢气的交换电流密度 i^0 单位：A/cm^2

金属	Pd	Pt	Ir	Ni	Au	W	Cd	Mg	Pb	Hg
$-\lg i^0$	3.0	3.1	3.7	5.2	5.4	5.9	10.8	10.9	12.0	12.3

决定氧化反应区域中氧的产生电势也因金属不同而不同，析出氧的最小过电势（称氧过电势）的准确测定比氢过电势难得多，但从小到大略有以下的倾向：Ni，Fe，Pb，Ag，Cd，Pt，Au。Ni 的氧过电势最小，Ni 的氧化物作为电解水的阳极材料受到了研究人员的很大关注。氢过电势较小的 Pt，其氧过电势却相当大。所以，Pt 以及 Au 经常作为有机物或者无机物电解氧化的研究电极。另外，PbO_2 也经常用作电解的阳极材料。

氢过电势和氧过电势为什么会因金属种类的不同有那么大的区别，其原因和详细的解释尚在研究之中。

2.2.1.2 有机溶剂

因为水是作为溶剂使用的最方便的物质，因此常作为电化学反应的溶剂。但是，进行水溶液电解时，必须考虑到氢气和氧气的产生。最近非水溶剂的电化学，尤其是有机电化学研究日益受到人们的关注。

与水相比，使用有机溶剂具有以下优点：① 可以溶解不溶于水的物质；② 有些反应生成物在水溶液中会和水分子发生反应，但在有机溶剂中可以稳定地存在；③ 能在比水溶液体系具有更大的电势、pH 值和温度范围内进行反应的测定。

作为有机溶剂应具有如下条件：① 可溶解足够量的支持电解质；② 具有足够使支持电解质离解的介电常数（一般希望在 10 以上）；③ 常温下为液体，并且蒸气压不大；

④ 黏度不能太大；⑤ 可以测定的电势范围（即电势窗）大；⑥ 溶剂精制容易，有确定的除水方法；⑦ 价廉易得且毒性小。

表 2-2　列出了铂电极在常见的溶剂中的电势窗。

表 2-2　铂电极在不同溶剂中的电势窗（vs. Fc^+/Fc①）[24]

溶剂	简称	电势窗正端/V	电势窗负端/V	溶剂	简称	电势窗正端/V	电势窗负端/V
水	H_2O	+1.5(1)	−2.4	二甲基亚砜	DMSO	+0.9(2)	−3.9(2)
乙腈	AN	+2.0(4)	−3.1(5)	二甲基酰胺	DMF	+1.3(1)	−3.8(2)
		+2.8(7)	−3.55(6)	碳酸丙烯酯	PC	+2.6(2)	−3.6(5)
硝基甲烷	NM	+2.3(4)	−1.6(4)	四氢呋喃	THF	+1.6(5)	−3.85(5)
		+2.9(7)	−3.0(2)	无水醋酸	HOAc	+2.5(3)	−0.8(3)

① 二茂铁离子/二茂铁参比电极。

注：表中括弧中的数字表示不同的支持电解质，1—$HClO_4$；2—$LiClO_4$；3—$NaClO_4$；4—Et_4NClO_4；5—Bu_4NClO_4；6—$LiClO_4$+LiH；7—Et_4NBF_4。

市售的有机溶剂，即使是特级品也都含有水等各种杂质，因此，使用前必须进行精制。蒸馏是最常用的方法，沸点低的溶剂进行常压蒸馏，沸点高的溶剂在氮气或者氩气等惰性气体下进行减压蒸馏。只用蒸馏不能除去的水和其他的杂质，经常还要把分子筛、P_2O_5、$CaSO_4$、活性氧化铝、KOH、CaO 等加入溶剂中进行搅拌，放置后蒸馏分离。当一次处理不能达到所需要的纯度时，可以重复数次同样的处理。但是，在精馏过程中，有时会发生分解反应或者聚合反应，应加以注意。精制后的溶剂容易再次吸收水分，或因热、光、氧气等而发生分解，或从存储的容器引进杂质。因此，溶剂应当尽量以精制后立即使用为原则。需要保存时，应封入惰性气体，在避免与外气接触的情况下置于冷暗处保存。

2.2.1.3　熔盐和离子液体

熔盐是盐的熔融态液体，对物质有较高的溶解能力，具有良好的导电性能，其电导率比电解质溶液高一个数量级。熔盐可以分为室温熔盐（或称低温熔盐）和高温熔盐。室温熔盐也称为离子液体，是指在室温或接近室温下呈现液态的、完全由阴阳离子所组成的盐。高温熔盐包括熔融无机盐、熔融氧化物、熔融有机物等。

熔盐在电化学工业中有广泛的用途。如今金属铝的生产、稀土金属的制取主要采用熔盐电解方法，其他一些金属如碱金属、碱土金属、高熔点金属的生产也采用熔融盐电解的方法。熔盐在高温电催化、绿色环保电化学制造、热腐蚀、高温电化学抗腐等方面也得到广泛的应用[25-28]。

高温熔盐，简称熔融盐，使用温度在 300～1000℃之间，且具有相对的热稳定性。熔融盐具有较低的蒸气压，特别是混合熔融盐，蒸气压更低。熔盐黏度低且具有良好的化学稳定性。最常见的熔盐是由碱金属或碱土金属与卤化物、硅酸盐、碳酸盐、硝酸盐以及磷酸盐等组成的。

离子液体作为离子化合物，其熔点较低的主要原因是因其结构中某些取代基的不对称性使离子不能规则地堆积成晶体所致。它一般由有机阳离子和无机或有机阴离子构成，常见的阳离子有季铵盐离子、季鏻盐离子、咪唑盐离子和吡咯盐离子等，阴离子有卤素离子、四氟硼酸根离子、六氟磷酸根离子等。研究较多的离子液体通常是由双烷基咪唑或烷基吡啶季铵阳离子与四氟硼酸、六氟磷酸及氯铝酸等酸根离子组成。与普通有机溶剂相比，离子液体具有很宽的电化学窗口、优良的导电性、热稳定性较高、液态温度范围较宽和蒸气压及毒性低等优点，已用于高能量密度电池、光电化学太阳能电池、电镀和超级电容器等领域。

目前熔盐研究最热门的课题之一是用熔盐做电解质的熔融盐燃料电池，金属表面的熔融盐电镀也是近几年发展极为活跃的研究领域。

熔盐的纯度至关重要，且某些盐如 KCl、LiCl 等极易吸水，所以在使用前必须把这些杂质和水除去。氯化物由于其吸水性很强，一般要经过真空处理、通氯气、通氯化氢气进行置换沉淀、过滤、预电解等净化处理。

从安全角度考虑，在熔融盐的使用中应注意以下几个方面：

(1) 避免与水接触。水分进入熔融盐会引起喷溅，大量的水分带进熔融盐中会引起爆炸，特别是 500℃以上的硝酸盐熔体，更具危险性。因此，在熔融盐实验和工业生产中，应避免雨水、潮湿的工具以及带水分的原料。

(2) 在熔盐实验或生产中，要注意反应产物的安全防范。比如在熔盐电解中，通常在阳极上产生气体而在阴极上析出金属，如在氯化镁电解中，阴极上产生易燃的金属镁，阳极上产生有毒的氯气，又如电解生产铝中产生的氟化氢气体和氟盐蒸气是有毒的，须净化处理。

(3) 某些熔盐毒性较大，不能直接进入人体，如氰化物和氟化物等。在高温下易挥发的某些熔盐也要避免进入人体。

(4) 大多数熔盐使用温度高，应做好安全防范措施，避免直接接触或溅洒，防止烧烫伤。特别是静止熔融盐，其表面温度看似很低，但内部温度高达几百上千摄氏度。熔盐还要与可燃物隔离开来，以免造成火灾损失。

2.2.2 支持电解质

通常电极反应都在溶液中进行，为了有效地消除电活性物种传质形式中的电迁移现象，同时也为了能很好地将界面电势差限制在离电极不远处(减小 Ψ_1 效应)，通常需要加入高浓度的惰性电解质，即支持电解质。支持电解质的加入还具有以下几方面的作用：① 增强溶液导电性，减小电势控制或测量中的欧姆压降；② 消除电迁移引起的传质；③ 可以稳定溶液的离子强度，各物种扩散系数可近似视为常数；④ 减小工作电极和对电极间的电阻，以避免过量的焦耳热效应，有助于保持均一的电流和电势分布；⑤ 减小因电活性物质浓度梯度引起的溶液密度差，进而减小对流传质；⑥ 减少恒电势仪的功率要求。

作为支持电解质所应具备的基本条件有：① 在溶剂中要有相当大的溶解度，支持电解质的浓度至少是电活性物种的 50 倍甚至 100 倍，以成为溶液中主要的导电物种，这样就可以近似认为电活性物种的迁移数为 0；② 电势测定范围大，支持电解质在整个试验电势范围内均保持惰性；③ 不与体系中的溶剂或者电极反应有关的物质发生反应，且对电极表面无特性吸附，即不改变双电层的结构。

惰性的支持电解质可以是无机盐、无机酸或缓冲剂。在水溶液中常用的有 KNO_3、Na_2SO_4 等，NO_3^-、SO_4^{2-} 的氧化电势比 H_2O 和 OH^- 的氧化电势正，K^+、Na^+ 的还原电势比 H^+ 和 H_2O 的负，也就是说这些离子的氧化还原电势均处于水的电势窗口的外侧。当需要控制溶液的 pH 值时，常用缓冲体系（如醋酸盐、磷酸盐、柠檬酸盐等）起到双重作用。

有机溶剂中使用的支持电解质和水溶液中使用的支持电解质所要求的条件基本上是一样的，另外，由于支持电解质使用的浓度较高（一般为 0.1mol/L），故对其纯度要求高，尤其是必须充分干燥，不含水分。

各种有机溶剂体系中常用的支持电解质列于表 2-3 中。

表 2-3 各种有机溶剂体系中常用的支持电解质

溶剂	简称	支持电解质
无水乙酸	HOAc	$NaClO_4$，$LiClO_4$
甲醇	McOH	KOH，$KOCH_3$，$NaClO_4$，$NaOCH_3$，LiCl，NH_4Cl，R_4NX
四氢呋喃	THF	$LiClO_4$，$NaClO_4$
碳酸丙烯酯	PC	R_4NClO_4
硝基甲烷	NM	$LiClO_4$，$Mg(ClO_4)_2$，R_4NX，R_4NClO_4
乙腈	AN	$NaClO_4$，$LiClO_4$，LiCl，$NaBF_4$，R_4NClO_4
二甲基酰胺	DMF	LiCl，$NaClO_4$，$NaNO_3$，R_4NX，R_4NClO_4，R_4NBF_4
二甲亚砜	DMSO	LiCl，$NaClO_4$，$NaNO_3$，$KClO_4$，NaOAc，R_4NX，R_4NClO_4

离子液体具有很高的导电性，所以通常情况下不需要支持电解质。目前有越来越多的研究者将部分有机电化学反应置于离子液体中进行研究。氯化物熔盐体系中，多数采用氯化钾作为支持电解质。

在稀溶液中进行电化学测试，支持电解质的加入很有必要，但过量的支持电解质也会带来不良影响，主要有：① 当支持电解质能与电极反应的反应物或产物之间形成离子对甚至配合物时，会导致热力学性质数据如标准电极电势不可靠；② 在有机体系中，支持电解质的加入可能会减小稳定电势窗；③ 在有机体系中溶解度较大的支持电解质常易于和溶剂间形成离子对，并不能起到增大离子强度的作用；④ 支持电解质的使用浓度较高，通常为 0.1mol/L 或 1mol/L，故杂质的影响较明显；⑤ 过量的支持电解质在经济上是一种浪费，尤其是有机体系用的支持电解质价格较高。

2.2.3 溶解氧

当气体和液体相接触时，一部分气体将溶入溶液。溶进气体的量与该气体的分压力、溶液的温度和种类有关。因此敞口放置的电解液（包括非水溶剂）都程度不一地溶有一定量的空气。因为氮气是电化学惰性物质，基本不影响电化学反应。但是氧气具有很强的电化学活性，其本身容易被电解还原生成过氧化物或者水。

在某些电化学研究中，溶解氧将使得电势窗口变小，所以一定要设法把溶解氧从电解液中除去。常采用把电化学惰性气体往电解液中鼓泡的方法以使溶液中氧的分压降低。一般使用高纯度的干燥氮气或者氩气等作为鼓泡的气体。氩气的优点是比空气重，不易从电解液中逃逸出来，有利于在溶液上方形成保护气氛。而氮气较轻，但价格比氩气便宜。往电解液中鼓泡的时间与电解液的量、氮气的通气量、导入气体的口径及形状有关，一般为

10～15min。

测定静止状态下的电流-电势曲线时，一旦把溶解氧除去后，就必须停止向电解液中进行氮气鼓泡。在停止鼓泡期间，要尽量避免空气（氧气）再进入电解液中。应在电解液上方用氮气封住。有时也采用把电解池与附件整体放入装满氮气的箱子中进行试验的方法。

在进行大气腐蚀之类的研究时，溶解氧作为电活性物质则不应该去除。

2.3 研究电极

电化学测量技术强烈依赖于研究电极的材料。研究电极要求有高的信噪比和重现性。电极材料的选择要考虑各个方面的因素：电势窗、电导率、表面重现性、力学性能、成本、可获性、毒性等。

在电化学测定中，最使人们感兴趣的是研究电极表面上所发生的反应。所以，研究电极显得特别重要。根据研究电极的功能可以分为两类：① 以研讨研究电极本身的电化学特性为目的的研究电极，如电池用的锌负极，或者是光照后具有活性的半导体电极等；② 以研究溶解于溶液中的化学物质，或者是从外部导入的某气体的电化学特性为目的的研究电极，即提供电化学反应场所的电极，电极本身不发生溶解反应，所以叫做惰性电极（inert electrode）。

作为惰性电极，最常用的有汞、碳、贵金属（尤其是铂和金）。要求惰性电极在测定电势范围里能稳定地工作，图 2-6 列出了这几种电极在不同溶液体系中的电势窗。同时惰性电极在研究体系中不易溶解或者生成氧化膜，不与溶剂或支持电解质反应；电极表面均一且能够通过简单的方法进行表面净化，有时还要求具有较大的表面积。

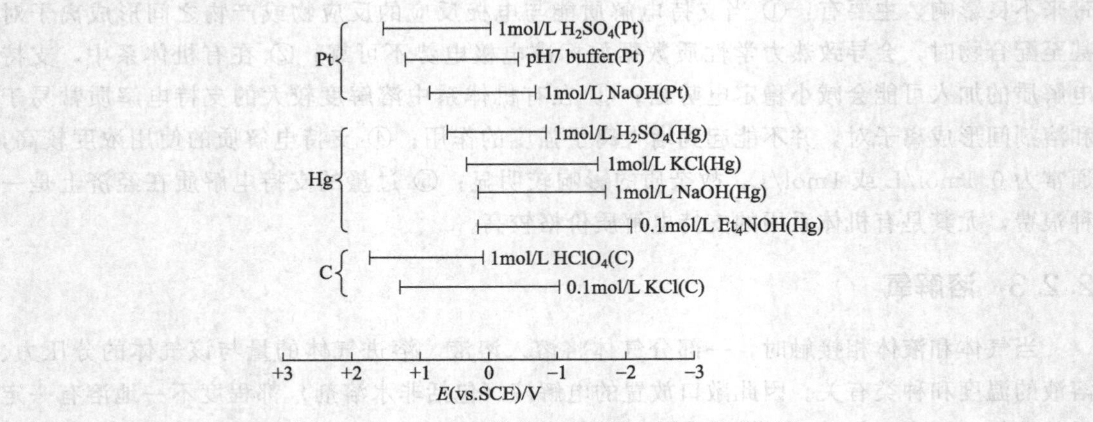

图 2-6 Pt、Hg 和碳电极在各种介质中的电势窗

2.3.1 固体金属电极

固体金属电极的优点：高导电性、低（通常是可以忽略）的背景电流，在强制对流体系中，很容易增加其灵敏度和重现性。可以通过电沉积或化学方法来修饰电极的表面。电极易于制作和抛光。常用的惰性固体金属电极有铂、金、银等，它们的惰性是相对的，在

一定的电势下，金属和水溶液中的氧或氢或非水溶液中的某些组分发生反应。

2.3.1.1 常用的固体金属电极

铂是最常用的一种金属电极材料。因为铂具有电化学稳定窗宽，氢过电势小，而且高纯度的铂容易进行加工等特点。

图 2-7 是铂电极在 0.5mol/L 的 H_2SO_4 溶液中测得的电流-电势曲线。可以看到，铂表面的氧过电势很大，而氢过电势很小。在产生氢气之前有氢离子的吸附峰。阳极扫描时发生氢的氧化和脱附。图 2-6 所示的铂电极的电势窗口是相当宽的，这看起来似乎与图 2-7 不一致。实际上因为吸附反应只进行一层，一般可认为在有吸附电流的电势区间里不会影响测量结果。

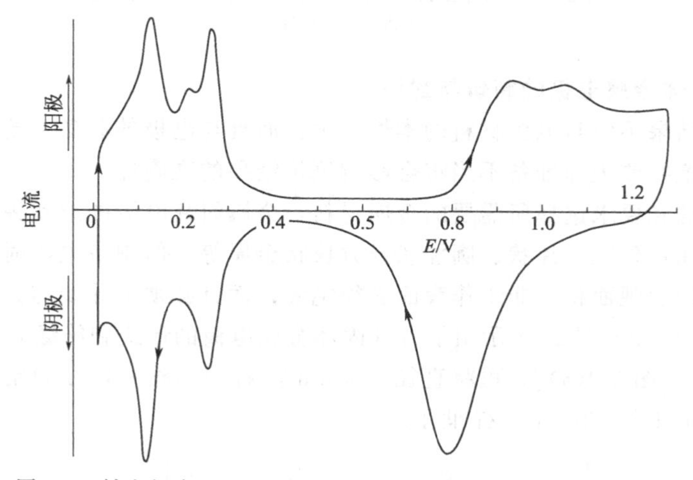

图 2-7 铂电极在 0.5mol/L H_2SO_4 溶液中测得的电流-电势曲线

金和铂一样，是一种经常使用的电极材料。图 2-8 是用电势扫描法得到的金电极的电流-电势曲线。图中不出现氢吸附峰。在 pH 值为 4～10 的范围内，金电极表面的氢过电势为 0.4～0.5V。也就是说，阴极区域电势窗口比较宽是其特征之一。但是，在 HCl 水溶液中，由于生成氯化物的络合物而易发生阳极溶解（$Au + 4Cl^- \rightarrow AuCl_4^- + 3e^-$）。这种由于形成配合物而发生的阳极溶解在含有其他卤素离子或者 CN^- 的水溶液中也会发生。金电极除了上述因形成配合物而溶解之外，另一个特点就是形成薄层氧化膜。

与铂电极相比较，金电极的最大缺点就是难以把金封入玻璃管中，即电极制作麻烦。但是，金比铂更容易与汞形成汞齐。也就是说，可以用金电极测定正侧的电化学反应（阳极），而相同形状的汞齐化的金电极则可以用于观测负电势一侧的还原现象。

Ag、Pd、Os、Ir 等贵金属也经常用作电极材料，特别是 Pd 的氢过电势和 Pt 一样小，而且具有多孔性表面，吸氢容易，用作氢电极非常合适。此外，Ni、Fe、Pb、Zn、Cu 等也经常作为电极材料。按其使用目的可作为电解用电极，特别是电解食盐用电极以及电池用电极。

应用固体电极的一个重要因素是电流响应与电极表面状态之间的关系。所以，为了提高测量结果的重现性，使用该类电极之前，必须进行细致、规范的电极预处理。预处理的流程及其细节依使用的材料而有所不同。

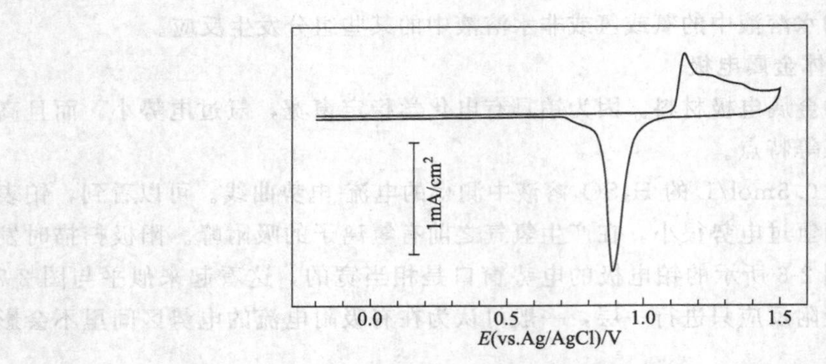

图 2-8 1mol/L H_2SO_4 中金电极的电流-电势曲线

25℃，0.1V/s

2.3.1.2 固体金属电极的制备与封嵌

电化学测试结果不但与电极材料的本性有关，而且与电极的制备、绝缘和表面状态有关。电极制备、绝缘或表面准备不当将会影响测量结果的准确性。

根据实验目的和要求选择所需要的金属材料，金属研究电极的形状视研究的要求可以是各种各样的，如：丝状、片状、圆柱状及方块状金属等，但制备电极时应使电极具有确定的、易于计算的表观面积，非工作表面必须绝缘，而且必须由导线与试样牢固地加以连接作为引出线。图 2-9～图 2-11 示出了各种固体金属电极的形式和绝缘方法。

对于铂丝电极[图 2-9(a)]，可将直径 0.5mm 左右的铂丝一端在酒精喷灯上直接封入玻璃管中，管外留铂丝 10mm 左右即可。

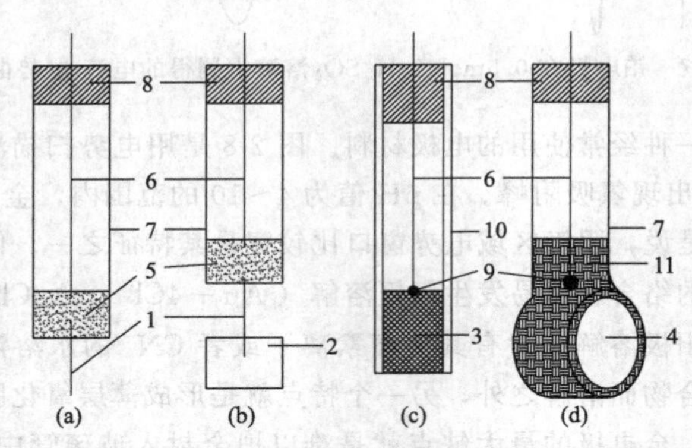

图 2-9 几种简单的固体金属电极形式

1—铂丝；2—铂片；3—圆柱金属；4—方块或圆片金属；5—汞；6—铜丝；7—玻璃管；8—石蜡；9—试样与铜丝的焊点；10—聚四氟乙烯或聚乙烯管；11—过氯乙烯清漆或环氧树脂

对于铂片电极［图 2-9(b)］，可取大约 10mm×10mm 的铂片及一小段铂丝在酒精喷灯上烧红，用钳子使劲夹住，或在铁砧上用小铁锤轻敲，使二者焊牢。然后将铂丝的另一端在喷灯上封入玻璃管中。为了导电，在玻璃管中放入少许汞，再插入铜导线。玻璃管口用石蜡密封，以防汞倾出。铂电极可放在热稀 NaOH 酒精溶液中，浸几分钟进行除油，然后在热浓硝酸中浸洗，再用蒸馏水充分冲洗即可得到清洁的铂电极。

当用金属圆棒作电极时，可在一根聚四氟乙烯棒中心打一直孔，孔的内径比金属棒的直径略小。用力把金属棒插进聚四氟乙烯管中，金属棒一端露出，将此端磨平或抛光作为电极的表面[图 2-9(c)]。这样制得的电极，金属与聚四氟乙烯间密封性良好。特别是由于聚四氟乙烯具有强烈的憎水性，使电解液不易在金属和聚四氟乙烯间渗入。也可将棒状金属电极用力插入预热的聚四氟乙烯或聚乙烯塑料管中，冷却后塑料管收缩，将金属棒封住，将其一端磨平作为电极工作面。聚乙烯管容易软化，其适用温度一般在60℃以下。

对于加工成圆片状或方片状的电极试样（圆片状比方片状电流分布更均匀），可在其背面焊上铜丝作导线，非工作面及导线用清漆、纯石蜡或加有固化剂的环氧树脂等涂覆绝缘[图 2-9(d)]。那种不加绝缘只把金属试样用铂丝悬挂在溶液中的办法是不行的。因为这样容易引起接触电偶腐蚀，而且电流密度分布不均匀。铂丝的导电性好，可能把电流集中在铂丝上。因此，电极的非工作面及引出导线必须绝缘好。用清漆、石蜡绝缘时，强度差，在边角处容易破损或剥落。有时其中的可溶性组分可污染溶液。当绝缘层高出电极的工作面时，在气体析出的情况下易使绝缘层分离，溶液渗入保护层下面，使“被保护的”表面也发生反应，使电极面积难于计算，在阳极极化曲线测定时会由于缝隙腐蚀而产生误差。

一个较满意的绝缘方法是将电极试样封嵌在热固性或热塑性的树脂中。例如将试样加工成圆片状，背面焊上带有聚三氟氯乙烯或聚乙烯管的铜导线，然后把试样和导线放在模子中加入聚三氟氯乙烯粉末，加热到240℃加压成形，就可制得密封性良好的电极(图 2-10)。封嵌后的试样经过打磨[图 2-10(b)、(c)]、抛光、除油和清洗后即可用于测量。

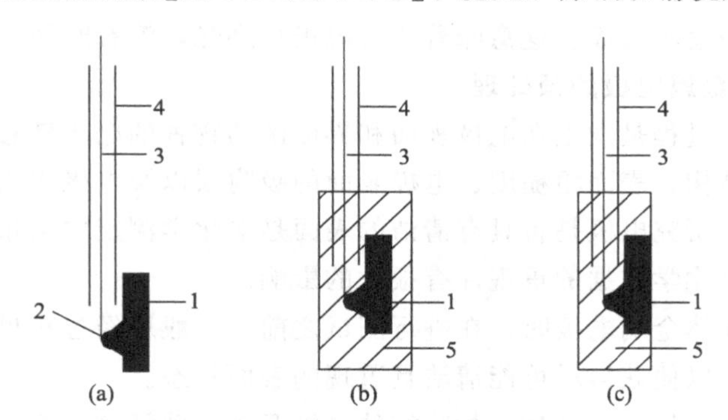

图 2-10 电极的封嵌方法

1—试样；2—焊接点；3—铜导线；4—聚三氟氯乙烯或聚乙烯管；5—由聚三氟氯乙烯粉末热压成的绝缘层

将电极试样浇铸在加有固化剂（如多烯多胺或乙二胺等）的环氧树脂中进行封嵌时，树脂可在室温下固化成型。但由于环氧树脂固化后收缩，在磨去封嵌材料露出电极表面后，在金属与绝缘层之间存在微缝隙，在阳极极化期间会发生缝隙腐蚀，使实验产生误差。

另一种满意的封装方式是将电极试样紧紧压入内径略小于试样外径的聚四氟乙烯套管中；或者使用热收缩聚四氟乙烯管，当套入电极试样后，加热使聚四氟乙烯管收缩，紧紧裹住电极。还有一种绝缘封装技术是压缩密封垫法，如图 2-11 所示。由于聚四氟乙烯在压力下可变形，将其加工成垫片(图中 2)，圆柱形试样(1)的一端加工有带螺纹的盲孔，将螺杆(7)一端拧入，用另一端的螺母(6)通过垫片(4，5)和厚玻璃管(3)把聚四氟乙烯垫片与试样压紧；又由于聚四氟乙烯具有强烈的憎水性，使溶液不能渗入其间，试样的周围和底面皆为工作面。

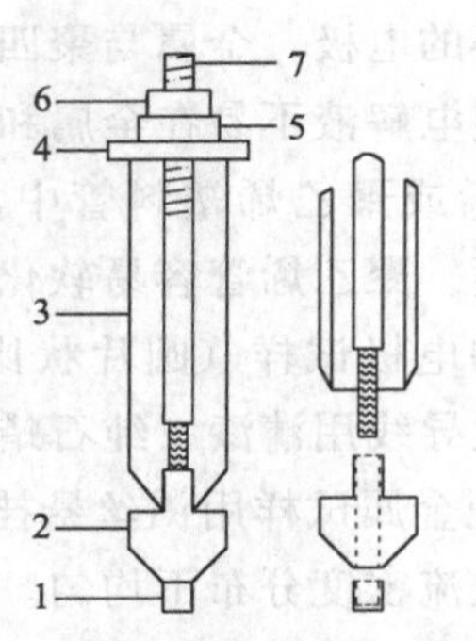

图 2-11　压缩密封垫法封嵌电极

1—电极试样；2—聚四氟乙烯密封垫；3—厚玻璃管；
4—聚四氟乙烯垫圈；5—金属垫片；6—紧固螺母；7—金属螺杆

压缩密封垫法原为圆柱状试样设计的，在腐蚀的电化学研究中很适用。特别对诸如Al、Ti及其合金，由于表面膜的存在，难于焊接引出导线，用这种封装和引线方式很合适。这种方法也可用于片状电极，这需要预先把试样封嵌在绝缘材料中。

究竟采用哪种电极绝缘技术，主要取决于绝缘材料在实验介质中的稳定性、绝缘的可靠性及对测量结果的影响。由于金属与塑料的膨胀系数不同，建议电极在不用时应保存在密闭的玻璃管中，置于恒温水浴中，且其温度应与其使用温度相同。否则，过一段时间后，电极表面与外壳会不共面。这意味着要对电极再磨光，浪费时间且耗费电极材料。

2.3.1.3　固体金属电极的预处理

电极反应的基本过程是发生在电极表面和界面区的物种的电子转移。该异相过程的动力学受电极的微观结构、表面粗糙度、电极表面的吸附层以及电极表面存在的官能团的性质等多方面的影响。研究电极是否具有清洁的表面是电化学测定中最重要的问题。电极表面状态的重现性对电化学数据的重现性有很大的影响。

当研究电极为固体金属电极时，在进行测试之前，一般应经过机械处理、化学处理和电化学处理等步骤，以便获得尽可能清洁且重现的表面状态。

(1) 固体金属电极的机械处理。封装好的电极要用细砂纸打磨光亮。磨光的程序是首先使用从粗到细的砂纸逐级打磨，然后使用抛光粉逐级抛光，直到电极表面没有划痕为止。常用抛光的物质有金刚砂、抛光膏或抛光喷剂。抛光的时间依电极表面的状态而定，一般为30s至几分钟不等。抛光后，需要使用合适的溶剂（氧化铝抛光件用蒸馏水洗，金刚砂则用甲醇或乙醇洗）洗去电极表面残留的抛光粉，一般是用溶剂直接喷淋电极表面。对于用氧化铝抛光的电极，还需在蒸馏水中超声处理几分钟，以彻底清除表面的氧化铝颗粒。如果是在做一系列实验的时候，每次实验后要重复最后一个步骤的抛光。

(2) 固体金属电极表面的化学处理。固体金属电极表面的“清洁”程度对其电化学行为有很大的影响。电极试样特别是易钝化的金属，除了在预处理过程中可能会产生氧化膜之外，打磨好的试样在空气中停放也会形成氧化膜，对电化学测量也有影响。因此经过磨光、抛光后的电极还要进行除油和清洗处理。除油多用有机溶剂，如甲醇、丙酮等。Pt电极常用王水和热硝酸进行清洗，Au因易溶于王水而多用热硝酸等洗净。

(3) 固体金属电极表面的电化学处理。固体金属电极作为研究电极的最后预处理是在与测定用的电解液相同组成的溶液中做几遍电势扫描。这种预处理通常是开始用阳极极化，然后用阴极极化。在阳极极化处理期间，金属离子或非金属离子都可以从电极上溶解下来，在阴极极化期间，溶液中的电极活性离子可在电极上还原。为了得到最好的效果，预极化处理通常需要进行反复多次，且一般最后一次极化为阴极还原。如铂电极在进行预极化时，阳极极化到析出氧气，阴极极化到产生氢气。这种技术可使电极表面产生重现的清洁表面，它将有很高的催化活性。已发现在酸性溶液中进行阴极极化，可提高铂电极的活性。

有些金属易钝化，抛光后在空气中存放，表面会形成氧化膜，这种膜可以用阴极还原法除去，即将电极阴极极化到刚有氢气析出，持续几分钟或更长的时间即可除去氧化膜。需要注意的是，这种阴极极化不得对测量带来副作用，因为溶液中杂质在电极表面的析出可能引起金属性能的变化。对于黑色金属，由于阴极析出的氢可进入金属中，引起金属性能的变化，所以不宜过分析出氢气。

值得注意的是，某些预处理方法可能引起意想不到的效应。如用氧化硅或氧化铝抛光铁合金表面能引起尖晶石型的表面化合物，而电解抛光，特别是在铬酸溶液中，可形成成分和性质不确定的表面膜。这两种效应都会改变金属的电化学行为。另外，打磨引起的表面划痕的深度和间隔随磨光或抛光处理而不同，这将影响金属的真实表面积。电极进行阳极极化或阳极—阴极极化预处理，在不同条件下，会引起金属表面状态的变化或电势的移动，溶液中的电活性粒子还可能在预极化过程中在电极表面放电。

由于固体金属电极表面容易被污染，因而要求溶液的纯度尽可能提高，以免污染或毒化电极。即使是纯水也含有各种无机和有机杂质，可能吸附在电极表面上并影响其电化学行为。有些实验要求用高纯度溶液，这除了用高纯度的试剂和重蒸馏水配制溶液外，还经常用预电解法净化溶液。

2.3.1.4 金属单晶电极

常规的固体电极是多晶材料，由许许多多不同的小晶面组成。不同取向的晶面其化学和催化性质是不同的，这就意味着表面上各点的反应能力不一样，所观测到的电化学行为只是一个平均结果，不能很好地反映表面原子结构同电化学性质之间的关系。同时常规固体电极的真实表面积不易控制。

金属单晶面具有明确的原子排列结构，是表面科学和异相化学等领域基础研究中的理想模型表面。利用金属单晶面可在原子层次上认识表面结构重构、吸附成键和配位等表面物理化学过程的基本规律。

20世纪80年代初，法国科学家Clavilier等[29]发明了获得结晶金属单晶表面的方法，他们用氢氧焰得到金属单晶表面、氧化脱附表面的杂质并使表面恢复其明确的原子排列结构，然后在超纯水的保护下转入电解液中，成功地解决了电化学研究中表面清洁、结构确定和无污染转移等问题。30多年来，金属单晶表面电化学过程的研究得到了迅猛发展。除了传统的电化学测试外，一些原位光谱和显微方法，如红外光谱（IRS）、表面增强拉曼光谱（SERS）、外延X射线吸收精细结构谱（EXAFS）、原位X射线衍射（XRD）、X射线光电子谱（XPS）、扫描探针显微镜（SPM）等，相继用于单晶金属电极的研究，从而获得了原子和分子层次上的电化学反应规律。

金属单晶电极的制备包括金属单晶的拉制、晶面定向、切割、研磨、回火和表面处理等步骤。对于贵金属单晶电极，可利用Clavilier技术[29]通过定位、切割、抛光等一系列技术制得。文献［30］给出了制备 Pt 的基础单晶电极的详细方法，文献［31］给出了 Pt (111) 电极的简易制作方法。此外，利用物理气相沉积或化学气相沉积技术在硅片、云母等的表面也可获得单晶薄膜。

金属单晶电极在使用之前一般均需进行火焰处理。处理过的 Pt 单晶电极可以用在 H_2SO_4 或 $HClO_4$ 稀溶液中测定的循环伏安标准图，以验证其表面状态。各类金属单晶电极的制备及清洁方法这里不作翔实的介绍，读者可参考万立骏所著的《电化学扫描隧道显微术及其应用》一书[6]。

扫描探针显微镜的出现为固/液界面的研究提供了强有力的原位分析技术，越来越多的研究表明，单晶电极的界面性质取决于它们的表面原子排列结构。通过选取合适的研究条件和实验方法，不仅可以检测和跟踪溶液环境中单晶电极的表面结构及其变化，而且能够根据需要来制备和控制特定原子排列结构的晶面，为在原子层次上研究表面过程和反应规律提供信息。

2.3.2 碳电极

碳电极是指以碳质材料为主体制成的电极的总称。由于其具有低的背景电流和丰富的表面，且成本低，化学惰性碳基电极广泛用于电化学研究的各个领域[32-34]。

在碳电极表面所观察到的电子转移速率一般低于在金属电极上的数值。碳电极的初始结构和处理过程对表面的反应活性有很大的影响。常用的碳电极材料均具有六元芳香环的结构，且均为 sp^2 方式成键，但电极表面的边角和平面的相对密度（含量）不同。对电子转移和吸附而言，取向边角的活性较石墨基平面更高一些。对于一个既定的氧化还原体系，表面具有不同的边角/平面比的电极体现出不同的电子转移机理。同时，边角取向性强的电极其背景电流也高。有多种预处理方法可以增大电子转移速率。

碳的类型和预处理方法对电极特性有很大的影响，常用的有石墨电极（graphite electrode)、玻碳电极（glaasy carbon electrode)、碳糊电极（carbon paste electrode)、碳纤维电极（carbon fiber electrode)，还有碳纳米管（Nanocarbon Tube)、富勒烯 (Fullerene)、石墨烯（Graphene）及其衍生物等。碳具有高的表面活性，在碳的表面可以与氢、羟基、羰基和一些醌类成键，这些基团与碳的作用，表明碳电极对酸度变化较敏感。在碳的表面有目的地修饰一些功能基团，能使电极获得一些新的有用的性质，具体详情见第 2.3.5 小节。

2.3.2.1 石墨电极

石墨电极大致可分为两个种类：一种是浸入石蜡的多孔性石墨电极；另一种是用热分解制作的致密性石墨电极。

因为高纯度的石墨是多孔性的，使用时会因浸入电解液或者氧气而影响测定，所以应进行浸石蜡处理后方可使用。这种处理后的石墨电极，虽然具有较大的残余电流但其电势窗也很宽。由于石墨电极表面柔软，用细砂纸擦过后容易得到新的表面，另外，由于含有石蜡，表面具有疏水性，不过，若用含有表面活性剂的水溶液进行处理后可以使其成为亲水性表面。

热解石墨（pyrrolytic graphite，PG）是在高温或减压下，在 2000℃左右的基板上使碳水化合物热分解形成很薄的具有结晶构造的层状物。由此得到的热解石墨呈各向异性，密度比自然石墨略高。因此液体和气体进不去，金属等杂质的混入量比多孔性石墨要少得多。所以，残余电流较小，但液体等容易从层的边缘部分进入层间。所以也应进行浸石蜡预处理。通过研磨或者用砂纸擦也可获得新的表面。如果在加压下高温热处理，热解石墨可以转变成高度有序的热解石墨（high ordedpyrrolytic graphite，HOPG），这种石墨有高的各向异性，并且具有非常好的重现性。因为石墨结构的层间作用力很弱，可以用手工剥离的方法获得新鲜的平整表面。HOPG 电极有不少优点，新鲜的 HOPG 样品制备方便，表面结构确定，不容易被污染。新制得的 HOPG 表面可提供大面积的原子级平滑区域，并在空气和溶液中均相当稳定等。HOPG 经常在电化学理论研究、电沉积、电化学合成、生物电化学过程等的研究中用作基底材料。

2.3.2.2 玻碳电极

将酚醛聚合物或聚丙烯腈，在一定压力下加热到 1000～3000℃在惰性气氛（无 O_2，无 N_2，无 H_2）中碳化可以得到各向同性的玻璃碳。玻碳电极的制备是通过将玻璃碳制成高约 5mm、直径 3mm 的小圆柱体，一端用金相砂纸和碳化硼抛成镜面，用环氧树脂封闭于长 150～200mm，内径约 4mm 的玻璃管末端，玻璃管中放少量汞并用铂丝引出，也可把铂丝用导电胶直接连接在玻碳上。玻碳电极在结构上呈薄的、缠结交错的带状，如图2-12所示。由于它密度大，且孔隙小，所以不需进行浸润处理。

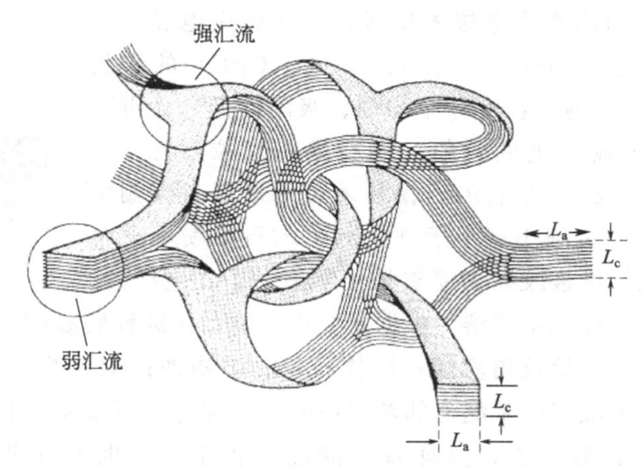

图 2-12 玻璃碳的结构示意图[35]

为了提高固体电极的活性和得到重现性较好的实验结果，实验中通常需要清除表面上玷污或吸附杂质造成的污染。正如大多数固体金属电极表面易生成氧化层一样，碳电极表面发生氧化后，会产生各种含氧基团（如醇、酚、羧基、酮、醌和酸酐等），从而使电极的重现性和稳定性变差，灵敏度下降，失去应有的选择性。因此在使用前需要对玻碳电极进行预处理。

实验时，将直径为 3mm 的玻碳电极先用金相砂纸逐级抛光，再依次用 1.0μm、0.3μm 的 Al_2O_3浆在鹿皮上抛光至镜面，每次抛光后先洗去表面污物，再移入超声水浴中清洗，每次 2～3min，重复三次，最后依次用 1∶1 乙醇、1∶1 硝酸和蒸馏水超声清洗。彻底洗涤后，电极要在 0.5～1mol/L 硫酸溶液中用循环伏安法活化，扫描范围 1.0～−1.0V，反复扫描直至达到稳定的循环伏安图为止。最后在 0.2mol/L KNO_3中记录 1×10^{-3} mol/L $K_3Fe(CN)_6$溶液的循环伏安曲线以测试电极性能，扫描速率 50mV/s，扫描范围 0.6～−0.1V。实验室条件下所得循环伏安图中的峰电势差在 80mV 以下，并尽可能接近 64mV，电极方可使用，否则要重新处理电极，直到符合要求。

玻碳电极具有导电性高、热胀系数小、质地坚硬、对化学药品的稳定性好、气体无法通过电极、纯度高等特点，其性质与热分解石墨电极大致相似。与铂电极相比，具有价格便宜，容易抛光成镜面等特点，所以受到广大电化学工作者的青睐。它最主要的用途是用于沉积过程或是修饰电极的基体。

与玻碳电极相似，但孔隙率高的网玻璃碳（reticulated vitreous carbon，RVC）电极在电化学分析、化学电源、有机电合成、电化学传感器和光谱电化学中应用非常多。在 2200～3000℃下热解聚氨酯泡沫和热固性树脂的混合物可得到强度高、导电性好的 RVC。RVC 是一种海绵状碳材料，这种开孔的网状结构使 RVC 具有极高的比表面积，100ppi (nominal pores per linear inch，每一英寸长度上的孔数）级的 RVC 约有 90%～97%的空体积。

2.3.2.3 碳糊电极

碳糊是由碳粉（或石墨粉）与液体胶黏剂混合而成。将碳糊装入直径约 4.0mm 聚四氟乙烯管或玻璃管内压紧，管子的一端挤出碳糊，在光洁的纸上抛光，经清洗处理即成为电极表面；管子的另一端用导线引出作为电极的接线，即成碳糊电极（图 2-13）。制备碳糊电极（carbon paste electrode，CPE）的碳粉（石墨粉）要达到高化学纯、粒度分布均匀、吸附性低，无电化学活性杂质。常规碳糊电极的碳粉（或石墨粉）粒度在 5～20μm 之间，粒度在 0.2μm 左右的石墨粉才可用来制备碳糊微电极。但炭黑、骨炭或更细小（小于 0.2μm）的石墨粉不适合制备电极。对制备碳糊电极胶黏剂要求是化学惰性、非电活性、挥发性最低以及与检测体系不混溶。根据此要求，能用作碳糊胶黏剂的化合物有乙烷、辛烷、癸烷、十二烷、十六烷及角鲨烷；液体石蜡、矿物油；苯、萘、菲、三甲苯、苯醚、多氟衍生物、硅油、磷酸三甲苯酯，邻苯二甲酸二辛酯等。石墨粉与胶黏剂的比例是每克石墨粉加 0.3～0.5mL 胶黏剂，这样获得的碳糊较干燥，也可以每克石墨粉加 0.5～0.9mL 胶黏剂。因为石墨粉颗粒的大小和胶黏剂的多少直接决定碳糊电极的导电性能和电极表面的微结构。可以通过电化学方法或光学和电子显微镜方法来研究电极表面的微结构。总之，石墨粉和液体胶黏剂的物理、化学性质，它们之间的比例，电极表面的微结构等因素决定碳糊电极的电化学特性。在制备碳糊电极时这些因素要严格控制。

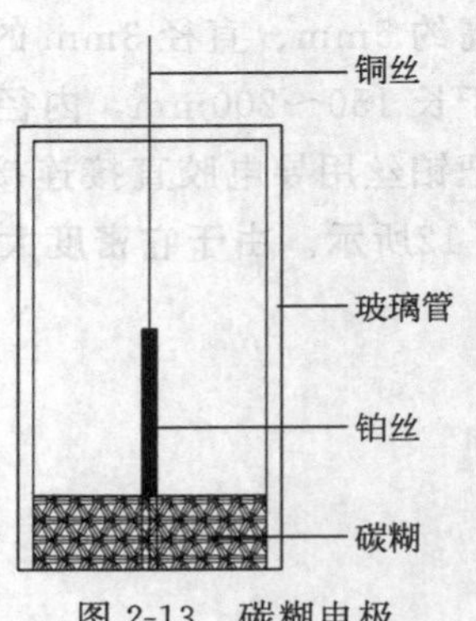

图 2-13 碳糊电极

碳糊电极具有制作简单、重现性好、阳极极化的残余电流小等优点。此外，与铂电极比较，在阳极区具有较宽的电势窗口。这是因为电极本身不会形成氧化膜的缘故。而且，由于电极材料本身较软，所以容易更换新的电极表面。但是，在非水溶液中，某些载体会溶解。

近年生命科学与化学学科的交叉迅猛发展，使研究者对碳糊电极的材料组成、修饰方法的探索产生了极大的兴趣。碳糊电极已从单纯的石墨粉和胶黏剂相混进展为在碳糊中添加特殊成分或以其他方式使其具备某种功能，以改变溶液相中电子转移速度较慢的现象，使电极能以较快的速度定性地、有选择地进行反应，借以提高应用范围和灵敏度，降低背景电流和过电势。同时碳糊电极表面的更新快捷方便，易于后加工，符合新型化学与生物传感器较高的灵敏度、选择性与稳定性要求。经各种修饰后的碳糊电极在分析化学、生物科学、环境化学等领域有着广泛的应用[36,37]。

2.3.2.4 石墨烯电极

石墨烯（graphene）是一种由碳原子以 sp2 杂化方式形成的蜂窝状平面薄膜，是一种只有一个原子层厚度的二维材料，又叫做单原子层石墨。由于其具有优异的光学、电学、力学特性，在材料学、微纳加工、能源、生物医学和药物传递等方面具有重要的应用前景。实际上石墨烯本来就存在于自然界，只是难以剥离出单层结构。石墨烯一层层叠起来就是石墨，厚 1mm 的石墨大约包含 300 万层石墨烯。

2004 年，英国曼彻斯特大学物理学家安德烈·盖姆和康斯坦丁·诺沃肖洛夫，用微机械剥离法成功从石墨中分离出石墨烯。2009 年，安德烈和康斯坦丁在单层和双层石墨烯体系中分别发现了整数量子霍尔效应及常温条件下的量子霍尔效应，他们也因此获得 2010 年度诺贝尔物理学奖。

研究证实，石墨烯中碳原子的配位数为 3，每两个相邻碳原子间的键长为 1.42×10^{-10} m，键与键之间的夹角为 120°。除了 σ 键与其他碳原子链接成六角环的蜂窝式层状结构外，每个碳原子的垂直于层平面的 pz 轨道可以形成贯穿全层的多原子的大 π 键（与苯环类似），因而具有优良的导电和光学性能。

由于其独特的结构特征，石墨烯具有诸多特性。石墨烯的理论杨氏模量达 1.0TPa，固有的拉伸强度为 130GPa；在低温下石墨烯的载流子迁移率高达 $250000cm^2/(V\cdot s)$，且受温度变化的影响较小，50～500K 之间的任何温度下，单层石墨烯的电子迁移率都在 $15000cm^2/(V\cdot s)$ 左右；纯的无缺陷的单层石墨烯的热导率高达 5300W/m·K，是目前为止热导率最高的碳材料，高于单壁碳纳米管（3500W/m·K）和多壁碳纳米管（3000W/m·K）；石墨烯具有非常良好的光学特性，在较宽波长范围内吸收率约为 2.3%，看上去几乎是透明的。

石墨烯的化学性质与石墨类似，石墨烯可以吸附并脱附各种原子和分子。当吸附其他物质时，如 H^+ 和 OH^- 时，会产生一些衍生物，使石墨烯的导电性变差，但并没有产生新的化合物。通过化学反应可以得到石墨烷、氧化石墨烯（grapheneoxide，GO）和氮掺杂石墨烯或氮化碳（carbonnitride）等。利用石墨烯上的双键，可以通过加成反应，加入需要的基团。

石墨烯粉体常见的生产方法为机械剥离法、电化学剥离法、SiC 外延生长法，薄膜生产方法为化学气相沉积法。碳化硅外延生长石墨烯，该方法需在超低真空条件下进行高温处理，成本太高。另一种生产大面积、高质量单层石墨薄膜的方法是化学气相沉积法，它在金属铜或镍的表面高温生长石墨薄膜。氧化石墨烯还原为石墨烯生产石墨烯的过程称为化学衍生法。虽然大量石墨烯的生产可以通过化学衍生来完成，但是用于氧化石墨烯（可以由 Hummer 法或改进的 Hummer 法制备）还原的化学物质会在石墨烯层中添加杂质，并且很难控制石墨烯层。电化学剥脱方法是利用绿色技术生产大规模和层控石墨烯，其原理是基于氧化石墨烯的还原。在室温和常压下将石墨棒作为工作电极直接处理，如将氧化石墨烯在恒定电势（或恒定电流，或电势线性变化等）条件下进行还原反应即得到石墨烯[38]。也可以在离子液体体系中采用电化学剥离法得到石墨烯[39-41]。

著名学术刊物 *Science* 发表了美国加州大学洛杉矶分校段镶锋教授团队的最新研究成果[42]，他们设计了一种三维多孔石墨烯-Nb_2O_5复合电极材料，其中高度联通的石墨烯网络结构具有优异的电子传输特性，而其层次孔结构则促进了离子的快速输运，从而使该材料在接近工业负载量的电极中同时实现了高容量和高功率特性。

随着批量化生产以及大尺寸等难题的逐步突破，石墨烯的产业化应用步伐正在加快。基于世界各国各研究机构对石墨烯的激情投入，石墨烯及其相关制品在传感器、晶体管、柔性显示屏、新能源电池、生物医药等各领域的应用已逐步铺开[43-48]。就电化学工业而言，石墨烯有望在超级电容器、太阳能电池、功能性涂覆层及化学电源如锂离子电池、钠硫电池等领域迅速获得实际应用[49-57]。

固体电极即使是单晶电极也很容易发生吸附沾染，如果被吸附粒子的线性大小为0.5nm，则在$1cm^2$的研究电极表面上形成单分子吸附层只要不到10^{-9}mol的表面活性物质。假定与电极接触的溶液体积为100ml，则只要溶液中存在10^{-8}mol/L的表面活性物质，也可能影响电极反应的进行。为了克服固体电极的这一缺陷，人们在很多要求非常精密的电化学测量中选择汞电极。

2.3.3 汞电极

汞在−39～356℃的温度范围内是液体，且氢过电势大，使其在电化学研究中得到了非常广泛的应用。汞电极有滴汞电极（dropping mercury electrode，DME）、悬汞电极（hanging mercury drop electrode，HMDE）、汞膜电极（mercury film electrode，MFD）、静汞电极（static mercury electrode，SMD）、汞齐电极（amalgam electrode）等多种形式，其中流动型的滴汞电极能经常保持新鲜的电极表面，不受生成物和杂质吸附的影响。因此不必进行电极的磨光或者洗净等前处理。

2.3.3.1 滴汞电极

（1）滴汞电极（DME）的装置。图2-14是最简单的滴汞电极装置，它是将一个装有高纯汞的容器通过一根塑料管与一个很细的毛细管相连。调节储汞瓶的高度，使汞在一定的水银柱压力下从毛细管末端逐滴落下，把悬在毛细管末端的汞滴作为电极。滴汞电极最适当的特性参数大致为：汞柱高度$h=30\sim80$cm，流汞速度$m=1\sim2$mg/s，滴下时间$t_{滴}=3\sim6$s。滴下时间就是滴汞电极从毛细管口开始形成长大到从毛细管口端脱落所经历的时间，也就是滴汞周期。为了得到适当的汞滴大小和滴汞速度，一般地，毛细管长度为5～10cm，外径6～7mm，内径约为0.05mm，毛细管轴与横断面应当垂直。这种毛细管可以购买现成的，也可以用破损的水银温度计（两端不封闭、长度超过15cm）方便地自行拉制。先轻轻敲出管中的汞，然后在喷灯上将管中部烧软，取出拉成毛细管，一般拉长部分约30mm长。与汞电极的电接触是用铂丝插入到毛细管上方的液汞中。

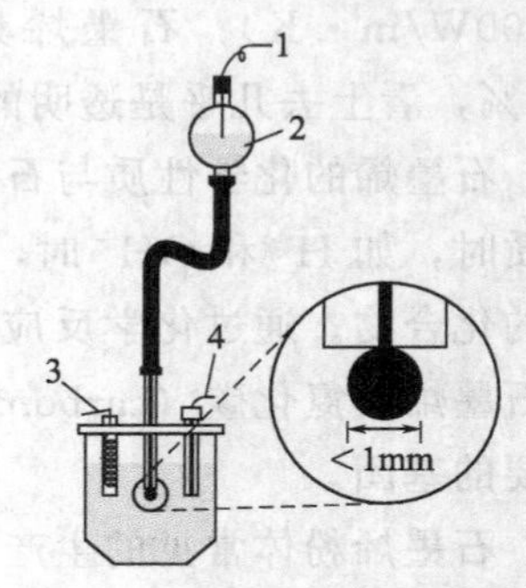

图2-14 滴汞电极装置示意图
1—滴汞电极引线；2—储汞瓶；3—辅助电极；4—参比电极

实验中必须使用高纯汞，滴汞电极中汞的杂质可能引起表面张力的变化，进而阻碍汞滴的下落，同时汞的不清洁很容易使毛细管发生阻塞。在装置滴汞电极时，为了防止电解液吸入毛细管内，在实验开始前，应先将储汞瓶提高到分析时所需的高度，使汞滴正常滴落后，再将滴汞电极移入电解池中，调节滴汞周期。实验完毕后，应先取出并清洗毛细管，然后再降低储汞瓶。若间隔数小时或数天后再进行试验，可将储汞瓶放低至汞慢速滴下（不可停止汞的滴落），汞滴可收集于洁净的三角瓶中，回收再用。这样可以防止由于温差变化使汞收缩而倒吸污物于毛细管内。

若毛细管发生了阻塞，可参照文献［58］给出的方法进行处理。

（2）滴汞电极的特点。与其他金属电极相比，滴汞电极有以下特点。

① 因为汞氢过电势很大，所以汞电极的第一特征是在还原区域的电势窗口范围很宽（如在 1mol/L KCl 溶液中为 ＋0.1～－1.6V）。在非水溶剂体系中应用时，由于溶剂本身不易分解，因此可用来观测各种溶解于体系中的有机化合物还原现象。

② 滴汞电极是液体金属电极，与固体金属相比，其表面均匀、光洁、可重现，比表面积也容易计算。因此在滴汞电极上进行的电极过程重现性好。

③ 滴汞电极除了具有静汞电极的一般优点外，还具有表面不断更新的特点。由于每一汞滴的寿命很短（几秒钟），因而低浓度的杂质不可能在电极表面上引起可观的吸附覆盖。这就意味着对被研究溶液的纯度要求降低了，因而大大提高了实验数据的重现性。另外，由于汞滴不断下落，其表面也不断更新，故不致发生长时间内累积性的表面状况变化，这对提高表面的重现性也是十分有利的。

由于滴汞电极有上述许多优点，使它在电化学研究中得到了广泛应用。早期有关电极表面双电层结构及表面吸附的精确数据都是在滴汞电极上测得的；许多有关电极反应机理的知识也是在滴汞电极上得到的。滴汞电极广泛应用于极谱分析中，还用于研究电极过程的机理研究中。

当然，任何事物都是一分为二。滴汞电极虽具有许多优点，但也存在许多局限性。首先，在滴汞电极上还原组分浓度有一定限制。若组分浓度太小（$<10^{-5}$ mol/L），就会由于电容电流的干扰太大而无法精确测量；若组分浓度较高（＞0.1mol/L），又会由于电流太大而使汞滴不能正常地滴落。其次，在较正的电势下汞本身容易溶解，所以不适合用来观测电解液中化合物的氧化反应。此外，汞电极表面很容易特性吸附含有硫的化合物。某些在汞电极上不易实现的电极过程，如氢的吸附、电结晶过程，就不能用滴汞电极进行研究。由于汞毕竟不是电化学工程中常用的电极材料，目前，汞电极大多作为表面重现性良好的电极而用于基础理论研究。

2.3.3.2 悬汞电极

悬汞电极（HMDE）是一种常用于溶出分析和循环伏安法的电极[59,60]。在这个装置中，特定的汞滴通过垂直的毛细管从储汞瓶中滴落。早期的悬汞电极装置依靠机械的挤压（这种挤压是用微米级驱动的注射器完成的）通过毛细管把汞滴从储汞瓶中挤出。储汞瓶必须完全充满汞，完全排除空气。现代的悬汞电极运用电子控制汞滴的形成，能够保证汞滴大小有相当好的重复性。为了达到这个目的，可以用一个螺线管驱动的阀门迅速地补给汞液，通过控制阀门打开的时间来控制汞滴的大小。当阀门打开时，汞滴在通过宽口的毛细管可以很快长大。阀门开启的时间不同可以产生不同大小的汞滴。因为电化学测试在阀门关闭后进行（即静汞电极），所以由于汞滴生长引起的充电电流可以忽略。包括储汞瓶在内的电极的所有部分都联结成一个紧密的整体。通过控制单向开关，可以将悬汞电极转换成滴汞电极。当使用滴汞电极模式时，它可以使汞滴迅速生长至最后汞滴的大小，达到后表面积是常数。

悬汞电极具有滴汞电极的优点，对于一支良好的悬汞电极，能得到重现性不次于滴汞电极的结果，且构造简单，使用方便。在悬汞电极上呈现的充电电流比在滴汞电极上小得多（通常小 10 倍），这是因为充电电流主要包括两个部分：电极电势的改变与电极双电层电容的乘积和电极双电层电容的改变与其电势的乘积。

$$i_c = \frac{dQ}{dt} = \frac{d(C\varphi)}{dt} = C\frac{d\varphi}{dt} + \varphi\frac{dC}{dt} \tag{2-6}$$

式中，Q 为电荷；C 为电极双层电容；φ 为电极电势；i_c为充电电流。

滴汞电极充电电流 i_c的主要贡献为式（2-6）的第二项 $\varphi\frac{dC}{dt}$，只有在加电压速率很快时才考虑第一项 $C\frac{d\varphi}{dt}$；而悬汞电极的表面积基本上恒定，故 $\frac{dC}{dt}\approx 0$，因此用悬汞电极的单阴极或单阳极过程就可比用滴汞电极灵敏 10 倍以上。

还有联合了滴汞电极和悬汞电极特性的几种电极。有一种应用窄孔毛细管的电极，这种窄孔毛细管可以得到汞滴寿命长达 50～70s 的滴汞电极。另外，应用一个快速响应阀门可以控制汞滴逐渐地长大，这种阀门可以提供很宽范围的汞滴大小。

除了用作滴汞电极和悬汞电极外，液体汞还可以薄膜的形式电沉积在某些固体电极上，以扩大固体电极的阴极惰性电势区，即汞膜电极（MFE）。汞膜电极由覆盖在导电基底上的一层很薄的汞膜（10～100μm）组成。由于金属表面容易形成氧化层且金属和汞易发生相互作用，玻碳电极经常被用作 MFE 的基体，在玻碳电极载体上形成的汞膜实际上是由很多小汞滴构成，这样的膜电极氢过电势比汞高，其背景电流也略高于玻碳电极。MFE 的另一个常用的基体是铱，这是因为铱在汞中的溶解度很低，且和表面的汞膜之间有着良好的附着性。汞膜电极通常是由汞的硝酸盐溶液中阴极沉积得到。例如，在含有 10^{-5}mol/L 的 Hg^{2+} 的 0.1mol/L HNO_3溶液中可以在玻碳电极上沉积出汞，沉积电势为－1.0V（vs. SCE），在搅拌的情况下沉积数分钟即可。其他的固体金属如铜，只需将铜浸入液汞中即可在表面形成汞膜。

2.3.4 微电极

微电极又称超微电极，是指电极的一维尺寸为微米或纳米级的一类电极。当电极的一维尺寸从毫米级降至微米和纳米级时，表现出许多不同于常规电极的优良的电化学特性[61-64]。从电化学测量的角度看，微电极只是一类特殊的工作电极，并非作为一种新的测量方法，但由微电极带来的种种优点对传统的稳态和暂态测量方法都具有重大的革新意义[65-67]。

微电极所构成的电化学系统具有高的稳态扩散速率、小的时间常数和低的溶液电阻压降等特点。

微电极的半径与扩散层的厚度相差不大，在电极的表面能形成半球形的扩散层，非线性扩散（即边缘效应）起主导作用，线性扩散只起次要作用。随着电极半径的减小，扩散传质速率越来越高。以超微圆盘电极为例，半径为 10μm 时，其扩散传质速率与转速为

45rad/s的旋转圆盘电极相当，而当半径为1μm时，其扩散传质速率则与转速为4500rad/s的旋转圆盘电极相当。由此可见，超微电极比常规电极有着更大的扩散传质速率，从而超微电极可获得比常规电极更大的电流密度。许多在毫米、微米级电极上的可逆过程，在纳米电极上会变得不可逆，这就可以无须借助于暂态技术而对快速电极过程和伴随化学反应过程进行研究。微电极传质速率很高，具有较大的法拉第电流 i_F，而其双电层充电电流 i_c 却较小，所以信噪比（S/N=i_F/i_c）较高。

超微电极上小的极化电流降低了体系的 *IR* 降，使之可以用于高电阻的体系中，包括低支持电解质浓度甚至无支持电解质溶液、气相体系、半固态和全固态体系；超微电极上的物质扩散极快，可以用稳态伏安法测定快速异相速率常数；超微电极固有的很小的 *RC* 时间常数使之可以用来对快速、暂态电化学反应进行研究；同时，超微电极小的尺寸确保在实验过程中不会改变或破坏被测物体，使超微电极可以应用于生物活体检测。

根据电极几何形状的不同，微电极可大致分为以下几种类型：微盘电极、微圆环电极、微柱电极、微球电极、微半扁球电极、微带电极、微阵列电极（microelectrode array）及微流动电极和组合式电极等，其中组合式微电极包括对插梳型组合式电极（interdigitaelelctrode array）、丝束电极（wire electrode beam）等。

2.3.4.1 微盘电极

微盘电极因为它的构造和制备相对简单，是实验中最常用的电极。微盘电极的制备通常把细金属丝、碳纤维封入拉制好的玻璃管或嵌入塑料管中，这种导线末端的平面作为电极的表面。图2-15是超微圆盘碳纤维电极的示意图。碳纤维与铜丝焊接，封入玻璃毛细管，露出1cm尖端，在煤气灯下将玻璃毛细管尖端烧融使碳纤维密封于毛细管内，将碳纤维在煤气灯上继续进行火焰蚀刻，可制成如图2-15所示的超微圆盘碳纤维电极，电极尖端直径可达到纳米级[68]。

为了制得圆盘直径非常小甚至达到纳米级，可采用刻蚀-涂层法。该方法先将金属丝用电化学或火焰烧蚀法刻蚀成锐利的尖，然后涂上一层绝缘物，通过升高温度使绝缘层收缩、固化，恰好将金属丝的最尖端露出来。通过一两次重复的涂层和固化操作控制金属丝尖端的活化面积，进而得到预期的电极尺寸。目前，已由该法成功制得尖端直径为纳米级的铂电极、铂铱合金电极、碳纤维电极等。

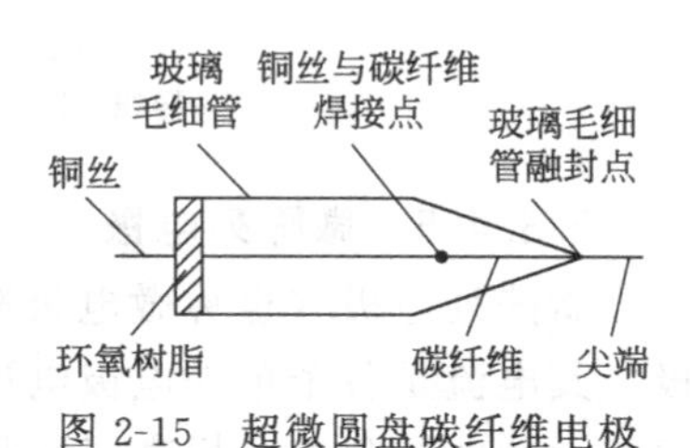

图2-15 超微圆盘碳纤维电极

王赪胤等[69]提出了一种简单制备碳纤维纳米圆盘电极的新方法。将微米级碳纤维经化学刻蚀后，通过多次电化学沉积电泳漆，加热烘烤；然后将完全绝缘的碳纤维电极塑封在聚丙烯膜中，打磨抛光后露出电极表面，制得碳纤维纳米圆盘电极。

2.3.4.2 微柱电极

金属圆柱电极的制备可以参阅圆盘电极，通常以铂丝制作圆柱电极可以采用熔焊法，金丝可以采用温控熔焊或胶粘法，碳纤维可用胶粘法。为了保持电极表面不被污染，可用另一玻璃毛细管充满环氧树脂后，将其尖端与电极毛细管紧靠。利用电毛细管作用注入环氧树脂以达到胶粘的目的。

2.3.4.3 微球电极

在铂盘电极上在一定的电势下可使汞离子还原成金属汞，从而得到球形或半球形、半扁球形电极。铱丝不溶于汞，因此是一种较好的材料，可用于制作半球形汞电极[70]。

2.3.4.4　微圆环电极

贵金属圆环电极通常采用喷镀或溅射镀的方法制得。Andrea Russell 等[71]以金属有机物为原料，在玻璃纤维上涂上金属胶，在 500℃下烘烤 15min，使金的有机物还原成金属金。然后将此玻璃纤维放入吸管或毛细管中，中间用环氧树脂隔开即可。

Ewing 等[72]制成的碳环电极外径为 1～10μm，厚度为 50～100nm，其结构示意图如图 2-16 所示。将直径为 1.3mm 的玻璃管加热拉制成尖端达 1～4μm 的毛细管。将甲烷引入毛细管内，外用本生灯烧，使甲烷热解得到热解碳沉积在管内，呈现光亮的炭黑层。电极的端口充满环氧树脂，固化后进行抛光即可。

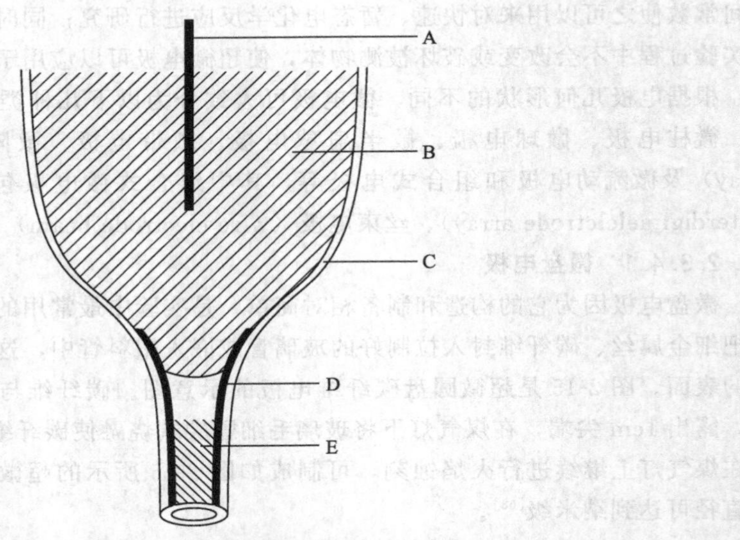

图 2-16　用玻璃毛细管做成的碳圆环电极[72]

A—导线；B—汞；C—玻璃毛细管；D—沉积的碳层；E—环氧树脂

2.3.4.5　微阵列电极

微阵列电极（也称微电极阵列）是指由多个电极集束在一起所组成的外观单一的电极，其电流是各个单一电极电流的加和。这类电极保持了原来单一电极的特性，又可以获得较大的电流强度，提高了测量的灵敏度。超微阵列电极的独特优点使其具有较好的应用前景，已用于流动分析、色谱、电泳的检测器。超微电极阵列常用的制备方法主要是微蚀刻法和模板法。

模板法是以一些具有特定纳米结构的物质作为模板，通过对这些物质的结构进行复制和转录，从而获得具有特定纳米结构材料的方法。然后，对获得的纳米结构材料进行处理进而可以制得纳米微电极。模板法通常又分为电沉积法和化学镀（非电镀）法，即分别采用电沉积法和化学镀的方法在模板上获得特定纳米结构材料。

多孔氧化铝具有垂直于表面、相互平行而分离的纳米孔，且孔的形状、孔径、孔间距和孔深可通过改变电化学氧化条件进行调控，并由此建立丰富的表面微纳结构，如图 2-17 所示[73]。氧化铝常用于制备各种纳米点、线阵列[74-76]。C. R. Martin 等[77,78]在这方面做了大量的开拓性的工作，他们曾分别采用电化学沉积法和化学镀法在聚碳酸酯模板上制备半径为纳米级的铂、金纳米盘阵列电极。

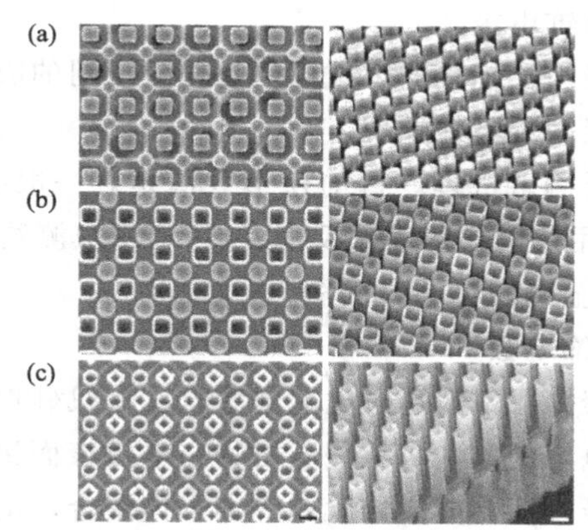

图 2-17 阵列电极的扫描电镜图像[74]
左为俯视图，右为斜视图，图中标尺为 200nm；
(a) 纳米线/纳米线；(b) 纳米线/纳米管；(c) 纳米管/纳米管

2.3.5 化学修饰电极

化学修饰电极（chemically modified electrode）自 1973 年问世以来[79]，发展极为迅速，它已成为近代电化学和电分析化学领域中的一个重要方向。中国科学院长春应用化学研究所的董绍俊先生自 1980 年开始就进行了修饰电极方面的工作，并取得了丰硕的成果，著有《化学修饰电极》[80,81]，该书系统地论述了修饰电极的表面分子设计与制备、修饰电极过程的动力学及修饰电极的应用等内容。

电极化学修饰是在电极表面进行分子设计，将具有良好化学性质的分子、离子、聚合物设计固定在电极表面，使电极具有某种特定的化学和电化学性质，排除非测定物质的干扰，使其高选择地进行预期反应，拓宽微电极的分析领域，提高电极的选择性和灵敏度[82-84]。

进行化学修饰的电极材料一般为碳电极、金属电极和半导体电极。按修饰方法的不同，化学修饰电极可分为共价键合型、吸附型和聚合物型三种。

2.3.5.1 共价键合型修饰电极

这类电极是被修饰的分子与电极表面以共价键形式相连接。修饰的一般步骤为：电极表面预处理（氧化、还原等），然后接上功能团或通过连接剂（如有机硅）再接上功能团。这一类电极较稳定，寿命较长。电极材料有碳材料、金属和金属氧化物电极，以及具有导电性的非金属材料电极等。

共价键合的单分子层一般只有几到几十埃厚，修饰后电极的导电性较好，功能团连接较牢固，但其修饰步骤烦琐、耗时、响应较小。

2.3.5.2 吸附型修饰电极

吸附型修饰电极是利用基体电极的吸附作用将修饰物修饰在电极上的。修饰物通常为含有不饱和键，特别是含有苯环等共轭双键结构的有机试剂和聚合物，因其 π 电子能与电极表面交叠、共享而被吸附，并且吸附强度随苯环数目的增大而加强。例如，8-羟基喹啉玻碳修饰电极的制备，玻碳电极为基体电极，通常先用氧化铝悬浮液抛光，然后依次用稀硝酸、丙酮、蒸馏水超声波清洗，烘干后，在 0.05mol/L 的 8-羟基喹啉的乙醇溶液中浸涂和烘干，即制成吸附型修饰电极。

吸附法制备的修饰电极由于连接的方式仅仅是靠分子间的吸附作用，因此相对于其他类型的电极寿命较短，且吸附层不易重现。

吸附型修饰电极的分析测试机理，目前还不太清楚，一般有如下几种看法：① 利用修饰物的络合反应；② 利用修饰物的催化反应；③ 利用被测物与修饰物间的有机化学反应（如缩合反应）；④利用金属的欠电势沉积。

2.3.5.3 聚合物型修饰电极

聚合物型修饰电极的聚合层一般通过电化学聚合、有机硅烷缩合或等离子体聚合连接而成。电化学聚合是通过电解的方法将某些有机物在电极表面聚合成膜，或者将不溶性的氧化体或还原体沉积在电极表面制成修饰膜；等离子体聚合，则将乙烯基化合物等聚合在电极表面。这种类型的修饰电极由于其聚合物涂层上的电活性或化学活性中心较多，电化学响应较大；聚合物涂层较牢固，寿命较长，而且制备容易。

电极化学修饰是微电极应用与研究的一个重要方面。化学修饰使微电极具有某种特定的化学和电化学性质，排除非测定物质的干扰，使其高选择地进行预期反应，拓宽微电极的分析领域，提高电极的选择性和灵敏度。

2.4 参比电极

参比电极广泛用于电化学测量中，如电极过程动力学的研究，溶液的 pH 值测定，电化学分析、平衡电池研究以及金属腐蚀、化学电源、电镀、电解等各个领域。近年来随着有机电解质溶液体系的电化学氧化还原和熔盐电化学的进展，已经产生了一批适用于有机电解质溶液和熔盐体系的参比电极。参比电极的作用是作为测量电极电势的“参比”对象。用它可以从测得的电池电动势计算被测电极的电极电势。参比电极的性能直接影响着电势测量或控制的稳定性、重现性和准确性。不同的场合对参比电极的性能要求不尽相同，应根据具体测量对象，合理选择参比电极。在电化学测量中一般要求参比电极有如下的性能：

(1) 理想的参比电极是不极化电极。即电流流过时电极电势的变化很微小。这就要求参比电极具有较大的交换电流密度（$i^0 > 10^{-5}\mathrm{A/cm^2}$）。当流过的电流小于 $10^{-7}\mathrm{A/cm^2}$时，电极不发生极化。

(2) 参比电极要有很好的恢复特性。如果参比电极突然流过电流，断电后，其电极电势应很快恢复到原电势值，改变参比电极所处温度，其电势会发生相应的变化；若温度恢复到原先的温度，电极电势也应很快恢复到原电势值，均不发生滞后现象。

(3) 参比电极要有良好的稳定性。温度系数要小，电势随时间的变化小。

(4) 电势重现性好。不同的人或多次制作的同种参比电极，其电势应相同。每次制作的各参比电极稳定后其电势差值应小于 1mV。

(5) 电极的制作、使用和维护简单方便。

如果要准确测量电极电势时，还要求参比电极是可逆的，它的电势是平衡电势，符合 Nernst 电极电势公式。

在快速测量中要求参比电极具有低电阻，以减少干扰，提高系统的响应速度。

2.4.1 水溶液中常用的参比电极

水溶液中常用的参比电极有氢电极、甘汞电极、汞-硫酸亚汞电极、汞-氧化汞电极、银-氯化银电极等，下面分别予以介绍。

2.4.1.1 氢电极

氢电极的可逆性好，电势重现性甚佳。优质氢电极的电势能长时间稳定不变，测量误差不超过 10μV。氢电极的电极反应如下：

$$\text{酸性溶液：} H_2 \rightleftharpoons 2H^+ + 2e^-$$

$$\text{碱性溶液：} 2H_2O + 2e^- \rightleftharpoons H_2 + 2OH^-$$

为了增加吸附效率和电极表面积以减小电极的极化作用，铂电极上需镀以铂黑。然后浸入溶液中通入氢气使氢气对溶液饱和。把镀铂黑的铂电极浸在氢离子的平均活度为 1 的溶液中，通入一个大气压的氢气，人们将这样的氢电极的电势定为 0，称为标准氢电极，作为电极电势的标准。其他情况下可用下式计算其电极电势，

$$\varphi = \frac{RT}{F}\ln\left(\frac{a_{H^+}}{P_{H_2}^{\frac{1}{2}}}\right) \tag{2-7}$$

若氢气的压力是一个大气压，在 25℃ 时氢电极的电极电势为

$$\varphi_{H_2} = -0.059\text{pH} \tag{2-8}$$

由式（2-7）可知，当 P_{H_2} 增加，氢电极电势向负方向移动。设 P 为气压计的读数（mmHg），P_w 是实验温度下饱和蒸汽压力（mmHg），则 $P-P_w$ 为氢的分压。故氢电极的实际电势为

$$\varphi_H = \frac{RT}{F}\ln a_{H^+} + \frac{RT}{2F}\ln\frac{760}{P-P_w} \tag{2-9}$$

当实验时氢的分压不是一个大气压，就必须对氢电极的电势进行校正。表 2-4 为 0～60℃ 时氢电极在各大气压下的电势值。

表 2-4 在 0～60℃ 时氢电极在各大气压下的电势值 单位：mV

大气压(mmHg)	0℃	10℃	20℃	25℃	35℃	40℃	50℃	60℃
720	0.72	0.82	0.99	1.13	1.30	1.52	2.67	4.12
725	0.63	0.73	0.91	1.03	1.20	1.42	2.57	3.99
730	0.55	0.65	0.82	0.94	1.11	1.32	2.45	3.87
735	0.47	0.56	0.73	0.85	1.02	1.23	2.34	3.74
740	0.39	0.48	0.65	0.76	0.92	1.13	2.23	3.69
745	0.31	0.39	0.55	0.67	0.83	1.04	2.13	3.50
750	0.23	0.31	0.47	0.58	0.74	0.94	2.02	3.38
755	0.15	0.23	0.38	0.49	0.64	0.85	1.91	3.25
760	0.07	0.15	0.30	0.41	0.56	0.76	1.81	3.14

注：1mmHg=133.32Pa

氢电极结构示意图见图 2-18。

氢电极不适合用于含强氧化剂的溶液中，如 Fe^{3+}、CrO_4^{2-}、氯酸盐、高氯酸盐、高锰酸盐等，这些物质能在氢电极上还原，从而使电极电势变正。在含有易被还原的物质，如

不饱和有机物，及 Cu^{2+}、Ag^{+}、Pb^{2+} 等离子的溶液中也不适于用氢电极作参比电极，这些物质在氢电极上还原后，使铂黑的催化活性下降。当电势测定的精度要求很高时，必须严格地进行氢压力的校正。另外保证电解液的纯度也很重要，由于铂黑有很强的吸附能力，溶液中某些有害物质如砷化物、硫化物及胶体杂质等吸附到铂黑表面，使其催化活性区被覆盖，从而使氢电极中毒。

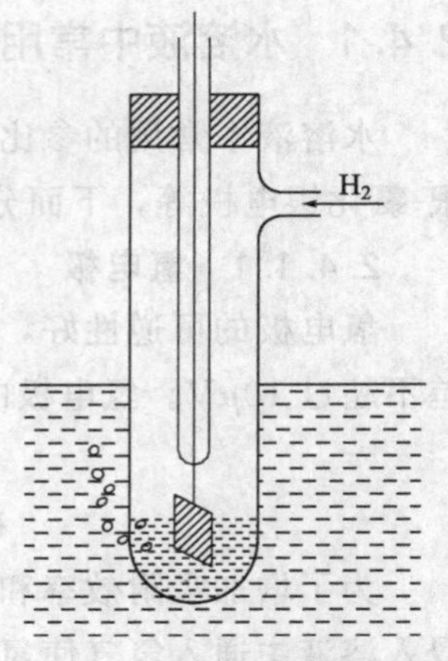

图 2-18　氢电极结构示意图

标准氢电极（normal hydrogen electrode，NHE），也叫做 SHE（standard hydrogen electrode）。参比氢电极（Reference Hydrogen Electrode，RHE）使用具有与测定溶液相同 pH 值的电解液。使用 RHE 时，由于研究电极室和参比电极室使用同一电解液，不用考虑液接电势差，实验上非常方便。实际上从 4mol/L NaOH 水溶液到 17mol/L H_2SO_4 的水溶液范围内均可以使用。但是，当电解液为中性时，必须使用缓冲溶液。这是因为，在不含缓冲剂的溶液中，即使是很微小的电流流过铂黑电极，该表面的 pH 值（OH^- 或者是 H^+ 浓度）也将发生急剧的变化。在没有电流通过的情况下，也会由于溶进 CO_2 而使电解液的 pH 值发生变化，从而直接影响氢电极的电势。

2.4.1.2　甘汞电极

$Hg \mid Hg_2Cl_2\ (s) \mid Cl^-$

甘汞电极（calomel electrode）是最常用的参比电极，它的电极反应为

$$Hg_2Cl_2\ (s) + 2e^- \rightleftharpoons 2Hg + 2Cl^-$$

它的电极电势取决于所使用的 KCl 溶液的活度，其电极电势的表示式为

$$\varphi = \varphi^{\ominus} - \frac{RT}{F}\ln a_{Cl^-} \tag{2-10}$$

式中，$\varphi^{\ominus}$ 为甘汞电极的标准电势，$\varphi^{\ominus} = 0.267V$。甘汞电极中常用的 KCl 溶液有 0.1mol/L、1.0mol/L 和饱和三种浓度，其中以饱和式最常用（使用时溶液内应保留少许 KCl 晶体，以保证饱和）。

甘汞电极的电势随温度升高而降低。不同 KCl 溶液的浓度和不同温度时甘汞电极的电势列于表 2-5 中。通常甘汞电极内的溶液采用饱和 KCl 溶液。这种电极称饱和甘汞电极（saturate calomel electrode，SCE），它的温度系数（−0.65mV/℃）较大。有些甘汞电极采用 0.1mol/L 的 KCl 溶液，其温度系数（−0.06mV/℃）较小。Hg_2Cl_2 在高温时不稳定，所以甘汞电极一般适用于 70℃以下的温度。

表 2-5　甘汞电极的电极电势①　　单位：V

温度/℃ KCl 浓度	10	20	25	30	40	50
0.1mol/L	0.3343	0.3340	0.3337	0.3334	0.3316	0.3296
1mol/L	0.2839	0.2815	0.2801	0.2786	0.2753	0.2716
饱和	0.2541	0.2477	0.2444	0.2411	0.2343	0.2272

① 各文献上给出的甘汞电极的电势数据常常不相符合，这是因为液接界电势的变化对甘汞电极电势有影响，由于所用盐桥的介质不同也影响甘汞电极电势的数据。

甘汞电极的外形有多种，图 2-19 给出了市售的甘汞电极外形。

刚刚做成或者放久没有使用的参比电极，使用时往往担心该参比电极的电势是否准确可靠。这时最好用另一可靠的参比电极确认它的电极电势。用一个输入阻抗大的电势计按图 2-20 所示那样进行测定。同样的参比电极，电势差一般不超过±1mV。

若被测溶液中不允许含有氯离子，则应避免直接插入甘汞电极，这时应使用盐桥。甘汞电极不宜用在强酸或强碱性介质中，因此时的液体接界电势较大，且甘汞电极可能被氧化。

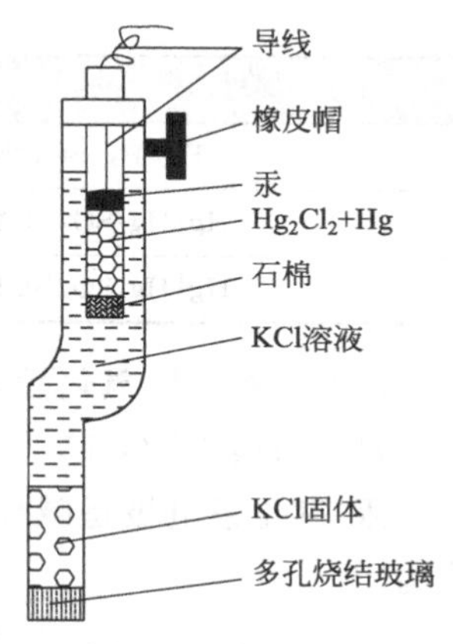

图 2-19 甘汞电极

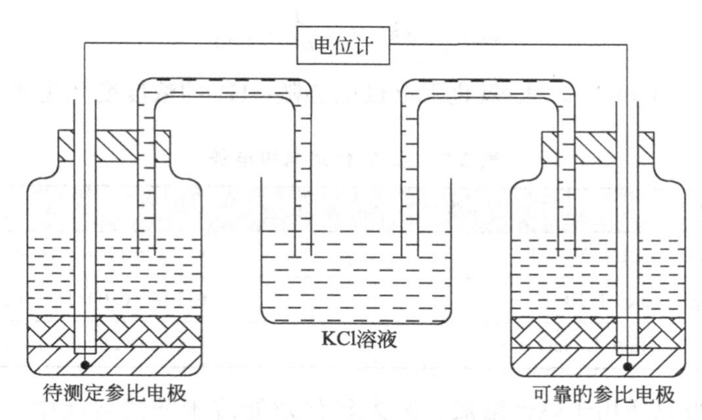

图 2-20 参比电极的电势校正

2.4.1.3 汞-硫酸亚汞电极

$Hg \mid Hg_2SO_4(s) \mid SO_4^{2-}$

汞-硫酸亚汞电极由汞、硫酸亚汞和含SO_4^{2-}的溶液组成。其电极反应为

$$Hg_2SO_4\ (s) + 2e^- \rightleftharpoons SO_4^{2-} + 2Hg$$

其电极电势的表示式为

$$\varphi_{Hg_2SO_4} = \varphi^{\ominus}_{Hg_2SO_4} - \frac{RT}{2F}\ln a_{SO_4^{2-}} \tag{2-11}$$

汞-硫酸亚汞电极的电极电势随SO_4^{2-}的浓度和温度而变，见表 2-6。

汞-硫酸亚汞电极的结构形式与甘汞电极一样，制备方法也与甘汞电极相似，只不过将Hg_2Cl_2换为Hg_2SO_4，Cl^-换为SO_4^{2-}。

Hg_2SO_4在水溶液中易水解，且其溶解度较大，所以其稳定性较差。汞-硫酸亚汞常作硫酸体系中的参比电极。如用于铅酸蓄电池的研究、硫酸介质中的金属腐蚀的研究等。

表 2-6 汞-硫酸亚汞电极的电极电势

电极体系	温度/℃	电极电势/V
$Hg \mid Hg_2SO_4 \mid SO_4^{2-}(a_{SO_4^{2-}}=1)$	25	0.6158

续表

电极体系	温度/℃	电极电势/V
$Hg\|Hg_2SO_4\|K_2SO_4$(饱和)	25	0.65
$Hg|Hg_2SO_4|$0.1mol/L H_2SO_4	18	0.687
$Hg|Hg_2SO_4|$0.1mol/L H_2SO_4	25	0.679

2.4.1.4 汞-氧化汞电极

$Hg \mid HgO \mid OH^-$

汞-氧化汞电极是碱性体系常用的参比电极，由汞、氧化汞和碱溶液组成，其反应式为

$$HgO\ (s) + H_2O + 2e^- \rightleftharpoons Hg + 2OH^-$$

其电极电势的表示式为

$$\varphi_{HgO} = \varphi^{\ominus}_{HgO} - \frac{RT}{F}\ln a_{OH^-} \tag{2-12}$$

式中，$\varphi^{\ominus}_{HgO}=+0.098V$，汞-氧化汞电极电势随$OH^-$的浓度变化见表 2-7。

表 2-7 汞-氧化汞电极电势

电极体系	电极电势/V
$Hg|HgO|$1mol/L NaOH	0.1135～0.00011(t=25℃)
$Hg|HgO|$1mol/L KOH	0.107～0.00011(t=25℃)
$Hg|HgO|$0.1mol/L NaOH	0.169～0.00007(t=25℃)

汞-氧化汞电极只适用于碱性溶液，因为氧化汞能溶于酸性溶液中。此电极的另一缺点是在碱性不太强（pH<8）的溶液中会发生下列反应：

$$Hg + Hg^{2+} \longrightarrow Hg_2^{2+}$$

因而形成黑色的氧化亚汞并消耗汞。应注意到，溶液中若有 Cl^- 存在会加速此过程进而形成甘汞。当溶液中的氯离子浓度为 10^{-12} mol/L 时，此电极只能在 pH>9 的情况下使用；当氯离子浓度为 0.1mol/L 时，只能在 pH=11 以上的环境中使用。

2.4.1.5 银-氯化银电极

$Ag \mid AgCl(s) \mid Cl^-$

银-氯化银电极具有非常良好的电极电势重演性、稳定性，由于它是固体电极，故使用方便，应用很广。处于环保考虑，银-氯化银电极甚至有取代甘汞电极的趋势，这是由于汞有毒性，此外，甘汞电极的温度变化所引起的电极电势变化的滞后现象较大，而银-氯化银电极的高温稳定性较好。它是一种常用的参比电极。其电极反应为

$$AgCl(s) + e^- \longrightarrow Ag(s) + Cl^-$$

电极电势可由下式表示

$$\varphi_{AgCl} = \varphi^{\ominus}_{AgCl} - \frac{RT}{F}\ln a_{Cl^-} \tag{2-13}$$

式中，$\varphi^{\ominus}_{AgCl}$ 为银-氯化银电极的标准电势，不同温度下的银-氯化银电极的标准电势如表 2-8 所列。

表 2-8 不同温度下银-氯化银电极的标准电势 $\varphi^{\ominus}$

温度/℃	0	10	20	30	40	50	60
$\varphi^{\ominus}$/V	0.2363	0.2313	0.2255	0.2191	0.2120	0.2044	0.1982

AgCl 在水中的溶解度约为 10^{-4}g/100g（25℃）。但是如果在 KCl 溶液中，由于 AgCl 和 Cl^- 能生成络合离子，AgCl 的溶解度显著增加。其反应为

$$AgCl(s) + Cl^- \longrightarrow AgCl_2^-$$

在 1mol/L KCl 溶液中，AgCl 的溶解度为 1.4×10^{-2}g/L，而在饱和 KCl 溶液中则高达 10g/L。因此为保持电极电势的稳定，所用 KCl 溶液需要预先用 AgCl 饱和。此外，如果把饱和 KCl 溶液的 Ag/AgCl 电极插在稀溶液中，在液接界处 KCl 溶液被稀释，这时部分原先溶解的 $AgCl_2^-$ 将会分解，而析出 AgCl 沉淀。这些 AgCl 沉淀容易堵塞参比电极管的多孔性封口。为了防止因研究体系溶液对 Ag/AgCl 电极稀释而造成的 AgCl 沉淀析出，可以在电极和研究体系溶液间放一个盛有 KCl 溶液的盐桥。

银-氯化银电极的电极电势在高温下较甘汞电极稳定，但对溶液内的 Br^- 十分敏感。溶液中存在 0.01mol/L Br^- 会引起电势变动 0.1～0.2mV。虽然受光照时，Ag/AgCl 电极的电势并不立即发生变化，但因为光照能促使 AgCl 的分解，因此，应避免此种电极直接受到阳光的照射。当银的黑色微粒析出时，氯化银将略呈紫黑色。此外，酸性溶液中的氧也会引起银-氯化银电极电势的变动，有时可达 0.2mV。

以上介绍了五种参比电极的基本性能和特征，在实际操作中要注意合理选用。氢电极可逆性非常好，电势稳定性好，但制备困难，使用不太方便，而且容易被多种阴离子和有机化合物中毒。饱和甘汞电极操作方便、持久耐用，其应用很广，但对温度的波动较敏感，而且氯化物的存在也限制了它在某些研究中的应用。在选择参比电极时，除了考虑上述各点外，还应考虑溶液间的相互作用和玷污，常使用同种离子溶液的参比电极。在酸性溶液中最好选用氢电极和甘汞电极。在含有氯离子的溶液中最好选用甘汞电极和银-氯化银电极。当溶液 pH 值较高或在碱性溶液中，不能把甘汞电极直接插入被测溶液中，这时应选用汞-氧化汞电极。Ag/AgCl 电极溶液中银离子浓度要比甘汞电极溶液中的汞离子浓度大得多，如研究电极对银离子特别敏感，则使用时应采用盐桥使之隔开。

由于参比电极电势的稳定性在电化学测量中至关重要，在此强调一下参比电极的日常使用及保养事项：

（1）不能将电极置于能与电极组成（如甘汞电极中的汞、氯化亚汞及氯化钾溶液）起反应的介质中，同时不要将电极长时间地浸在被测溶液中。

（2）使用前，先将电极侧管上的小橡皮塞及弯管下端的橡皮套取下，以借着重力使管内的溶液维持一定的流速以与被测溶液通路。并将参比电极端部（可离子渗透的多孔性接口）浸泡至少 1h 以上。

（3）当参比电极管的内液面未浸过电极内管管口时，应在加液口注入相应的溶液（如 0.1mol/L 的汞-硫酸亚汞电极应注入 0.1mol/L 的 H_2SO_4 溶液）。在饱和甘汞电极中应保留少许氯化钾晶体，以保证溶液的饱和度。并注意驱除管内的气泡，以免发生断路。

（4）安装电极时，要使参比电极管的内液面高于待测溶液的液面，防止待测溶液向参比电极中扩散。

（5）对于要求高的实验，参比电极需在恒温下工作，以免受温度的影响。

（6）每隔一定时间，应用电导仪检测一次电极内阻。

（7）注意保持参比电极端部的湿润，避免干燥。因为干燥会使渗透在多孔性接口内部的盐结晶析出，造成接口处的碎裂。

（8）保持甘汞电极的清洁，不得使灰尘或局外离子进入该电极内部。

2.4.2 有机体系用参比电极

研究非水溶剂体系中的电化学反应也需要参比电极，但是与溶液体系相比较，增加了不少困难。用于非水溶剂体系的参比电极大致可分为两大类：① 参比电极本身使用的溶剂与测定溶液相同；② 电解质水溶液中使用的甘汞电极和 Ag/AgCl 电极。第一类参比电极可在非水溶剂体系中使用。现将一些有代表性的体系组合列于表 2-9。

表 2-9 用于非水体系的参比电极

参比电极		乙腈(AN)	碳酸丙烯酯(PC)	二甲基酰胺(DMF)	二甲基亚砜(DMSO)
参比电极室使用非水溶剂	H_2/H^+	√	√	√	×
	Ag/Ag^+	√	√	√	×
	Ag/AgCl	×	×	×	×
	Hg/Hg_2Cl_2	×	×	×	×
	$Fe(Cp)_2(Pt)/Fe(Cp)_2^+$	√	√	√	√
参比电极室使用水溶剂	Hg/Hg_2Cl_2+盐桥	√	√	√	√
	Ag/AgCl+盐桥	√	√	√	√

注：1. Cp 是 cyclopentadienyl 环戊二烯基的缩写。

2. √：稳定，再现性好；×：不稳定。

二茂铁 $Fe(Cp)_2/Fe(Cp)_2^+$ 氧化还原体系的可逆性很好，广泛用作有机溶液中的可靠参比电极。例如，Pt 电极在 PC 体系中，按如下组合即可作为稳定的参比电极使用：Pt | 0.01mol/L $Fe(Cp)_2$，0.01mol/L $(Cp)_2ClO_4$，0.1mol/L Et_4NClO_4。

由于 $Fe(Cp)_2/Fe(Cp)_2^+$ 在某些体系中的溶解性不是很好。有研究提出使用茂金属化合物二茂钴/二茂钴离子即 $Co(Cp)_2/Co(Cp)_2^+$ 作为参比电极[85,86]。

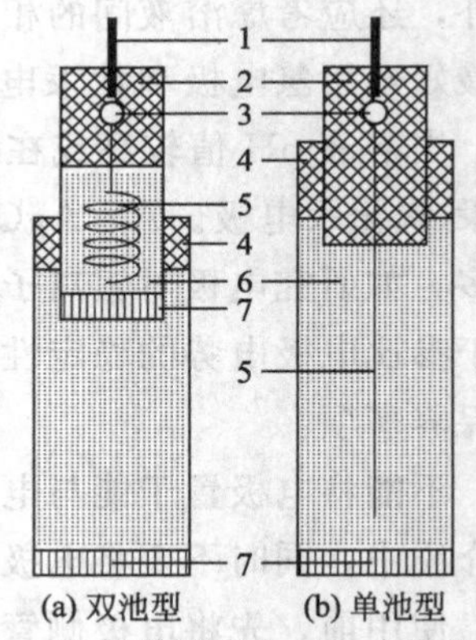

图 2-21 非水溶剂用 Ag/Ag^+ 电极的构造

1—铜棒；2—封装头；3—焊接点；4—可拆密封接口；5—银丝；6—$AgNO_3$+支持电解质；7—多孔烧结玻璃

Ag/Ag^+ 电极的电势重现性较好且制作简单，在有机体系中应用非常广泛。其结构如图 2-21 所示。有机电解液中的 Ag/Ag^+ 参比电极主要有两种：$Ag/AgNO_3$ 和 $Ag/AgClO_4$ 电极。所用 $AgNO_3$ 和 $AgClO_4$ 溶液的浓度约为 0.01～0.1mol/L。若参比电极内滴液浓度较小时，需要添加支持电解质，如溶剂是乙腈的 $Ag/AgClO_4$ 参比电极，内液为 10mmol/L 的 $AgClO_4$ 溶液时，可加入 0.1mol/L 的四丁基高氯酸铵（或 Bu_4NPF_6 等）作为支持电解质，根据被测体系的变化，参比电极内部溶液可更换。闲置时应将电极浸入含银离子或不含银离子的 0.1mol/L 四丁基高氯酸铵的乙腈溶液中。

$Ag/AgCl$ 电极和 Ag/Ag^+ 电极电势绝对值稳定性较差，严格地说只是准参比电极。如果二茂铁溶于空白溶液（仅含溶剂和支持电解质），可以用 Ag/Ag^+ 电极（或 $Ag/AgCl$ 电极）在待测体系中测试二茂铁的氧化电势，以校准 Ag/Ag^+ 电极的电势。通常的做法是在进行样品测试开始前和结束后各测一次二茂铁在空白溶液中的氧化还原电势，如果二茂铁和待测溶液间不存在相互影响，可以直接在待测溶液中加入 1mmol/L 二茂铁进行测量。

使用第二类参比电极时，因电极使用了水作为溶剂，所以必须特别注意水从参比电极一侧混入研究电极室带来的影响。使用水溶液参比电极的最大问题是水和非水溶剂之间的液接电势，相对于水溶液体系而言，非水溶剂体系和水溶液之间的液接电势要大得多，表 2-10 列出了饱和 KCl 的水溶液与不同溶剂的四丁基铵盐（Et_4NX，X 为卤素）的液接电势。

表 2-10 饱和 KCl(水)/(0.1mol/L Et_4NX+有机溶剂)间的液间电势

溶剂	DMSO	DMF	AN	PC	HMPA	NM	EtOH	McOH
E_j/V	0.172	0.174	0.093	0.135	0.152	0.059	0.030	0.025

2.4.3 熔融盐体系用参比电极

除了常规参比电极需要满足的重现性、稳定性等以外，高温熔盐电化学研究使用的参比电极还必须具有一定的机械强度，避免由于碰撞而致使参比电极破裂而玷污熔盐，在使用中一般需采用隔膜将参比电极与外部熔盐隔开，避免熔盐相互污染，但由隔膜产生的液接界电势须固定不变或减至最小值。

目前，高温氯化物熔盐研究中主要使用准参比电极、Cl^-/Cl_2 和 $Ag/AgCl$ 等电极。

准参比电极为惰性金属 Pt 丝或石墨棒插入熔盐中而成。准参比电极的优点为电极内离子的环境是稳定不变的，较长时间内参比电极的电势可保持不变，即电解时不会发生较大的电势漂移，由于使用参比电极可避免电极反应发生时出现的不确定性，因此熔盐电化学测试和分离过程通常不使用准参比电极。

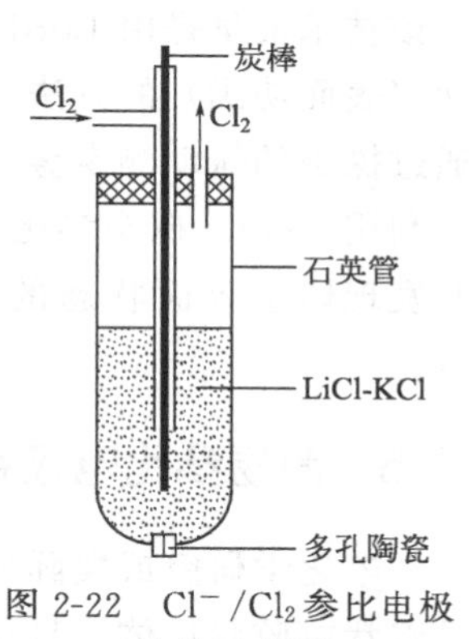

图 2-22 Cl^-/Cl_2 参比电极结构示意图

Cl^-/Cl_2 参比电极结构如图 2-22 所示，Cl^-/Cl_2 参比电极的反应方程如式 (2-14)，电势是由 Cl^- 和 Cl_2 的比例决定的。

$$Cl_2 + 2e^- = 2Cl^- \tag{2-14}$$

Cl^-/Cl_2 参比电极性能稳定但需使用有毒气体 Cl_2，实际应用较少。Ag/Ag^+ 电对具有良好的可逆性，且结构简单，因此 $Ag/AgCl$ 参比电极广泛应用于高温熔盐电化学研究。假设 AgCl 的活度系数为 1 且 Ag 的活度为 1，根据 Nernst 方程

$$\varphi^{e}_{Ag/AgCl} = \varphi^{\ominus}_{Ag/AgCl} + \frac{RT}{nF}\ln X_{AgCl}$$

$Ag/AgCl$ 参比电极的电势与内部电解质的组成有关，当 AgCl 于 LiCl-KCl 熔盐中的

质量分数为1%时，Ag/AgCl参比电极于733K时相对于Cl^-/Cl_2的电势为−1.226V。为维持Ag/AgCl参比电极电位的稳定，AgCl在LiCl-KCl熔盐中摩尔分数应为1%～10%[87]，有研究建议参比电极内部的AgCl的摩尔分数可控制在约4%[88]。除了电极内部AgCl含量外，隔膜材质也是影响参比电极稳定性的因素之一。目前常用隔膜材质如Pyrex玻璃、石英、刚玉和莫来石等。

在高温熔盐中具有高稳定性、高可靠性的参比电极的建立仍存在一定的困难[89,90]。

2.4.4 微参比电极

微参比电极用于测定电极表面微区的电势。微参比电极技术在医学和生物学上已广泛地用于研究生物体内细胞电势、细胞组织pH值以及生物体内有关离子浓度变化。近二十年在研究金属局部腐蚀方面已获得应用。

可用Pt，Sn，W等做成微参比电极。也可以用玻璃毛细管作盐桥的非极化电极做成微参比电极，如甘汞电极、Ag/AgCl电极等。这种微参比电极的主要性能很大程度上取决于毛细管尖端部位的形状与尺寸。

林昌健等[91,92]在扫描微电极方面作了许多工作，且取得了很多成果。他们研制了单微参比电极用于测量电极表面电势分布，双微参比电极用于测量电极表面电流密度分布，复合型扫描微Cl^-敏感探针用于测量表面Cl^-浓度分布，而复合型扫描微pH值敏感探针可用于测量表面pH值分布。

近几十年迅速发展的Kelvin探针技术[93-95]可以获得具有空间分辨的电极表面电势分布。该技术最早是由Lord Kelvin于1898年提出的一种测量真空或空气中金属表面电子逸出功（表面功函）的方法。Kelvin探头采用振动电容方法，可在距金属表面一定距离的位置通过探头的振动测定金属表面自由能，因此也称为振动电容技术或非接触参比电极技术。利用Kelvin探头参比电极技术可以原位非接触性检测金属或半导体表面的电势分布，及时发现体系界面状态的微小变化，实现其他电化学方法所不具备的提供局部信息的优点。

2.4.5 简易参比电极和全固态参比电极

在电化学研究或实际的工程中，电解质可能会是土壤、混凝土、深海，被测体系也可能是浆状或胶状液体，且很多场合要求参比电极有长期稳定性，尤其是在腐蚀监测中。为此，国内外的学者进行了一系列的参比电极的研究，主要包括金属、氧化物电极、合金参比电极以及银-氯化银全固态参比电极等。

石墨由于制备简单、抗腐蚀性强，并且在高碱性的混凝土中不溶解，是较为常用的参比电极材料。石墨参比电极的电势主要决定于O_2的还原反应，该反应过程中石墨是催化剂，因此石墨参比电极对O_2比较敏感。

在土壤或水中的金属防腐蚀工作中，常用$Cu/CuSO_4$电极。它由铜棒插在饱和$CuSO_4$溶液中组成，电极电势约0.30V，Cl^-对此电极的电极电势有较大的影响。其缺点是测量过程中$CuSO_4$溶液易泄露造成污染，另外对于长期在线监测而言，还需要定期向电极腔内添加$CuSO_4$饱和溶液以保证电极的功能性。

在对海洋船舶进行阴极保护时，常需要用Ag/AgCl电极起监测防护的效果。该电极的制作简单，将洁净的5cm×15cm的200目银丝网浸入500℃熔融的AgCl，然后取出冷却，再在3%的NaCl溶液中作为阴极通电流100mA约1h即可。此电极在开始使用时电极电势有漂移现象，但在数小时后漂移不大于3mV，此电极虽然每天持续24h通电流0.2mA，其电极电势仍无明显变化。

MnO_2碱性参比电极是根据电池技术与MnO_2在碱性溶液中的电化学特征发展而来的。MnO_2参比电极能够方便地加工成各种形状且易小型化。MnO_2电极电势由MnO_2/Mn_2O_3平衡电势决定，另外MnO_2参比电极对Cl^-不敏感，这与Ag/AgCl参比电极相比是较大优点。虽然MnO_2参比电极可以充分满足较短时间内电化学测量要求的电势稳定性，但MnO_2电极采用双液接形式，碱性凝胶层是维持电极平衡电势的功能层，当介质中有CO_2侵入时，会使得这个功能层pH值降低，从而导致电极电势发生变化。

在要求不高的情况下，可以用金属电极作为参比电极。例如在碱性电池中可用$Cd|Cd(OH)_2|OH^-$电极，在铅蓄电池可用$Cd|Cd(OH)_2|SO_4^{2-}$电极。将Cd棒或Cd片放在饱和$Cd(OH)_2$的碱溶液中即可得到$Cd|Cd(OH)_2|OH^-$电极。此电极搁置数天后，在室温使用稳定性较好。该电极的电势漂移<2mV/天，这种电势的漂移主要是由于Cd与溶液中的氧作用的缘故，但是在70℃下使用，则电极电势的漂移较大，为1mV/h，不能令人满意。在25℃时它的标准电极电势为−0.809V，在质量百分浓度为26%的KOH溶液中Cd电极相对于同溶液H_2电极的电极电势为0.023V。

多种无内充液、耐溶液压力、易微型化的固态参比电极已见文献报道，绝大多数的固态参比电极是由Ag/AgCl电极改进而成[96-98]。也有研究表明尖晶石结构（$NiFe_2O_4$）可以作为一种钢混结构腐蚀监测用参比电极功能芯材料[99]。

金属Zn、Cd、Pb、Sn、Ag、Cu，甚至工业用金属材料，在不同场合下都可作参比电极。

某些极化测量中，为了避免液接界电势或溶液的污染，常用与研究电极完全相同的电极放在同一溶液中作为参比电极。

2.5 电解池与实验体系

电解池的结构和实验体系中各电极的安装对电化学测量有很大影响，合理设计和装配电解池是电化学测试中非常重要的环节，这关系到测量结果的可靠与否。

2.5.1 电解池的材料

由于电极反应是在电极表面进行的，溶液中微量有害杂质的存在往往会明显地影响电极反应的动力学过程，因此制作电解池的材料必须有很好的稳定性。实验室进行电化学测量用的小型电解池通常用玻璃制成。玻璃具有很宽的使用温度，能在火焰下加工成各种形状，又具有高度的透明性。在大多数无机电解质溶液中，玻璃具有良好的化学稳定性和加工性能，但在HF溶液、浓碱液以及碱性熔盐中不稳定。近年来由于塑料工业的发展，很多合成材料具有良好的化学稳定性和加工性能。它们也可以用作电解池的材料，这里介绍几种作为电解池材料的合成材料的性质。

(1) 聚四氟乙烯　聚四氟乙烯是一种乳白色的合成材料。它的化学稳定性极好，在

“王水”、浓碱中均不起变化，也不溶于任何已知有机溶剂，其性能比玻璃更为稳定，是目前化学稳定性最佳的合成材料。它的温度适用范围较宽，为－195～250℃。聚四氟乙烯是一种较软的固体，在压力下容易发生变形。因此，常采用聚四氟乙烯作为电极的套管。例如用金属圆棒制作电极时，可在一根聚四氟乙烯棒中心打一个直孔，孔的内径比金属的直径略小。用力把金棒插进聚四氟乙烯管中，金属棒一端露出，作为电极的表面。这样制得的电极，其金属和聚四氟乙烯间的密封性良好。特别是由于聚四氟乙烯具有强烈的憎水性，所以电解液不易在金属和聚四氟乙烯间渗入。

聚四氟乙烯没有热塑性，在415℃发生分解。利用机械加工的办法可把聚四氟乙烯的材料制作成电解池。例如可用圆棒制作成电解池盖或杯状电解池，用聚四氟乙烯细管制作参比电极管等。

(2) 聚三氟氯乙烯　聚三氟氯乙烯的化学稳定性比聚四氟乙烯差些。它不受浓碱、浓酸、HF的作用，但在高温下可与发烟硫酸、NaOH等作用。适用温度为－200～200℃，在300～315℃开始分解。其硬度比聚四氟乙烯强，便于精密的机械加工，常用于电极的封嵌（把电极材料块放在聚三氟氯乙烯粉末中，在240℃左右热压成形，可制得密封性能良好的电极）。

(3) 尼龙　尼龙是一种聚酰胺化合物。它具有热塑性，既可以注塑成型，也可机械加工。尼龙在弱碱和弱酸溶液中是稳定的，但受强氧化剂、强酸、强碱以及甲酸等的作用。尼龙的吸水能力比其他塑料要大些。

(4) 有机玻璃　有机玻璃的学名为聚甲基丙烯酸甲酯（PMMA）。它具有极良好的透光性，易于机械加工。在稀溶液中它是稳定的，但在浓氧化性酸和浓碱液中不稳定。有机玻璃能溶解于丙酮、氯仿、二氯乙烷、乙醚、四氯化碳、醋酸乙酯以及醋酸等溶剂中。有机玻璃容易受热变形，并在200℃以上开始分解。它作为电解池材料，只能用于低于70℃的场合。利用有机玻璃的热塑性，可把它作为电极的封嵌材料。

(5) 聚乙烯　聚乙烯能耐一般的酸和碱液，但浓硫酸和高氯酸能与它作用。它可溶于四氢呋喃。聚乙烯具有良好的热塑性。聚乙烯管可作为参比电极管，把其一端加热软化后可拉细做成Luggin毛细管。亦可在软化后用镊子使其末端封闭。聚乙烯与金属棒之间的密封性良好，因此可作电极的封嵌材料。聚乙烯容易软化，所以其适用温度较低，一般低于60℃。

(6) 聚苯乙烯　聚苯乙烯具有良好的透明性，利用它的热塑性，有时用它作为封嵌电极的材料。聚苯乙烯在碱液中的稳定性良好，但在酸性溶液中不很稳定。

(7) 环氧树脂　由于环氧树脂具有优良的粘接能力，所以常用它作为电解池或电极的封结材料。用多元胺交联的环氧树脂其化学稳定性较好。固化后的环氧树脂能抗弱的酸、碱溶液，也能抗一般的有机溶剂。但它会受浓碱液和某些强酸的作用。固化后的环氧树脂具有优良的耐热性，一般在200℃仍保持稳定，其中以高温下固化的环氧树脂的化学稳定性尤为突出。

(8) 橡胶　橡胶常用作电解池或电极管的盖塞。由于橡胶优良的弹性，也可用它作为电极的密封垫圈。为了除去表面的油脂及有害杂质，使用前可把橡皮塞或橡皮垫圈在浓碱液中煮沸处理。

在制作电解池和电极时，应根据各部件具体的使用环境，选用合适的材料。

2.5.2 电解池的设计与各电极的配置

根据不同的使用目的，可以采用各种电解池，在设计电解池时注意下述几点。

2.5.2.1 电解池的大小（容量）

电解池的体积要适当。体积太大，溶液量就多，这是不必要的。在多数电化学测量中，为了数学处理的方便与简化，都假定溶液本体浓度不随反应的进行而改变。如果电解池体积太小，在较长时间的测量中，溶液的浓度将会发生明显的变化。

在很多实验中，还要考虑研究电极的面积大小以及电极面积与溶液体积之比。

电极面积的大小主要根据研究目的、设备条件（如恒电势仪的输出功率）等因素综合考虑。因为同样的极化条件下，电极面积越大，电流强度越大。大的电流强度一方面对仪器的输出功率和响应速度提出了要求，另一方面电流强度越大，溶液电阻压降越大，这对电势测量和控制的精度不利。

电极面积与溶液体积之比，对不同试验要求不一样。在电极或某些暂态分析中，为了在尽可能短的时间内使溶液中的反应物反应完毕，要求电极面积与溶液体积之比足够大。在电沉积或金属腐蚀研究中，为了防止溶液组分变化太快，电极面积与溶液体积之比一般控制在 $1cm^2/50mL$ 溶液以下。对于要求实验过程中溶液本体浓度保持不变的情况，电极面积与溶液之比要更小一些。

2.5.2.2 辅助电极的形状与安放

辅助电极相对于研究电极的位置直接影响研究电极表面的电流分布均匀性。避免电势分布不均匀的主要措施是正确选择辅助电极的形状与大小，正确放置辅助电极相对研究电极的位置。若研究电极为平面电极，辅助电极也应是平面电极，且两电极的工作面应相对而且平行，电极背面要绝缘。如果研究电极两面均为工作面，则应在其两侧各放置一辅助电极，以保证电流均匀分布。适当增大辅助电极离开研究电极表面的距离，可以改善电流的分布均匀性。当研究电极为丝状或滴状电极时，辅助电极应做成长圆筒形，其直径要远大于研究电极的直径，且研究电极应位于圆筒形辅助电极的中心。

在进行电极的电化学性能测试中，要求尽量减少其他物质的干扰。实验时在辅助电极表面经常会产生一些氧化、还原产物。如用铂辅助电极时，表面常有氧气或氢气析出。这些物质溶解在溶液中，扩散到研究电极表面，并在研究电极表面进行电化学反应，从而影响测量结果。为了减少这种影响，电解池的研究电极和辅助电极必须分开。有时研究电极部分和辅助电极部分可用烧结玻璃、玻璃滤板隔膜或离子交换膜隔开，以避免电极反应产物之间的影响。玻璃滤板隔膜的孔要适当，孔太大时，两电解液不能很好地隔开；孔太小时则溶液流动受限，电阻变大。离子交换膜分阴离子交换膜和阳离子交换膜，都有市售，可按需要大小裁剪后使用。

2.5.2.3 参比电极及鲁金毛细管位置

如本章 2.1 节所述，由研究电极到参比电极的鲁金毛细管口之间这段溶液电阻引起的欧姆电势降，附加在测量或控制的电势中，造成误差。减小欧姆电势降最常用的办法是采用鲁金毛细管。

几种常用的鲁金毛细管的形式和位置如图 2-23 所示。图 2-23(a)是最常用的一种，制备和安装都较简单。将毛细管一端拉成 0.1～0.5mm；其管口正面靠近电极，与电极表面的距离约等于毛细管的外径。图 2-23(b)中的玻璃细管的端头是平的，其边缘有一小孔，使用时把它直接靠在平板电极表面。由于小孔在边缘，边缘区的电力线分布仍然是均匀的，因此测量误差很小。这种鲁金毛细管的制法是在细玻璃管的一端与其轴线成 45°角处，在喷灯下封入一段金属丝，然后磨平此端头，用酸溶去封入的金属丝即可。这种毛细管探头对溶液的对流有一定的影响，而且制备较麻烦。图 2-23(c)的鲁金毛细管是从电极背后插入电极，并在电极表面露出一个小孔。毛细管通常用细的聚四氟乙烯管。管子要细，管壁要薄，而且管壁要紧贴着电极的孔壁，不得有缝隙。这种毛细管对电力线无屏蔽作用，对溶液的对流也无影响。但这种毛细管制作麻烦，而且毛细管口电力线分布的微小变化仍会带来一定的误差。孔径越小，误差越小。

测量极化时鲁金毛细管的放置位置也很重要。对于平板电极应放在电极的中央部分，因为边缘部分的电力线分布不均匀。对于球形电极（如汞滴），毛细管口应放在球形电极的侧上方，以减少对电流分布不均匀的影响。

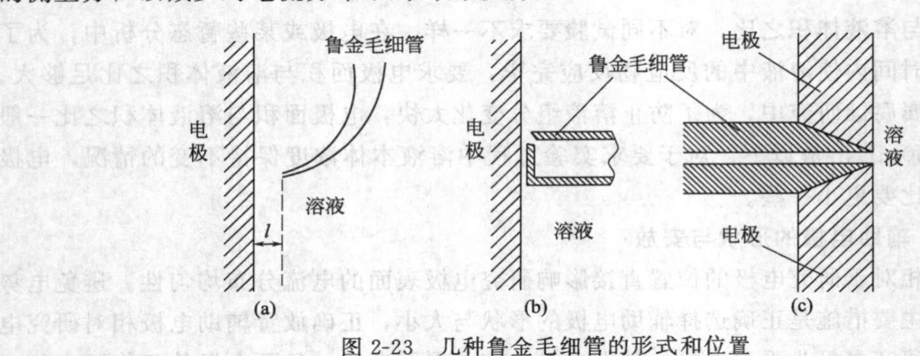

图 2-23　几种鲁金毛细管的形式和位置

需要将研究电极室和参比电极室分开时，盐桥是一种常用的方法。但是盐桥不适于长时间使用，另外，当体系不希望因盐桥而混入其他离子（如 Cl^- 等）时，应改用其他方法。

除了上述几方面的考虑外，实际测量中还常常需要考虑：① 实验进行的温度是否必须保持恒定，如果需要则可采用水浴或油浴的办法；② 溶液是否进行搅拌，采用桨式搅拌还是磁力搅拌，搅拌速度如何，此外，我们经常用氮气或者氩气鼓泡来赶走电解液中溶解的氧，有时这种鼓泡兼做搅拌用；③ 当电噪声对测量信号有较大的影响时，需用屏蔽导线接线，并将电解池放入周围接地的屏蔽箱中；④ 是否需要导入光或者磁场等外部能量，例如进行光半导体电极光照实验时，应尽量使光正好照在电极表面上。

2.5.3　实验室常用的电解池

在电化学测量中，所用的电解池多种多样。根据实验的要求，可用不同的电解池。实验室常用的电解池有以下几种。

(1) H 型电解池　又称立式电解池。如图 2-24 所示，研究电极、参比电极和辅助电极分别处在三个电极管中。研究电极和辅助电极用多孔玻璃板隔开，参比电极直接插在参比电极管中。该管前端有鲁金毛细管，靠近研究电极表面。三个电极管的位置可做成以研究电极管为中心的直角。这样有利于电流的均匀分布和进行电势测量。并且可以把电解池稳妥地放置。如果研究电极采用平板电极，则其背面必须绝缘，这才能保证表面电流的均匀分布。也可以只用两个电极管，只用两个电极管时，参比电极经鲁金毛细管插在研究电极管中。

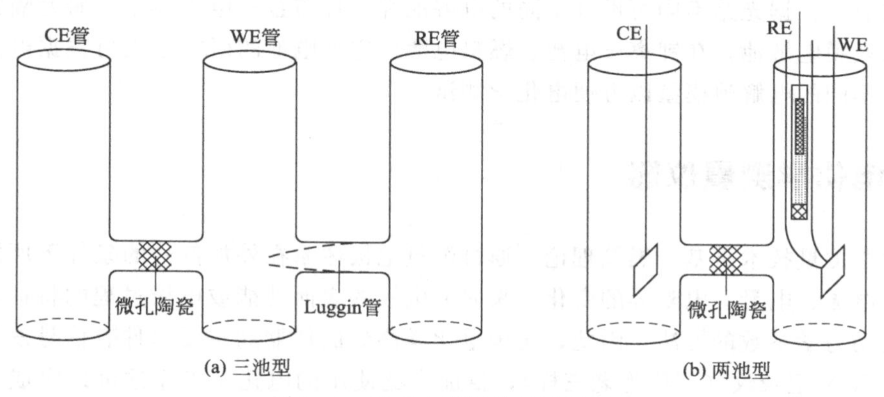

图 2-24 H 型电解池结构示意图

(2) 卧式电解池 如图 2-25 所示，卧式电解池的主体是横放的玻璃腔体（通常是圆柱体），腔体上开有多个口，有参比电极管口、注液口、进气口、出气孔等，其中插参比电极的口由一鲁金毛细管引至研究电极表面附近。研究电极通过螺杆紧压在密封圈上，研究电极的工作面积即为左侧挡板的通孔面积。对电极通常置于右侧挡板的凹槽内，并由与凹槽相通的右侧挡板中间的小孔引出引线；对电极有时也简单地置于注液口。采用这种电解池最方便之处是工作电极不必封装，但由于研究电极暴露在电解池之外，故测试时不可直接置于水浴锅中。

(3) 烧瓶式电解池 电解池的主体为多孔烧瓶，通常为五口或六口，研究电极在中间位置，参比电极通过鲁金毛细管靠近研究电极表面，除了辅助电极外，还有进出气口、温度计插口等。

(4) 可拆卸式电解池 如图 2-26 所示，研究电极安装在上下夹板之间，上下夹板通过螺栓紧固，电解池的腔体通过螺纹与上夹板连接。这种电解池研究电极面积较大，通常用于样品腐蚀过程的长期跟踪测量，尤其是在长期的电化学阻抗或电化学噪声的测量中。测试期间可以很方便地更换电解液，也可以将电解池的腔体卸下来，近距离观察研究电极表面状态的变化。

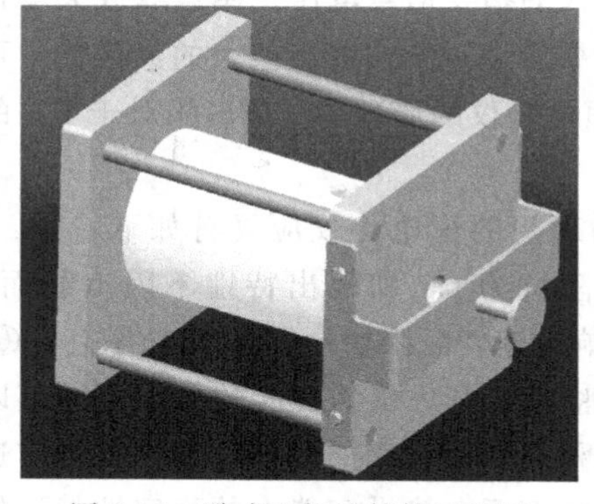

图 2-25 卧式电解池结构示意图

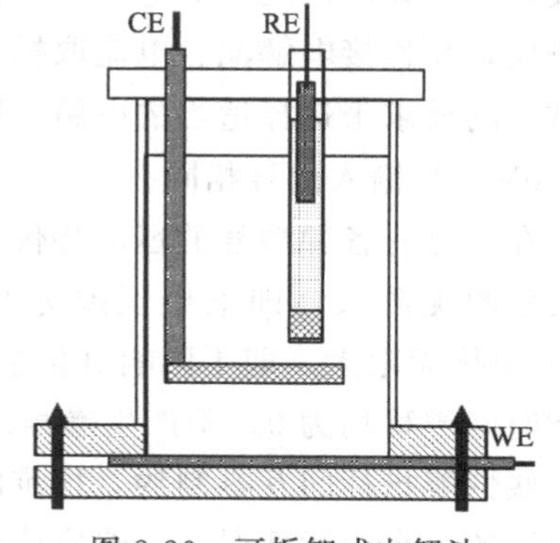

图 2-26 可拆卸式电解池

（5）其他电解池　在实际的电化学研究工作中，根据需要可能还会用到其他电解池。光电化学研究或者采用拉曼光谱进行原位测量时需要用到光电化学池，光电化学池多用石英玻璃制成，根据光路不同可设计不同的电解池并合理布置三电极体系。研究隔膜性能时可采用可换膜电解池，在锂离子电池、燃料电池、空气电池的研究中也可根据电池的具体结构设计不同的电解池模型以方便电化学测试。

2.6 电化学测量仪器

电化学测量技术是基于黑箱理论，通过测量电极体系在外加信号的条件下所发生的电极电势、电流、电量、电阻等的变化，来研究电极的表面性能或电极过程的特征，并计算电极反应动力学参数的方法。因此，实现电化学测试的仪器的主要部件有信号发生器、恒电势仪和 X-Y 记录仪（可称为老三样），目前广泛使用的电化学工作站可以完成多种电化学测量方法，其主体结构与传统的“老三样”完全一致。

2.6.1 恒电势仪和电化学工作站

在三电极体系中，即使从一开始就把相对于参比电极的研究电极电势设定为某值，但由于随着电极反应的进行，电极表面反应物浓度不断减少，生成物浓度不断增加，电极电势将偏离初始设定电势。所以，为了使设定的电势保持一定，就应随着研究电极和参比电极之间的电势变化，不断地调节施加于两电极之间的电压。可是，这样的操作在很短的时间里是不能做到的。它只能借助于恒电势仪来实现。

恒电势仪是电化学工作站（也称电化学综合测试仪）的核心部件之一。它不仅可以用于控制电极电势为指定值以达到恒电势极化［包括电解、电镀、阴（阳）极保护］和研究恒电势暂态等目的，还可以用于控制电极电流为指定值（实际上就是控制电流取样电阻上的电压降），以达到恒电流极化和研究恒电流暂态等目的。配以信号发生器后，可以使电极电势（或电流）自动跟踪信号发生器给出的指令信号而变化。例如，将恒电势仪配以方波、三角波和正弦波发生器，可以研究电化学系统各种暂态行为。配以慢的线性扫描信号或阶梯波信号，则可以自动进行稳态（或接近稳态）极化曲线测量。

恒电势仪实质上是利用运算放大器经过运算使得参比电极（若为二电极系统，则为辅助电极）与研究电极之间的电势差严格地等于输入的指令信号电压。用运算放大器构成的恒电势仪，在连接电解池、电流取样电阻以及指令信号的方式上有很大的灵活性。可以根据测试上的要求来选择适当的电路。图 2-27 是恒电势仪的原理图，WE 相对于 RE 的电势为－1.0V，与输入信号相同。

现在，已有各种型号的恒电势仪问世。作为理想的恒电势仪应具有如下特性：① 电压放大倍数无限大，即电压误差为 0；② 输出阻抗为 0，即输出特性不因负载而变化；③ 输入阻抗无限大，即不影响电化学体系；④ 响应速度无限快；⑤ 输出功率高；⑥ 温度漂移和时间漂移均为 0，不产生噪声。不同的实验对恒电势仪的性能的要求不同。以上列出的这些性能指标间互有制约，很难同时达到各种高指标。比如说，稳定性和响应速度是相互矛盾的。在一般情况下，响应速度越快，意味着恒电势设定能力的稳定性越不好。可根据实验要求选择不同性能的恒电势仪。

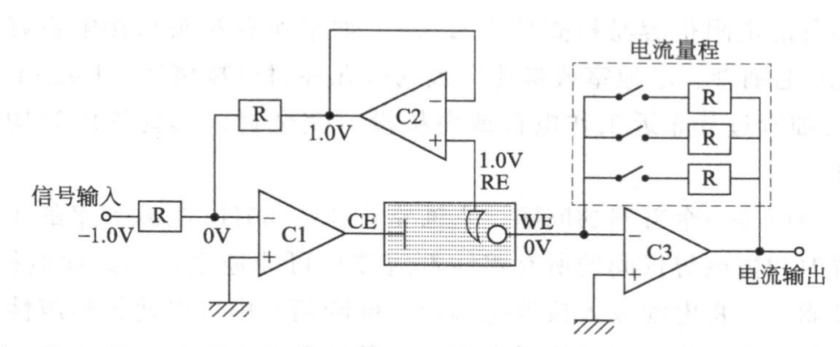

图 2-27 恒电势仪的基本原理图

C1—比较放大器；C2—电压跟随器；C3—零阻电流计；WE—研究电极；CE—辅助电极；RE—参比电极

使用电化学工作站进行测试时，实验接线很简单。不同型号的电化学工作站的接口不完全一致，大多数是四接头或者六接头，也有五接头的。除非生产厂家有特别标注，一般地，绿色或者浅绿色的接头接工作电极，红色或者橙色接辅助电极，白色接参比电极，黑色为地线接屏蔽箱。在两电极或者四电极的某些特殊测量如电偶电流、噪声信号等的测量中的接线会有差异，使用者应根据测量线路原理并详细阅读仪器说明书，正确接线。

值得注意的是，电化学工作站的外接信号线均为屏蔽线，因电化学测试常与水溶液接触，在实验操作中常因接头生锈而导致测量线路接触不良或者阻抗较高。在更换导电夹时，应避免将外接线中的屏蔽丝网与导线中心的信号线接通。更换新的导电夹后，应该用万用表检查一下，正常情况是信号线各不相通，各信号线的屏蔽丝网均与地线相通。

目前电化学工作站的型号和生产厂家众多，有国产的也有进口的。实验操作中可以根据现有条件进行选择。对于电流强度和电势控制精度要求不高的常规的电化学体系，进行伏安曲线测量时，一般的国产电化学工作站就可以满足要求；进行暂态测试时，若体系要求快速响应时，应注意工作站的“电位上升时间”或“信号上升时间”。

2.6.2 电化学实验操作

在实验科学中总有些时候试验没有预期的那样顺利，对于电化学也不例外，而实际上许多实践工作者，特别是初学者，认为电化学尤其易于产生这种类型的困难，尽管测量仪器的不断进展和智能化使这一问题得到了不断改善。在这最后一节我们试图将这些问题分为两类：① 观察到的行为基本正确，但电池的响应有噪声；② 或者没有任何响应，或者响应是不正确的或不稳定的。

当问题出现时，第一步是设法确定产生问题的根源。在电化学中，这通常意味着在模拟电解池上检验仪器。最简单的模拟电解池含有一个连接到恒电势仪的工作与参比终端间的 100Ω 电阻器和一个在参比与辅助终端间的 1kΩ 电阻器。然后将施加电压都设置在零，接通模拟电解池。应该没有电流流过，但一旦施加电压后，就应该观察到电流（由应用于 100Ω 电阻器上的欧姆定律决定）。目前多数工作站都将模拟电解池集成在仪器内部了，在测量软件上就可以方便地调用模拟电解池以测试工作站是否有故障。

仪器的明显故障比较常见的是电解池和连接电缆上的毛病。电的连接经常造成问题，特别是那些使用鳄鱼夹对电极的连接。这些夹子很容易腐蚀，这将导致高电阻接触从而导致性能不良，电极的内部接头，例如焊接到铂上的铜线也经常断裂（通过用数字式电压表测量体系那一部分的电阻很容易检查所有接头）。如果所有接头都接触良好，就要考虑到参比电极/Luggin毛细管。电池室或参比电极的多孔性封口被堵塞，Luggin毛细管中的空气泡、Luggin毛细管过分靠近工作电极或电极没有完全封入其套管内等均有可能造成电极响应的不正确。

在电化学中噪声是一个普遍的问题，它通常产生于50Hz电源频率的干扰。为了尽量减小噪声，电解池和恒电势仪间的所有接线都应该尽可能地短，而参比电极/Luggin毛细管的电阻应尽可能小。将电池放入接地金属箱（屏蔽箱）中可以使得噪声性能显著改善。

下面提供一些检查电化学测试体系和发现问题的简单方法和一般程序[100]。

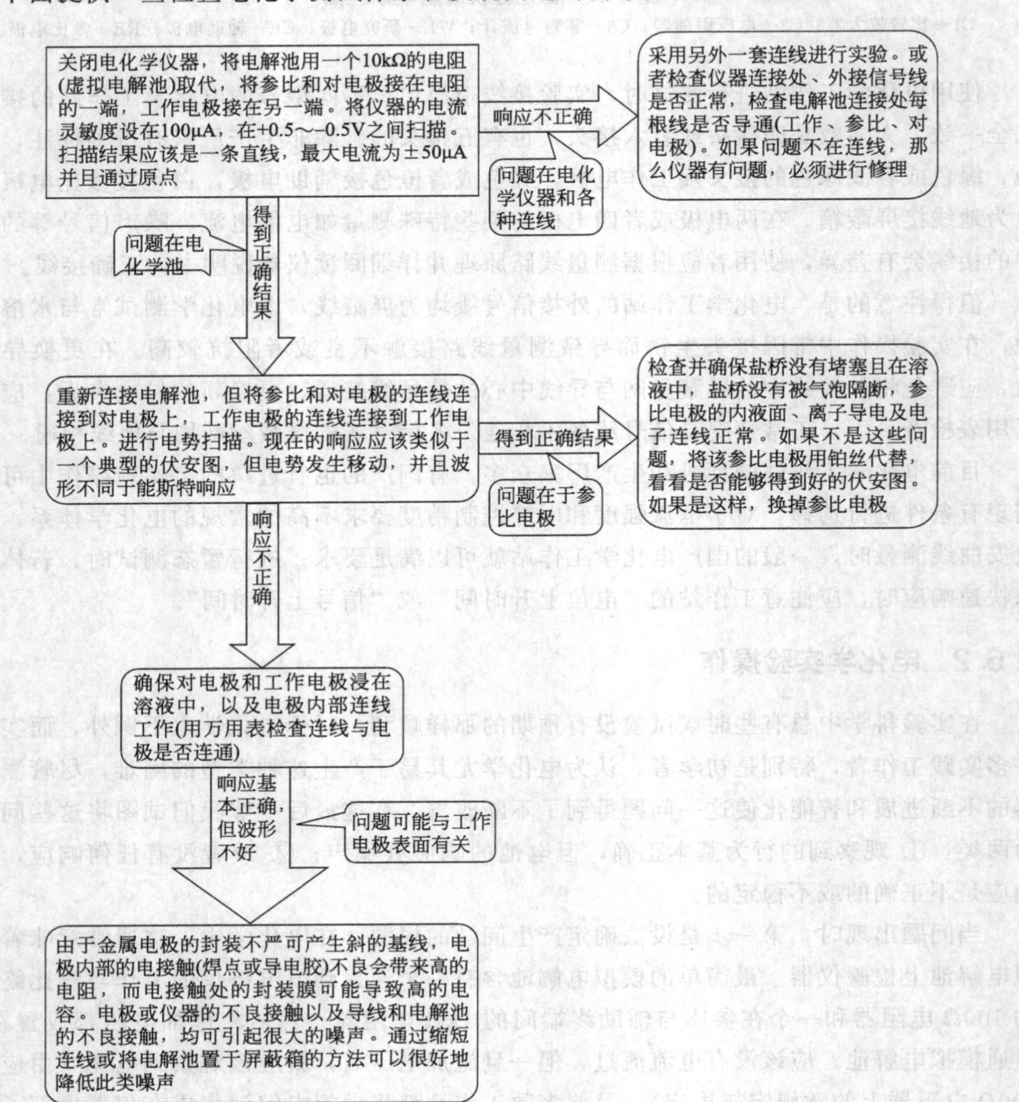

在实际测试过程中遇到的问题非常复杂，远非这节文字所能表述，操作者要根据具体的实验体系多加摸索。只有确保了测量结果的正确与可靠，结果分析和数据处理得出的结论才有意义。

实验内容

一、盐桥的制作

盐桥大体呈U形，多用玻璃制成。常用盐桥的形式如图2-28所示。

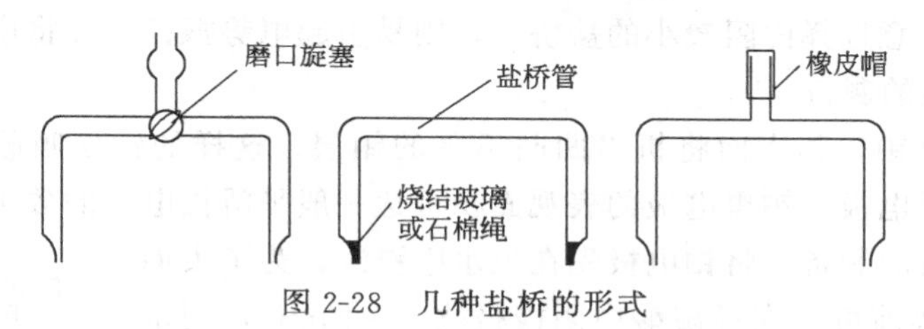

图2-28 几种盐桥的形式

实验中可以利用液位差减少盐桥溶液扩散进入研究体系或参比电极管内。如图2-29所示，测量时应控制参比电极管内液面和研究体系的液面均高于参比体系的液面，盐桥两端分别置于研究体系和参比体系中。

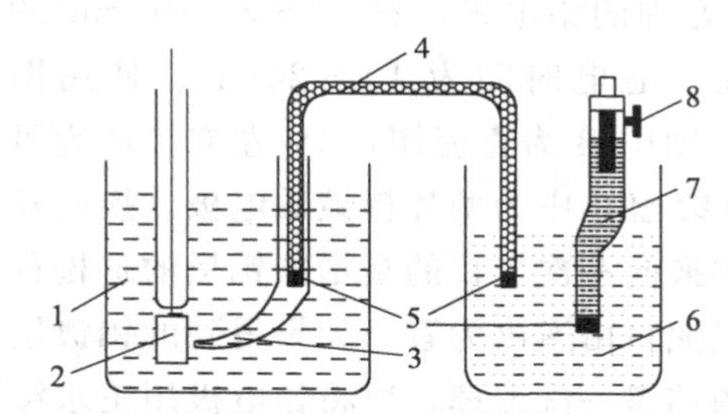

图2-29 利用液位差防止参比电极与研究体系溶液间的相互污染

1—研究体系；2—研究电极；3—鲁金毛细管；4—盐桥；5—多孔烧结玻璃或石棉绳；6—参比体系溶液；7—参比电极管内溶液；8—橡皮帽

常用盐桥（质量分数为3%琼脂-饱和KCl盐桥）的制备方法如下：将盛有3g琼脂（应选择凝固时呈洁白色的琼脂）和97mL蒸馏水的烧瓶放在水浴上加热（切勿直接加热），直到完全溶解。然后，加30g KCl，充分搅拌。KCl完全溶解后，立即用滴管或虹吸管将此溶液装入已制作好的U形玻璃管（注意，U形管中不可夹有气泡）中，静止，待琼脂冷却凝成冻胶后，制备即完成。多余的琼脂-KCl用磨口瓶塞盖好，用时可重新在水浴上加热。温度降低后，随着琼脂的凝固，溶于琼脂中的KCl将部分析出，玻璃管中出现白色的斑点。这种装有凝固了的琼脂溶液的玻璃管就叫盐桥。将此盐桥浸于饱和KCl溶液中，保存待用。

制作盐桥时应注意下述几点：

① 盐桥溶液内阴阳离子的扩散速度应尽量相近，且溶液浓度要大。在水溶液体系中，常采用饱和KCl或NH_4NO_3作盐桥溶液。在有机电解质溶液中的盐桥可采用苦味酸四乙基胺或高氯酸季铵盐溶液。如果KCl、NH_4NO_3在该有机溶剂中能溶解，则也可采用KCl、NH_4NO_3溶液。

② 盐桥溶液内的离子，必须不与两端的溶液相互作用。如在研究金属腐蚀的电化学过程中，微量的Cl^-离子对某些金属的阳极过程会有明显的影响，这时应避免用KCl溶液的盐桥。

③ 所用的凝胶物质有琼脂、硅胶等，一般常用琼脂。但高浓度的酸、氨都会与琼脂作用，从而破坏盐桥，污染溶液。若遇到这种情况，不能采用琼脂盐桥。由于琼脂微溶于水，也不能用于吸附研究试验中。

因为采用磨口玻璃或烧结玻璃封口的盐桥其内阻大多较大，在实际测量中，尤其是快速测量中，必须注意选择内阻较小的盐桥，否则易引起电势振荡，并将增大响应时间。

二、铂黑电极的制备

在铂电极上镀铂，其表面将析出凹凸不平的铂层。这样的铂层吸收光后，表面显黑色，因此叫做铂黑电极。铂黑电极的表观面积可达一般平滑铂电极的数千倍。

镀铂黑的电极的制备：将铂电极先在王水中浸洗，为了表面不被氧化，镀铂黑前可以在稀硫酸中阴极极化 5～10min，用水洗净后在 1%～3% 的氯铂酸（H_2PtCl_6）溶液中电镀铂黑。具体方法是：将大约 1g H_2PtCl_6 溶解于 30mL 水中形成电解液，往电解液中添加 5～8mg 的醋酸铅［$Pb(CH_3COO)_2$］（在铅共存下可更好地形成铂黑），放入待处理的铂电极，在 10～30mA/cm^2 的电流密度下进行阴极极化，通电时间为 10～20min。使用图 2-30 所示的线路效果更好。图中 B 为直流源，3V 左右，R 为可变电阻，mA 为毫安表。电镀槽 C 中为两片待镀铂电极。换向开关 S 是用来改变电流方向的。接通电源后，每两分钟换向一次，目的是增加铂黑的疏松程度。电流密度的大小应控制在使两电极表面有少量气泡自由逸出为宜。如果得到的铂镀层呈灰色，应重新配制电解液，重新电镀；如果镀出的铂黑一洗即掉，应将铂电极用王水浸洗干净，或用阳极极化的方法溶解掉，并用较小的电流密度重镀。得到浓黑疏松的镀层时，取出电极用蒸馏水洗净，然后放入稀 H_2SO_4（质量分数 10%）溶液中进行阴极极化，电解 10min 以除去吸附在铂黑上的氯，取出镀好的铂黑电极洗净后放入氢电极溶液中，不用时应将其放在蒸馏水或稀硫酸中，切不可让它干燥。

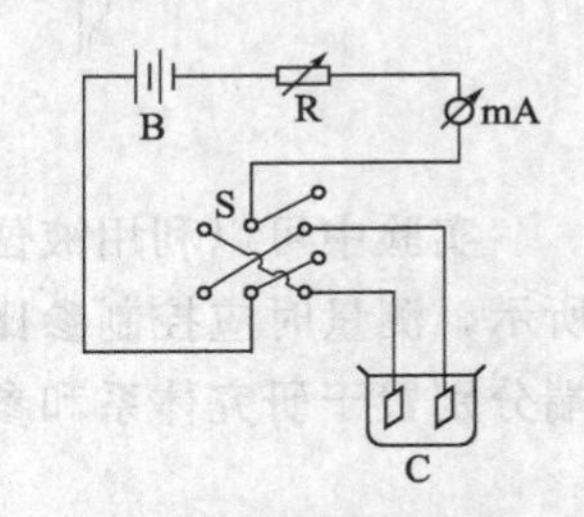

图 2-30 镀铂黑电路图

三、参比电极的制备

（一）氢参比电极的制备

氢电极的制备首先是将一小块铂片放在小铁砧上，用镊子夹住一段铂丝移近到铂片上，用煤气喷灯将二者烧至赤热，用小锤头在铂丝和铂片的结合处敲一下，就可以将二者焊在一起，然后将铂丝另一端封入玻璃管中。为了使铂丝与玻璃管熔接处密封，应选择与铂膨胀系数接近的玻璃。封结时可先将封铂丝的玻璃管一端拉成毛细管，长约 0.5cm，以便封闭。封口处不得漏气或渗液。在封好的玻璃管中加入少许汞，插入铜丝作为引出线，并在管口用石蜡或环氧树脂封住，以免汞流出造成污染。然后将此封好的铂片电极在热 NaOH 乙醇溶液中浸洗约 5min，以除去表面油污，然后在浓硝酸中浸洗数分钟，取出用蒸馏水充分冲洗。为了增加铂电极的真实表面积和活性，使氢电极电势更加稳定，作为氢电极的铂片要镀铂黑。

氢电极通常用 1mol/L HCl 溶液作为电解液，铂黑电极上部要露出液面，处于氢气氛中，使存在气、液、固三相界面，以有利于氢电极迅速建立平衡，如图2-18 所示。溶液中通过稳定的氢气流（以 2～3 个泡/s 的速度为宜），通氢后 0.1h 内电极达到平衡。而在氢气饱和的溶液中，数分钟内应达到其平衡电势，误差不大于 1mV。否则应将铂黑用王水溶液（由体积比为3∶1∶4的浓盐酸、浓硝酸和水构成的混合溶液）除去后重镀。

为了除去氧气和有害杂质，须将氢气预先净化。氢电极易受砷、汞、硫的化合物的毒化作用使电极难以达到平衡。一般用在浓盐酸或硝酸中加热的方法使其恢复正常。如此法无效，则需将铂黑用王水除去后重镀。

（二）甘汞电极和汞-氧化汞电极的制备

饱和甘汞电极在实验中的制备方法：取玻璃电极管，在其底部焊接一铂丝。取经重蒸馏的纯汞约1mL，加入洗净并干燥的电极管中，铂丝应全部浸没。在一个干净的研钵中放一定量的甘汞（Hg_2Cl_2）、数滴纯净汞与少量饱和KCl溶液，仔细研磨后得到白色的糊状物（在研磨过程中，如果发现汞粒消失，应再加一点汞；如果汞粒不消失，则再加一些甘汞，以保证汞与甘汞相互饱和）。随后，在此糊状物中加入饱和KCl溶液，搅拌均匀成悬浊液。将此悬浊液小心地倾入电极容器中，待糊状物沉淀在汞面上后，注入饱和KCl溶液，并静止一昼夜以上，即可使用。

汞-氧化汞电极的制作方法与甘汞电极类似。可用玻璃或聚四氟乙烯加工成容器，将电极管的一端封好铂丝，其中放入纯汞，汞上放一层汞-氧化汞糊状物。即在研钵中放一些红棕色的氧化汞（HgO有红色和黄色两种，制备氧化汞时应采用红色HgO，因红色HgO制成的电极能较快地达到平衡），加几滴汞，充分研磨均匀；再加几滴所用的碱液进一步研磨，但碱液不能太多，研磨后的糊状物应该是比较“干”的。然后加到电极管中，铺在汞的表面，并加入碱液即可。

（三）银-氯化银电极的制备

银-氯化银电极的制作方法有数种，常用的电解法说明如下：取15cm长的银丝（直径约0.5mm）一根，将其一端焊上铜丝作为引出线，另一端取约10cm绕成螺旋形，螺旋直径约5mm。然后用加有固化剂的环氧树脂将其封入玻璃管内，如图2-31所示。将螺旋形银丝用丙酮除油，再用3mol/L HNO_3溶液浸蚀，用蒸馏水洗净后放在0.1mol/L HCl溶液中进行阳极电解，用铂丝作阴极，外接直流电源进行电解氯化，电解的阳极电流密度为0.4mA/cm^2，时间为30min，取出后用去离子水洗净，氯化后的AgCl电极呈淡紫色。为防止AgCl层因干燥而剥落，可将其浸在适当浓度的KCl溶液中，保存待用。

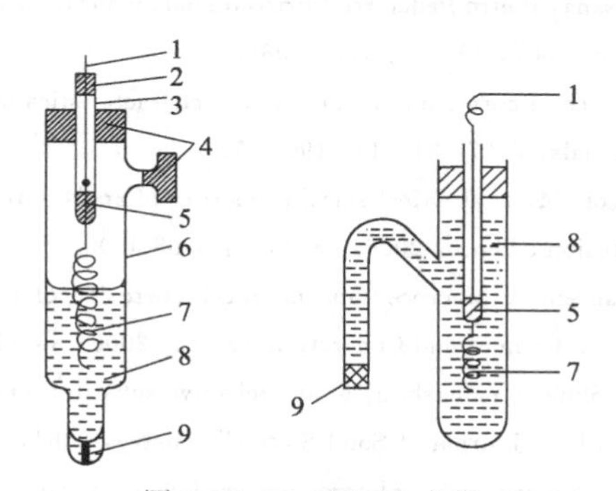

图2-31 Ag/AgCl电极

1—导线；2—环氧树脂；3—玻璃管；4—橡皮塞；5—Hg；6—电极管；7—镀覆AgCl的Ag丝；8—KCl（或HCl）溶液；9—石棉绳

（四）简易金属铜、银、锌参比电极的制备

① 银电极的制备 将纯银丝用细砂纸轻轻打磨至露出新鲜的金属光泽，再用蒸馏水

洗净作为阳极。将欲用的两支铂电极浸入稀硝酸溶液片刻，取出用蒸馏水洗净。将洗净的电极分别插入两个盛有镀银液（镀液组成为 100mL 水中加 1.5g$AgNO_3$和 1.5gNaCN）的小瓶中，并将两个小瓶串联，控制电流为 0.3mA，镀 1h，得白色紧密的镀银电极两只。

② 铜电极的制备　将铜电极在 1∶3 的稀硝酸中浸泡片刻，取出洗净，作为负极，以另一纯铜板作阳极在镀铜液中电镀（镀铜液组成为：每升中含 125g$CuSO_4 \cdot 5H_2O$，25gH_2SO_4，50mL 乙醇）。控制电流为 20mA，电镀 20min 得表面呈红色的铜电极，洗净后放入 0.1mol/L $CuSO_4$中备用。

③ 锌电极的制备　将锌电极在稀硫酸溶液中浸泡片刻，取出洗净，浸入汞或饱和硝酸亚汞溶液中约 10s，表面上即生成一层光亮的汞齐，用水冲洗晾干后，插入 0.1mol/L $ZnSO_4$中待用。

参考文献

[1] Bartlett N，Ghoneim E，El-Hefnawy G，et al. Voltammetry and determination of metronidazole at a carbon fiber microdisk electrode [J]. Talanta，2005，66 (4)：869-874.

[2] 宋永红，尤金跨，林祖赓. 异丙醇在 Pt 微盘电极上的电化学氧化 [J]. 电源技术，1998，22 (3)：93-95.

[3] Juan Xiang，Bin Liu，Bo Liu，et al. A self-terminated electrochemical fabrication of electrode pairs with angstrom-sized gaps [J]. Electrochemistry Communications，2006，8 (4)：577-580.

[4] Lin Chi Chen，Kuo Chuan Ho. Interpretations of voltammograms in a typical two-electrode cell：application to omplementary electrochromic systems [J]. Electrochim. Acta，2001，46 (13-14)：2159-2166.

[5] 李晶，汪尔康. 原子力显微镜及其在电化学和电分析化学中的应用 [J]. 分析化学，1995，23 (11)：1341-1348.

[6] 万立骏. 电化学扫描隧道显微术及其应用 [M]. 北京：科学出版社，2005.

[7] Hsue Yang Liu，Fu Ren F Fan，Charles W Lin，et al. Scanning electrochemical and tunneling ultramicroelectrode microscope for high-resolution examination of electrode surfaces in solution [J]. J Am Chem Soc，1986，108 (13)：3838-3839.

[8] Allen J Bard，Fu Ren F Fan，Juhyoun Kwak，et al. Scanning electrochemical microscopy. Introduction and principles [J]. Anal Chem，1989，61 (2)：132-138.

[9] Allen J Bard，Fu Ren F Fan，David T Pierce，et al. Chemical imaging of surfaces with the scanning electrochemical microscope [J]. Science，1991，254：68-74.

[10] Luca Bertolini，Maddalena Carsana，Pietro Pedeferri. Corrosion behaviour of steel in concrete in the presence of stray current [J]. Corrosion Science，2007，49 (3)：1056-1068.

[11] Cairns J，Du Y，Law D. Influence of corrosion on the friction characteristics of the steel/concrete interface [J]. Construction and Building Materials，2007，21 (1)：190-197.

[12] Ouglova A，Berthaud Y，François M，et al. Mechanical properties of an iron oxide formed by corrosion in reinforced concrete structures [J]. Corrosion Science，2006，48 (12)：3988-4000.

[13] Hansson C M，Poursaee A，Laurent A. Macrocell and microcell corrosion of steel in ordinary Portland cement and high performance concretes [J]. Cement and Concrete Research，2006，36 (11)：2098-2102.

[14] Kai Kamada，Yuko Tsutsumi，Shuichi Yamashita，et al. Selective substitution of alkali cations in mixed alkali glass by solid-state electrochemistry [J]. Journal of Solid State Chemistry，2004，177 (1)：189-193.

[15] J De Strycker，Westbroek P，Temmerman E. Electrochemical behaviour and detection of Co (Ⅱ) in molten glass by cyclic and square wave voltammetry [J]. Electrochemistry Communications，2002，4 (1)：41-46.

[16] Galina Pankratova，Lo Gorton. Electrochemical communication between living cells and conductive surfaces [J]. Current Opinion in Electrochemistry，2017，5 (1)：193-202.

[17] Shaojie Chen，Dongjiu Xie，Gaozhan Liu，et al. Sulfide solid electrolytes for all-solid-state lithium batteries：structure，conductivity，stability and application [J]. Energy Storage Materials，2018，14：58-74.

[18] Birger Horstmann, Fabian Single, Arnulf Latz. Review on multi-scale models of solid-electrolyte interphase formation [J] . Current Opinion in Electrochemistry, 2019, 13: 61-69.

[19] Oleg Borodin. Challenges with prediction of battery electrolyte electrochemical stability window and guiding the electrode-electrolyte stabilization [J] . Current Opinion in Electrochemistry, 2019, 13: 86-93.

[20] Haijin Zhu, Douglas R MacFarlane, Jennifer M Pringle, et al. Organic Ionic Plastic Crystals as Solid-State Electrolytes [J] . Trends in Chemistry, In press, corrected proof, Available online 6 March 2019.

[21] Xingwen Yu, Arumugam Manthiram. Electrochemical Energy Storage with Mediator-Ion Solid Electrolytes [J] . Joule, 2017, 1 (3): 453-462.

[22] Wenru Hou, Xianwei Guo, Xuyang Shen, et al. Solid electrolytes and interfaces in all-solid-state sodium batteries: Progress and perspective [J] . Nano Energy, 2018, 52: 279-291.

[23] Cyrus S. Rustomji, Yangyuchen Yang, Tae Kyoung Kim, et al. Liquefied gas electrolytes for electrochemical energy storage devices [J] . Science, 2017, 356 (6345): 4263.

[24] Kosuke Izutsu. Electrochemistry in Nonaqueous Solutions [M] . Wiley-VCH Verlag GmbH & Co. KGaA, 2002.

[25] Wei Weng, Lizi Tang, Wei Xiao. Capture and electro-splitting of CO_2 in molten salts [J] . Journal of Energy Chemistry, 2019, 28: 128-143.

[26] Yuekun Gu, Jie Liu, Shengxiang Qu, et al. Electrodeposition of alloys and compounds from high-temperature molten salts [J] . Journal of Alloys and Compounds, 2017, 690: 228-238.

[27] Deepak Kumar, Suman B. Kuhar, D. K. Kanchan. Room temperature sodium-sulfur batteries as emerging energy source [J] . Journal of Energy Storage, 2018, 18: 133-148.

[28] Matthew A. Hughes, Jessica A. Allen, Scott W. Donne. Carbonate Reduction and the Properties and Applications of Carbon Formed Through Electrochemical Deposition in Molten Carbonates: A Review [J] . Electrochimica Acta, 2015, 176: 1511-1521.

[29] Clavilier J, Faure R, Guinet G, et al. Preparation of monocrystalline Pt microelectrodes and electrochemical study of the plane surfaces cut in the direction of the {111} and {110} planes [J]. Appl. Electrochem. , 1979, 107 (1): 205-209.

[30] 孙世刚，陈爱成，黄泰山，等．一种金属单晶电极制备方法的建立和 Cu^{2+} 在铂单晶上 UPD 过程的研究 [J] ．高等学校化学学报，1992，13 (3)：390-391.

[31] 曹为民，印仁和，秦勇．用 REM 法观察铂单晶面上铜的电结晶成膜过程 [J] ．功能材料，2000，31 (6)：662-663，666.

[32] Azeem Rana, Nadeem Baig, Tawfik A. Saleh. Electrochemically pretreated carbon electrodes and their electroanalytical applications-A review [J] . Journal of Electroanalytical Chemistry, 2019, 833: 313-332.

[33] XunjiaLi, JianfengPing, YibinYing. Recent developments in carbon nanomaterial-enabled electrochemical sensors for nitrite detection [J] . Trends in Analytical Chemistry, 2019, 113: 1-12.

[34] Gustavo A. Rivas, Marcela C. Rodríguez, María D. Rubianes, et al. Carbon nanotubes-based electrochemical (bio) sensors for biomarkers [J] . Applied Materials Today, 2017, 9: 566-588.

[35] Jenkins G M, Kawamura K. Structure of Glassy Carbon [J] . Nature, 1971, 231: 175-176.

[36] SomayeCheraghi, Mohammad Ali Taher. Fabrication of CdO/single wall carbon nanotubes modified ionic liquids carbon paste electrode as a high performance sensor in diphenhydramine analysis [J] . Journal of Molecular Liquids, 2016, 219: 1023-1029.

[37] Ali Ourari, Bouzid Ketfi, Seif Islam Rabie Malha, et al. Electrocatalytic reduction of nitrite and bromate and their highly sensitive determination on carbon paste electrode modified with new copper Schiff base complex [J] . Journal of Electroanalytical Chemistry, 2017, 797: 31-36.

[38] Peng X, Liu X, Diamond D, et al. Synthesis of electrochemically-reduced graphene oxidefilm with controllable size and thickness and its use in supercapacitor [J] . Carbon, 2011, 49 (11): 3488-3496.

[39] Lu J, Yang J, Wang J, et al. One-pot synthesis of fluorescent carbon nanoribbons, nanoparticles, and graphene by the exfoliation of graphite in ionic liquids, ACS Nano, 2009, 3 (8): 2367-2375.

[40] Najafabadi A T, Gyenge E. Synergistic production of graphene microsheets by simultaneous anodic and cathodic electro-exfoliation of graphitic electrodes in aprotic ionic liquids, Carbon, 2015, 84: 449-459.
[41] Liu J, Poh C K, Zhan D, et al. Improved synthesis of grapheneflakes from the multiple electrochemical exfoliation of graphite rod, Nano Energy, 2013, 2 (3): 377-386.
[42] Hongtao Sun, Lin Mei, Junfei Liang, et al. Three-dimensional holey-graphene/niobia composite architectures for ultrahigh-rate energy storage [J]. Science, 2017, 356, 599-604.
[43] Chen Z, Jin L, Hao W, et al. Synthesis and applications of three-dimensional graphene network structures [J]. Materials Today Nano, 2019, 5: 100027.
[44] Anju M, Renuka N K. Graphene-dye hybrid optical sensors [J]. Nano-Structures & Nano-Objects, 2019, 17: 194-217.
[45] Adeel Arshad, Mark Jabbal, Yuying Yan, et al. A review on graphene based nanofluids: Preparation, characterization and applications [J]. Journal of Molecular Liquids, 2019, 279: 444-484.
[46] Narendra Kurra, Qiu Jiang, Pranati Nayak, et al. Laser-derived graphene: A three-dimensional printed graphene electrode and its emerging applications [J]. Nano Today, 2019, 24: 81-102.
[47] JihnYih Lim, Mubarak N M, Abdullah E C, et al. Recent trends in the synthesis of graphene and graphene oxide based nanomaterials for removal of heavy metals — A review [J]. Journal of Industrial and Engineering Chemistry, 2018, 66: 29-44.
[48] Taniselass S, M K Md Arshad, Subash C B Gopinath. Graphene-based electrochemical biosensors for monitoring noncommunicable disease biomarkers [J]. Biosensors and Bioelectronics, 2019, 130: 276-292.
[49] Jinghao Xing, Peng Tao, Zhengmei Wu, et al. Nanocellulose-graphene composites: A promising nanomaterial for flexible supercapacitors [J]. Carbohydrate Polymers, 2019, 207: 447-459.
[50] Chen Li, Xiong Zhang, Kai Wang, et al. Three dimensional graphene networks for supercapacitor electrode materials [J]. New Carbon Materials, 2015, 30 (3): 193-206.
[51] Meeree Kim, Hee Min Hwang, G. Hwan Park, et al. Graphene-based composite electrodes for electrochemical energy storage devices: Recent progress and challenges [J]. FlatChem, 2017, 6: 48-76.
[52] Muhammad Zahir Iqbal, Assad-Ur Rehman, Saman Siddique. Recent developments in graphene based novel structures for efficient and durable fuel cells [J]. Journal of Energy Chemistry, In press, uncorrected proof, Available online 1 March 2019.
[53] Yunya Zhang, Zan Gao, Ningning Song, et al. Graphene and its derivatives in lithium-sulfur batteries. Materials Today Energy, 2018, 9: 319-335.
[54] Xiaohuan Zhao, Jiaqiang E, Gang Wu, et al. A review of studies using graphenes in energy conversion, energy storage and heat transfer development [J]. Energy Conversion and Management, 2019, 184: 581-599.
[55] M R Al Hassan, Sen A, Zaman T, et al. Emergence of graphene as a promising anode material for rechargeable batteries: a review [J]. Materials Today Chemistry, 2019, 11: 225-243.
[56] Hongwu Chen, Chun Li, Liangti Qu. Solution electrochemical approach to functionalized graphene: History, progress and challenges [J]. Carbon, 2018, 140: 41-56.
[57] Rui Ding, Weihua Li, Xiao Wang, et al. A brief review of corrosion protective films and coatings based on graphene and graphene oxide [J]. Journal of Alloys and Compounds, 2018, 764: 1039-1055.
[58] 潘乃寿．滴汞电极毛细管的阻塞处理和保养 [J]．化学世界，1980，(10)：304，319.
[59] 汪尔康．悬汞电极 [J]．化学通报，1966，2：32-36.
[60] 张长庚．悬汞电极在分析化学和电化学中的应用 [J]．化学通报，1966，2：11-25.
[61] Penner R M, Heben M J, Longin T L, et al. Fabrication and use of nanometer sized electrodes in electrochemistry [J]. Science, 1990, 250: 1118-1121.
[62] Strein T G, Ewing A G. Characterization of submicron-sized carbon electrodes insulated with aphenol-allylphenol polymer [J]. Anal Chem, 1992, 64 (13): 1368-1373.
[63] Pierre Champigneux, Marie-Line Delia, Alain Bergel. Impact of electrode micro- and nano-scale topography on the

formation and performance of microbial electrodes [J]. Biosensors and Bioelectronics, 2018, 118: 231-246.

[64] Min Zhou, Yang Xu, Yong Lei. Heterogeneous nanostructure array for electrochemical energy conversion and storage [J]. Nano Today, 2018, 20: 33-57.

[65] 张祖训. 超微电极电化学 [M]. 北京: 科学出版社, 2000.

[66] Ana Ledo, Cátia F. Lourenço, João Laranjinha, et al. Concurrent measurements of neurochemical and electrophysiological activity with microelectrode arrays: New perspectives for constant potential amperometry [J]. Current Opinion in Electrochemistry, 2018, 12: 129-140.

[67] Koichi Jeremiah Aoki, Jingyuan Chen. Insight of electrolyte-free voltammetry at microelectrodes. Current Opinion in Electrochemistry, 2018, 10: 67-71.

[68] Wang J, Deo R P, Poulin P, et al. Carbon Nanotube Fiber Microelectrodes [J]. J. Am. Chem. Soc.; 2003, 125 (48): 14706-14707.

[69] 王赪胤, 刘清秀, 邵晓秋, 等. 碳纤维纳米圆盘电极和金超微电极的制备 [J]. 扬州大学学报 (自然科学版), 2006, 9 (2): 21-25.

[70] Janusz Golas, Zbigniew Galus, Janet Osteryoung. Iridium-based small mercury electrodes [J]. Anal. Chem.; 1987, 59 (3): 389-392.

[71] Andrea Russell, Kari Repka, Timothy Dibble, et al. Determination of electrochemical heterogeneous electron-transfer reaction rates from steady-state measurements at ultramicroelectrodes [J]. Anal Chem, 1986, 58 (14); 2961-2964.

[72] Yeon Taik Kim, Donald M. Scarnulis, Andrew G. Ewing. Carbon-ring electrodes with 1-. mu. m tip diameter [J]. Anal Chem, 1986, 58 (8): 1782-1786.

[73] Liaoyong Wen, Rui Xu, Yan Mi & Yong Lei. Multiple nanostructures based on anodized aluminium oxide templates [J]. Nature Nanotechnology, 2017, 12: 244-250.

[74] Woo Lee, Sang-Joon Park. Porous Anodic Aluminum Oxide: Anodization and Templated Synthesis of Functional Nanostructures [J]. Chem. Rev., 2014, 114 (15), pp 7487-7556.

[75] Liaoyong Wen, Zhijie Wang, Yan Mi, et al. Designing heterogeneous 1D nanostructure arrays based on AAO templates for energy applications [J]. Small, 2015, 11 (28): 3408-3428.

[76] Qiliang Wei, Yanqing Fu, Gaixia Zhang, et al. Rational design of novel nanostructured arrays based on porous AAO templates for electrochemical energy storage and conversion [J]. Nano Energy, 2019, 55: 234-259.

[77] Vinod P Menon, Charles R Martin. Fabrication and Evaluation of Nanoelectrode Ensembles [J]. Anal Chem, 1995, 67 (13): 1920-1928.

[78] Hulteen J C, Chen H X, Chambliss C K, et al. Template synthesis of carbon nanotubule and nanofiber arrays [J]. Nanostructured Materials, 1997, 9 (1-8): 133-136.

[79] Ross F. Lane, Arthur T. Hubbard. Electrochemistry of chemisorbed molecules. I. Reactants connected to electrodes through olefinic substituents [J]. Phys Chem, 1973, 77 (11): 1401-1410.

[80] 董绍俊, 车广礼, 谢远武, 化学修饰电极 [M]. 北京: 科学出版社, 1995.

[81] 董绍俊, 车广礼, 谢远武, 化学修饰电极 [M]. 第2版. 北京: 科学出版社, 2003.

[82] Nadeem Baig, Muhammad Sajid, Tawfik A. Saleh. Recent trends in nanomaterial-modified electrodes for electroanalytical applications [J]. TrAC Trends in Analytical Chemistry, 2019, 111: 47-61.

[83] Shikha Sharma, Nidhi Singh, VartikaTomar, et al. A review on electrochemical detection of serotonin based on surface modified electrodes [J]. Biosensors and Bioelectronics, 2018, 107: 76-93.

[84] Yanbing Yang, Xiangdong Yang, Yujie Yang, et al. Aptamer-functionalized carbon nanomaterials electrochemical sensors for detecting cancer relevant biomolecules [J]. Carbon, 2018, 129: 380-395.

[85] Victoria M. Hultgren, Andrew W. A. Mariotti, Alan M. Bond, et al. Reference Potential Calibration and Voltammetry at Macrodisk Electrodes of Metallocene Derivatives in the Ionic Liquid [bmim][PF6]. Anal. Chem., 2002, 74 (13): 3151-3156.

[86] John P. Bullock, Elena Mashkina, Alan M. Bond. Activation Parameters Derived From a Temperature Dependent

Large Amplitude ac Voltammetric Study of the Electrode Kinetics of the Cp2M0/＋ Redox Couples（M ＝ Fe，Co）at a Glassy Carbon Electrode［J］．The Journal of Physical Chemistry A，2011，115（24）：6493-6502.

［87］Shirai O，Nagai T，Uehara A，et al. Electrochemical properties of the Ag ＋｜Ag and other reference electrodes in the LiCl-KCl eutectic melts［J］. J Alloys Compd，2008，456（1/2）：498-502.

［88］李国熏，张树玲，乔芝郁，等. 用于 LiCl-KCl-NaCl 熔盐系长时间稳定的银-氯化银参比电极［J］. 北京钢铁学院学报，1983，（4）：97-105.

［89］王有群，林如山，叶国安，等．高温氯化物熔盐中使用的 Ag/AgCl 参比电极研究进展［J］．现代化工，2015，35（3）：21-25.

［90］Gabriela Durán-Klie，Davide Rodrigues，Sylvie Delpech. Dynamic Reference Electrode development for redox potential measurements in fluoride molten salt at high temperature［J］．Electrochimica Acta，2016，195：19-26.

［91］林昌健，卓向东，田昭武，等．空间分辨电化学研究新方法［J］．厦门大学学报（自然科学版），2001，40（2）：448-458.

［92］林昌健，卓向东，冯祖德，等．空间分辨电化学技术用于研究金属局部腐蚀［J］．电化学，1999，5（1）：25-30.

［93］Nonnenmacher M，Oboyle M P，Wickramasinghe H K. Kelvin probe force microscopy［J］．Appl. Phys. Lett.，1991，58：2921-2923.

［94］Wilhelm Melitz，Jian Shen，Andrew C. Kummel，et al. Kelvin probe force microscopy and its application［J］．Surface Science Reports，2011，66（1）：1-27.

［95］Chiara Musumeci，Andrea Liscio，Vincenzo Palermo，et al. Electronic characterization of supramolecular materials at the nanoscale by Conductive Atomic Force and Kelvin Probe Force microscopies［J］．Materials Today，2014，17（10）：504-517.

［96］I-Yu Huang and Ruey-Shing Huang. Fabrication and characterization of a new planar solid-state reference electrode for ISFET sensors［J］．Thin Solid Films. 2002，406（1-2）：255-261.

［97］程聪鹏，高荣杰，王传秀，等．全固态银卤化银参比电极的性能［J］．腐蚀与防护，2015，36（1）：11-13.

［98］尹鹏飞，侯文涛，许立坤，等. 热浸涂银氯化银和银卤化银参比电极对比研究［J］. 腐蚀科学与防护技术，2010，22（5）：407-411.

［99］Muralidharan S，Saraswathy V，JohnBerchmans L，et al. Nickel Ferrite（$NiFe_2O_4$）：A Possible Candidate Material as Reference Electrode for Corrosion Monitoring of Steel in Concrete Environments［J］．Sensors and Actuators B，2009：2-15.

［100］Allen J Bard，Larry R Faulkner. Electrochemical methods fundamentals and Applications. Second Edition［M］．John Wiley & Sons，Inc，2001.

第3章 稳态极化及研究方法

极化曲线的测定分稳态法和暂态法。稳态法就是测定电极过程达到稳态时电流密度与过电势之间的关系。由第1章可知，电极过程达到稳态后，整个电极过程的速度-稳态电流密度的大小，就等于该电极过程中控制步骤的速度。因而，可以用稳态极化曲线测定电极过程控制步骤的动力学参数，研究电极过程动力学规律及其影响因素。

在进行具体的稳态测量之前，必须先了解稳态的含义，只有掌握了各种极化的基本特征，才能对测得的曲线进行合理的分析，进而获取我们所需要的信息。因此，本章先论述“稳态”“稳态极化”等概念。

3.1 稳态与稳态极化

3.1.1 稳态

什么是稳态？先举些例子。如锌-空气电池以中小电流放电，起初电压下降较快，后来达到比较稳定的状态，电压变化甚慢。金属腐蚀过程、电镀过程或电解过程，在中期也都有一段时间内系统的变化很缓慢。具体说来，在指定的时间范围内，电化学系统的参量(如电势、电流、浓度分布、电极表面状态等）变化甚微，基本上可认为不变，这种状态可以称为电化学稳态。锌-空气电池的放电曲线如图3-1所示。称 $t_1 \sim t_2$ 时间内为锌-空气电池以中小电流放电的稳定状态。

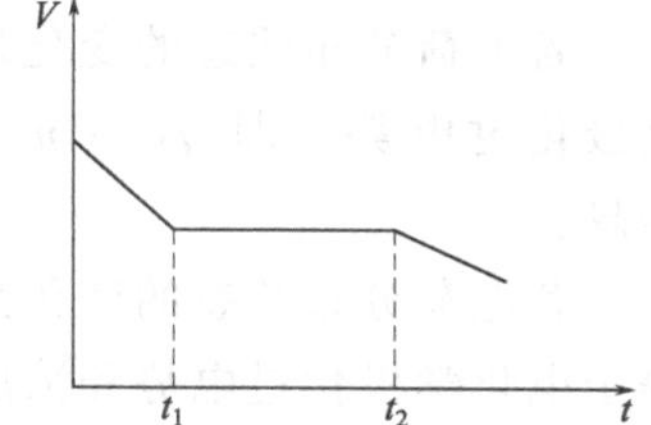

图3-1 锌-空气电池放电曲线

要测定稳态极化曲线，就必须在电极过程达到稳态时进行测定。电极过程达到稳态，就是组成电极过程的各个基本过程，如双层充电、电荷转移、扩散传质等都达到稳态。双电层充电达到稳态后，电极双电层的充电状态不变，充电电流为0，电极电势达到稳定值，如果电极表面附近反应物的浓度不变，则电极反应速率也将达到稳定值。另外，电极表面状态不变，则电极界面的吸附覆盖状态也不变，所以吸（脱）附引起的电流［例如 $OH^- \longrightarrow (OH)_{吸} + e^-$］为零。对于扩散过程，当达到稳态后，电极表面附近反应物或反应产物的浓度梯度 dc/dx 为常数，或者说电极表面附近液层中的浓度分布不再随时间变化，即 $dc/dt=0$。可见，当整个电极过程达到稳态时，电极电势、极化电流、电极表面状态及电极表面液层中的浓度分布，均达到稳态而不随时间变化。这时稳态电流，全部是由于电极反应产生的。如果电极上只有一对电极反应（如 $Zn \rightleftharpoons Zn^{2+} + 2e^-$），则稳态电流就表示这一对电极反应的净速度。如果电极上有多对电极反应，则稳态电流就是多对电极反应的总结果。

3.1.2 稳态极化及其影响因素

电极过程是包含多步骤的复杂过程，构成电极过程的各个子步骤所遵循的动力学规律互不相同，其中占主导地位的控制步骤对电极总过程的动力学特征贡献最大。

对于只有四个基本步骤（电化学步骤，双层充电步骤，离子导电步骤，反应物、产物粒子的扩散步骤）的电极过程，共有三种类型的极化。

在有电流通过电极表面的情况下，当电极过程达到稳态时，电极/溶液界面的电荷分布状态发生了变化，产生了过电势 $\eta_{界}$。如果电荷分布状态的变化是由于电化学反应步骤迟缓造成的，这时的 $\eta_{界}$ 是电化学反应过电势，即 $\eta_{界}=\eta_e$，电极处于电化学步骤控制，电极过程的过电势与电流密度之间的关系可由 Bulter-Volmer 公式给出

$$i=i^0\left[\exp\left(-\frac{\beta nF\Delta\varphi}{RT}\right)-\exp\left(\frac{(1-\beta)nF\Delta\varphi}{RT}\right)\right] \tag{3-1}$$

在强极化条件，即 $\eta \gg \dfrac{RT}{(1-\beta)nF}$ 时，有

$$\eta=\frac{RT}{\beta nF}\ln i^0-\frac{RT}{\beta nF}\ln i \tag{3-2}$$

在弱极化条件，即在平衡电势附近，有

$$\eta=\frac{RT}{nF}\cdot\frac{1}{i^0}i \tag{3-3}$$

在式（3-2）和式（3-3）中电流密度 i 和过电势 η 只取绝对值。

电化学极化由电荷转移步骤的反应速率决定，它与电化学反应本质有关。提高电极的催化活性、升高温度能提高电化学反应速率，而降低电化学极化（即减少 η_e）。除了电极电势外，界面电场的分布也直接影响电化学反应速率（具体见 1.3.5 节所述）。电极表面状态的变化，如表面活性物质在电极溶液界面的吸脱附、成相膜的形成与溶解也可能是电化学反应速率发生变化的原因。

若电荷分布状态的变化是由反应物或产物粒子的传质迟缓造成的，则这时的 $\eta_{界}$ 是浓度极化过电势，即 $\eta_{界}=\eta_c$。在这种情况下，不能由稳态极化曲线得到电化学步骤的信息。

若电荷分布状态的变化是由于上述两种迟缓共同造成的，则这时界面电极过电势 $\eta_{界}$ 等于电化学极化过电势和浓度极化过电势的总和 $\eta_{界}=\eta_e+\eta_c$，电极过程处于混合控制，此时有

$$\eta=\frac{RT}{\beta nF}\left[\ln\frac{1}{i^0}-\ln\left(\frac{1}{i}-\frac{1}{(i_d)_O}\right)\right] \tag{3-4}$$

式（3-4）说明，体系处于混合控制时，通过稳态极化曲线的分析可以得到传递系数 β 及交换电流密度 i^0 等电化学步骤的动力学参数。

浓度极化是因为反应物粒子得不到及时的补充或产物粒子的局部聚集而造成的，在不

考虑电迁移的情况下，传质过程的“瓶颈”大多是由粒子在电极表面滞流层中的扩散速度决定的。稳态时的扩散电流密度由式（1-60）决定。由表 1-5 可见，液相中各种物质的扩散系数小，在水溶液中一般为 $10^{-5}\ cm^2/s$ 数量级。靠升高温度的方法以增大扩散系数 D，对浓度极化的减小很有限，能够大幅度改变扩散速度的因素是扩散途径，也即扩散层的厚度，如果扩散途中有多孔隔膜，则隔膜的厚度、孔率和曲折系数对扩散速度也有直接的影响。

电极过程中电荷移动速度 k 决定了电化学极化的大小，而浓度极化则取决于物质传输速度 m。k 和 m 对电流-电势曲线的影响如图 3-2 所示。对一特定的体系而言，当电极反应较慢，即通过电极的电流密度较小时，体系的极化主要是由电化学极化引起的，主要体现电化学步骤的特征；当电极反应较快，即通过电极的电流密度较大时，浓度极化逐渐占主导地位，体系以浓度极化为主，如图 3-3 所示。在大多数情况下，可以利用各阶段的极化曲线了解各步骤的动力学特征。

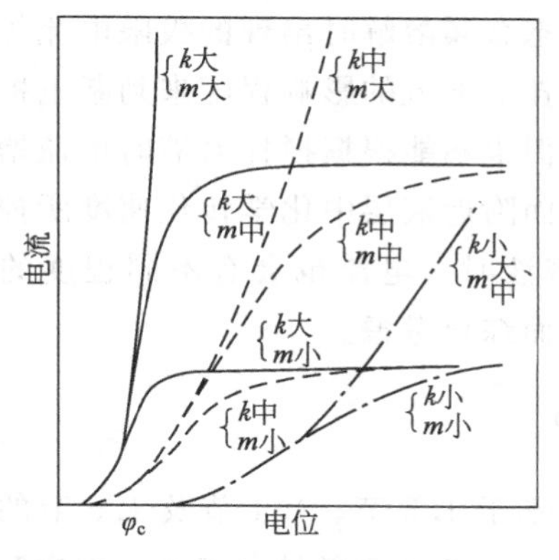

图 3-2　电荷移动速度 k 和物质传输速度 m 对电流-电势曲线的影响

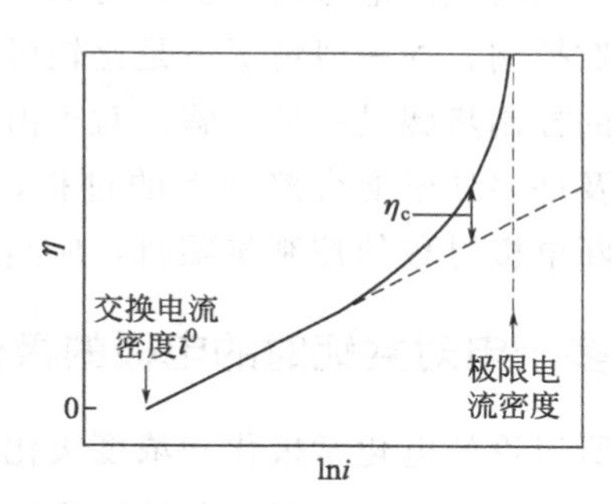

图 3-3　极化电极的 η-ln$i$ 曲线（包含塔费尔方程区和浓度极化区）

为了鉴别电极过程是由电化学步骤控制还是由扩散步骤控制，现将它们作一对比，见表 3-1。

表 3-1　电化学极化与浓度极化的比较

项目	电化学极化	浓度极化
极化曲线形式	低电流密度下，η 与 i 成正比；高电流密度下，η 与 $\lg i$ 成正比	反应产物不溶时，η 与 $\lg i_d/(i_d-i)$ 成正比；反应产物可溶时，η 与 $\lg i/(i_d-i)$ 成正比
搅拌溶液对电流密度的影响	不改变电流密度	$i \propto \sqrt{搅拌强度}$
电极材料及表面状态对反应速率的影响	有显著的影响	无影响
改变界面电势分布对反应速率的影响	有影响（ψ_1 效应）	无影响
反应速率的温度系数	一般比较高（活化能较高）	较低，一般约 2%/℃
电极真实表面积对反应速率的影响	反应速率与电极的真实表面积成正比	若扩散层厚度超过电极表面的粗糙度，则反应速率正比于表观面积，与真实表面积无关

根据表 3-1 中这些特征，可以鉴别电极过程是电化学步骤控制还是扩散步骤控制。也可以根据这些特征对电极过程加以控制。例如，为了增大电化学控制的电极反应速率可以采取下列措施：增大过电势；增大电极真实表面积；提高温度；选择适宜的电极材料及适当的表面处理方法；选择适宜的添加剂和溶剂等。为了增大扩散步骤控制的电极反应速率，最有效的措施是加强溶液搅拌。

如果电极过程中还包含有其他基本过程，如均相化学反应过程、电结晶过程、次生反应过程等，那么可能还存在这些子步骤引起的极化。

应当指出，只根据上述任何一种特征来判断电极反应是受电化学步骤控制还是扩散控制不是绝对可靠的。例如，在反应的初始阶段，受扩散控制的电流往往具有非稳态的性质。但某些其他因素也会导致非稳态电流，如电极表面积或表面状态随时间的变化等。达到稳态后受扩散步骤控制的电流有极限电流的性质。但可能出现极限电流的不只扩散控制这一种情况，如前置转化步骤和催化步骤引起的动力极限电流、吸附极限电流、反应粒子穿透有机活性物质吸附层时出现的极限电流、钝态金属溶解时出现的极限电流等，也具有不随电势变化的极限电流的特征。再如，根据搅拌对电流的影响程度来判断电极反应速率是否受扩散控制，在一般情况下是比较可靠的。但也不能根据搅拌溶液时电流增大了，就认为唯一的控制步骤是扩散步骤。对于由电极表面附近液层中化学转化速度所控制的电极反应，以及许多处于混合控制下的过程，搅拌溶液时，电流也会有不同程度的增加。所以，在判断电极过程的控制步骤时，应当从各方面综合考虑。

3.1.3 多个电对共轭时的电极的极化行为

上面所讨论的电化学极化和浓度极化分别是基于 1.3 节、1.4 节及 1.5 节的内容，均是针对研究电极上只有一对氧化还原反应 $O+e^- \rightleftharpoons R$ 的简单情况而言，但实际研究工作中经常遇到在同一电极上同时存在多个氧化还原电对的情况，在很多情况下，这些电极过程构成了共轭关系，即在一个没有外电流通过的孤立电极上，同时发生了多对氧化还原反应，且氧化反应中失去的电子总摩尔数与还原反应中接受的电子总摩尔数相等。测量得到的电流及电势值是多个反应体系的综合，不能直接了解其中某一过程的特征。

在最简单的情况下，同一电极上发生物质 1 的氧化和物质 2 的还原，两个电极反应的速度都是由活化极化控制，溶液中传质过程很快，浓度极化可以忽略。另一个简化条件是电极电势离这两个电极反应的平衡电势都比较远，也就是这两个电极反应都处于强极化的条件下，进而可以忽略相应的逆过程，在这样的简化条件下，每个电极反应的动力学都可用 Tafel 方程式来表示，即

$$i_{1,\mathrm{a}}=i_1^0\exp\left(\frac{(1-\beta_1)n_1F(\varphi-\varphi_{\mathrm{e},1})}{RT}\right)=i_1^0\exp\left(\frac{\varphi-\varphi_{\mathrm{e},1}}{\overleftarrow{\beta}_1}\right) \tag{3-5}$$

$$i_{2,\mathrm{c}}=i_2^0\exp\left(\frac{\beta_2 n_2F(\varphi_{\mathrm{e},2}-\varphi)}{RT}\right)=i_2^0\exp\left(\frac{\varphi_{\mathrm{e},2}-\varphi}{\overrightarrow{\beta}_2}\right) \tag{3-6}$$

式中，下标 1，a 代表物质 1 阳极氧化的阳极方向的电极反应；下标 2，c 代表物质 2 阴极还原的阴极方向的电极反应；$\overleftarrow{\beta}_1=\dfrac{RT}{(1-\beta_1)n_1F}$；$\overrightarrow{\beta}_2=\dfrac{RT}{\beta_2 n_2F}$。在外测电流为零时，

电极上阳极反应的电流密度的绝对值等于阴极反应的电流密度的绝对值，此时的电极电势用 φ_{mix} 表示，电流密度用 i_{mix} 表示，则有

$$i_1^0 \exp \frac{\varphi_{mix} - \varphi_{e,1}}{\overleftarrow{\beta}_1} = i_2^0 \exp \frac{\varphi_{e,2} - \varphi_{mix}}{\overrightarrow{\beta}_2} = i_{mix} \tag{3-7}$$

以 φ_{mix} 为起点，可用外部电源对其施加阳极极化电流和阴极极化电流。外加的阳极极化电流 i_A 等于物质 1 的阳极溶解电流减去物质 2 的阴极还原电流，外加的阴极极化电流 i_C 等于物质 2 的阴极还原电流减去物质 1 的阳极溶解电流，即

$$i_A = i_{1,a} - i_{2,c} = i_1^0 \exp \frac{\varphi - \varphi_{e,1}}{\overleftarrow{\beta}_1} - i_2^0 \exp \frac{\varphi_{e,2} - \varphi}{\overrightarrow{\beta}_2} \tag{3-8}$$

$$i_C = i_{2,c} - i_{1,a} = i_2^0 \exp \frac{\varphi_{e,2} - \varphi}{\overrightarrow{\beta}_2} - i_1^0 \exp \frac{\varphi - \varphi_{e,1}}{\overleftarrow{\beta}_1} \tag{3-9}$$

将式（3-7）代入式（3-8）和式（3-9），得

$$i_A = i_{mix} \left\{ \exp \frac{\varphi - \varphi_{mix}}{\overleftarrow{\beta}_1} - \exp \frac{\varphi_{mix} - \varphi}{\overrightarrow{\beta}_2} \right\} \tag{3-10}$$

$$i_C = i_{mix} \left\{ \exp \frac{\varphi_{mix} - \varphi}{\overrightarrow{\beta}_2} - \exp \frac{\varphi - \varphi_{mix}}{\overleftarrow{\beta}_1} \right\} \tag{3-11}$$

φ -i 曲线的方程式用电极的极化值 $\Delta\varphi$（$\Delta\varphi = \varphi - \varphi_{mix}$）可表示为

$$i_A = i_{mix} \left[\exp \frac{\Delta\varphi}{\overleftarrow{\beta}_1} - \exp \left(\frac{-\Delta\varphi}{\overrightarrow{\beta}_2} \right) \right] \tag{3-12}$$

$$i_C = i_{mix} \left[\exp \left(\frac{-\Delta\varphi}{\overrightarrow{\beta}_2} \right) - \exp \frac{\Delta\varphi}{\overleftarrow{\beta}_1} \right] \tag{3-13}$$

式（3-12）、式（3-13）即为构成共轭体系的电极的极化方程式，与只有单氧化还原电对的电极的动力学是类似的，同样也可以根据极化电势和极化电流密度的关系特点分为弱极化时极化电势与极化电流密度呈线性关系的线性极化区和强极化时极化电势与极化电流密度的对数呈线性关系的 Tafel 强极化区。金属的电化学腐蚀过程多数情况下均属于共轭体系，因此 φ_{mix} 也称 φ_{corr}，i_{mix} 也称 i_{corr}，金属 M 的析氢腐蚀极化如图 3-4 所示。

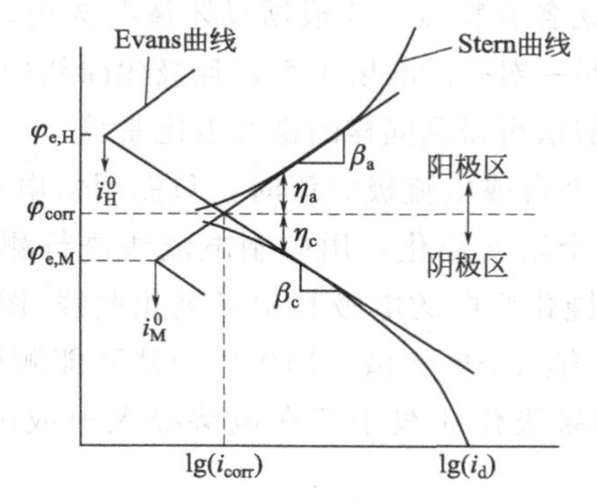

图 3-4 金属 M 的析氢腐蚀极化曲线

3.2 稳态极化曲线的测量

3.2.1 准备工作

在进行极化曲线的测量之前，有一些基本的准备工作要做。

首先要明确研究目的。研究目的大致可分为两类：一类是研讨研究电极本身的电化学特性，如化学电池中正、负极的性能，材料在介质中的稳定性或者是电极材料对某一反应的催化性能等；另一类则旨在研究溶液中的化学物质发生氧化还原的过程特征。在前一类的研究中，研究电极的材料已经限定，而后者则可以根据特定的研究对象选用某一惰性电极。研究电极的材料确定后，要根据电解池的形状和大小对研究电极进行适当的前处理。一般地，研究体系的溶液成分是研究目的所决定的，需要考虑的是支持电解质的选用。接下来，要准备好参比电极和辅助电极，并且要考虑是否需要采用盐桥，有关参比电极、辅助电极以及盐桥的选用原则在第 2 章均已详细介绍，这里不再详述。此后，电极体系的恒温以及搅拌等均需准备妥当，有气体参加反应或是需要除氧时，还要做好进气管和出气管的连接。最后就是测量仪器即电化学工作站的准备，必要的话，还有万用表和导线。

在这里，有必要强调的是，在正式的测量之前，有必要对参比电极的性能进行检测。因为参比电极的性能对测量结果影响很大，而久置不用的商用参比电极、自制的参比电极或准参比电极，其电极电势稳定性不一定很好，重新测量参比电极的电极电势是很有必要的。

3.2.2 恒电势法和恒电流法

测量稳态极化曲线时，按照所控制的自变量可分为控制电流法和控制电势法。控制电势法也叫恒电势法（potentiostatic method)，就是在恒电势电路或恒电势仪的保证下，控制研究电极（相对参比电极）的电势按照人们预想的规律变化，不受电极系统发生反应而引起的阻抗变化的影响，同时测量相应电流的方法。而控制电流法（恒电流法，galvanoststic method）是控制通过研究电极的极化电流按照一定的规律变化，而记录相应的电极电势的方法。

控制电流法和控制电势法各有特点，要根据具体情况选用，对于单值函数的极化曲线，即电流密度与电极电势之间是一对一的映射关系，且极化曲线中没有出现平台或极值的情况下，用控制电流法和控制电势法可得到同样的稳态极化曲线。

当极化曲线中存在电流平台或电流极大值时，只能用恒电势法。若体系受扩散控制且在所测试的电势区间达到完全浓度极化，用控制电流法进行测试时就得不到较好的结果，如图 3-5 所示。在测定具有钝化倾向的电极其阳极极化曲线（图 3-6）时，由于这种极化曲线具有 S形，对应一个电流有几个电势值，用恒电流法不能测得真实完整的极化曲线，必须选用恒电势法。反之，如果极化曲线中存在电势极大值或电势平台，则应选用控制电流法。

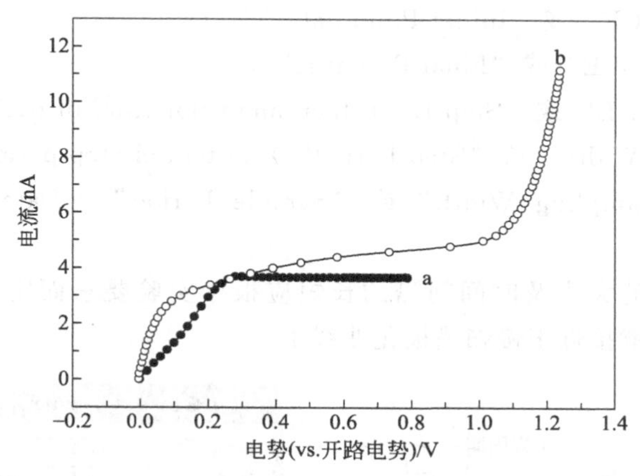

图 3-5 1mmol/L $K_3Fe(CN)_6$ +1mmol/L $K_4Fe(CN)_6$ +0.1mol/L K_2SO_4 的极化曲线
Pt 微盘电极 d=25μm；
a—动电势极化法（起始电势：0V；终止电势：0.8V；扫描速率：2mV/s）；
b—动电流极化法（起始电流：0；终止电流：0.5mA/cm²；扫描速率：0.005mA/cm²）

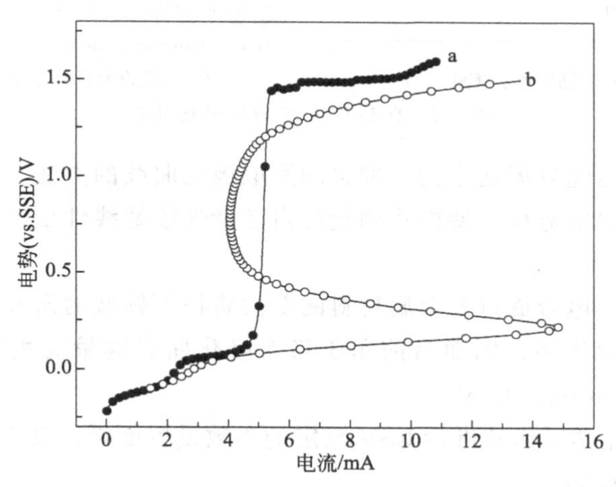

图 3-6 镍在 0.5mol/L 硫酸中的阳极极化曲线（30℃）
a—动电势极化法（起始电势：-0.1V；终止电势：1.5V；扫描速率：0.1V/s）；
b—动电流极化法（起始电流：0；终止电流：16mA；扫描速率：0.1mA/s）

3.2.3 阶梯伏安法与慢扫描法

在极化曲线的测量中，按照控制变量的给定方式可分为阶跃法和慢扫描法。阶跃法又分逐点手动调节法和利用阶梯波信号两种方法。早期大多采用逐点手动调节方式。例如控制电流法测定极化曲线时，每给定一电流后，等候电势达到稳态值就记下此电势，然后再增加电流到新的给定值，测定相应的稳态电势。最后把测得的一系列电流、电势数据画成极化曲线。这种经典方法要用手动调节，工作量大；有些体系达到稳态要等很长的时间，而且不同的测量者对稳态的标准掌握不一。因此这种极化曲线的重现性较差。

由于电子技术的迅速发展，上述手动逐点调节方式可用阶梯波代替。即用阶梯波发生器控制恒电流仪或恒电势仪就可自动测绘极化曲线。图 3-7 给出了用阶梯伏安法测量极化曲线的示意图，可以看到，采用该技术进行测量时，重要的实验参数有：

起始电势（“Init E”或“Initial Potential”）

终止电势（“Final E”或“Final Potential”）

步增电势（“Incr E”或“Step E”）Increment potential of each step

步宽值（“Step Width”或“Step Period”）Potential step period

采样周期（“Sampling Width”或“Sample Period”）Data sampling width for each point

阶梯波阶跃幅值的大小及时间间隔的长短应根据实验要求而定。当阶跃幅值足够小时，测得的极化曲线就接近于慢扫描极化曲线了。

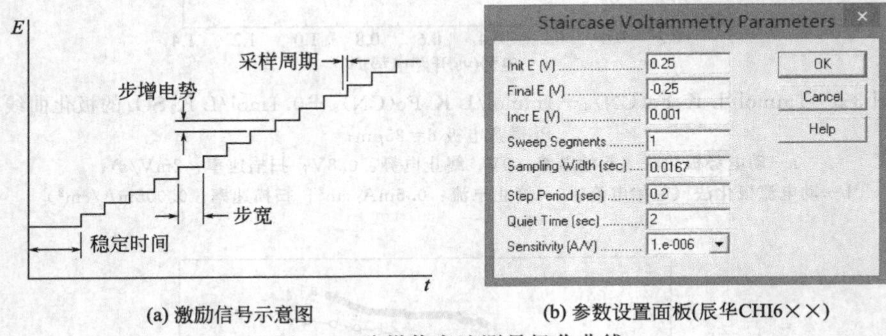

(a) 激励信号示意图　　(b) 参数设置面板(辰华CHI6××)

图 3-7　阶梯伏安法测量极化曲线

慢扫描法是近来迅速发展起来的一种自动测取极化曲线的方法。慢扫描法利用慢速线性扫描电势信号控制恒电势仪，使极化测量的自变量连续地线性变化，同时自动记录极化曲线。

在冶金、电沉积、电合成以及金属材料的腐蚀防护等领域的研究工作中，控制电势法较控制电流法应用广泛得多，因而目前用于稳态极化曲线测量的主要是电势扫描伏安法(linear sweep voltammetry，LSV)。

图 3-8 是利用电化学工作站进行 LSV 测定的参数设置面板，其中各项的意义非常简单明了，在此不作过多说明。

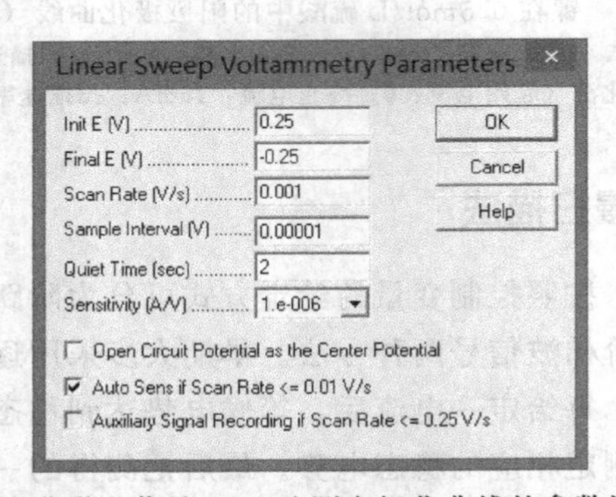

图 3-8　电化学工作站 LSV 法测定极化曲线的参数设置面板

从极化开始到电极过程达到稳态需要一定的时间。对于双层充（放）电达到稳态所需要的时间一般较短，但扩散过程达到稳态往往需要较长的时间。当溶液中只存在自然对流时，从极化开始到非稳态扩散层延伸到对流区一般需几秒钟，采用搅拌措施后，达到稳态扩散的时间会更短。如果极化电流密度很小，且不生成气相产物，即没有气泡引起的搅拌作用，在避免振动和保持较低温度的条件下，达到稳态扩散的时间可能达十几分钟。在凝胶状电解液中，非稳态扩散持续的时间可能更长。

为了测得稳态极化曲线，扫描速率必须足够慢，在实际操作中，可依次减小扫描速率测定数条极化曲线，当继续减小扫描速率而极化曲线不再明显变化时，就可确定以此速度测定该体系的稳态极化曲线。图 3-9 给出了不同扫描速率测得的镍在硫酸溶液中的阳极极化曲线。

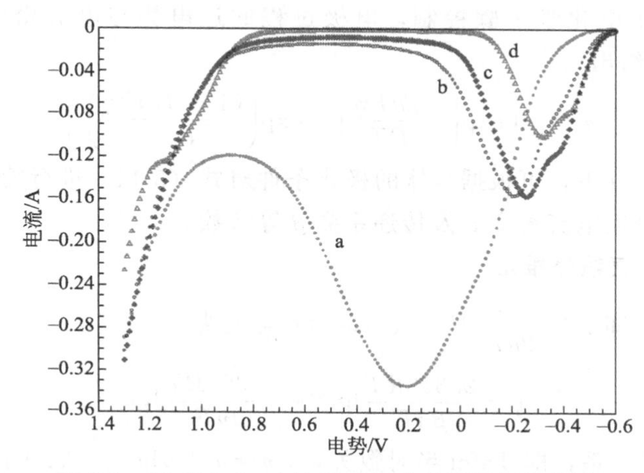

图 3-9 Ni 在 0.5mol/L H_2SO_4 中的阳极极化曲线

a—1V/s；b—100mV/s；c—50mV/s；d—10mV/s；电势范围−0.61～1.3V

要使电极过程达到稳态就必须使电极真实表面积、电极组成及表面状态、溶液浓度及温度等条件在测量过程中保持不变。否则这些条件的变化也会引起电极过程随时间的变化，也得不到稳定的测量结果。显然，对于某些体系，特别是金属腐蚀（表面被腐蚀及腐蚀产物的形成等）和金属电沉积（特别是在疏松镀层或毛刺出现时）等固体电极过程，要在整个研究的电流密度范围内，保持电极表面积和表面状态不变是非常困难的。在这种情况下，达到稳态往往需要很长的时间，甚至根本达不到稳态。因此，在实际测试中，除了合理地选择测量电极体系和实验条件外，还需要合理地确定达到“稳态”的时间或扫描速率。

文献［1］详细论述了在利用极化曲线进行动力学计算时扫描速率的影响。某些情况下，特别是固体电极，测量时间越长，电极表面状态及其真实表面积变化的积累越严重。在这种情况下，为了比较不同电极体系的电化学行为，或者比较各种因素对电极过程的影响，就不一定非测稳态极化曲线不可。可选适当的扫描速率测定非稳态或准稳态极化曲线进行对比。但必须保证每次扫描速率相同，扫描方向也必须保持一致。由于线性扫描法可自动测绘，迅速省时，而且扫描速率可保持不变，因此测量结果重现性好，特别适于对比实验。

3.3 稳态极化测量的数据处理

稳态极化曲线是表示电极反应速率（即电流密度）与电极电势的关系曲线。对于同样的体系，在稳态下，同样的电势下将发生同样的电极反应而且以同样的速度进行。因此，极化曲线是研究电极过程动力学的最基本最重要的方法。根据极化曲线可以判断电极反应的特征及控制步骤。从极化曲线可以看出给定体系可能发生的反应及最大可能的速度。利用极化曲线可以测定电极反应的动力学参数，如交换电流密度，传递系数 β，还可以测定金属腐蚀速度。

3.3.1 电化学极化控制下的解析方法

当电极过程处于电化学步骤控制，电极过程的过电势与电流密度之间的关系可由 Bulter-Volmer 公式给出

$$i=i^0\left[\exp\left(-\frac{\beta nF\eta}{RT}\right)-\exp\left(\frac{(1-\beta)nF\eta}{RT}\right)\right] \tag{3-14}$$

在不同的实验条件下，可根据具体的极化条件对式（3-14）进行简化，进而求算表征体系动力学性质的交换电流密度 i^0 及传递系数 β 等参数。

3.3.1.1 Tafel 直线外推法

在强极化条件，即 $\eta > \dfrac{RT}{\beta nF}$ 时，式（3-14）可变为

$$\eta=\frac{2.303RT}{\beta nF}\lg i^0-\frac{2.303RT}{\beta nF}\lg i \tag{3-15}$$

η-$\lg|i|$ 呈直线关系，即 Tafel 半对数关系，$\eta=a+b\lg i$ 。Tafel 直线的斜率为

$$b_{\mathrm{K}}=\frac{2.303RT}{\beta nF} \tag{3-16}$$

对于阳极反应，其 Tafel 斜率为

$$b_{\mathrm{A}}=\frac{2.303RT}{(1-\beta)nF} \tag{3-17}$$

根据阴、阳极 Tafel 直线斜率可分别求算表观传递系数 β 和 $1-\beta$。将阴、阳极极化曲线的直线部分外推得交点，由交点的横坐标为 $\lg i^0$，可求得交换电流密度 i^0，交点纵坐标 $\eta=0$，即对应平衡电势 φ_e，如图 3-10 所示。

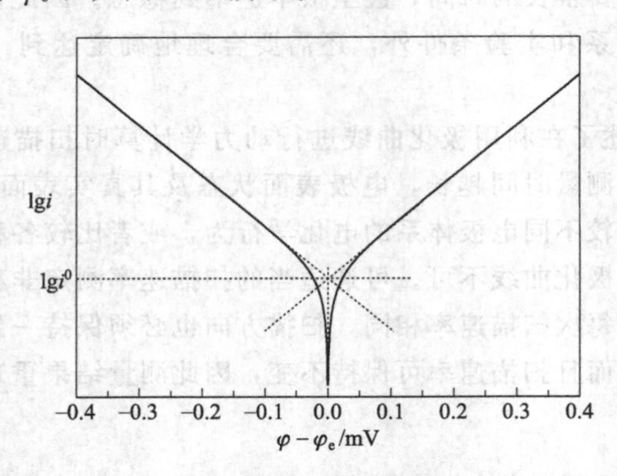

图 3-10　Tafel 直线外推法解析动力学参数示意图

在实际测量中，利用强极化电势区测量时会遇到不少困难。首先，只有在从平衡电势到强极化电势区间电极反应的动力学机制始终没有发生改变的情况下，才可以用强极化区

的测量数据解释电极过程。其次，由于在强极化区，极化电流密度比较大，这会引起一些问题。一个问题是靠近电极表面的溶液层的成分可能不同于平衡电势下的情况。在平衡电势附近传质过程（扩散）对电极反应速率的影响很小，可以忽略。但在强极化区，传质过程的影响很大，几乎得不到一段很好的 Tafel 直线。另一个问题是强极化条件下的电极表面的状况可能会与平衡电势下的表面状况有较大的区别。这种情况特别容易在阳极极化时发生。第三个问题是极化电流密度较大时，在参比电极至研究电极之间的溶液的欧姆电势降也比较大，如果不注意这些问题，得到的实验结果中可能包含相当大的系统误差。

3.3.1.2 线性极化法

在弱极化条件即在平衡电势附近，式（3-14）可简化为

$$\eta=\frac{RT}{nF}\cdot\frac{1}{i^0}i \tag{3-18}$$

式（3-18）表明，在平衡电势附近的极化曲线为直线（图 3-11），由直线的斜率可得电化学极化电阻，即

$$R_r=\left(\frac{d\eta}{di}\right)_{\eta\to 0} \tag{3-19}$$

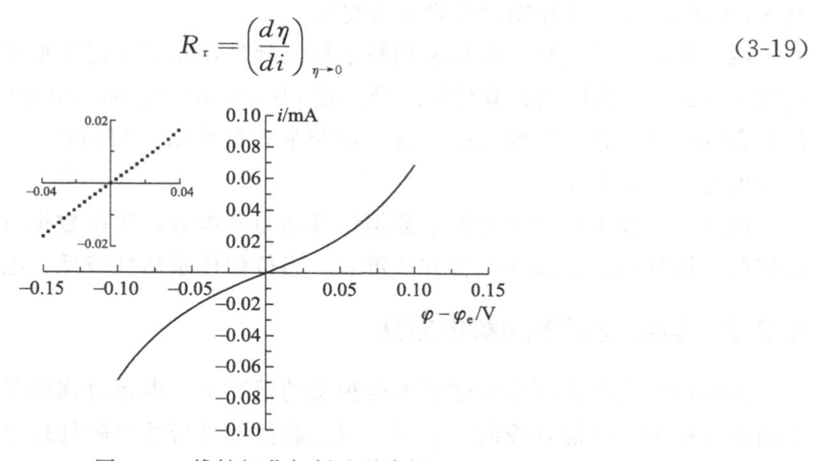

图 3-11 线性极化解析法示意图

由式 $R_r=\left(\frac{\mathrm{d}\eta}{\mathrm{d}i}\right)_{\eta\to 0}=\frac{RT}{nF}\cdot\frac{1}{i^0}$，可算出交换电流密度 i^0，

$$i^0=\frac{RT}{nF}\cdot\frac{1}{R_r} \tag{3-20}$$

但此法不能求 β 和 $1\text{-}\beta$。

3.3.1.3 弱极化区拟合法

当过电势 η 适中时，电极处于极化曲线的线性极化区与强极化区之间，即常说的弱极化区测量。此种条件下，既不能采用忽略逆反应的强极化处理，也不能忽略 $i\eta$ 的高次项得到线性极化公式。

由于强极化法对电极体系扰动太大，而线性极化法由于近似处理带来的误差较大，弱极化区的测量，可以从极化值正、负几十毫伏范围内的数据同时求得 i^0 和 βn，对被测体系扰动小且结果精确度高，因而引起了电化学工作者尤其是腐蚀电化学研究者的关注。利用弱极化区数据计算动力学参数的经典方法是三点法和四点法，由于计算机的应用已相当普及，这些数据处理方法因计算误差已很少应用，取而代之的是曲线拟合法。

(1) 线性拟合法。在弱极化条件下，对式 (3-14) 变形得

$$i=i^0\exp\left(-\frac{\beta nF\eta}{RT}\right)\left[1-\exp\left(\frac{nF\eta}{RT}\right)\right] \tag{3-21}$$

将式 (3-21) 两边取对数得

$$\lg i=\lg i^0-\frac{\beta nF\eta}{2.303RT}+\lg\left[1-\exp\left(\frac{nF\eta}{RT}\right)\right] \tag{3-22}$$

$$\lg\frac{i}{\left[1-\exp\left(\frac{nF\eta}{RT}\right)\right]}=\lg i^0-\frac{\beta nF\eta}{2.303RT} \tag{3-23}$$

由式 (3-23) 有 $\lg\left\{i/\left[1-\exp\left(\frac{nF\eta}{RT}\right)\right]\right\}$-$\eta$ 为一直线，由直线的截距可求算交换电流密度 i^0，由直线的斜率可得到表观传递系数 β 和 1-β。

在这里，由式 (3-23) 作图需要进行大量的计算，借助相关软件如 Excel、Origin 9.0 及 SigmaPlot 等科学作图软件则方便得多。

(2) 非线性拟合法。如果利用科学作图软件，除了上述变形后的线性拟合外，还可以利用式 (3-14) 直接进行非线性拟合。在 Origin 9.0 或 SigmaPlot 等绘图软件中可以输入待拟合的公式，且不需要编程，这一点非常方便实用。利用式 (3-14) 直接进行三参数拟合即可得 i^0、n 和 β。

曲线拟合技术从弱极化测量数据计算动力学参数，实验数据利用率高、运算快，且多数情况下计算结果较线性拟合方法可靠，当待测体系活性较低、电阻较高时更是如此。

3.3.2 混合控制下的解析方法

在电极极化较大而传质过程不是很快的情况下，电极过程经常受电化学极化和浓度极化的共同控制，即混合控制。此时，对实验数据进行适当的处理也可以得到电化学步骤的动力学参数。

由 1.5.1 小节可知，当 $i^0:i_d\ll1$，在强极化条件$\left(\eta>\frac{RT}{\beta nF}\right)$下

$$\eta=\frac{RT}{\beta nF}\ln\frac{i}{i^0}+\frac{RT}{\beta nF}\ln\frac{(i_d)_O}{(i_d)_O-i} \tag{3-24}$$

变形得

$$\eta=\frac{RT}{\beta nF}\left[\ln\frac{1}{i^0}-\ln\left(\frac{1}{i}-\frac{1}{(i_d)_O}\right)\right] \tag{3-25}$$

以 $\ln\left(\frac{1}{i}-\frac{1}{(i_d)_O}\right)$ 对 η 作图，为一直线，由直线的斜率 $\frac{RT}{\beta nF}$ 可求β，结合直线的截距可以求算 i^0，此外，借此关系式，也可以在 i_d 不是十分明确的情况下，依据 $\ln\left(\frac{1}{i}-\frac{1}{(i_d)_O}\right)$ 与 η 是否呈线性关系以判断 i_d 的选择是否恰当。

类似地，对于氧化反应，有

$$\eta=\frac{RT}{(1-\beta)nF}\ln\left[\frac{i}{i^0}\cdot\frac{(i_d)_R}{(i_d)_R+i}\right]=\frac{RT}{(1-\beta)nF}\left[\ln\frac{1}{i^0}-\ln\left(\frac{1}{i}+\frac{1}{(i_d)_R}\right)\right] \tag{3-26}$$

以 $\ln\left(\frac{1}{i}+\frac{1}{(i_d)_R}\right)$ 对 η 作图，亦为一直线。

上面所介绍的数据处理方法，均是以只包含一个氧化还原电对的电极为例。由 3.1.3 小节的讨论可知，共轭体系的 i-φ 关系式在形式上与 Butler-Volmer 公式完全一致，所以，若研究对象为包含有多个氧化还原电对的共轭体系，可以通过上面类似的方法进行数据处理，只是 i^0 换成 i_m，φ_e 相应地换成 φ_m，计算得到的电阻不再是电化学极化电阻 R_r，而通常记为极化电阻 R_p。

本节介绍了稳态测量数据的处理方法，在实际应用时一定要注意各种处理方法的前提条件，这一点如果稍不注意，可能会导致错误的结果。

自然对流易受温度、密度、振动等因素的影响，因此在自然对流情况下测量的稳态极化曲线重现性差。另外，利用自然对流下测得的稳态极化曲线测定电化学动力学参数时，只能测定那些交换电流密度较小的体系。因为用稳态极化曲线法测定 i^0 时必须在不发生浓度极化或者浓度极化的影响很容易加以校正才行。例如，当反应粒子的浓度为 1mol/L 时，在一般电解池中由于自然对流所引起的搅拌作用可容许通过 $10^{-2}\mathrm{A/cm^2}$ 左右的电流而不发生严重的浓度极化。若此时 $\eta\geqslant 100\mathrm{mV}$，代入式 (3-2)，并设 $\beta=0.5$，$n=1$，可得 $i^0\leqslant 10^{-3}\mathrm{A/cm^2}$。若再假设 $c_O=c_R=10^{-3}\mathrm{mol/L}$，代入式 (1-47) $i^0=nFk_Sc_O^{1-\alpha}c_R^{\alpha}$，可得 $k_S\leqslant 10^{-5}\mathrm{cm/s}$，这就是自然对流下，用稳态极化曲线法测得电极反应速率常数的上限。

要提高 i^0 或 k_S 的测量上限，就要加强溶液搅拌，提高扩散速度，在稳定的强制对流下，实验结果的重现性比较好。

3.4 强制对流技术

许多电化学工程和技术中，电极和溶液间存在相对运动，这主要包括两类：一类是电极本身处于运动状态，如旋转圆盘电极、振动电极 (vibrating electrode) 等；另一类则是溶液流过静止的电极，如壁面-射流电极 (wall-jet electrode，WJE)、壁面-管道电极 (wall-tube electrode，WTE) 等。在这些体系中，反应物和产物的物质传递过程受到强制对流的影响。采用强制对流技术进行的电化学测量方法称为流体动力学方法 (hydrodynamic methods)。

采用流体动力学方法一方面可以保证电极表面扩散层厚度均匀分布，电极过程较自然对流条件下更易于达到稳态，提高测量精度；另一方面，可以在较大的范围内对液相扩散传质速率进行调制，加快电极表面的物质传递速度，减小传质过程对电极过程动力学的影响，使得稳态法可以应用于研究更快的电极过程。

强制对流技术是研究电极过程的重要手段，但是要提供可重现的物质传递条件的流体动力学电极并非易事。另外，流体动力学方面的理论处理（溶液流速的分布和转速、溶液黏度及密度之间的函数关系）也比较困难。目前理论发展较成熟且应用广泛的是旋转圆盘电极和旋转环盘电极，下面主要介绍这两种电极。

3.4.1 旋转圆盘电极

使用旋转圆盘电极 (rotating disk electrode，RDE) 的测量方法是测定体系电化学参数的基本实验方法之一。最早的旋转圆盘理论由 в. г. левич 在 1942 年提出，旋转圆盘电极具有能建立均一、稳定的表面扩散状况的特点。因此，它可以应用于测定溶液中扩散过程的参数，也可以应用于研究固体电极的电化学反应动力学参数。

3.4.1.1 旋转圆盘电极的构造和电极附近的流体力学

旋转圆盘电极如图 3-12 所示。电极的中心是金属圆盘。棒的外部用塑料（如聚四氟乙烯、聚三氟氯乙烯）绝缘。电极制作时必须注意金属电极与绝缘材料之间的密封。电极材料通常是焊接或螺接在黄铜轴上。外部绝缘层常用聚四氟乙烯。为使金属电极与绝缘物之间密封良好，常把聚四氟乙烯棒中心打孔，孔的内径略小于电极的外径。制作时把它在 200～220℃下加热，然后把电极棒硬插入塑料内孔中。这样塑料冷却收缩后便得到密封良好的电极。也可把金属电极做成略具圆锥形，用螺纹连接使金属电极与绝缘物之间压紧。为了提高密封性，也可在制备时先在锥面上涂些已调有固化剂的环氧树脂。

电极的实际使用面积就是圆盘的下表面，它和绝缘物在同一个平面上。电极的底面经抛光后十分平整。电极经电动机带动可按一定速度进行旋转。

旋转时由于液体具有黏度，电极附近的液体就发生流动，如图 3-13 所示。液体流动可分解为三个方向：由于离心力的存在液体在径向以流速 v_r 向外流动。由于液体的黏性，在圆盘旋转时，液体以切向速度 v_ϕ 向切向流动。这种在电极附近液体向外流动的结果，使电极中心区液体的压力下降，于是离电极表面较远的液体向中心区流动，形成轴向流动速度 v_x。在稳态条件下，这三个方向的流速与电极转速、液体黏度的关系可表述为

$$v_r = r\omega F(\gamma) \tag{3-27}$$

$$v_\phi = r\omega G(\gamma) \tag{3-28}$$

$$v_x = -(\omega v)^{1/2} H(\gamma) \tag{3-29}$$

式中，ω 为电极的旋转速度，rad/s；v 为电解质的运动黏度，cm²/s；γ 与距离盘电极的距离有关，$\gamma = x\left(\frac{\omega}{v}\right)^{1/2}$。

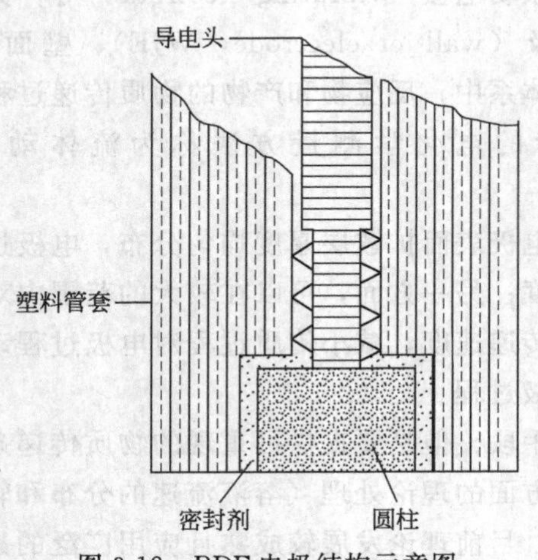

图 3-12 RDE 电极结构示意图

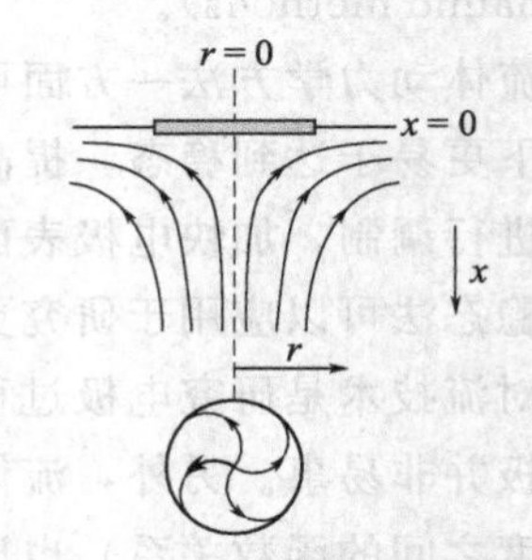

图 3-13 RDE 电极附近液体流动轨迹示意图

图 3-14 表示了函数 F，G，H 与 γ 的关系。除了轴向距离 x 外，v_r、v_ϕ 还与径向距离 r 值有关，r 越大其值也越大。但旋转圆盘电极在整个电极表面上的轴向速度 v_x 是均匀的，因

此，整个电极表面上扩散层厚度是均匀的。电极附近被电极拖动使得溶液径向流速随着趋近电极表面而逐渐减小的液层称为流体动力学边界层（又称 Prandtl 表层），其厚度 $x_{Pr} \propto \left(\frac{v}{\omega}\right)^{1/2}$ 。在水溶液中，当转速 $\omega=2000\text{rad/min}$ 时，$x_{Pr} \approx 0.02\text{cm}$ ，当 $x \gg x_{Pr}$ 时，溶液的运动纯粹是轴向的。

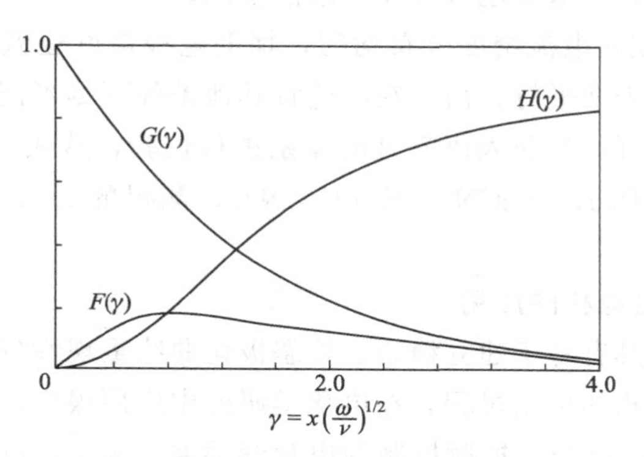

图 3-14 函数 F，G，H 与 γ 的关系

根据流体动力学理论可以导出扩散层有效厚度为

$$\delta = 1.61 D^{\frac{1}{3}} v^{\frac{1}{6}} \omega^{-\frac{1}{2}} \tag{3-30}$$

其中 D 为扩散系数（$\text{cm}^2/\text{s}^{-1}$），将式（3-30）代入式（1-62）可知，相应的扩散电流密度为

$$i_{扩} = 0.62 nFD^{\frac{2}{3}} \cdot v^{-\frac{1}{6}} \cdot \omega^{\frac{1}{2}} (c^{B} - c^{S}) \tag{3-31}$$

式中，c^{B} 和 c^{S} 分别表示反应粒子的整体浓度和电极/溶液界面处的浓度，mol/L。相应的极限扩散电流密度为

$$i_{d} = 0.62 nFD^{\frac{2}{3}} v^{-\frac{1}{6}} \omega^{\frac{1}{2}} c^{B} \tag{3-32}$$

式（3-32）即为 Levich 方程，该式表明 $i_{d} \propto \omega^{1/2} c^{B}$ ，比例系数（又称 Levich 常数）$B \equiv 0.62 nFD^{\frac{2}{3}} v^{-\frac{1}{6}}$ ，则

$$i_{d} = Bc^{B} \omega^{\frac{1}{2}} \tag{3-33}$$

严格讲，式（3-30）只适用于一个无限薄的薄片电极在无限大的溶液中旋转的情况。但圆盘的半径比流体动力学边界层厚度大得多，而且电解液至少超过圆盘边缘的 0.5cm 以上（一般有 3～4cm），式（3-30）仍然近似适用。如果电极圆盘被嵌在绝缘物中，而且它们是在同一表面上连续平滑，则可以使边缘效应减到最小。

为了满足式（3-30），圆盘表面的粗糙度与 δ 相比必须很小，即要求电极表面具有低粗糙度。表面液流不得出现湍流，因此，在远大于旋转电极半径范围内不得有任何障碍物；而且旋转电极应当没有偏心度。同轴性差的圆盘电极得到的 i 与 $\sqrt{\omega}$ 之间的比例常数偏高。如果鲁金毛细管很细，轴向地指向电极表面，而且尖嘴离表面 1cm 以上时并不会显著地干扰流体动力学性质。当然鲁金毛细管离电极表面太近，会引起湍流；太远，则会增大欧姆电势降。

旋转圆盘电极理论只适用于层流条件，且在自然对流可以忽略的情况下。这些条件限制了转速范围。在 $\omega=1\mathrm{rad/s}$ 以下，自然对流不可忽视；转速太高，往往发生湍流。对于直径 1cm 的电极，当 $\omega=2\times10^3\mathrm{rad/s}$ 时，式（3-30）使用就受到限制。

旋转圆盘电极的外形对液流亦有较大的影响。图 3-12 所示的旋转圆盘电极外形较理想，因为这种形状的电极在旋转时上下两部分液流互不混杂。圆柱形电极制作较方便，也能满足一般的实验要求。用这种电极要浸入溶液很浅。

为了使 RDE 电极表面电流密度分布均匀，辅助电极最好也做成圆盘或用铂丝做成圆圈，其表面与圆盘电极表面平行，而且在不违背其他条件下尽可能靠近旋转电极表面。旋转圆盘电极性能的优劣可通过前人研究过的体系进行校验，从式（3-32）可知，受扩散过程控制的电化学体系，如 $K_3(FeCN)_6/K_4(FeCN)_6$，测得的 i_d-$\omega^{1/2}$ 关系应为通过原点的直线。

3.4.1.2 旋转圆盘电极的应用

旋转圆盘电极技术具有易于建立稳态、稳态极化曲线重现性好的优点，而且可以通过不同的转速以控制溶液相的传质过程，在电化学研究中应用很广。

由式（3-32）可知，对于受扩散控制的电化学体系，若 n，D，c^0 中任何两个参数已知，就可用旋转圆盘电极法求其余一个参数。为此，通常测定不同转速下的 i_d，然后将 i_d 对 $\omega^{\frac{1}{2}}$ 作图得一直线，从直线的斜率 $0.62nFD^{\frac{2}{3}}v^{-\frac{1}{6}}c^0$ 可求所需知参数。

对于某些体系，由于浓度极化的影响，在自然对流下，无法用稳态法测定电极动力学参数。但如果采用旋转圆盘电极，随着转速的提高，可使本来为扩散控制或混合控制的电极过程变为电化学步骤控制，这时就可利用稳态法测动力学参数了。如果进一步提高转速受到限制，可利用外推法消除浓度极化影响。在强极化条件下，由式（3-4）可得

$$\frac{1}{i}=\frac{1}{i^0\exp\left(\dfrac{\alpha nF}{RT}\eta\right)}+\frac{1}{i_d}=\frac{1}{i_k}+\frac{1}{i_d} \tag{3-34}$$

式中，$i^0\exp\left(\dfrac{\alpha nF}{RT}\eta\right)=i_k$，它是无浓度极化的受动力控制的反应电流。当工作电极为旋转圆盘电极，考虑流体动力学条件，将式（3-33）代入式（3-34）得

$$\frac{1}{i}=\frac{1}{i_k}+\frac{1}{Bc^0}\cdot\omega^{-1/2} \tag{3-35}$$

该式即为 Koutecky-Levich 关系式。这表明，若体系受电化学动力学和传质的共同控制时，$\frac{1}{i}$ 与 $\omega^{-1/2}$ 呈线性关系。从直线斜率可得到 n、D 或 c，由直线的截距可得电化学步骤控制的动力电流 i_k，由不同过电势下的 i_k 就可以由塔费尔公式求出 i^0 和 αn。

稳态流体动力伏安法技术被广泛用于研究氧气在不同介质中的还原历程[2-8]。图 3-15 是 Leventis 等[8]利用旋转金电极在有机体系中测得的 Levich 曲线，可以看到在实验电势范围内，TMPD（四甲基对苯二胺）的两步氧化和 TCNQ（四氰基对醌二甲烷）的两步还原均受传质过程控制，进一步的研究表明，两电子反应的法拉第电流并不总等于单电子反应的法拉第电流，而是与电极旋转速度有关。

Hrussanova 等[9]研究了 Pb-Co_3O_4 作为铜提炼的阳极性能，Levich 曲线（图 3-16）表明，Pb、Pb-Sb 和 Pb-Co_3O_4 电极上氧的析出反应受传质过程控制，而且 Co_3O_4 的加入起

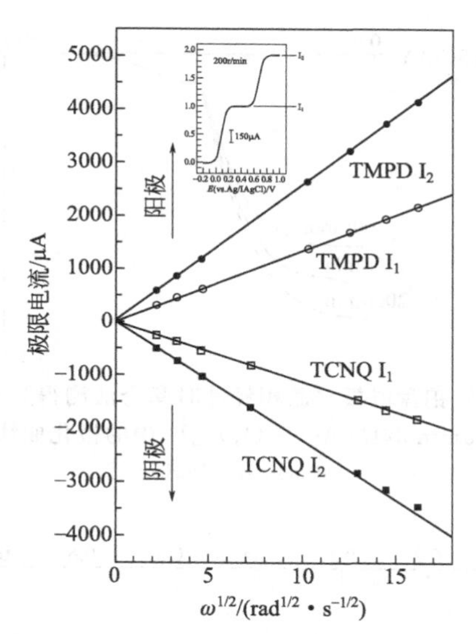

图 3-15 金电极在 10mmol/L TMPD（四甲基对苯二胺）和 10mmol/L TCNQ（四氰基对醌二甲烷）的 CH_3CN 溶液中分别测得的 Levich 曲线[8]

支持电解质为 0.5mol/L TBAP（四丁基高氯酸铵）

到了很好的电催化作用，这可能是由于电极中形成 CoO_2，氧可以通过这种不稳定的氧化物的分解而析出。

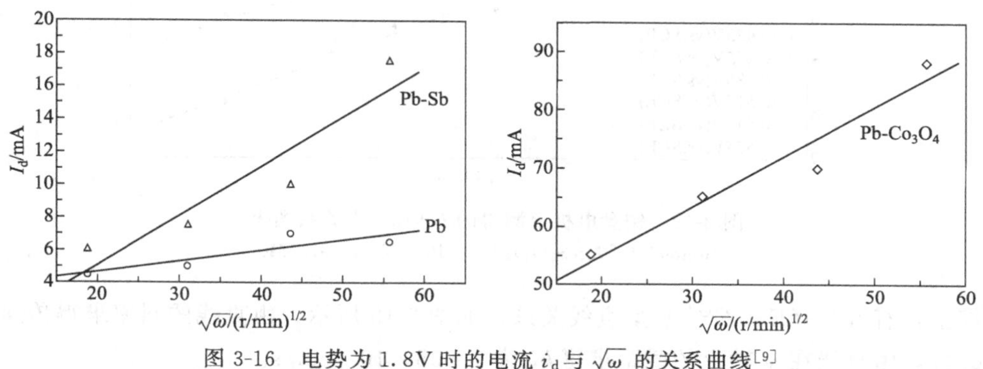

图 3-16 电势为 1.8V 时的电流 i_d 与 $\sqrt{\omega}$ 的关系曲线[9]

Pollet Bruno 等[10]用旋转铂盘电极研究 $[Ag(S_2O_3)_2]^{3-}$ 的还原时发现，当电势达到 −0.7V (vs. SCE) 左右出现阴极极限电流（图 3-17），但极限电流 Ilim 与 $\omega^{1/2}$ 并不呈线性关系，这意味着该过程不完全受传质过程控制，而是受电化学动力学和传质过程的共同控制，即遵循式 (3-35)。在较小的旋转速度范围内，从极化曲线上取 6 个电势下的电流值作 i^{-1}-$\omega^{-1/2}$，见图 3-18。由直线外延与 y 轴的交点得到受动力学控制的反应速率 i_k，采用异相反应速率常数表示电流有

$$i_k = nFk_f c^B \tag{3-36}$$

式中，k_f 与标准反应速率常数 k_S 存在关系

$$k_f = k_S \exp\left[\frac{-\beta nF(E - E^{\ominus\prime})}{RT}\right] \tag{3-37}$$

式中，$E^{\ominus\prime}$ 为形势电势。

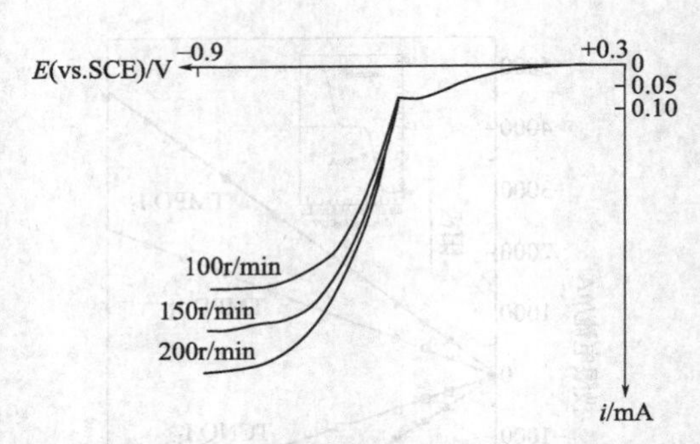

图 3-17 旋转铂盘电极（面积经计时库仑法测得为 0.1256cm²）在 10mmol/L $[Ag(S_2O_3)_2]^{3-}$ 中的极化曲线[10]

100mV/s，316.15K

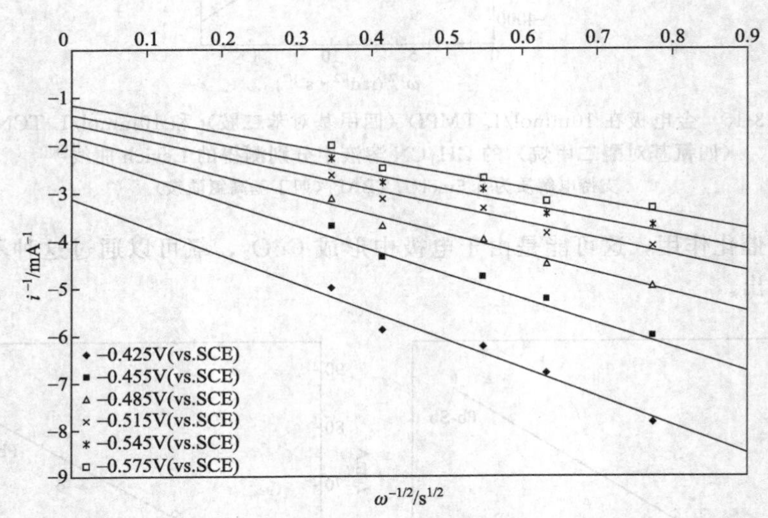

图 3-18 铂盘电极上测得的 i^{-1}-$\omega^{-1/2}$ 关系图[10]

10mmol/L $[Ag(S_2O_3)_2]^{3-}$，100mV/s，297.15K

综上，有 $\ln k_f$-$(E-E^{\ominus\prime})$ 呈直线关系，如图 3-19 所示，由直线的斜率求得传递系数 β 为 0.17，由直线在 y 轴上的截距求得 k_S 为 1.635×10^{-4}cm/s。

Pollet Bruno 等[10]还通过类似的方法探讨了超声波对该还原过程的影响，结果表明，超声波处理对不可逆的反应过程有很大的影响，当超声波强度为 156W/cm²时测得的传递系数 β 为 0.23，且大大提高了标准反应速率常数 k_S，具体如图 3-20 所示。

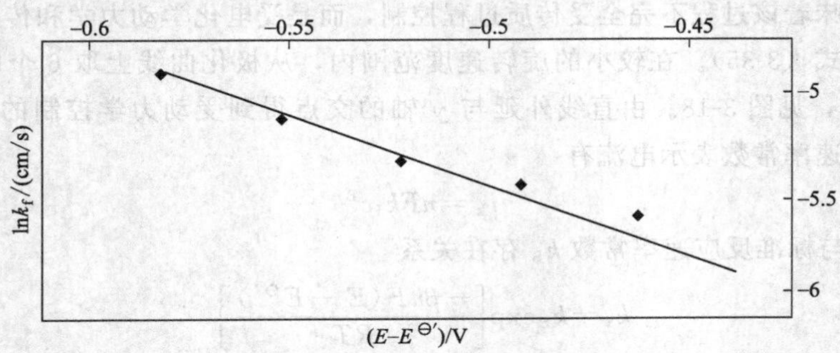

图 3-19 铂盘电极上测得的 $\ln k_f$-$(E-E^{\ominus\prime})$ 关系[10]

10mmol/L $[Ag(S_2O_3)_2]^{3-}$，100mV/s，297.15K

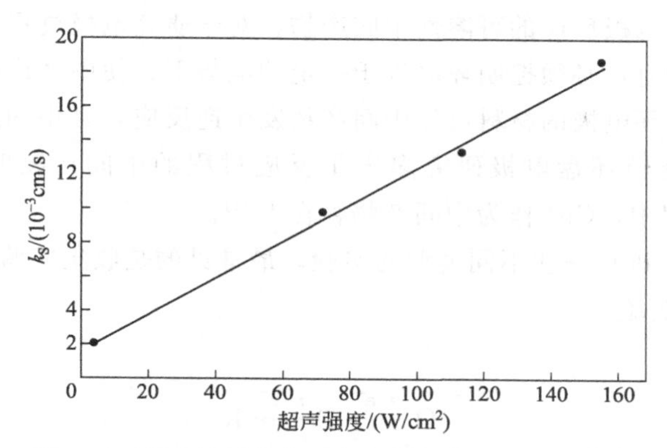

图 3-20 超声波对标准反应速率常数 k_S 的影响[10]

利用旋转圆盘电极还可以测定不可逆电极反应的级数，而不需要改变反应物浓度。当反应物为气体时更显出这一优点。稳态下可用电流密度表示反应速率，

$$i = k\ (c^S)^p \tag{3-38}$$

式中，i 为电化学反应的电流密度；k 为反应速率常数；c^S 为反应物的表面浓度；p 为反应级数。当电极过程受扩散控制时，对于旋转圆盘电极，由式（3-31）、式（3-33）可得

$$c^S = \frac{i_d - i}{B\omega^{1/2}} \tag{3-39}$$

代入式（3-38）并取对数可得

$$\lg i = \lg k - p\lg B + p\lg\frac{i_d - i}{\omega^{1/2}} \tag{3-40}$$

因此，在固定的过电势，测量不同转速 ω 下的极化曲线，将 $\lg i$ 对 $\lg\left(\frac{i_d - i}{\omega^{1/2}}\right)$ 作图得直线，直线的斜率即为该电极反应的级数，这种方法甚至不必知道反应的浓度。

与传统的利用反应物浓度与反应速率之间的关系测定反应级数相比，该法利用不同转速时电极表面浓度不同，相当于多次改变反应物浓度，在操作上简单易行，已得到了广泛应用。

旋转圆盘电极在反应机理、电催化、电沉积过程、添加剂作用机理以及金属腐蚀防护等方面也有广泛的应用。

3.4.2 旋转环盘电极

旋转环盘电极(rotating ring disk electrode，RRDE)是旋转圆盘电极技术的重要扩展。将一个同轴共面的圆环电极套在圆盘电极外围，其间用极薄的环形绝缘材料(一般在 0.1～0.5mm 宽)把它们隔开，就形成旋转环盘电极，如图 3-21 所示，盘的半径、环的内半径和外半径分别表示为 r_1、r_2 和 r_3。当此双电极旋转时，如果层流条件被满足，则溶液将从圆盘中心上升，与圆盘接近后沿圆盘径向向外运动，经过绝缘层到达环电极。环电极和盘电极可由不同材料制备，而且在电学上是不相通的，由各自的恒电势仪分别控制。因此，环电极可当作一个就地检测装置来检测盘电极上的反应产物。这种

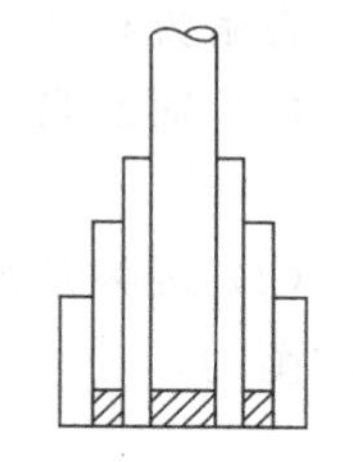

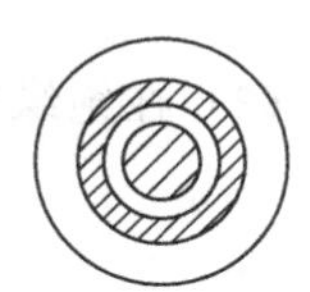

图 3-21 旋转环盘电极

电极特别适用于研究电极反应的可溶性中间产物，对于研究电极过程作用机理很有用处。

在研究中间产物时，必须控制环电极于一定的电势下，使中间产物发生反应且达到其极限电流。要求构成环电极的材料可使中间产物发生逆反应，且中间产物是可溶的，有足够长的寿命。如用旋转环盘电极研究多电子反应过程的中间产物时，曾发现在未络合 Cu^{2+} 的阴极还原过程中，Cu^{+} 作为中间产物存在[11,12]。

在 RRDE 上可以进行一些不同类型的实验，最常见的是收集实验和屏蔽实验。

3.4.2.1 收集实验

考虑反应

$$\mathrm{O} \xrightarrow{n_1 e^-} \mathrm{T} \xrightarrow{n_2 e^-} \mathrm{R} \tag{3-41}$$

其中，T 为中间体，在不同的条件下，T 可能全部转化为 R，也可能部分转化为 R，部分积留在溶液中。

如果让多步骤的反应式（3-41）在旋转圆盘电极上进行，在电极高速旋转时，必有中间体 T 被液体的切向运动而带到圆环。在圆环电极上施加一个恰当的电势 φ_R，使得达到环上的任何 T 都能被转化成 R，并且在环表面上 T 的浓度完全为零。当盘电极反应的产物 T 随着液流传质到环电极时，部分 T 因对流扩散进入了本体溶液，不能参加环电极反应，因此环电极仅能收集到盘电极反应的部分产物 T。我们把环电极所能收集到的 T 的分数定义为收集系数 N，又称收集效率（collection efficiency）

$$N = -\frac{I_R}{I_D} \tag{3-42}$$

式中，负号表示环电流和盘电流的符号相反。

如果 T 既不能在盘电极上进一步反应，也不能在液相中衰变，这种情况下对应的收集系数称为环的理论收集系数 N^0。假设我们研究的是稳态建立后的情况，对这种旋转的圆盘来说，在径向的物质传递中对流的贡献占着绝对优势，扩散则可以忽略。在圆盘的表面上由于轴对称，所以各参数与切向无关。至此可以给出对流-扩散方程式，为

$$v_r \frac{\partial c_T}{\partial r} + v_x \frac{\partial c_T}{\partial x^2} = D \frac{\partial^2 c_T}{\partial x^2} \tag{3-43}$$

在式（3-43）中，c_T 为物质 T 的浓度，并假定在溶液本体中不存在 T，即 $c_T^B = 0$；D 为物质 T 的扩散系数，设其与浓度无关。

在解方程式（3-43）时，指定下列边界条件：

（1）对圆盘、绝缘垫、圆环三个区域，在溶液本体中物质 T 的浓度为零。

$$x \to \infty, \ c_T = 0 \tag{3-44}$$

（2）因为是恒定电流通过圆盘，根据旋转圆盘电极的特征，整个电极表面对扩散而言是均衡的，

$$\left(\frac{\partial c_T}{\partial r}\right)_{x=0} = 0 \tag{3-45}$$

（3）在绝缘垫区，没有电化学反应发生

$$\left(\frac{\partial c_T}{\partial x}\right)_{x=0} = 0 \tag{3-46}$$

（4）在环电极上，中间体 T 转变成 R 的速度非常快，反应完全受扩散控制，

$$x=0,\ c_T=0 \tag{3-47}$$

W. J. Albery 等[13-17]采用无量纲变量通过 Laplace 变换推导了收集系数 N^0 的计算公式：

$$N^0=1-F(\alpha/\beta)+\beta^{\frac{2}{3}}[1-F(\alpha)]-(1+\alpha+\beta)^{\frac{2}{3}}\left\{1-F\left[\frac{\alpha}{\beta}(1+\alpha+\beta)\right]\right\} \tag{3-48}$$

式中，α 、β 均为描述电极几何参数的因子，

$$\alpha=\left(\frac{r_2}{r_1}\right)^3-1 \tag{3-49}$$

$$\beta=\left(\frac{r_3}{r_1}\right)^3-\left(\frac{r_2}{r_1}\right)^3 \tag{3-50}$$

式（3-48）中函数 F 的表示式为

$$F(\theta)=\frac{\sqrt{3}}{4\pi}\ln\left[\frac{(1+\sqrt[3]{\theta})^3}{1+\theta}\right]+\frac{3}{2\pi}\arctan\left(\frac{2\sqrt[3]{\theta}-1}{\sqrt{3}}\right)+\frac{1}{4} \tag{3-51}$$

上述表明，收集系数 N^0 仅与电极的几何参数有关，是旋转盘环电极的特征常数。环盘间隙 r_2-r_1 越小，环厚 r_3-r_2 越大，N^0 越大。

式（3-48）对于上述简单情况的计算和实验验证十分吻合[17]。当中间体 T 在溶液中能发生一级反应时，收集系数不但是电极几何参数的函数，而且还与其他许多因素，诸如化学反应速率常数、电极转速等有关[16]。

若溶液中存在物质 S 能与盘电极反应的产物 T 发生快速的化学反应，则 S 可以由盘电极反应的中间体（或产物）T 来滴定，终点可由环电极上的环电流的变化来指示。由于 T 和 S 间的反应足够快，其反应将在电极表面上 T 占优势的区域和 S 占优势的区域的界面上进行。若盘电极的电流足够大，以致产生的 R 的量能够和对流达到电极表面的所有 S 起反应，这个盘电流值叫做临界电流，用 I_M 表示。这时在盘电极表面 S 的浓度为零，同时也没有 T 能到达环电极，环电流为零。若盘电流 $I_D>I_M$，将存在未和 S 反应的 T，在盘电极表面建立 T 占优势的区域，并随着盘电流的增加，延伸以致到达环电极的内边缘。继续增加盘电流，R 将延伸到达环电极表面，即可检出环电流。最后当 T 覆盖了整个环电极表面，继续增加盘电流，环电流为盘电流的线性函数，即

$$I_R=N^0 I_D-I_M\beta^{\frac{2}{3}} \tag{3-52}$$

由上可知，S 和 R 的反应在扩散区域内进行，故称扩散层滴定。典型的扩散层滴定曲线如图 3-22 所示。

滴定曲线的直线部分与理论收集系数直线间的位移量正比于 S 的浓度。将直线部分外延与盘电流坐标的截距为 I_D^0，此时 $I_R=0$，由式（3-52）得到

$$I_M=\frac{N^0 I_D^0}{\beta^{2/3}} \tag{3-53}$$

欲滴定物质 S 的浓度为

$$c_S=\frac{0.205 v^{1/6} I_M}{r_1^2 n_D F D^{2/3}\omega^{1/2}} \tag{3-54}$$

式中，n_D为盘电极反应的电子数。由此可见，由实验滴定曲线，便可求得 S 的浓度。该分析技术已用于 As(Ⅲ)[18]等的微量或痕量分析[19,20]。

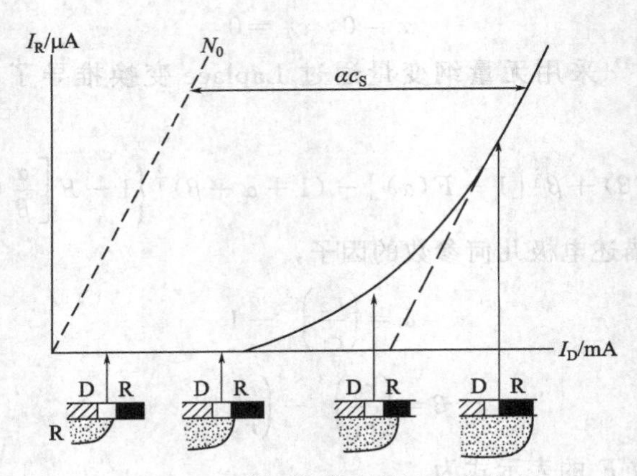

图 3-22 典型的扩散层滴定曲线

3.4.2.2 屏蔽实验

当盘电极处于开路（$I_D=0$）时，O 还原成 R 的环电极极限扩散电流为

$$I^0_{Rd}=0.62nF\pi(r_3^3-r_2^3)^{2/3}D_O^{2/3}v^{-1/6}\omega^{1/2}c_O^B \tag{3-55}$$

结合式（3-50），I^0_{Rd} 可写为

$$I^0_{Rd}=\beta^{2/3}I_{Dd} \tag{3-56}$$

如果盘电流变化到一个有限值 I_D，流到环上的 O 将会减少，这种减少的程度等于在收集实验中稳定产物 R 流到环上的流量 $N^0 I_D$，因此，环的极限电流为

$$I_{Rd}=I^0_{Rd}-N^0 I_D \tag{3-57}$$

当盘电极达到极限盘电流，即 $I_D=I_{Dd}$ 时

$$I_{Rd}=I^0_{Rd}(1-N^0\beta^{-2/3}) \tag{3-58}$$

式（3-58）表明，当盘电流从零增大至其极限值时，环电流要减小，减小的因子（$1-N^0\beta^{-2/3}$）称为屏蔽因子（shielding factor）。

令

$$\Delta I_{Rd}=I^0_{Rd}-I_{Rd}=N^0 I_{Dd}=N^0 0.62nF\pi r_1^2 D_O^{2/3}v^{-1/6}\omega^{1/2}c_O^B \tag{3-59}$$

通过测量 ΔI_{Rd} 可测定样品的浓度 c_O^B。该法已用于 $0.1\sim10\times10^{-6}$ mol/L 的铜、铋、银以及铁等的测定。由于实验过程中环电极电势为一恒定值，消除了充电过程和表面过程的影响，利用量 ΔI_{Rd} 测定 c_O^B 较 I_{Rd} 法更灵敏。

其他能在稳态下使用并显示出类似的屏蔽和收集效果的系统包括微电极阵列和扫描电化学显微镜 SECM 以及一些改进型的测试体系。利用微电极阵列，可以观察两个相邻电极之间的扩散。同样，可以用 SECM 研究一个超微电极探头和基底之间的扩散。在这两个系统中，不存在对流作用，电极间传输时间是由电极间的距离决定的。

3.4.2.3 用 RRDE 研究复杂电极反应的机理和动力学

旋转环盘电极在研究连续反应、平行反应或其他复杂反应时有其独特的优势，下面以旋转环盘电极研究 MnO_2 的还原[21]为例详细加以说明。

现有的 MnO_2 还原机理可分为质子嵌入生成 MnOOH 的电子-质子机理和 MnO_2 直接还原生成可溶性 Mn^{2+} 离子的溶解-沉积机理。按前者 MnOOH 是不良导体很难进一步还原，在酸性溶液中可以歧化为可溶性 Mn^{2+} 和 MnO_2。而按后者所生成的 Mn^{2+} 可再与

MnO_2进行反歧化反应生成 MnOOH。据此可提出下列反应历程：

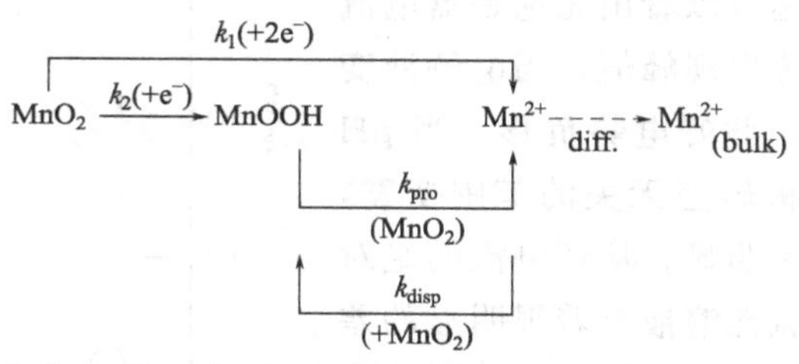

为了能计算各反应速率常数，假定固相活度均为 1，MnO_2量足够多。所有反应都认为是一级，质子的本体浓度和表面浓度均为常数，反歧化反应所生成的 MnO_2 与原始 MnO_2不加区别。在这些前提下，可以列出电流衡算和 Mn^{2+} 离子衡算为

$$I_D = SF(2k_1 + k_2) \tag{3-60}$$

$$k_1 + \frac{1}{2}k_{pro} = k_{disp}c^S_{Mn^{2+}} + \frac{D}{\delta}c^S_{Mn^{2+}} \tag{3-61}$$

式中，D 为扩散系数；δ 为扩散层厚度；S 为盘电极面积；$c^S_{Mn^{2+}}$ 为 Mn^{2+} 的表面浓度。根据旋转环-盘电极原理，由盘电极扩散出来的物质流量有 N 份数被环电极收集（N 为收集系数）所以环电流 I_R为

$$I_R = 2FSN\frac{D}{\delta}c^S_{Mn^{2+}} \tag{3-62}$$

由式（3-61）得出的 $c^S_{Mn^{2+}}$ 代入式（3-62），经整理得

$$\frac{1}{I_R} = \frac{1}{2FSN}\frac{1}{\left(k_1 + \frac{1}{2}k_{pro}\right)} + \frac{\sigma}{2FSN}\frac{k_{disp}}{\left(k_1 + \frac{1}{2}k_{pro}\right)}\omega^{-1/2} \tag{3-63}$$

式中，$\sigma = 1.61D^{-2/3}v^{1/6}$ 。作图 $\frac{1}{I_R}$-$\omega^{-1/2}$ 得一直线，直线截距 a 和斜率 b 分别为

$$a = \frac{1}{2FSN}\frac{1}{\left(k_1 + \frac{1}{2}k_{pro}\right)} \tag{3-64}$$

$$b = \frac{\sigma}{2FSN}\frac{k_{disp}}{\left(k_1 + \frac{1}{2}k_{pro}\right)} \tag{3-65}$$

以式（3-65）除以式（3-64）得

$$\sigma k_{disp} = \frac{b}{a} \tag{3-66}$$

可以认为，无论是歧化反应还是反歧化反应都是化学反应，均与电势无关。由不同电势下的 a 值，可以求出 $\left(k_1 + \frac{1}{2}k_{pro}\right)$ 。根据 k_1 随电势的变化可以分出 k_{pro}。再由式(3-60)可以求出 k_2。至此有了 k_{disp}、k_{pro}、k_1和 k_2，即可对 MnO_2阴极还原的反应机理进行讨论。

图 3-23 给出 MnO_2 盘电极在 pH=4.8 时的阴极还原曲线及相应的环电极捕集 Mn^{2+} 的氧化曲线。此外在 pH=7.0，pH=8.4 也得到相类似的曲线。在不同转速下，盘电流和环电流都有所变化，说明 MnO_2 的阴极还原和液相传质有一定关系。只是在电势较正即

偏离稳定电势不多的电势区间内，电极过程和液相传质关系不大。同时还可以看出无论是盘电流还是环电流都在某一电势出现峰值，当电解液变为碱性（pH＝8.4）时，此峰电势负移。当pH值增大时，盘电流与电极转速无关的范围变宽，这种情况对碱性溶液尤为明显。从环电流的绝对值来看，酸性、中性和碱性溶液有着很明显的差别，pH值越低环电流越大。这些实验结果从定性方面能看出，MnO_2 的阴极还原和液相传质有着密切的关系，且不同pH值其密切程度不同。环-盘电极的实验确实能捕集到可溶性产物，由于三价锰离子的不稳定，我们不区分可溶性物质中三价态与二价态，都以二价可溶性锰离子考虑。但是值得深入研究的是这 Mn^{2+} 是由MnOOH歧化而来，还是由 MnO_2 直接还原而来，各占多少比例。

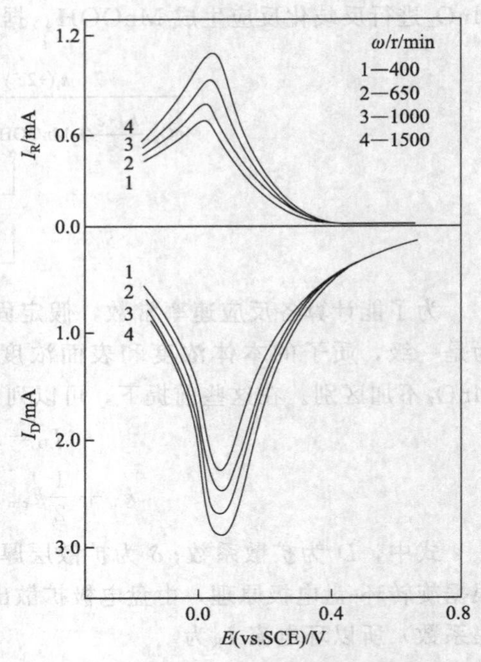

图 3-23 MnO_2 还原过程盘-环电极的极化曲线

图3-24是 I_R^{-1} 对 $\omega^{-1/2}$ 作图得出的关系曲线。在不同电势下，它们都是直线关系，这一点和理论相吻合。由各直线的斜率和截距可以求出 k_{disp} [式(3-66)]。图3-24是当pH＝4.8时的结果，而pH＝7.0和pH＝8.4都有类似情形。再根据 a 可求出 $(2k_1+k_{pro})$[式(3-64)]。用 $\lg(2k_1+k_{pro})$ 对电势作图（图3-25）可以看到，电势越正，$(2k_1+k_{pro})$ 趋于某一固定值。根据理论讨论，k_{pro} 不受电势影响，可以把此固定值视为 k_{pro}，再由 I_D 求出 k_2。

我们将图3-24和图3-25的处理结果列于表3-2。可以看出 k_{disp} 在不同电势下近似为常数，说明我们的理论假设是合理的。在电势较正的范围，由于 IR 值很小，受背景电流影响很大，其值难于准确。

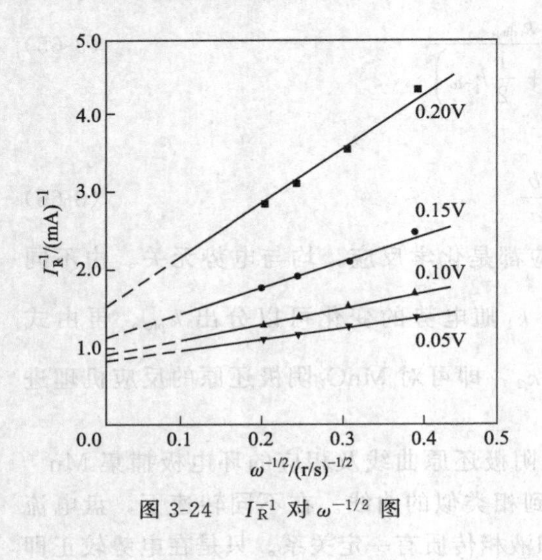

图 3-24 I_R^{-1} 对 $\omega^{-1/2}$ 图

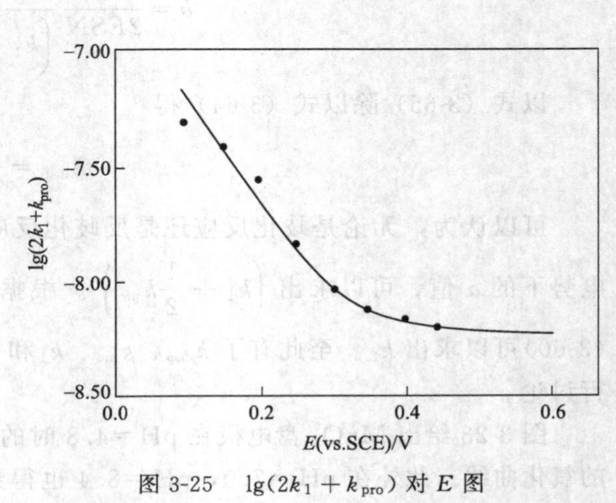

图 3-25 $\lg(2k_1+k_{pro})$ 对 E 图

表 3-2 MnO_2还原过程的动力学参数

pH	E/V	I_D/mA	$10^8(2k_1+k_{pro})$	10^8k_{pro}	10^8k_1	10^8k_2	10^4k_{disp}
			mol·cm^{-2}·s^{-1}				cm/s
4.8	0.05	2.95	4.79	6.3×10^{-1}	2.08	1.70	1.93
	0.10	2.87	4.68		2.03	1.63	1.98
	0.15	2.47	4.02		1.70	1.49	2.00
	0.20	1.83	2.81		1.09	1.44	3.30
7.0	0.05	2.87	3.67	8.0×10^{-2}	1.80	2.09	2.00
	0.10	2.77	3.51		1.72	2.04	2.16
	0.15	2.19	2.40		1.16	2.02	2.60
	0.20	1.62	1.41		0.67	1.86	3.98
8.4	0.00	2.66	1.56	6.3×10^{-3}	0.78	3.70	2.40
	0.05	2.17	0.84		0.42	3.46	2.37
	0.10	1.72	0.35		0.17	3.07	2.43
	0.15	1.45	0.16		0.08	2.71	2.74

从表 3-2 中可以得出，对同一 pH 值来说，电势越负 k_1大，而 k_2随电势的变化小于 k_1随电势的变化。在电势较正的时候 k_1变小。在不同 pH 值的时候，碱性越大 k_1越小，而 k_2越大。在酸性溶液中 k_{pro}大。

综上所述，可以认为二氧化锰阴极还原既有两电子反应（直接生成 Mn^{2+} 的反应，或称溶解-沉积机理），又有电子-质子机理反应。也就是说，MnOOH 是电子-质子机理的产物，也是 Mn^{2+} 与 MnO_2反歧化反应的产物。反过来说，Mn^{2+} 的生成既是歧化反应的结果，又是直接还原的结果。所以这两种机理不可偏废。这个结论只有借助旋转环盘电极的方法才能确切地得出。不难看出，在开始还原时电势较正，电子-质子机理的所占比重较大。而随着还原的进行，电势逐渐变负，溶解-沉积机理越来越重要了。在弱碱性溶液中，电子-质子机理占主要地位，随着溶液酸性的加强，溶解-沉积机理逐渐显得更为重要。电势越正，电子-质子机理所占比重越大，电势越负，溶解-沉积机理越重要。所以，在评价 MnO_2活性时，既要考虑表面性质，又要考虑固相结构特性。

除了用于反应历程的研究外，环盘电极在研究金属欠电势沉积、腐蚀过程上也得到了广泛的应用。

3.5 稳态极化曲线的应用

极化曲线的测定在电化学基础研究和电化学工程如电镀、电解冶金、金属腐蚀、化学电源等方面都有广泛的应用。

利用稳态极化曲线计算动力学参数在电化学研究者的工作中已经发展得相当成熟且应用广泛，这里不再举例说明。

3.5.1 在电化学基础研究方面的应用

电化学基础研究方面，从极化曲线可以推算交换电流密度、标准速度常数、扩散系数，还可以得到 Tafel 斜率，推算反应级数进而研究反应历程，可以用于多步骤的复杂反应、吸附基表面覆盖层等。

Mohamed S El-Deab 等[22]利用纳米金颗粒电沉积法制备了旋转圆盘纳米金颗粒电极，并通过稳态测量研究方法对纳米金电极的催化性能进行了研究，并与在传统 RDE 金上得到的结果进行了比较。

不同转速下旋转金纳米颗粒电极的极化曲线见图 3-26，由图可以看到：O_2在纳米金电极上还原时，没有微小的极限电流峰存在(曲线 a～g)；H_2O_2在－100mV（相对于 Ag/AgCl/饱和 KCl 电极）开始还原（曲线 d″）；析氢反应在－400mV（相对于 Ag/AgCl/饱和 KCl 电极）时开始与O_2还原反应重叠（曲线 d′）。

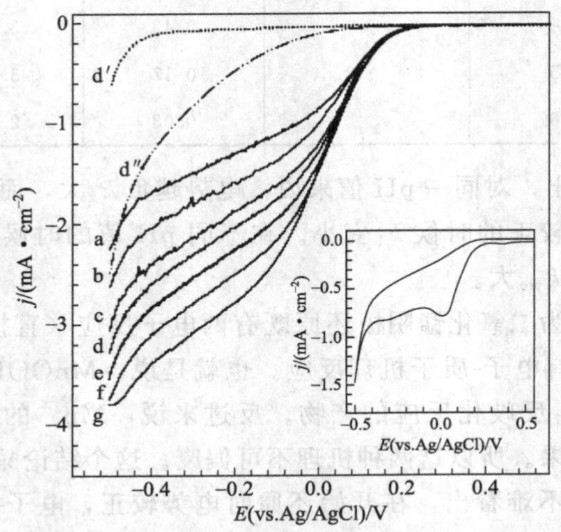

图 3-26 不同转速下旋转金纳米颗粒电极（$\phi=2.0$mm）的伏安行为[22]

曲线 a～g 是在饱和了 O_2的 0.5mol/L H_2SO_4，扫速 10mV/s；

a—200r/min；b—400r/min；c—600r/min；d—800r/min；e—1000r/min；f—1500r/min；g—2800r/min；

d′和 d″分别是不含有、含有 1mmol/L H_2O_2的经 N_2饱和的 0.5mol/L H_2SO_4溶液中测得的，800r/min

不存在极限电流，反应受到动力学和扩散混合控制，由 Koutecky-Levich 式(3-35)有

$$\frac{1}{I}=\frac{1}{I_k}+\frac{1}{I_d}=-\frac{1}{nFAkc^B}-\frac{1}{0.62nFAD_{O_2}^{2/3}v^{-1/6}c^B\omega^{1/2}} \tag{3-67}$$

式中，I 是测量电流；I_k和 I_d分别是动力学电流和极限扩散电流；k 为氧气还原速率常数；F 为法拉第常数(96484C/mol)；A 为电极的几何面积(cm^2)；ω 为旋转速率(rad/s)；c^B为氧气在 0.5mol/L 硫酸中的饱和浓度(1.13×10^{-6} mol/cm³)；D_{O_2} 为氧气的扩散系数 1.93×10^{-5} cm²。c^B和 D_{O_2} 值用计时电势法测得。v 值用黏度计在 25℃下测得。图 3-27 显示了 O_2在传统金电极和纳米金电极上还原的典型的 K-L 曲线。

用式（3-67）计算反应电子数 n。结果表明 O_2在旋转圆盘铂电极上还原得到结果如图中的虚线，由此求算的 n 值与期许值（即 4 电子）很接近。在传统金电极和纳米金电极上

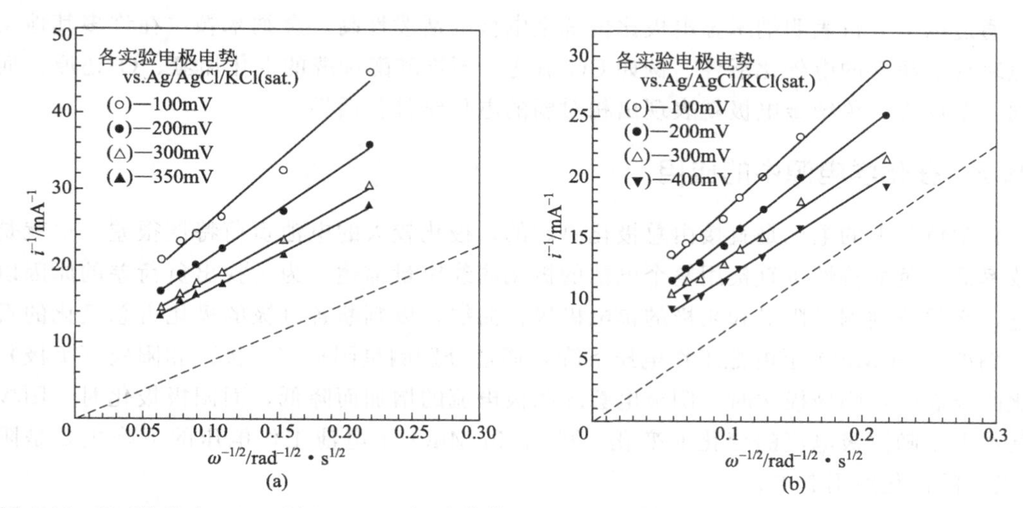

图 3-27 O_2(饱和在 0.5mol/L H_2SO_4中)在传统金电极(a)和纳米金电极(b)上还原的 K-L 曲线[22]
图中的虚线表示的是用旋转铂盘电极在同一溶液中获得的结果

n 与电极电势的关系如图 3-28所示。在传统金电极上，n 的值随着电极电势负移而增加。例如当电极电势 φ 从－0.1V 负移到－0.35V，n 从 2变化到 3 左右。据传统金电极和薄膜金玻璃碳电极在酸性介质中的研究，$2<n<3$的结果被认为是 H_2O_2的部分还原[23]。对于纳米金电极，在同一电极电势下 n 的值比在传统金电极上获得的值高，在－0.35V 左右达到最大值 $n=4$。另外，从图 3-27 中可以总结出，图 3-27(b) 的截距比图 (a) 的截距小，结合式 (3-67) 可知，这表示在纳米金电极上产生的 I_k比在传统金电极上的大。

利用式 (3-67) 从图 3-27 的各数据点可计算其对应的电化学反应电流，将其结果以 Tafel 曲线的形式列于图 3-29 中。从图 3-29 可以看到纳米金电极比在传统金电极上在同一电势下具有更高的动力学电流值，同时还可知，两条直线的斜率几乎一样，表明 O_2在两电极上还原具有相似的机理。

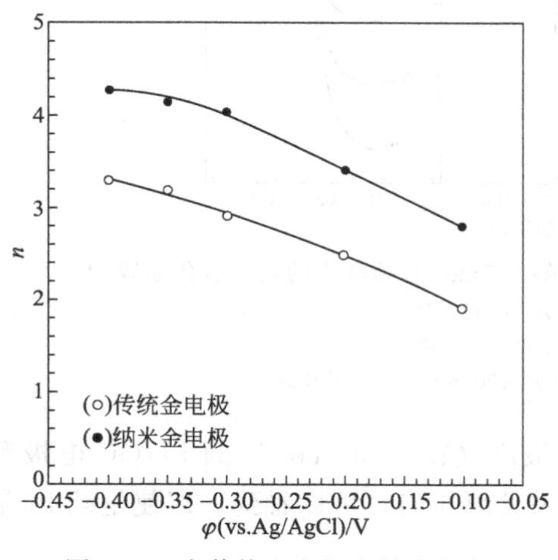

图 3-28 在传统金电极和纳米金电极上 n 与电极电势的关系[22]

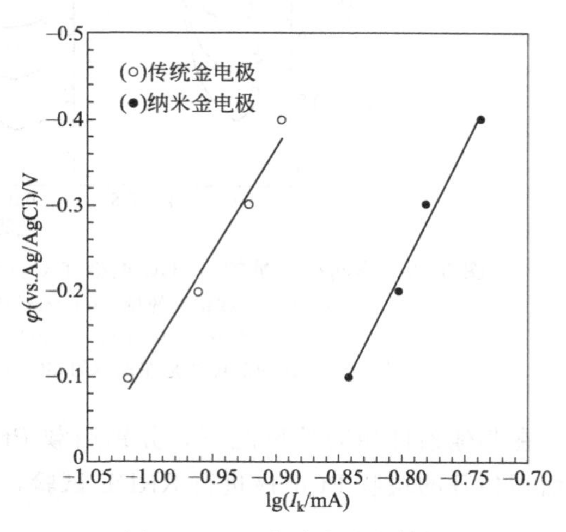

图 3-29 O_2在纳米金和传统金电极的 Tafel 曲线[22]

通过以上分析表明纳米金电极比传统金电极的活泼性高。金纳米颗粒在许多其他反应中也表现了超常的电催化活性。例如CO氧化、不饱和醇和醛的催化加氢、O_2还原。而对于同一个反应，传统金电极就表现出相对弱的电化学催化活性。

3.5.2 在化学电源中的应用

化学负荷下的电压是直接由总极化决定的，极化较大的电池负荷特性很差，也就是电压效率低。负荷特性可直接用整个电池的极化曲线定量描述。为了找出负荷差的原因以利改进，必须分别测量阳极和阴极的单电极极化曲线，以判断各电极的极化占总极化的百分比。例如，Zn-MnO_2干电池工作电压下降，通过分别测量阴极（正极）和阳极（负极）的极化曲线表明：阴极极化时，阴极电势随阴极电流的增加而降低，而阳极极化时，阳极电势基本上不随阳极电流的变化而变化。可见Zn-MnO_2干电池工作电压的下降主要是阴极（正极）的极化所引起的。

有高比表面的高催化性能电极材料在电池和燃料电池中具有十分重要的研究意义。

Mo Yibo等[24]利用旋转环盘电极技术对载有高分散的铂黑的玻碳电极GC/Pt性能进行了探讨。

三个不同载铂量的Pt/GC电极的O_2还原反应的动态极化曲线见图3-30。由图3-30可以看到，在裸露GC电极上仅观测到的微小电流，说明裸露的GC电极对O_2还原反应是完全惰性的。所有分散有铂黑的Pt/GC电极对O_2的还原反应表现了很高的催化活性。对这些曲线的进一步分析表明，当电极电势为0.04V（vs. SCE）时，氧气的还原极限电流的大小随载Pt量的增大而增大。

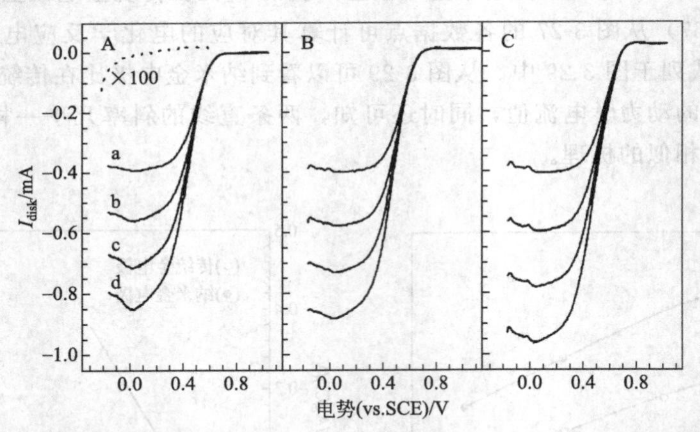

图3-30 不同载铂量的Pt/GC电极在O_2饱和的0.5mol/L硫酸中的动态极化曲线[24]
20mV/s；载铂黑的量（mC/cm^2）❶：A—0.12，B—0.95，C—1.8；
电极转速（r/min）：a—400，b—900，c—1600，d—2500。
A中的虚线是在裸露的GC圆盘电极（900r/min）上得到的

在其他条件相同的情况下，分别用载Pt量最高（1.82mC/cm^2）的Pt/GC电极和横截面积相等的块状Pt电极进行RRDE试验，结果见图3-31。可以看到，即使是载Pt量最

❶ 黏附于玻碳电极上的Pt颗粒的真实表面积可用氢的吸脱附电量求算，220$\mu C/cm^2$相当于一个单Pt原子层。这里及以下三个图均用Pt/GC电极对应的电量来表征其所载铂黑的量。

高的 Pt/GC 电极对应的极限盘电流也比块状 Pt 电极对应的盘电流小。在载 Pt 电极上检测到的环电流（H_2O_2的氧化）较块状 Pt 电极大，表明在载 Pt 电极上更多地发生二电子反应历程，同时载 Pt 电极的盘电流 I_{disk} 较小也支持了这一论点。

基于图 3-30 和图 3-31 所得数据，三个载铂玻碳电极和块状 Pt 电极的 O_2还原反应的极限电流 I_{lim}和半波电势对 $\omega^{\frac{1}{2}}$ 的图见图 3-32。这些结果至少定性地表明，电极表面的总 Pt 面积对这些参数值的影响，特别是在反应部分受电化学步骤控制的电势范围内。

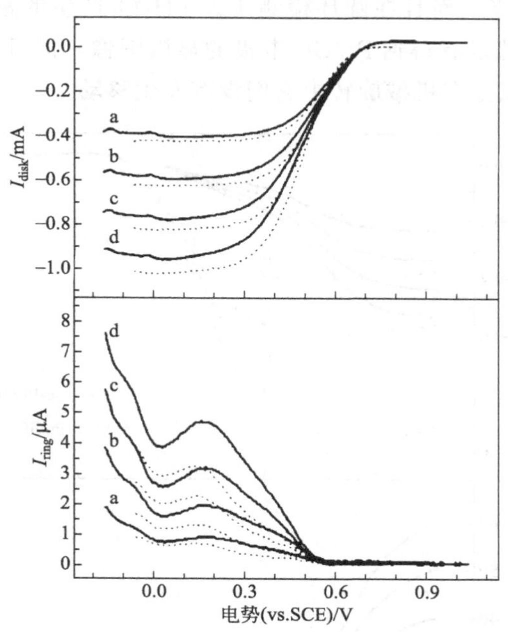

图 3-31 载 Pt 量为 1.82mC/cm² 的 Pt/GC 电极与块状 Pt 电极的比较[24]

20mV/s，φ_{ring} = 1.14V（vs. SCE）；

溶液为用 O_2饱和的 0.5mol/L 硫酸，电极旋转速度（r/min）：a—400；b—900；c—1600；d—2500

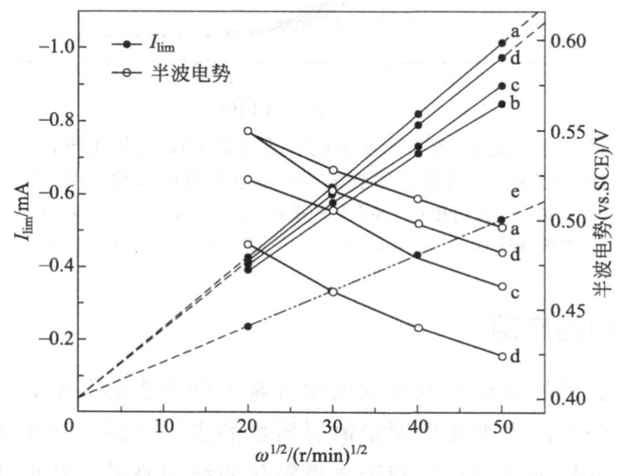

图 3-32 O_2还原反应的极限电流 I_{lim}和半波电势对 $\omega^{1/2}$ 的图[24]

a—块状 Pt 圆盘［斜率 $S=-0.01946$mA/（r/min)$^{1/2}$；截距 $I=-0.0384$mA］；b—0.12mC/cm²；c—0.95mC/cm²；d—1.82mC/cm²［$S=-0.01856$mA/(r/min)$^{1/2}$；$I=-0.0382$mA］；e—经 Se 改性的载 Pt 玻碳电极［$S=-0.00993$mA/(r/min)$^{1/2}$；$I=-0.0382$mA］

在一次 O_2还原实验完成后，在溶液中通入纯 Ar 净化后再次对于检测使用的三个载铂玻碳电极进行氢的库仑分析，结果表明 Pt/GC 表面的 Pt 量仅仅变化了 6%，这证明大部分的颗粒仍然黏附于电极表面。

图 3-33 是在载 Pt 量为 1.82mC/cm^{2}的 Pt/GC 电极上电沉积单分子层 Se 前后得到的 O_2还原反应的极化曲线。用 Se 改性的 Pt 表面对在酸性介质中的 O_2还原反应尤其是 O_2还原成 H_2O_2有很高的活性。实际上，不仅 Se-Pt/GC 电极的 I_{lim}是在全裸 Pt 电极上观测到（图 3-32，曲线 e）的一半，而且在圆环检测 I_{ring}（H_2O_2产生的量）相比于后一个表面也高至少一个数量级。虽然没有得到 Pt/GC 电极的显微图像，但可以认定这是由于 Pt 颗粒紧紧嵌入了 GC 结构中以至在机械旋转中它们没有发生移动。

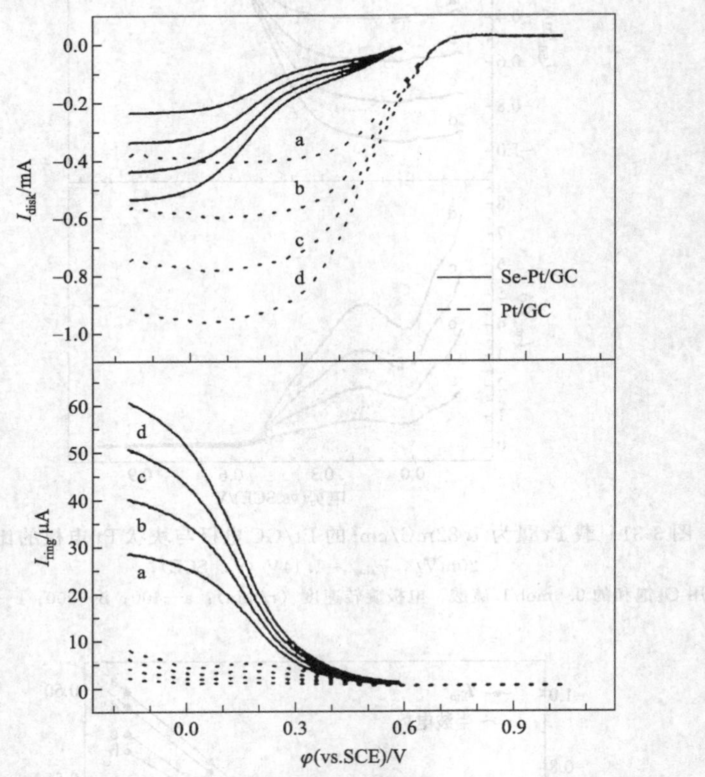

图 3-33 载 Pt 量为 1.82mC/cm^{2}的 Pt/GC 电极上电沉积单分子层 Se 前后的得到的 O_2 还原反应的极化曲线[24]

20mV/s；O_2饱和 0.5mol/L 的硫酸；φ_{ring} =1.14（vs. SCE）；电极转速（r/min）：a—400；b—900；c—1600；d—2500

3.5.3 在电沉积中的应用

在电镀生产中，镀层的质量与电极的极化有着十分重要的关系，镀层电结晶的细致程度、光亮度和镀液的分散能力等几项评定镀层质量的主要指标，在很大程度上都与电极的极化行为有关。而电极的极化行为依赖于电极极化曲线的测量。从电极极化曲线的不同变化中，可以看出各种因素对电极极化的影响，以便找出获得优质镀层的最佳条件。

电镀或电沉积合金时，可以分别研究含不同成分的镀液的阴极极化曲线，选择在工作电流密度下产生阴极极化作用最大的镀液组成对镀层质量最有利。其他如添加剂、附加盐、pH 值和温度等对镀层质量的影响，都可以通过阴极极化曲线的比较来选择最佳的电镀工艺条件。

胡会利等[25]在研究 Sn-Co 合金电沉积时进行各金属离子的阴极极化曲线扫描，结果如图 3-34 所示。从－0.4～－1.2V 扫描得到阴极极化曲线。为了突出显示有研讨意义的电势区间，所列曲线仅为实验结果的一部分。从图 3-34 曲线 a 可以看出当电势为－1.0V 时出现 Sn 的还原电流峰，但由焦磷酸钾和钴盐所构成的体系在析氢之前不出现电流峰（如曲线 b 所示）。曲线 c 表明在焦磷酸钾体系中当$SnCl_2 \cdot 2H_2O$的浓度为 15g/L，$CoCl_2 \cdot 7H_2O$ 浓度为 30g/L 时能实现 Sn 和 Co 的共沉积。

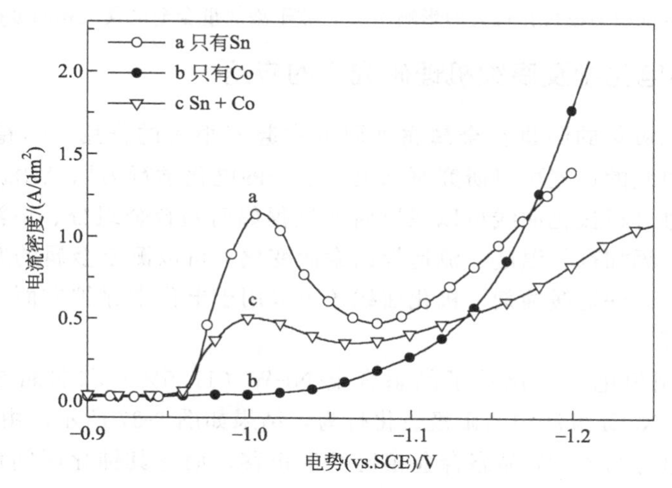

图 3-34 含有不同金属离子的阴极极化曲线[25]

10mV/s，55℃；a—$SnCl_2 \cdot 2H_2O$ 15g/L；b—$CoCl_2 \cdot 7H_2O$ 30g/L；c—$SnCl_2 \cdot 2H_2O$ 15g/L＋$CoCl_2 \cdot 7H_2O$ 30g/L

李宁等[26,27]研究了在含有不同 Co^{2+}/Ni^{2+}（1∶5 和 5∶1）电解液中 Al_2O_3粒子浓度添加量对合金电沉积阴极极化行为的影响。在含有高 Ni^{2+} 浓度的电解液中（Co^{2+}/Ni^{2+}＝1∶5），Al_2O_3与 Co-Ni 合金共沉积的阴极极化曲线如图 3-35 所示。曲线表明有两个连续的还原反应，即 Co^{2+}/Ni^{2}还原生成 Co-Ni 合金和 H^+离子放电生成 H_2。在高 Ni^{2+}浓度的电解液中，随着 Al_2O_3粒子浓度的增加，阴极极化逐渐增大，但斜率并没有改变。还原电势随着 Al_2O_3粒子浓度的添加不断向负偏移是由于吸附在电极表面的 Al_2O_3粒子产生的屏蔽作用，阻碍了 Ni^{2+}金属离子的还原，增大了反应活化能，但没有改变反应的动力学历程。而对于 Co^{2+}/Ni^{2+}＝5∶1 的高 Co^{2+}浓度的电解液（图 3-36）中，随着 Al_2O_3粒子浓度的增加，阴极极化逐渐向正向偏移，在－0.75～－1.25V 的电势范围内，导致了阴极电流密度的增加。当 Al_2O_3粒子浓度为 80g/L 时，电势向正移动了 140mV，情况和高 Ni^{2+}浓度的电解液相反。复合电沉积中惰性粒子降低了阴极极化的这种去极化效应可能是由于 Co^{2+}在 Al_2O_3粒子表面的吸附增强了粒子的电泳效应，使得 Co^{2+}在扩散层内扩散速度加快。而且，还原电势的正移也是由于大量的 Co^{2+}吸附在粒子表面，同时粒子又吸附于电极表面，增加了反应的活性面积。

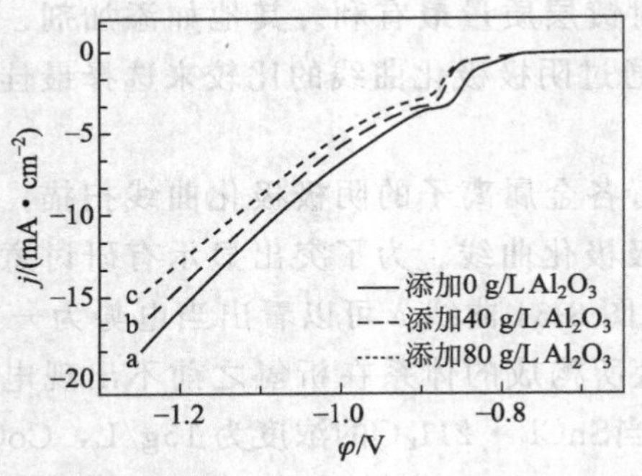

图 3-35 电解液中 $Co^{2+}/Ni^{2+}=1:5$ 时，Al_2O_3 粒子添加量对合金电沉积阴极极化行为的影响[26]

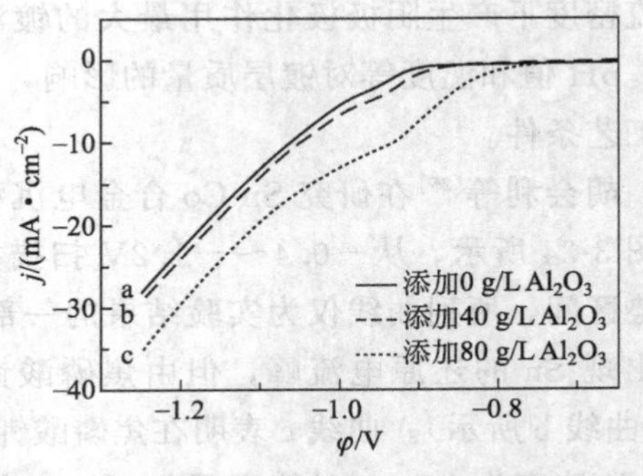

图 3-36 电解液中 $Co^{2+}/Ni^{2+}=5:1$ 时，Al_2O_3 粒子添加量合金电共沉积阴极极化行为的影响[26]

3.5.4 在材料电化学及腐蚀机理研究中的应用

稳态及准稳态极化的测量在金属腐蚀研究中起着很大的作用。由稳态极化曲线的形状、斜率和极化曲线的位置可以研究腐蚀电极过程的电化学行为以及阴、阳极反应的控制特性。此外，通过分析极化曲线可以探讨腐蚀过程如何随合金组分、溶液中阴离子、pH、介质浓度及组成、添加剂、温度、流速等因素而变化。可以测定金属的腐蚀速率、判断添加剂的作用机理，以评选缓蚀剂。极化曲线还可以用于电化学保护方面，确定施行阴极保护的电化学参数等。

姚颖悟等[28]用恒电势法比较了晶态合金 Ni-W（17.5%）和非晶态 Ni-W（44.8%）合金在 0.5mol/L NaCl 溶液中的阳极极化行为，结果如图 3-37 所示。由图可见，Ni-W 非晶态合金的腐蚀电势与 Ni-W 晶态合金相比发生正移，而且其钝化区间比 Ni-W 晶态合金明显，这表明 Ni-W 非晶态合金在 0.5mol/L NaCl 溶液中发生钝化，其耐蚀性能与 Ni-W 晶态合金相比有明显的改善。

Kear 等[29]综述了 Cu90Ni10 合金在氯化物体系中的腐蚀行为，肯定了在稳定电势附近出现的电化学和传质混合控制的“表观 Tafel 区”，如图 3-38 所示。Sanchez 等[30]对旋转圆盘电极所测得的极化曲线所定义的表观阳极 Tafel 斜率 β_A 在很大的转速范围内都得到了很好的验证[29,31-34]，如图 3-39 和图 3-40 所示。

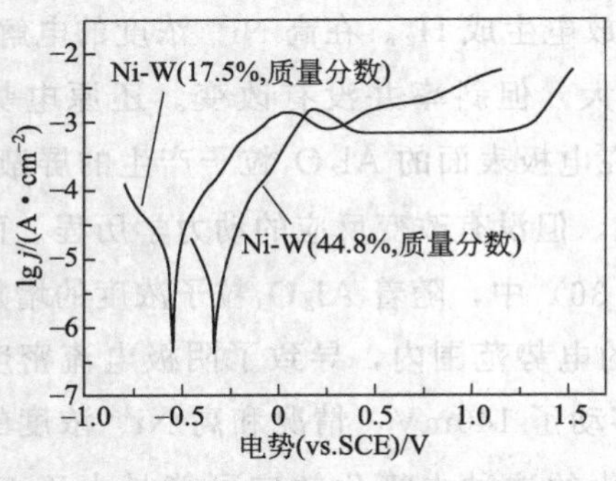

图 3-37 Ni-W 合金在 NaCl 溶液中的阳极极化曲线[28]

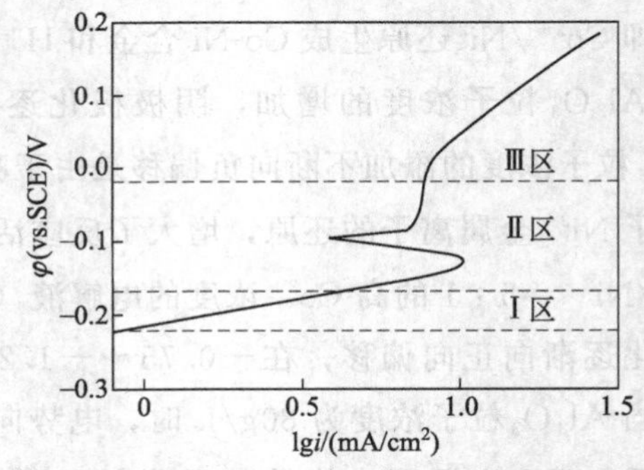

图 3-38 Cu90Ni10 合金在氯化物介质中的典型阳极极化曲线[29]

Ⅰ—表观 Tafel 区；Ⅱ—峰值电流密度和极限电流密度区；Ⅲ—在更正的电势下发生 Cu^{2+} 的溶解

$$\frac{\mathrm{dlg}(\mathrm{d}i^{-1}/\mathrm{d}\omega^{-1/2})}{\mathrm{d}\varphi}=\frac{nF}{2.3RT}=\beta_{\mathrm{A}}=\frac{1}{59\mathrm{mV/decade}} \tag{3-68}$$

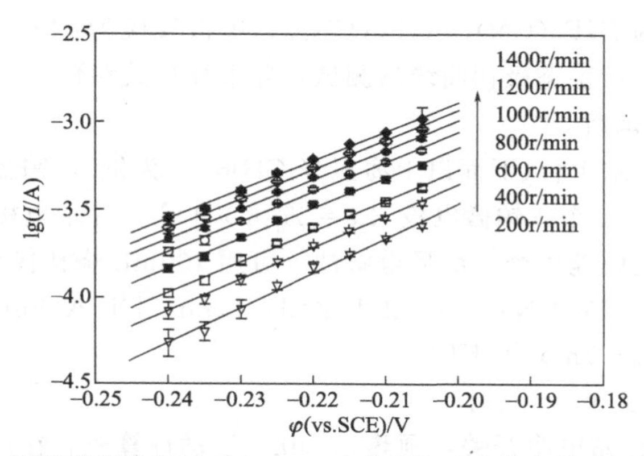

图 3-39 不同传质条件下 Cu90Ni10 合金在海水中的表观 Tafel 直线[29]

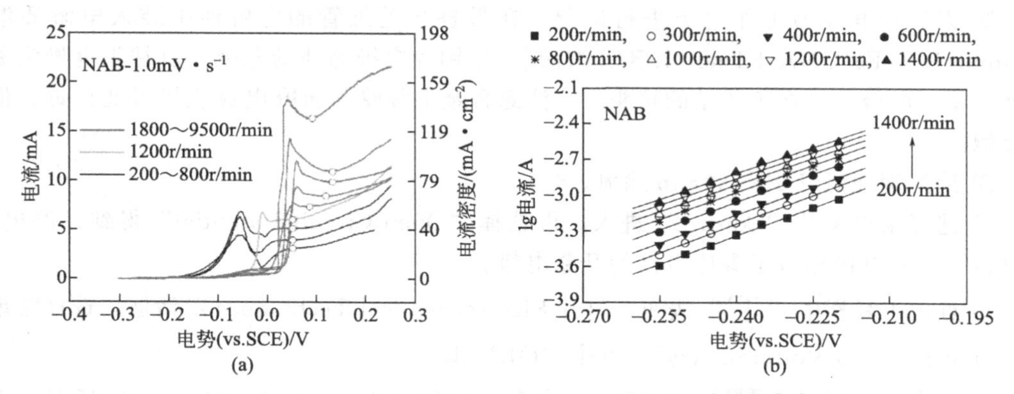

图 3-40 Ni-Al 黄铜在充气且过滤的海水中的阳极溶解[34]

(a) 在 RDE 上测得的阳极极化曲线，1mV/s；(b) Ni-Al 黄铜 RDE 电极在海水中的表观 Tafel 直线

实验内容

一、稳态极化曲线的测定与分析

(一) 实验目的

① 掌握三电极体系恒电势法测量极化曲线的方法。

② 掌握电化学极化控制及混合控制时动力学参数的求算方法。

③ 了解微电极技术在电化学研究中的作用。

(二) 实验原理

与常规尺寸的电极相比，微电极所构成的电化学系统具有高的稳态扩散速率、小的时间常数和低的 IR 降等特点。因此，选择适当的辅助电极，完全可采用双电极体系进行测量。

流经微电极的电流非常小，这使得微电极具有非常快的响应速度。因此，在微电极上进行的伏安实验可以采用较高的电势扫描速度。对直径只有几微米的微圆盘电极，当扫描速度小于50mV/s时，结果总是得到稳态极化曲线。而在常规电极上，若不加以强烈搅拌，得不到这样的效果。

本实验测量体系为$K_3Fe(CN)_6/K_4Fe(CN)_6$，电极反应为：$Fe^{3+}+e^-=Fe^{2+}$。分别在常规电极和微电极上进行稳态极化曲线的测试，并求算相关参数。

（三）主要仪器与试剂

仪器：电化学工作站1台（下面以上海辰华CHI660a为例），铂盘电极（$d=3$mm）1个，铂片电极（1cm×1cm）1个，铂微电极（$d=25\mu$m）1个，甘汞电极（KCl为1mol/L）1个，带鲁金毛细管的电解池1个，简易电解池（可用100mL烧杯代替）1个。

试剂：5mmol/L $K_3Fe(CN)_6$+1mol/L KCl；10mmol/L $K_3Fe(CN)_6$+1mol/L KCl；20mmol/L $K_3Fe(CN)_6$+1mol/L KCl。

（四）实验内容与步骤

① 打开电化学工作站电源开关，预热30min。启动计算机。在计算机桌面上用鼠标双击CHI660a图标，打开测试软件系统。

② 以铂盘电极为工作电极进行试验。在带鲁金毛细管的电解池中装入电解质溶液[5mmol/L $K_3Fe(CN)_6$+1mol/L KCl溶液]，以铂片电极为辅助电极，以甘汞电极为参比电极。将三电极连接在工作站的接头上，注意鲁金毛细管与研究电极应尽可能接近，但不要接触。

③ 给溶液通氮气15～30min除氧。

④ 选择菜单中的“Control”进入，再选择“Open Circuit Potential”得到开路电势。此时显示研究电极相对于参比电极的开路电势。

⑤ 点击工具栏中“T”按钮，打开Electrochemical Techniques对话框，选择菜单中的“Linear Sweep Voltammetry”，点击“OK”退出。

⑥ 点击工具栏中“▤”，打开Linear Sweep Voltammetry Parameters对话框，设定实验参数。Init E(V)为“开路电势”。Final E(V)为“开路电势−1.0V”。Scan Rate(V/s)扫描速率1mV/s。Sample Interval为0.001V，Quiet Time为2s，Sensitivity取“1×10^{-8}”并选择“Auto-sensitivity”。然后点击“OK”按钮。

⑦ 选择工具栏中“▶”，开始扫描。扫描结束，点击“💾”，将得到的曲线保存。

⑧ 分别调节扫描速率为5mV/s、10mV/s、50mV/s、100mV/s、500mV/s进行实验。

⑨ 将研究溶液分别换成10mmol/L $K_3Fe(CN)_6$+1mol/L KCl和20mmol/L $K_3Fe(CN)_6$+1mol/L KCl，重复上述操作。

⑩ 以铂微电极为工作电极进行试验。在简易电解池中装入电解质溶液[5mmol/L $K_3Fe(CN)_6$+1mol/L KCl溶液]，采用两电极体系，即铂片电极同时作为对电极和参比电极。将电极与工作站连接好。重复③～⑨的实验内容。

（五）数据记录与处理

① 对常规电极和微电极上得到的不同扫描速率下的极化曲线进行对比分析。

② 筛选实验结果，选取部分极化曲线绘制φ-ln$i$或φ-ln$\frac{i_d}{i_d-i}$曲线，从直线的斜率求

反应电子数 n（设 $\beta=0.5$）。

③ 根据实验结果，求交换电流密度 i^0。

④ 根据实验结果求 $\varphi_{1/2}$。

（六）思考题

① 实验中应严格进行电极处理。

② 在同一溶液中进行不同扫描速率的实验时，应特别关注电极的开路电势。

③ 在求算相关参数时，为什么要对实验结果进行筛选，筛选的原则是什么？

二、极化曲线法研究缓蚀剂对低碳钢及镀锌层析氢腐蚀的作用

（一）实验目的

① 掌握用三电极法测定极化曲线的方法。

② 掌握腐蚀体系的阴阳极过程共轭关系及其特征。

③ 熟练掌握 Tafel 曲线的实验原理及适用条件。

④ 熟练掌握线性极化曲线的实验原理及适用条件。

（二）实验原理

在金属的电化学腐蚀体系中，电极是发生腐蚀即阳极氧化反应的金属，阴极反应也在金属表面发生。金属服役环境不同时，可能发生不同的阴极反应，其中以氢离子的还原和氧气的还原最为常见。在酸性环境中，发生以 H^+ 的还原为阴极过程的金属腐蚀称为析氢腐蚀。在中性或碱性条件下，发生以 O_2 的还原为阴极过程的金属腐蚀称为吸氧腐蚀。

当前，电化学技术是最大范围地应用于研究腐蚀的方法。早在 1949 年，Pourbaix 将极化曲线应用于浸入 $Ca(OH)_2$ 饱和溶液中的金属棒的腐蚀研究。相对较为先进的电化学技术，如极化阻抗早在 20 世纪 70 年代就产生了，而直到 80 年代电化学阻抗和电化学噪声才得到应用。从那以后，电化学技术在腐蚀领域得到了迅速发展，并很快应用于真实服役中的各种大小的结构件。

Tafel 曲线常常用于均匀腐蚀的腐蚀速率 I_{corr} 的测量。Tafel 曲线是由极化曲线的阴极支和阳极支的外延交叉所确定的，如图 3-4 所示。

在确定极化曲线时，如果不考虑浓度极化和欧姆电阻的影响，通常在极化电势偏离腐蚀电势约 50mV 以上，即外加电流较大时，在极化曲线上会有服从 Tafel 方程式的直线段。将实测的阴、阳极极化曲线的直线部分反向延长到交点，或者当阳极极化曲线不易测量时，可以把阴极极化曲线的直线部分外延与稳定电势的水平线相交，此交点所对应的电流就是金属的腐蚀电流。

Tafel 直线外推法，常用于测定酸性溶液中金属腐蚀速率及缓蚀剂的影响。因为这种情况下容易测得极化曲线的 Tafel 直线段，可以研究缓蚀剂对腐蚀电势 φ_{corr}、腐蚀速率 i_{corr}、Tafel 斜率 b_a 和 b_c 等动力学参数的影响。

由于极化曲线的 Tafel 区体现出较好的线性，我们可以认为在特定的缓蚀剂浓度下金属的腐蚀速率正比于腐蚀电流密度 i_{corr}，缓蚀剂效率（P,%）可按下式进行计算：

$$P=\frac{i_{corr}^0-i_{corr}}{i_{corr}^0}\times 100\% \tag{3-69}$$

式中，i_{corr}^0 为不含缓蚀剂时的腐蚀电流密度；i_{corr} 表示含有一定量的缓蚀剂时的腐蚀电流密度。

应用Tafel曲线测试腐蚀速率存在几方面的局限性。首先，为了测得Tafel直线段需要将电极极化到强极化区，电极电势偏离自腐蚀电势较远，这时的阴极或阳极过程可能与自腐蚀电势下的有明显的不同。例如，测定阳极极化Tafel时可能出现钝化；测定阴极极化曲线时表面原先存在的氧化膜可能还原，甚至可能由于达到其他可还原物质的还原电势而发生新的电极反应，从而改变了极化曲线的形状。因此，由强极化区的极化曲线外推到自腐蚀电势下得到的腐蚀速率可能有很大偏差。其次，由于极化到Tafel直线段，所需电流较大，容易引起电极表面状态，真实表面积和周围介质的显著变化；而且在大电流作用下溶液欧姆电势降对电势测量和控制的影响较大；可能使Tafel直线段变短，也可能使本来弯曲的极化曲线部分变直，这都会使 i_{corr} 的测量带来误差。对于某些易钝化的金属，可能在出现Tafel直线段之前就钝化了，因而测不到直线段。这时一般用阴极极化曲线的Tafel直线段外推求 i_{corr} 。在用阴极极化曲线测定 i_{corr} 时，必须保证阴极过程与自腐蚀条件下的阴极过程一致。如果改变了阴极去极化反应，或者有其他去极化剂（如 Cu^{2+}，Fe^{3+} 等）参与阴极过程，将会改变阴极极化曲线的形状，带来较大的误差。

由于Tafel外推法是利用强极化区的直线段，因而对样品具有较大的破坏，所以每一次新的测量都需要一个新的样品，导致了它的应用较为有限。但是Tafel曲线对于均匀腐蚀的表征是一个有力的工具。实验的扫描速率是一个很重要的参数，最佳扫描速率随所研究的体系而不同。且对每一次电势扫描都要进行欧姆压降的校正。

自从1957年Stern提出直流电极化阻抗技术后，该方法已经广泛应用于腐蚀速率测试和控制中。

极化阻抗的技术来自对 φ_{corr} 电势附近的极化曲线线性区的观察，也就是对 φ_{corr} 附近极化曲线的斜率 $\dfrac{\Delta\varphi}{\Delta I}$ 的分析（图3-11），Stern公式的表达式为

$$R_p=\left(\frac{\Delta\varphi}{\Delta I}\right)_{\Delta\varphi\to 0} \tag{3-70}$$

R_P 这个数值通过一个常数与 I_{corr} 相联系，即常数 B，B 依赖于极化曲线的Tafel斜率 b_a 和 b_c，

$$B=\frac{b_a b_c}{2.303(b_a+b_c)} \tag{3-71}$$

对于大多数已经研究过的体系，这个数值在13～52mV内变化。

联系 R_p 和 I_{corr} 的表达式非常简单，即

$$I_{corr}=\frac{B}{R_p} \tag{3-72}$$

Stern的工作因为其简单性而受到了批判[35]，在后来的研究中，人们作了一些改进，但这些改进仅仅增加了计算方法的复杂程度，而在准确度方面没有实质性的进展。因此这个公式还是以它最原始的简单形式被应用着。

式（3-71）和式（3-72）的适用条件：① 腐蚀体系的局部阴、阳极反应都是活化极化控制，欧姆极化和浓度极化可忽略；② 金属在腐蚀介质中的自腐蚀电势 φ_{corr} 偏离局部阴、阳极反应的平衡电势；③ 施加的极化电势 $\Delta\varphi$ 很小（一般在10mV之内）。

美国试验与材料协会标准G59-97[36]提出了动电势极化电阻测量的标准方法，扫描速率0.6V/h，即0.17mV/s，扫描幅度−30～30mV，测试在试样浸入介质1h后进行。

R_p 测试的电极系统有经典三电极系统、同种材料三电极系统和同种材料双电极系统。经典三电极系统与常规电化学测量系统相同。R_p 测量需要确定 $\Delta\varphi$ 值，而非 φ 的绝对值，因此可使用与研究电极同材、同形、同大的辅助电极和参比电极，即同种材料三电极。该电极系统简单方便，测量准确，通常制成探针构型，适用于实验室测试和现场监控。探针中三个电极可以互换分别作为研究电极，同一探针可测出几组数据，为指示可能发生的局部腐蚀倾向提供条件。同种材料双电极系统取消了作为参比电极的第三个电极，极化电势和电流的测量都是在两个同种材料电极间进行的。两个电极在极化过程中同等程度地被极化，只是方向相反而已。两电极之间的相对极化值为 $2\Delta\varphi$（如 20mV），每个电极实际只极化了 $\Delta\varphi$（10mV）。由于两个电极的自然腐蚀电势不可能完全相同，为了求得准确的 i_{corr}，可分别对体系进行正反方向的两次极化，求出平均极化电流进行计算。

在应用时，应该注意三个方面的问题：① 在工作电极和参比电极之间的溶液电阻对于三电极系统和双电极系统都是不容忽视的因素，要进行补偿；② 必须满足线性条件；③ 要达到稳态。这里所提到的需要建立一个稳定的状态，实验中可以将稳定时间（quiet time）设置得稍长一些，同时在动电势扫描中要选择适中的扫描速率[1]。

此外，开路电势 φ_{ocp} 和自腐蚀电势 φ_{corr} 随时间的漂移、金属表面状态的变化、非稳态极化采样以及 R_p 测量中包括附加的氧化还原反应等都可能影响极化阻力测量的精确性。

（三）主要仪器与试剂

仪器：电化学工作站 1 台，硫酸亚汞电极 1 只，铂对电极 1 只，低碳钢片电极、镀锌板片电极各若干，带鲁金毛细管的电解池 1 只，250mL 烧杯 2 个。

试剂：0.5mol/L H_2SO_4 溶液，0.5mol/L H_2SO_4 + 2g/L $C_6H_{12}N_4$（六亚甲基四胺）溶液。

（四）实验内容与步骤

① 打开电化学工作站电源开关，预热 30min。启动计算机，打开测试软件系统。

② 清洗电解池，装入电解质溶液（0.5mol/L H_2SO_4 溶液）。放入研究电极（测面积）、辅助电极、参比电极。将三电极连接在工作站的接头上。

③ 测量开路电势，选择实验方法 “Linear Sweep Voltammetry”，设定实验参数。Init E（V）为 “开路电势−0.3V”。Final E（V）为 “开路电势+0.3V”。Scan Rate（V/s）扫描速率 5mV/s。开始极化曲线测试，扫描结束，将得到的曲线保存。

④ 将工作电极换成镀锌板片电极（测面积），测得镀锌板片电极的极化曲线。

⑤ 将电解液换成 0.5mol/L H_2SO_4 + 2g/L $C_6H_{12}N_4$，测得低碳钢片电极、镀锌板片电极的极化曲线。

⑥ 极化电阻测试：采用 Linear Sweep Voltammetry 测试技术。Init E（V）为 “开路电势−0.02V”。Final E（V）为 “开路电势+0.02V”。Scan Rate（V/s）为扫描速率 0.2mV/s。

（五）数据记录与处理

① 由强极化测试的数据绘制 Tafel 极化曲线（$\lg i$-φ）；由图确定腐蚀电势 φ_{corr}、腐蚀速率 i_{corr}、Tafel 斜率 b_a 和 b_c 等参数，并按式（3-69）计算缓蚀效率。

② 由线性极化测试的数据按式（3-70）计算 R_p，由强极化测试的数据按式（3-71）计算 B 值，代入式（3-71）中得到 i_{corr}，并与①中得到的 i_{corr} 对比。

（六）思考题

① 在极化曲线的测试中，扫描速率应遵循什么原则？

② 不同电极材料析氢腐蚀速率差别较大，为什么？

③ 如果将实验溶液中的 H_2SO_4 换成 K_2SO_4，上述两种方法是否还适用？为什么？

参考文献

[1] Rocchini G. The influence of the potential sweep rate on the computation of the polarization resistance [J]. Corrosion Science，1996，38(12)：2095-2109.

[2] Sarapuu A，Tammeveski K，Tenno T T，et al. Electrochemical reduction of oxygen on thin-film Au electrodes in acid solution Electrochem [J]. Commun，2001，3(8)：446-450.

[3] Carlos Paliteiro，Natércia Martins. Electroreduction of oxygen on a (100)-like polycrystalline gold surface in an alkaline solution containing Pb(Ⅱ)[J]. Electrochimica Acta，1998，44(8-9)：1359-1368.

[4] Paliteiro Carlos，Batista Lucilia. Electroreduction of dioxygen on polycrystalline platinum in alkaline solution. Ⅰ. Platinum surface pretreated by potential cycling between 40 and 1450mV [J]. Journal of the Electrochemical Society，2000，147(9)：3436-3444.

[5] Paliteiro Carlos，Correia Elsa. Electroreduction of dioxygen on polycrystalline platinum in alkaline solution. Ⅱ. Platinum surface modified by hydrogen evolution [J]. Journal of the Electrochemical Society，2000，147 (9)：3445-3455.

[6] Tammeveski K，Tenno T，Claret J，et al. Electrochemical reduction of oxygen on thin-film Pt electrodes in 0.1 M KOH [J]. Electrochimica Acta，1997，42(5)：893-897.

[7] Jun Maruyama，Minoru Inaba，Zempachi Ogumi. Rotating ring-disk electrode study on the cathodic oxygen reduction at Nafion-coated gold electrodes [J]. Journal of Electroanalytical Chemistry，1998，458(1-2)：175-182.

[8] Leventis Nicholas，Gao，Xuerong. In the presence of very fast comproportionation，sampled current voltammetry and rotating disk electrode voltammetry yield equal two versus one-electron limiting current ratios. Reconciliation through analysis of concentration profiles [J]. Journal of Electroanalytical Chemistry，2001，500(1-2)：78-94.

[9] Hrussanova A，Mirkova L，Dobrev Ts. Anodic behaviour of the Pb-Co_3O_4 composite coating in copper electrowinning [J]. Hydrometallurgy，2001，60 (3)：199-213.

[10] Pollet Bruno，Lorimer J P，Hihn J Y，et al. Electrochemical study of silver thiosulphate reduction in the absence and presence of ultrasound [J]. Ultrasonics Sonochemistry，2005，12(1-2)：7-11.

[11] Geler E，Azambuja D S. Corrosion inhibition of copper in chloride solutions by pyrazole [J]. Corrosion Science，2000，42(4)：631-643.

[12] D'Elia Eliane，Barcia Oswaldo E，Mattos Oscar R，et al. High-rate copper dissolution in hydrochloric acid solution [J]. Journal of the Electrochemical Society，1996，143(3)：961-967.

[13] Albery W J. Ring-disc electrodes. Part 1.—A new approach to the theory. Trans. Faraday Soc. ，1966，62，1915-1919.

[14] Albery W J，Bruckenstein S，Napp D T. Ring-disc electrodes. Part 3.—Current-voltage curves at the ring electrode with simultaneous currents at the disc electrode [J]. Trans. Faraday Soc. ，1966，62，1932-1937.

[15] Albery W J，Stanley Bruckenstein，Johnson D C. Ring-disc electrodes. Part 4.—Diffusion layer titration curves [J]. Trans. Faraday Soc. ，1966，62：1938-1945.

[16] Albery W J，Stanley Bruckenstein. Ring-disc electrodes. Part 5.—First-order kinetic collection effciencies at the ring electrode [J]. Trans. Faraday Soc.，1966，62，1946-1954.

[17] Albery W J，Bruckenstein S. Ring-disc electrodes. Part 2.—Theoretical and experimental collection effciencies. Trans. Faraday Soc.，1966，62，1920-1931.

[18] Tomčík P，Jursa S，Mesároš Š，et al. Titration of As (Ⅲ) with electrogenerated iodine in the diffusion layer of an interdigitated microelectrode array [J]. Journal of Electroanalytical Chemistry，1997，423 (1-2)：115-118.

[19] Peter Tomčík, Štefan Mesároš, Dušan Bustin. Titrations with electrogenerated hypobromite in the diffusion layer of interdigitated microelectrode array [J]. Analytica Chimica Acta, 1998, 374(2-3): 283-289.

[20] Peter Tomčík, Monika Krajčíková, Dušan Bustin. Determination of pharmaceutical dosage forms via diffusion layer titration at an interdigitated microelectrode array [J] . Talanta, 2001, 55(6): 1065-1070.

[21] 田建华，谷林锳．旋转环盘电极研究 MnO_2 还原机理 [J] ．物理化学学报，1996，12(5)：446-450.

[22] Mohamed S El-Deab, Takeo Ohsaka. Hydrodynamic voltammetric studies of the oxygen reduction at gold anoparticles-electrodeposited gold electrodes [J] . Electrochimica Acta, 2002, 47(26): 4255-4261.

[23] Sarapuu A, Tammeveski K, Tenno T T, et al., Electrochemical reduction of oxygen on thin-film Au electrodes in acid solution [J] . Electrochem. Commun. 2001, 3(8): 446-450.

[24] Mo Yibo, Sarangapani S, Le Anh, et al. Electrochemical characterization of unsupported high area platinum dispersed on the surface of a glassy carbon rotating disk electrode in the absence of Nafion® or other additives [J] . Journal of Electroanalytical Chemistry, 2002, 538-539: 35-38.

[25] 胡会利，宋以斌，李宁，等．焦磷酸钾体系电沉积锡钴合金的研究．第九届全国电镀与精饰年会论文集，2006 年 10 月．

[26] Gang Wu, Ning Li, DeRui Zhou, et al. Electrodeposited Co-Ni-Al_2O_3 composite coatings [J] . Surface and Coatings Technology. 2003, 176: 157-164.

[27] Gang Wu, Ning Li, Dian Long Wang, et al. Effects of α-Al_2O_3 particles on the electrochemical anomalous codeposition of Co-Ni alloys from sulfamate Electrolytes [J] . Materials Chemistry and Physics, 2004, 87(2-3): 411-419.

[28] 姚颖悟，姚素薇，宋振兴．电沉积 Ni-W 合金在 NaCl 溶液中的腐蚀行为 [J] ．材料工程，2006，9：42-44，56.

[29] Kear G, Barker B D, Stokes K, et al. Electrochemical corrosion behaviour of 90-10 Cu-Ni alloy in chloride-based electrolytes [J] . Journal of Applied Electrochemistry, 2004, 34: 659-669.

[30] De Sanchez S R, Schiffrin D J. The flow corrosion mechanism of copper base alloys in sea water in the presence of sulphide contamination [J] . Corrosion Science, 1982, 22(6): 585-607.

[31] Kear G, Barker B D, Stokes K R, et al. Electrochemistry of non-aged 90-10 copper-nickel alloy (UNS C70610) as a function of fluid flow: Part 1: Cathodic and anodic characteristics [J] . Electrochimica Acta, 2007, 52(5): 1889-1898.

[32] Kear G, Barker B D, Walsh F C. Electrochemical corrosion of unalloyed copper in chloride media——a critical review [J] . Corrosion Science, 2004, 46(1): 109-135.

[33] King F, Litke C D, Quinn M J, et al. The measurement and prediction of the corrosion potential of copper in chloride solutions as a function of oxygen concentration and mass-transfer coefficient [J] . Corrosion Science, 1995, 37(5): 833-851.

[34] Wharton J A, Barik R C, Kear G, et al. The corrosion of nickel-aluminium bronze in seawater [J] . Corrosion Science, 2005, 47(12): 3336-3367.

[35] Lorenz W J, Mansfeld F. Determination of corrosion rates by electrochemical DC and AC methods [J] . Corrosion Science, 1981, 21(9-10): 647-672.

[36] ASTM G59-97 (2003) . Standard Test Method for Conducting Potentiodynamic Polarization Resistance Measurements [S] .

第4章

暂态基础和测量技术

4.1 暂态与暂态电流

从极化条件突然改变，各个子过程做出响应开始到建立新的稳态，要经历的不稳定的、变化的过渡阶段称为暂态（transient state）。暂态是相对于稳态而言的。

在暂态过程中，组成电极过程的各基本过程如电荷转移过程、传质过程、双电层充放电过程、溶液中离子的电迁移过程等均处于暂态，描述电极过程的物理量如电极电势、电流密度、双电层电容、浓度分布等都可能随时间发生变化，因此暂态过程十分复杂。由于各子过程或步骤的动力学特征不同，可以利用各子过程对时间响应的不同，抓住它们各自的特点，使问题得以简化，从而达到研究各子过程并控制电极总过程的目的。

与稳态过程相比，暂态过程的首要特点是具有暂态电流。暂态阶段流过电极界面的电流（即总的电极电流）包括的范围比较大，一部分称为“Faraday 电流”，即 Faraday 过程引起的电流，按照 Faraday 定律每电化当量的电化学反应产生的电量为一个 Faraday（9.65×10^4 C 或 26.8A·h），所以称为 Faraday 电流。另一部分电流可称为“非 Faraday 电流”，这种电流是由于双电层电荷的改变所产生的，其电量不符合 Faraday 定律，所以称为非 Faraday 电流。

例如，空气电极把空气中的氧还原为 OH^- ，即

$$O_2 + 2H_2O + 4e^- \rightarrow 4\,OH^-$$

参加反应的物质 O_2、H_2O 和 OH^- 分别存在于空气和溶液中，当达到稳态时上述反应源源不断地以稳定的速度进行着，产生了稳态，这种电流属于 Faraday 电流。如果我们把空气电极隔绝了空气，氧耗尽后上述还原反应就不能再进行，也就没有稳态时的 Faraday 电流。但是，如果电极电势向负方向移动，活性炭上吸附的氧仍可被还原而产生另一种 Faraday 电流。这种电流只能存在一段时间，因为它是来源于电极吸附状态的改变，即以活性炭上吸附氧的减少为代价而产生的电流，到达稳态时活性炭上吸附氧的量不再改变，电流也就消失了。所以没有后续补充的吸附物的氧化还原反应，只能产生暂态的 Faraday 电流，而不能产生稳态的 Faraday 电流。

双电层的充电电流 i_c 为

$$i_c = \frac{dQ}{dt} = \frac{d(C_d \cdot \varphi)}{dt} = C_d \frac{d\varphi}{dt} + \varphi \frac{dC_d}{dt} \tag{4-1}$$

式中，C_d为双电层电容；φ 为以零电荷电势 φ_z 为零点的电极电势（又称合理电极电势）。上式右边第一项为电极电势改变时引起的双电层充电电流，第二项为双电层电容改变时引起的双电层充电电流。当表面活性物质在电极界面吸（脱）附时，双电层电容 C_d 有剧烈的变化，这时第二项可达很大的数值，表现为吸（脱）附电流峰。显然，非 Faraday 电流是暂态电流，因为达到稳态后的电极电势和吸附状态不变（即 φ 和C_d 不变），非 Faraday 电流只能为零。这样，非 Faraday 吸（脱）附过程的稳态就是它的平衡态。利用非 Faraday 电流可以研究电极表面活性物质的吸脱附行为，还可以测定电极的双电层电容和真实表面积。

当传质过程处于暂态时，电极附近液层中的反应粒子浓度、扩散层厚度及浓度梯度等均随时间变化（参看图 1-20），反应粒子浓度不仅是空间的函数，还是时间的函数，即

$$c=f(x,\ t),\ \frac{\partial c}{\partial x}\neq \text{常数}$$

最后，暂态过程中电极电势、极化电流、电极表面的吸附覆盖状态、双电层结构均可能随时间变化。

从上面的讨论中可知，非稳态扩散过程比稳态扩散过程多了一个时间因素，因此，有可能通过控制极化时间来控制浓度极化，通过缩短极化时间，减小消除浓度极化，以突出电化学极化。

4.2 非稳态扩散过程

暂态的浓度极化与稳态的浓度极化有很大的差别，这是因为两者的扩散状况不同。暂态系统的扩散层内的浓度分布未达稳态，浓度变化还在进行着，$\frac{\partial c}{\partial t}\neq 0$，所以暂态的扩散问题必须用 Fick 第二扩散定律。第 1 章介绍过的有关扩散的式（1-60）也适用于暂态，但式（1-60）中的 i 在稳态时指电流的总电流，在暂态时只指 Faraday 电流。

在忽略了对流和电迁移的情况下，由扩散传质引起的物质流量为 $-D\ \frac{\partial c}{\partial x}$，相应的扩散电流密度为

$$i=nFD\left(\frac{\partial c}{\partial x}\right)_{x=0} \tag{4-2}$$

为了得到非稳态扩散中反应粒子的浓度表达式，需要求解 Fick 第二定律

$$\frac{\partial c_i(x,\ t)}{\partial t}=D_i\ \frac{\partial^2 c_i(x,\ t)}{\partial x^2} \tag{4-3}$$

一般求解时，我们常假定扩散系数不随粒子的浓度改变而变化，即 D_i = 常数，同时考虑开始极化的瞬间初始条件，即

$$c_i(x,\ 0)=c_i^B \tag{4-4}$$

当液相的体积足够大，半无限扩散条件认为近似成立

$$c_i(\infty,\ t)=c_i^B \tag{4-5}$$

为了对式（4-3）求解，还需要其他的边界条件，这与具体的极化条件有关，不同的极化条件会使电极表面附近某一瞬间的粒子浓度分布不一样，Fick 第二定律的解的形式就

不同，下面分两种情况进行讨论。

4.2.1 电势阶跃下的非稳态扩散

如果电极反应中只涉及一种可溶性粒子（反应粒子），而通过电流时电极表面上的电化学平衡基本没有受到破坏，则只要维持一定的电极电势就可以使反应粒子的表面浓度保持不变，即

$$c(0, t) = c^{S} = 常数$$

如果给电极加上足够大的极化电势，以致电极表面液层中的反应物浓度立即降为零，即发生完全浓度极化，以此作为电势阶跃（图 4-1）的一个边界条件，即

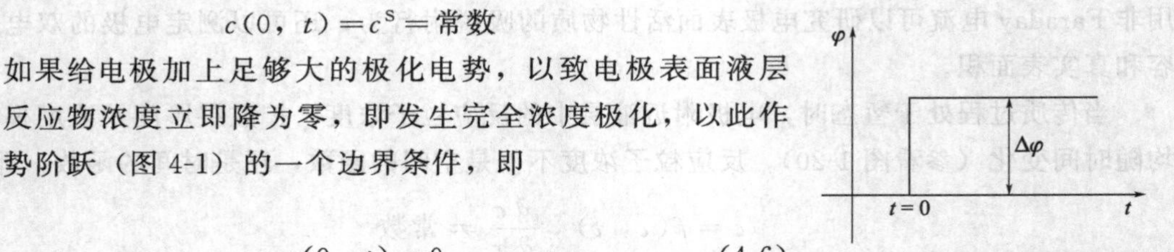

图 4-1 电势阶跃示意图

$$c(0, t) = 0 \tag{4-6}$$

联合式（4-4）、式（4-5）和式（4-6）可以解得反应粒子浓度 c 对 x 和 t 的关系为

$$c(x, t) = c^{B}\mathrm{erf}\left(\frac{x}{2\sqrt{Dt}}\right) \tag{4-7}$$

式中，erf 为误差函数，其定义为

$$\mathrm{erf}(\lambda) = \frac{2}{\sqrt{\pi}}\int_0^{\lambda} \mathrm{e}^{-y^2}\,\mathrm{d}y \tag{4-8}$$

其中，y 为辅助变量，在积分上下限代入后即可消去，$\mathrm{erf}(\lambda)$ 的数值在数学用表中可以查到，其基本性质如图 4-2 所示。这一函数最重要的性质是当 $\lambda = 0$ 时，$\mathrm{erf}(\lambda) = 0$，当 $\lambda \geqslant 2$ 时，$\mathrm{erf}(\lambda) \approx 1$。另外，在 $\lambda < 0.2$ 处近似地有

$$\mathrm{erf}(\lambda) = \frac{2\lambda}{\sqrt{\pi}} \tag{4-9}$$

根据误差函数的基本性质，可以进一步分析在给定极化条件下非稳态扩散过程的特征。由式（4-7）可以画出任一瞬间电极表面附近液层中粒子分布的具体形式，如图 4-3 所示。显然它和图 4-2 的曲线形式完全相同，其中 λ 相当于 $\frac{x}{2\sqrt{Dt}}$。由图 4-3 可看出，在 $x = 0$ 处 $c = 0$，而在 $\frac{x}{2\sqrt{Dt}} \geqslant 2$ 即 $x \geqslant 4\sqrt{Dt}$ 处（相当于图 4-2 的 $\lambda \geqslant 2$ 处），$c/c^{B} \approx 1$、即 $c \approx c^{B}$。因此可近似地认为，在 t 时刻下浓度极化的扩散层“总厚度”为 $4\sqrt{Dt}$。

定义 t 时刻下扩散层的“有效厚度”为

$$\delta = \frac{c^{B}}{\left(\frac{\partial c}{\partial x}\right)_{x=0}} \tag{4-10}$$

根据式（4-9），当 $\lambda = \frac{x}{2\sqrt{Dt}} \leqslant 0.2$ 即 $x \leqslant 0.4\sqrt{Dt}$ 时，有

$$\mathrm{erf}\left(\frac{x}{2\sqrt{Dt}}\right) = \frac{2}{\sqrt{\pi}} \cdot \frac{x}{2\sqrt{Dt}} = \frac{x}{\sqrt{\pi Dt}} \tag{4-11}$$

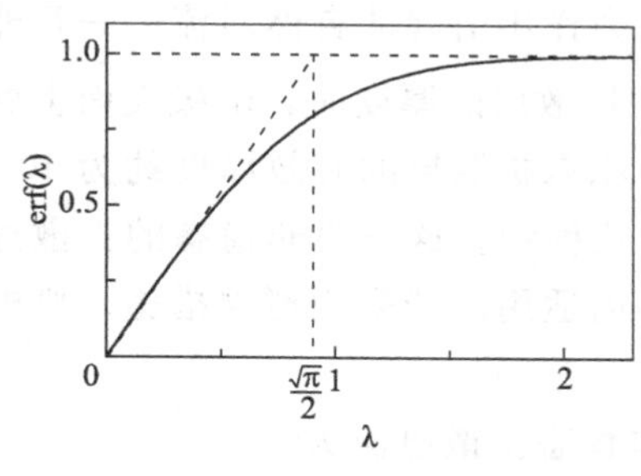

图 4-2　误差函数曲线

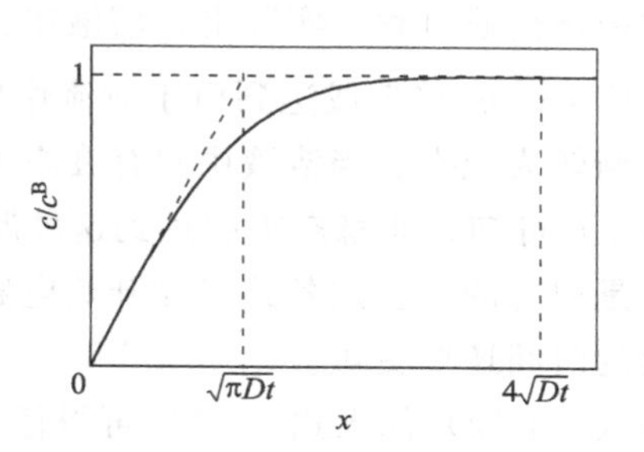

图 4-3　电极表面附近液层中反应粒子的暂态浓度分布

将式（4-11）代入式（4-7）可得，在 $0<x\leqslant 0.4\sqrt{Dt}$ 范围内的浓度分布 $c(x, t)=\frac{c^B x}{\sqrt{\pi Dt}}$，由此可得到电极表面处（即 $x=0$ 处）的浓度梯度为

$$\left(\frac{\partial c}{\partial x}\right)_{x=0}=\frac{c^B}{\sqrt{\pi Dt}} \tag{4-12}$$

代入式（4-10）可得扩散层的有效厚度

$$\delta=\sqrt{\pi Dt} \tag{4-13}$$

可见，控制电势暂态的有效扩散厚度为 $\sqrt{\pi Dt}$，它与 $t^{1/2}$ 成正比。时间越短，有效扩散层厚度越薄。因一般离子的扩散系数 D 数量级为 $10^{-5}\text{cm}^2/\text{s}$，以此代入上式可求出平面电极上的扩散层厚度随时间的变化，如表 4-1 所列。

表 4-1　平面电极上扩散层厚度随时间的变化

开始极化后的时间 t /s	1	10	100	1000
扩散层总厚度 $4\sqrt{Dt}\approx 0.13\sqrt{t}$ (mm)	0.13	0.4	1.3	4
扩散层有效厚度 $\delta=\sqrt{\pi Dt}\approx 0.06\sqrt{t}$ (mm)	0.06	0.18	0.6	1.8

可见扩散层的延伸速度是比较慢的。图 4-4 表示不同时间下电极表面附近粒子浓度分布。这些曲线比较形象地表示了浓度极化的发展过程。

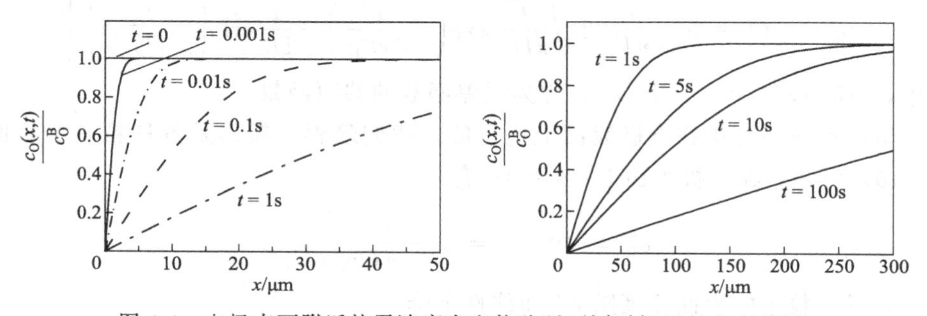

图 4-4　电极表面附近粒子浓度在电势阶跃不同时间后的分布情况
$D=1\times10^{-5}\text{cm}^2/\text{s}$

由图 4-4 和式（4-7）都可看出，任何一点的 c 值都是随时间的增长而不断减小的。而且当 $t\rightarrow\infty$ 时，任何一点的 c 值都趋于零。这说明在平面电极上，单纯由于扩散作用不可

能建立稳态传质过程。实际上，溶液中至少存在重力作用引起的自然对流。一旦非稳态扩散层厚度 $\sqrt{\pi Dt}$ 接近或达到由于对流作用所造成的扩散层的厚度时，电极表面上的传质过程就逐渐转为稳态。当溶液中只存在自然对流时，稳态扩散层的有效厚度约为 $10^2\mu m$。由式（4-12）可知，非稳态扩散达到这种厚度只需要几秒钟。这表明非稳态的扩散过程的持续时间是很短的，上述各式只在开始电解后几秒钟内适用。若采用搅拌措施，则非稳态过程持续的时间还要更短。

将式（4-12）代入式（4-2）可得任一瞬间的非稳态扩散电流为

$$i = nFc^{B}\sqrt{\frac{D}{\pi t}} \tag{4-14}$$

式（4-14）称为 Cottrell 方程。由此可知，非稳态扩散电流随着极化时间的延长而减小（$i \propto t^{-1/2}$）；或者说，在静止的平面电极上，电极表面反应物的不断消耗造成电流以 $t^{1/2}$ 的函数进行衰减，这种时间依赖关系是体系的反应速率受扩散控制的标志。而在任何给定的时间下，电流与电极反应的整体浓度 c^{B} 成正比。

由式（4-14）还可看出，极化时间越短，扩散电流越大，浓度极化越小，因而有利于研究快速电极反应。例如，设 $c^{B}=10^{-3}mol/cm^3$，$n=1$，$D=10^{-5}cm/s$，$t=10^{-5}s$，由式（4-14）可得扩散电流密度 $i=56A/cm^2$。其扩散电流密度如此之大，足以与转速为每分钟几万转的旋转电极上的稳态扩散电流密度相近。所以用暂态法研究快速电极反应可很好地避免浓度极化的影响。

4.2.2 电流阶跃下的非稳态扩散

在电流阶跃极化（图 4-5）下，在 $t>0$ 时，极化电流 i 保持不变，即

$$\left(\frac{\partial c}{\partial x}\right)_{x=0} = \frac{i}{nFD} = \text{常数} \tag{4-15}$$

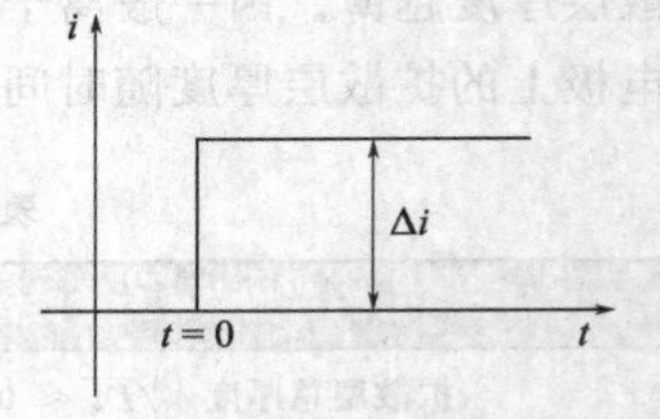

图 4-5　电流阶跃示意图

假设使用平板电极，不搅拌溶液，最初只有浓度为 c_O^B 的 O 存在，联合初始条件式（4-4）和边界条件式（4-5），可解得 Fick 第二定律的解为

$$c_O(x,t) = c_O^B - \frac{i}{nF}\left[2\sqrt{\frac{t}{\pi D_O}}\exp\left(-\frac{x^2}{4D_O t}\right) - \frac{x}{D_O}\operatorname{erfc}\left(\frac{x}{2\sqrt{D_O t}}\right)\right] \tag{4-16}$$

式中，erfc（λ）＝1－erf（λ），称为误差函数的共轭函数。

由于电极反应是直接在电极表面上进行的，我们最感兴趣的是各种粒子的表面浓度，由式（4-16）可知，在电极表面上（$x=0$）有

$$c_O^S = c(0,t) = c_O^B - \frac{2i}{nF}\sqrt{\frac{t}{\pi D_O}} \tag{4-17}$$

可见，反应粒子的表面浓度随 $t^{1/2}$ 而线性下降。

在式（4-17）中，当 $\sqrt{t}=\frac{nFc_O^B}{2i}\sqrt{\pi D_O}$ 时，$c(0,t)=0$，即反应粒子的表面浓度下降为零。经过一段时间的恒电流极化后，只有依靠其他的电极反应才能维持极化电流密度不变。为了实现新的电极反应，电极电势也会发生突然变化。自恒电流极化到电极电势发生

突跃所经历的时间称为过渡时间，用 τ 表示。显然

$$\tau=\frac{n^2F^2\pi D_O\ (c_O^B)^2}{4i^2} \tag{4-18}$$

式（4-18）称为桑德方程（Sand equation）。将式（4-18）代入式（4-17），则

$$c_O^S=c_O^B\left(1-\sqrt{\frac{t}{\tau}}\right) \tag{4-19}$$

类似地可得到 $0<t\leqslant\tau$ 时，关于 $c_R(x,\ t)$ 的方程

$$c_R(x,\ t)=c_O^B\sqrt{\frac{D_O}{D_R}\frac{t}{\tau}}\left[\exp\left(\frac{x^2}{4D_Rt}\right)-\frac{x\sqrt{\pi}}{2\sqrt{D_Rt}}\mathrm{erfc}\left(\frac{x}{2\sqrt{D_Rt}}\right)\right] \tag{4-20}$$

于是

$$c_R^S=c_O^B\sqrt{\frac{D_O}{D_R}\frac{t}{\tau}} \tag{4-21}$$

式（4-16）的曲线形式如图 4-6 所示。由图可以看出电极附近的反应物浓度不仅与时间 t 有关而且与离电极的距离 x 有关。还可看出，图中各曲线在 $x=0$ 处的斜率始终保持不变。这是由于采用了恒电流极化条件造成的。

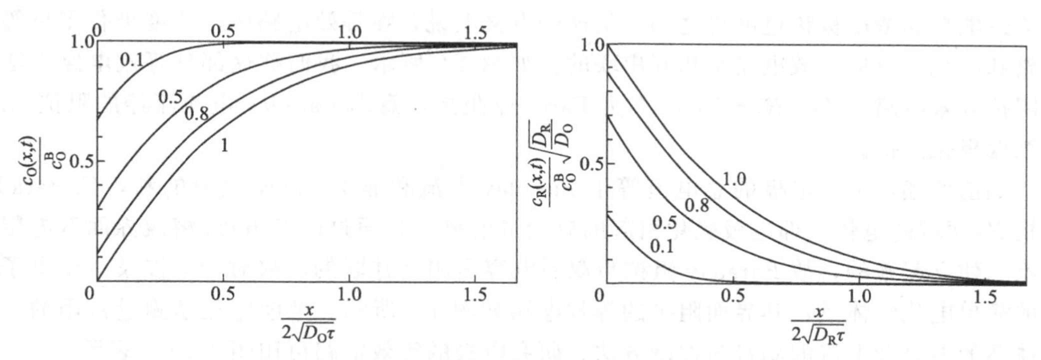

图 4-6 控制电流阶跃极化条件下的平板电极表面液层中反应物浓度分布的发展
图中各曲线所标数值为 t/τ 的值

4.3 电化学等效电路

4.3.1 电路模型的建立

由于暂态系统的复杂性，常常用等效电路来描述电极体系。稳态系统也可以用等效电路来描述，稳态等效电路比暂态简单得多，故在稳态系统的分析中常采用极化曲线，很少用到等效电路。

前面已指出暂态电流包括多种电流，既然如此，在等效电路中可把每一个电流用一条支路代表，这些支路相互并联着。各种电流的总和为电极的电流，如图 4-7 所示。R_Ω是研究电极表面到参比电极管口的欧姆电阻，其阻值可由溶液的电阻率和电极间的距离等参数计算，实验上也可以测得。C_d 是双电层电容，其数值为电极实际表面积与单位面积的双电层电容相乘。单位面积的双电层电容与电势有关，当电极表面荷正电时约为 36～40μF/cm^2，当电极表面荷负电时约为 16～20 μF/cm^2，C_d 值实验上也可以测得。

图 4-7 中的各路 Z_j 一般不是单纯的电阻或电容，需用阻抗表示。电极上进行一个独立的电化学反应，就可以用一个 Faraday 阻抗 Z_F 表示。

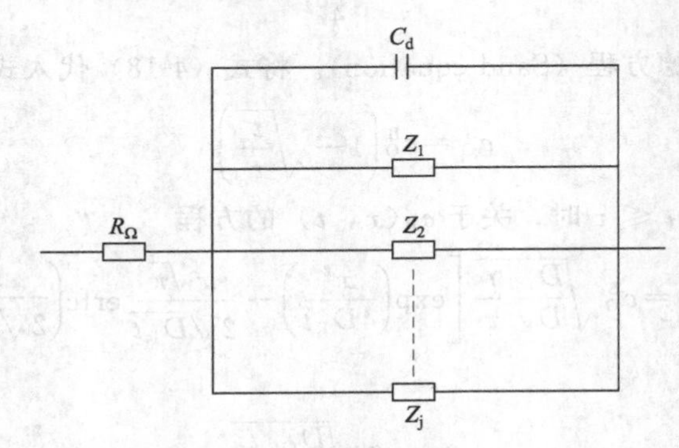

图 4-7 电极等效电路

R_Ω—溶液欧姆电阻；C_d—双电层微分电容；Z_1，Z_2，…，Z_j—各 Faraday 或非 Faraday 阻抗

浓度极化是由于电化学反应消耗反应物、生成产物而逐渐积累而产生的，电化学反应电流等于电极表面（$x=0$）处的扩散电流［式（1-60）］，而界面总的过电势等于电化学极化过电势和浓度极化过电势之和。从这个意义上说，在等效电路中，浓度极化阻抗等效电路和电化学反应等效电路是相互串联的，如图 4-8 所示。我们称这部分等效电路为法拉第阻抗等效电路。$Z_F=R_r+Z_W$，Z_F为 Faraday 阻抗，意即 Faraday 电流流经的阻抗；Z_W为浓度极化阻抗。

如前所述，流经电极的总电流等于 Faraday 电流和非 Faraday 电流的和，且 Faraday 阻抗 Z_F两端的电势（即电极极化引起的界面过电势）是通过改变电极/溶液界面双电层荷电状态建立起来的，故 Faraday 阻抗与双层电容是相互并联的，故对于只涉及一个电子转移的简单电化学体系，其界面阻抗的等效电路如图 4-9 所示。考虑电化学测量常用的三电极体系的电势及电流的测量与控制方法，研究电极的等效电路可用图 4-10 来表示。

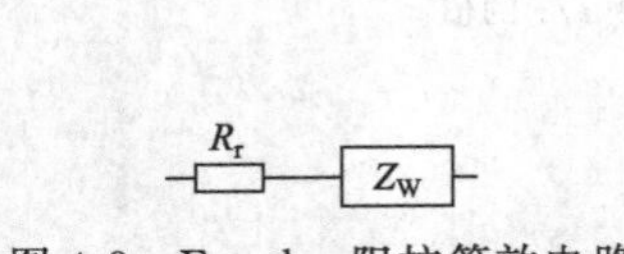

图 4-8 Faraday 阻抗等效电路

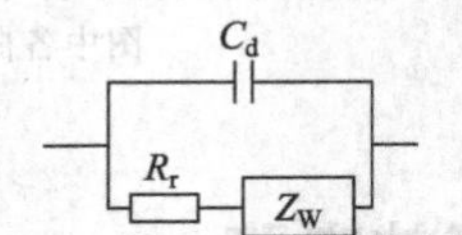

图 4-9 界面阻抗等效电路

图 4-10 是考虑四个步骤（双层充电、电荷传递、扩散传质、离子导电）的简单电极过程的暂态等效电路。图中 R_Ω为 Luggin 毛细管口到研究电极表面、单位面积液柱的溶液电阻。电路中的四部分分别代表四个基本过程。在通电的情况下，C_d的状态代表了双层充电过程；R_r 对应着电化学反应过程；Z_W对应着传质过程；R_Ω则代表了离子导电过程。图 4-10 是单个电极的等效电路，典型的三电极电解池的等效电路可表示为图 4-11。

等效电路中各元件的阻抗大小表征了各对应子过程进行的难易程度，阻抗较大的过程易成为电极总过程的速度控制步骤 RDS。暂态系统虽然比较复杂，但是暂态方法比稳态方法多考虑了时间因素，因此可以利用各子过程对时间的不同响应，使复杂的等效电路得以简化或解析而测得等效电路中各部分的数值，达到研究各基本过程和控制电极总过程的目的。我们将在 4.3.4 节开始研究这个问题，在这以前必须先讨论电化学反应电阻和浓度极化阻抗。

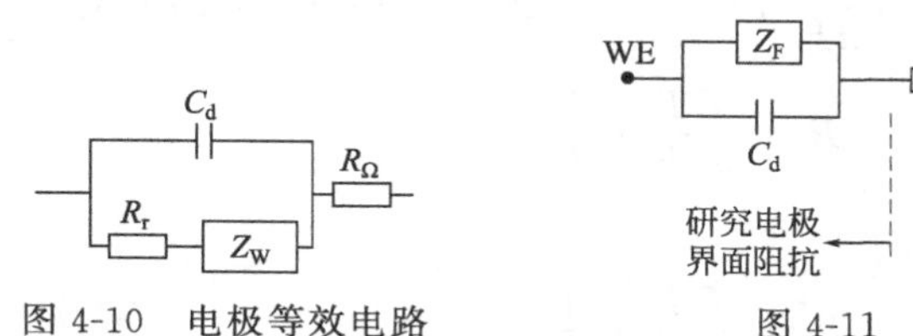

图 4-10　电极等效电路　　　图 4-11　电解池等效电路

4.3.2 电化学反应电阻

电化学反应电阻 R_r 用以表示 Faraday 电流对电化学极化过电势的关系，即

$$R_r=\frac{d\eta_e}{di_F} \tag{4-22}$$

当电极过程完全受控于电荷传递步骤时，体系的过电势 η 完全等于电化学过电势 η_e，则

$$R_r=\frac{d\eta_e}{di_F}=-\frac{\partial\varphi}{\partial i_F} \tag{4-23}$$

上式中负号是因为取阴极极化电流为正，$d\eta=-d\varphi$。第 1 章已经指出，对于包含简单电荷传递反应的电极过程其电化学反应电流 i_F 与 φ 的关系为

$$i_F=\overrightarrow{i}-\overleftarrow{i}=nFk_S\left[c_O^S\exp\left(-\frac{\beta nF}{RT}(\varphi-\varphi^\ominus)\right)-c_R^S\exp\left(\frac{(1-\beta)nF}{RT}(\varphi-\varphi^\ominus)\right)\right] \tag{4-24}$$

式 (4-24) 中，i_F、$\overrightarrow{i}$、$\overleftarrow{i}$、c_O^S 和 c_R^S 均为 φ 的函数，求微分，得

$$di=d\overrightarrow{i}-d\overleftarrow{i}=\frac{dc_O^S}{c_O^S}\overrightarrow{i}-\frac{dc_R^S}{c_R^S}\overleftarrow{i}-\frac{nF}{RT}[\beta\overrightarrow{i}+(1-\beta)\overleftarrow{i}]d\varphi \tag{4-25}$$

将式 (4-25) 代入式 (4-23)，得

$$R_r=-\frac{\partial\varphi}{\partial i_F}=\frac{RT}{nF}\cdot\frac{1}{\beta\overrightarrow{i}+(1-\beta)\overleftarrow{i}} \tag{4-26}$$

式 (4-26) 可改写为

$$\frac{1}{R_r}=\frac{nF}{RT}\beta\overrightarrow{i}+\frac{nF}{RT}(1-\beta)\overleftarrow{i}=\frac{1}{\overrightarrow{R}_r}+\frac{1}{\overleftarrow{R}_r} \tag{4-27}$$

可见 R_r 由两支电阻 $\overrightarrow{R}_r=\frac{RT}{nF}\cdot\frac{1}{\beta\overrightarrow{i}}$ 和 $\overleftarrow{R}_r=\frac{RT}{nF}\cdot\frac{1}{(1-\beta)\overleftarrow{i}}$ 并联构成，而 $\overrightarrow{i}$、$\overleftarrow{i}$ 均与电极电势有关，故 R_r 并非常数，而是与电极电势 φ 有关。

在平衡电势时，$\overrightarrow{i}=\overleftarrow{i}=i^0$，得

$$R_r=\frac{RT}{nF}\cdot\frac{1}{i^0} \tag{4-28}$$

这样，实验上只要测定了平衡电势的 R_r，由式 (4-28) 可以计算电极反应的重要动力学

参数 i^0。

在强阴极极化区，例如 $\eta > 2.3\frac{RT}{nF}$，$i \approx \vec{i} > 10\overleftarrow{i}$，由式（4-27）有

$$R_r = \frac{RT}{\alpha nF} \cdot \frac{1}{i} \tag{4-29}$$

同样，在强阳极极化区，可得

$$R_r = \frac{RT}{\beta nF} \cdot \frac{1}{i} \tag{4-30}$$

因此，在强极化区可以利用式（4-29）和式（4-30）计算 αn 和 βn 。

式（4-28）说明平衡电势附近的 R_r 与 $1/i^0$ 有等价的作用，i^0 表征着电极过程的可逆性，故平衡电势附近的 R_r 也与电极的可逆性直接相关。而由式（4-29）～式（4-30）可以看到，强极化区的 R_r 与具体的极化条件有关，而与电极的可逆性无关。

4.3.3 溶液浓度阻抗

Faraday 阻抗用以表示 Faraday 电流与过电势的关系，它可以由电流、电极电势和浓度三者的关系式，如式（1-78）和式（1-60）（两式中的 i 均需改为 i_F）联合解得。

$$i_F = i^0\left[\frac{c_O^S}{c_O^B}\exp\left(\frac{\beta nF\eta}{RT}\right) - \frac{c_R^S}{c_R^B}\exp\left(-\frac{(1-\beta)nF\eta}{RT}\right)\right] \tag{4-31}$$

$$i_F = \frac{dQ}{dt} = nF\left(\frac{dN}{dt}\right)_{x=0} = nFD_i\left(\frac{dc_i}{dx}\right)_{x=0} \tag{4-32}$$

解的结果表明浓度扩散阻抗由电阻和电容组成，在小幅度暂态极化中浓度阻抗可以由图 4-12 的等效电路表示。

图 4-12 中 $x=0$ 表示在电极界面处。把扩散层分为无数个 dx 的薄层，每层的浓度极化可用一个电容 $C_c dx$ 和一个电阻 $R_c dx$ 表示，$C_c dx$ 对应着每一个 dx 薄层溶液中的物质容量；$R_c dx$ 对应着两个 dx 薄层溶液之间的离子导通阻力。

如果暂态极化是以小幅度正弦波的方式，则图 4-12 的等效电路可以简化为图 4-13 的形式，等效电路由扩散电容 C_W 和扩散电阻 R_W 组成（C_W 和 R_W 的具体推导过程可参考第 6 章），反应物 O 的 C_{WO} 和 R_{WO} 的数值分别为

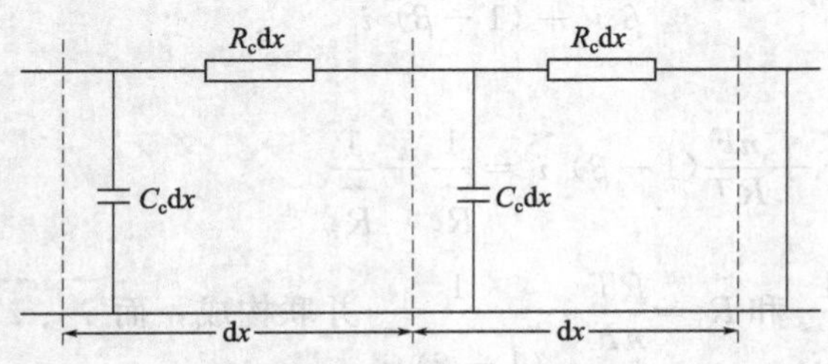

图 4-12 溶液浓度阻抗的等效电路

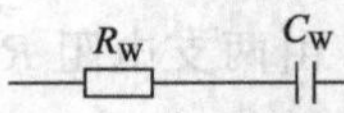

图 4-13 正弦波浓度阻抗的等效电路

$$C_{WO} = \sqrt{\frac{2D_O}{\omega}} \cdot \frac{c_O}{\xi} \tag{4-33}$$

$$R_{WO} = \frac{1}{\omega C_{WO}} = \frac{\xi}{c_O\sqrt{2D_O\omega}} \tag{4-34}$$

式中，$\xi \equiv \frac{RT}{n^2F^2}$；$\omega$ 为正弦波的角频率。

从式（4-33）和式（4-34）看到，扩散电阻 R_W 的阻抗值和扩散电容 C_W 的容抗（$\left|\frac{1}{j\omega C_W}\right|$）相等，而且正比于 $\omega^{-1/2}$，正弦波频率越高，浓度极化越小。

图 4-13 的等效电路比较简单，但只适用于正弦波交流电，且元件值与频率有关。当极化信号幅度较大，或者采用方波、三角波等其他波形时，图 4-12 所示的无限长传输电路就不能简化。所以，除了电化学阻抗技术以外，其他的暂态测量技术都没法使用等效电路来研究扩散传质过程。

4.3.4 电极等效电路的简化

通过以上的讨论可知包含下述简单电荷传递反应的电极过程

$$O + ne^- \rightleftharpoons R$$

其正弦波等效电路可以用图 4-14 表示。

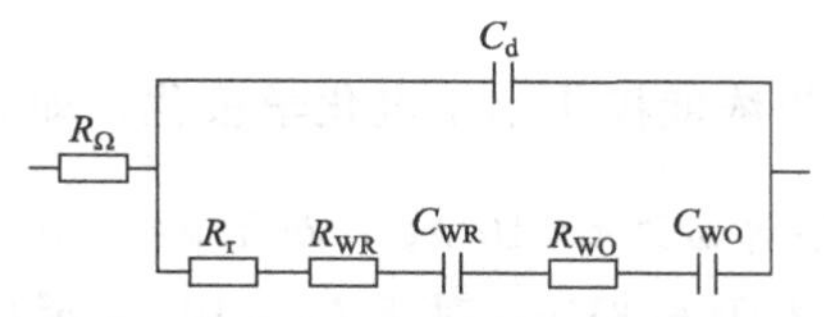

图 4-14 包含简单电荷传递反应的电极等效电路

下面讨论图 4-14 的等效电路可简化的条件。

(1) 如果参加电极反应的物质 O（或 R）是溶剂（例如 H_2O）或纯金属，则物质 O（或 R）基本上不发生浓度极化，因此 R_{WO} 和 C_{WO}（或 R_{WR} 和 C_{WR}）可以当作短路而略去。

(2) 由式（4-33）和式（4-34）可知

$$\frac{R_{WR}}{R_{WO}} = \frac{C_{WO}}{C_{WR}} = \sqrt{\frac{D_O}{D_R}} \cdot \frac{c_O}{c_R} \cdot \frac{\overleftarrow{i}}{\overrightarrow{i}} = \sqrt{\frac{D_O}{D_R}} \exp\left(\frac{nF}{RT}(\varphi - \varphi^{\ominus})\right) \tag{4-35}$$

一般 D_O 与 D_R 相差不多，因此比值主要决定于 $\varphi-\varphi^{\ominus}$。当 $\varphi-\varphi^{\ominus}$ 大于 $3RT/nF$ 时，比值 $\frac{R_{WR}}{R_{WO}} = \frac{C_{WO}}{C_{WR}} > 10$，$R_{WO}$ 和 C_{WO} 可当作短路而略去。当 $\varphi-\varphi^{\ominus}$ 小于 $-3RT/nF$ 时，比值 $\frac{R_{WR}}{R_{WO}} = \frac{C_{WO}}{C_{WR}} < \frac{1}{10}$，$R_{WR}$ 和 C_{WR} 可当作短路而略去。

(3) 由式（4-34）可知，在平衡电势附近有

$$R_{WO} + R_{WR} = \frac{1}{\omega C_{WO}} + \frac{1}{\omega C_{WR}} = \frac{\xi}{\sqrt{2\omega}}\left(\frac{1}{c_O\sqrt{D_O}} + \frac{1}{c_R\sqrt{D_R}}\right) \tag{4-36}$$

因此，可把 R_{WO} 和 R_{WR} 并成一个电阻，C_{WO} 和 C_{WR} 并成一个电容，它们合并后的数值用上式表示。

(4) 由式（4-33）、式（4-34）和式（4-26）知，浓度极化阻抗 Z_W 的幅值与电化学反应电阻 R_r 的比值为

$$\left(R_{\mathrm{WO}}+\frac{1}{\omega C_{\mathrm{WO}}}+R_{\mathrm{WR}}+\frac{1}{\omega C_{\mathrm{WR}}}\right):R_{\mathrm{r}}=\sqrt{2}\left(R_{\mathrm{WO}}+R_{\mathrm{WR}}\right):\frac{RT}{nF}\frac{1}{\alpha\vec{i}+\beta\overleftarrow{i}}$$

$$=\frac{\sqrt{2}RT}{n^2F^2}\left(\frac{1}{c_{\mathrm{O}}\sqrt{2D_{\mathrm{O}}\omega}}\frac{\vec{i}}{\alpha\vec{i}+\beta\overleftarrow{i}}+\frac{1}{c_{\mathrm{R}}\sqrt{2D_{\mathrm{R}}\omega}}\frac{\overleftarrow{i}}{\alpha\vec{i}+\beta\overleftarrow{i}}\right)\cdot\frac{nF}{RT}\left(\alpha\vec{i}+\beta\overleftarrow{i}\right)$$

$$=\frac{1}{nF\sqrt{\omega}}\left(\frac{\vec{i}}{c_{\mathrm{O}}\sqrt{D_{\mathrm{O}}}}+\frac{\overleftarrow{i}}{c_{\mathrm{R}}\sqrt{D_{\mathrm{R}}}}\right)$$

即

$$\frac{|Z_{\mathrm{W}}|}{R_{\mathrm{r}}}=\frac{k_{\mathrm{S}}}{\sqrt{\omega}}\left[\frac{1}{\sqrt{D_{\mathrm{O}}}}\exp\left(-\frac{\alpha nF}{RT}(\varphi-\varphi^{\ominus})\right)+\frac{1}{\sqrt{D_{\mathrm{R}}}}\exp\left(\frac{\beta nF}{RT}(\varphi-\varphi^{\ominus})\right)\right] \tag{4-37}$$

该比值大于 1 时表示浓度极化比电化学极化更大，比值小于 1 时表示浓度极化比电化学极化小。考虑 D_{O} 和 D_{R} 相差不多，所以当 $\varphi=\varphi^{\ominus}$ 时上述比值最小，

$$\left(\frac{|Z_{\mathrm{W}}|}{R_{\mathrm{r}}}\right)_{\varphi=\varphi^{\ominus}}=\frac{k_{\mathrm{S}}}{\sqrt{\omega}}\left(\frac{1}{\sqrt{D_{\mathrm{O}}}}+\frac{1}{\sqrt{D_{\mathrm{R}}}}\right) \tag{4-38}$$

为了研究电极反应，希望浓度极化小于电化学极化，即 $\omega>\left[k_{\mathrm{S}}\left(\frac{1}{\sqrt{D_{\mathrm{O}}}}+\frac{1}{\sqrt{D_{\mathrm{R}}}}\right)\right]^2$，按 $D_{\mathrm{O}}\approx D_{\mathrm{R}}\approx 10^{-5}\ \mathrm{cm^2/s}$，估算 $\omega>4\times10^5k_{\mathrm{S}}^2$，对于 $k_{\mathrm{S}}=10^{-2}\mathrm{cm^2/s}$ 的电极反应，则要求 $\omega>40\mathrm{rad/s}$，即正弦波频率大于 6.3Hz；对于 $k_{\mathrm{S}}=10^{-1}\mathrm{cm^2/s}$ 的电极反应，则要求 $\omega>4000\mathrm{rad/s}$，即正弦波频率大于 630Hz。总之，为了突出电化学极化，要求正弦波频率大些，越是快速的电极反应，要求频率越高。如果要求浓度极化远小于电化学极化（相差 10 倍以上），则频率还要提高 100 倍，这时等效电路中的浓度阻抗可当作短路而略去，Faraday 阻抗简化为电化学反应电阻。

如果采用直流电压或电流为激励信号，当作用的信号幅度小且单向极化的时间短时，对电化学反应速率不十分快的电极过程，浓度极化往往可以忽略，这时暂态等效电路可以简化成如图 4-15 所示的形式。这是电化学步骤控制的等效电路。电化学反应的动力学参数都是在这种情况下进行测量的。

由上述分析可见，提高频率对突出电化学反应电阻有利，即对研究电化学极化有利，但是在电化学信息的求解和测试中，激励信号的频率并不是越高越好。因为频率提高的上限还要受双电层电容充（放）电的限制。

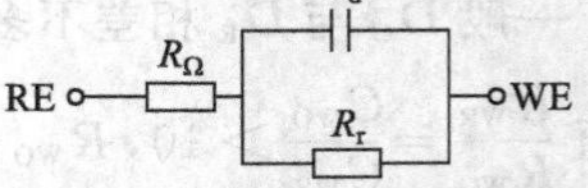

图 4-15 电化学步骤控制的等效电路

(5) 结合式 (4-26)，双电层电容 C_{d} 的阻抗幅值（$|Z_{C_{\mathrm{d}}}|=\frac{1}{\omega C_{\mathrm{d}}}$）与电化学反应电阻的阻值的比值为

$$\frac{R_{\mathrm{r}}}{|Z_{C_{\mathrm{d}}}|}=\omega C_{\mathrm{d}}R_{\mathrm{r}}=\frac{RT}{nF}\cdot\frac{\omega C_{\mathrm{d}}}{\beta\vec{i}+(1-\beta)\overleftarrow{i}} \tag{4-39}$$

由于 R_{r} 和 C_{d} 并联着，如果电极/溶液界面上不发生电化学反应（$i^0\rightarrow0$，$i_{\mathrm{r}}\rightarrow0$），即不发生 Faraday 过程，基本上满足理想极化电极的条件时，上述比值远大于 1，则 R_{r} 远大于 $Z_{C_{\mathrm{d}}}$，从而可把 R_{r} 当作开路而略去，等效电路可简化为如图 4-16(a) 所示的电路，这时通

过电极的电流几乎全部用于双层充电，因而可利用电极此时的状态测量 C_d，研究界面的信息。

反之，如果上述比值远小于 1，则可把 C_d 当作开路而略去，这种情况有利于测定 R_r，如果上述比值恰好等于 1，则 R_r 和 C_d 同等重要，这时的 ω 值用 ω^* 表示，即

$$\omega^* = \frac{1}{R_r C_d} = \frac{nF}{RT} \cdot \frac{\beta \overrightarrow{i} + (1-\beta) \overleftarrow{i}}{C_d} \tag{4-40}$$

在平衡电势时，

$$\omega^* = \frac{nF}{RT} \cdot \frac{i^0}{C_d} \tag{4-41}$$

若 $c_O = c_R = 10^{-4}$ mol/L，$k_S = 10^{-2}$ cm/s，即 $i^0 = 10^{-1}$ A/cm^2，$n=1$，$C_d = 100\mu$F/cm（考虑到电极的粗糙度），可得 $\omega^* \approx 4 \times 10^4$ rad/s，对应于频率 6×10^3 Hz 左右。

如果 $\omega > 10\omega^*$，则 Faraday 阻抗可当作开路而略去，因此，为了突出电化学极化而提高正弦波频率受到这个条件的限制。反之，如果 $\omega < \omega^*/10$，则可以忽略双电层充（放）电流对电极电流的影响，即此时 Faraday 电流就等于总的电极电流。

在直流信号的作用下，处于电化学步骤控制下的电极暂态过程所持续的时间取决于电极的时间常数 τ_c。

在控制电流的测量中，相当于等效电路的研、参两端与恒流源相接，由于恒流源内阻无穷大，在等效电路中，视恒流源为开路，时间常数为 $\tau_c = R_r C_d$。在控制电势的测量中，相当于等效电路的研、参两端接在恒压源上，由于理想恒压源的内阻为零，所以在等效电路中，恒压源相当于短路，$\tau_c = (R_r // R_\Omega) \cdot C_d$，$R_r // R_\Omega$ 为 R_r 与 R_Ω 相并联的总电阻。在实际的电化学研究中，控制电势法应用广泛，因 $R_r // R_\Omega$ 总是小于 R_Ω 的，故人们又将 $R_\Omega C_d$ 称为电解池的时间常数。

若测量信号小，浓度极化可忽略，且 $t \gg \tau_c$，实际只要大于 $(3\sim5)\tau_c$ 即可，这时双电层充放电基本结束 $i_c \to 0, i \approx i_r$，等效电路可简化为图 4-16(b) 的形式，这正是电化学步骤控制下的稳态等效电路，通过电极的电流全部用于电化学反应。若这时选择合适的条件，使 $R_r \gg R_\Omega$，则等效电路可进一步得以简化，如图 4-16(c) 所示。可利用此时的状态求算 R_r。

当 $t \ll \tau_c$ 或 $t \to 0$，即在开始极化的一瞬间，电极/溶液界面的电荷分布状态还未来得及改变或改变很少，等效电路可简化成如图 4-16(d) 所示的形式。我们可利用电极过程此时的状态测定溶液电阻 R_Ω。

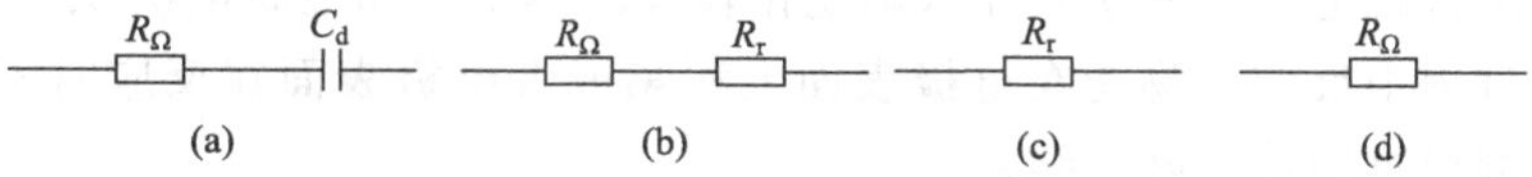

R_Ω C_d (a) R_Ω R_r (b) R_r (c) R_Ω (d)

图 4-16 简化的等效电路

总之，由以上讨论可知在各种 ω 范围或在不同的响应时段，C_d、R_r 和 Z_W 的主次关系可以变化。在试验设计时，可以创造不同条件，使得电极过程的等效电路简化为仅包含目标过程对应元件的电路形式，进而利用体系的电流一电势响应，解出各元件的值，得到目标过程的动力学规律和相关信息。

4.4 暂态的研究方法

前面曾经提到，由于稳态过程比较简单，可通过测量稳态极化曲线的方法研究电极稳态，测量稳态的动力学参数。暂态系统比稳态系统复杂，在暂态测量中，常采用等效电路的手段剖析复杂的暂态过程。

但是，不是所有的暂态过程都可以用等效电路的方法研究。比如用等效电路的方法研究浓度极化仅限于电化学阻抗技术。前面已指出，在小幅度信号的作用下，浓度极化阻抗的等效电路是个均匀分布参数的无限传输线，这种等效电路的数学处理很复杂，采用这种电路研究暂态过程的浓度极化，不能使研究过程得到简化，因而失去使用的价值。

采用大幅度测量信号时，也不宜使用等效电路的方法。因 R_r、C_d 都是电势的函数，在大的电势变化情况下，测得的等效电路元件 R_r、C_d 只能是平均值，而不是某电势下的确定值，因而在这种情况下也失去了使用等效电路的价值。

因而，暂态测量方法按照研究的手段常常分成两部分讨论：一部分是电化学步骤控制下的暂态过程，用等效电路予以研究；另一部分是大幅度测量信号作用下，浓度极化不可忽略时的暂态过程，不采用等效电路的方法。

暂态过程较稳态过程复杂，因而暂态测量也能较稳态测量给出更多的信息。

暂态法可用于测定 R_r，进而计算 i^0，K 等电化学反应的动力学参数。要使测量既不受浓度极化的影响，又不受双层充电的影响，就必须选择足够小的极化幅值和合适的极化时间。暂态法可用于测定双电层电容。这时应创造条件，使电极体系接近理想极化区，或选择测量的时间很短，使等效电路由图 4-15 简化为图 4-16(a)的形式。暂态法可用来测定溶液电阻，继而计算溶液的电导率，这时应选择大面积的惰性电极，缩短测量信号单向持续的时间。

暂态法随极化方式的不同而分为控制电流暂态、控制电势暂态、线性扫描法和电化学阻抗谱法等。与稳态方法相比，暂态研究方法有许多优点。

(1) 由于暂态法的极化时间很短，即测量信号单向持续时间很短，大大减小或消除了浓度极化的影响，因而可用来研究快速电极过程，测定快速电极反应的动力学参数。

(2) 由于暂态法测量的时间短，液相中的粒子或杂质往往来不及扩散到电极表面，因而有利于研究界面结构和吸附现象。也有利于研究电极反应的中间产物及复杂的电极过程。

(3) 暂态法特别适合于那些表面状态变化较大的体系，如金属电沉积，金属腐蚀过程等。因为这些过程中反应产物能在电极表面上积累或者电极表面在反应时不断受到破坏，用稳态法很难测得重现性良好的结果。

4.5 电流阶跃法

控制电流暂态测量方法，是指控制电极的电流按某一指定的规律变化，同时测量电极参数对时间 t 的变化。最常用的是测量电极电势对时间的变化，再根据电势时间的关系计算电极的有关参数或电极等效电路的有关元件值。

在控制电流实验中，控制通过工作电极和辅助电极的电流，记录工作电极的电势（相对参比电极）随时间的变化，因而控制电流测量方法又称计时电势法(chronopotentiometry)。

控制通过电极的电流的方式多种多样，为了避免过于复杂的仪器设备和数学处理，电极电流的变化规律不宜复杂，常见的控制电流的波形如图 4-17 所示。

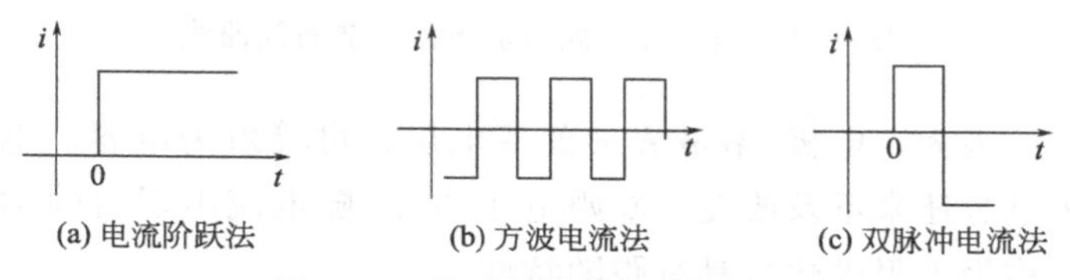

图 4-17 常见的控制电流的波形

4.5.1 电流阶跃下的电极响应特点

一般控制电流波形的共同特点是在某一时刻有电流突跃，而后电流恒定在某一值上。下面以单阶跃电流作用为例，讨论暂态电流和电极电势的特点。

4.5.1.1 暂态电流的特点

控制电流的方法控制的是流经电极的总电流，包括双层充电电流和电化学反应电流两部分。在恒电流暂态期间，虽然极化电流 i 不随时间变化，但充电电流 i_c 和反应电流 i_r 都随时间变化。

如果忽略由电极界面吸脱附等引起的 C_d 的变化，极化电流可用下式表示

$$i = i_c + i_r = C_d \frac{d\eta}{dt} + i^0 \left[\exp\left(\frac{\beta nF\eta}{RT}\right) - \exp\left(\frac{-(1-\beta)nF\eta}{RT}\right) \right] \tag{4-42}$$

在电极电流发生阶跃的瞬间，$d\eta/dt$ 很大，式（4-42）右边第二项比第一项要小得多，电流几乎全部用于双电层充放电；随着双层充电的进行，电极电势迅速移动，过电势逐渐增大，式（4-42）中的第二项逐渐增大，第一项相应减小，电流 i_c 随时间不断减少，i_r 随时间不断增加，当时间趋于无穷长 $[t \geqslant (3 \sim 5)\tau_c]$ 时，$i_c \to 0$，双电层充电停止。双电层结构不再随时间变化，电极过程接近于稳态，$d\eta/dt \to 0$，流过电极的电量全部用于进行电化学反应。

所以，单电流阶跃下，电化学反应电流 i_r 及双电层充电电流 i_c 按照图 4-18 所表示的规律变化。

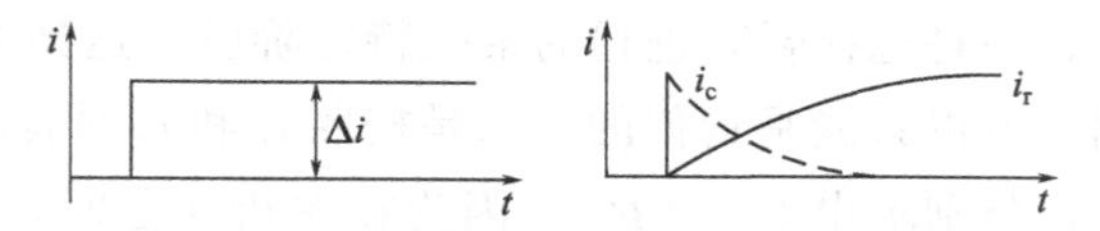

图 4-18 单电流阶跃条件下 i_c 和 i_r 的变化规律

4.5.1.2 电势响应特点

当电极上作用一个单阶跃电流时，电极电势随时间的变化规律如图 4-19 所示。

引起电势变化的原因可分析如下。

AB 段：在电流突跃的一瞬间（$t=0$ 时刻），发生电势突跃。这一电势的突跃是溶液

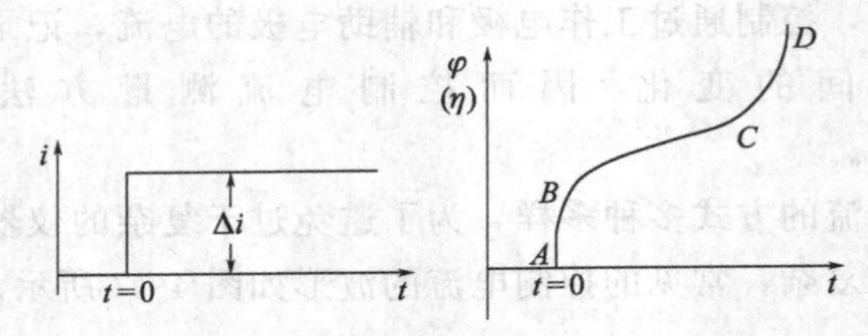

图 4-19　电极在阶跃电流下的电势时间曲线

的欧姆压降引起的。因为，电极/溶液界面的双电层，可等效为电容。电容对突变信号短路，界面上的电极电势还来不及改变。欧姆电压降 η_Ω 随电流出现后的 10^{-12}s 即出现，因而说欧姆压降（也称为电阻极化）具有跟随特性。

BC 段：当电极通过电流时，由于电化学反应的迟缓性引起双层充电，电极电势发生变化，可见引起电势初期缓慢变化的主要原因是电化学极化。随着电化学反应的进行，反应物粒子消耗，生成了产物，浓度极化随之出现、扩大、逐步建立。所以，后期电势变化的主要原因是浓度极化。可见，无论是电化学极化引起的电势变化，还是浓度极化引起的电势变化，都是逐步产生，建立和稳定的，它们的出现滞后于电流，因此，电化学极化、浓度极化都具有滞后特性。

由以上两部分的分析可知，电阻极化（欧姆压降）、电化学极化、浓度极化三种极化以及双电层充放电对时间的响应各不相同。电阻极化响应最快，双电层充放电其次，再次是电化学极化，浓度极化对时间的响应最慢。因而我们可以将各个子过程在时间轴上展开，在特定的时间范围内突出某一过程，研究某一极化。这其实就是暂态电流法和暂态电势法的核心思路。

CD 段：电极反应继续进行，当界面上反应物粒子的浓度完全消耗光，由于反应粒子由浓度深处向电极表面扩散的速度有限，使反应物供不应求，造成双层急剧充电，引起电势发生突变。这是电极反应进入完全浓度极化的特点。我们常常把从电极开始恒电流极化到电势突跃所经历的时间称为过渡时间，用 τ 表示。在电化学测量中 τ 是一个很有用的量。

4.5.2　小幅度电流阶跃测量法

由于暂态过程中双层充电电流 i_c 和电化学反应电流 i_r 随暂态的进程而变化，这造成测定双层电容和电化学反应等效电阻的困难，即使在无浓度极化的简单情况下也是如此。解决这一问题有两个途径。一是选择暂态进程的某一特定阶段，达到极限简化。因为极限的实验条件不能严格达到，所以只能是近似的。二是按照 i_c 和 i_r 两者的变化规律性对实验结果采用方程解析的方法，分别求出 C_d 和 R_r。因为在解析问题时，引进了某些简化假设，所以结果也只是近似的。

4.5.2.1　极限简化法

通过电极电流的波形和相应的电极电势随时间变化的波形如图 4-20 所示。

在 $t=0$ 时刻，等效电路可简化成图 4-16(d) 的形式。由于电阻极化具有跟随特性，所以突跃的电势变化是欧姆压降，即电阻极化，故 $\Delta\eta_{t=0}=\Delta\eta_R=\Delta i\cdot R_\Omega$，$R_\Omega=\Delta\eta_{t=0}/\Delta i$，可求出溶液电阻。

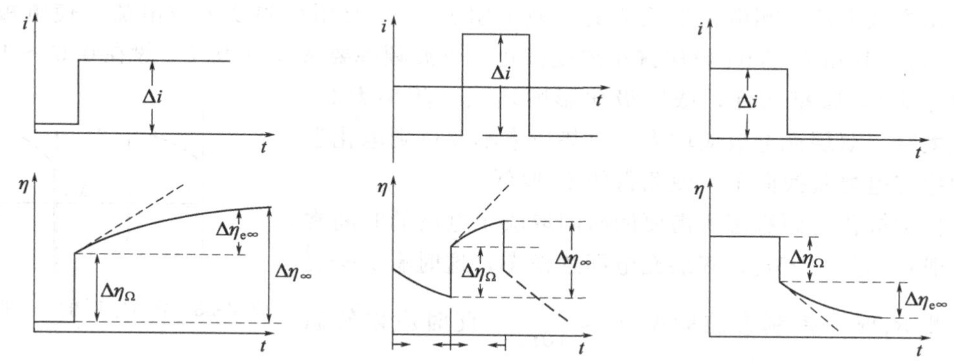

图 4-20 控制电流的电极电流波形和相应电极电势随时间变化的波形

当 $t>0$ 后发生双层充放电过程，该过程的快慢取决于体系的时间常数 τ_c。当 $t>(3\sim5)\tau_c$时，双层充电基本结束，等效电路简化为图 4-16(b)，$\Delta i_c\approx0$，$\Delta i\approx\Delta i_r$，电化学反应等效电阻 $R_r=\dfrac{\Delta\eta_{e\infty}}{\Delta i}$ 或 $R_r=\dfrac{\Delta\eta_{\infty}}{\Delta i}-R_{\Omega}$。

当 $0<t\ll\tau_c$时，主要发生双层充放电过程，等效电路简化为图 4-16(a)，这时 $\Delta i_r\approx0$，$\Delta i\approx\Delta i_c$，因 $C_d=\dfrac{dQ}{d\eta}=\dfrac{\Delta i_c\cdot dt}{d\eta}=\Delta i_c/(d\eta/dt)$，故 $C_d=\Delta i/(d\eta/dt)_{t\ll\tau_c}$。

采用极限简化法测 R_{Ω}时，必须要测到上跳一瞬间的电势，这要求测量仪器的响应速度足够快。采用极限简化法测 C_d，必须在电流突跃后，远小于时间常数的时间内测 η-t 曲线在双层电容开始充放电瞬间的斜率。如图 4-20 虚线所示，曲线弯曲越快，斜率不易测准，如果 R_r很大，在这一电势区间接近理想极化电极（$R_r\to\infty$，$i_r\to0$），则 η-t 曲线在双层电容开始充放电时间内接近折线，可以方便地测得 $(d\eta/dt)_{t\ll\tau_c}$，从而计算 C_d。

采用极限简化法测 R_r，须在电流突跃后，使电流恒定维持远大于时间常数的时间来测量无浓度极化的稳定的电势。实际上只要 $t>5\tau_c$，双层充电已基本达到稳态，以上计算的误差不超过 1%。但毕竟这种方法需经过较长的时间，常受到浓度极化和电势漂移等的干扰，由于浓度过电势的逐渐增大，$\Delta\eta$ 值比 $\Delta i(R_{\Omega}+R_r)$ 偏高，有时没有稳定值造成测 R_r的困难，这时采用方程的解析方法可消除上述各种干扰。

若用方波电流法测量电极的微分电容时应提高方波频率，缩短方波半周期$T/2$，使方波电流暂态的 η-t 波形趋于直线，如图 4-21 所示，便于图解分析求 C_d。这时

$$C_d=\frac{\Delta iT/2}{\eta_B-\eta_A}$$

若用方波电流法测 R_{Ω}，可继续增大方波频率，使 $T/2\ll\tau_c$，这时的 η-t 波形如图 4-22 所示。这时 $R_{\Omega}=\Delta\eta/\Delta i$。

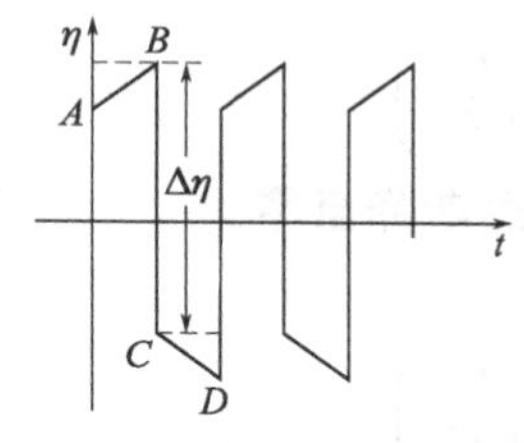

图 4-21 电极通过较高频率方波电流时（用于 C_d的测量）的 η-t 曲线

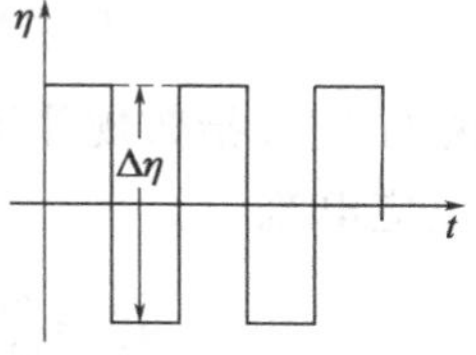

图 4-22 当电极通过很高频率方波电流时（用于 R_{Ω}的测量）的 η-t 曲线

若用方波电流法测电化学反应的等效电阻 R_r 时，要用小幅度方波电流，使电极电势的变化 $\Delta\eta<10\mathrm{mV}$，同时设法减小浓度极化，方波频率要选择适当（一般在 0.01～100Hz 范围内选定），频率太低，浓度极化影响增大；频率太高，则脉宽太窄，双层充电效应增大，电势还来不及达到电化学极化的稳定电势就换向了，使测得的 R_r 偏低。

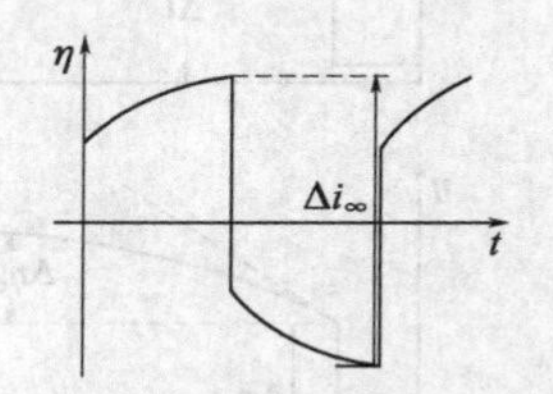

图 4-23 测 R_r 时的 η-t 曲线

电化学极化达到稳态所需要的时间取决于电极的时间常数，一般可认为 $t>5\tau_c$，双层充电即达稳态，这时有 $i\approx i_r$。因此，测 R_r 时应控制方波频率 $f\leqslant\dfrac{1}{10\tau_c}$。此时应以暂态 η-t 波形在半周期快结束时接近水平为宜，如图 4-23 所示。

4.5.2.2 **方程解析法**

在浓度极化可以忽略的前提下，体系等效电路如图 4-24 所示。

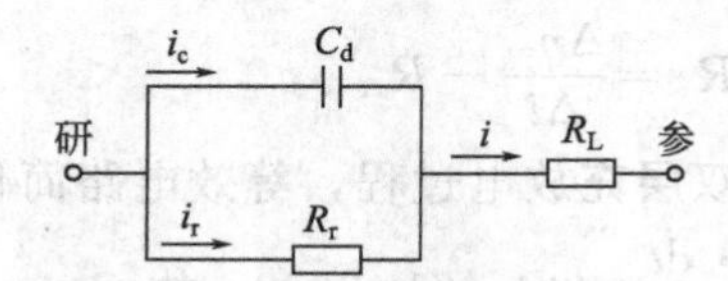

图 4-24 电化学步骤控制的等效电路

考虑最简单的情况，设流经研究电极的电流由 0 突跃至 i，根据基尔霍夫第一定律建立方程

$$i_c+i_r=i \tag{4-43}$$

若 C_d 为常数，则

$$C_d\frac{\mathrm{d}(\eta-iR_\Omega)}{\mathrm{d}t}+\frac{\eta-iR_\Omega}{R_r}=i \tag{4-44}$$

令 $\eta_{e\infty}=iR_r$，$\eta_e=\eta-iR_\Omega$，经整理可得到双电层充电微分方程式

$$\frac{\mathrm{d}\eta_e}{\mathrm{d}t}+\frac{\eta_e}{R_rC_d}-\frac{i}{C_d}=0 \tag{4-45}$$

对方程式（4-47）求解，可以得到恒电流充电曲线方程式

$$\eta_e=iR_r\left[1-\exp\left(-\frac{t}{R_rC_d}\right)\right] \tag{4-46}$$

该式说明在恒电流阶跃条件下，过电势随时间按指数规律增长，在 $t=0$ 时 $\eta=0$，在 $t\rightarrow\infty$ 时 $\eta\rightarrow iR_r$。

（1）双层充电电流

$$i_c=C_d\frac{\mathrm{d}\eta_e}{\mathrm{d}t}=i\exp\left(-\frac{t}{R_rC_d}\right) \tag{4-47}$$

式（4-47）说明 i_c 按指数规律下降，从最大值 i 逐渐降至零。

（2）电化学反应电流

$$i_r=\frac{\eta_e}{R_r}=i\left[1-\exp\left(-\frac{t}{R_rC_d}\right)\right] \tag{4-48}$$

该式说明 i_r 由零按指数规律逐渐上升到 i。

（3）电极总的极化过电势

$$\eta = iR_{\Omega} + iR_{r}\left[1 - \exp\left(-\frac{t}{R_{r}C_{d}}\right)\right] \tag{4-49}$$

式（4-47）～式（4-49）各式中的 $R_{r}C_{d}$ 为电极的时间常数，以 τ_{c} 表示：

$$\tau_{c} = R_{r}C_{d}$$

由此可见，时间常数是电极体系本身的性质，时间常数反映了电极过程进入稳态的快慢。从式（4-49）可以计算出，当 $t \geqslant 5\tau_{c}$ 时，电极上的过电势可达到稳态过电势的 99% 以上，通常认为此时已经达到稳态。所以在电化学极化控制下，暂态过程的时间约为 $5\tau_{c}$，对于一般体系，τ_{c} 在数微秒至数十秒之间。

由式（4-49）按数学极限的方式也可以得出极限简化法的结果。

当 $t \to 0$ 时，$\exp\left(-\frac{t}{\tau_{c}}\right) \to 1$，式（4-51）变为 $\eta = \eta_{\Omega} = i \cdot R_{\Omega}$，可求 $R_{\Omega} = \eta_{t\to 0}/i$；当 $t \to \infty$ 时，$\exp\left(-\frac{t}{\tau_{c}}\right) \to 0$，式（4-27）变为 $\eta = i(R_{\Omega} + R_{r})$，可求 $R_{r} = \eta_{\infty}/i - R_{\Omega}$；对式（4-49）求导，得 $\frac{d\eta}{dt} = \frac{i}{C_{d}} \cdot \exp\left(-\frac{t}{\tau_{c}}\right)$，当 $t \ll \tau_{c}$ 时，$C_{d} = \frac{i}{\left(\frac{d\eta}{dt}\right)_{t \ll \tau_{c}}}$。

由式（4-49）可得

$$\eta = \eta_{\Omega} + \eta_{e\infty} - \eta_{e\infty}\exp\left(-\frac{t}{\tau_{c}}\right)$$

$$\eta_{\infty} - \eta = \eta_{e\infty}\exp\left(-\frac{t}{\tau_{c}}\right)$$

其中 $\eta_{\infty} = \eta_{\Omega} + \eta_{e\infty}$，将上式两边取对数，得

$$\ln(\eta_{\infty} - \eta) = \ln\eta_{e\infty} - \frac{1}{\tau_{c}} \cdot t \tag{4-50}$$

式（4-50）表明，若电极过程完全是电化学步骤控制，则 $\ln(\eta_{\infty} - \eta)$ 与 t 成直线关系，其斜率为 $-\frac{1}{R_{r}C_{d}}$。

极限简化法虽然简单，但当体系的反应速率较快时，体系的电势响应曲线的 BC 段较短，且不易找出 η_{∞}。此时即可利用式（4-50）判断 η_{∞} 的选取是否恰当。从实验中得到 η-t 曲线的弯曲部分，尝试某个 η_{∞} 作 $\ln(\eta_{\infty} - \eta)$-$t$ 图。若 η_{∞} 选得太高，曲线偏离直线，出现正偏差；若 η_{∞} 选得太低，则出现负偏差；当 η_{∞} 选得正好时则为直线。

4.5.3 浓度极化存在时的电流阶跃法

上面讨论的是浓度极化可忽略的情况，也就是说，所用电流脉冲足够小（小幅度应用），以致测量信号引起的电势变化不超过 10mV，这时可以忽略浓度极化。如果所用的恒电流脉冲的幅值较大（大幅度应用），且脉宽（持续时间）较长，则电极表面反应粒子的浓度变化较大（有时会趋于零），相应的电极电势变化也较大。这时测量信号引起的电势变化将包括电化学极化和浓度极化（混合控制时）或者主要是浓度极化（扩散控制时）。在这种情况下，由于浓度极化过电势随时间而增长的干扰，使电势很难达到稳定值，从而造成测量 R_{r} 的困难。因此需要研究传质过程控制或混合控制下的控制电流暂态规律。

4.5.3.1　完全受扩散控制的可逆体系

在扩散控制下，电极表面的电化学平衡基本上没有受到破坏，能斯特公式仍然适用：

$$\varphi_t=\varphi^{\ominus\prime}+\frac{RT}{nF}\ln\frac{c_{\mathrm{O}}^{\mathrm{S}}}{c_{\mathrm{R}}^{\mathrm{S}}} \tag{4-51}$$

今假定电极反应为 $\mathrm{O}+ne^-\rightarrow\mathrm{R}$，且R不溶，则

$$c_{\mathrm{R}}^{\mathrm{S}}=常数 \tag{4-52}$$

根据式（4-19）有

$$c_{\mathrm{O}}^{\mathrm{S}}=c_{\mathrm{O}}^{\mathrm{B}}\left(1-\sqrt{\frac{t}{\tau}}\right) \tag{4-53}$$

代入式（4-51）可得

$$\varphi_t=\varphi^{\ominus\prime}+\frac{RT}{nF}\ln\frac{\tau^{1/2}-t^{1/2}}{\tau^{1/2}} \tag{4-54}$$

对于R是可溶物的可逆体系，结合式（4-21）

$$c_{\mathrm{R}}^{\mathrm{S}}=c_{\mathrm{O}}^{\mathrm{B}}\sqrt{\frac{D_{\mathrm{O}}}{D_{\mathrm{R}}}\frac{t}{\tau}} \tag{4-55}$$

可导出

$$\varphi_t=\varphi_{\frac{\tau}{4}}+\frac{RT}{nF}\ln\frac{\tau^{1/2}-t^{1/2}}{t^{1/2}} \tag{4-56}$$

式中，$\varphi_{\frac{\tau}{4}}$为四分之一电势，$\varphi_{\frac{\tau}{4}}$与半波电势$\varphi_{\frac{1}{2}}$一样是体系的特征参数。

$$\varphi_{\frac{\tau}{4}}=\varphi^{\ominus\prime}-\frac{RT}{2nF}\ln\frac{D_{\mathrm{O}}}{D_{\mathrm{R}}} \tag{4-57}$$

如果用φ_t对$\lg\frac{\tau^{1/2}-t^{1/2}}{\tau^{1/2}}$或$\lg\frac{\tau^{1/2}-t^{1/2}}{t^{1/2}}$作图，可得一直线，在25℃时直线的斜率为$\frac{59}{n}$mV（图4-25），这是可逆体系的标志。由式（4-56）和式（4-57）还可以得到可逆体系的另一个特征，25℃时$\left|\varphi_{\frac{\tau}{4}}-\varphi_{\frac{3\tau}{4}}\right|$为$\frac{33.8}{n}$mV（R不溶）或$\frac{47.9}{n}$mV（R可溶），如图4-26所示。

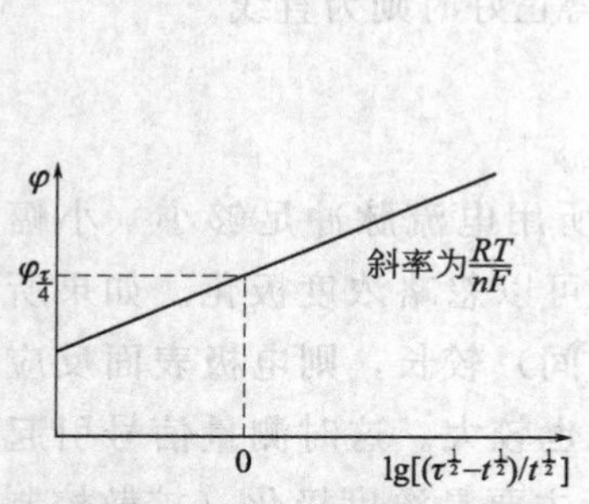

图4-25　可逆体系在电流阶跃下的φ-$\lg[(\tau^{1/2}-t^{1/2})/t^{1/2}]$曲线

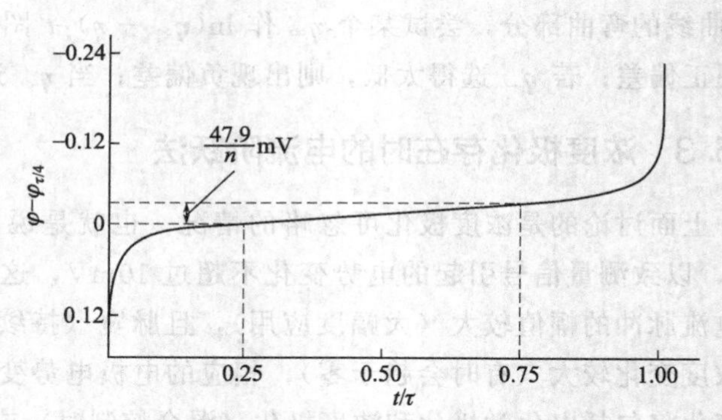

图4-26　可逆体系在电流阶跃下的时间-电势曲线（R可溶）

4.5.3.2 完全不可逆体系

对于完全不可逆的电化学反应 $O+ne^- \longrightarrow R$，其电极动力学方程为

$$i=nFk_S c_O^S \exp\left(-\frac{\beta nF(\varphi-\varphi^{\ominus\prime})}{RT}\right) \tag{4-58}$$

将 c_O^S 的表达式（4-55）代入式（4-58）中得到

$$\varphi=\varphi^{\ominus\prime}+\frac{RT}{\beta nF}\ln\frac{nFk_S c_O^B}{i}+\frac{RT}{\beta nF}\ln\left(1-\sqrt{\frac{t}{\tau}}\right) \tag{4-59}$$

式（4-59）表明，对于完全不可逆体系，随着阶跃电流的增大，φ-t 响应曲线向负方向移动，电流每增大 10 倍，移动 $RT/\beta nF$ 。

将桑德方程式（4-18）代入式（4-59），可得

$$\varphi=\varphi^{\ominus\prime}+\frac{RT}{\beta nF}\ln\frac{2k_S}{\sqrt{\pi D_O}}+\frac{RT}{\beta nF}\ln(\sqrt{\tau}-\sqrt{t}) \tag{4-60}$$

如果用 φ 对 $\lg(\tau^{1/2}-t^{1/2})$ 作图，可得一直线，由直线的斜率可求出 β，由直线截距可得到 k_S（若 $\varphi^{\ominus\prime}$ 已知）。由式（4-60）还可以得到完全不可逆体系的另一个特征，$|\varphi_{\frac{\tau}{4}}-\varphi_{\frac{3\tau}{4}}|=\frac{33.8}{\beta n}$mV（25℃），如图 4-27 所示。

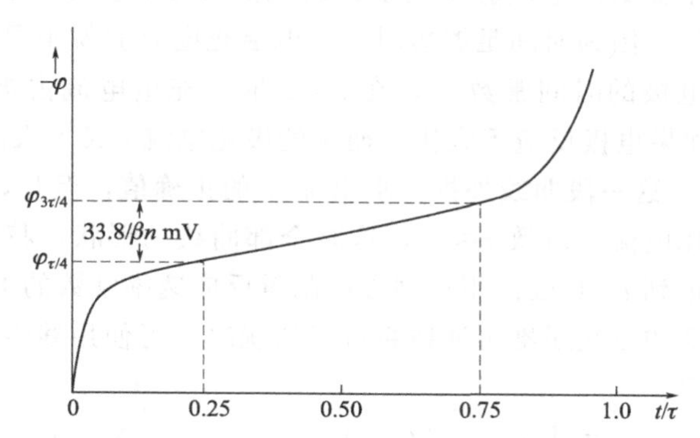

图 4-27 完全不可逆体系在电流阶跃下的电势响应曲线

4.5.3.3 准可逆体系

对于准可逆反应

$$O+ne^- \underset{k_b}{\overset{k_f}{\rightleftharpoons}} R$$

其电极动力学方程式（1-78）为

$$i=i^0\left[\frac{c_O^S}{c_O^B}\exp\left(\frac{\beta nF\eta}{RT}\right)-\frac{c_R^S}{c_R^B}\exp\left(-\frac{(1-\beta)nF\eta}{RT}\right)\right] \tag{4-61}$$

将 c_O^S 的表达式(4-53)、c_R^S 的表达式(4-55)代入，可得普遍的电势响应方程。若 $c_R^B\neq 0$，则式（4-55）应加上 c_R^B 一项，即

$$c_R^S=c_R^B+c_O^B\sqrt{\frac{D_O}{D_R}\frac{t}{\tau}} \tag{4-62}$$

将 τ 用桑德方程式（4-18）代入，则最终结果可写为

$$\frac{i}{i^0}=\left(1-\frac{2i}{nFc_O^B}\sqrt{\frac{t}{\pi D_O}}\right)\exp\left(\frac{\beta nF\eta}{RT}\right)-\left(1+\frac{2i}{nFc_R^B}\sqrt{\frac{t}{\pi D_R}}\right)\exp\left(-\frac{(1-\beta)nF\eta}{RT}\right) \tag{4-63}$$

假定通过电流时引起的阴极过电势 $\eta_K \geqslant 100/n\text{mV}$ 时，可以忽略逆反应的影响，可得

$$i=nFk_f c_O^S \exp\left[-\frac{\beta nF}{RT}(\varphi-\varphi^{\ominus\prime})\right]=nFk_f c_O^B\left(1-\sqrt{\frac{t}{\tau}}\right)\exp\left(\frac{\beta nF\eta_K}{RT}\right) \tag{4-64}$$

式中，k_f表示正向反应速率常数，将式（4-64）整理后可得

$$\eta_K=-\frac{RT}{\beta nF}\ln\frac{nFk_f c_O^B}{i}-\frac{RT}{\beta nF}\ln\left(1-\sqrt{\frac{t}{\tau}}\right) \tag{4-65}$$

在式（4-65）中，当 $t=0$ 时，则 $\ln\left(1-\sqrt{\frac{t}{\tau}}\right)=0$，即不发生浓度极化，此时 η 完全取决于电化学步骤的速度，因此

$$\eta_{K(t=0)}=\eta_e=-\frac{RT}{\beta nF}\ln\frac{nFk_f c_O^B}{i} \tag{4-66}$$

若将 η_K 对 $\ln(1-\sqrt{t/\tau})$ 作图，可得一直线，根据直线的斜率可求出 βn 的数值，直线的截距则为仅受电化学极化控制的 η_e，多次电流阶跃实验即可获得 η_{e1}-i_1、η_{e2}-i_2… η_{en}-i_n 系列数据，由 η_e-i 曲线则可求出 i^0 或 k_S。

由式（4-66）可见，用暂态法缩短测量时间，可以有效地消除浓度极化的影响。但也不是说，只要信号发生器给出电流脉冲的上升时间足够短，测量仪器的反应时间足够快，就能任意缩短测量时间。因为时间足够短时，双电层充电效应就不可忽略了。双电层充足电所占的时间决定于电极的时间常数 τ_c，在 $t<\tau_c$时，充电电流占极化电流中的大部分，故式(4-66)不适用。如果电极反应不太快，而选的极化电流 i 又不太高，以至于 $t\gg\tau_c$，这样就可利用 $\tau_c\ll t<\tau$ 这一段曲线外推，求出 $\eta_{t=0}$ 的正确值，但是，如果电极反应太快，就必须采用较高的极化电流，以致 $\tau\approx\tau_c$，这时全部曲线的形状，将受到充电过程的影响而歪曲，因而无法外推到 $t=0$ 处。用这种方法测量反应速率常数的上限为 $k_S\leqslant 1\text{cm/s}$。

当使用小电流阶跃的方法对准可逆体系进行微扰时，可使用线性的动力学方程式，用上面类似的方法，可得

$$\eta=\frac{RT}{nF}i\left[\frac{2}{nF}\sqrt{\frac{t}{\pi}}\left(\frac{1}{c_O^B\sqrt{D_O}}+\frac{1}{c_R^B\sqrt{D_R}}\right)+\frac{1}{i^0}\right] \tag{4-67}$$

直接对式（4-65）进行线性化近似也可得到同样的结果。式（4-67）表明，在小的极化条件下，η-$\sqrt{t}$ 呈直线关系，由直线的截距可求 i^0。

4.5.4 过渡时间

在恒电流阶跃测试中，不管电极反应可逆与否，桑德方程式（4-18）中的 τ 与 i、c_O^B 的关系总是适用的，变形整理可得

$$\frac{i^2\tau}{(c_O^B)^2}=\frac{n^2F^2\pi D_O}{4} \tag{4-68}$$

由式（4-68）可以看出，$i\sqrt{\tau}/c_O^B$ 的值仅取决于扩散系数 D_O。

如果已知 n 和 c_O^B，可通过测量过渡时间 τ 来求算扩散系数 D_O。在电分析化学中还可利用 $\tau\propto(c^B)^2$ 来进行反应物浓度的定量分析。

对于确定的 c_O^B，τ 反比于 i^2，所以电极表面反应物消耗至零所需要的电量 Q 不是常数，而是反比于电流 i。电流越小，所需电量越大，这是因为溶液中的反应物可以源源不

断地补充到电极表面来的缘故。如果用不同的阶跃幅值 i 进行恒电流暂态实验，则可得到一系列的 Q 值，Q 与 i 关系为

$$Q=i\tau=\frac{n^2F^2\pi D_O(c_O^B)^2}{4i} \tag{4-69}$$

以 Q 对 $1/i$ 作图，可以得到通过原点的直线，如图 4-28 中曲线 1 所示。直线的斜率为

$$\frac{\Delta Q}{\Delta i}=\frac{1}{4}n^2F^2\pi D_O(c_O^B)^2 \tag{4-70}$$

根据直线的斜率及 n、D 等值可求出 c_O^B。这些关系式与电极反应的可逆性及机理无关，只要反应物来自溶液中，便有以上的特征（$Q\propto 1/i$），如果反应物不是来自溶液中，而是预先吸附在电极上或者以异相膜的形式存在于电极表面，则这些反应物消耗至零所需的电量 Q 为一常数，与 i 无关，在 Q 对 $1/i$ 作图时，应为平行于 $1/i$ 的直线。利用这种不同的特征，可以判别反应物的来源。对于兼有上述两种来源的反应物的情况

$$Q=\frac{n^2F^2\pi D_O(c_O^B)^2}{4i}+Q_{0吸附} \tag{4-71}$$

如图 4-28 中曲线 3 所示。

当考虑到双电层电容的存在时，式（4-71）中还应加一个校正项，即双电层充电电量，但一般很小，可忽略。

在电流阶跃试验中，当电极表面反应物浓度下降为零时($t=\tau$)，电极电势必定突跃至另一个反应的电势，所以恒电流暂态实验的电势-时间曲线上，一般很容易判断 τ。电势突变阶段的曲线斜率取决于双层的充电。由于双层充电所需的电量远小于反应物消耗至零所需的电量。

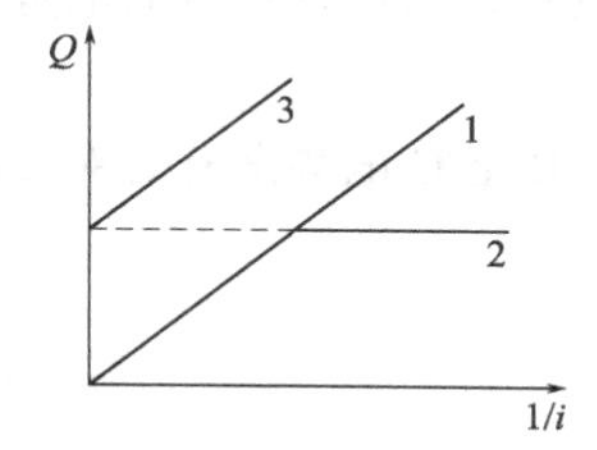

图 4-28 控制电流暂态中反应物所消耗的电量与恒电流 i 的关系

所以电势突跃阶段的曲线近乎垂直于时间轴，在斜率最大处划出切线，切线与时间轴的交点即为过渡时间 τ。但在实际测量中，过渡时间 τ 容易受到溶液中杂质的歪曲，不管是电化学活性的物质，还是非电化学活性的吸附杂质，前者使 τ 拉长(当杂质比研究物质先进行电极反应时)后者将影响双层电容，从而使时间-电势响应波形畸变。因此，必须严格纯化溶液。当过渡时间较长时，对流及电极几何形状的影响较大；当过渡时间较短时，电极表面粗糙度和双电层充电的影响较显著。

在电流阶跃实验的测量中，引起误差的因素是双层充电电流。由于控制的电极电流中包括双层充电电流，当电极电势变化不快时，双层充电电流小，电极电势突变瞬间，将有相当大的双层充电电流，它引起了时间-电势波形的畸变。并且，由于考虑双电层充电电流的数学处理相当复杂，因而，一般在理论分析中，把控制电流近似当作法拉第电流。在过渡时间内，电极电势变化不太快，这样处理还是允许的。因此，在控制电流的实验中，欧姆压降较易观察和校正，但双电层充电电流的影响却造成误差。这是这种方法在电分析中没有得到广泛应用的原因之一。

4.5.5 双电流阶跃法

电极上电流阶跃的初期［$0<t<(3\sim5)\tau_c$］，电流主要用于双电层充电，是非法拉第

的，因而对于快速电极过程，单电流阶跃法受到双电层充电的限制，不能研究更快的电化学反应过程。为了在浓度极化出现之前的短暂时间内，消除双电层充电的影响，提出了双电流脉冲法[1,2]。

从通过电极的电流发生阶跃到双电层充电过程的结束的时间取决于电极过程的时间常数 τ_c，而电极的时间常数只是电极过程本身的特性（$\tau_c = R_r C_d$），对于确定的电极体系达到稳态的时间是固定的($5\tau_c$)，与电流阶跃幅值 i 无关。但采用不同的 i 进行阶跃实验时，将达到不同的电化学稳态，不同稳态条件下的双层荷电状态不同，亦即达到电化学稳态所需的电极表面荷电量不同。因此可以考虑先用较大的电流 i_1 在很短的时间 t_1 内对电极进行快速充电，当电流再突变至较小的 i_2 时，电极表面的荷电量已经满足了极化电流为 i_2 时的界面要求，因而不再需要进行双电层的充电，i_2 即为法拉第电流。可以看到，采用双阶跃电流的方法可以很好地减小双电层充电电流带来的误差，同时可以缩短测量时间，从而避免浓度极化的影响。

在时间 $0 < t < t_1$，施加的第一个电流阶跃的幅值 i_1 很大，持续时间很短，用这个高而窄的脉冲对双层进行充电，然后紧接着发生第二次电流阶跃，它的幅值 i_2 较小，持续时间较长，电流及相应的电势波形见图 4-29。图中 A 至 B 电势跃是 R_Ω 引起的

$$\eta_A - \eta_B = i_1 R_\Omega \tag{4-72}$$

B 至 C 电势渐升是对 C_d 充电

$$i_1(t_C - t_B) = C_d(\eta_C - \eta_B)$$

$$C_d = \frac{i_1(t_C - t_B)}{\eta_C - \eta_B} \tag{4-73}$$

C 至 D 的电势突降是由于 i_1 突降为 i_2 引起的

$$\eta_C - \eta_D = (i_1 - i_2)R_\Omega \tag{4-74}$$

调节第一个脉冲的高度或时间（即脉宽），使 η-t 曲线在 D 点的斜率为零（即切线为水平线），此时双电层在电流发生第二次阶跃时，既不充电，也不放电，$i_2 = i_r$，即

$$\eta_D - \eta_A = i_2(R_\Omega + R_r) \tag{4-75}$$

显然，用这种方法可以消除双电层充电的影响，因而适用测量较快速的电极过程的动力学参数。用这种方法测量的表观速度常数的上限大约为 10cm/s。

实验时，要适当调节第一个脉冲的幅值和脉宽，使电流发生第二次阶跃时，电势-时间曲线的斜率是平的，即 $(d\eta/dt)_{t=t_1} = 0$。第一个脉冲幅值太大、太小都会影响测量结果。由于第一个电流脉冲可消除双电层充电的影响，因此这种方法适用于测量较小的 R_r 或真实表面积较大的电极体系。

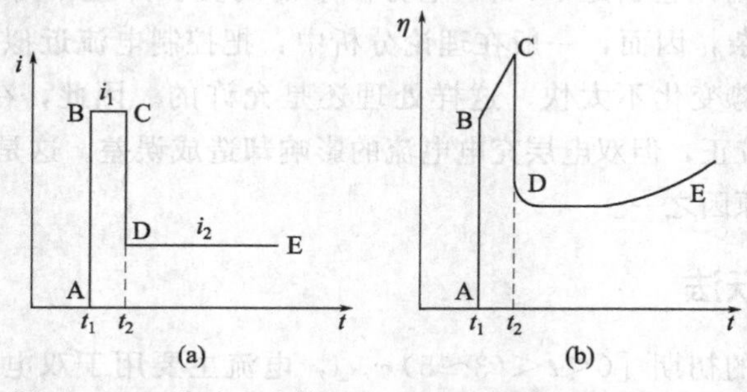

图 4-29 双脉冲电流信号（a）及其电势响应曲线（b）

4.6 电势阶跃法

控制电势的暂态测量方法是指按规定控制电极电势 φ 的变化，同时测量电流随时间的变化，或电量随时间的变化，前者称为计时电流法或计时安培法（chronoamperometry），后者称为计时电量法或计时库仑法（chronocoulometry）。电势阶跃法较电流阶跃法应用更为广泛，可用于表征研究电极的基本特征参数，或计算电极过程的有关参数或电极等效电路有关的元件的数值等。

常用的控制电势法有电势阶跃、双电势阶跃、方波电势、电势扫描和脉冲伏安法等。

4.6.1 电势阶跃下的电流响应特点

当电极上加上一个电势阶跃 η 进行极化时，虽然对电极加了一个电势差，但真正的电极界面电势差 $\eta_{界}$（图 4-30）并不能立即发生突跃。由于溶液电阻和恒电势仪输出的电流有限，使电势阶跃瞬间双电层的充电电流不可能达到无穷大，因此双电层充电需要一定的时间。在电势阶跃的瞬间发生突变的不是双电层电容两侧的电势差，而是研究电极与参比电极间溶液的欧姆极化的突变，瞬间电流达到 η/R_Ω，接着双电层充电，欧姆极化过电势逐渐减小，界面电势 $\eta_{界}$ 逐渐增大，电化学反应速率，即 i_r 不断增大；同时双电层充电电流 i_c 不断下降。直至双电层充电结束，充电电流降为零，电极过程达到稳态，相应的电化学反应电流达到稳定值，电势阶跃下电极体系的电势分布及体系电流响应曲线见图 4-31。

在图 4-31(c)中，A 至 B 的电流阶跃是通过 R_Ω 向双电层 C_d 的瞬间充电电流。由 B 到 C，电流基本上按指数规律减小，这是由于双电层充电电流随着双电层电势差的增加而逐渐减小的缘故。这一阶段电流衰减的快慢取决于电极的时间常数。当电流衰减到水平段，双电层充电基本上结束，得到的稳定电流就是净的电极反应电流 $i_\infty = i_r$。

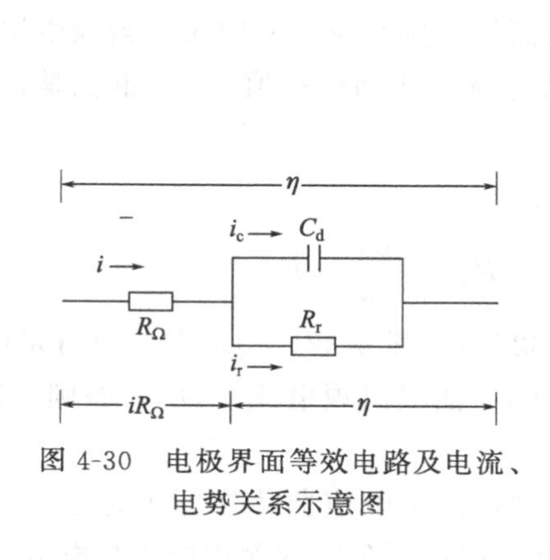

图 4-30 电极界面等效电路及电流、电势关系示意图

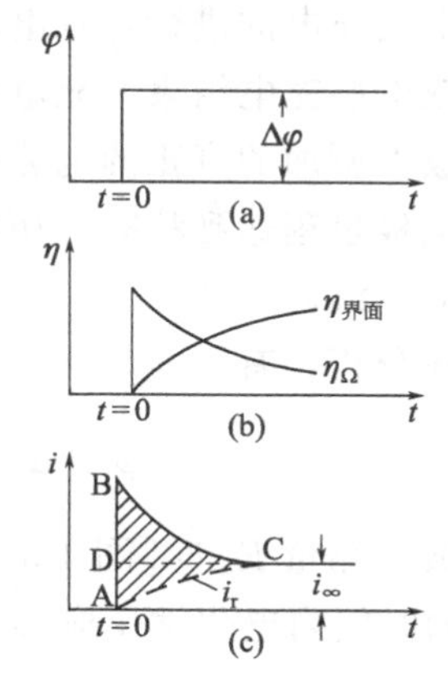

图 4-31 电势阶跃下电极体系的电势分布及体系电流响应曲线

4.6.2 小幅度电势阶跃测量法

4.6.2.1 极限简化法

当电势阶跃幅度很小（$\eta < 10$mV），且单向持续时间很短时，浓度极化往往可以忽略

不计，电极过程主要受电化学步骤的控制。

对处于平衡电势的电极突然施加一个小幅度的电势阶跃后，记录电流随时间的响应曲线，如图 4-32(b) 所示。

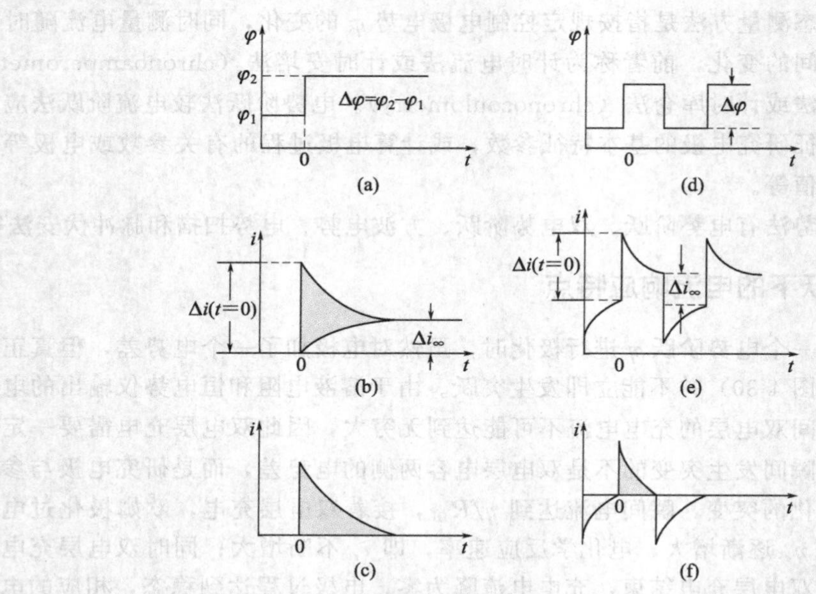

图 4-32 小幅度电势阶跃法中电势、电流随时间的变化

在浓度极化可忽略的情况下，根据如图 4-30 所示的等效电路分析，图 4-32 中 $t=0$ 时刻电流的突跃是通过溶液电阻 R_Ω 向双电层充电的电流。

$$R_\Omega=\frac{\Delta\varphi}{\Delta i_{t=0}} \tag{4-76}$$

随着双电层充电的进行，双电层充电电流不断下降，消耗在溶液电阻上的电压降不断降低，直到双电层充电结束，充电电流降到零。而随着双电层充电的进行，双电层电势差增大，即电极上所加的真正的电势差增大，从而使电极反应速率增大。当双电层充电电流降为零时，电极过程达到稳态，相应的法拉第电流也达到稳态值 i_∞，也就是稳定状态时的电化学反应电流。

根据上述分析，有

$$\Delta\varphi=\Delta i_\infty(R_r+R_\Omega)\Rightarrow R_r=\frac{\Delta\varphi}{\Delta i_\infty}-R_\Omega \tag{4-77}$$

应用方波法测量 R_r 时[图 4-32(d)、图 4-32(e)、图 4-32(f)]，方波要有足够的宽度，即在 t_1、t_2 的时间内电化学反应必须达到稳态（i-t 曲线出现电流平段），否则，测得的 R_r 偏低。

若 $R_r\to\infty$，即电极处于理想极化情况，那么 i-t 响应曲线实际上也是 i_c-t 曲线[图 4-32(c)]。当双层充电结束时，$i=i_c=0$，因此，曲线下包罗的面积应当是电极电势 $\Delta\varphi$ 发生变化时所引起的电量的变化。所以可用该电量除以 $\Delta\varphi$ 得到电容值

$$C_d=\frac{Q}{\Delta\varphi} \tag{4-78}$$

当 $\Delta\varphi$ 较大时，C_d 是该电势区间的平均电容。当 $\Delta\varphi$ 较小时，则是微分电容。采用电

势阶跃法，或方波电势法测双层微分电容时，应该选择在理想极化区的电势内进行。采用方波电势时，方波的宽度要足够大，以至能使双电层充电结束，否则测得的 C_d 偏小。这种测量双层微分电容的方法非常适合用于测量粗糙多孔表面的双电层电容。

上述讨论的在无浓度极化的情况下，是采用极限简化法，将暂态电流中的 i_c、i_r 分开，测量 C_d、R_r。用这种方法需要测量接近稳态时的电流值。电流达到稳态所需要的时间取决于电极的时间常数。对于某些体系而言，总电流达到稳定值（不再下降）需要相当长时间，这将会造成电极表面改变过多，容易引起浓度极化及电势漂移，使测量误差增大，不能准确地测量 i_∞。为了消除各种干扰，准确地得到 i_∞ 需要用解析的方法。

根据电势阶跃条件，当 $t>0$ 时，电极电势保持不变，故

$$\mathrm{d}(iR_\Omega)+\mathrm{d}\eta_e=0 \tag{4-79}$$

充电电流为

$$i_c=C_d\frac{\mathrm{d}\eta_e}{\mathrm{d}t}+\eta_e\frac{\mathrm{d}C_d}{\mathrm{d}t} \tag{4-80}$$

通常假设 C_d 与 φ 无关，$\frac{\mathrm{d}C_d}{\mathrm{d}t}=0$，所以

$$\mathrm{d}\eta_e=i_c\frac{\mathrm{d}t}{C_d} \tag{4-81}$$

又有，$i=i_c+i_r$，$i_r=\eta_e/R_r$，$\eta_e=\Delta\varphi-iR_\Omega$，故

$$i_c=i-i_r=i-\frac{\Delta\varphi-iR_\Omega}{R_r} \tag{4-82}$$

将式（4-82）代入式（4-81）计算 $\mathrm{d}\eta_e$，由式（4-82）整理可得

$$\frac{\mathrm{d}i}{-\frac{\Delta\varphi}{R_r}+i\left(1+\frac{R_\Omega}{R_r}\right)}=-\frac{\mathrm{d}t}{R_\Omega C_d} \tag{4-83}$$

当限制极化电势不超过 10mV 时，可近似地认为 R_r 与 φ 无关，即式（4-83）中 R_r 为常数。对式（4-83）定积分得，电势阶跃的 i-t 关系为

$$i=\frac{\Delta\varphi}{R_r+R_\Omega}\left[1+\frac{R_r}{R_\Omega}\exp\left(-\frac{t}{R_r//R_\Omega\cdot C_d}\right)\right] \tag{4-84}$$

式中，$R_r//R_\Omega=\frac{R_r\cdot R_\Omega}{R_r+R_\Omega}$，为 R_r、R_Ω 的并联电阻值。

类似地，对于对称方波电势法的 i-t 关系为

$$i=\frac{\varphi}{R_\Omega+R_r}\left[1+\frac{R_r}{R_\Omega}\cdot\frac{2\exp\left(-\frac{t}{(R_r//R_\Omega)\cdot C_d}\right)}{1+\exp\left(-\frac{t_1}{(R_r//R_\Omega)\cdot C_d}\right)}\right] \tag{4-85}$$

式中，$\varphi=|\varphi_1|=|\varphi_2|=\frac{\Delta\varphi}{2}$，$t_1=t_2=\frac{T}{2}$，$T$ 为方波周期。

当 $t\gg(R_r//R_\Omega)\cdot C_d$ 时，$i\approx\frac{\Delta\varphi}{R_r+R_\Omega}=i_\infty$，则式（4-85）可改写为

$$i=i_\infty+A\exp\left(-\frac{t}{(R_r//R_\Omega)\cdot C_d}\right) \tag{4-86}$$

或

$$\lg(i-i_\infty)=\lg A-\frac{t}{2.303(R_r//R_\Omega)\cdot C_d} \tag{4-87}$$

式中，$A\equiv i_{t=0}-i_\infty$。

以 $\lg(i-i_\infty)$ 对 t 作图，可得直线，斜率为 $\dfrac{-1}{2.303(R_r//R_\Omega)\cdot C_d}$。从实验得到 i-t 曲线的弯曲部分后，可试选定某个 i_∞ 值作 $\lg(i-i_\infty)$-t 图，如 i_∞ 选得正好，则出现直线，就可以利用该 i_∞ 值计算 R_r+R_Ω，扣除 R_Ω 后得到 R_r 值。为了计算 C_d，可以利用直线的斜率

$$C_d=\frac{1}{2.303\,|\text{斜率}|}\left(\frac{1}{R_r}+\frac{1}{R_\Omega}\right) \tag{4-88}$$

若 i_∞ 选得过低，则 $\lg(i-i_\infty)$-t 曲线上弯。如若 i_∞ 选得过高，则 $\lg(i-i_\infty)$-t 曲线下弯。如图 4-33 所示。采用计算机试选将会大大简化繁琐的试选过程。

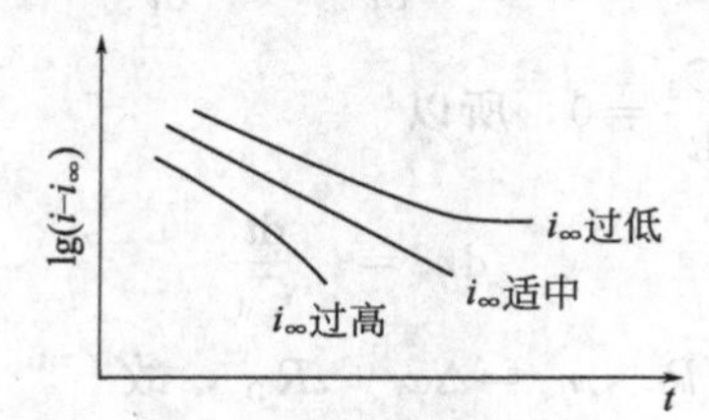

图 4-33 电势阶跃法中 $\lg(i-i_\infty)$-t 曲线

4.6.3 浓度极化存在时的电势阶跃法

当电极电势加上较大的电势阶跃，就必须考虑浓度极化的影响，在适当的试验条件下，可将暂态传质过程简化成非稳态扩散过程来处理。

4.6.3.1 完全受扩散控制的可逆体系

因为电荷传递反应是可逆的，由能斯特公式有

$$\varphi=\varphi^{\ominus\prime}+\frac{RT}{nF}\ln\left[\frac{c_O(x,t)}{c_R(x,t)}\right] \tag{4-89}$$

在电极表面处物质总流量为零，故

$$D_O\left[\frac{\partial c_O(x,t)}{\partial x}\right]_{x=0}+D_R\left[\frac{\partial c_R(x,t)}{\partial x}\right]_{x=0}=0 \tag{4-90}$$

令

$$\theta=\frac{c_O(x,t)}{c_R(x,t)}=\exp\left[\frac{nF}{RT}(\varphi-\varphi^{\ominus\prime})\right] \tag{4-91}$$

可导出可逆体系对电势阶跃的一般非稳态电流响应为

$$i=\frac{nFc_O^B}{1+\xi\theta}\sqrt{\frac{D_O}{\pi t}} \tag{4-92}$$

式中，$\xi=(D_O/D_R)^{1/2}$。当 φ 偏离 $\varphi^{\ominus\prime}$ 很远，以致 $\theta\to0$ 时，由式（4-92）即可得到式

(4-93) 表述的 Cottrell 电流

$$i = nFc_O^B\sqrt{\frac{D_O}{\pi t}} \tag{4-93}$$

将 Cottrell 电流用 $i_d(t)$ 表示，则有

$$i(t) = \frac{i_d(t)}{1+\xi\theta} \tag{4-94}$$

由此可见，对于可逆体系而言，所有电流-时间曲线具有相同的形状，只是电流的大小按阶跃电势决定的因子 $1/(1+\xi\theta)$ 变化。如图 4-34 所示。这组曲线表示对处于平衡电势下的电极，加不同幅值的电势阶跃，从曲线 1 到曲线 5，表示阶跃幅值逐渐增大。对于某一给定的时间，电流的大小反映了表面浓度 c_O^S 的大小；i 越大则 c_O^S 越小。

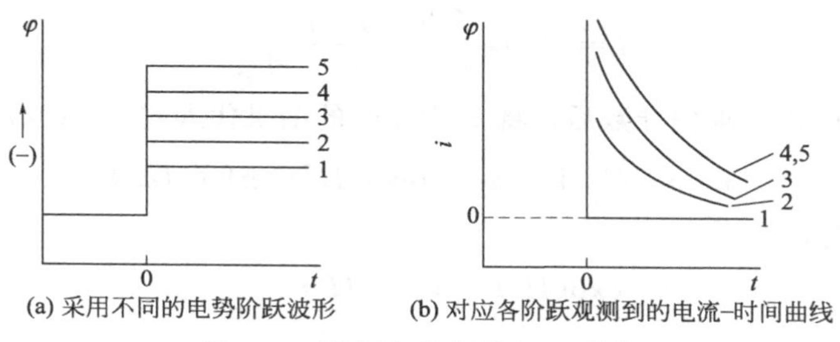

图 4-34 控制电势阶跃法 i-t 曲线

在式 (4-94) 中，对一固定取样时刻 τ_S

$$i(\tau_S) = \frac{i_d(\tau_S)}{1+\xi\theta} \tag{4-95}$$

将 $\xi=(D_O/D_R)^{1/2}$ 和 $\theta=\exp\left[\frac{nF}{RT}(\varphi-\varphi^{\ominus\prime})\right]$ 代入后，整理得

$$\varphi = \varphi^{\ominus\prime} + \frac{RT}{2nF}\ln\frac{D_R}{D_O} + \frac{RT}{nF}\ln\left[\frac{i_d(\tau_S)-i(\tau_S)}{i(\tau_S)}\right] \tag{4-96}$$

当 $i(\tau)=i_d(\tau_S)/2$ 时，可定义取样电流伏安曲线的半波电势 $\varphi_{1/2}$

$$\varphi = \varphi^{\ominus\prime} + \frac{RT}{2nF}\ln\frac{D_R}{D_O} \tag{4-97}$$

式 (4-96) 可写为

$$\varphi = \varphi_{1/2} + \frac{RT}{nF}\ln\left[\frac{i_d(\tau_S)-i(\tau_S)}{i(\tau_S)}\right] \tag{4-98}$$

与式 (3-25) 相比较可看出，半无限线性扩散条件下可逆体系的取样伏安曲线与稳态极化曲线的形式一样。

4.6.3.2 准可逆体系

对于不可逆电极反应

$$O + ne^- \underset{k_b}{\overset{k_f}{\rightleftharpoons}} R$$

式中，k_f和 k_b分别表示反应的正向和逆向反应速率常数。

代替式 (4-90) 的边界条件是

$$D_O\left[\frac{\partial c_O(x,t)}{\partial x}\right]_{x=0}=k_f c_O(x,t)-k_b c_R(x,t) \tag{4-99}$$

解扩散方程得电势阶跃时的浓度随时间变化的关系式

$$c_O(x,t)=c_O^B+\frac{k_f c_O^B-k_b c_R^B}{H\sqrt{D_O}}\left[\exp\left(\frac{Hx}{\sqrt{D_O}}+H^2t\right)\mathrm{erfc}\left(\frac{x}{2\sqrt{D_O}}+Ht\right)-\mathrm{erfc}\left(\frac{x}{2\sqrt{D_O}}\right)\right] \tag{4-100}$$

式中

$$H\equiv\frac{k_f}{\sqrt{D_O}}+\frac{k_b}{\sqrt{D_R}} \tag{4-101}$$

而电流密度 i 的计算式为

$$i=nFD_O\left(\frac{\partial c_O(x,t)}{\partial x}\right)_{x=0} \tag{4-102}$$

将式（4-100）对 x 求偏导数后，将 x 为零时的结果代入式（4-102），得

$$i=nF(k_f c_O^B-k_b c_R^B)\exp(H^2t)\mathrm{erfc}(H\sqrt{t}) \tag{4-103}$$

当 $H^2t\ll 1$ 时，

$$\begin{aligned}\exp(H^2t)&\approx 1+H^2t\\ \mathrm{erfc}(Ht^{1/2})&\approx 1-\frac{2}{\sqrt{\pi}}Ht^{1/2}\end{aligned} \tag{4-104}$$

即

$$\exp(H^2t)\mathrm{erfc}(H\sqrt{t})\approx 1-\frac{2H\sqrt{t}}{\sqrt{\pi}} \tag{4-105}$$

代入式（4-103）得

$$i=nF(k_f c_O^B-k_b c_R^B)\left(1-\frac{2H\sqrt{t}}{\sqrt{\pi}}\right) \tag{4-106}$$

式(4-106)表明，在阶跃发生后的短时间内，i-$\sqrt{t}$ 为直线，外推至 $t=0$ 处，有

$$i_{t\to 0}=nF(k_f c_O^B-k_b c_R^B) \tag{4-107}$$

式(4-107)即为完全没有浓度极化的反应电流，由一系列电势阶跃实验可得一系列对应的 $i_{t\to 0}$ 值，作 φ-$i_{t\to 0}$ 曲线即为单纯由电化学极化控制的极化曲线，进而可求算 i^0、k_S 和 βn 。

4.6.3.3 完全不可逆体系

对于正向反应速率常数为 k_f 的不可逆电极反应

$$O+ne^-\xrightarrow{k_f}R$$

代替式（4-90）的边界条件是

$$D_O\left[\frac{\partial c_O(x,t)}{\partial x}\right]_{x=0}=k_f c_O(x,t) \tag{4-108}$$

最后解出电流-时间暂态方程

$$i=nFk_f c_O^B\exp\left(\frac{k_f^2t}{D_O}\right)\mathrm{erfc}\left(k_f\sqrt{\frac{t}{D_O}}\right) \tag{4-109}$$

在不同速度常数 k_f 下，$i/(nFk_fc_O^B)$-t 曲线如图 4-35 所示。

在时间较短，$k_f\sqrt{t/D_O}\ll 1$ 时，由函数 $\exp(x)$ 和 $\mathrm{erfc}(x)$ 的性质有

$$\exp\left(\frac{k_f^2t}{D_O}\right)\mathrm{erfc}\left(k_f\sqrt{\frac{t}{D_O}}\right)\approx 1-2k_f\sqrt{\frac{t}{\pi D_O}} \tag{4-110}$$

将式（4-110）代入式（4-109），得

$$i=nFk_fc_O^B\left(1-2k_f\sqrt{\frac{t}{\pi D_O}}\right) \tag{4-111}$$

式（4-111）表明，在阶跃发生后的短时间内，电流随 $\sqrt{t}$ 线性变化。在 c_O^B 已知的情况下，从截距可求 k_f，从斜率可求 D_O。进而可根据一系列电势阶跃下的 k_f 估算传递系数 β。

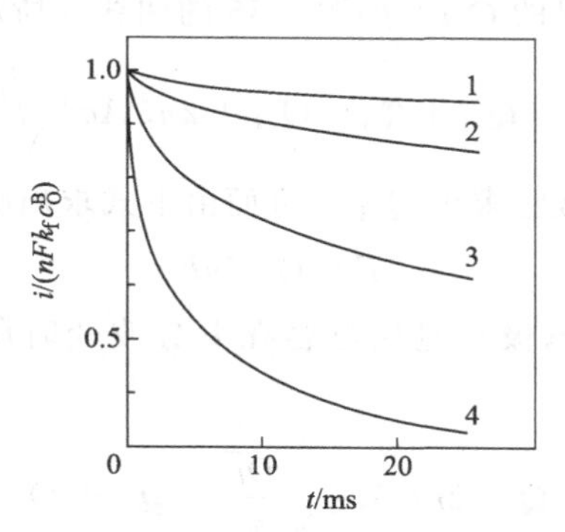

图 4-35　简单不可逆电极反应的电流响应特征曲线

$D_O=10^{-5}\mathrm{cm^2/s}$；$k_f$ 的值分别为：1—10^{-5}m/s；2—3×10^{-5}m/s；3—10^{-4}m/s；4—3×10^{-4}m/s

4.6.4　计时库仑法

控制电势阶跃法中，除了记录电流随时间的变化外，还可以记录电流对时间的积分，即采用计时电量的分析模式，与计时电流法相比，计时电量法（chronocoulometry）具有信噪比高、能平滑暂态电流中的随机噪声等优点。此外，利用计时电量法还可以将双电层充电、电极表面上吸附物的电极反应及溶液中通过扩散来到电极表面参加电极反应的电量区别开来。

将 i 对时间积分可测量通过电极的电量。当电势阶跃的 φ_2 电势足够负致使反应物 O 达到极限扩散，此时的电流响应为式（4-93）表述，由式（4-93）积分可得

$$Q_d=A\int_0^t i\,\mathrm{d}t=2nFAc_O^B\sqrt{\frac{D_Ot}{\pi}} \tag{4-112}$$

式中，A 为电极的有效面积；Q_d 表示经扩散来到电极表面参与电极反应的反应物所对应的电量。上式表明，Q_d 随时间的增长对 $t^{1/2}$ 呈线性关系，Q_d 对 $t^{1/2}$ 作图为通过原点的直线（图 4-36 中的曲线 2）。利用直线的斜率可以求出 n、A、c^∞、D 中之一（其他参数已知）。

如果反应物是预先吸附在电极表面上的，则在很短时间内反应物消耗完毕后，Q 就不再增加。在 Q 对 $t^{1/2}$ 图上为一水平线（图 4-36 的曲线 1）。溶液中的反应物，吸附在电极表面上的反应物，在控制电势暂态实验中表现出不同的特征，其原因是前者可以从溶液中继续补充，而后者无补充来源。这些特征可以用于判断反应物的来源。还有两者兼有的情

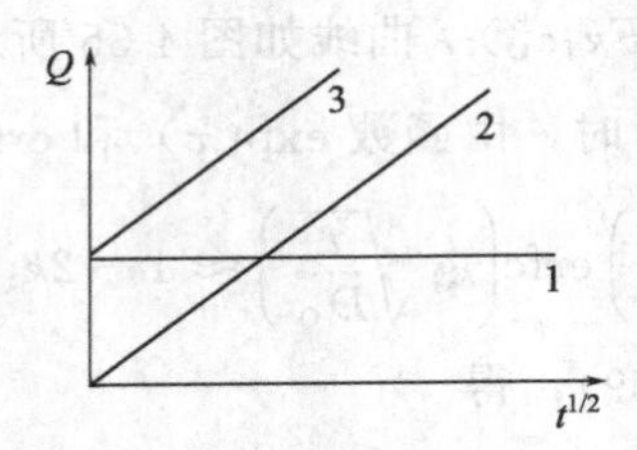

图 4-36 控制电势阶跃 Q-$t^{1/2}$ 曲线

1—反应物吸附在电极表面；2—反应物来源于溶液；3—两者兼有

况，即既有吸附反应物参加的电极反应，又有溶液中的反应物直接参加反应，或间接地补充吸附后参加反应。这种情况的 Q-$t^{1/2}$ 如图 4-36 的曲线 3 所示。即

$$Q = Q_{ad} + Q_d = Q_{ad} + 2nFAc_O^B\sqrt{\frac{Dt}{\pi}} \tag{4-113}$$

因此，可以从此曲线的截距求出 Q_{ad}，进而由下式求出吸附物质的吸附量 Γ

$$\Gamma = Q_{ad}/nF \tag{4-114}$$

更精确的处理还要考虑电极双电层电容在电势改变时所需要的电量 Q_{dl}，这时总电量为

$$Q = 2nFAc_O^B\sqrt{\frac{Dt}{\pi}} + Q_{ad} + Q_{dl} \tag{4-115}$$

Q_{dl} 可用无电活性物质的空白溶液作计时电量测量得到，以近似求得电极表面吸附物的吸附量。从这里也可以看出，当电极上不发生电化学反应时，即式（4-115）的右边前两项为零，就可以求出 Q_{dl}，从而算出 $\varphi_2 - \varphi_1$ 阶跃电势范围内的平均电容 $\overline{C_d}$。电势阶跃幅值（$\varphi_2 - \varphi_1$）足够小时，此电容就是 φ_1 电势下的微分电容。如果电极表面上存在着吸附的反应物，就会影响双电层电容的测量。

4.6.5 双电势阶跃下的计时库仑法

双电势阶跃技术，顾名思义是控制研究电极的电势发生两次阶跃，通常都是第二个阶跃使电极反应逆向进行，如图 4-37 所示。初始电势为电极上不发生电化学反应，第一次阶跃至电极上发生极限还原电流（设溶液中最初只存在氧化态组分 O），即大幅度的电势阶跃；当 $t = t_1$ 时，电极电势换向回到 R 发生氧化的极限扩散所对应的电势值。

对于平面电极，$0 < t < t_1$ 时，发生正向阶跃，有

$$i_f = -nFc_O^B\sqrt{\frac{D_O}{\pi t}} \tag{4-116}$$

在 $c_O(0, t)_{t<t_1} = 0$ 且 $c_R(0, t) = 0$ 的条件下，解扩散方程可得反向阶跃过程中的电流是

$$i_r(t > t_1) = \frac{nFD_O^{1/2}c_O^B}{\sqrt{\pi}}\left[\frac{1}{\sqrt{t - t_1}} - \frac{1}{\sqrt{t}}\right] \tag{4-117}$$

只要电势阶跃足够大，不论是可逆或不可逆体系，式（4-117）均适用。图 4-38 给出了式（4-116）和式（4-117）的电流响应曲线。

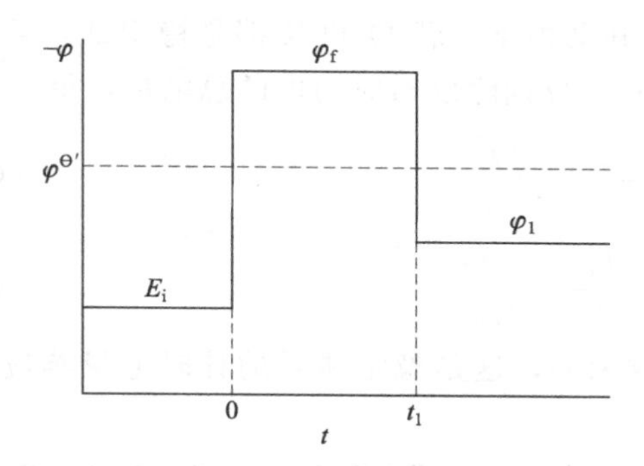

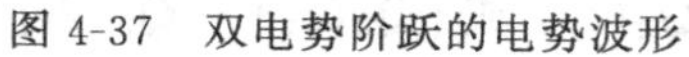
图 4-37　双电势阶跃的电势波形

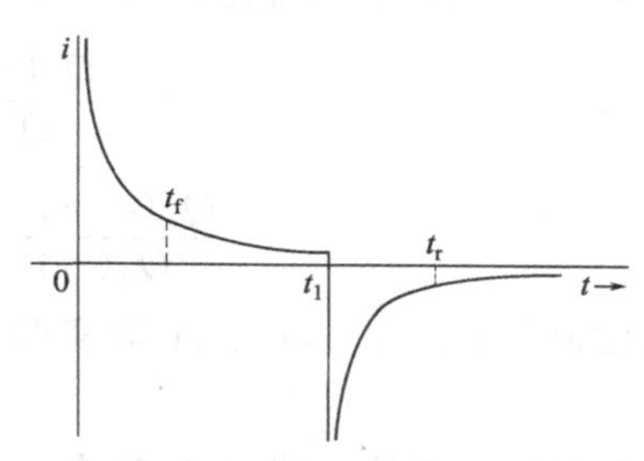

图 4-38　计时电流反向技术的电流响应

$t > t_1$ 时，扩散引起并继续积累的电量与时间的关系为

$$Q_d(t > t_1) = \frac{2nFAD_O^{1/2}c_O^B}{\sqrt{\pi}}[t^{1/2} - (t - t_1)^{1/2}] \tag{4-118}$$

两个阶跃的方向相反，所以 $t > t_1$ 时，Q_d随 t 增加而降低，如图 4-39 所示。虽然 Q_{dl} 在正向阶跃时充电、反向时放电，但净电势变化为 0，因而在 t_1时间后的总电量中并没有净的电容电量。如图 4-39 所示，反向时移去的电量 $Q_r(t > t_1)$ 是 $Q(t_1)$ 与 $Q_d(t > t_1)$ 之差，即

$$Q_r(t > t_1) = Q_{dl} + \frac{2nFAD_O^{1/2}c_O^B}{\sqrt{\pi}}[t_1^{\ 1/2} + (t - t_1)^{1/2} - t^{1/2}] = Q_{dl} + \frac{2nFAD_O^{1/2}c_O^B}{\sqrt{\pi}}\theta \tag{4-119}$$

式中

$$\theta = t_1^{1/2} + (t - t_1)^{1/2} - t^{1/2} \tag{4-120}$$

若 R 在电极上不发生吸附，$Q_r(t > t_1)$ 对 θ 作图是线性的，如图 4-40 所示。

图 4-40 中，$Q_d(t < t_1)$ 对 $t^{1/2}$ 和 $Q_r(t > t_1)$ 对 θ 这一对图被称为 Anson 图，对被研究吸附物质的电极反应非常有用。在这里讨论的情况是，O 发生吸附而 R 不发生吸附，图中两个截距之差为 $nFA\Gamma_O$，得到了纯粹源于吸附的法拉第电量。在一般情况下，O 和 R 均发生吸附时，该差值为 $nFA(\Gamma_O - \Gamma_R)$。

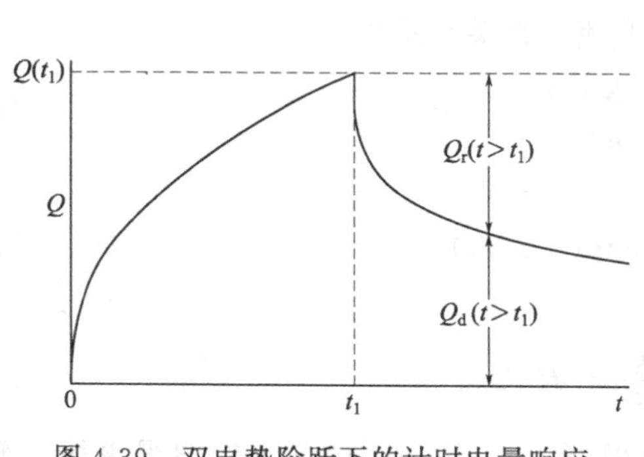

图 4-39　双电势阶跃下的计时电量响应

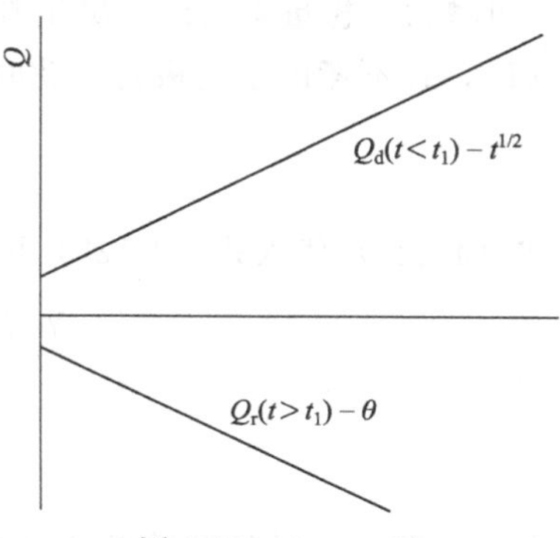

图 4-40　Anson 图

双电势阶跃有很多应用，如果产物 R 在溶液中能发生均相反应而消耗，分析其在氧化

阶段对应的电量即可得到均相反应的程度及其动力学。若 O 和 R 都是稳定的，且均不发生吸附，则 Q_d 符合式（4-112）和式（4-118），分别除以 t_1时间内的总电量，得

$$\frac{Q_d(t<t_1)}{Q_d(t_1)}=\sqrt{\frac{t}{t_1}} \tag{4-121}$$

$$\frac{Q_d(t>t_1)}{Q_d(t_1)}=\sqrt{\frac{t}{t_1}}-\sqrt{\frac{t}{t_1}-1} \tag{4-122}$$

上述比值与 n、c_O^B、D_O、A 等实验参数无关，这是稳定体系的计时电量响应的本质特征。

若体系稳定，则依据式(4-122)有，$Q_d(2t_1)/Q_d(t_1)$ 或 $[Q_d(t_1)-Q_d(2t_1)]/Q_d(t_1)$ 分别为 0.414 和 0.586。若产物 R 在溶液中能迅速分解，在第一次电势阶跃 O 的扩散与还原仍然遵循式（4-112），但由于 R 的分解在第二次电势阶跃时只有一部分被重新氧化。故与产物稳定的体系相比，$Q_d(t>t_1)/Q_d(t_1)$ 随时间下降得较慢一些。在极端情况下，R 完全分解，此时反向电流为零，对于 $t>t_1$，均有 $Q_d(t>t_1)/Q_d(t_1)=1$。

4.7 电量阶跃法

电量阶跃法（charge step）又称库仑脉冲法（coulostatic pulse），是在开路状态下，给电极施加一极短时间的电流脉冲，记录开路电极电势随时间的变化。控制电流脉冲的时间足够短，仅仅引起双层充电。脉冲结束后，双电层放电并引起法拉第电流。

短时间的电流脉冲引起电极上电量的变化，使得电极电势从 φ_e 变为 $\varphi_{(t=0)}$

$$\varphi_{(t=0)}-\varphi_e=\frac{-\Delta Q}{C_d} \tag{4-123}$$

对脉冲结束后的放电过程，有

$$i_r=-i_c=C_d\frac{d\eta}{dt} \tag{4-124}$$

$$\eta=\eta_{(t=0)}+\frac{1}{C_d}\int_0^t i_r dt \tag{4-125}$$

利用适当的 i_r的表达式即可求解 η-t 关系。下面分两种情况进行讨论。

(1) 小幅度电量阶跃　发生阶跃的电量很小，若电势偏离足够小，即 $\eta_{(t=0)} \ll RT/nF$，且不考虑浓度极化，此时 i_r 可利用线性关系式表示

$$\eta=-\frac{RT}{nF}\frac{i_r}{i^0} \tag{4-126}$$

将式（4-126）代入式（4-125）可解得

$$\eta_t=\eta_{(t=0)}\exp(-t/\tau_c) \tag{4-127}$$

式中

$$\tau_c=\frac{RTC_d}{nFi^0}=R_{ct}C_d \tag{4-128}$$

这表明，电势以时间常数按指数规律弛豫回 φ_e。以 $\ln|\eta|$ 对 t 作图得直线，截距为 $\ln|\eta_{(t=0)}|$，代入式（4-123）中可求 C_d，直线斜率为 $-1/\tau_c$，进而可求出电荷传递电阻 R_{ct}和交换电流密度 i^0。

（2）大幅度电量阶跃 若施加一个足够大的电量阶跃，使得 $\eta_{(t=0)}$ 下达到极限扩散状态，并假设 C_d 与电势无关，则可将式（4-93）代入式（4-125）中，得

$$\Delta\varphi = |\varphi - \varphi_{(t=0)}| = \frac{2nFc_O^B}{C_d}\sqrt{\frac{D_O t}{\pi}} \tag{4-129}$$

φ-$\sqrt{t}$ 为线性，斜率正比于溶液本体浓度。

电量阶跃[3-5]的测量是在没有净的外电流的条件下进行的，故欧姆压降不会产生影响，还可用于高电阻介质中的测量。与电流阶跃法不同的是，由于发生弛豫的是双电层的放电，双层电容的电流不再是法拉第电流的误差，而是 $i_c \approx i_F$ 。

与电量阶跃法相类似，电极电势也可以通过其他非电变量的突然变化来实现，如压力、溶液成分以及温度[6-11]等。

实验内容

一、暂态法研究酸性溶液中 KI/KIO_3 的化学反应动力学

（一）实验目的

① 掌握电流阶跃计时电势法测定自催化电极反应参数的基本原理。采用计时电势法研究自催化电极过程，测定电极反应的动力学参数。

② 掌握电势阶跃计时电流法测定自催化电极反应参数的基本原理。采用计时电流法研究自催化电极过程，测定电极反应的动力学参数。

（二）实验原理

在电化学领域中有一种包含电荷传递过程和均相化学转变过程，称为伴随均相化学反应的电极反应类型。为此建立起各种电化学反应方法，同时，这种电化学方法又被应用于化学反应动力学的研究。由于电流和电势的控制及测量具有方法简便、精度高等特点，因此，电化学方法已成为化学动力学研究的重要实验手段。应用电化学方法研究化学动力学需要转变化学反应体系为电极反应体系。

碘酸根在强酸性溶液中电化学还原具有自催化性质[12-15]，电极反应为

$$I_2 + 2e^- \longrightarrow 2I^- \tag{4-130}$$

$$2I^- + \frac{2}{5}IO_3^- + \frac{12}{5}H^+ \xrightarrow{k} \left(1+\frac{1}{5}\right)I_2 + \frac{6}{5}H_2O \tag{4-131}$$

式中，k 为预测的速率常数。把上式写成通式

$$O_x + ne^- \longrightarrow rR_{ed}，rR_{ed} + Z \xrightarrow{k} (1+f)\,O_x + Y$$

与简单电极反应不同，电极反应产物 R_{ed} 将与溶液中 Z 进行化学反应，生成电极反应物 O_x，属伴随均相化学变化的电极反应类型。当 $f=0$ 时，它属催化电极反应类型。这里，$f=1/5>0$，因此，它与催化电极反应也不相同，能生成更多的电极反应物 O_x，称自催化电极反应类型。

反应（4-131）的反应速度对 I^- 为一级反应，则由反应（4-131）引起的 I^- 浓度变化为

$$\frac{dc_{I^-}}{dt}=-k'c_{IO_3^-}^{a}c_{H^+}^{b}c_{I^-}=-kc_{I^-} \tag{4-132}$$

式中，k 为反应速度常数，k 与 c_{H^+} 和 $c_{IO_3^-}$ 有关。

根据 Fick 扩散第二定律，电极的浓度极化微分方程式为

$$\frac{\partial c_{I_2}(x,t)}{\partial t}=D_{I_2}\frac{\partial^2 c_{I_2}(x,t)}{\partial x^2}+k\frac{1+f}{r}c_{I^-}(x,t) \tag{4-133}$$

$$\frac{\partial c_{I^-}(x,t)}{\partial t}=D_{I^-}\frac{\partial^2 c_{I^-}(x,t)}{\partial x^2}-kc_{I^-}(x,t) \tag{4-134}$$

初始和边界条件是

$$c_O(x,t)=c_O^0,\ c_O(\infty,t)=c_O^0 \tag{4-135}$$

$$c_R(x,t)=0,\ c_R(\infty,t)=0 \tag{4-136}$$

（1）电流阶跃法实验原理

在电流阶跃法中，有

$$\left[\frac{\partial c_O(x,t)}{\partial x}\right]_{x=0}=\frac{i_0}{nFD}\left[\frac{\partial c_R(x,t)}{\partial x}\right]_{x=0}=-\frac{ri_0}{nFD} \tag{4-137}$$

这里假设 $D=D_O=D_R$，式中 i_0 为电流密度的阶跃幅度，解得

$$c_{I_2}(0,t)=c_{I_2}^0-\frac{2fi}{nF}\sqrt{\frac{t}{\pi D}}+\frac{(1+f)i}{nF\sqrt{kD}}\mathrm{erf}(\sqrt{kt}) \tag{4-138}$$

式中，n 为电子转移数；erf 为误差函数。

从式（4-138）可以看出，反应物表面浓度由三项构成。式右端第 1 项为反应物的初始浓度，式右端第 2 项反应物的表面浓度随 $\sqrt{t}$ 而线性下降，右端第 3 项反应物 I_2 浓度随时间增加而后保持不变。因此，I_2 在电极表面的浓度随时间的变化会经历一个极小点然后随时间增大。对应于极小点 t_i 的时间应满足 $\frac{dc_{I_2}(t)}{dt}\Big|_{t=t_i}=0$，代入式（4-138），得

$$t_i=\frac{1}{k}\ln\frac{1+f}{f} \tag{4-139}$$

通过式（4-139）可以计算反应速度常数 k 的值，如果调节 i 值使 I_2 在电极表面的浓度仅略大于零，则过电势对时间曲线上出现尖锐的极大点。过电势经历极大点之后随时间的延长而下降的现象是自催化电极的特征。

自催化电极反应在电流阶跃实验中的电极电位-时间函数为

$$\varphi(t)=\varphi_e\frac{RT}{\beta nF}\ln\left[\frac{nFAk_fc_O^0}{I_0}+\frac{2fk_f}{\sqrt{kD}}\sqrt{t}-\frac{(1+f)k_f}{\sqrt{kD}}\mathrm{erf}(\sqrt{kt})\right] \tag{4-140}$$

式（4-140）右边第二项是自催化电极反应的特殊项。当 $f=0$ 时，式（4-140）将演变为催化电极反应的电势时间函数。当 $\sqrt{kt}$ 很小，即化学反应速率很慢或者时间很短时，均相化学反应还来不及进行。考虑的关系式又从催化电极反应进一步演变成简单电极反应。

从实验曲线中可测得 t_i 值，将其代入方程式（4-139），在已知 f 值的情况下便可计算出速率常数 k。

（2）电势阶跃法实验原理

在阶跃电势阴极还原的实验中，当阶跃电势足够负时，简单电极反应的极限电流将按Cottrell方程随时间增加而下降。但催化电极反应却由于表面反应物得到溶液中化学反应的适量补充，使得极限电流随时间增加而趋于某一稳定值。由于自催化电极反应的电极表面反应物将得到化学反应更多的补充，因此极限电流随时间而出现增加的奇特性质，即在电流随时间变化的曲线上表现出极小值关系。

采用大幅度的负向阶跃电势时，有

$$-b\left[\frac{\partial c_O(x,t)}{\partial x}\right]_{x=0}=\left[\frac{\partial c_R(x,t)}{\partial x}\right]_{x=0} \tag{4-141}$$

$$c_O(0,t>0)=0 \tag{4-142}$$

解得

$$i(t)=\frac{abnFc_O^B\sqrt{DK}}{f}\left(\frac{a+\exp(-kt)}{\sqrt{\pi Kt}}+\sqrt{b}\exp(a^2bkt)[\mathrm{erf}(\sqrt{bkt})+\mathrm{erf}(a\sqrt{bkt})]\right) \tag{4-143}$$

式中，$a\equiv f/(1+f)$，$b\equiv 1/(1-a^2)$。

由式（4-143）知 $i(t)$ -t 具有极小值的形式。在较小 t 时，方程（4-143）的右边第一项是主要的；随着 t 增加，第二项就更加起主要作用；当 t 足够大后，第一项与第二项相比可略，且误差函数均可视为1。因此式（4-143）可写作

$$i(t)|_{t\to\infty}=\frac{2abnF\sqrt{Dk}\,c_O^B}{f}\exp(a^2bkt) \tag{4-144}$$

取对数，得

$$\ln i(t)|_{t\to\infty}=\ln\frac{2abnF\sqrt{Dk}\,c_O^B}{f}+a^2bkt \tag{4-145}$$

从式（4-145）知 $\ln i(t)|_{t\to\infty}$-t 是线性关系，其斜率是 a^2bk，即

$$\frac{\mathrm{d}\ln i(t)|_{t\to\infty}}{\mathrm{d}t}=a^2bk=\frac{f^2}{1+2f}k \tag{4-146}$$

式中，$f=1/5$，由式（4-146）可知道，通过 $i(t)|_{t\to\infty}$-t 实验曲线取较大的 t 值作 $\ln i(t)$-t 的关系图将获得一条直线，在已知 f 的情况下，便可从其斜率的实验值中计算求出速率常数 k 值。在实验中恒定 I^- 和 IO_3^- 浓度，通过改变溶液的 pH 值，作 $\lg k$-$\lg c_{H^+}$ 关系图得一直线，求其斜率即是 H^+ 的反应级数 m。

（三）主要仪器和试剂

仪器：电化学工作站(具备程序电流阶跃和电势阶跃功能，型号不限)；三电极电解池体系，Pt电极作为工作电极，使用前用王水处理数秒钟，$Hg|Hg_2SO_4|H_2SO_4$（0.5mol/L）作为参比电极，Pt片作为辅助电极。

试剂：KI、H_2SO_4、$KHSO_4$、K_2SO_4、KIO_3 均为分析纯。

（四）实验步骤

① 电解池准备。将电解池中的工作电极、辅助电极、参比电极分别与恒电势仪对应导线相连。

② 不同 KIO_3 浓度溶液的配制。a. 为了改变溶液的 KIO_3 浓度且又保持溶液的离子强度相同，可按表1配制各种不同底液。b. 另外配制1.5mmol/L的KI溶液，使用之前以2

体积的底液（100mL）和一体积 KI 溶液（50mL）混合，即可进行测量（表 4-2）。

表 4-2 不同 KIO_3 浓度底液的物质浓度（mol/L）

物质	浓度			
	1	2	3	4
H_2SO_4	0.1	0.1	0.1	0.1
$KHSO_4$	0.6	0.6	0.6	0.6
K_2SO_4	0.3	0.3	0.3	0.3
KIO_3	0.15×10^{-3}	1.5×10^{-3}	1.5×10^{-2}	7.5×10^{-2}

③ 不同 pH 值溶液的配制。a. 为了改变溶液的 pH 值且又保持溶液的离子强度相同，可按表 1 配制各种不同 pH 值的底液。b. 另外配制 7.5mmol/L 的 KI 溶液，使用之前以 2 体积的底液（100mL）和一体积 KI 溶液（50mL）混合，即可进行测量（表 4-3）。

表 4-3 不同 pH 值底液的物质浓度（mol/L）

物质	pH 值			
	1.66	1.37	1.21	0.99
H_2SO_4	0	0	0.05	0.1
$KHSO_4$	0.30	0.50	0.55	0.6
K_2SO_4	0.70	0.50	0.40	0.3
KIO_3	1.5×10^{-2}	1.5×10^{-2}	1.5×10^{-2}	1.5×10^{-2}

④ 电流阶跃实验：选择恒电位仪电流灵敏值，调节不同的电流幅度 $1mA/cm^2$，$2mA/cm^2$，$5mA/cm^2$，$10mA/cm^2$，时间设为 5s，观察并记录 φ-t 波形。更换不同 KIO_3 浓度的电解液，重新测试。

⑤ 电势阶跃实验：打开 Chronoamperometry Parameters 对话框，设定实验参数。High E（V）为开路电势。Init E（V）为“开路电势-0.40V”。Initial Step 为 High E，时间为 80s。用 pH 计测定溶液的 pH 值。更换不同 pH 值的电解液，重新测试。

（五）数据记录和处理

① 计时电势法中记录 φ-t 实验数据。由计时电势实验测定 φ-t 曲线计算 t_i 以求自催化过程速率常数 k。求算自催化过程速率常数 k 对 KIO_3 的反应级数。

此处附上典型的数据处理曲线，供教学实验参考。

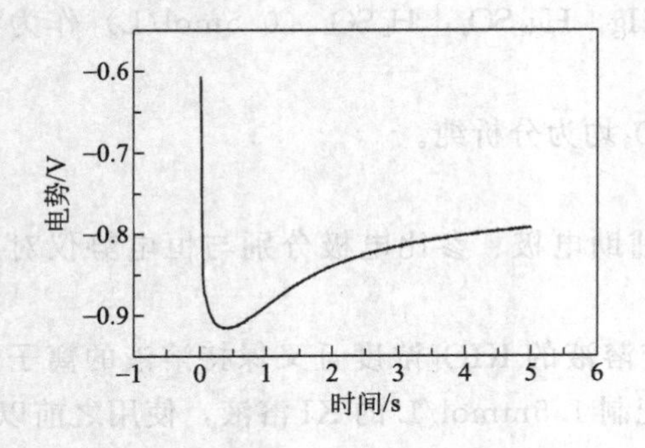

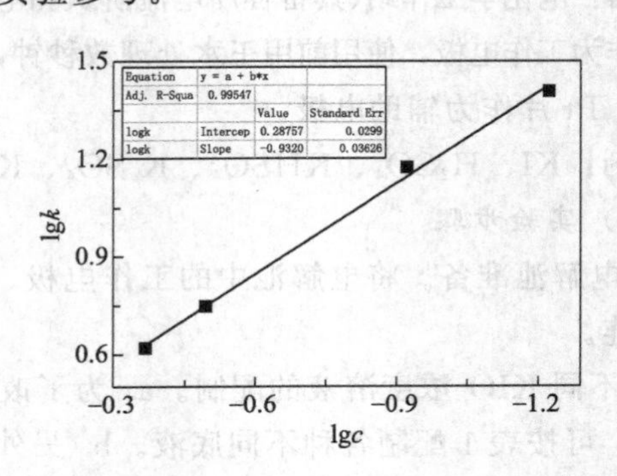

② 测定不同 pH 值溶液中的 i-t 曲线。选择较大 t 作 $\ln i$-t 关系图，以计算速率常数 k。作 $\lg k$-pH 图确定 H^+ 的反应级数。

此处附上典型的数据处理曲线，供教学实验参考。

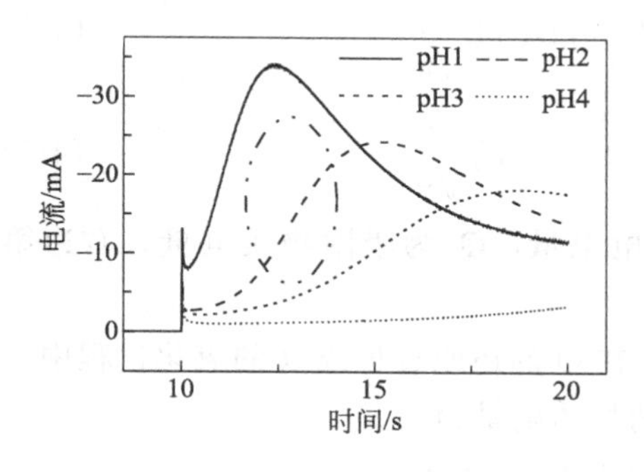

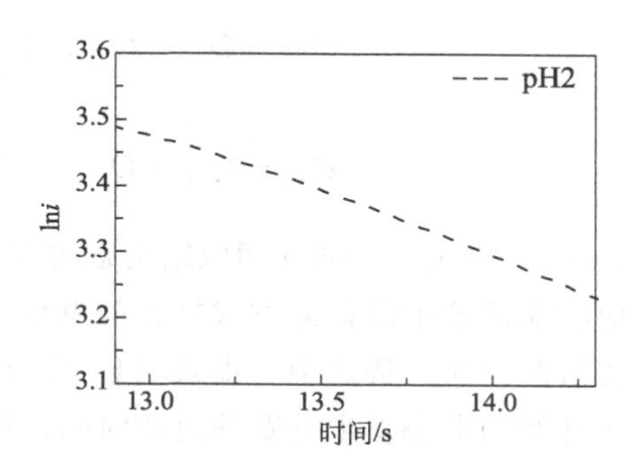

（六）思考题

① 如何从电流阶跃法的电势时间曲线、电势阶跃法的电流时间曲线中判断简单电极反应、催化电极反应和自催化电极反应？实验曲线的特征参数是什么？

② 进行电势阶跃计时电流法实验时必须注意哪些关键的操作步骤？

③ 在电势阶跃计时电流法数据处理时，为什么要遵循后期取样的原则？

④ 在控制电势条件下进行电化学阴极极化还原时，I_2将在 Pt 研究电极上阴极还原成可溶性 I^-，扩散到溶液中的 I^- 又被溶液中的化学成分氧化为 I_2。试讨论实际体系中碘可能以什么形式存在？

⑤ 自催化电极反应类型在阶跃电流的时间电势曲线、阶跃电势的时间电流曲线和稳态旋转圆盘电极极化曲线上都表现出哪些奇特的性质？试比较之。

二、暂态法研究 I_3^-/I^- 在 Pt 电极上的氧化还原过程

（一）实验目的

① 了解电势阶跃计时电流法和计时库仑法的优缺点。

② 掌握电势阶跃计时库仑法的基本原理和实验技能。

③ 掌握电流阶跃法判断反应物来源的基本原理和实验技能。

（二）实验原理

电势阶跃计时电流法中通常很难得到光滑的实验曲线，且后期电流的信噪比较低。采用计时库仑法可以克服这些不足。电势阶跃中时间-库仑曲线是增函数曲线，大大提高了后期的信噪比。同时积分电量具有滤波平缓功能，一般可获得比较光滑的曲线，从而提高数据处理的精度。此外，阶跃电势时间库仑法是研究反应物吸附的重要实验手段，它不仅可判断反应物是否吸附在了电极表面上，还能够从反应物扩散电量中分离出吸附表面反应物的电量，进而估算反应物在电极表面的吸附量。

在电流阶跃法的应用中，过渡时间 τ 是个很重要的参数。在特定条件下通过测量 τ 可以求算扩散系数或者进行反应物浓度的定量分析，还可以判断反应物在电极表面是否存在吸附富集。

本实验采用计时库仑法和计时电势法研究酸性溶液中 Pt 电极上 I_3^-/I^- 氧化还原过程。

已知电极反应 $I_3^- + 2e^- \rightleftharpoons 3I^-$，或记为一般形式 $O_x + ne^- \rightleftharpoons R_{ed}$，在未通电时，溶

液中的 O_x 物质（I_3^-）和 R_{ed} 物质（I^-）的浓度分别是 c_O^B、c_R^B。

在电势阶跃计时库伦法中，由式（4-115）可得，当电势阶跃幅值足够大致使反应物达到极限扩散时，有

$$Q_{IO}=Q_{dl}+Q_{\Gamma,O}+2nFA\sqrt{D_O}c_O^B\frac{\sqrt{t}}{\sqrt{\pi}} \tag{4-147}$$

$$Q_{IR}=Q_{dl}+Q_{\Gamma,R}+2nFA\sqrt{D_R}c_R^B\frac{\sqrt{t}}{\sqrt{\pi}} \tag{4-148}$$

式（4-147）和式（4-148）中 Q_{dl} 为双电层充电电量，Q_Γ 为吸附物质电量，右边第三项表征反应物从溶液中以扩散方式补充的电量。

在电流阶跃计时电势法中，由式（4-71）有，在O的还原过程或R的氧化过程中，从恒电流极化开始到电势发生突跃即过渡时间内所消耗的电量为

$$Q_{O\tau}=Q_{dl}+Q_{\Gamma,O}+\frac{n^2F^2\pi D_O(c_O^B)^2}{4i} \tag{4-149}$$

$$Q_{R\tau}=Q_{dl}+Q_{\Gamma,R}+\frac{n^2F^2\pi D_R(c_R^B)^2}{4i} \tag{4-150}$$

式（4-149）和式（4-150）中右边第三项表征反应物从溶液中以扩散方式补充的电量。

（三）主要仪器和试剂

仪器：电化学工作站（具备电势阶跃计时库伦法、电流阶跃计时电势法功能，型号不限）；三电极电解池体系，Pt电极作为工作电极，硫酸亚汞电极作为参比电极，Pt片作为辅助电极。

试剂：I_2、KI、H_2SO_4，均为分析纯。

（四）实验步骤

① 电解池准备。将电解池中的工作电极、辅助电极、参比电极分别与恒电势仪对应导线相连。

② 溶液配制。分别配制电解液各组分浓度如下：[I_2] 0.2mmol/L+ [KI] 0.5mmol/L+ [H_2SO_4] 1mol/L；[I_2] 1.0mmol/L+ [KI] 3mmol/L+ [H_2SO_4] 1mol/L；[I_2] 2mmol/L+ [KI] 6mmol/L+ [H_2SO_4] 1mol/L；[I_2] 3mmol/L+ [KI] 10mmol/L+ [H_2SO_4] 1mol/L。以三次蒸馏水配制之。

③ 电势阶跃实验。先进行阴极方向 Q-t 测量，后进行阳极方向 Q-t 测量，前者阶跃电势幅度控制在−150mV，后者控制在150mV。脉冲宽度分别控制为0.25s和10s。

④ 电流阶跃实验。调节不同的电流阶跃幅度 $1mA/cm^2$，$2mA/cm^2$，$5mA/cm^2$，$10mA/cm^2$，时间设为5s，观察并记录 φ-t 波形。

⑤ 更换不同浓度的电解液，重新测试。

（五）数据记录和处理

① 从电势阶跃实验得到 Q-t 曲线做 Q-$t^{1/2}$ 图，通过比较阴、阳极过程的 Q-$t^{1/2}$ 判断反应物或产物的稳定性和吸附情况，从实验曲线中估算反应物或产物的吸附量并解释实验结果。

序号	溶液浓度/(mmol/L)	阴极过程 斜率/(μC/$\sqrt{s}$) 截距/μC	阳极过程 斜率/(μC/$\sqrt{s}$) 截距/μC
1	[I_2] 0.2+[KI] 0.5		
2	[I_2] 1.0+[KI] 3.0		
3	[I_2] 2.0+[KI] 6.0		
4	[I_2] 3.0+[KI] 10.0		

从阶跃电势法测量电量与时间 t 的关系，然后作 Q-$t^{1/2}$ 关系曲线。可以看出阴极过程 Q-$t^{1/2}$ 具有截距，且大于双电层充电电量（1～2μC），阳极过程的 Q-$t^{1/2}$ 曲线几乎通过原点。这表明前者吸附物质（I_2）参加反应，而后者反应物（I^-）没有被吸附。

② 从电流阶跃实验得到的 φ-t 曲线读出过渡时间 τ，并计算 $Q_{i\tau}$ 即 $i\tau$ 的值，由阴、阳极过程的 $Q_{i\tau}$-i^{-1} 曲线求算反应物在电极表面的吸附量并解释实验结果。

（六）思考题

① 阶跃电势时间库仑法的特点是什么？

② 比较阶跃电势时间库仑法和阶跃电势时间电流法的优缺点。

③ 进行阶跃电势时间库仑法实验时，须注意哪些特别关键的操作步骤？

④ Q-$t^{1/2}$ 图曲线中的斜率和截距分别受哪些因素影响？如何估算反应物或产物的吸附量？

⑤ 电流阶跃计时电势法中，如何排除双电层充放电电流的影响？要想准确求算过渡时间，应注意哪些事项？

参考文献

[1] Hiroaki Matsuda, Syotaro Oka, Paul Delahay. Analysis of the Double Pulse Galvanostatic Method for Fast Electrode Reactions [J]. Journal of the American Chemistry Society, 1959, 81 (19): 5077-5081.

[2] Kogoma M, Nakayama T, Aoyagui S. An improved circuit for the galvanostatic double-pulse method [J]. Journal of Electroanalytical Chemistry, 1972, 34 (1): 123-129.

[3] H P van Leeuwen. The coulostatic impulse technique: a critical review of its features and possibilities [J]. Electrochimica Acta, 1978, 23 (3): 207-218.

[4] Hiroaki Matsuda, Shigeru Aoyagui. A modified coulostatic pulse method for fast electrode processes [J]. Journal of Electroanalytical Chemistry, 1978, 87 (2): 155-163.

[5] Haruo Mizota, Shigeru Aoyagui, Hiroaki Matsuda. A coulostatic double-pulse method for a fast electron-transfer process followed by a fast chemical reaction [J]. Journal of Electroanalytical Chemistry, 87 (2): 173-179.

[6] Benderskii V A, Babenko S D, Krivenko A G. Investigation of the charge relaxation in the double layer by a thermal jump [J]. Journal of Electroanalytical Chemistry, 1978, 86 (1): 223-225.

[7] John F Smalley, Lin Geng, Stephen W Feldberg, et al. Evidence for adsorption of $Fe(CN)_6^{3-/4-}$ on gold using the indirect laser-induced temperature-jump method [J]. Journal of Electroanalytical Chemistry, 1993, 356 (1-2): 181-200.

[8] John F Smalley, Krishnan C V, Marni Goldman, et al. Laser-induced temperature-jump coulostatics for the investigation of heterogeneous rate processes : Theory and application [J]. Journal of Electroanalytical Chemistry, 1988, 248 (2): 255-282.

[9] Benderskii V A, Velichko G I. Tmperature jump in electric double-layer study : Part Ⅰ. Method of measurements [J]. Journal of Electroanalytical Chemistry, 1982, 140 (1): 1-22.

[10] Benderskii V A，Velichko G I，Kreitus I V．Temperature jump in electric double-layer study：Part Ⅱ．Excess entropy of EDl formation at the interface of mercury and electrolyte solutions of various concentrations［J］．Journal of Electroanalytical Chemistry，1984，181（1-2）：1-20.

[11] Víctor Climent，Barry A Coles，Richard G Compton，et al. Coulostatic potential transients induced by laser heating of platinum stepped electrodes：influence of steps on the entropy of double layer formation［J］．Journal of Electroanalytical Chemistry，2004，561：157-165.

[12] 田昭武，林祖赓，陈衍珍．碘酸盐在酸性溶液中电化还原的自催化作用［J］．厦门大学学报，1964，11（1）：23-31.

[13] 陈体衔．在旋转圆盘电极上自催化电极过程的理论分析［J］．厦门大学学报自然科学版，1981，20（2）：253-257.

[14] Premysl Beran，Stanley Bruckenstein. A Rotating Disk Electrode Study of the Catalytic Wave Produced by the Reduction of Iodine in the Presence of Iodate［J］．The Journal of Physical Chemistry，1968，78（10）：3630-3635.

[15] 陈体衔．实验电化学［M］．厦门：厦门大学出版社，1993.

第5章 伏安法测量与分析

5.1 线性电势扫描法

线性电势扫描法，就是控制研究电极电势 φ 以恒定的速度变化，即 $\mathrm{d}\varphi/\mathrm{d}t$＝常数，同时测量通过电极的电流。这种方法在电化学分析中常称为伏安法（voltammetry）。线性扫描法也是暂态法的一种，扫描速率对暂态极化曲线的形状和数值影响很大，只有当扫描速率足够慢时，才可得到稳态极化曲线。

5.1.1 电势扫描中的电流响应特点

一般情况下，线性扫描所得到的电流是双电层充电电流 i_c 与电化学反应电流 i_r 之和，

$$i = i_c + i_r = C_d \frac{\mathrm{d}\varphi}{\mathrm{d}t} + (\varphi - \varphi_z) \frac{\mathrm{d}C_d}{\mathrm{d}t} + i_r \tag{5-1}$$

在电势扫描法中电势总是以恒定的速度变化，因此，总要有电流对双电层充电；同时由于过电势的改变也会引起反应速率的改变。由于双电层电容 C_d 是随电极电势的变化而变化的，虽然在扫描过程中 $\mathrm{d}\varphi/\mathrm{d}t$＝常数，但一般而言 i_c 并不是常数，尤其是在表面发生活性物质吸脱附时，C_d可能发生急剧变化而使得 i-φ 曲线上出现表面活性物质的吸脱附峰。反应电流 i_r与过电势有关，在某电势范围内有某反应发生，具有相应的反应电流。如果在某电势范围内基本上无电化学反应发生，即相当于理想极化电极，则 i-φ 曲线主要反映双电层电容与电势的关系。当存在电化学反应时，扫描速率越快，i_c 相对越大；扫描速率越慢，i_c 相对越小。只有当扫描速率足够慢时，i_c 相对于 i_r 可以忽略不计，这时得到的 i-φ 曲线才是稳态极化曲线，才真正说明电极反应速率与电势的关系，才可利用稳态法的公式计算动力学参数（没有浓度极化的情况下）。

当电势从平衡电势开始向阴极方向线性扫描时，其电流逐渐增大，通过极大值后开始下降（图 5-1）。电流的极大值称为峰值电流。为什么会出现峰值电流呢？这是由两个相反的因素共同作用的结果。当对处于平衡电势的电极加一个大幅度的线性扫描电势时，一方面电极反应速率随所加电势的增加而增加，反应电流也增加；另一方面电极反应的结果使电极表面附近反应物的浓度下降。这两个相反的影响因素产生了电流峰值。峰值前，过电势的变化起主导作用，峰值后，反应物的流量起主导作用。随着时间延长，扩散层厚度增大，扩散流量降低，故电流下降。扫描速率不同，峰值电流不同，i-φ 曲线的形状和数值

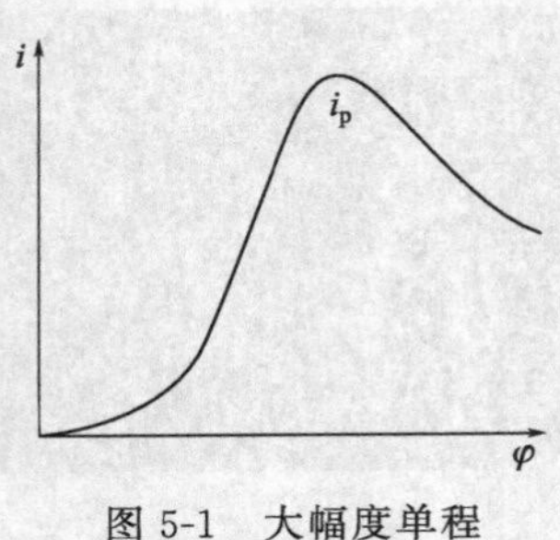

图 5-1 大幅度单程电势扫描曲线

也不相同，所以线性电势扫描实验中，扫描速率选择十分重要。在常规的研究工作中，将电势扫描法的结果以 i-φ 曲线给出，统称为极化曲线或伏安曲线，除非必要，一般不特别说明是稳态极化曲线还是暂态伏安曲线。

线性电势扫描分小幅度运用和大幅度运用。小幅度运用时扫描电势幅度一般在 10mV 以内，主要用来测定双电层电容和反应电阻。大幅度运用时，电势扫描范围较宽，可在所感兴趣的整个电势范围内进行扫描。常用来对电极体系做定性或半定量的观测；判断电极过程的可逆性及控制步骤；观察整个电势范围内可能发生的反应；研究吸脱附现象及电极反应中间产物（特别在有机电极过程中常用）；在金属腐蚀和电结晶研究中也得到广泛的应用。

5.1.2 小幅度三角波扫描的极限简化处理

利用小幅度等腰三角波电势法测定 C_d 和 R_r 在有电化学反应的电势区内是很方便的。因为电势幅度限制在 10mV 内，所以可以近似地认为 C_d 和 R_r 为常数，当三角波的频率足够高时，由测量信号引起的浓度极化可忽略。这样，电极电势的波形和几种情况下的电流波形如图 5-2 所示。

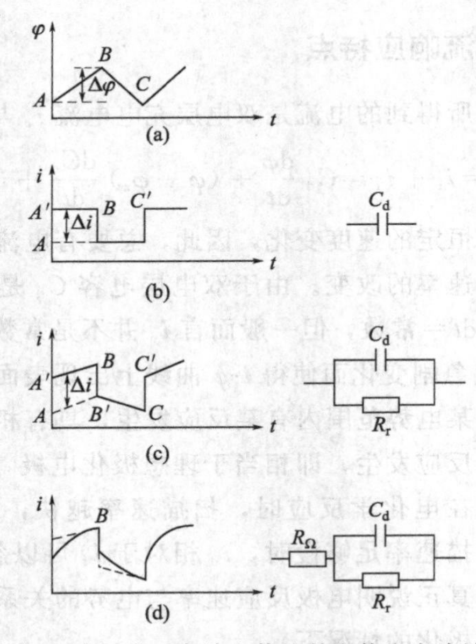

图 5-2 小幅度三角波电势法的电势和电流波形

下面分几种情况予以讨论。

(1) 在扫描电势范围内没有电化学反应（$R_r \to \infty$）且 R_Ω 可忽略时，电极等效电路为单一双电层电容 C_d。而且在此小幅度范围内 C_d 基本为常量，由式（5-1）可知，电流 $i=C_d\dfrac{d\varphi}{dt}$，因 $\left(\dfrac{d\varphi}{dt}\right)_{A\to B}=-\left(\dfrac{d\varphi}{dt}\right)_{B\to A}=$常数，所以电流 i 的波形为水平线，如图 5-2(b)所示。

电势在正向换成逆向前后的电流突跃为

$$\Delta i = i_{A'} - i_A = i_B - i_{B'} = C_d\left[\left(\frac{d\varphi}{dt}\right)_{A\to B} - \left(\frac{d\varphi}{dt}\right)_{B\to C}\right]$$

引入三角波的周期 $T=2(t_A-t_B)$，有

$$\Delta i = C_d\left(\frac{\varphi_B-\varphi_A}{T/2} - \frac{\varphi_C-\varphi_B}{T/2}\right) = \frac{4C_d\Delta\varphi}{T}$$

即

$$C_d = \frac{T\Delta i}{4\Delta\varphi} \tag{5-2}$$

在三角波扫描中，扫描速率 v

$$v = \frac{d\varphi}{dt} = \frac{\Delta\varphi}{T/2} = \frac{2\Delta\varphi}{T}$$

代入式（5-2）中有

$$C_d = \frac{\Delta i}{2v} = \frac{\Delta i}{2\left(\dfrac{d\varphi}{dt}\right)} \tag{5-3}$$

利用式（5-3）进行 C_d 的计算时，为了突出电流响应曲线上的突跃部分 Δi，提高测量精度，应采用大的扫描速率，同时还要满足 $|\Delta\varphi| \leqslant 10\text{mV}$。如果电极有较宽的理想极化区，在该电势区内可以采用较大幅度（几百毫伏以上）的三角波电势扫描法测得整个电势区内的 C_d-φ 曲线。

（2）在扫描电势范围内有电化学反应，但溶液电阻 R_Ω 及浓度极化可以忽略时，电极等效为 C_d 和 R_r 并联的等效电路。因为电势线性变化时，流经 R_r 的电流即反应电流也按线性变化，但双电层充电电流为常数，所以由式（5-1）可知电流 i 是线性变化的。如图 5-2(c)所示，扫描换向的瞬间，电势未变，则反应电流不变，显然电流的突跃是双电层改变极性引起的。因此可用上述同样的方法导出 C_d 的计算式（5-3）。

由于电势扫描从 A 到 B，电流从 A' 线性变化到 B，显然电流的增量 $i_B - i_{A'}$ 是由于电势改变 $\Delta\varphi$ 引起的反应电流的增加，所以这时的反应电阻为

$$R_r = \frac{\Delta\varphi}{i_B - i_{A'}} \tag{5-4}$$

利用式（5-4）求算 R_r 时，要尽量减小扫描速率，以突出线性变化的法拉第电流部分。

（3）当溶液电阻 R_Ω 不可忽略时，电流波形如图 5-2(d)所示。可利用作图外推到 A'，B'，C' 等点计算 R_r，C_d。C_d 的计算同前，R_r 的计算为

$$R_r = \frac{\Delta\varphi}{i_B - i_{A'}} - R_\Omega \tag{5-5}$$

当 R_Ω 小时，这种外推的近似计算得到 C_d、R_r 误差较小，但若 R_Ω 较大时，这样的近似计算得到的 C_d、R_r 误差大，甚至不能使用。

所以，用这种方法测微分电容 C_d 和反应电阻 R_r 时，溶液电阻一定要小或能进行补偿。电极表面有高阻膜（如钝化膜）也不宜使用这种方法。

如果恒电势仪有溶液电阻补偿电路，将 R_Ω 压降补偿后可得图 5-2(c)的波形，既减少了外推的困难，又在计算 R_r 时不必扣除 R_Ω，还提高了测量精度。从上述讨论可知，利用小幅度三角波电势法测量 C_d 时可不受 R_r 存在的影响。

5.1.3 大幅度线性电势扫描法

本节讨论线性扫描大幅度运用的情况。下面按电极过程的类型分成三种情况来处理。

5.1.3.1 可逆体系

对于发生在平板电极上的扩散步骤控制的可逆体系

$$\mathrm{O}+n\mathrm{e}^- \rightleftharpoons \mathrm{R}$$

扩散方程为

$$\frac{\partial c_{\mathrm{O}}}{\partial t}=D_{\mathrm{O}}\frac{\partial^2 c_{\mathrm{O}}}{\partial x^2} \tag{5-6}$$

$$\frac{\partial c_{\mathrm{R}}}{\partial t}=D_{\mathrm{R}}\frac{\partial^2 c_{\mathrm{R}}}{\partial x^2} \tag{5-7}$$

假定满足半无限线性扩散的条件，反应开始前溶液中只含有反应粒子 O，且 O、R 在溶液中均可溶，及在溶液中存在大量惰性电解质。则有初始条件

$$c_{\mathrm{O}}(x,\ 0)=c_{\mathrm{O}}^{\mathrm{B}} \tag{5-8}$$

$$c_{\mathrm{R}}(x,\ 0)=0 \tag{5-9}$$

及边界条件

$$c_{\mathrm{O}}(\infty,\ t)=c_{\mathrm{O}}^{\mathrm{B}} \tag{5-10}$$

$$c_{\mathrm{R}}(\infty,\ t)=0 \tag{5-11}$$

另一边界条件，$t>0$，$x=0$ 处，有

$$D_{\mathrm{O}}\left(\frac{\partial c_{\mathrm{O}}}{\partial x}\right)_{x=0}+D_{\mathrm{R}}\left(\frac{\partial c_{\mathrm{R}}}{\partial x}\right)_{x=0}=0 \tag{5-12}$$

根据电极反应可逆的假设，电极表面各种反应粒子的浓度与电极电势的关系可用 Nernst 方程表示，

$$\varphi=\varphi^{\ominus\prime}+\frac{RT}{nF}\ln\frac{c_{\mathrm{O}}^{\mathrm{S}}}{c_{\mathrm{R}}^{\mathrm{S}}} \tag{5-13}$$

式（5-13）的指数形式为

$$\frac{c_{\mathrm{O}}^{\mathrm{S}}}{c_{\mathrm{R}}^{\mathrm{S}}}=\exp\left[\frac{nF}{RT}(\varphi-\varphi^{\ominus\prime})\right] \tag{5-14}$$

扫描过程中，电势线性变化，以负方向扫描为例，当 $0\leqslant t\leqslant\lambda$ 时，有

$$\varphi(t)=\varphi_{\mathrm{i}}-vt \tag{5-15}$$

代入式（5-14）得到

$$\frac{c_{\mathrm{O}}^{\mathrm{S}}}{c_{\mathrm{R}}^{\mathrm{S}}}=\exp\left[\frac{nF}{RT}(\varphi_{\mathrm{i}}-vt-\varphi^{\ominus\prime})\right] \tag{5-16}$$

φ_{i} 为初始电势。

为了叙述的方便，引入变量 θ 和 $S_\lambda(t)$，令

$$\theta=\exp\left[\frac{nF}{RT}(\varphi_{\mathrm{i}}-\varphi^{\ominus\prime})\right] \tag{5-17}$$

$$S_\lambda(t)=\exp(-at) \tag{5-18}$$

式中

$$a=nFv/RT \tag{5-19}$$

式（5-16）可写成

$$c_{\mathrm{O}}^{\mathrm{S}}/c_{\mathrm{R}}^{\mathrm{S}}=\theta S_{\lambda}(t) \tag{5-20}$$

根据式（5-8）～式（5-11），式（5-12）及式（5-20）这些定解条件，得

$$c_{\mathrm{O}}^{\mathrm{S}}=c_{\mathrm{O}}^{\mathrm{B}}-\frac{1}{\sqrt{\pi D_{\mathrm{O}}}}\int_{0}^{t}\frac{f(\tau)\mathrm{d}\tau}{\sqrt{t-\tau}} \tag{5-21}$$

$$c_{\mathrm{R}}^{\mathrm{S}}=\frac{1}{\sqrt{\pi D_{\mathrm{R}}}}\int_{0}^{t}\frac{f(\tau)\mathrm{d}\tau}{\sqrt{t-\tau}} \tag{5-22}$$

式中，τ 仅为辅助变量，无对应物理意义，

$$f(\tau)=D_{\mathrm{O}}\left(\frac{\partial c_{\mathrm{O}}}{\partial x}\right)_{x=0}=\frac{I(\tau)}{nFA} \tag{5-23}$$

将式（5-21）、式（5-22）代入式（5-20）中，经变换得

$$\int_{0}^{t}\frac{f(\tau)\mathrm{d}\tau}{\sqrt{t-\tau}}=\frac{c_{\mathrm{O}}^{\mathrm{B}}\sqrt{\pi D_{\mathrm{O}}}}{1+\xi\theta S_{\lambda}(t)} \tag{5-24}$$

式中，$\xi=(D_{\mathrm{O}}/D_{\mathrm{R}})^{1/2}$。

方程式（5-24）的解就是函数 $i(t)$，即为电流-时间曲线，而电势与时间呈线性关系，也就得到了电流-电势方程。但是得不到式（5-24）的精确解，只能得到数值解。在求解之前，将方程改写成无量纲形式。

由式（5-19），有

$$at=\frac{nFvt}{RT}=\frac{nF}{RT}(\varphi_{\mathrm{i}}-\varphi) \tag{5-25}$$

at 即为无量纲变量，且与电势呈线性关系。又因电流-电势曲线形式较电流-时间曲线形式更常用，故将 at 作为一个整体处理更方便。进行变量变换，令

$$\tau=z/a \tag{5-26}$$

$$f(t)=g(at) \tag{5-27}$$

至此，方程式（5-24）变成

$$\int_{0}^{at}\frac{g(z)\mathrm{d}z}{\sqrt{at-z}}=\frac{c_{\mathrm{O}}^{\mathrm{B}}\sqrt{\pi D_{\mathrm{O}}}}{1+\xi\theta S_{\lambda}(at)} \tag{5-28}$$

两边除以 $c_{\mathrm{O}}^{\mathrm{B}}\sqrt{\pi D_{\mathrm{O}}}$，得

$$\int_{0}^{at}\frac{\chi(z)\mathrm{d}z}{\sqrt{at-z}}=\frac{1}{1+\xi\theta S_{\lambda}(at)} \tag{5-29}$$

式中

$$\chi(z)=\frac{g(z)}{c_{\mathrm{O}}^{\mathrm{B}}\sqrt{\pi D_{\mathrm{O}}a}}=\frac{i(at)}{nFc_{\mathrm{O}}^{\mathrm{B}}\sqrt{\pi D_{\mathrm{O}}a}} \tag{5-30}$$

式（5-29）即为用无量纲变量 $\chi(z)$、ξ、θ、$S_{\lambda}(at)$ 和 at 表示的方程。对于给定的 $\xi\theta$，通过式（5-29）可得 $\chi(z)$ 的值，再代入式（5-30）可解得电流

$$i=nFc_{\mathrm{O}}^{\mathrm{B}}(\pi D_{\mathrm{O}}a)^{1/2}\chi(at) \tag{5-31}$$

尽管可以通过不同的方法求解式（5-29），如数值法、解析法、级数法等，但其数值法最常用。用一系列 $\chi(at)$ 的值作为 at 或 $n(\varphi-\varphi_{1/2})$ 的函数，如表 5-1 和图 5-3 所示。

函数 $\pi^{1/2}\chi(at)$ 存在一个极大值 0.4463，由式（5-31）得峰值电流为

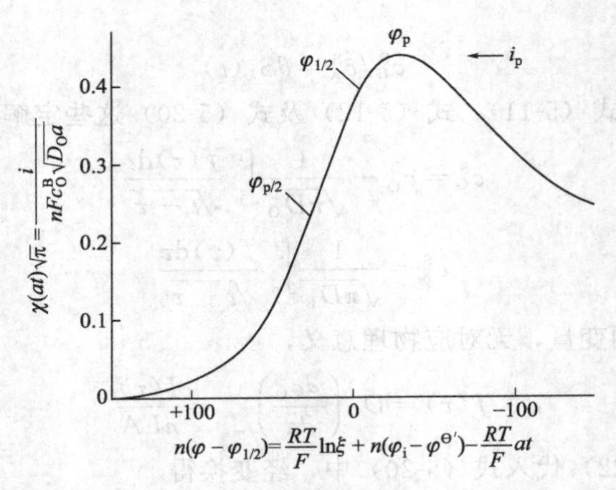

图 5-3　以无因次电流函数表示的扫描曲线

$$i_p=0.4463nFc_O^B\left(D_O\frac{nF}{RT}v\right)^{1/2} \tag{5-32}$$

若式中各参数选用下列单位：D_O为 m^2/s；c_O^B 为 mol/m^3；v 为 V/s；当 i_p 的单位为 A/m^2 时，在 25℃，上式可写成

$$i_p=(2.69\times10^5)n^{3/2}D_O^{1/2}v^{1/2}c_O^B \tag{5-33}$$

对应于 i_p 的峰值电势（φ_p）

$$\varphi_p=\varphi_{1/2}-(1.109\pm0.002)\frac{RT}{nF} \tag{5-34}$$

式中的误差值是因为式（5-29）的最后求解为数值解，故某些文献报道的峰值电势与 $\varphi_{1/2}$ 的差不完全一致。

表 5-1　可逆电极过程的电流函数

$\frac{n(\varphi-\varphi_{1/2})}{RT/F}$	$n(\varphi-\varphi_{1/2})$ /mV(25℃)	$\pi^{1/2}\chi(at)$	$\frac{n(\varphi-\varphi_{1/2})}{RT/F}$	$n(\varphi-\varphi_{1/2})$ /mV(25℃)	$\pi^{1/2}\chi(at)$
4.67	120	0.009	−0.19	−5	0.400
3.89	100	0.020	−0.39	−10	0.418
3.11	80	0.042	−0.58	−15	0.432
2.34	60	0.084	−0.78	−20	0.441
1.95	50	0.117	−0.97	−25	0.445
1.75	45	0.138	−1.109	−28.50	0.4463
1.56	40	0.160	−1.17	−30	0.446
1.36	35	0.185	−1.36	−35	0.443
1.17	30	0.211	−1.56	−40	0.438
0.97	25	0.240	−1.95	−50	0.421
0.78	20	0.269	−2.34	−60	0.399
0.58	15	0.298	−3.11	−80	0.353
0.39	10	0.328	−3.89	−100	0.312
0.19	5	0.355	−4.67	−120	0.280
0.00	0	0.380	−5.84	−150	0.245

$\frac{n(\varphi-\varphi_{1/2})}{RT/F}$在25℃时为

$$\varphi_p-\varphi_{1/2}=-\frac{28.5}{n}\mathrm{mV} \tag{5-35}$$

事实上，可逆电极过程的电流峰相对较宽，在邻近几个毫伏的范围内 $\chi(at)$ 的相对偏差不超过1%，故从扫描曲线上难以得到 φ_p 的准确值，为此，人们常采用电流为 $i_p/2$ 处的“半峰电势” $\varphi_{p/2}$ 为参考点，尽管 $\varphi_{p/2}$ 并没有明显的热力学意义。

$$\varphi_{p/2}-\varphi_{1/2}=1.09\frac{RT}{nF} \tag{5-36}$$

在25℃时有

$$\varphi_{p/2}-\varphi_{1/2}=\frac{28.0}{n}\mathrm{mV} \tag{5-37}$$

由式（5-34）和式（5-36）得到

$$\varphi_{1/2}=\varphi_p+1.109\frac{RT}{nF}=\varphi_{p/2}-1.09\frac{RT}{nF} \tag{5-38}$$

即极谱半波电势 $\varphi_{1/2}$ 刚好处于 φ_p 和 $\varphi_{p/2}$ 的中间，见图5-3。又由式（5-38）推得

$$|\varphi_p-\varphi_{p/2}|=|(-1.109-1.09)|\frac{RT}{nF}=2.2\frac{RT}{nF} \tag{5-39}$$

在25℃时有

$$|\varphi_p-\varphi_{p/2}|=\frac{56.5}{n}\mathrm{mV} \tag{5-40}$$

这些是扩散步骤控制的可逆体系在扫描曲线上表现的重要特征。

由此可见，对于可逆体系的扫描曲线，φ_p 与扫描速率 v 无关［式（5-34）］；i_p 正比于 $v^{1/2}$ ［式（5-33）］；而 $\frac{i_p}{v^{1/2}c_O^B}$ =常数，其值依赖于 $n^{3/2}$ 与 $D_O^{1/2}$，据此能估算电极反应涉及的电子数 n（若 D_O 已知）。其中 φ_p 与 v 无关可以作为电化学体系可逆性的一个判据。

5.1.3.2 完全不可逆体系

对于完全不可逆反应 $\mathrm{O}+n\mathrm{e}^-\xrightarrow{k_f}\mathrm{R}$，除了式（5-8）～式（5-11）这些定解条件同样适用外，另一边界条件式（5-16）应被取代为

$$D_O\left(\frac{\partial c_O}{\partial x}\right)_{x=0}=k_f(t)c_O(0,t) \tag{5-41}$$

式中，$k_f(t)$ 为给定极化电势下的阴极反应速率常数，

$$k_f(t)=k_S\exp\left(-\frac{\beta n_a F[\varphi(t)-\varphi^{\ominus'}]}{RT}\right) \tag{5-42}$$

这里的 k_S 为相当于 $\varphi^{\ominus'}$ 的标准速率常数，与极化电势无关。将式（5-15）代入式（5-42）得到

$$k_f(t)=k_S\exp\left(-\frac{\beta n_a F(\varphi_i-vt-\varphi^{\ominus'})}{RT}\right) \tag{5-43}$$

又将式（5-43）代回式（5-41）则有

$$D_O\left(\frac{\partial c_O}{\partial x}\right)_{x=0}=k_S\exp\left(-\frac{\beta n_a F(\varphi_i-vt-\varphi^{\ominus'})}{RT}\right)c_O(0,t)$$

$$=k_{\mathrm{S}}\exp\left(-\frac{\beta n_{\mathrm{a}}F(\varphi_{\mathrm{i}}-\varphi^{\ominus'})}{RT}\right)\exp(bt)c_{\mathrm{O}}(0,\ t) \tag{5-44}$$

式中，$b=\frac{\beta n_{\mathrm{a}}F}{RT}v$，即 $bt=\frac{\beta n_{\mathrm{a}}F}{RT}vt=\frac{\beta n_{\mathrm{a}}F}{RT}(\varphi_{\mathrm{i}}-\varphi)$。

通过与可逆电极过程相似的求解方法，可以推得电流的表达式为

$$i=nFc_{\mathrm{O}}^{\mathrm{B}}(\pi D_{\mathrm{O}}b)^{1/2}\chi(bt) \tag{5-45}$$

或写成

$$i=nFc_{\mathrm{O}}^{\mathrm{B}}D_{\mathrm{O}}{}^{1/2}v^{1/2}\pi^{1/2}\left(\frac{\beta n_{\mathrm{a}}F}{RT}\right)^{1/2}\chi(bt) \tag{5-46}$$

不难发现，式（5-45）与式（5-31）的形式完全相同。

表 5-2 给出了无因次电流函数 $\pi^{1/2}\chi(bt)$ 值。

表 5-2　不可逆电极反应的电流函数 $\pi^{1/2}\chi(bt)$ 值

无因次电势①	电势标②/mV(25℃)	$\pi^{1/2}\chi(bt)$	无因次电势①	电势标②/mV(25℃)	$\pi^{1/2}\chi(bt)$
6.23	160	0.003	0.58	15	0.437
5.45	140	0.008	0.39	10	0.462
4.67	120	0.016	0.19	5	0.480
4.28	110	0.024	0.00	0	0.492
3.89	100	0.035	−0.19	−5	0.4956
3.50	90	0.050	−0.21	−5.34	0.4958
3.11	80	0.073	−0.39	−10	0.493
2.72	70	0.104	−0.58	−15	0.485
2.34	60	0.145	−0.78	−20	0.472
1.95	50	0.199	−0.97	−25	0.457
1.56	40	0.264	−1.17	−30	0.441
1.36	35	0.300	−1.36	−35	0.423
1.17	30	0.337	−1.56	−40	0.406
0.97	25	0.372	−1.95	−50	0.374
0.78	20	0.406	−2.72	−70	0.323

① 无因次电势，$(\beta n_{\mathrm{a}}F/RT)(\varphi-\varphi^{\ominus'})+\ln(\sqrt{\pi D_{\mathrm{O}}b}/k_{\mathrm{S}})$。

② 电势标，$\beta n_{\mathrm{a}}(\varphi-\varphi^{\ominus'})+59\ln(\sqrt{\pi D_{\mathrm{O}}b}/k_{\mathrm{S}})$。

函数 $\pi^{1/2}\chi(bt)$ 有极大值 $\pi^{1/2}\chi(bt)=0.4958$，将此代入式（5-46）得到相应的峰值电流为

$$i=0.4958nFc_{\mathrm{O}}^{\mathrm{B}}D_{\mathrm{O}}{}^{1/2}v^{1/2}\left(\frac{\beta n_{\mathrm{a}}F}{RT}\right)^{1/2} \tag{5-47}$$

在 25℃时有

$$i=(2.99\times10^{5})c_{\mathrm{O}}^{\mathrm{B}}(\beta n_{\mathrm{a}}D_{\mathrm{O}}v)^{1/2} \tag{5-48}$$

式中所用单位同式（5-32）。

对应于 i_{p} 的峰值电势（φ_{p}）可由下式求得

$$\beta n_{\mathrm{a}}(\varphi-\varphi^{\ominus'})+\frac{RT}{F}\ln\frac{(\pi D_{\mathrm{O}}b)^{1/2}}{k_{\mathrm{S}}}=-5.34\mathrm{mV} \tag{5-49}$$

即有

$$\varphi_p=\varphi^{\ominus'}-\frac{RT}{\beta n_a F}\left[0.780+\ln\frac{D_O{}^{1/2}}{k_S}+\frac{1}{2}\ln\left(\frac{\beta n_a F v}{RT}\right)\right] \tag{5-50}$$

同样地，在不可逆电极过程的研究中也经常用半波电势 $\varphi_{p/2}$ 作为参考点

$$|\varphi_p-\varphi_{p/2}|=1.857\frac{RT}{\beta n_a F} \tag{5-51}$$

在 25℃时有

$$|\varphi_p-\varphi_{p/2}|=\frac{47.7}{\beta n_a}\mathrm{mV} \tag{5-52}$$

若将这些性质与可逆体系的扫描曲线比较，可以得到如下结果：

(1) i_p 与 $v^{1/2}$ 成正比，这和可逆体系的性质相同。

(2) 若采用式 (5-33) 表示的 i_p (可逆)，则式 (5-47) 可以写成

$$i_{p(不可逆)}=1.11n^{1/2}(\beta n_a)^{1/2}i_{p(可逆)} \tag{5-53}$$

当 $n=1$，$\beta=0.5$ 时，$i_{p(不可逆)}=0.785i_{p(可逆)}$，即完全不可逆体系的峰值电流低于可逆体系的值。

(3) φ_p 为电势扫描速率 v 的函数，扫描速率每增大十倍，峰值电势将往电势扫描方向移动 $\frac{1.15RT}{\beta n_a F}$ (在 25℃时等于 $\frac{30}{\beta n_a}$mV)，由式 (5-50) 可知，($\varphi_p-\varphi^{\ominus'}$) 值与 k_S 有关，k_S 值越小，其差值越大。这些结果正是反应速率受电化学步骤控制的动力学特征。

根据式 (5-47)，若将不同扫描速率下的 i_p 对 $v^{1/2}$ 作图，则由其直线斜率可以求得 β (设 n、D_O 已知)。或者联解式 (5-50) 与式 (5-46) 推得

$$i_p=0.227nFc_O^B k_S\exp\left[-\frac{\beta n_a F}{RT}(\varphi_p-\varphi^{\ominus'})\right] \tag{5-54}$$

则在不同扫描速率下由 $\ln i_p$ 对 ($\varphi_p-\varphi^{\ominus'}$) 作图可得一直线，由其直线斜率 $-\frac{\beta n_a F}{RT}$ 和截矩 (正比于 k_S) 可以算出电化学步骤的动力学参数 β 与 k_S。

随着计算机技术的快速发展和软件的开发应用，线性电势扫描技术在可逆体系和不可逆体系的研究中均将发挥越来越重要的作用。

5.2 循环伏安法

5.2.1 简单体系的循环伏安行为

当线性扫描达到一定时间 $t=\lambda$ 时 (或电极电势达到换向电势 φ_λ 时)，将扫描方向反向，这样加到工作电极的电势变化如图 5-4(a)所示。所加扫描电势为三角波，工作电极的电势可表示为 (以负方向扫描为例)

$$0\leqslant t\leqslant\lambda,\ \varphi(t)=\varphi_i-vt \tag{5-55}$$

$$t>\lambda,\ \varphi(t)=(\varphi_i-vt)+(t-\lambda)v=\varphi_i-2v\lambda+vt \tag{5-56}$$

λ 为扫描速率换向的时刻。

仿照 5.1.3 小节中的处理方法，可以推得 i-φ 方程式。只是在 $t>\lambda$ 时应以式 (5-56) 取代式 (5-15) 代入式 (5-14)。下面按电极过程的可逆与否分别进行讨论。

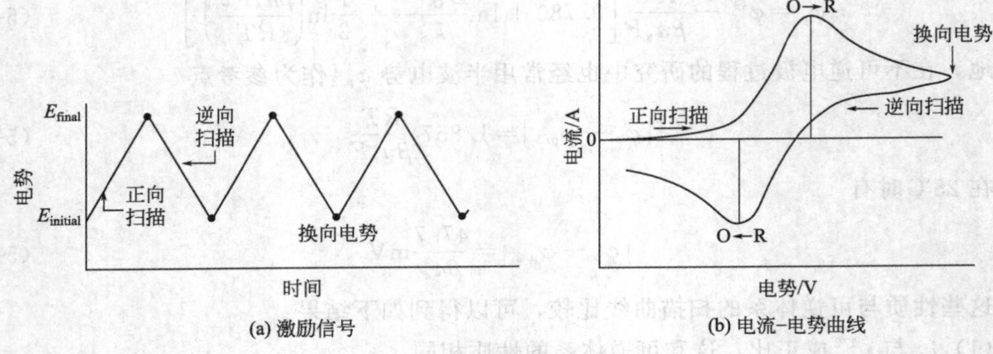

(a) 激励信号　　(b) 电流-电势曲线

图 5-4　循环伏安法

5.2.1.1　可逆体系

对可逆体系，当然，三角波扫描中的前一半在此例中为阴极过程与单程扫描完全一致，在 $t>\lambda$ 的时段里，只需将 5.1.3 小节定义的函数 $S(t)$ 写为

$$S_{\lambda}(t)=\exp(at-2a\lambda),\ (t>\lambda) \tag{5-57}$$

然后便可按 5.1.3 小节的方法进行处理。

典型的循环伏安图见图 5-5。图上最感兴趣的测量参数是阳阴极峰值电流的比值 i_{pb}/i_{pf} 以及两个峰值电势的间距（$\varphi_{pb}-\varphi_{pf}$）。如果保持正向扫描不变，换向电势 φ_{λ} 越过阴极峰值电势 φ_{pf} 超过 $35/n$mV，以正向扫描的衰减电流为基线，反向扫描得到的电流响应的形状与峰高与正向扫描得到的阴极峰一致，只是 φ_{λ} 不同时，反向的峰值电流的绝对数值不一致。也就是说，对于可逆体系在以阴极电流为基线（图 5-5）的情况下，阴阳极电流峰值比 i_{pb}/i_{pf} 始终为 1，与换向电势无关。这种电流响应特征广泛应用于检测电极反应产物的稳定性。

如果阴极扫描达到换向电势 φ_{λ} 时，保持在 φ_{λ}，使阴极电流衰减至零，然后开始逆向扫描得到的 i-φ 曲线与阴极曲线相同（图 5-5，曲线 4）但方向相反。这是因为阴极电流衰减至零，意味着扩散层氧化态（O）耗竭，产生的还原态（R）的浓度在扩散层近似为 c_{O}^{B}，阳极扫描就相当于从起始仅含 R 的溶液进行的一样。i_{pb}/i_{pf} 偏离 1，可预期存在动力学或别的复杂情况。

在实验操作中，阴极电流基线可以通过越过了换向电势 φ_{λ} 的单程扫描电流响应的外延获得。也可以越过峰值电势 φ_{p} 后停止扫描，记录电流随时间的衰减。如果实验测定有困难，可由下列关系式计算 i_{pb}/i_{pf} 值，

$$\frac{i_{pb}}{i_{pf}}=\frac{(i_{pb})_0}{i_{pf}}+\frac{0.485\,(i_{sp})_0}{i_{pf}}+0.086 \tag{5-58}$$

式中，$(i_{pb})_0$ 为未经校正的相对于零电流基线的阳极峰值电流；$(i_{sp})_0$ 为在 φ_{λ} 处的阴极电流（图 5-5）。

Gino Bontempelli 等[1] 提出了一个计算正、逆扫描过程峰值电流比值 i_{pb}/i_{pf} 的简单方法（图 5-6）。

$$\frac{i_{pb}}{i_{pf}}=\frac{(i_{pb})_0}{i_{pf}}+\frac{i_{\lambda}}{i_{pf}}\left[1+\frac{(\varphi_{pb}-\varphi_{\lambda})(i_1^2-i_{\lambda}^2)}{i_1^2(\varphi_1-\varphi_{\lambda})}\right]^{-1/2} \tag{5-59}$$

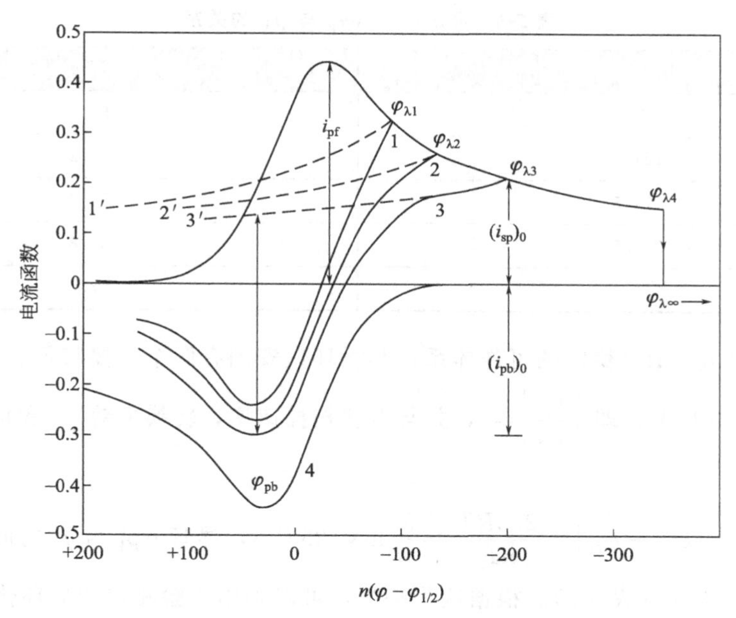

图 5-5 在不同 φ_λ 下的可逆体系的循环伏安曲线

φ_λ 分别为：1— $\varphi_{1/2}$-90/n；2— $\varphi_{1/2}$-130/n；3— $\varphi_{1/2}$-200/n；

4—电势保持在 $\varphi_{\lambda4}$ 直至阴极电流衰减为 0。

曲线 1，2，3 用曲线 4 叠加阴极 i-φ 曲线的衰减电流曲线 1′，2′，3′得到

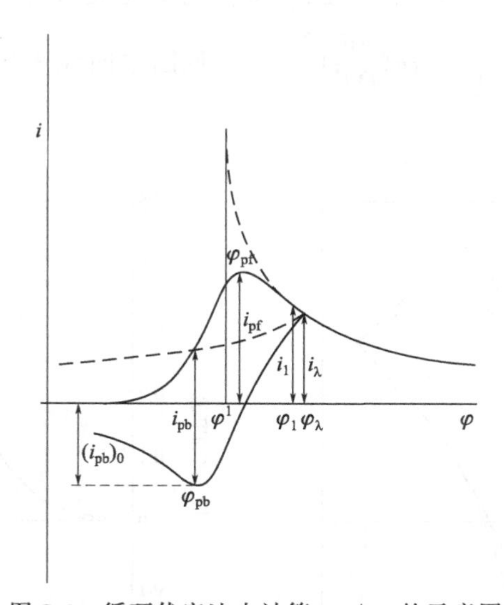

图 5-6 循环伏安法中计算 i_{pb}/i_{pf} 的示意图

式中，φ_1 和 φ_λ 需在计时电势的响应曲线与线性扫描 CV 曲线重合的区间内选取。

阳极峰和阴极峰电势的差值 $\Delta\varphi_p = |\varphi_{pb} - \varphi_{pf}|$，能够用于判断反应是否可逆。对可逆过程，虽然 $\Delta\varphi_p$ 对 φ_λ 有一定的依赖性，但其值一般接近于 $2.3RT/nF$（或$\frac{59}{n}$mV，25℃），在 25℃的实际值与 φ_λ 的依赖性如表 5-3 所列。当重复地进行三角波扫描时，阴极峰电流减小，阳极峰电流增加，最后达到稳态值。稳态时，$\Delta\varphi_p = 58/n$mV（25℃）。

表 5-3 可逆体系 $\Delta\varphi_p$ 与 φ_λ 的关系

$n(\varphi_{pc}-\varphi_\lambda)$/mV	$n(\varphi_{pa}-\varphi_{pc})$/mV
71.5	60.5
121.5	59.2
171.5	58.3
271.5	57.8
∞	57.0

对于反应产物（R）稳定的可逆体系，其循环伏安图有两个重要特征：

(1) $|I_{pb}|=|I_{pf}|$，即 $\left|\dfrac{I_{pb}}{I_{pf}}\right|=1$，并与电势扫描速率，转换电势 φ_λ 和扩散系数等参数无关。

(2) $|\Delta\varphi_p|=|\varphi_{pb}-\varphi_{pf}|\approx\dfrac{2.3RT}{nF}\approx\dfrac{58}{n}$mV(25℃)，尽管 $\Delta\varphi_p$ 与 φ_λ 之间稍有关系，但这规律总是近似成立（表 5-3）。根据这些特征，可以利用实验测定的循环伏安图来鉴别电极过程是否受制于扩散传质步骤，或者电化学步骤是否处在可逆状态。

5.2.1.2 准可逆和不可逆体系

对于部分可逆体系的电流-电势曲线，典型的结果见图 5-7，图中曲线是根据理论方程绘制。由图表明，若 $0.3<\beta<0.7$，$\Delta\varphi_p$ 与 β 几乎无关（见图中曲线 1 和曲线 2），只依赖于 ψ（$\psi=\left(\dfrac{D_O}{D_R}\right)^{\beta/2}k_S/\left[D_O\pi v(\dfrac{nF}{RT})\right]^{1/2}$），见图中曲线 3 和曲线 4；它们之间的关系见表 5-4。

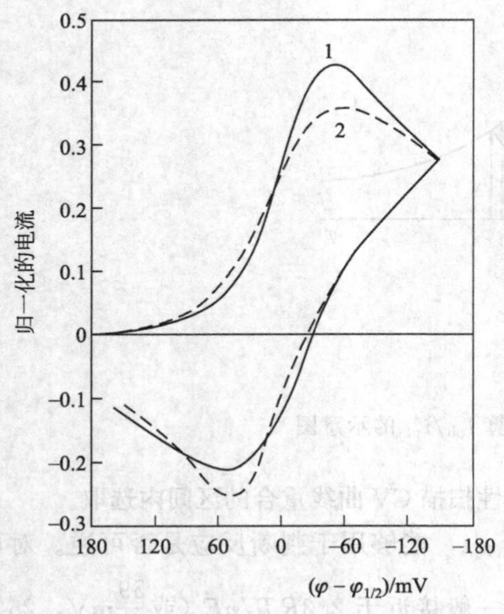

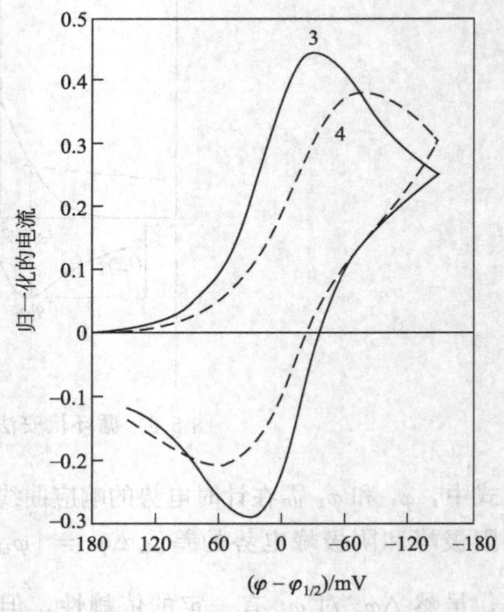

图 5-7 参数 ψ 和 β 对单电子反应理论伏安曲线的影响

曲线 1：$\psi=0.5$，$\beta=0.7$；曲线 2：$\psi=0.5$，$\beta=0.3$；

曲线 3：$\psi=7.0$，$\beta=0.5$；曲线 4：$\psi=0.25$，$\beta=0.5$

表 5-4 峰值电势的间距（$\Delta\varphi_p$）随动力学参数ψ 的变化（$\varphi_\lambda=\varphi_p-112.5/n$，$\beta=0.5$，$t=25℃$）

ψ	$n\Delta\varphi_p$/mV	ψ	$n\Delta\varphi_p$/mV	ψ	$n\Delta\varphi_p$/mV
20	61	4	66	0.75	92
7	63	3	68	0.5	105
6	64	2	72	0.35	121
5	65	1	84	0.25	141

由此可见，对于部分可逆体系，$\Delta\varphi_p$ 值不仅比可逆的体系大一些，而且随着 ψ 减小而增大，亦即随着电势扫描速率（v）的加快而明显的变大。因此，可以使用循环三角波扫描法中的 $\Delta\varphi_p$ 来研究电极过程中的可逆性。

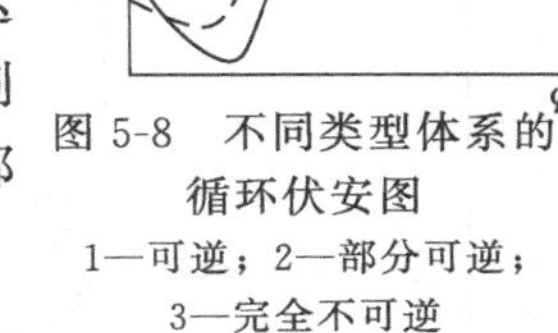

图 5-8 不同类型体系的循环伏安图
1—可逆；2—部分可逆；3—完全不可逆

对于受电化学步骤控制的完全不可逆体系，因逆反应非常迟缓，故在电势扫描时得到的总电流仍与正扫电流同向，即得不到反向电流波。图 5-8 示意地比较了循环伏安法中的“可逆波”“部分可逆波”和“完全不可逆波”的关系。

如果扫描速率极慢，并假设在扫描过程中电极表面状态不变，则正向扫描线与反向扫描线几乎重叠，接近稳态极化曲线。

5.2.2 复杂电极过程的循环伏安法

循环伏安法的一个最重要的应用是定性判断电极过程中耦合的前置化学反应或随后反应，这些均相化学反应在许多重要的无机或有机物的氧化还原过程中很常见。这些化学反应的发生直接影响能参与电极反应的电活性物质表面浓度。由于化学反应和电荷转移过程在反应物或产物上的竞争会引起循环伏安曲线发生改变，这对于推算反应途径非常有用，同时能够提供活性中间体的化学信息。

5.2.2.1 不同反应机理的电极过程的伏安特征

表 5-5 归纳了常见的耦合有化学反应的反应历程及不同反应体系的公式和适当的边界条件。由于求解方法与简单体系的处理基本一致，只是处理过程更复杂一些，在此不再详述，只给出一些定性的描述。

表 5-5 不同电极过程的扩散方程和定解条件

序号[①]	反应历程	扩散方程	初始条件	边界条件	
			$t=0,x\geqslant0$	$t>0,x\to\infty$	$t>0,x=0$
1	$O+ne^- \rightleftharpoons R$	$\frac{\partial c_O}{\partial t}=D_O\frac{\partial^2 c_O}{\partial x^2}$ $\frac{\partial c_R}{\partial t}=D_R\frac{\partial^2 c_R}{\partial x^2}$	$c_O=c_O^B$ $c_R=0$	$c_O\to c_O^B$ $c_R\to 0$	$D_O\frac{\partial c_O}{\partial x}=-D_R\frac{\partial c_R}{\partial x}$ $c_O/c_R=\exp\left[\frac{nF(\varphi-\varphi^\ominus)}{RT}\right]$
2	$O+ne^- \xrightarrow{k} R$	$\frac{\partial c_O}{\partial t}=D_O\frac{\partial^2 c_O}{\partial x^2}$	$c_O=c_O^B$ $c_R=0$	$c_O\to c_O^B$ $c_R\to 0$	$D_O\frac{\partial c_O}{\partial x}=kc_O$

续表

序号①	反应历程	扩散方程	初始条件	边界条件	
			$t=0,x\geqslant 0$	$t>0,x\to\infty$	$t>0,x=0$
3	$Z\underset{k_b}{\overset{k_f}{\rightleftharpoons}}O$ $O+ne^-\rightleftharpoons R$	$\frac{\partial c_Z}{\partial t}=D_Z\frac{\partial^2 c_Z}{\partial x^2}-k_f c_Z+k_b c_O$ $\frac{\partial c_O}{\partial t}=D_O\frac{\partial^2 c_O}{\partial x^2}+k_f c_Z-k_b c_O$ $\frac{\partial c_R}{\partial t}=D_R\frac{\partial^2 c_R}{\partial x^2}$	$c_O/c_Z=K$ $c_O+c_Z=c_O^B$ $c_R=0$	$c_O/c_Z\to K$ $c_O+c_Z\to c_O^B$ $c_R\to 0$	$D_Z\frac{\partial c_Z}{\partial x}=0$ $D_O\frac{\partial c_O}{\partial x}=-D_R\frac{\partial c_R}{\partial x}$ $c_O/c_R=\theta S_\lambda(t)$
4	$Z\underset{k_b}{\overset{k_f}{\rightleftharpoons}}O$ $O+ne^-\xrightarrow{k}R$	$\frac{\partial c_Z}{\partial t}=D_Z\frac{\partial^2 c_Z}{\partial x^2}-k_f c_Z+k_b c_O$ $\frac{\partial c_O}{\partial t}=D_O\frac{\partial^2 c_O}{\partial x^2}+k_f c_Z-k_b c_O$	$c_O/c_Z=K$ $c_O+c_Z=c_O^B$ $c_R=0$	$c_O/c_Z\to K$ $c_O+c_Z\to c_O^B$ $c_R\to 0$	$D_Z\frac{\partial c_Z}{\partial x}=0$ $D_O\frac{\partial c_O}{\partial x}=kc_O$
5	$O+ne^-\rightleftharpoons R$ $R\underset{k_b}{\overset{k_f}{\rightleftharpoons}}Z$	$\frac{\partial c_O}{\partial t}=D_O\frac{\partial^2 c_O}{\partial x^2}$ $\frac{\partial c_R}{\partial t}=D_R\frac{\partial^2 c_R}{\partial x^2}-k_f c_R+k_b c_Z$ $\frac{\partial c_Z}{\partial t}=D_Z\frac{\partial^2 c_Z}{\partial x^2}+k_f c_R-k_b c_Z$	$c_O=c_O^B$ $c_R=c_Z=0$	$c_O\to c_O^B$ $c_R\to 0$ $c_Z\to 0$	$D_O\frac{\partial c_O}{\partial x}=-D_R\frac{\partial c_R}{\partial x}$ $D_Z\frac{\partial c_Z}{\partial x}=0$ $c_O/c_R=\theta S_\lambda(t)$
6	$O+ne^-\rightleftharpoons R$ $R\xrightarrow{k_f}Z$	$\frac{\partial c_O}{\partial t}=D_O\frac{\partial^2 c_O}{\partial x^2}$ $\frac{\partial c_R}{\partial t}=D_R\frac{\partial^2 c_R}{\partial x^2}-k_f c_R$ $\frac{\partial c_Z}{\partial t}=D_Z\frac{\partial^2 c_Z}{\partial x^2}+k_f c_R$	$c_O=c_O^B$ $c_R=c_Z=0$	$c_O\to c_O^B$ $c_R\to 0$ $c_Z\to 0$	$D_O\frac{\partial c_O}{\partial x}=-D_R\frac{\partial c_R}{\partial x}$ $D_Z\frac{\partial c_Z}{\partial x}=0$ $c_O/c_R=\theta S_\lambda(t)$
7	$O+ne^-\rightleftharpoons R$ $R+Z\xrightarrow{k_f}O$	$\frac{\partial c_O}{\partial t}=D_O\frac{\partial^2 c_O}{\partial x^2}+k_f c_R$ $\frac{\partial c_R}{\partial t}=D_R\frac{\partial^2 c_R}{\partial x^2}-k_f c_R$	$c_O=c_O^B$ $c_R=c_R^B\approx 0$	$c_O\to c_O^B$ $c_R\to 0$	$D_O\frac{\partial c_O}{\partial x}=-D_R\frac{\partial c_R}{\partial x}$ $c_O/c_R=\theta S_\lambda(t)$
8	$O+ne^-\xrightarrow{k}R$ $R+Z\xrightarrow{k_f}O$	$\frac{\partial c_O}{\partial t}=D_O\frac{\partial^2 c_O}{\partial x^2}+k_f c_R$ $\frac{\partial c_R}{\partial t}=D_R\frac{\partial^2 c_R}{\partial x^2}-k_f c_R$	$c_O=c_O^B$ $c_R=c_R^B\approx 0$	$c_O\to c_O^B$ $c_R\to 0$	$D_O\frac{\partial c_O}{\partial x}=kc_O$

① 编号与图 5-9、图 5-10 和图 5-11 中各曲线对应。

注：表中 $k=k_S\exp[(-\beta n_a F/RT)(\varphi-\varphi^{\ominus})]$，$\theta=\exp[nF(\varphi_i-\varphi^{\ominus})/RT]$，$K=k_f/k_b$。

每一种动力学条件下化学反应受影响的大小，取决于化学反应本身的速率相对于实验过程中电势扫描速率的大小。虽然通过扩散方程及相关定解条件能得到多个关系式，但最具有实验意义的主要有正扫过程的电流函数峰值、半峰电势和正逆向扫描电流峰值比与电势扫描速率的关系。只需从实验中获得这些变量随扫描速率的变化趋势就可对未知体系进行定性分析。

电流函数的峰值与电势扫描速率关系如图 5-9 所示。扫描速率对扩散过程的影响可与扫描速率对动力学的影响区别开来。对简单电荷传递反应（曲线 1，曲线 2）可得水平直线。若扫描速率增加，使伴随化学反应不能充分进行，所有伴随化学反应的电极过程都转变为一个简单电荷传递反应。只要对 $i_p/\sqrt{v}$-v 关系作图，就可能区分电极反应机理。

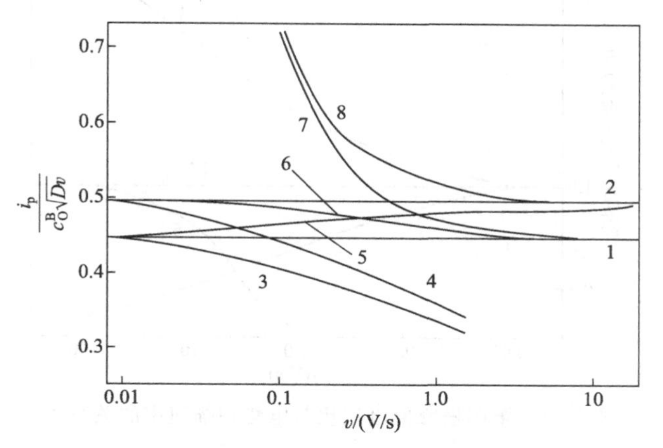

图 5-9 电流函数峰值与电势扫描速率的关系[2]

相应于峰值电流函数的电势函数值与扫描速率的关系（图 5-10）也表明，只有简单电荷传递反应与扫描速率无关。在其他情况下，参数与扫描速率的关系可归结于伴随化学反应的影响。

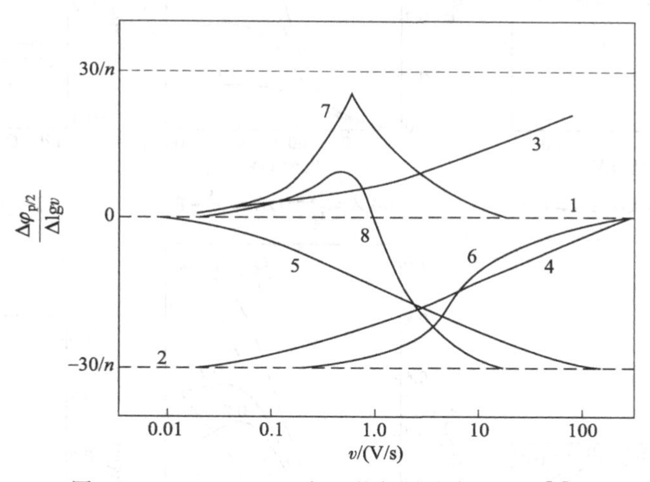

图 5-10 $\Delta\varphi_{p/2}/\Delta\lg v$ 与电势扫描速率的关系[2]

只有可逆电荷传递反应，逆向扫描才出现阳极电流。简单电荷传递反应和催化反应的阳阴极峰值电流比与电势扫描速率无关（图 5-11）。这是一种极有用的机理判断标准。

综上所述，用线性扫描的“电化学谱”，能较快速地判断电极过程的机理，与表 5-5 对应的各种电极反应对应的循环伏安图见图 5-12。

各过程的代号（与表 5-5 对应）及电势标分别为

3—C_rE_r：$(\varphi-\varphi_{1/2})n-(RT/nF)\ln K/(1+K)$；

4—C_rE_i：$(\varphi-\varphi^{\ominus'})\beta n_a+(RT/F)\ln\sqrt{\pi Db}/k_S-(RT/F)\ln K/(1+K)$；

5—E_rC_r：$(\varphi-\varphi_{1/2})n-(RT/nF)\ln K/(1+K)$；

6—E_rC_i：$(\varphi-\varphi_{1/2})n$；

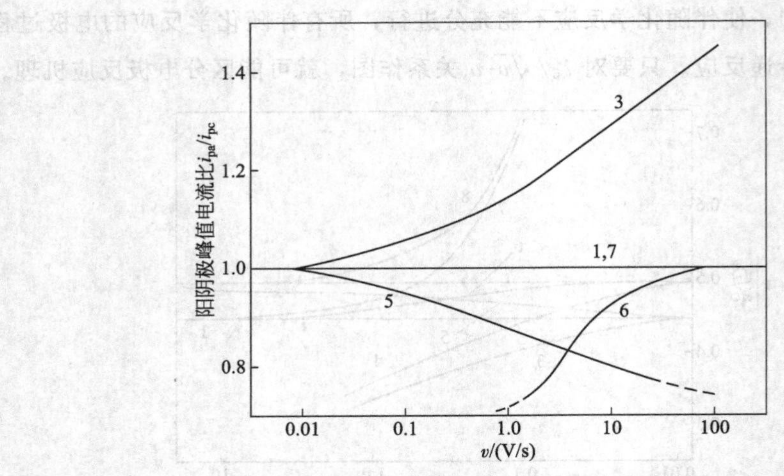

图 5-11　阳阴极峰值电流比与电势扫描速率的关系[2]

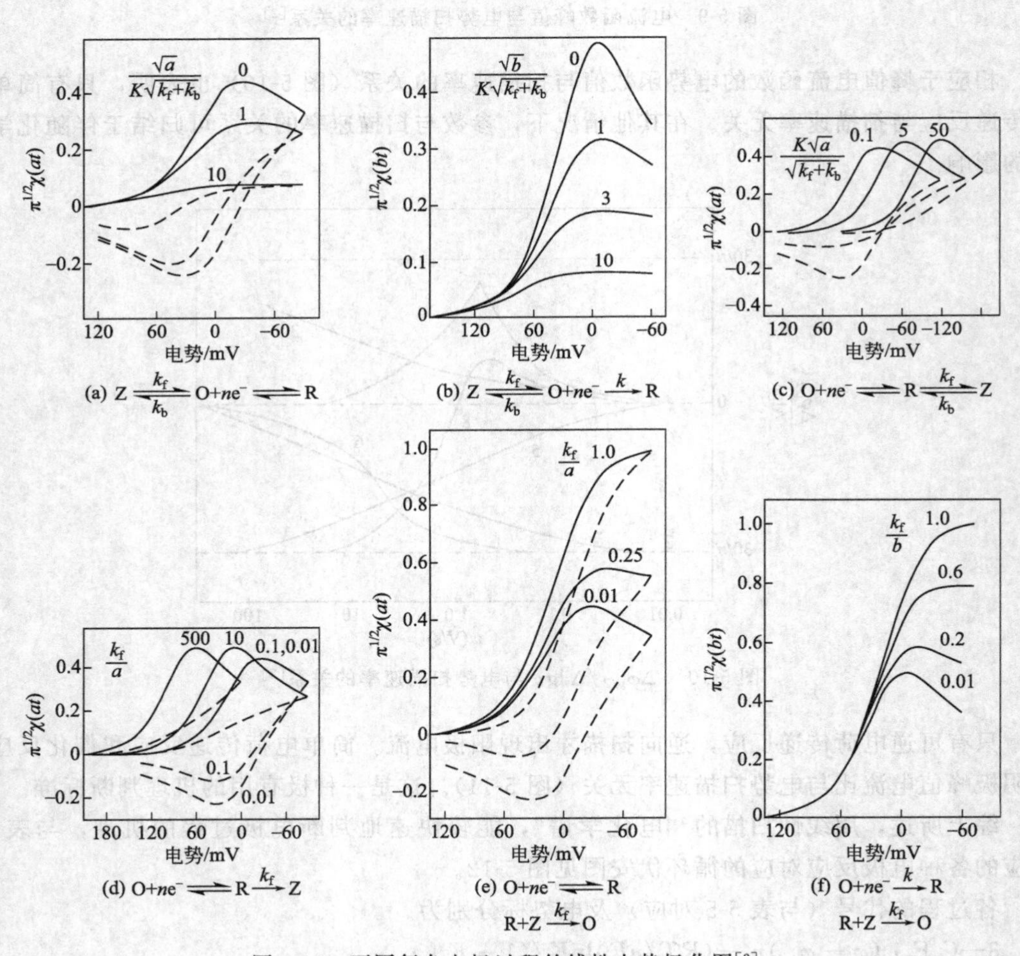

图 5-12　不同复杂电极过程的线性电势极化图[2]

7—E_rC_c：$(\varphi-\varphi_{1/2})n$；

8—E_iC_c：$(\varphi-\varphi^{\ominus'})\beta n_a+(RT/F)\ln\sqrt{\pi Db}/k_S$。

5.2.2.2 CE过程

以一前置化学反应后接一可逆电荷传递过程为例，即

$$Z \underset{k_b}{\overset{k_f}{\rightleftharpoons}} O$$

$$O + ne^- \rightleftharpoons R$$

$$K = k_f/k_b = c_O(x, 0)/c_Z(x, 0)$$

该体系的行为依赖于两个一级反应速率常数，k_f 和 k_b 以及扫描速率有关，可利用平衡常数 K 和参数 $\lambda = \frac{(k_f + k_b)}{v}\frac{RT}{nF}$ 进行讨论。当 K 较大时（例如 $K=20$），化学反应的平衡趋向于右边，大多数物质是以电活性O的形式存在。那么前置反应对于电化学响应的影响很小，它本质上是一个未受干扰的简单电荷传递过程。当 k_f 和 k_b 与实验时间范围相比较小时（例如 $\lambda < 0.1$），前置化学反应在此实验时间范围内不怎么发生，因此它的影响较小，可得到近Nernst体系的响应结果。但O的有效初始浓度由下式给出，

$$c_O(x, 0) = \frac{c^B K}{K+1} \tag{5-60}$$

式中，$c^B = c_O(x, 0) + c_Z(x, 0)$。当 λ 很大时，前置化学反应可被认为处于平衡状态，此种情况下，其行为仍为Nernst式，但其峰值电势将发生移动，移动的程度与 K 的大小有关。

CE过程中若电荷转移步骤之前的化学反应较慢时，其 $|i_{pb}/i_{pf}|$ 总大于1，当扫描速率减小时，该比值趋近于1。耦合的前置化学反应过程对逆向扫描峰几乎没有影响，但正向扫描峰不再与 $v^{1/2}$ 成正比。

Stephen E Treimer 等[3-5]的研究表明多种有机酸在二甲基亚砜中还原符合CE机理。弱酸在乙腈中的还原[6]、氢在Pt(111)电极上的析出[7,8]以及醛糖的还原等[9]也遵循CE过程。

5.2.2.3 EC过程

以可逆电荷传递过程后接一不可逆化学反应为例，即

$$O + ne^- \rightleftharpoons R\text{（电极上）}$$

$$R \rightarrow Z\text{（溶液中）}$$

由于产物R通过随后的化学反应从电极表面移走，故此类电极过程的循环伏安图的一个主要特征是逆向电流峰较小［图5-12(d)］，$|i_{pb}/i_{pf}| < 1$，$|i_{pb}/i_{pf}|$ 的准确值可以用来估算化学反应步骤的速率常数。在极端情况下，化学反应速率非常快，以至电荷转移步骤的产物R全部反应生成了Z，此时观察不到逆向电流峰。通过改变扫描速率可以得到耦合的化学反应的反应速率方面的信息。一个经典的EC例子就是氯丙嗪发生氧化生成对应的阳离子[10]，该阳离子随之与水发生反应生成不具备电活性的亚砜。此外，电荷转移过程随后发生的配体交换等[11-13]也属于该类反应历程。

5.2.2.4 催化反应的过程

一个特殊的EC过程是反应物O在随后化学反应中的催化再生。

$$O + ne^- \rightleftharpoons R$$

$$R + Z \xrightarrow{k_f} O$$

设O还原为R的电极反应很快，在电极表面产物R与溶液中共存的氧化剂Z反应，

又生成O，而O又在电极上还原为R，形成循环。如溶液中Z过量，反应中O的浓度可视为不变，则催化反应可视为准一级反应。

图5-12(e)为准一级催化反应的循环伏安图。k_f是催化反应的速率常数，a的意义同前，$a=\frac{nF}{RT}v$。若k_f/a值小，则k_f小而v大。k_f小表示催化再生O的速度慢，v大则表示再生O的时间短，即生成的O的量小。因而由催化反应引起的阴极电流的增加就有限，同时在电极附近溶液中剩余的R相对较多，在反应过程中，R在电极上被氧化而形成阳极峰，如图5-12(e)中k_f/a取0.01的曲线。若k_f/a较大，则k_f大而v小。这时再生O的速率快且时间长，因而再生O的量较大，阴极电流大大增加。阴极电流受催化反应速率k_f控制，O的扩散效应可忽略，阴极波变平而不呈峰形。另一方面由于再生O的速率大，在电极附近溶液中由于电荷转移步骤生成的R几乎立即被催化反应所消耗，致使反应时不出现阳极峰，这相当于图中$k_f/a=1$的情况。

多巴胺在抗坏血酸存在时的氧化即遵循催化的EC反应历程[14]。在氧化还原过程中形成的多巴胺醌被抗坏血酸离子还原成多巴胺。催化的EC过程其正、逆向扫描电流峰值比始终为1。

5.2.2.5 ECE过程

在两个电子转移步骤中间包含一个化学反应的ECE过程，其循环伏安图也有明显的特征，能观察到两个分离的氧化还原电对。从两个电流峰的大小也能估算得到化学反应步骤的速率常数。

$$O_1 + n_1e^- \rightleftharpoons R_1$$

$$R_1 \xrightarrow{k_f} O_2$$

$$O_2 + n_2e^- \rightleftharpoons R_2$$

假设所有物种的扩散系数均相同，体系满足半无限线性扩散条件，且异相电子转移速率非常快，上述R-R型ECE反应历程的理论CV曲线如图5-13所示。

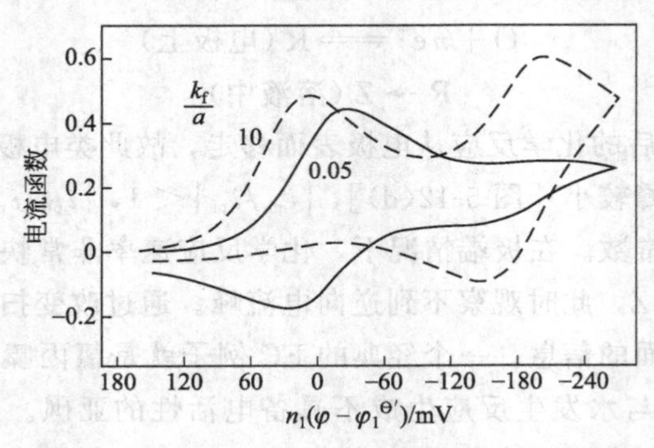

图5-13 R-R型ECE反应历程的理论CV曲线

$\Delta\varphi^{\ominus}=-180\text{mV}$，$n_1=n_2$

R. S. Nicholson等[15]从理论上详细讨论了各种反应历程所对应的CV曲线特征，并给出了扫描速率对峰值电流（$i_p/\sqrt{v}$）的影响。

Stephen W. Feldberg[16]分析了考虑反应

$$O_1 + R_2 \rightleftharpoons R_1 + O_2 \tag{5-61}$$

时，R-R 型 ECE 反应历程的 CV 特性（图 5-14）。

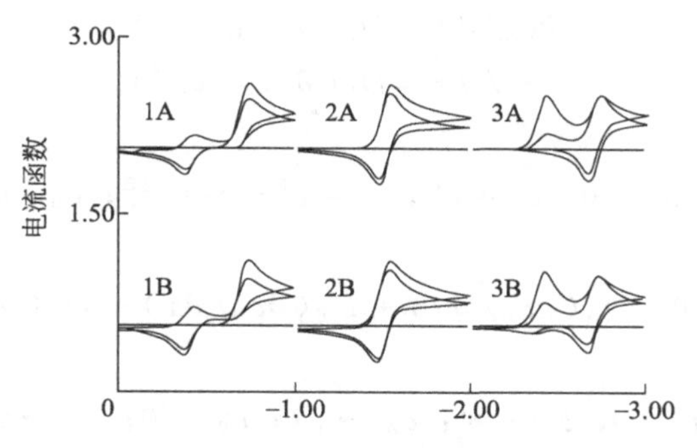

图 5-14 R-R 型 ECE 反应的伏安特性

$[k/(\frac{F}{RT}\frac{d\varphi}{dt})=0.2]$，

横坐标和纵坐标都只表示标尺而没有数值意义

A、B—分别表示式（5-61）的反应速率较快和较慢的情况；

1— $\varphi^{\ominus}_{O_1/R_1}=\varphi_i-0.7V$，$\varphi^{\ominus}_{O_2/R_2}=\varphi_i-0.4V$；

2— $\varphi^{\ominus}_{O_1/R_1}=\varphi^{\ominus}_{O_2/R_2}=\varphi_i-0.5V$；3— $\varphi^{\ominus}_{O_1/R_1}=\varphi_i-0.4V$，$\varphi^{\ominus}_{O_2/R_2}=\varphi_i-0.7V$

许多阳极氧化过程是以 ECE 的方式进行的。如神经传递介质肾上腺素能被氧化成醌，该醌可以生成肾上腺素白，后者通过快速电荷转移即得到肾上腺素红[17]。亚硝基酚[18-21]、4-甲基邻苯二酚[22]、*N*,*N*-二甲苯胺[23]、三苯胺的二聚[24]及苯胺的氧化[25-27]也遵循 ECE 历程，其中 4-甲基邻苯二酚在含高氯酸的溶液中的 CV 曲线见图 5-15。

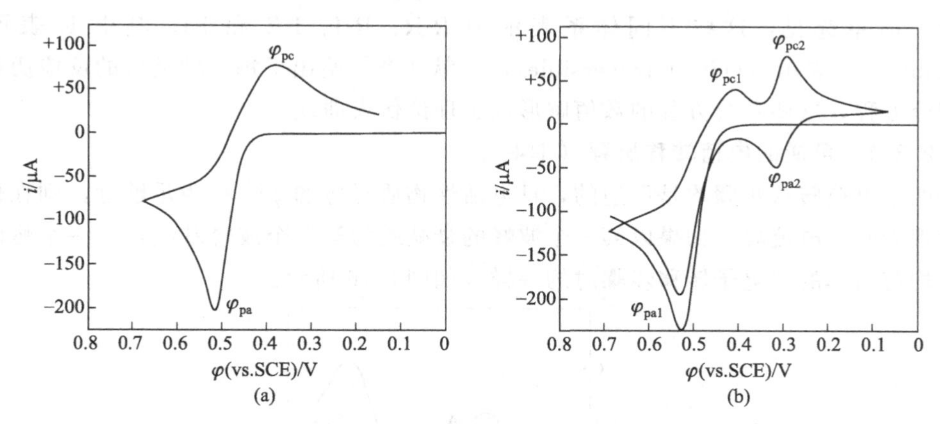

图 5-15 4-甲基邻苯二酚在含高氯酸的溶液中的 CV 曲线[22]

(a) 9.2×10^{-4}mol/L 4-甲基邻苯二酚+1.0mol/L 高氯酸，2V/min；(b) (a)+0.0222mol/L 对氨基苯甲酸，6V/min

如果与电荷转移步骤的速率相比，化学反应的速率足够快，体系的伏安曲线就形同两个连续的电荷转移的 EE 机制了。

5.2.3 多步电荷转移体系的循环伏安行为

多步电荷转移步骤可以简单地表示如下：

$$A+n_1e^-\longrightarrow B$$

$$B+n_2e^-\longrightarrow C$$

此类电极过程的扩散方程为

$$\partial c_A/\partial t = D_A(\partial^2 c_A/\partial x^2)$$
$$\partial c_B/\partial t = D_B(\partial^2 c_B/\partial x^2)$$
$$\partial c_C/\partial t = D_C(\partial^2 c_C/\partial x^2)$$

初始条件为

$$t=0,\ x\geqslant 0:\ c_A=c_A^B;\ c_B=c_B^B;\ c_C=c_C^B;\ c_B、c_C\approx 0$$

边界条件为

$$t>0,\ x=0:\ D_A(\partial c_A/\partial x)+D_B(\partial c_B/\partial x)+D_C(\partial c_C/\partial x)=0$$

半无限扩散条件为

$$t>0,\ x\rightarrow\infty:\ c_A\rightarrow c_A^B;\ c_B\rightarrow 0;\ c_C\rightarrow 0$$

采用三角波电势扫描，有

$$c_A,\ c_B,\ c_C=f(\varphi,\ t)$$

物质 A、B 和 C 的无因次通量分别为

$$f_A(t)=c_A^B\psi(a_1 t)\sqrt{\pi D a_1}$$
$$f_B(t)=c_B^B\chi(a_1 t)\sqrt{\pi D a_1}$$
$$f_C(t)=c_C^B\phi(a_1 t)\sqrt{\pi D a_1}$$

两步电子转移的总电流为

$$i_t=n_1 F f_A(t)+n_2 F[f_A(t)+f_B(t)]$$

以线性电势扫描相类似的方法可进行求解，解的具体形式与电荷转移步骤的性质有关，为了简单起见，这些不同体系表示为 R-R、R-I、I-R 和 I-I，其中 R 表示可逆 (reversible)，I 表示不可逆 (irreversible)，文献 [28] 给出了每一种类型的反应历程所对应的积分方程，这些积分方程的数值解形成了理论伏安曲线。

5.2.3.1 可逆的电荷转移历程（R-R）

若两个电荷转移步骤均是可逆的，且电活性物质对应的 $\varphi^{\ominus'}$ 相距足够远，则在伏安曲线上表现为两个电流峰，如果以第一个波峰的衰减线为第二个波峰基线，每一个峰的形状与峰高均与简单的单电子转移步骤时的一样，如图 5-16 所示。

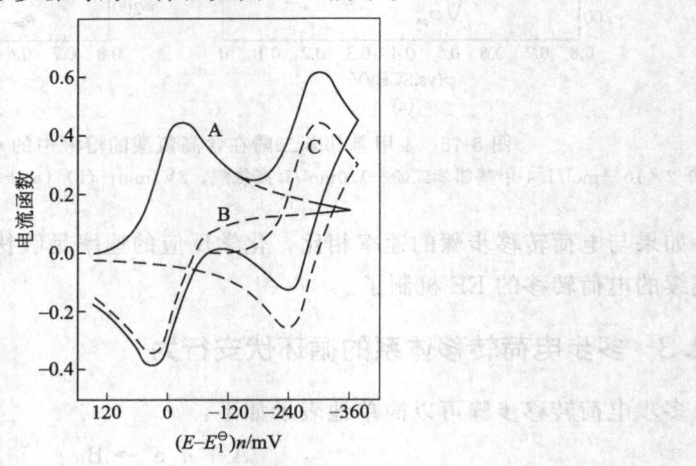

图 5-16 两步反应的循环伏安图

A—总电流函数：$\psi(at)+[\psi(at)+\chi(at)]$；B—与物质 A 的流量对应的电流函数：$\psi(at)$；C—与物质 B 的流量对应的电流函数：$\chi(at)$

Gokhshtein等[28]提出，多步电荷转移体系的伏安曲线表现如独立的可逆波的前提条件是各电子转移过程的形式电势 $\varphi^{\ominus'}$ 相距 $118/n$mV 以上。图 5-17(a)是 $\Delta\varphi^{\ominus'}=-180$mV 的理论伏安图。

当连续进行的电荷转移步骤的 $\Delta\varphi^{\ominus'}<100/n$mV 时，邻近的两个峰会发生合并形成一个宽化的峰，其峰形和峰高都不再与可逆波相同［图 5-17(b)］。宽化后的电流峰在形状上与不可逆电流峰相类似，但又与不可逆电流峰有着明显的不同，因宽化而歪曲的电流峰对应的峰值电势 φ_p 并不随电势速率而移动。

一种特殊的情况是 $\Delta\varphi^{\ominus'}=0$，即 A、B 在同一电势下发生还原两个电荷转移步骤对应的形式电势相同，其伏安特性如图 5-17(c)所示，其电流峰高介于单电子转移可逆过程和两电子转移的可逆过程的峰值电流之间，而 $\varphi_p-\varphi_{1/2}\approx 21$mV。若 B 比 A 更容易发生还原，则电流峰高增大且峰形变窄，直至与两电子转移的可逆过程一样［图 5-17(d)］。而两电子转移的可逆峰高是相应的单电子转移可逆峰高的 $2^{3/2}$ 倍，$\varphi_p-\varphi_{1/2}\approx 14.25$mV。此时电极行为就如同 A 直接反应生成 C［$A+(n_1+n_2)e^-\rightleftharpoons C$］一样，对应的表观形式电势为 $(\varphi_1^{\ominus'}+\varphi_2^{\ominus'})/2$。

在循环伏安曲线中，逆向过程中的阳极峰高及位置与换向电势 φ_λ 有关。在各电荷转移步骤的 $\Delta\varphi^{\ominus'}$ 足够大的情况下，如果换向电势比最负的 $\varphi^{\ominus'}$ 还要负 $65/n$mV以上，那么所有的电流峰均不会受到影响，如果以阴极电流峰的衰减线为基线，则反向的阳极电流峰的峰高和形状与正向扫描得到的阴极峰完全一样（图 5-16）。如果 $\Delta\varphi^{\ominus'}$ 较小，与正向扫描得到的阴极电流峰一样，逆向扫描也将得到歪曲的合并的阳极电流峰［图 5-17(b)］。

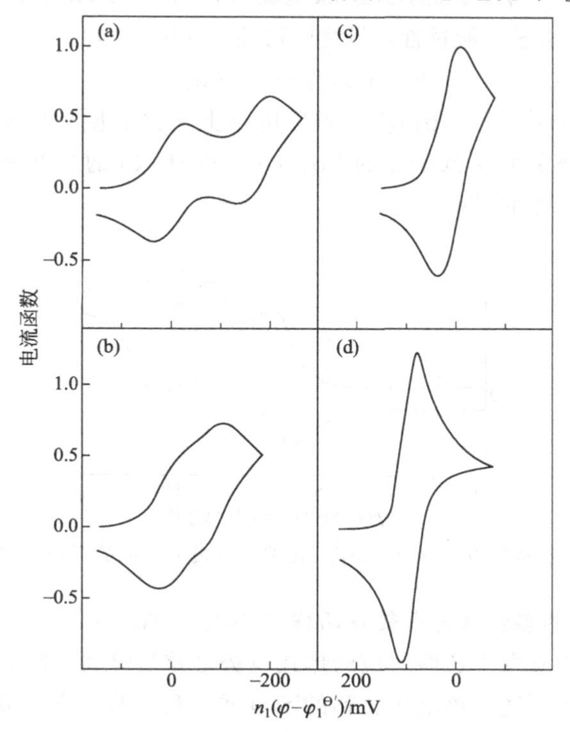

图 5-17　R-R 型两步电子转移反应体系的伏安特性

电流函数为 $\psi(at)+(n_2/n_1)[\psi(at)+\chi(at)]$，$n_2/n_1=1.0$

(a) $\Delta\varphi^{\ominus'}=-180$mV；(b) $\Delta\varphi^{\ominus'}=-90$mV；(c) $\Delta\varphi^{\ominus'}=0$；(d) $\Delta\varphi^{\ominus'}=180$mV

对于可逆的多电子转移体系来说，如果各个电荷转移步骤对应的 $\varphi^{\ominus}$ 值相距较远，那么在循环伏安图上就可得到几个明显的电流峰。富勒烯 C_{60} 和 C_{70} 的 6 电子还原成 C_{60}^{6-}，C_{70}^{6-} 的历程就是一个很好的例子[29,30]（图 5-18）。

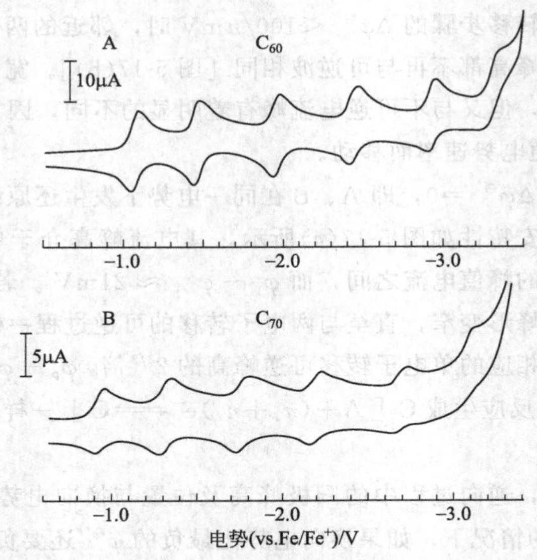

图 5-18　C_{60} 和 C_{70} 在甲氰-甲苯溶液中的 CV 曲线

$TBAPF_6$ 为支持电解质，100mV/s，−10℃

在乙腈等非质子溶剂中，Fe 的 2,2′-联吡啶络合物［$Fe(bpy)_3^{2+}$］的还原分三步进行，各个步骤都是可逆的单电子还原过程，最终产物是 $Fe(bpy)_3^-$：

$$Fe(bpy)_3^{2+} \rightarrow Fe(bpy)_3^{+} \rightarrow Fe(bpy)_3^{0} \rightarrow Fe(bpy)_3^{-}$$

图 5-19 是乙腈溶液中 $Fe(bpy)_3^{2+}$ 在玻碳电极上还原的循环伏安图，从中可以清楚地看到三对可逆的氧化还原峰。低价态的 Co、Cr、Ni 和 Ru 的 2,2-联吡啶络合物和 1，10-菲罗啉络合物也发生类似的过程。

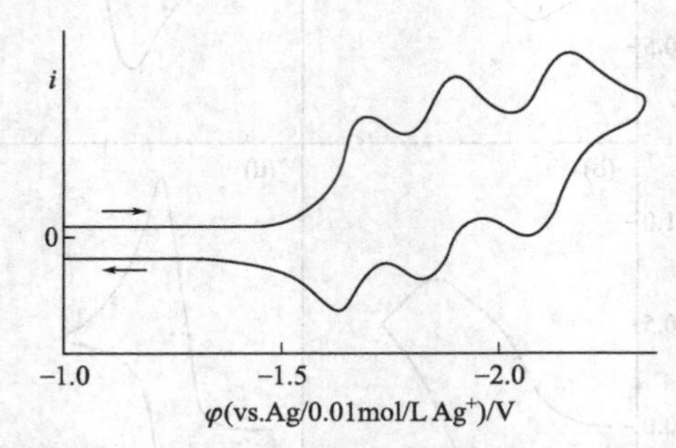

图 5-19　乙腈溶液中 $Fe(bpy)_3^{2+}$ 在玻碳电极上还原的循环伏安图[31-33]

5.2.3.2　不可逆的多步骤电荷转移历程（R-I、I-R、I-I）

如果两种电活性物质发生还原对应的形式电势之差足够大［图 5-20(a)］，那么总过程的不可逆特性就同前面所述的单电子转移的不可逆过程一样。与可逆体系相比，电流响应值较小，且峰值电势会发生偏移。无因次电流函数的极大值为 0.496，$\varphi_p - \varphi_{p/2} = 47.70/\beta n$，且 φ_p 是电势扫描速率的函数，扫描速率每增大 10 倍，峰值电势负移 $30/\beta n$ mV。在逆向扫描过程中，观察不到不可逆电荷转移过程的阳极峰。A、B 两者 $\Delta\varphi^{\ominus'}=0$ 以及 B 较 A 更容易还原等其他情况与可逆体系相类似，其伏安曲线分别如图 5-20(b)、图 5-20(c)、图 5-20(d)所示。

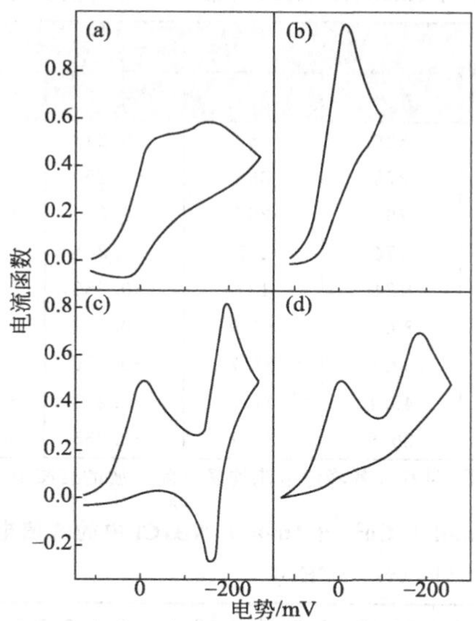

图 5-20 不可逆两步电子转移反应体系的伏安特性

$n_1=n_2$，$\beta=0.5$；(a)、(b) 的电势标为 $n(\varphi-\varphi_1^{\ominus'})$，

(c)、(d) 的电势标为 $(\varphi-\varphi_1^{\ominus'})\beta_1 n_1+(RT/F)\ln(\sqrt{\pi D b_1}/k_S)$

(a) R-I, $\Delta\varphi^{\ominus'}=-180$mV；(b) R-I, $\Delta\varphi^{\ominus'}=0$；(c) I-R, $\Delta\varphi^{\ominus'}=-180$mV；(d) I-I, $\Delta\varphi^{\ominus'}=-180$mV

图 5-21(a)和图 5-21(b)是对 $Cu^{2+}\rightarrow Cu^{+}\rightarrow$Cu(Hg 齐)经数值计算得到的理论值与实验所测的伏安曲线进行了对比。

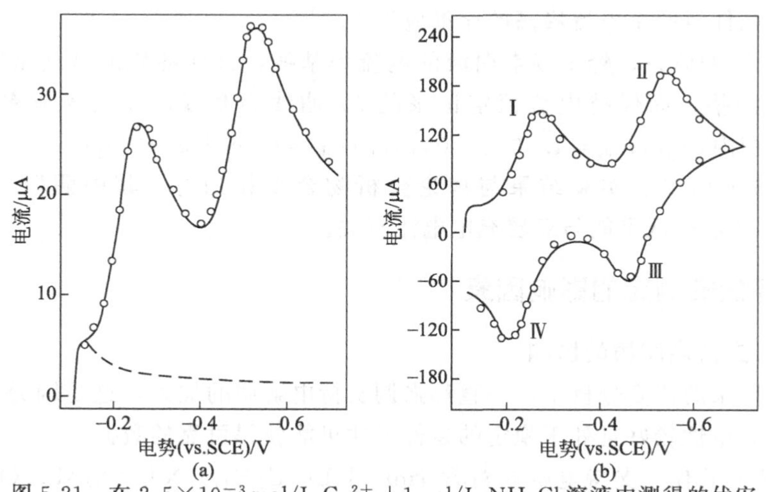

图 5-21 在 2.5×10^{-3}mol/L Cu^{2+} +1mol/L NH_4Cl 溶液中测得的伏安曲线点为计算值

实线为实验测得的曲线，虚线为空白液；

(a) 单程电势扫描曲线，起始电势：−0.11V(vs. SCE)，扫描速率 53mV/s；(b) CV 曲线，1.16V/s

不同扫描速率下得到的结果列于表 5-6 和表 5-7。可以看到对于峰Ⅰ和峰Ⅱ，$i_p/\sqrt{v}$ 为一定值，这与可逆体系的理论分析完全一致。同时，不同电势的扫描速率下的峰值电势

φ_{pI} 和 φ_{pII} 基本保持不变，且 $(\varphi_{pI}+\varphi_{pII})/2=258mV\pm5mV$，这与 Cu^{2+} 的半波电势(260mV)非常一致。

表 5-6　在 2.5×10^{-3} mol/L Cu^{2+} +1mol/L NH_4Cl 溶液中测得的伏安行为[起始电势−0.11V(vs. SCE)]

扫描速率/(V/s)	峰值电流/(μA)①				峰值电势(vs.SCE)/V			
	Ⅰ	Ⅱ	Ⅲ	Ⅳ	Ⅰ	Ⅱ	Ⅲ	Ⅳ
23.2	497	525	526	559	−0.248	−0.512	−0.440	−0.194
11.4	360	376	373	386	−0.250	−0.512	−0.465	−0.220
5.70	264	262	261	269	−0.250	−0.510	−0.437	−0.177
2.27	172	172	174	175	−0.244	−0.506	−0.455	−0.197
1.15	125	125	124	127	−0.256	−0.518	−0.449	−0.192
0.581	86.3	83.0	89.8	88.9	−0.253	−0.507	−0.467	−0.208
0.235	55.7	54.6	58.9	57.7	−0.255	−0.510	−0.481	−0.230
0.116	39.7	38.9	43.1	41.8	−0.253	−0.513	−0.465	−0.205
0.059	28.7	28.1	30.5	31.7	−0.255	−0.501	−0.462	−0.201

① 峰值电流Ⅰ以空白液为基线，Ⅱ、Ⅲ和Ⅳ各峰值电流均是以前一波的衰减电流为基线

表 5-7　在 2.5×10^{-3} mol/L Cu^{2+} +1mol/L NH_4Cl 中的峰值电流与扫描速率的关系
[起始电势−0.11V(vs. SCE)]

扫描速率/(V/s)		29.4	11.9	5.72	2.98	1.21	0.596	0.296	0.118	0.060
峰值电流函数①, $i_p/\sqrt{v}$	Ⅰ	109	116	117	119	119	119	119	119	118
	Ⅱ	151	160	157	159	161	157	159	158	160

① 两个峰值电流（μA）以空白液为基线

由于各电流峰在电势轴上相隔足够远，以前一个电流峰的衰减作为基线可以得到各个电流峰的峰高。各电流峰的峰高比仅取决于电荷转移步骤的特性。如果体系中各电子转移步骤均可逆，则任意两个电流峰高的比都应为1。

对于含 Cu^{2+} 的体系，峰Ⅰ以空白液的电流为基线，其他各峰的基线是以在前一电流波峰后期停止扫描，而保持电势恒定记录的 *i-t* 曲线为基线，在扫描速率 0.059V/s 到 23.2V/s 的范围内，$i_{pI}/i_{pII}=1.00\pm0.04$，$i_{pIII}/i_{pIV}=0.99\pm0.04$，$i_{pI}/i_{pIII}=0.96\pm0.05$，$i_{pII}/i_{pIV}=0.96\pm0.05$。实验结果与理论分析吻合得相当好。其中阴阳极电流峰高比 i_{pI}/i_{pIII} 和 i_{pII}/i_{pIV} 较低可能与双层充电电流有关。

5.2.4　循环伏安测定的影响因素

5.2.4.1　支持电解质的影响

在几十年以来的伏安分析中，一直都强调支持电解质的加入，这是因为只有溶液的离子强度和溶液导电性较好且处于稳定的条件下才可能获得可靠的数据。

图 5-22 显示了有无支持电解质对含 1mmol/L$[(C_6H_{13})_4N]_4[S_2Mo_{18}O_{62}]$ 的乙腈溶液中反应 $[S_2Mo_{18}O_{62}]^{4-}+e^-\rightleftharpoons[S_2Mo_{18}O_{62}]^{5-}$ CV 曲线的影响。可以看到，当溶液中存在 0.1mol/L$[(C_6H_{13})_4N]ClO_4$ 时［图 5-22(a)］，$\Delta\varphi_p=70\pm5mV$，$I_p^{red}=-6.4\mu A\pm0.2\mu A$，且 $|I_p^{ox}/I_p^{red}|=1.00\pm0.07$，与可逆过程的基本特征相接近。若不含支持电解质时［图 5-22(b)］，$\Delta\varphi_p$ 增加至 145mV±10mV，I_p^{red} 减小为 −5.8μA±0.1μA，而 $|I_p^{ox}/I_p^{red}|=0.93\pm0.03$。采用仪器进行 IR 补偿后［图 5-22(c)］，$\Delta\varphi_p=70mV\pm5mV$，$I_p^{red}=-6.5\mu A$

$\pm 0.1\mu A$，而 $|I_p^{ox}/I_p^{red}|=1.0\pm 0.02$。这表明，在实验误差范围内，利用仪器进行 IR 补偿和加入支持电解质的作用相当，均可消除溶液电阻带来的影响。

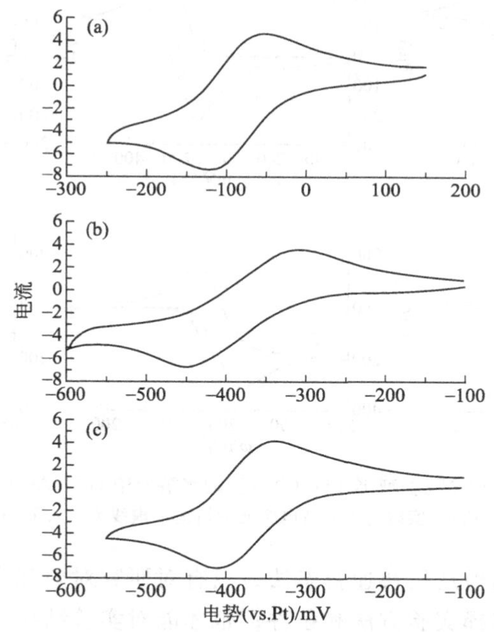

图 5-22 含 1mmol/L $[(C_6H_{13})_4N]_4[S_2Mo_{18}O_{62}]$ 的乙腈溶液的 CV 曲线，20mV/s，RE 距 WE 2mm 远[34]

(a) 含 0.10mol/L $[(C_6H_{13})_4N]ClO_4$ 无 IR 补偿；(b) 无支持电解质无 IR 补偿；(c) 无支持电解质有 IR 补偿

图 5-23 是在 50mmol/L $K_4[Fe(CN)_6]$ 或 $K_3[Fe(CN)_6]$ 的水溶液加入支持电解质 1mol/L KCl 前后的对比图（参比电极和辅助电极均为 Pt，RE 距离 WE 约 2mm）。可以看到，在浓度极化较大的情况下，有无支持电解质的 CV 曲线相差不大。即使是不含 KCl 的溶液，其离子强度也足够大能形成较紧密的双电层。不含支持电解质时较大的溶液电阻造成了 $\Delta\varphi_p$ 的增大。

在含有 $K_4[Fe(CN)_6]$ 的溶液中，在不含支持电解质时的氧化电流较含 KCl 时的大。这是因为不含局外电解质时带负电的 $[Fe(CN)_6]^{4-}$ 更易于向研究电极表面迁移。相反地，在 $K_3[Fe(CN)_6]$ 的还原过程中，$[Fe(CN)_6]^{3-}$ 的电迁移作用是远离研究电极表面，当溶液中存在大量 KCl（1mol/L）时，因迁移而离开研究电极表面的 $[Fe(CN)_6]^{3-}$ 要少，故相应的电流要大。

5.2.4.2 扫描速率的影响

扫描速率对实验结果的影响很大，应根据实验对象和目的进行选择。若用线性扫描法测定稳态极化曲线，就必须有足够低的扫描速率。扫速太慢，浓度极化的影响增大，电极表面状态变化的积累也会增大。因此，对于快速电极过程宜用较快的扫描速率。随着扫速增大，双电层充电效应增强，不利于反应动力学参数的测定，而有利于双层结构、吸附及有机电极反应中间产物等方面的研究。当目的在于比较各种因素对电极过程的影响时，则必须保持同样的扫速。应当指出，快速扫描法和其他暂态法一样，由于实验条件和因素复杂，其理论分析也不够成熟，因此，对快速扫描得到的实验结果的解释务必慎重。切不可

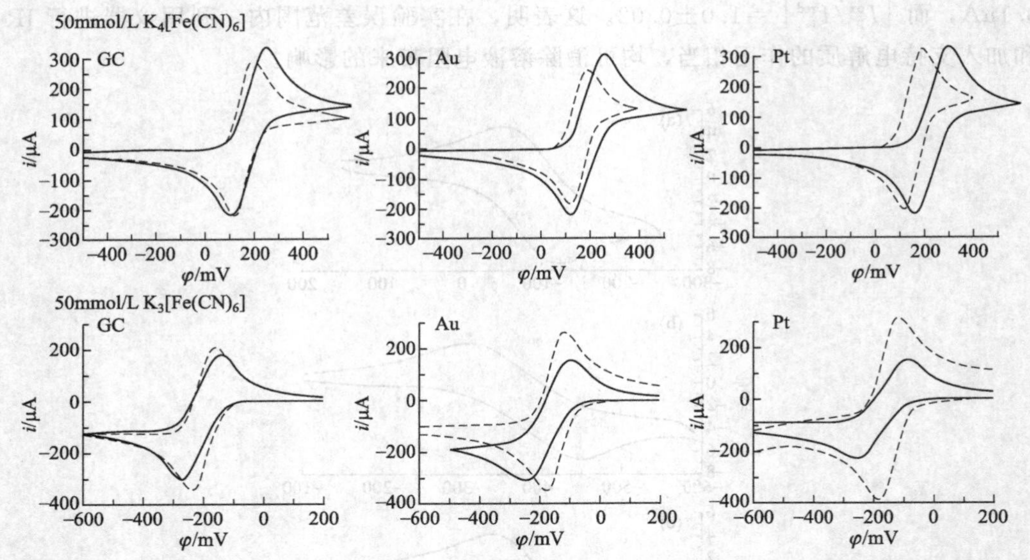

图 5-23　50mmol/L $K_4[Fe(CN)_6]$ 或 $K_3[Fe(CN)_6]$ 的水溶液中 GC、Au 和 Pt 电极上的 CV 曲线[35]

$d=3$mm，$v=20$mV/s；实线为无支持电解质的情况，虚线为加入了 1mol/L KCl 的情况

追求快速而不分青红皂白地选用快速暂态法。只有对研究对象和实验技术进行足够的分析和理解后，才能中肯地选择实验方法和条件；也才能对实验结果进行科学合理的分析。

在 CV 曲线的定量分析或计算中，扫描速率是一个很重要的实验参数。对于可逆过程，$\Delta\varphi_p=58$mV，在各扫描速率下 $|I_p^{ox}/I_p^{red}|$ 始终等于 1 且 I_p 正比于 $v^{1/2}$。

在较低的扫描速率下，溶液电阻压降对 CV 曲线的影响较小，但随着扫描速率的增加，CV 曲线受到越来越严重的歪曲（图 5-24 和图 5-25），$\Delta\varphi_p$ 也急剧增加。

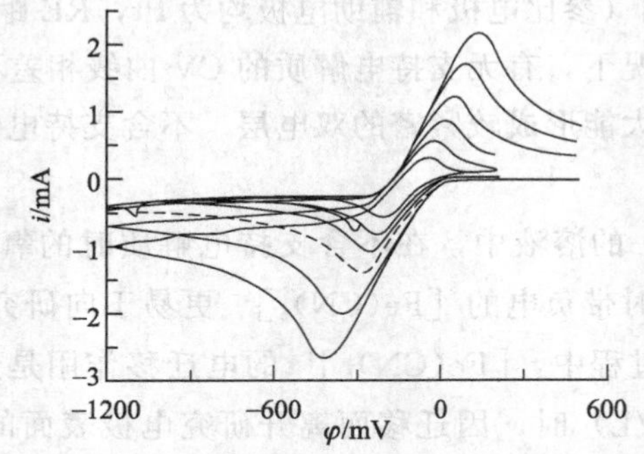

图 5-24　无支持电解质时扫描速率对 CV 曲线的影响[35]

100mmol/L $K_3[Fe(CN)_6]$ 的水溶液，研究电极为玻碳电极（$d=3$mm）

按电流增大的方向扫描速率依次为 20mV/s，50mV/s，100mV/s，200mV/s，500mV/s 和 1000mV/s

不含支持电解质也未进行 IR 补偿下，不同扫描速率下得到的 $[S_2Mo_{18}O_{62}]^{4-/5-}$ 的 CV 特性参数列于表 5-8。可以看到，随着扫描速率的增大，φ_p^{red} 向负方向移动，φ_p^{ox} 向正方向移动，且 φ_p^{red} 移动的幅度更大，故 φ_p^{av} [$\varphi_p^{av}=(\varphi_p^{ox}+\varphi_p^{red})/2$] 向负方向移动，同时 $\Delta\varphi_p$ 显著增加。但对于理想的可逆电极过程（加入支持电解质或利用仪器进行 IR 补偿）而言，φ_p^{red}、φ_p^{ox}、φ_p^{av} 和 $\Delta\varphi_p$ 等参数均应与扫描速率无关。同时由于 IR 降与扫描速率有关，I_p^{red} 与 $v^{1/2}$ 并不呈线性关系，即使采用仪器进行了 IR 补偿，也未能得到很好的线性关系，这是因为在高的

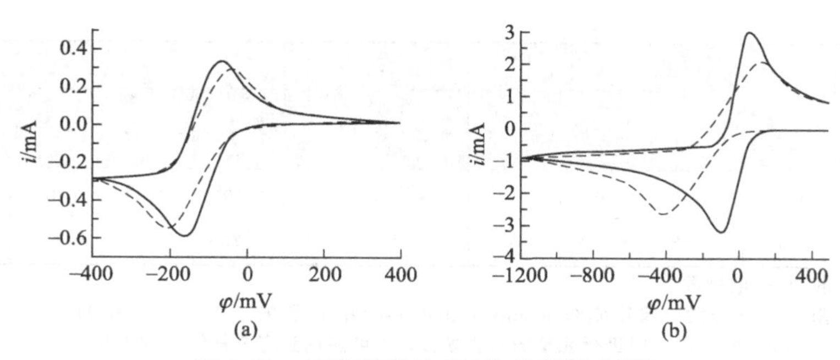

图 5-25 扫描速率对 CV 曲线的影响[35]

(a) 20mV/s，(b) 1000mV/s；实线为采用 IR 补偿，虚线为未补偿；
100mmol/L $K_3[Fe(CN)_6]$ 的水溶液，研究电极为玻碳电极（$d=3mm$）

扫描速率下，利用仪器进行 100%的 IR 补偿存在困难。

表 5-8 不同扫描速率下 CV 测试得到的特性参数 ［其他条件同图 5-22(b)］

扫描速率 /(mV/s)	φ_p^{red} /mV	φ_p^{ox} /mV	I_p^{red} /μA	$\Delta\varphi_p$ /mV	φ_p^{av} /mV	$I_p^{red}v^{-1/2}$ /(μA·mV$^{-1/2}$·s$^{1/2}$)
2	−185	−60	−3.1	125	−122	−2.19
5	−170	−65	−3.7	105	−118	−1.65
10	−180	−55	−4.9	125	−118	−1.55
20	−195	−50	−6.4	145	−122	−1.43
50	−225	−30	−9.7	195	−128	−1.37
100	−280	−35	−13.0	245	−158	−1.30
200	−315	−20	−17.1	295	−168	−1.21
500	−385	20	−24.5	365	−182	−1.10
1003	−430	65	−31.6	495	−182	−1.00
2007	−535	115	−40.0	650	−210	−0.89

5.2.4.3 参比电极位置的影响

在电解质浓度较低的情况下，参比电极距离研究电极的距离对溶液电阻压降有直接的影响。

以玻碳电极（面积为 0.080cm^2）为研究电极，直径为 1mm 的 Pt 丝为辅助电极，以一钩状 Pt 丝（直径为 0.5mm）为准参比电极，在 $[(C_6H_{13})_4N]_4[S_2Mo_{18}O_{62}]$ 的乙腈溶液中参比电极放置位置不同时测得的 CV 特性参数见表 5-9。

表 5-9 在$[S_2Mo_{18}O_{62}]^{4-/5-}$体系中不同 RE-WE 距离时测得的 CV 参数① (1mmol/L$[S_2Mo_{18}O_{62}]^{4-}$，20mV/s)

距离 /mm	R② /Ω	R_u② /Ω	未补偿					仪器 IR 补偿				
			φ_p^{red} /mV	φ_p^{ox} /mV	I_p^{red} /μA	φ_p^{av} /mV	$\Delta\varphi_p$ /mV	φ_p^{red} /mV	φ_p^{ox} /mV	I_p^{red} /μA	φ_p^{av} /mV	$\Delta\varphi_p$ /mV
8	5970	460	−230	−65	−5.5	−148	165	−175	−80	−6.3	−128	95
5	5040	150	−215	−65	−5.8	−140	150	−165	−80	−6.4	−123	85

续表

距离/mm	R②/Ω	R_u②/Ω	未补偿					仪器 IR 补偿				
			φ_p^{red}/mV	φ_p^{ox}/mV	I_p^{red}/μA	φ_p^{av}/mV	$\Delta\varphi_p$/mV	φ_p^{red}/mV	φ_p^{ox}/mV	I_p^{red}/μA	φ_p^{av}/mV	$\Delta\varphi_p$/mV
2	4465	0③	−210	−65	−5.7	−137	145	−165	−95	−6.3	−130	70
<0.5	3420	70	−205d④	−60④	−5.8	−132④	145④	−175④	−75④	−6.4	−125④	100④

① 电势值均为相对 Pt 电极数值。

② 总的溶液电阻 R 和未补偿的部分 R_u(uncompensated resistance)是在 0mV(vs Pt)测得的。

③ 表面上进行了 100%的补偿，但进行完整的 CV 测量时不可能达到完全补偿的理想状态。

④ 多次实验所得数据出入较大。

当参比电极距离研究电极的距离从 8mm 减小至 0.5mm 时，$\Delta\varphi_p$ 从 165mV 减为 145mV。当 RE-WE 为 2mm 时，$\Delta\varphi_p$ = 70mV±5mV，利用仪器进行 IR 补偿与加入支持电解质的情况相当。当 RE-WE 的距离进一步减小时，各次实验所得 $\Delta\varphi_p$ 值变化较大，且均大于 70mV，而峰值电流的增加很小。这是由于电流或电势的分布受到了屏蔽。当电极距离为 2mm 时，研究电极上的反应产物通过扩散到达参比电极表面的量（$[S_2Mo_{18}O_{62}]^{4-}$ 浓度为 1mmol/L，扩散系数 D 为 $6.2\times10^{-6}cm^2/s$，在实验时间内（取该实验中最长的扫描时间 120s)，扩散到参比电极上的 $[S_2Mo_{18}O_{62}]^{5-}$ 仅为 2.2×10^{-10}mol/L）远不足以引起准参比电极电势的变化。而当扫描速率超过 100mV/s 时，不管参比电极的位置如何或是进行表观 100%的 IR 补偿，$\Delta\varphi_p$ 值总在 100mV 以上。

5.2.4.4 电活性物质浓度的影响

含不同浓度 $[(C_6H_{13})_4N]_4[S_2Mo_{18}O_{62}]$ 的乙腈溶液的 CV 曲线如图 5-26 所示，其特性参数列于表 5-10。在理想情况下，各峰值电流应与 $[S_2Mo_{18}O_{62}]^{4-}$ 的本体浓度 c^B 成正比，而溶液电阻 R_Ω 应与 c^B 成反比，即 $I_p\propto c^B$，$R_\Omega\propto c^B$。但实验结果［图 5-26(b)和表 5-10］中，R_Ω 只是随着 c^B 的增大而减小，并不呈反比关系。这可能是由于溶液浓度较高时，乙腈溶液中 $[(C_6H_{13})_4N]_4[S_2Mo_{18}O_{62}]$ 未完全离解，各 $[(C_6H_{13})_4N]^+$ 间存在较大的离子对效应。此外，由于 $[(C_6H_{13})_4N]_4[S_2Mo_{18}O_{62}]$ 的分子量（4200）较大，当其浓度较高时所引起的自然对流也不可忽视。

从表 5-10 来看，两个过程的峰值电流（I_p^{red1}、I_p^{ox2}）均随着 $[(C_6H_{13})_4N]_4[S_2Mo_{18}O_{62}]$ 浓度的增加而增加，但在浓度较高时，明显偏离线性关系，这也是由于对流和离子对效应造成的。电解质浓度较高带来的影响还表现在 $\Delta\varphi_p^{av}$($\Delta\varphi_p^{av}=\varphi_p^{av1}-\varphi_p^{av2}$)上，理论上与电解质浓度无关的 $\Delta\varphi_p^{av}$ 的实测值却随着 c^B 的增加而增大。图 5-26 表明，随着电解质浓度的增加，CV 曲线的形状发生了显著的改变，但 $|I_p^{ox2}/I_p^{red1}|$ 趋近于 1。

表 5-10 不同浓度 $[(C_6H_{13})_4N]_4[S_2Mo_{18}O_{62}]$ 的乙腈溶液的 CV 特性参数［其他条件同图 5-22(b)］

浓度/10^{-4}mol/L	R_Ω/Ω	第一个过程，$[S_2Mo_{18}O_{62}]^{4-/5-}$						第二个过程，$[S_2Mo_{18}O_{62}]^{5-/6-}$						$\left\|\frac{I_p^{ox2}}{I_p^{red1}}\right\|$	$\Delta\varphi_p^{av}$/mV
		φ_p^{red1}/mV	I_p^{red1}/μA	φ_p^{ox1}/mV	I_p^{ox1}/μA	φ_p^{av1}/mV	$\Delta\varphi_p^1$/mV	φ_p^{red2}/mV	I_p^{red2}/μA	φ_p^{ox2}/mV	I_p^{ox2}/μA	φ_p^{av2}/mV	$\Delta\varphi_p^2$/mV		
5	8025	−260	−2.8	−105	2.5	−185	155	−500	−1.6	−370	2.0	−435	130	0.72	255
10	4585	−255	−5.6	−85	5.0	−170	170	−495	−3.4	−350	4.2	−425	145	0.75	255
20	2780	−240	−11.1	−70	9.9	−155	170	−480	−6.9	−340	8.8	−410	140	0.79	255

续表

浓度 /10^{-4} mol/L	R_Ω /Ω	第一个过程,$[S_2Mo_{18}O_{62}]^{4-/5-}$						第二个过程,$[S_2Mo_{18}O_{62}]^{5-/6-}$						$\left\|\frac{I_p^{ox2}}{I_p^{red1}}\right\|$	$\Delta\varphi_p^{av}$ /mV
		φ_p^{red1} /mV	I_p^{red1} /μA	φ_p^{ox1} /mV	I_p^{ox1} /μA	φ_p^{av1} /mV	$\Delta\varphi_p^1$ /mV	φ_p^{red2} /mV	I_p^{red2} /μA	φ_p^{ox2} /mV	I_p^{ox2} /μA	φ_p^{av2} /mV	$\Delta\varphi_p^2$ /mV		
50	1480	−245	−26.9	−70	25.7	−160	175	−495	−17.6	−345	22.1	−420	.150	0.82	260
100	925	−255	−50.7	−65	52.6	−160	190	−510	−36.1	−350	43.3	−430	160	0.85	270
200	635	−265	−83.4	−60	98.7	−165	200	−535	−68.8	−355	75.1	−445	180	0.90	280
300	520	−280	−101	−65	134	−175	215	−560	−95.2	−360	93.4	−460	200	0.92	290

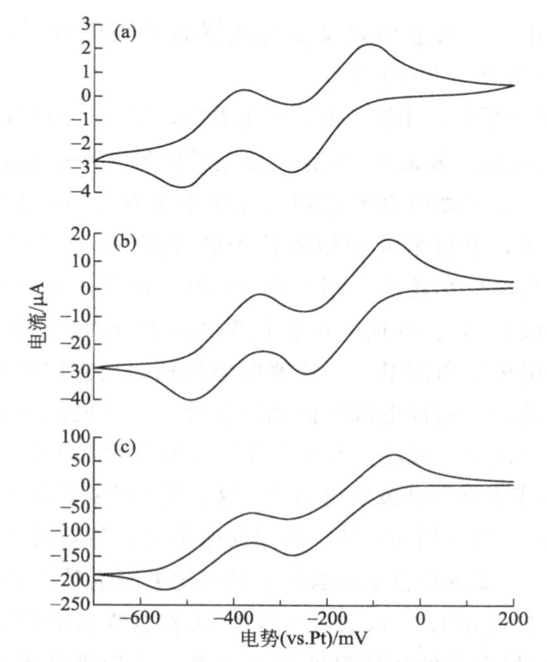

图 5-26 含不同浓度 $[(C_6H_{13})_4N]_4[S_2Mo_{18}O_{62}]$ 的乙腈溶液的 CV 曲线，其他条件同图 5-22(b)[34]

(a) 4.9×10^{-4}mol/L；(b) 5.0×10^{-3}mol/L；(c) 3.0×10^{-2}mol/L

假设 $[(C_6H_{13})_4N]_4[S_2Mo_{18}O_{62}]$ 能完全离解成 4 个阴离子和 1 个阳离子，那么 10mmol/L 的溶液其离子强度为 100mmol/L，溶液的导电性应与 100mmol/L 的 $(C_6H_{13})_4NClO_4$ 相当，事实上，10mmol/L 的 $[(C_6H_{13})_4N]_4[S_2Mo_{18}O_{62}]$ 的电导为 1.1 mS，而 100mmol/L 的 $(C_6H_{13})_4NClO_4$ 电导为 4.9 mS。

当离子对效应和对流效应不十分显著时，在较高浓度下得到的实验 CV 曲线与理论模拟结果有较好的一致性（图 5-27）。

5.2.4.5 研究电极的放置的影响

电极表面进行的氧化还原反应因其电极表面消耗层（depletion layer）内各物质浓度发生变化，进而引起自然对流，这使得实验所测得的电流对氧化还原电对的相对密度、研究电极的形状及放置时的倾角等有一定的依赖关系。

A. M. Bond 等[34]研究了研究电极倾角对含 1mmol/L $[(C_6H_{13})_4N]_4[S_2Mo_{18}O_{62}]$ 的

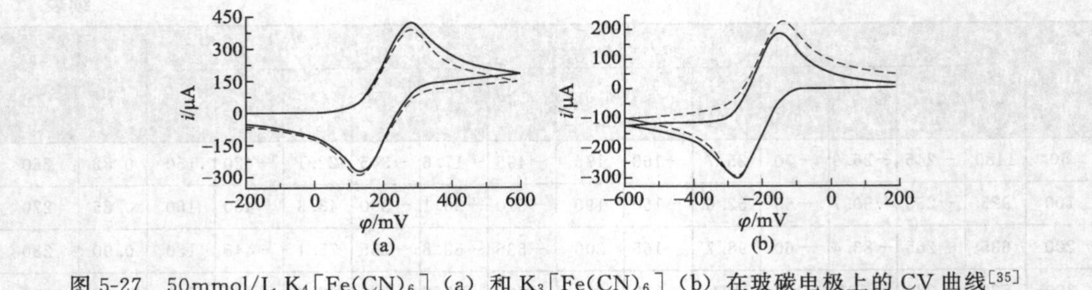

图 5-27 50mmol/L $K_4[Fe(CN)_6]$ (a) 和 $K_3[Fe(CN)_6]$ (b) 在玻碳电极上的 CV 曲线[35]

20mV/s，不含支持电解质，实线为实验测得的曲线，虚线为理论模拟曲线

乙脲溶液的 CV 曲线的影响，实验中定义垂直放置时的倾角为 0°，水平放置时的倾角为 90°，实验结果如图 5-28 和图 5-29 所示。

当体系中不含支持电解质时，由图 5-28(a) 可看出，第一个还原过程（$[S_2Mo_{18}O_{62}]^{4-/5-}$）的峰值电流和峰值电势与电极倾角无关，而第二个还原过程（$[S_2Mo_{18}O_{62}]^{5-/6-}$）中，虽然峰值电势基本不发生变化，但其峰值电流却随着倾角增加至 90°时显著增大。在受传质控制的电势更负一些的区域内，电流响应强烈依赖于电极倾角。由图 5-29 可以看到，在不含支持电解质的体系中，当电极倾角从 0°增加至 45°的过程中，在－800mV(vs. Pt) 测得的电流逐渐增大，当电极倾角超过 45°时，电流值基本保持不变且显著大于 0°时的电流。在逆向扫描过程中，随着电极倾角的增大，峰值电势稍稍向负方向移动。尽管不同电极倾角时得到的经基线校正过的逆向扫描电流峰值比较接近，但其电流峰值的绝对数值却明显不同，随着电极倾角的增大而显著减小。在不含支持电解质的溶液中，当扫描速率为 100mV/s 时，实验测得的 CV 曲线不再与电极倾角相关，这表明 CV 实验时间的缩短已经足以抑制溶液密度差引起的自然对流。当采用 50mV/s 的扫描速率时，各电极倾角下得到的 CV 曲线其还原支基本重合，但 0°时（研究电极垂直放置）的氧化电流绝对数值明显较大。

当体系中加入了 0.10mol/L $[(C_6H_{13})_4N]ClO_4$ 作为支持电解质时，由图 5-28(b) 可看出，CV 响应曲线对电极倾角的依赖程度要小得多，全扫描过程的各峰值电势均与电极倾角无关。图 5-29 表明，在－650mV(vs. Pt) 下测得的还原电流在实验误差范围内可视为与电极倾角无关。当扫描速率提高至 100mV/s 时，含有支持电解质的体系在不同电极倾角时测得的 CV 响应曲线完全重合。

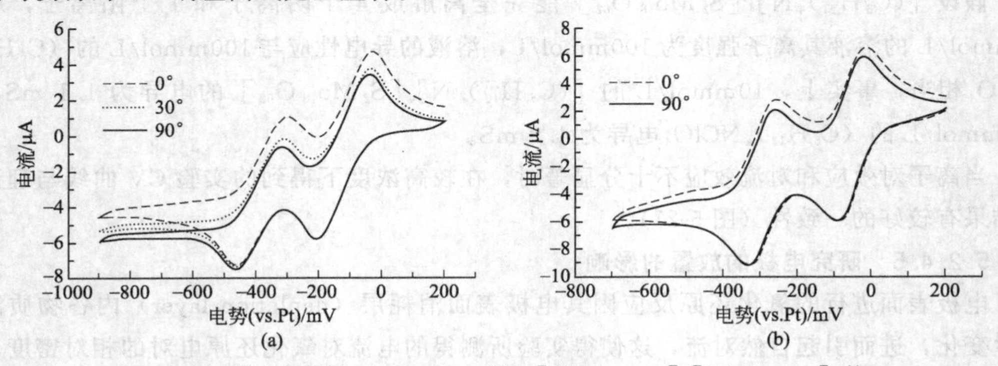

图 5-28 研究电极倾角对含 1mmol/L $[(C_6H_{13})_4N]_4[S_2Mo_{18}O_{62}]$ 的乙脲溶液的 CV 曲线的影响[34]

20mV/s；(a) 无支持电解质；(b) 含 0.10mol/L $[(C_6H_{13})_4N]ClO_4$

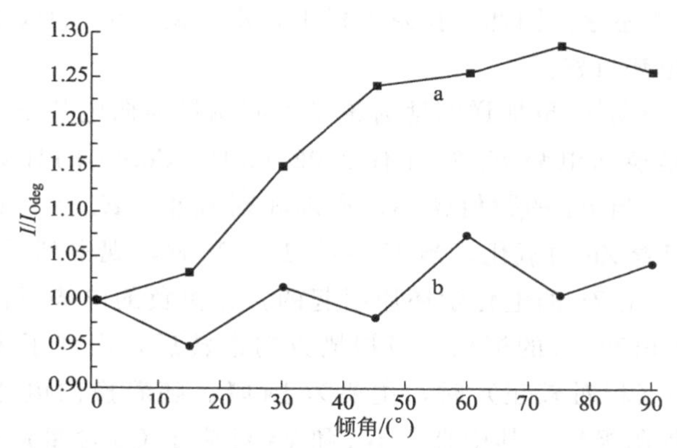

图 5-29 1mmol/L $[(C_6H_{13})_4N]_4[S_2Mo_{18}O_{62}]$ 还原时电极倾角不同时的电流比值（除以 0°时的电流）[34]

20mV/s；a—不含支持电解质，在−800mV(vs. Pt) 下测得；
b—含 0.1mol/L $[(C_6H_{13})_4N]ClO_4$，在−650mV(vs. Pt) 下测得

综上所述，在扫描速率较小时的 CV 曲线受溶液 IR 压降影响较小且易于通过仪器进行补偿，但受对流影响较严重。在高速扫描时的情况则相反。在不含支持电解质时，由于溶液密度差引起的对流将导致电流数值发生明显的偏差，尤其是在低速扫描时。因此，在稀溶液中进行电化学测试，支持电解质的加入是很有必要的。

5.2.4.6 扫描电势范围的影响

不同的反应有不同的电势范围，因此，所感兴趣的电势范围随实验而异。在实验过程中，可利用不同电势范围的 CV 曲线之间的不同探讨多组分体系的电化学行为[36-39]。

黄振谦等[36]在悬汞电极上测得了 Zn-Co 共沉积的循环伏安曲线，见图 5-30。

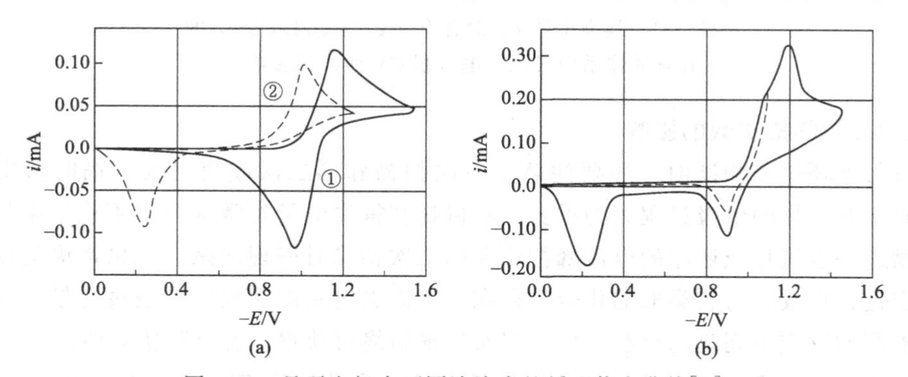

图 5-30 悬汞电极在不同溶液中的循环伏安曲线[36]

60mV/s，25℃；(a) ①—0.01mol/L $ZnSO_4$＋0.5mol/L K_2SO_4；
②—0.01mol/L $CoSO_4$＋0.5mol/L K_2SO_4；
(b) 0.01mol/L $ZnSO_4$＋0.01mol/L $CoSO_4$＋0.5mol/L K_2SO_4

从图 5-30(a)中可以看出，Co 和 Zn 在汞电极上单独沉积时，Co 的析出电势比 Zn 正 100mV 以上，反扫过程中，在−0.2V 时出现了 Co 的阳极溶解峰，而 Zn 则为−0.95V。图 5-30(b)表明，Zn 与 Co 共同沉积时出现两个阴极峰。第一个峰，电势与 Zn^{2+} 单独沉积峰电势相同，第二个峰稍负。为了弄清第一个峰的性质，实验时将电势扫至该峰的峰尾立即反扫，发现仅出现 Zn 的阳极溶解峰，这表明，第一个峰为 Zn^{2+} 的阴极析出峰，而 Co

则在更负的电势下才能还原。因此，在汞电极上，Zn^{2+} 对 Co^{2+} 的放电有抑制作用，Zn^{2+} 的存在使 Co 的析出电势负移。

J. L. Ortiz-Aparicio 等[37]更加详细地讨论了不同阴极换向电势下 Zn-Co 共沉积的循环伏安曲线。图 5-31 是换向电势 E_{λ} 对含有 0.025mol/L $CoSO_4$ 的甘氨酸体系中 Zn-Co 电沉积 CV 曲线的影响。当 E_{λ} 的数值较小，亦即相对较正，$E_{\lambda1}=-1.45V$ 时，主要出现一个阳极峰Ⅰa，对应着 Zn 的氧化，当 $E_{\lambda4}=-1.70V$ 时，观察到了两个阴极过程Ⅰc 和Ⅱc，第一个还原峰Ⅰc 是 Zn 的电化学还原引起的，在更负的电势下出现的第 2 个还原峰Ⅱc 则对应着 H_2 的析出和 Co 的沉积。当扫描方向逆转后，出现了多个阳极电流峰。当换向电势的数值较小（相对较正）时，主要为Ⅰa 峰。随着换向电势的负移，又出现了Ⅲa、Ⅳa、Ⅴa 和Ⅵa 等阳极峰，其中Ⅲa、Ⅳa 和Ⅴa 对应了 Co 含量逐渐增大的各沉积相，而Ⅵa 峰则是纯 Co 相的氧化。

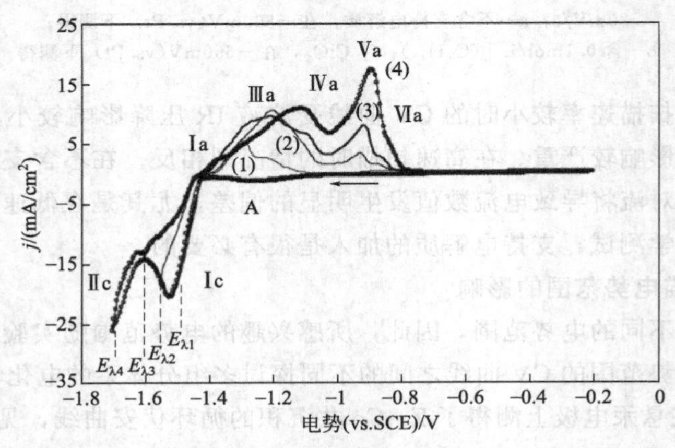

图 5-31 换向电势 E_{λ} 对含有 0.025mol/L $CoSO_4$ 的甘氨酸体系中 Zn-Co 电沉积 CV 曲线的影响[37]

5.2.4.7 扫描次数的影响

在进行循环伏安测试时，还要注意第一次扫描和第二次或第三次扫描时伏安图的区别，这对于有机物的电极过程尤为重要。有机物在得失电子时常常产生不稳定中间物，这种中间物进一步氧化或还原的电流峰往往在第二次扫描时表现出来。如果推测的反应中间物有稳定化合物或有与它类似的化合物存在，可以测定它的伏安图，通过比较，可确定或排除所推测的反应中间物的存在[40-45]。多次扫描最终可获得稳态循环伏安图。

盛江峰等[44]采用循环伏安法研究了酸性溶液中介孔结构 WC 对 α-硝基萘（NP）电还原过程的催化行为。图 5-32 为 WC 粉末微电极（WC-PME）在含有 0.001mol/L α-硝基萘的 H_2SO_4 溶液中的循环伏安曲线。从图 5-32 可以看到，NP 的还原反应在 WC-PME 上的第 1 个循环时的电流比其他各循环周都要高出很多，主要原因是电极静置于反应溶液后，已经扩散到多孔粉末微电极的孔内部，大大增加了电极的催化反应面积，提高了催化剂的利用率，导致峰电流最大。而从第 2 个循环开始，峰电流下降并趋于稳定，这是由于孔内部的已经被消耗，而外层溶液未扩散到孔内部就已经在液固界面反应，电极反应的有效面积减少，第 2 个循环的还原峰电流密度值仍达到了 0.097A/cm²；当第 100 个循环时，其还原峰电流密度下降至 0.089A/cm²，循环伏安曲线中的第 100 个循环与第 2 个循环中的电流值基本没有变化，衰减量仅为 8.6%，说明该 WC-PME 在的酸性溶液中具有很稳定的电催化性能。峰电流衰减的原因可能是由于反应溶液浓度的轻微下降和反应产物在电极表面的吸附造成的。

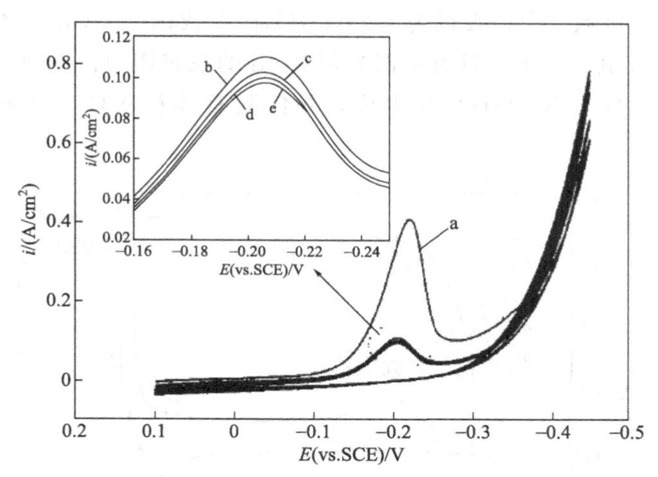

图 5-32 WC-PME 在 0.001mol/L α-硝基萘+1.0mol/L H_2SO_4 溶液中的循环伏安曲线[44]
40℃，100mV/s；a—第 1 次扫描；b—第 2 次扫描；c—第 10 次扫描；d—第 50 次扫描；e—第 100 次扫描

5.2.5 循环伏安法的应用

循环伏安法有“电化学谱（Electrochemical Spectroscopy）”之称，已广泛用于无机物和有机物电极过程的研究以及生物化学和高分子化学中多电子传递过程的表征。

5.2.5.1 初步研究电极体系可能发生的电化学反应

三角波电势扫描广泛地用来研究吸附现象。扫描电势范围内，若在某一电势出现电流峰，就表明该电势下发生了电极反应（有时与法拉第吸脱附过程有关）。每一电流峰对应一个反应。在循环伏安法中，若正向扫描时的电极反应产物足够稳定且能在电极表面发生电极反应，那么在逆向扫描电势范围内将出现与正向电流峰相对应的逆向电流峰。若无相应的电流峰，就说明这正向电极反应是完全不可逆的，或者电极反应产物完全不稳定。根据每一峰值电流相对应的峰值电势，从标准电极电势表、pH-电势图和已掌握的知识可以推测出在所研究的电势范围内可能会发生哪些电极反应。因此，伏安曲线对于掌握研究体系的性质是十分重要的。

由于 Ni 在化学电源及电催化方面的广泛应用，人们对 Ni 在各种溶液中的 CV 行为进行了深入的研究，L. D. Burke 等[46]详细研究了扫描电势上下限、扫描速率和 pH 值对低电势区循环伏安曲线的影响。R. S. Schrebler 等[47]主要研究高电势区伏安曲线。B. Beden 等[48]讨论不同晶面单晶 Ni 电极的循环伏安曲线，并采用了光谱技术对 Ni 表面膜的生长进行了研究[49-51]。

下面分别讨论 Ni 在碱液和酸性溶液中的 CV 行为。

（1）Ni 电极在 1mol/L 的 KOH 溶液中的循环伏安特性。

为了去除表面的氧化物，将 Ni 单晶在纯氢气流（1 个大气压）的保护下，于 1200K 退火 3～10h。用 0.05μm 的氧化铝抛光并清洗干净，在 0.5mol/L H_2SO_4 溶液中阴极极化数分钟，极化电流以电极表面有大量气泡逸出为宜。取出冲洗干净，再放入电解池（1mol/L

KOH 溶液）控制电极电势为－0.2V 进行阴极还原数分钟。这样即可得到光亮新鲜的 Ni 电极表面[51]。

Ni(111) 电极在 1mol/L KOH 溶液中的 CV 曲线见图 5-33。根据其 CV 特性，通常可将 CV 曲线分为三个区域[48-51]。A 区为“$Ni(OH)_2$区”或称“Ni(Ⅱ) 区”，在比 A 区电势更负的电势下，将有氢气析出，且有一部分氢被 Ni 的晶格吸收。在 A 区的正向扫描过程出现的电流峰 a，对应 α-$Ni(OH)_2$的生成，并伴随有体相吸收（或吸附）氢的逸出及氧化[51,52]。

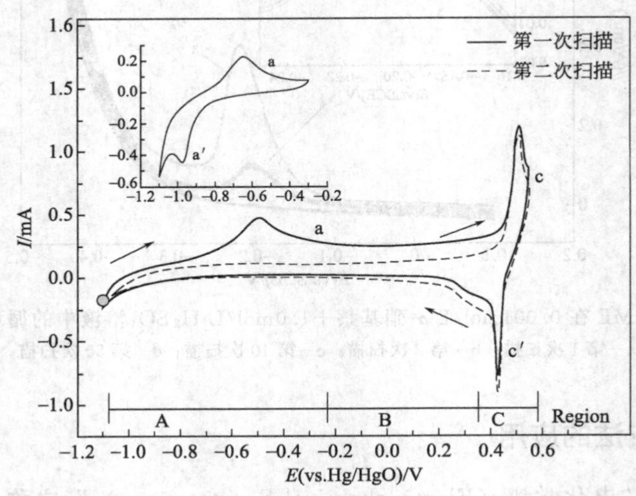

图 5-33 Ni(111) 电极在 1mol/L KOH 溶液中的循环伏安曲线
50mV/s，嵌入图扫描速率为 10mV/s

$$Ni + 2OH^- \Rightarrow Ni(OH)_2 + 2e^-$$

$$H_{ads+abs} \Rightarrow H^+ + e^-$$

负向扫描过程中的峰 a′为 α-$Ni(OH)_2$还原成金属 Ni。α-$Ni(OH)_2$经过不可逆缩水可转变为 β-$Ni(OH)_2$[53]，这一不可逆转变过程发生在 B 区。随着电势进入 B 区，峰 a 和峰 a′将逐渐减弱甚至完全消失，这是因为形成的 β-$Ni(OH)_2$在接下来的阴极扫描过程中不能被还原。C 区称为“NiOOH 区”或“Ni(Ⅲ) 区”，该区对应的电势足够正，可使先前的 $Ni(OH)_2$ 发生氧化。在 CV 图上观察到的较大的阳极电流峰 c 与氧化物的形成以及 Ni 的氧化态从＋2 变到＋3 有关，如果发生过充电，还可能达到更高的价态。

$$Ni(OH)_2 \Rightarrow NiOOH + H^+ + e^-$$

该反应中生成的质子 H^+ 在碱液中即形成了 H_2O。

图 5-34 是从－1.0V 开始，以 50mV/s 的速度得到的 Ni(100) 电极在 1mol/L NaOH 溶液中的 CV 响应曲线。在－0.6V 处出现了一个较宽的阳极电流峰（A1），随后是一个跨度超过 1V 的电流平台，A1 峰的形成是因为生成了单分子层的α-$Ni(OH)_2$，更细致的研究表明，A1 峰至少包括两个过程，除了 $Ni(OH)_2$的生成外，还发生了氢的吸附及相关过程。当电势达到－0.5V 时进行换向扫描，在－0.8V 处形成一个阴极电流峰（C1），这与 α-$Ni(OH)_2$的还原有关。但一旦电势上限超过－0.4V，换向后的负向扫描中，电流峰 C1 将向负方向移动，且伴随有 H_2 的析出而阳极电流峰 A1 会消失。与图 5-33 所示的 Ni

(111) 电极一样，C1 峰的衰减是由于电势超过－0.4V 后，α-$Ni(OH)_2$ 会发生不可逆脱水而形成 β-$Ni(OH)_2$[53,54]。当负向扫描电势比－1V 更负时，能使得 A1 峰重新出现，只是所得到的 A1 峰比首次扫描得到的 A1 峰要宽，这是由于电极表面的无序度增加了。在电势正向变化超过－0.4V 约 1V 的范围内，电流密度保持在 $50\mu A/cm^2$ 左右。当电势进一步正移时，在＋0.64V 处出现了一个尖锐的阳极峰（A2），这是由于 Ni(Ⅱ) 生成了更高价态的 NiOOH，当电势超过＋0.70V 后，由于 O_2 的逸出电流急剧增大。逆扫时，NiOOH 的还原对应一个“双峰”（C2），随后是跨度为 1V 的无特征区，直至－0.90V 以后才发生 H_2O 的还原。

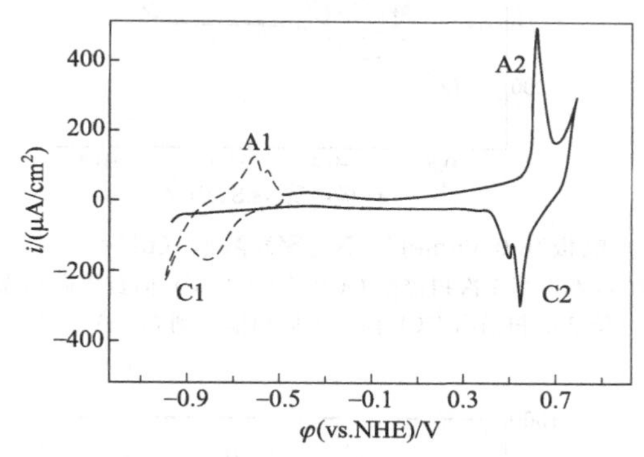

图 5-34　50mV/s 的速度得到的 Ni(100) 电极在 1mol/L NaOH 溶液中的 CV 曲线[51]

(2) Ni 在酸性溶液中的 CV 行为[55-62]。

图 5-35 是 Ni(111) 电极在 0.05mol/L Na_2SO_4 溶液中的 CV 曲线。开路电势 OCP 为－0.37V。第 1 次扫描从 OCP 向负方向扫描，到－0.85V 处换向。在第 1 次扫描得到的 CV 曲线中出现了一小的阴极电流峰，是由于氢气的析出造成的。在第 2 次的正向阳极扫描过程，当电势达到－0.4V 时，阳极电流急剧增加，到－0.05V 处达到最大，当电势继续正移时，电流又急剧减小。到达 0.25V 电势换向，在逆扫过程中没有出现明显的阳极电流峰，表明 Ni(111) 已经发生了钝化，表面形成了氧化物层。

但第 2 次扫描过程中的阴极电流峰明显大于第 1 次扫描中的阴极电流峰，这意味着阳极扫描过程中生成的氧化物能发生电化学还原形成金属 Ni。第 1 次和第 2 次扫描中阴极电流峰对应的电量差为 $1.9mC/cm^2$。如果阳极扫描过程中形成的氧化物为 NiO(111)，以 2 电子过程为基础计算，形成一单分子层 NiO 需要 $0.43mC/cm^2$，那么 $1.9\ mC/cm^2$ 对应着约 4.5 个分子层的 NiO(111)，约 1.08 nm 厚。形成的氧化物膜经过阴极还原后，在下一次的阳极扫描过程中又能出现差不多同样大小的电流峰。类似的研究[63,64] 表明，多晶 Ni 在 pH 值为 2～8.4 的 Na_2SO_4 溶液中形成的氧化物约为 0.9～1.2 nm 厚，该氧化物膜在 pH≤3 的溶液中经阴极扫描后可以完全去除。因此，图 5-35 所示的阳极电流峰至少在其电流增大的电势区间内完全发生 Ni 的氧化形成可溶的 Ni^{2+}。

图 5-36 是 Ni(100) 电极在 0.05mol/L Na_2SO_4 溶液中的 CV 曲线。Ni(100) 电极上的 CV 响应大体上和 Ni(111) 相似，只是阳极溶解峰的电流值较小。第 1 次和第 2 次扫描中阴极电流峰对应的电量差为 $1.0mC/cm^2$。形成一单分子层 NiO(100) 需要 $0.36\ mC/cm^2$，$1.0\ mC/cm^2$ 对应着约 2.7 个分子层的 NiO(100)。虽然 Ni(100) 电极表面对应的电量差仅为 Ni(111) 电极的一半，但在厚度上 2.7 个分子层的 NiO(100) 约 1.12 nm 厚。

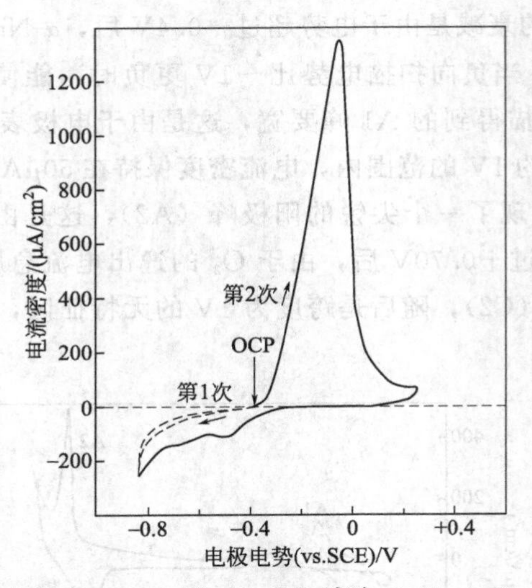

图 5-35　Ni(111) 电极在 0.05mol/L Na_2SO_4 溶液（pH=3.0）中的 CV 曲线[62]

20mV/s；第 1 次扫描由 OCP（−0.37V）向负方向扫描；

第 2 次扫描由 OCP 向正方向扫描，到 0.25V 换向

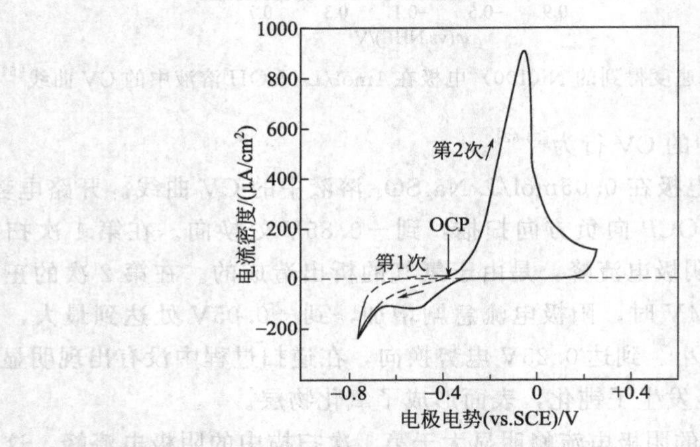

图 5-36　Ni(100) 电极在 0.05mol/L Na_2SO_4 溶液（pH=3.0）中的 CV 曲线[62]

20mV/s；第 1 次扫描由 OCP（−0.37V）向负方向扫描；

第 2 次扫描由 OCP 向正方向扫描，到 0.25V 换向

此外值得注意的是，在 0.25V 时，Ni(100) 电极上测得的电流密度为 $120\mu A/cm^2$，远大于 Ni(111) 电极表面的电流密度值（$60\mu A/cm^2$）。此阳极电流差意味着 Ni(111) 表面的氧化膜具有更好的结晶性。在（100）晶面上的阳极电流较大是因为在该晶面上形成氧化物时造成的晶格缺陷增多。

图 5-37 是 S 修饰 Ni(100) 电极在 0.05mol/L Na_2SO_4 溶液（不含 S^{2-}）中的 CV 曲线，可以看到 S 修饰 Ni(100) 电极在阳极电流开始上升的初始阶段与未经修饰的 Ni(100) 电极并没有大的区别。但当电势正于 0V 的电势范围内，未经修饰的 Ni(100) 表面已经发生了钝化，但 S 修饰 Ni(100) 电极表面的吸附 S 明显抑制了氧化膜的形成。从图 5-37 可知，即使阳极电流密度高达 $5mA/cm^2$ 的情况下，电极表面的吸附 S 仍然存在，因为在逆向扫描过程中得到近乎重合的电流响应，没有出现回滞现象。与此类似的是，经 I 修饰的 Pd

的阳极溶解活性也大大增加[65-67]。

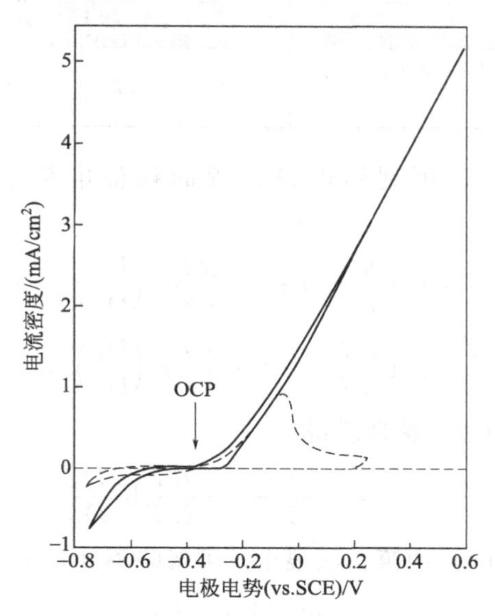

图 5-37 S 修饰 Ni(100) 电极在 0.05mol/L Na_2SO_4 溶液（pH=3.0）中的 CV 曲线[62]
20mV/s；实线为 S 修饰 Ni(100) 电极；虚线为裸露的未修饰 Ni(100) 电极

5.2.5.2 电极过程可逆性的研究

如 $\Delta\varphi_p = |\varphi_{pb} - \varphi_{pf}| \approx 58/n$mV，$i_{pb}/i_{pf} = 1$，则为可逆。如 $\Delta\varphi_p > 58/n$mV，$i_{pb}/i_{pf} < 1$，则为不可逆。

采用单程线性电势扫描法亦可判断电极过程的可逆与否，若峰值电势 φ_p 不随扫描速率的变化而变化，则为可逆电极过程；反之，若峰值电势 φ_p 随着扫描速率的增大而向扫描方向移动，则为不可逆电极过程。

事实上，一个电极反应的可逆性与扫描速率 v 有关。在低的扫描速率下，一个电极反应表现为可逆特性，而在高扫描速率下，可能转变为不可逆，当电荷传递反应速率与质量传递过程不再维持 Nernst 方程的关系，电极反应就从可逆向不可逆转变。R. S. Nicholson[68]用 ψ 来鉴别电极过程的可逆性，ψ 与扫描速率 v 有关，即

$$\psi = r^a \frac{k_S}{\sqrt{\pi D v n F/RT}}$$

式中，r^a一般为 1，取 $D = 1\times10^{-5}\text{cm}^2/\text{s}$，$nF/RT = 39.2\text{V}^{-1}$，则 $\psi \approx 28.8k_S/v^{1/2}$。

在实验中，还需注意由于电解池中未补偿电阻 R_Ω引起的 iR_Ω电势降使峰值电势 φ_p 发生的移动。

表 5-11 列出了可逆、准可逆和完全不可逆电极反应的判据。

表 5-11 可逆、准可逆和完全不可逆电极反应的判据

可逆性	电势响应性质	电流函数性质	
可逆	φ_p 与 v 无关。$\Delta\varphi_p = 59/n$mV(25℃)	$i_p/\sqrt{v}$ 与 v 无关	$i_{pb}/i_{pf} = 1$
准可逆	φ_p 随 v 移动。低 v 下，$\Delta\varphi_p$ 接近于 $60/n$ mV，但随 v 的增加而增加，接近于不可逆	$i_p/\sqrt{v}$ 与 v 无关	仅在 $\beta=0.5$ 时，$i_{pb}/i_{pf} = 1$

续表

可逆性	电势响应性质	电流函数性质	
完全不可逆	v 增加 10 倍，φ_p 向扫描方向移动 $30/\beta n$ mV	$i_p/\sqrt{v}$ 与 v 无关	无逆向扫描电流峰，$i_{pb}/i_{pf}=0$

对于可逆电极反应，还可利用电极过程的峰值电势求算标准电极电势。由式(5-34)有，

$$\varphi_{pa}=\varphi_{1/2}+1.1\frac{RT}{nF}=\varphi^{\ominus}+\frac{RT}{nF}\ln\left(\frac{D_R}{D_O}\right)^{1/2}+1.1\frac{RT}{nF} \tag{5-62}$$

$$\varphi_{pc}=\varphi_{1/2}-1.1\frac{RT}{nF}=\varphi^{\ominus}+\frac{RT}{nF}\ln\left(\frac{D_R}{D_O}\right)^{1/2}-1.1\frac{RT}{nF} \tag{5-63}$$

式（5-62）和式（5-63）相加，整理后得

$$\varphi^{\ominus}=\frac{\varphi_{pa}+\varphi_{pc}}{2}-\frac{RT}{2nF}\ln\frac{D_R}{D_O} \tag{5-64}$$

由于 $D_R/D_O\approx 1$，式（5-64）中第二项很小，可忽略不计，则

$$\varphi^{\ominus'}=\frac{\varphi_{pa}+\varphi_{pc}}{2} \tag{5-65}$$

这表明电极反应可逆且反应产物稳定的情况下，标准电极电势等于两个峰值电势之和再除以 2。

5.2.5.3 伴随化学反应的电极过程研究

循环伏安法是研究耦合有化学反应电极过程的重要手段之一。文献［2］从理论上详细推导了伴随有化学反应的各种反应机理对应的伏安曲线以及扫描速率对峰值电流及峰值电势的影响。

表 5-12 给出了用循环伏安法鉴别伴随化学反应电极过程的判据。

表 5-12 伴随化学反应电极过程的判据（以氧化态 O 的阴极扫描为正方向）

反应历程	电势相应性质	电流函数性质	i_{pa}/i_{pc}	其他
可逆前置化学反应 CE $Z\underset{k_2}{\overset{k_1}{\rightleftharpoons}}O\overset{ne^-}{\rightleftharpoons}R$ $K=k_1/k_2$	v 增加，φ_{pc} 向阳极方向移动	v 增加，$i_{pc}/\sqrt{v}$ 减少	i_{pa}/i_{pc} 一般大于 1 且随着 v 的增加而增加	响应相似于可逆波，但当化学反应慢，K 具有中等数值时，电流响应低于可逆波
可逆随后化学反应 EC $O\overset{ne^-}{\rightleftharpoons}R\underset{k_2}{\overset{k_1}{\rightleftharpoons}}Z$ $K=k_1/k_2$	v 在较小范围内增加，φ_{pc} 向阴极方向移动。化学反应速率较快时，k_1+k_2 大，K 大，v 每增加 10 倍，φ_{pc} 移动近 $60/n$ mV	$i_{pc}/\sqrt{v}$ 恒定	v 减小时，i_{pa}/i_{pc} 由 1 减小	当 K 较小化学反应速率较快时，除了峰值电势发生移动外，其他与可逆反应特征类似
不可逆随后反应 $O\overset{ne^-}{\rightleftharpoons}R\rightarrow Z$	v 小时，φ_{pc} 向阴极方向移动 $30/n$ mV，v 增大时 φ_{pc} 移动的幅值减小	v 过小或过大时，$i_{pc}/\sqrt{v}$ 与 v 无关	v 增加，i_{pa}/i_{pc} 增大且趋近于 1	—
催化反应 $O\overset{ne^-}{\rightleftharpoons}R$ $R+Z\overset{k_1}{\longrightarrow}O$	v 增加，φ_{pc} 向阳极移动	v 较小时，$i_{pc}/\sqrt{v}$ 随 v 增加，后逐渐变为与 v 无关	$i_{pa}/i_{pc}=1$	k_1/v 变大时，响应接近于S形

5.2.5.4 研究电活性物质的吸脱附

循环伏安法也经常用于电活性物质的界面吸附行为的研究，如各种有机物及金属配离子在电极表面的吸附。

图 5-38 表示，含 10^{-6}mol/L 维生素 B2 的 10^{-3}mol/L NaOH 溶液中，在悬汞电极上得到的多次扫描伏安图。图中可以看到由于吸脱附引起的电流峰不断增大，这意味着界面上竞争吸附的不断积累。此外，吸脱附对应的阴阳极峰值电势的差比电荷转移过程的 $\Delta\varphi_p$ 值要小。

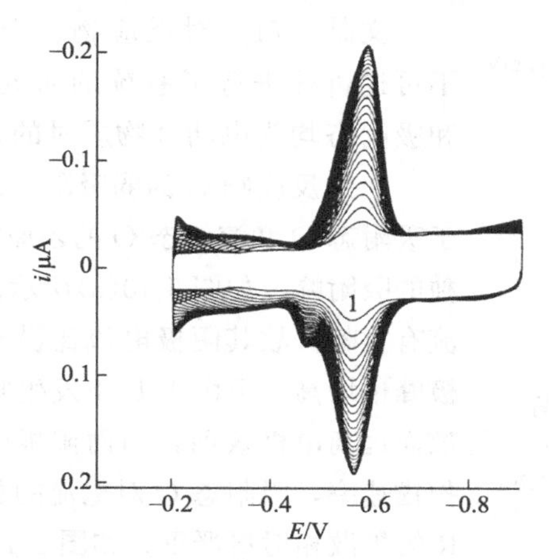

图 5-38 含 10^{-6}mol/L 维生素 B2 的 10^{-3}mol/L NaOH 溶液中，在悬汞电极上得到的多次扫描伏安图[69]

事实上，理想的不涉及电荷转移的活性物质在界面上的可逆吸脱附过程对应的伏安图是完全对称的（$\Delta\varphi_p=0$），且半峰宽为 90.6/n mV（图 5-39），峰值电流为

$$i_p=\frac{n^2F^2\Gamma_O v}{4RT} \tag{5-66}$$

式中，Γ_O 为反应物 O 在电极表面的吸附量。

式（5-66）表明峰值电流与表面吸附量 Γ_O 和电势扫描速率 v 成正比，而扩散过程引起的电流峰是与 $v^{1/2}$ 成正比。

其峰值电势为

$$\varphi_p=\varphi^{\ominus}-\frac{RT}{nF}\ln\frac{\beta_O\Gamma_{O,m}}{\beta_R\Gamma_{R,m}} \tag{5-67}$$

式中，β_O，β_R 分别为反应物 O 和产物 R 的吸附系数；$\Gamma_{O,m}$，$\Gamma_{R,m}$ 分别为 O 和 R 的饱和吸附量。

在实际的实验操作中，如果吸附层中没有明显的分子间作用力，在相当慢的扫描速率下可以获得近乎理想的伏安图。

电流峰的面积即吸附过程所消耗的电量 Q 可以用来计算表面覆盖度，即

$$Q=nFA\Gamma \tag{5-68}$$

该式可以用来计算发生吸附的分子所占据的面积，进而用来预测电极表面的晶面取向。表面覆盖量通常可以通过吸附等温式与溶液本体浓度联系起来。目前常用的一种为 Langmuir 等温式，

$$\Gamma=\Gamma_m\cdot\frac{Bc^B}{1+Bc^B} \tag{5-69}$$

式中，Γ_m为单分子覆盖层对应的表面浓度（mol/cm^2）；B为吸附系数。

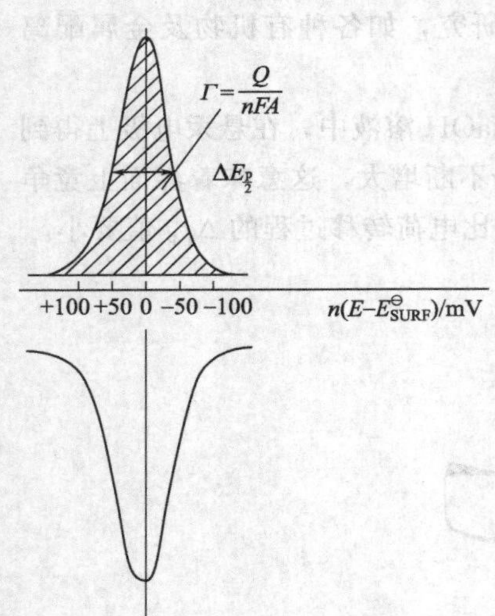

图 5-39 理想的不涉及电荷转移的活性物质在界面上的可逆吸脱附过程对应的伏安图[70]

当吸附物的浓度很低，即 $Bc\ll1$ 时，可简化成线性吸附等温式 $\Gamma=\Gamma_m Bc$。Langmuir 吸附等温式适用于吸附层分子之间不存在相互作用的单层吸附情况，若需考虑吸附层中分子间的相互作用，则需采用 Frumkin 或 Temkin 吸附等温式。

文献［71］对反应物、产物于电极上吸附的可逆和不可逆过程进行了系统的研究。这里只简单讨论溶解态和吸附态均为电活性物质时的几种典型情况。

（1）反应物 O 为弱吸附，即 $\beta_R\rightarrow0$ 且 β_O 较小时，由于吸附态 O 和溶解态 O 的还原能量差别较小，观察不到单独的吸附峰，如图 5-40(a)所示。因为 O 吸附和扩散均对电流有贡献，故其阴极电流比没有吸附时大，反向扫描时阳极峰也增高，但由于 R 不发生吸附，会造成一部分 R 因扩散而远离电极表面，因而阳极峰的增加比阴极峰小。提高扫描速率，吸附态 O 对电流的相对贡献增加，逆扫过程中 R 的扩散相对更严重，如图 5-41 所示。但当 c_O^B 较大时，吸附作用的相对贡献要降低。

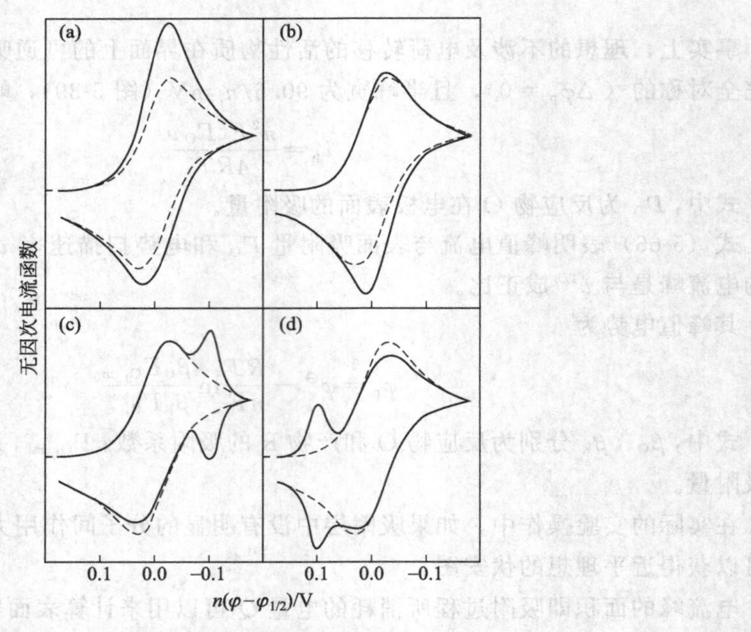

图 5-40 包含吸附过程的理论伏安曲线

(a) 反应物弱吸附；(b) 产物弱吸附；(c) 反应物强吸附；(d) 产物强吸附。虚线为不存在吸附时的曲线

（2）产物 R 为弱吸附，即 $\beta_O\rightarrow0$ 且 β_R 较小。产物 R 发生弱吸附，对正扫的阴极电流的影响很小，而反扫的阳极电流明显增大［图 5-40(b)］。虽然阴极电流受扫描速率的影响很小，但其峰值电势随扫速增加而正移（图 5-42），这是因为 R 被吸附，在电极表面附近溶解

态 R 的浓度降低。i_{pa}/i_{pc} 大于 1，并随着 v 的降低而减小。

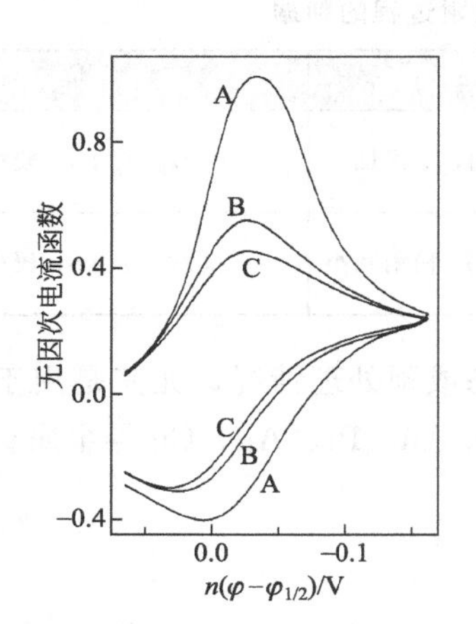

图 5-41 扫描速率对反应物弱吸附情况的伏安图的影响

A、B、C 相对扫描速率为 2500：100：1

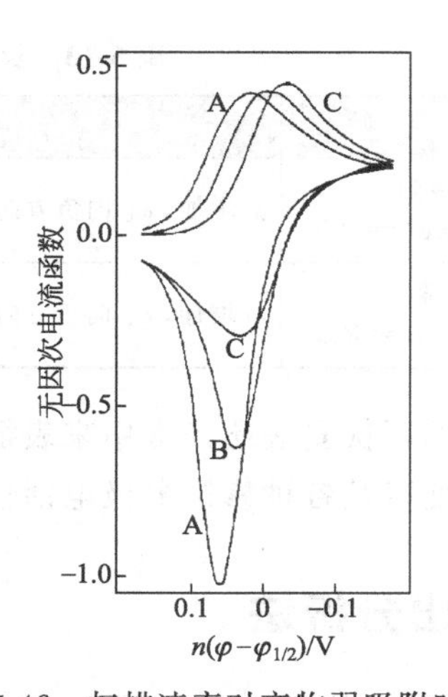

图 5-42 扫描速率对产物弱吸附时的伏安图的影响

A、B、C 相对扫描速率为 4×10^{4}：2.5×10^{3}：1

(3) 反应物 O 强吸附，即 $\beta_R\to0$ 且 β_O 相当大，这时在 O 的扩散电流峰后出现一吸附峰，如图 5-40(c)所示，这种后峰是由于吸附态的 O 比溶解态 O 还原更困难所造成的。由于前峰 $i_{p,扩散}\propto v^{1/2}$，后峰 $i_{p,吸附}\propto v$，故 $i_{p,吸附}/i_{p,扩散}$ 随着 v 增加而增加。

(4) 产物 R 强吸附，即 $\beta_O\to0$ 且 β_R 相当大，此时出现一前峰［图 5-40(d)］。由于 R 的吸附自由能使 O 还原成吸附态 R 比还原至溶解态 R 更容易，因而吸附峰出现在扩散峰之前。β_R 越大，即吸附自由能越大，则吸附峰超前扩散峰越多。

亚甲蓝的电极反应产物是强吸附的[72]。在低浓度时只出现一个电流峰，当浓度增高时，明显地出现两个峰（图 5-43）。

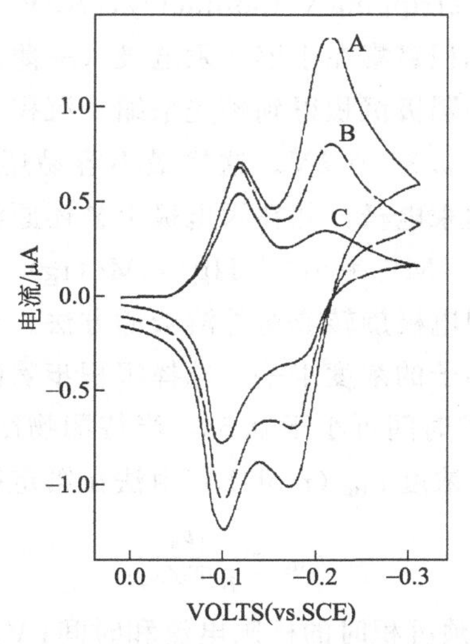

图 5-43 亚甲蓝的循环伏安图[72]

pH＝6.5，v＝44.5mV/s；

A—1.00×10^{-4}mol/L；B—0.70×10^{-4}mol/L；C—0.40×10^{-4}mol/L

用循环伏安法鉴别反应物或产物吸附过程的判据列于表 5-13。

表 5-13 反应物或产物吸附过程的判据

反应历程	φ_p 与 v 关系	i_p 与 v 关系	i_{pa}/i_{pc} 与 v 关系
反应物吸附 $O \rightleftharpoons O_{ads} + ne^- \rightleftharpoons R$	v 增加，φ_p 向负方向移动	v 增加，i_p 增加	$i_{pa}/i_{pc} \leqslant 1$，$v$ 较小时接近 1
产物吸附 $O + ne^- \rightleftharpoons R \rightleftharpoons R_{ads}$	v 增加，φ_p 向正方向移动	v 增加，i_p 稍稍减小	$i_{pa}/i_{pc} \geqslant 1$，$v$ 较小时接近 1

此外，循环伏安法还经常用来表征电极的状态或预处理情况，尤其是用于金属单晶电极表面清洁度以及各种修饰电极电活性的表征，如 Au、Pt、Ag、Cu 等金属材料。

5.3 溶出分析法

用于测量痕量金属的溶出分析是一种非常灵敏的电化学技术，它的灵敏性取决于有效预浓缩步骤和可产生非常有用的信号——背景比值的先进测量程序的结合。因为金属被预先浓缩到电极上（100～1000 倍），同溶液相伏安测量相比，检测极限被降低了 2 个～3 个数量级。因此，在浓度低于 10^{-10} mol/L 的多种矿石中利用价格较低的设备可同时检测 4～6 种金属。欲能获得很低的检测极限，必须大大降低污染程度，同时需要精通超痕量化学的专家。

溶出分析是一种两步技术，第一步或者也是沉积步骤是指溶液中金属离子的一小部分在汞电极上电解沉积或预先浓缩金属。接下来的溶出步骤（测量步骤）是指将沉积物溶解（溶出）。根据沉积物的属性和测量步骤，可以应用溶出分析的不同形式。

5.3.1 阳极溶出伏安法

阳极溶出伏安法（anodic stripping voltammetry，ASV）是溶出分析广泛使用的形式。在这种方法中，金属通过电沉积富集在小容量汞电极（一薄层汞膜或一个悬汞滴）上，在控制的时间和电势范围内进行阴极沉积得到预先浓缩。沉积电势一般比最不容易还原的金属离子的标准电极电势 $\varphi^\ominus$ 负 0.3～0.5V。这样最不容易还原的金属离子也能检测出来。金属离子通过扩散和对流到达汞电极，并在汞电极上被还原浓缩成汞齐。

$$M^{n+} + ne^- + Hg \rightarrow M(Hg) \tag{5-70}$$

为了加强对流传质，常用电极旋转或搅拌溶液的方法。当使用汞超微电极时，可用静止的溶液。根据讨论的金属离子的浓度水平，选择沉积步骤的持续时间，当待测物的浓度在 10^{-7} mol/L 量级时，预浓缩时间可小于 0.5s，当待测物浓度低至 10^{-10} mol/L 时大约需要 20min。汞齐中金属离子的浓度 c_{Hg}（mol/L）由法拉第定律给出：

$$c_{Hg} = \frac{it_d}{nFV_{Hg}} \tag{5-71}$$

式中，i 和 t_d 分别为金属预沉积时的极限电流和时间；V_{Hg} 为汞电极的体积。

预设的沉积时间过后，停止强制对流，电势向阳极扫描。电势可以是线性变化的，或是能消除背景电流的高灵敏度的电势（脉冲）波形（一般为方波或微分脉冲电势）。相对而言，这样的脉冲也可以引起已还原的氧化物的干扰和分析物的再沉积。在阳极扫描时，被汞齐化的金属重新氧化，从电极中（按以每种金属电极的标准电极电势为基准而建立的电动序）溶出，产生电流流动，即

$$M(Hg) \rightarrow M^{n+} + ne^- + Hg \tag{5-72}$$

由此得到的溶出伏安图和 ASV 中使用的电势-时间曲线如图 5-44 所示。在电势扫描过程中，伏安峰反映了在汞电极上与时间有关的金属离子的浓度梯度。峰值电势用于区分样品中的金属。峰值电流取决于沉积的多种参量和溶出步骤，还有金属离子的性质和电极的几何形状。例如，对于汞膜电极，峰值电流为

$$i_p = \frac{n^2 F^2 v^{1/2} Alc_{Hg}}{2.7RT} \tag{5-73}$$

式中，A 和 l 分别为膜电极的面积和厚度；v 为溶出过程的电势扫描速率。

图 5-45 给出了在膜上和附近溶液中相应的浓度分布（由于汞膜很薄，在膜上的扩散可以忽略，峰值电流与扫描速率成正比）。对于悬汞电极，溶出峰值电流的表达式如下：

$$i_p = 2.72 \times 10^5 n^{3/2} AD^{1/2} v^{1/2} c_{Hg} \tag{5-74}$$

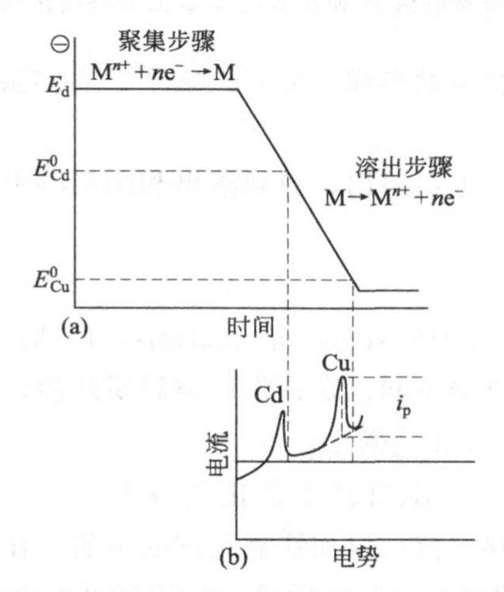

图 5-44 阳极溶出伏安法，电势-时间曲线（a）和得到的伏安图（b）

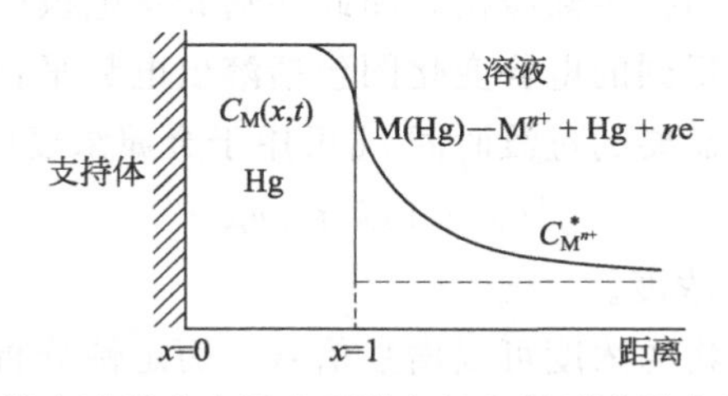

图 5-45 溶出过程中金属在汞膜电极和附近液层中的浓度分布

汞膜电极比悬汞电极有更高的比表面，必然会提供更有效的预浓缩和更高的灵敏度[式(5-71)～式(5-74)]。另外，汞膜电极的完全利用会得到更尖锐的峰，因此在多组分分析中可以提高峰的分辨率（图 5-46）。

在 ASV 过程中，主要干扰有：由相近的氧化还原电势引起的溶出峰的重叠，如 Pd、Tl、Cd、Sn 或 Bi、Cu、Sb 等；吸附在汞膜表面和抑制金属沉积的表面活性有机化合物的

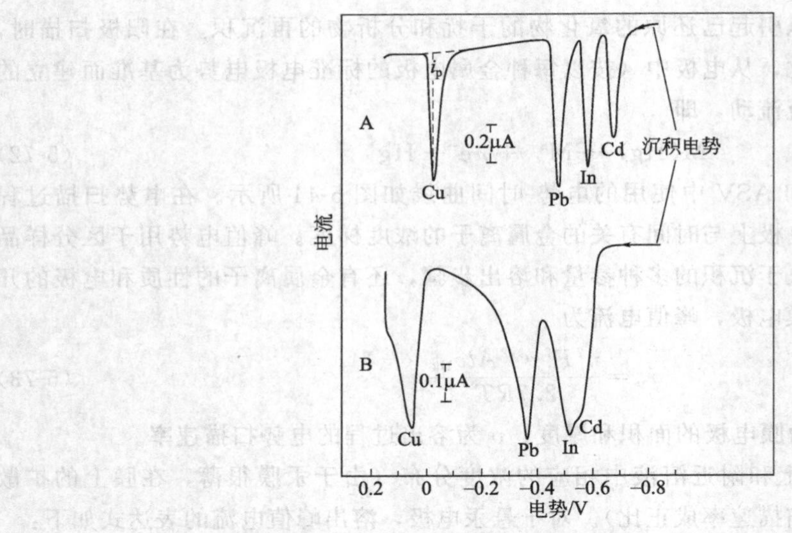

图 5-46 浓度为 2×10^{-7} mol/L 的 Cu^{2+}，Pb^{2+}，In^{3+}，Cd^{3+} 在汞膜电极 A 和悬汞电极 B 上的溶出伏安图

存在；影响峰大小和位置的合金的形成，如 Cu-Zn[73]。在实验操作中应给予足够的重视以避免这些干扰的影响。

溶出分析的其他形式包括电势溶出、吸附溶出和阴极溶出。

5.3.2 电势溶出伏安法

电势溶出分析（potentiometric stripping analysis，PSA），也叫溶出电势法，与 ASV 在使汞齐金属溶出时使用的方法不同。在预先浓缩后断开静止电势控制，浓缩后的金属被溶液中的氧化剂［如 O_2 或 Hg(Ⅱ)］氧化。

$$\mathrm{M(Hg)} + \text{氧化剂} \rightarrow \mathrm{M}^{n+}$$

在溶出过程中通常也需要搅拌溶液，以加快氧化剂的传质。在氧化步骤，记录工作电极的电势变化，得到溶出曲线，如图 5-47(a)所示。当达到某一金属的氧化电势时，由于氧化物（或电流）的溶出，电势扫描逐渐减慢，因此伴随着从电极中每一种金属的消耗会出现一个尖锐的电势阶跃。由此得到的电势变化图包括溶出电势平台，与氧化还原滴定曲线相类似。给定金属氧化反应所需要的过渡时间 t_{M} 可用于金属浓度的定量分析。

$$t_{\mathrm{M}} \propto c_{\mathrm{M}^{n+}} t_{\mathrm{d}} / c_{\mathrm{ox}} \tag{5-75}$$

式中，c_{ox} 为氧化产物的浓度。

因此，通过降低氧化产物的浓度可以增强信号。而定性分析取决于电势测量（对于汞齐化的金属而言，符合能斯特方程），即

$$\varphi = \varphi^{\ominus}_{\mathrm{M}^{n+}/\mathrm{M(Hg)}} + \frac{RT}{nF}\ln\frac{c_{\mathrm{M}^{n+}}}{c_{\mathrm{Hg}}} \tag{5-76}$$

现代 PSA 设备利用计算机可处理更快溶出的情况，可把波浪形的响应通过微分处理转化成平坦基线上的尖锐的峰状响应，使得辨认更容易。$\mathrm{d}t/\mathrm{d}\varphi$-$\varphi$ 的微分曲线如图 5-47(b)所示。与 ASV 相比，PSA 在处理未除氧样品时有着很大的优势，特别是进行现场分析时。此外，在使用微电极时，这种电势-时间测试不需要使用放大器。微电极与 PSA 结

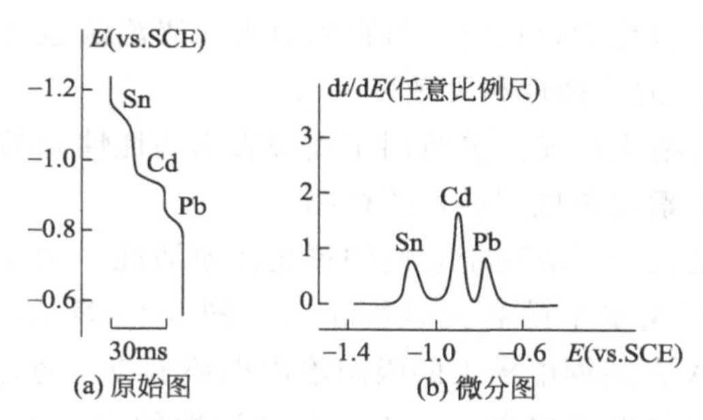

图 5-47 浓度为 100μg/L Sn，Cd，Pb 的溶出电势图

电势为−0.4V，时间 80s

合，可避免溶液搅拌或溶液去氧，故可利用极少量的样品（5μL）进行方便的痕量分析。PSA 也不受表面活性物质的干扰，在进行生物样品的分析时只需进行简单的预处理。

能汞齐化的大约 20 种金属，有 Pb、Sn、Cu、Zn、Cd、Bi、Sb、Tl、Ga、In 和 Mn 等，在汞电极进行预先阴极沉积后，利用溶出技术（ASV 和 PSA）很容易检测。其他金属如 Se、Hg、Ag 和 As 在裸露固体电极如碳或金电极上也可检测出来。

5.3.3 吸附溶出伏安法和吸附溶出电势法

吸附溶出分析可以大大提高多种痕量元素溶出检测的范围。这种相对较新的技术涉及形成、吸附聚集和金属表面活性化合物的还原（图 5-48）。伏安和电势溶出技术分别用一个负向变化的电势和不变的阴极电流来检测吸附化合物，绝大多数过程涉及发生吸附的金属络合物的还原（虽然也可发生配体的还原反应）。表面吸附物引起的响应与它的表面浓度有关，其表面浓度和本体浓度的关系一般符合吸附等温式（如 Langmuir 等温线）。因此，当被检测物浓度较高时，校正曲线表现为非线性。最大的吸附密度与被吸附物的配体大小及其表面浓度有关。

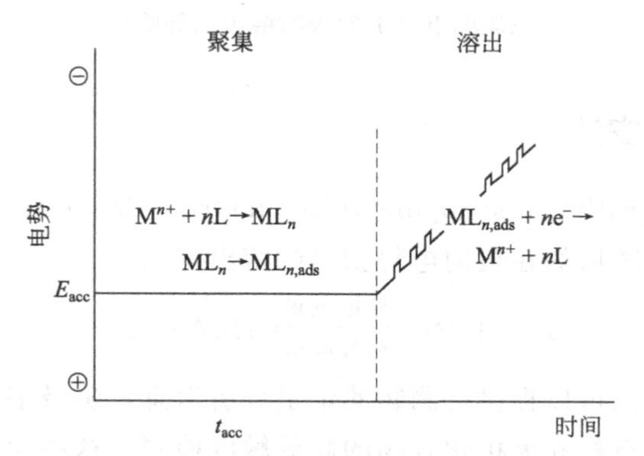

图 5-48 在适当螯合物（L）存在时，金属离子（M^{n+}）吸附溶出测试的聚集和溶出步骤

短时间（1～5min）的吸附会得到一个非常有效的界面聚集。随着全部聚集的化合物被还原，还原步骤的效率也很高。这使得一些重要的金属，如 Cr、U、V、Fe、Al、Mo 等的检测极限非常低（10^{-10}mol/L～10^{-11}mol/L）。即使更低的水平，例如 10^{-12}mol/L 的 Pt 和 Ti 通过联合吸附聚集和催化反应也可检测到。在这种技术中，聚集化合物的响应通

过催化剂的循环（如在有氧化剂存在时）可得到放大。吸附法也可提高在传统溶出分析中可检测金属（如 Sn、Ni）的选择性和灵敏度。

除了痕量金属，吸附溶出伏安法也适用于表现表面活性性质的有机化合物（包括心脏药或抗癌药，核酸，维生素和杀虫剂等）的检测。

吸附有机化合物的定量分析取决于它们的氧化还原活性。例如，现在吸附溶出伏安法和电势法是检测核酸超痕量水平的高灵敏度工具。图 5-49 表示，随着不同的吸附时间，0.5×10^{-6}的牛胸腺 DNA 在碳糊电极上的吸附溶出电势响应。通过延长聚集周期记录氧化反应峰的快速增长。在它们界面聚集后，无电化学活性的大分子可从（由吸附-解吸过程引起的）表面张力引起的电流峰中区分出来。

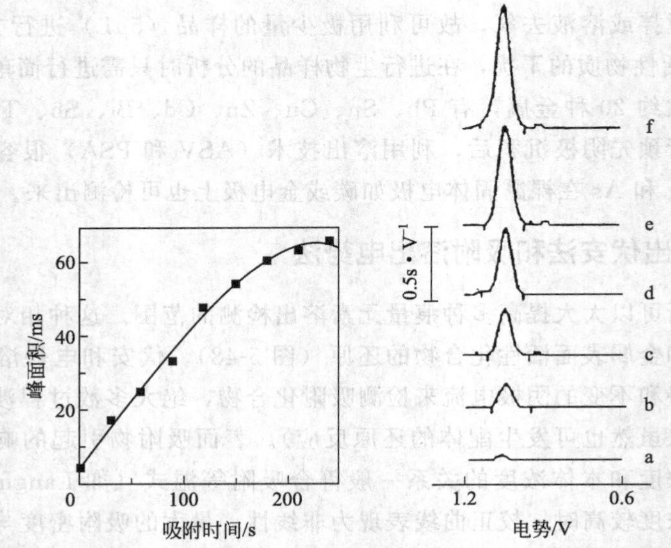

图 5-49　不同吸附时间（a～f 对应 1～150s）下 0.5×10^{-6} 的牛胸腺 DNA 在碳糊电极上的吸附溶出电势响应

5.3.4　阴极溶出伏安法

阴极溶出伏安法（cathodic stripping voltammetry，CSV）是 ASV 的“镜像”。它涉及分析物的阳极沉积和随后的在负向电势扫描的溶出。

$$A^{n-}+Hg\underset{\text{阴极溶出}}{\overset{\text{阳极沉积}}{\rightleftharpoons}}HgA+ne^-$$

由此得到的还原峰值电流可以提供待测物的定量分析信息。阴极溶出伏安法可用于一系列可与汞形成不溶性盐的有机和无机化合物的高灵敏度检测。这些化合物有：多种硫醇或青霉素，卤素离子，氰化物和硫化物。图 5-50 为海水中 10^{-10} mol/L 浓度的碘离子的直接检测。不溶性银盐的阴离子（如卤素离子）可在旋转银盘电极上检测，即

$$Ag+X^-\rightleftharpoons AgX+e^-,\ X^-=Cl^-,\ Br^-$$

同样地，不溶性铜盐的阴离子则可使用铜基底电极。

由于溶出分析显著的灵敏度、宽范围、低价格等优势使其在大量分析问题中已经得到了应用。如图 5-51 所示，通过溶出分析的多种方式可从多种矿石中方便地测出 30 多种痕

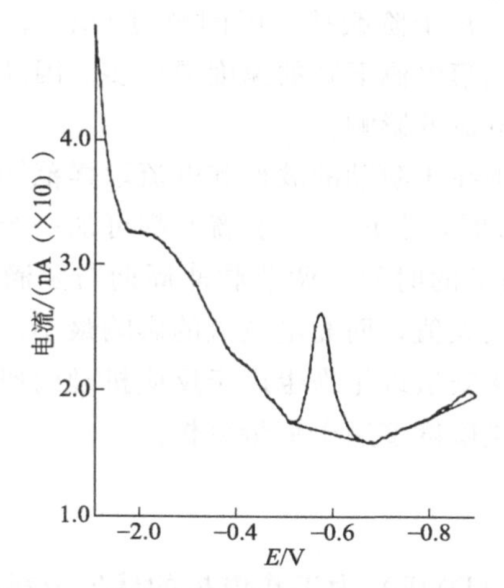

图 5-50　海水中痕量碘离子的溶出伏安图

量元素。这种技术在环境、工业和临床样品中的多种痕量金属的检测，还有食物添加剂、饮料、射线和药品合成的分析研究中是十分有用的。

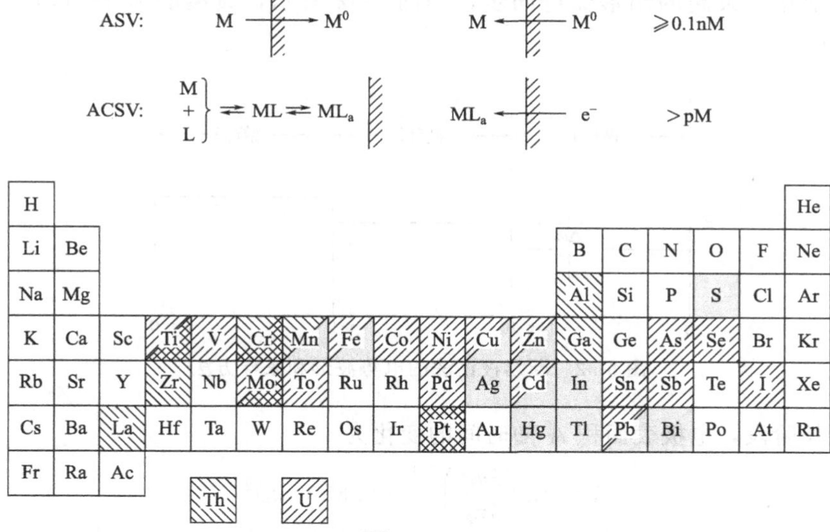

图 5-51　通过传统 ASV 和吸附溶出法分析 ACSV 的元素

配合物中的目标元素还原、配体还原和催化过程

5.4　脉冲伏安法

脉冲伏安（pulse voltammetry）技术，由 barker 和 jenkin 发明，旨在降低伏安测量的检测极限，通过大幅度增加法拉第电流和非法拉第电流的比率，这种技术可允许适度数值降至 10^{-8}mol/L 浓度水准。由于技术上的改进，现代脉冲技术已逐步取代了经典的直流极谱法。各种脉冲技术都是以取样电流的电势阶跃（计时电流法）实验为基础的。在工作

电极上应用的电势阶跃序列，每个阶跃持续时间超过 50ms。当电势阶跃后，充电电流就以指数形式很快衰减，而法拉第电流下降的速度慢得多。因此，通过采取在脉冲后期取样电流就可以有效地避开充电电流的影响。

各种脉冲伏安技术的区别在于激励的波形和电流取样范围。在常规脉冲和微分脉冲伏安法，当使用滴汞电极 DME 时，在每一个汞滴上都可加一个电势脉冲（两种技术也都能用于固体电极），控制汞滴滴落的时间，调节脉冲周期与汞滴的滴落周期同步。在汞滴的生长末期，法拉第电流达到最大值，而充电电流的影响最小。

在电化学中，虽然脉冲伏安法近年来也用于反应机理的研究，但主要还是用于分析领域，而且由于其极高的检测灵敏度多用于痕量分析。

5.4.1 断续极谱法

极谱法是利用滴汞电极（DME）为工作电极的伏安分析方法。由于滴汞电极独特的表面更新性和足够宽的阴极电势窗，极谱法广泛用于许多还原性物质的检测。经典极谱法是 1922 年捷克化学家 Heyrovsky（1959 年获诺贝尔化学奖）发明的，后来在电分析化学中不断得以改进。

断续极谱法（tast polarography），也称采样极谱法，是控制电极电势按阶梯程序增长，电势的变化与汞滴的滴落保持同步，如图 5-52 所示，典型的为 2～6s，电势变化值 $\Delta\varphi$ 为几毫伏。

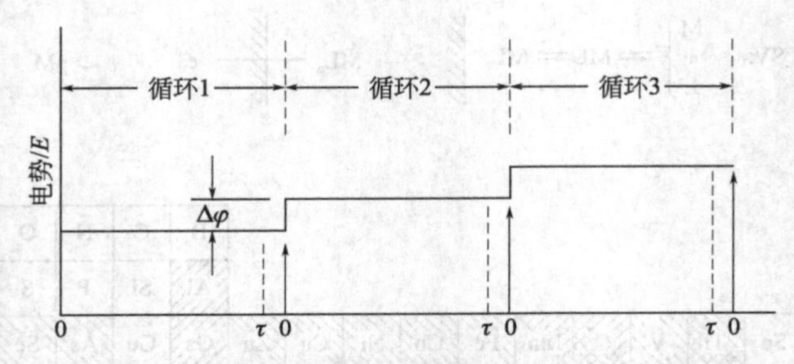

图 5-52 断续极谱法的电势波形和采样方法

汞滴生长阶段，电极表面积 A 随时间的变化为

$$A = 4\pi \left(\frac{3mt}{4\pi\rho}\right)^{2/3} = 0.85\,(mt)^{2/3} \tag{5-77}$$

式中，m 和 ρ 分别为汞滴的质量流速和汞的密度。

考虑到汞滴生长时电极表面扩散层不断向溶液内部延伸，同时存在相对于扩散层的“扩张效应”，增大了浓度梯度，使得扩散速率增快，相当于扩散系数增大了 7/3 倍，故在 Cottrell 方程中以 $7/3D$ 替代 D，并乘以式（5-77）表示的面积，可得极限扩散电流

$$I_d = 0.708nD^{1/2}m^{2/3}t^{1/6}c \tag{5-78}$$

若 D 的单位为 cm^2/s，m 的单位为 g/s，t 的单位为 s 而 c 的单位为 mol/L，则 I_d的单位为 A。

式（5-78）表明，滴汞电极的极限扩散法拉第电流 I_d在汞滴生长期间逐渐长大，在即将滴落前达到最大，这与常规平面电极（随 $t^{-1/2}$ 衰减）不同。

背景电流或称残余电流包括双层充电电流和杂质（溶剂、电解质、电极本身等）的氧

化还原电流。在体系所允许的电势窗范围内，充电电流是背景电流的主要来源。充电电流主要是为了满足电极电势或电极面积改变而引起的电荷量变化。在单个汞滴的生长期间电势保持不变，故极谱充电电流取决于电极面积随时间的变化，即

$$I_c=\frac{dQ}{dt}=\frac{d[(\varphi-\varphi_Z)AC_i]}{dt}=(\varphi-\varphi_Z)C_i\frac{dA}{dt} \tag{5-79}$$

式中，C_i为单位面积上的积分电容；φ_Z 为电极的零电荷电势。

将式（5-77）代入式（5-79）中得

$$I_c=0.00567(\varphi-\varphi_Z)C_i m^{2/3}t^{-1/3} \tag{5-80}$$

由式（5-80）可知，在汞滴生长期间，充电电流随时间而减小，但扩散电流随时间不断增大，如图 5-53 所示。

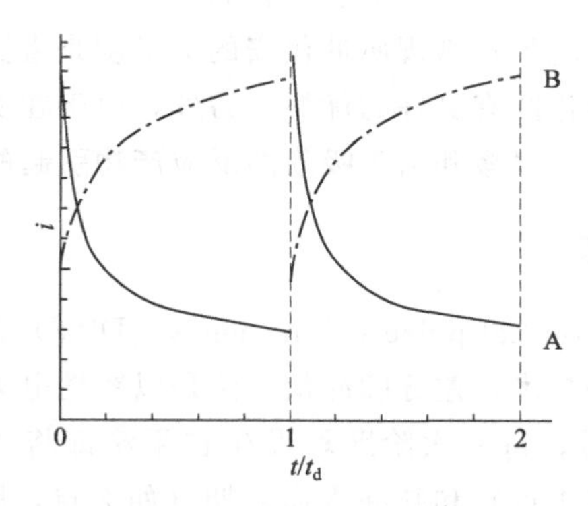

图 5-53 汞滴生长期间充电电流（A）和扩散电流（B）随时间的变化

在断续极谱法中，在汞滴即将下落之前对电流取样，由式（5-78）和式（5-80）有，$I_d/I_c \propto t^{1/2}$，故与直流极谱法相比，断续极谱法能很好地降低背景电流，进而提高分析灵敏度。

5.4.2 常规脉冲伏安法

常规脉冲伏安法（normal pulse voltammetry，NPV）是将一系列振幅不断增加的脉冲应用于汞滴寿命末期，如图 5-54 所示。

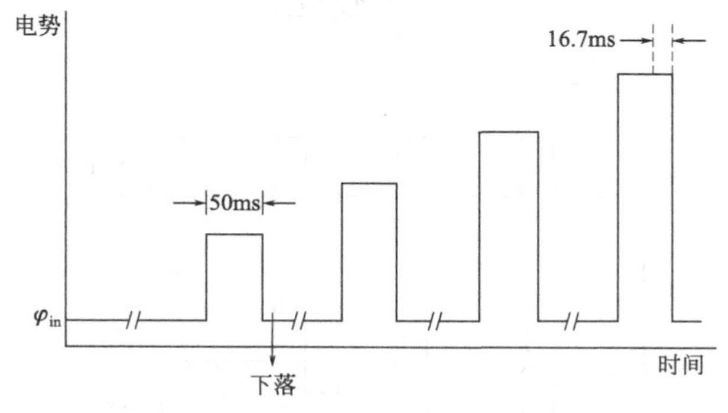

图 5-54 常规脉冲伏安法的激励信号

在脉冲之间，电极处于被分析物不发生反应的某一恒定电势下（即起始电势）。脉冲

振幅随着汞滴线性增加。在施加脉冲持续约 40 ms 后，测量电流，此时电势阶跃引起的双层充电已基本结束，充电电流的影响几乎为 0。另外，由于脉冲持续的时间短，因为反应消耗引起的扩散层较直流极谱法要薄得多，因此，法拉第电流随脉冲振幅的增加而增加，得到的伏安图呈“几”形状，其极限电流可由修正后的 cottrell 公式表述，即

$$i_{\mathrm{d,NP}} = nFc\sqrt{\frac{D}{\pi t_m}} \tag{5-81}$$

式中，t_{m}为施加脉冲后电流取样的时间。

该极限电流同在直流极谱法测得的电流比为

$$\frac{i_{\mathrm{d,NP}}}{i_{\mathrm{d,DC}}} = \sqrt{\frac{3t_{\mathrm{d}}}{7t_{\mathrm{m}}}} \tag{5-82}$$

该式表明，对于特定的 t_{d}、t_{m}值，常规脉冲伏安的灵敏度是直流极谱法的 5～10 倍。在使用固体电极时，一般脉冲极化图有更好的优势。另外，由于在实验的大部分时间里，电极一直维持在较低的电势上，可以缓和由于吸附的反应产物引起的电极表面污染问题。

5.4.3 差分脉冲伏安法

差分脉冲伏安法（differential pulse voltammetry，DPV）是在有机和无机物种的痕量水平测量中非常有用的一种技术，差分脉冲伏安法是以线性电势（或阶梯电势）和幅值固定的脉冲的加和为激励信号，每一次阶跃均发生在汞滴即将下落之前，如图 5-55 所示。在即将应用脉冲之前（如在 1 点）和脉冲寿命末期（如 2 点，脉冲维持约 40 ms，充电电流已经衰减），对电流两次取样。第二个电流减去第一个电流，这两个电流的差值（$i = i_{t_2} - i_{t_1}$）对应用的电势作图，得到的微分脉冲伏安图中存在电流峰，峰的高度与相应分析物的浓度成正比。即

$$i_{\mathrm{p}} = nFc\sqrt{\frac{D}{\pi t_{\mathrm{m}}}}\left(\frac{1-\sigma}{1+\sigma}\right) \tag{5-83}$$

其中，$\sigma = \exp[2RT/(nF\Delta\varphi)]$（$\Delta\varphi$ 是脉冲振幅）。当脉冲振幅大时，$(1-\sigma)/(1+\sigma)$ 的商取最大值为 1。

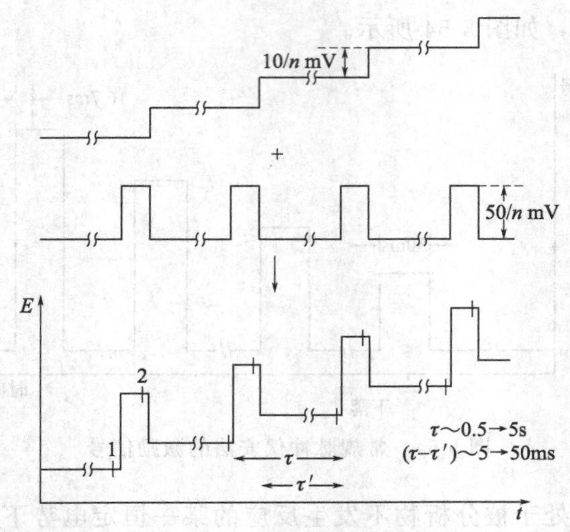

图 5-55 差分脉冲伏安法的激励信号

电流峰出现在半波电势附近，峰值电势可用来定性地辨别物种。

$$\varphi_{p}=\varphi_{1/2}-\Delta\varphi/2 \tag{5-84}$$

差分脉冲实验对充电背景电流的修正是非常有效的。充电电流对微分电流的影响可忽略不计，则

$$\Delta i_{c}\approx-0.00567C_{i}\Delta\varphi m^{2/3}t^{-1/3} \tag{5-85}$$

式中，C_i 为积分电容。

式（5-85）表示的背景电流比常规脉冲伏安法的充电电流小一个数量级，这也是差分脉冲伏安法能应用于浓度低至 10^{-8}mol/L（约 1μg/L）的场合的原因。图 5-56 是差分脉冲伏安法的检测能力与直流极谱法的对比，与常规脉冲伏安法的对比如图 5-57 所示。

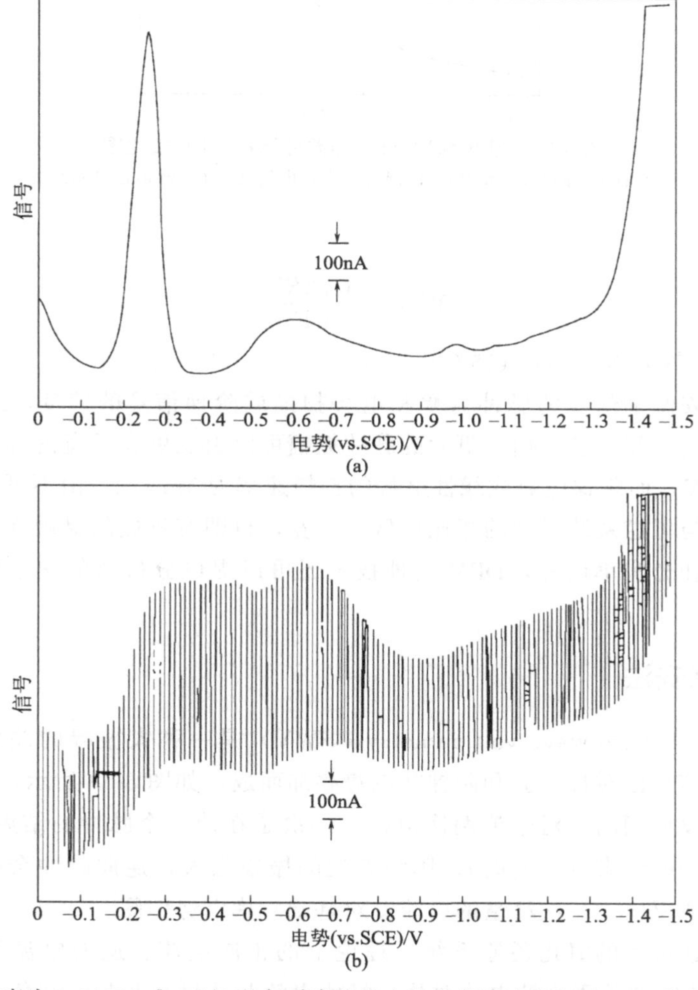

图 5-56 在浓度为 1.3×10^{-5}mol/L 的氯霉素溶液中的差分脉冲伏安图（a）和直流极谱图（b）

差分脉冲测量的峰值响应特征使得两个氧化还原电势相近的物质能得到更好的分辨。同时差分脉冲伏安法的背景电流很平缓，DPV 的峰形响应对于混合物的分析是一门非常有用的技术。在多种情况下，峰值电势超过 50mV 即可通过 DPV 测量加以分离。而定量分析不仅取决于相应的峰值电势，也取决于峰的宽度，峰的半峰宽 $W_{1/2}$ 与反应电子数

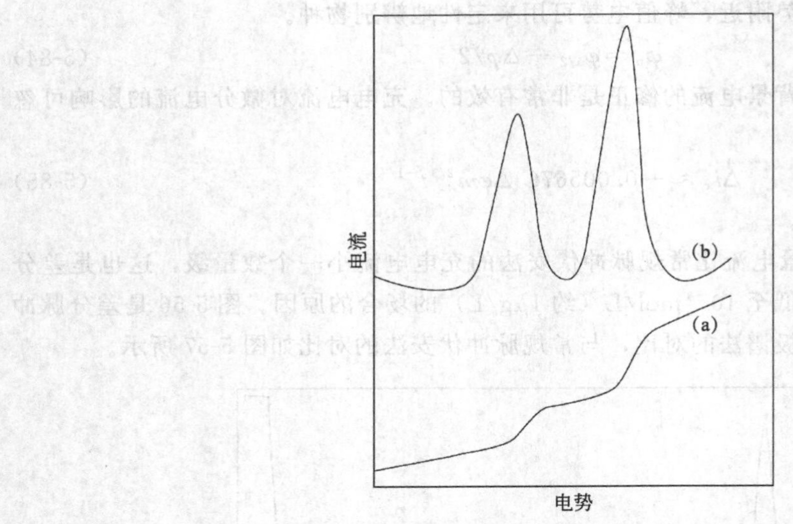

图 5-57 常规脉冲（a）和差分脉冲（b）极化图

在 1mg/l 的 Ca^{2+} 和 Pb^{2+} 的混合液中，电解液为 0.1mol/L HNO_3

有关。

$$W_{1/2}=\frac{3.52RT}{nF} \tag{5-86}$$

当 $n=1$ 时，相应值为 90.4mV（25℃）。

构成差分伏安激励信号的脉冲振幅和电势扫描或阶梯信号的速度，通常要求在灵敏度、分辨率和速度之间寻求平衡。更大的脉冲振幅可以引发更大更宽的峰。通常应用脉冲幅值在 25～50mV，而阶梯电势或线性电势的扫描速率为 5mV/s。由不可逆氧化还原系统引发的电流峰同与可逆系统得到的相比更低、更宽，也即有较低的灵敏度和分辨率。除了可以提高灵敏度和分辨率以外，DPV 这种技术还可以提供分析物的化学信息，如氧化态和络合状态等。

5.4.4 方波伏安法

方波伏安法（square wave voltammetry，SWV）是一种大振幅的差分技术，应用于工作电极的激励信号由对称方波和阶梯状电势叠加而成，如图 5-58 所示。

在每一个方波周期内，对电流两次取样。一次是在前一个脉冲的结束（在 t_1 时），另一次是在逆向脉冲的结束（在 t_2 时）。因为方波的振幅很大，逆向脉冲会引起前一个脉冲得到的产物发生逆反应，二次测量的电流差对基础阶梯电势作图。

对于一个快速可逆的氧化还原系统，理论上的正向电流、逆向电流和电流差值如图 5-59所示。峰形伏安图关于半波电势对称，峰值电流与浓度成正比。尽管是对两次取样电流求差值，但净电流比正向或逆向电流都要大，因此其灵敏度非常高。在差分脉冲伏安法中没有用到逆向电流，故其灵敏度较低。伴随着充电背景电流的有效降低，检测极限可接近于 1×10^{-8}mol/L。分别采用方波伏安法和差分脉冲伏安法对可逆和不可逆体系进行的对比研究表明，方波电流要比相应的差分脉冲响应分别高出 4 倍和 3.3 倍。

方波伏安法的基本参数有相对于阶梯电势的脉冲高度 $\Delta\varphi$ 和方波频率 f。每一循环的

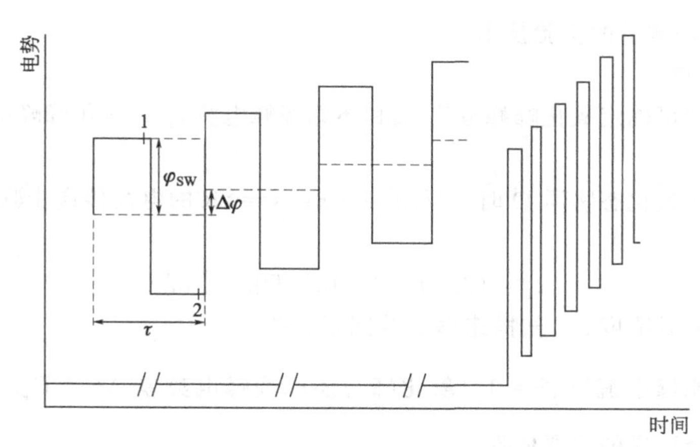

图 5-58 方波波形

振幅 φ_{SW}，阶高 $\Delta\varphi$。方波周期 τ，电流测量时间 1 和 2

阶梯波步进值为 $\Delta\varphi$，可得有效的电势扫描速率为 $f\Delta\varphi$。例如，如果 $E_s=10\text{mV}$，$f=50\text{Hz}$，那么有效扫描速率是 0.5V/s。与其他脉冲伏安法相比，方波伏安法可以用更快的扫描速率，大大减少分析时间，在几秒内就可以记录一个完整的伏安图，而与之相比，在微分脉冲伏安法中需要 2～3min。而且在单个汞滴上就可得到完整的伏安图。因而在批量[74]和流量[75]分析操作中可以大大增加样品的通过速率。另外，方波脉冲伏安检测可用于分辨对于液相色谱洗脱峰相近和毛细管电泳中迁移率接近的物质[76,77]。方波伏安法的快速扫描能力和可逆性也有利于动力学研究。

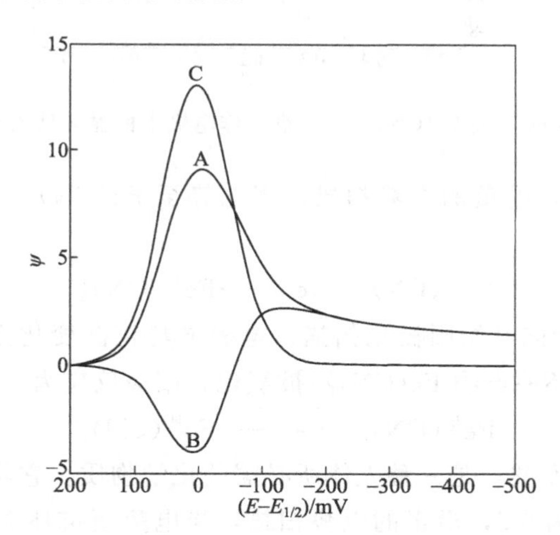

图 5-59 可逆体系的方波伏安图

A—正向电流；B—逆向电流；C—净电流（电流差值）

实验内容

一、循环伏安法研究铁氰化钾和维生素 C 的电化学行为

(一) 实验目的

① 掌握循环伏安法测定电极反应参数的原理。

② 了解维生素 C 的性质，研究维生素 C 在工作电极上的伏安行为。

③ 熟悉伏安法测量的实验技术

（二）实验原理

从循环伏安图可确定氧化峰峰电流 i_{pa} 和还原峰峰电流 i_{pc}，氧化峰峰电势 E_{pa} 和还原峰峰电势 E_{pc}。

当溶液中存在氧化态物质 O 时，反应 $O + ne^- \rightleftharpoons R$ 的电荷传递步骤可逆时，峰电流可表示为

$$i_p = (2.69 \times 10^5) n^{3/2} D_O^{1/2} v^{1/2} c_O^B \tag{5-87}$$

其峰电流与被测物质浓度 c、扫描速率 v 等因素有关。

氧化峰和还原峰电流比 $\frac{i_{pa}}{i_{pc}} = 1$，氧化峰与还原峰峰电势差 $\Delta E = E_{pa} - E_{pc} = 2.2\frac{RT}{nF}$，判断电极过程是否可逆的重要依据。

在 0.4mol/L KNO_3 电解质中，0.5×10^{-3} mol/L $K_3Fe(CN)_6$ 在 Pt 盘工作电极上的反应为可逆反应，如图 5-60 所示。

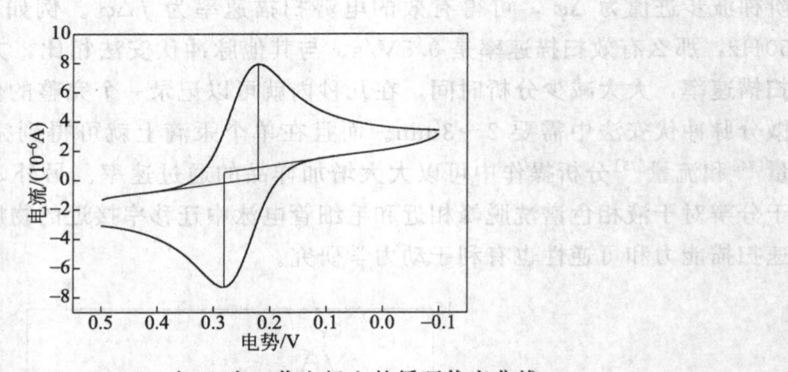

图 5-60　$K_3Fe(CN)_6$ 在 Pt 盘工作电极上的循环伏安曲线

起始电势为 +0.5V，沿负的电势扫描，当电势至 $Fe(CN)_6^{3-}$ 的析出电势时，将产生阴极电流。阴极反应为

$$Fe^{III}(CN)_6^{3-} + e^- \longrightarrow Fe^{II}(CN)_6^{4-}$$

当电势扫至 0V 处转向开始阳极化扫描，电极电势正向变化至 $Fe(CN)_6^{4-}$ 的氧化电势时，聚集在电极表面的还原产物 $Fe(CN)_6^{4-}$ 被氧化，阳极反应为

$$Fe^{II}(CN)_6^{4-} - e^- \longrightarrow Fe^{III}(CN)_6^{3-}$$

维生素 C 又名抗坏血酸，是一种人体所必需的化学物质。它具有一定的还原性。抗坏血酸的测定的起始电势为 0V，沿正的电势扫描，当电势至抗坏血酸的析出电势时产生阳极电流。阳极反应为

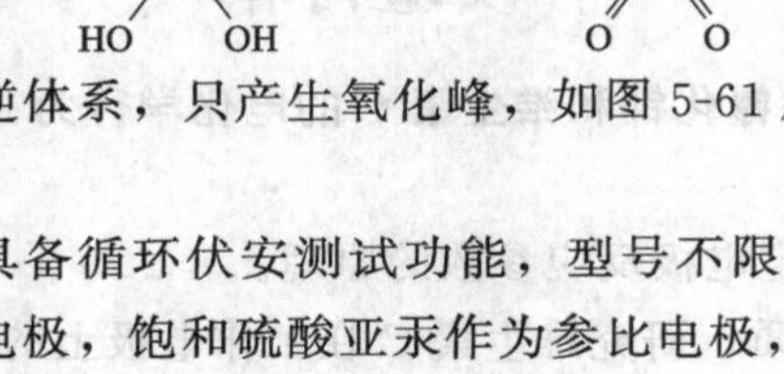

HO—CH₂—CH(OH)—(抗坏血酸五元内酯环, HO, OH, =O) $\xrightarrow{-2e}$ HO—CH₂—CH(OH)—(脱氢抗坏血酸, O, O, =O)

抗坏血酸的电极反应为不可逆体系，只产生氧化峰，如图 5-61 所示。

（三）主要仪器和试剂

仪器：电化学工作站（具备循环伏安测试功能，型号不限）；三电极电解池体系，Pt 盘电极或碳糊电极作为工作电极，饱和硫酸亚汞作为参比电极，Pt 片作为辅助电极。

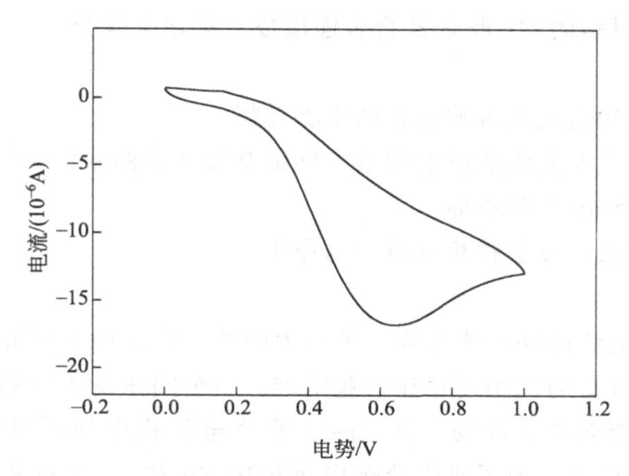

图 5-61 抗坏血酸在玻碳电极上 20mV/s 的循环伏安曲线

试剂与溶液：0.05μm Al_2O_3抛光粉，5×10^{-3}mol/L 的铁氰化钾溶液，4mol/L KNO_3溶液，2×10^{-2}mol/L 抗坏血酸溶液，0.5mol/L 的 KH_2PO_4溶液。

（四）实验内容与步骤

① 工作电极的预处理。将 Pt 盘工作电极和玻碳电极用 0.05μm Al_2O_3粉末抛光，用超声清洗器清洗 3min，晾干备用。

② 循环伏安法研究铁氰化钾的电化学行为。在 5 个 100mL 容量瓶中分别加入 5×10^{-3}mol/L 的铁氰化钾溶液 0，5mL，10mL，20mL，40mL，再各加入 4mol/L KNO_3溶液 10mL，用二次蒸馏水稀释至刻度，摇匀。将配制的系列铁氰化钾溶液逐一转移至电解池中，插入干净的电极系统（工作电极为 Pt 盘电极）。起始电势为+0.5V，换向电势 0V，以 50mV/s 的扫描速度测量，记录循环伏安图。当测 2×10^{-3}mol/L 的铁氰化钾溶液时，逐一变化扫描速度：20mV/s，50mV/s，100mV/s，125mV/s，150mV/s，175mV/s，200mV/s 进行测量。

③ 循环伏安法研究维生素 C 的电化学行为。在 5 个 100mL 容量瓶中分别加入 2×10^{-2}mol/L 抗坏血酸溶液 0，6mL，10mL，12mL，14mL，再各加入 0.5mol/L 的 KH_2PO_4溶液 20mL，用二次蒸馏水稀释至刻度，摇匀。将配制的系列抗坏血酸溶液逐一转移至电解池中，插入干净的电极系统（工作电极为玻碳电极）。起始电势 0V，换向电势+1.0V，以 50mV/s 的扫描速度测量，记录循环伏安图。当测 2.8×10^{-3}mol/L 的抗坏血酸溶液时，逐一变化扫描速度：20mV/s，50mV/s，100mV/s，125mV/s，150mV/s，175mV/s，200mV/s 进行测量。

（五）数据记录和处理

① 列表总结铁氰化钾的测定结果（E_{pa}，E_{pc}，ΔE_p，i_{pa}，i_{pc}）。绘制铁氰化钾的 i_{pa}和 i_{pc}与浓度 c 的关系曲线；绘制 i_{pa}和 i_{pc}与 $v^{1/2}$的关系曲线。

② 列表总结抗坏血酸的测定结果（E_{pa}，i_{pa}）。绘制抗坏血酸的 i_{pa}与浓度 c 的关系曲线；绘制 i_{pa}与 $v^{1/2}$的关系曲线。绘制抗坏血酸的 E_{pa}与 v 的关系曲线。

（六）思考题

① 求算铁氰化钾电极反应的 n 和 $E^{\ominus'}$。

② 可逆的电极过程和不可逆电极过程在循环伏安曲线中各有何特征？

二、锌钴共沉积过程的CV特征及合金镀层成分的电化学分析

（一）实验目的

① 掌握循环伏安法研究电沉积过程的实验技能。

② 深入理解循环伏安曲线的影响因素，熟练掌握伏安曲线的解析方法。

③ 掌握电势溶出法的实验技能。

④ 理解电化学方法在镀层物相分析中的作用。

（二）实验原理

尽管计时安培（电势脉冲）法作为一种有力的技术广泛用于研究单金属沉积时的成核过程，但它用于研究合金的沉积还存在一些困难。一个问题是所检测到的是一个包含两个甚至更多还原过程的混合电流响应，如 Zn-Ni 合金电沉积中的阴极电流包含 Zn 的还原、Ni 的还原以及氢气的析出，为了研究合金电沉积中 Zn 和 Ni 各自的成核过程，必须将由 Zn 成核引起的电流与由 Ni 成核引起的电流分开。另外，合金沉积过程中形成过渡层化合物的时间非常短，这给成核机理的研究带来了困难。

为了从计时安培曲线中得到合金电沉积的动力学信息，可以利用反卷积的方法。在计时电流法中，将电流对时间积分，即可求得电量随时间的变化

$$Q_n(t_n)=\int_0^{t_n} i(t)\,\mathrm{d}t \tag{5-88}$$

式中，Q_n为应用电势阶跃t_n时间的沉积过程对应的总电量。

对于涉及 m 个还原过程的合金电沉积过程，上式可写作

$$Q_n(t_n)=\sum_{k=1}^{m} Q_k(t_n)=\int_0^{t_n}\left(\sum_{k=1}^{m} i_k\right)\mathrm{d}t \tag{5-89}$$

式中，Q_k代表物种 k 的还原引起的电量数。

各物种还原对应的电量分量为

$$i_k(t_n)=\frac{Q_k(t_n)}{Q_n(t_n)}\times i_n(t_n) \tag{5-90}$$

式中，i_k和i_n分别表示在时间t_n内物种 k 的还原分电流和总的还原电流。

为了得到某一物种还原的瞬时电流，式（5-90）中的 $Q_k(t_n)$ 必须是该物种还原所引起的电量，这可以通过恒电流阳极溶出方法得到，当给合金镀层施加一阳极电流阶跃，由溶解过程中的电势响应即可得到各物相的电量方面的信息。

图 5-62 是 Zn-Ni 合金溶解时的计时电势曲线。该曲线上出现了三个平台。第一个是 Zn 的 η 相和 γ 相的溶解，第二个平台是 α 相的 Zn 的溶解，待 Zn 溶解完后，Ni 才会从剩余的多孔性结构中溶出，对应着第三个电势平台。通过电势曲线的分析即可得到各物种对应的电量分量。

$$Q_k=i_{\text{anodic}}t_k \tag{5-91}$$

这里，i_{anodic}为阳极溶出法所采用的电流；t_k为物种 k 自合金层中溶出所耗的时间。

在合金电沉积过程中也经常改变溶液中所含金属离子的种类作为对照样品来研究合金镀液的电化学行为，通过循环伏安法中的阳极过程还可以进一步解析阴极沉积形核历程。

（三）主要仪器和试剂

仪器：电化学工作站（具备循环伏安测试和恒电流溶出测试功能，型号不限）；三电极电解池体系，低碳钢片电极作为工作电极，饱和硫酸亚汞电极作为参比电极，Pt 片作

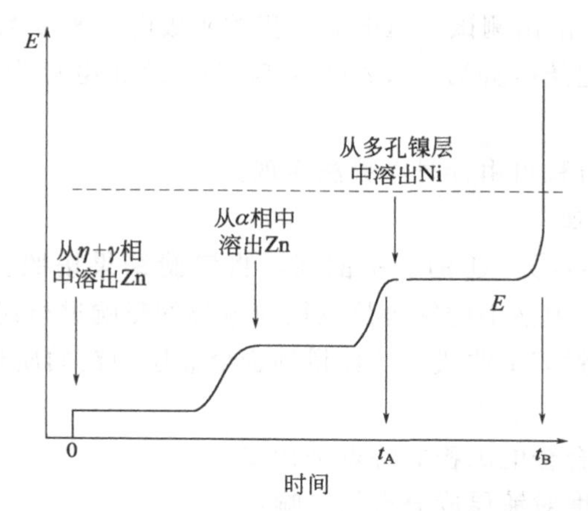

图 5-62　Zn-Ni 合金镀层的阳极恒电流（10μA～1mA）溶出电势响应示意图

为辅助电极。

试剂：$ZnSO_4$、$CoSO_4$、H_2NCH_2COOH（氨基乙酸），均为分析纯。

溶液：0.2mol/L $ZnSO_4$ + 2.2mol/L H_2NCH_2COOH；0.1mol/L $CoSO_4$ + 2.2mol/L H_2NCH_2COOH；2.2mol/L H_2NCH_2COOH；0.2mol/L $ZnSO_4$ + 2.2mol/L H_2NCH_2COOH + 0.005mol/L $CoSO_4$；0.2mol/L $ZnSO_4$ + 2.2mol/L H_2NCH_2COOH + 0.025mol/L $CoSO_4$；0.2mol/L $ZnSO_4$ + 2.2mol/L H_2NCH_2COOH + 0.1mol/L $CoSO_4$；所有溶液的 pH 值均用 NaOH 溶液调至 11。

（四）实验内容与步骤

① 甘氨酸体系中锌和钴的共沉积。准备好三种电解液：a. 0.2mol/L $ZnSO_4$ + 2.2mol/L H_2NCH_2COOH；b. 0.1mol/L $CoSO_4$ + 2.2mol/L H_2NCH_2COOH；c. 2.2mol/L H_2NCH_2COOH，pH 值均调为 11。分别在上述三种溶液中进行循环伏安测试，起始电势为−0.5V(vs. SSE)，换向电势为−2.4V(vs. SSE)，扫描速率 10mV/s。

② 钴离子浓度对锌钴共沉积的影响。准备好三种电解液：a. 0.2mol/L $ZnSO_4$ + 2.2mol/L H_2NCH_2COOH + 0.005mol/L $CoSO_4$；b. 0.2mol/L $ZnSO_4$ + 2.2mol/L H_2NCH_2COOH + 0.025mol/L $CoSO_4$；c. 0.2mol/L $ZnSO_4$ + 2.2mol/L H_2NCH_2COOH + 0.1mol/L $CoSO_4$，pH 值均调为 11。分别在上述三种溶液中进行循环伏安测试，起始电势为−0.5V(vs. SSE)，换向电势为−2.4V(vs. SSE)，扫描速率 10mV/s。

③ 换向电势对锌钴共沉积的影响。配制溶液：0.2mol/L $ZnSO_4$ + 2.2mol/L H_2NCH_2COOH + 0.025mol/L $CoSO_4$，pH 值调为 11。在该溶液中进行循环伏安测试，起始电势为−0.1V(vs. SCE)，换向电势分别为 $E_{\lambda1}$ = −1.90V(vs. SCE)，$E_{\lambda2}$ = −2.0V(vs. SCE)，$E_{\lambda3}$ = −2.1V(vs. SCE)，$E_{\lambda4}$ = −2.4V(vs. SCE)，扫描速率为 10mV/s。

④ 合金电沉积层的溶出测试。配制溶液：0.2mol/L $ZnSO_4$ + 2.2mol/L H_2NCH_2COOH + 0.025mol/L $CoSO_4$，在该溶液中进行溶出测试，恒电流沉积的阴极电流密度分别为 $5mA/cm^2$，$10mA/cm^2$，$20mA/cm^2$，$30mA/cm^2$，沉积 300s 后进行线性电势溶出，起始电势为−1.7V(vs. SSE)，终止电势为−0.5V(vs. SSE)，扫描速率为 1mV/s。

⑤ 钴沉积层的溶出测试。配制溶液：2.2mol/L H_2NCH_2COOH + 0.1mol/L

$CoSO_4$。在该溶液中进行溶出测试，恒电流沉积的阴极电流密度为20mA/cm^2，沉积300s后进行线性电势溶出，起始电势为－1.7V(vs. SSE)，终止电势为－0.5V(vs. SSE)，扫描速率为1mV/s。

说明：恒电流沉积过程可由计时电势法实现。

（五）数据记录和处理

① 分别记录实验内容①～④的 E-i 曲线，将实验结果按照实验内容组合成四个图。并对锌钴电沉积的类型、镀液中的钴含量及换向电势的影响进行讨论。

② 从实验内容⑤得到 E-i 曲线，计算得到合金镀层中钴的质量分数及电流效率。

（六）思考题

① 碱性体系中锌钴合金电沉积的特点是什么？

② 镀液中钴离子浓度对镀层成分有何影响？

③ 循环伏安测试中换向电势对伏安曲线有什么影响，为什么？

④ 如何计算合金电沉积的电流效率？依据是什么？

参考文献

[1] Gino Bontempelli，Franco Magno，Salvatore Daniele. Simple relationship for calculating backward to forward peak-current ratios in cyclic voltammetry [J]. Analytical Chemistry，1985，57(7)：1503-1504.

[2] Nicholson R S，Irving Shain. Theory of Stationary Electrode Polarography. Single Scan and Cyclic Methods Applied to Reversible，Irreversible，and Kinetic Systems [J]. Analytical Chemistry，1964，36(4)：706-723.

[3] Stephen E Treimer，Dennis H Evans. Electrochemical reduction of acids in dimethyl sulfoxide. CE mechanisms and beyond [J]. Journal of Electroanalytical Chemistry，1998，449(1-2)：39-48.

[4] Stephen E Treimer，Dennis H Evans. Electrochemical reduction of acids in dimethyl sulfoxide. Comparison of weak C-H，N-H and O-H acids [J]. Journal of Electroanalytical Chemistry，1998，455(1-2)：19-27.

[5] Stefan S Kurek，Barbara J Laskowska，Andrzej Stokłosa. Cathodic reduction of acids in dimethylformamide on platinum [J]. Electrochimica Acta，2006，51(11)：2306-2314.

[6] Charles Cougnon，Christelle Gautier，Jean-François Pilard，et al. Cathodic behaviour of weak acids in acetonitrile：New decarboxylation route of diarylacetic acids cyclically conjugated [J]. Electrochemistry Communications，2006，8(1)：143-147.

[7] Blum L，Dale A Huckaby，N Marzari，et al. The electroreduction of hydrogen on platinum (111) in acidic media [J]. Journal of Electroanalytical Chemistry，2002，537(1-2)：7-19.

[8] Moharram Y I. Determination of the chemical and electrochemical parameters for a CE system by methods of convolution electrochemistry [J]. Journal of Electroanalytical Chemistry，2004，563(2)：283-290.

[9] 阿伦 J 巴德，拉里 R 福克纳．电化学方法 原理和应用 [M]．第2版．邵元华，朱果逸，董献堆，等译．北京：化学工业出版社，2005.

[10] Mayausky J S，McCreery R L. Spectroelectrochemical examination of charge transfer between chlorpromazine cation radical and catecholamines [J]. Analytical Chemistry，1983，55(2)：308-312.

[11] M C Corredor，J M Rodríguez Mellado，M Ruiz Montoya. EC (EE) process in the reduction of the herbicide clopyralid on mercury electrodes [J]. Electrochimica Acta，2006，51(20)：4302-4308.

[12] Kathryn Harriman，David J Gavaghan，Paul Houston，et al. Adaptative finite element simulation of currents at microelectrodes to a guaranteed accuracy. First-order EC′ mechanism at inlaid and recessed discs [J]. Electrochemistry Communications，2000，2(3)：163-170.

[13] Péter Simon，György Farsang. Simplification of complex EC and ECE type mechanisms when the intermediates take part in fast equilibrium type coupled reactions [J]. Journal of Electroanalytical Chemistry，1997，432(1-2)：

117-120.

[14] Mark B Gelbert, Curran D J . Alternating current voltammetry of dopamine and ascorbic acid at carbon paste and stearic acid modified carbon paste electrodes [J] . Analytical Chemistry, 1986, 58(6): 1028-1032.

[15] Nicholson R S, Irving Shain. Theory of Stationary Electrode Polarography for a Chemical Reaction Coupled between Two Charge Transfers [J] . Analytical Chemistry, 1965, 37(2): 178-190.

[16] Stephen W Feldberg. Nuances of the ECE mechanism. III. Effects of homogeneous redox equilibrium in cyclic voltammetry [J] . The Journal of Physical Chemistry, 1971, 75(15): 2377-2380.

[17] Hawley M D, Tatawawadi S V, Piekarski S, et al. Electrochemical Studies of the Oxidation Pathways of Catecholamines [J] . Journal of the American Chemistry Society, 1967, 89(2): 447-450.

[18] Alberts G S, Irving Shain. Electrochemical Study of Kinetics of a Chemical Reaction Coupled between Two Charge Transfer Reactions. Potentiostatic Reduction of p-Nitrosophenol [J] . Analytical Chemistry, 1963, 35 (12): 1859-1866.

[19] Nicholson R S, Irving Shain. Experimental Verification of an ECE Mechanism for the Reduction of p-Nitrosophenol, Using Stationary Electrode Polarography [J] . Analytical Chemistry, 1965, 37(2): 190-195.

[20] Malachesky P A, Marcoux L S, Adams R N. Homogeneous Chemical Kinetics with the Rotating Disk Electrode [J] . The Journal of Physical Chemistry, 1966, 70(12): 4068-4070.

[21] Nicholson R S, Wilson J M, Olmstead M L. Polarographic Theory for an ECE Mechanism. Application to Reduction of p-Nitrosophenol [J] . Analytical Chemistry, 1966, 38(4): 542-545.

[22] Ralph Norman Adams, M Dale Hawley, Stephen W Feldberg. Nuances of the E. C. E. mechanism. II. Addition of hydrochloric acid and amines to electrochemically generated o-benzoquinones [J] . The Journal of Physical Chemistry, 1967, 71(4): 851-855.

[23] Galus Z, Adams R N. Anodic Oxidation Studies of N, N-Dimethylaniline. II. Stationary and Rotated Disk Studies at Inert Electrodes [J] . Journal of the American Chemistry Society, 1962, 84(11): 2061-2065.

[24] Lynn Scott Marcoux, Ralph Norman Adams, Stephen W Feldberg. Dimerization of triphenylamine cation radicals. Evaluation of kinetics using the rotating disk electrode [J] . The Journal of Physical Chemistry, 1969, 73(8): 2611-2614.

[25] Jeff Bacon, Ralph Norman Adams. Anodic oxidations of aromatic amines. III. Substituted anilines in aqueous media [J] . Journal of the American Chemistry Society, 1968, 90(24): 6596-6599.

[26] Anton Rieker, Bernd Speiser. Electrochemistry of anilines. 6. Reactions of electrogenerated biphenylylnitrenium ions [J] . Journal of Organometallic Chemistry, 1991, 56(15): 4664-4671.

[27] Hong S Y, Jung Y M, Kim S B, et al. Electrochemistry of Conductive Polymers. 34. Two-Dimensional Correlation Analysis of Real-Time Spectroelectrochemical Data for Aniline Polymerization [J] . Journal of Physical Chemistry B, 2005, 109(9): 3844-3850.

[28] Polcyn D S, Irving Shain. Multistep Charge Transfers in Stationary Electrode Polarography [J] . Analytical Chemistry, 1966, 38(3): 370-375.

[29] Luis Echegoyen, Lourdes E Echegoyen. Electrochemistry of fullerenes and their derivatives [J] . Accounts of Chemical Research, 1998, 31(9): 593-601.

[30] Qingshan Xie, Eduardo Perez-Cordero, Luis Echegoyen. Electrochemical detection of C_{60}^{6-} and C_{70}^{6-} : Enhanced stability of fullerides in solution [J] . Journal of the American Chemistry Society, 1992, 114(10): 3978-3980.

[31] Tanaka N, Sato Y. Electrode reactions of tris (2, 2′-bipyridine) -iron (Ⅱ) and tris (2, 2′-bipyridine) iron (Ⅲ) complexes in acetonitrile solution [J] . Electrochimica Acta, 1968, 13(3): 335-346.

[32] Oldham K B, Feldberg S W. Principle of Unchanging Total Concentration and Its Implications for Modeling Unsupported Transient Voltammetry [J] . Journal of Physical Chemistry B, 1999, 103(10): 1699-1704.

[33] Bond A M, Feldberg S W. Analysis of Simulated Reversible Cyclic Voltammetric Responses for a Charged Redox Species in the Absence of Added Electrolyte [J] . Journal of Physical Chemistry B, 1998, 102(49): 9966-9974.

[34] Bond A M, Coomber D C, Feldberg S W, et al. An Experimental Evaluation of Cyclic Voltammetry of Multicharged Species at Macrodisk Electrodes in the Absence of Added Supporting Electrolyte [J] . Analytical Chemistry, 2001, 73(2):

352-359.

[35] Rooney M B, Coomber D C, Bond A M. Achievement of Near-Reversible Behavior for the [$Fe(CN)_6$]$^{3-/4-}$ Redox Couple Using Cyclic Voltammetry at Glassy Carbon, Gold, and Platinum Macrodisk Electrodes in the Absence of Added Supporting Electrolyte [J]. Analytical Chemistry, 2000, 72(15): 3486-3491.

[36] 黄振谦，胡国荣. 锌钴异常共沉积机理研究 [J]. 中南矿冶学院学报，1993，24(5)：689-694.

[37] Ortiz-Aparicio J L, Meas Y, Trejo G, et al. Ozil Electrodeposition of zinc-cobalt alloy from a complexing alkaline glycinate bath [J]. Electrochimica Acta, 2007, 52(14): 4742-4751.

[38] Duygu Ekinci, Nurhan Horasan, Ramazan Altundaş. The electrochemical oxidation of 2-amino-3-cyano-4-phenylthiophene: evidence for a new class of photoluminescent material [J]. Journal of Electroanalytical Chemistry, 2000, 484(2): 101-106.

[39] Gómez E, Vallés E. Electrodeposition of zinc + cobalt alloys: inhibitory effect of zinc with convection and pH of solution [J]. Journal of Electroanalytical Chemistry, 1995, 397(1-2): 177-184.

[40] Birame Boye, Enric Brillas, Beatrice Marselli, et al. Electrochemical incineration of chloromethylphenoxy herbicides in acid medium by anodic oxidation with boron-doped diamond electrode [J]. Electrochimica Acta, 2006, 51(14): 2872-2880.

[41] F J Del Campo, Emmanuel Maisonhaute, Richard G Compton, et al. Low-temperature sonoelectrochemical processes: Part 3. Electrodimerisation of 2-nitrobenzylchloride in liquid ammonia [J]. Journal of Electroanalytical Chemistry, 2001, 506(2): 170-177.

[42] Santhosh P, Gopalan A, Vasudevan T, Wen T C. Studies on monitoring the composition of the copolymer by cyclic voltammetry and in situ spectroelectrochemical analysis [J]. European Polymer Journal, 2005, 41(1): 97-105.

[43] Prakash S, Sivakumar C, Rajendran V, et al. Growth behavior of poly (*o*-toluidine-co-*p*-fluoroaniline) deposition by cyclic voltammetry [J]. Materials Chemistry and Physics, 2002, 74(1): 74-82.

[44] 盛江峰，马淳安，张诚，等. α-硝基萘在介孔结构碳化钨催化剂上的电化学还原行为 [J]. 化工学报，2006，57(10)：2355-2360.

[45] Yuanhang Xu, Afshin Amini, Mark Schell. Mechanistic explanation for a subharmonic bifurcation and variations in behaviour in the voltammetric oxidations of ethanol, 1-propanol and 1-butanol [J]. Journal of Electroanalytical Chemistry, 1995, 398(1-2): 95-104.

[46] Burke L D, Twomey T A M. Voltammetric behaviour of nickel in base with particular reference to thick oxide growth [J]. Journal of Electroanalytical Chemistry, 1984, 162(1-2): 101-119.

[47] Schrebler Guzmán R S, Vilche J R, Arvía A J. Non-equilibrium effects in the nickel hydroxide electrode [J]. Journal of Applied Electrochemistry, 1979, 9(2): 183-189.

[48] Beden B, Floner D, Leger J M, et al. A voltammetric study of the formation on hydroxides and oxyhydroxides on nickel single crystal electrodes in contact with an alkaline solution [J]. Surface Science, 1985, 162(1-3): 822-829.

[49] Beden B, Bewick A. The anodic layer on nickel in alkaline solution: an investigation using in situ IR spectroscopy [J]. Electrochimica Acta, 1988, 33(11): 1695-1698.

[50] Hahn F, Beden B, M J Croissant, et al. In situ uv visible reflectance spectroscopic investigation of the nickel electrode-alkaline solution interface [J]. Electrochimica Acta, 1986, 31(3): 335-342.

[51] Yau S L, Fan F R F, Moffat T P, et al. In situ Scanning Tunneling Microscopy of Ni (100) in 1 M NaOH [J]. Journal of Physical Chemistry, 1994, 98(21): 5493-5499.

[52] Malgorzata Dmochowska, Andrzej Czerwiński. Behavior of a nickel electrode in the presence of carbon monoxide [J]. Journal of Solid State Electrochemistry, 1998, 2(1): 16-23.

[53] Heidi M French, Mark J Henderson, A Robert Hillman, et al. Ion and solvent transfer discrimination at a nickel hydroxide film exposed to LiOH by combined electrochemical quartz crystal microbalance (EQCM) and probe beam deflection (PBD) techniques [J]. Journal of Electroanalytical Chemistry, 2001, 500(1-2): 192-207.

[54] Medway S L, Lucas C A, Kowal A, et al. In situ studies of the oxidation of nickel electrodes in alkaline solution. Journal of Electroanalytical Chemistry, 2006, 587(1): 172-181.

[55] Scherer J, Ocko B M, Magnussen O M. Structure, dissolution, and passivation of Ni (111) electrodes in sulfuric acid solution: an in situ STM, X-ray scattering, and electrochemical study. Electrochimica Acta, 2003: 48(9): 1169-1191.

[56] Magnussen O M, Scherer J, Ocko B M, et al. In Situ X-ray Scattering Study of the Passive Film on Ni (111) in Sulfuric Acid Solution. Journal of Physical Chemistry B, 2000, 104(6): 1222-1226.

[57] Zuili D, Maurice V, Marcus P. Surface Structure of Nickel in Acid Solution Studied by In Situ Scanning Tunneling Microscopy [J]. Journal of the Electrochemical Society, 2000, 147(4): 1393-1400.

[58] Maurice V, Klein L H, Marcus P. Atomic-scale investigation of the localized corrosion of passivated nickel surfaces [J]. Surface and Interface Analysis, 2002, 34(1): 139-143.

[59] Joan Gregori, Jose Juan García-Jareño, D Giménez-Romero, et al. Growth of passive layers on nickel during their voltammetric anodic dissolution in a weakly acid medium [J]. Electrochimica Acta, 2006, 52(2): 658-664.

[60] Gregori J, García-Jareño J J, Vicente F. Determination of time dependence of passive layer on nickel from instantaneous mass/charge function F (dm/dQ) in competitive passivation/dissolution conditions [J]. Electrochemistry Communications, 2006, 8(5): 683-687.

[61] Masashi Nakamura, Norihito Ikemiya, Atushi Iwasaki, et al. Surface structures at the initial stages in passive film formation on Ni (111) electrodes in acidic electrolytes [J]. Journal of Electroanalytical Chemistry, 2004, 566 (2): 385-391.

[62] Suzuki T, Yamada T, Itaya K. In Situ Electrochemical Scanning Tunneling Microscopy of Ni (111), Ni (100), and Sulfur-Modified Ni (100) in Acidic Solution [J]. Journal of Physical Chemistry, 1996, 100 (21): 8954-8961.

[63] MacDougall B, Cohen M. Anodic Oxide Films on Nickel in Acid Solutions [J]. Journal of Electrochemical Society, 1976, 123(2): 191-197.

[64] MacDougall B, Cohen M. Mechanism of the Anodic Oxidation of Nickel [J]. Journal of Electrochemical Society, 1976, 123(12), 1783-1789.

[65] John R McBride, Jane A Schimpf, Manuel P Soriaga. Adsorbate-catalyzed corrosion in inert electrolyte: evidence by LEED of layer-by-layer dissolution of Pd(111) (√3 × √3) R30°-I [J]. Journal of Electroanalytical Chemistry, 1993, 350(1-2): 317-320.

[66] Jane A Schimpf, Juan B Abreu, Manuel P Soriaga. Absorbate-catalyzed dissolution in inert electrolyte: layer-by-layer corrosion of palladium (100) -c(2 . times. 2) -iodine [J]. Langmuir, 1993, 9(12): 3331-3333.

[67] Soriaga M P, Schimpf J A, Carrasquillo Jr A, et al. Electrochemistry of the I-on-Pd single-crystal interface: studies by UHV-EC and in situ STM [J]. Surface Science, 1995, 335: 273-280.

[68] Nicholson R S. Theory and Application of Cyclic Voltammetry for Measurement of Electrode Reaction Kinetics [J]. Analytical Chemistry, 1965, 37(11): 1351-1355.

[69] Joseph Wang, Den Bai Luo, Percio A M Farias, et al. Adsorptive stripping voltammetry of riboflavin and other flavin analogs at the static mercury drop electrode [J]. Analytical Chemistry, 1985, 57(1): 158-162.

[70] Pamela J Peerce, Allen J Bard. Polymer films on electrodes: Part Ⅲ. Digital simulation model for cyclic voltammetry of electroactive polymer film and electrochemistry of poly (vinylferrocene) on platinum [J]. Journal of Electroanalytical Chemistry, 1980, 114(1): 89-115.

[71] Robert H. Wopschall, Irving Shain. Effects of adsorption of electroactive species in stationary electrode polarography [J]. Analytical Chemistry, 1967, 39(13): 1514-1527.

[72] Robert H Wopschall, Irving Shain. Adsorption characteristics of the methylene blue system using stationary electrode polarography [J]. Analytical Chemistry, 1967; 39(13); 1527-1534.

[73] Copeland T R, Osteryoung R A, Skogerboe R K. Elimination of copper-zinc intermetallic interferences in anodic stripping voltammetry [J]. Analytical Chemistry, 1974; 46(14); 2093-2097.

[74] Chaim N Yarnitzky. Automated cell: a new approach to polarographic analyzers [J]. Analytical Chemistry, 1985, 57(9): 2011-2015.

[75] Wang J, Ouziel E, Ch Yarnitzky, et al. A flow detector based on square-wave polarography at the dropping mercury electrode [J] . Analytica Chimica Acta, 1978, 102: 99-112.
[76] Robert Samuelsson, John O'Dea, Janet Osteryoung. Rapid scan square wave voltammetric detector for high-performance liquid chromatography [J] . Analytical Chemistry, 1980, 52(13): 2215-2216.
[77] Gerhardt G C, Cassidy R M, Baranski A S. Square-Wave Voltammetry Detection for Capillary Electrophoresis [J] . Analytical Chemistry, 1998, 70(10): 2167-2173.

第6章 电化学阻抗谱

电化学阻抗谱是电化学测量技术中一种十分重要的研究方法，近几十年来发展非常迅速，应用范围已经超出了传统的电化学领域。它在电极过程动力学、各类电化学体系（如电沉积、腐蚀、化学电源）、生物膜性能、材料科学包括表面改性、电子元器件和导电材料的研究中得到了越来越广泛的应用。

电化学阻抗法是一种暂态电化学技术。扰动信号为小振幅的正弦波电势或电流，借助于专门的阻抗谱测量仪器，可以得到电极系统在不同频率下的阻抗。电化学阻抗法具有以下特点。

(1) 由于使用小幅度对称交流电对电极进行极化，当频率足够高时，每半周期持续时间很短，不会引起严重的浓度极化及表面状态变化。在电极上交替进行着阴极过程与阳极过程，同样不会引起极化的积累性发展，避免了对体系产生过大的影响。

(2) 扰动信号幅值一般小于10mV，体系产生的响应与扰动之间近似呈线性关系。这使得体系的数学处理得以简化，即使在低频区出现了浓度极化，也可以很好地解析其阻抗特征。

(3) 由于可以在很宽频率范围内（10^6 Hz到10^{-4} Hz甚至10^{-6} Hz）测量得到阻抗谱，速度不同的过程很容易在频率域上分开，速度快的子过程出现在高频区，速度慢的子过程出现在低频区。

(4) 解析电化学阻抗谱图，可以了解体系包含哪些子过程，也可以分析影响电极过程的状态变量的情况，还可以判断出有无传质过程、吸脱附过程等影响，进而有助于推测反应机理等。

(5) EIS能比其他常规的电化学方法得到更多的电极过程动力学信息和电极界面结构信息。如测算反应速率、界面电容、扩散系数、吸附速率常数等界面过程信息，还可以测量研究对象的导电性（电子导电和离子导电）、介电常数、膜厚度、是否存在空洞和裂缝等电极及相关体系的属性。相比于直流研究方法，阻抗谱有一个显著的优势是可以用于研究导电性很低的高阻抗电解质体系。

电化学阻抗谱法和基本暂态法，都是缩短电极单向极化持续时间，以消除浓度极化的干扰。在恒电流或恒电势暂态法中，可以将暂态曲线外推到$t=0$来实现这一点。在阻抗法中，则是利用频率$\omega\to\infty$。这些方法的共同缺点是不能避免双电层充电效应的干扰。这些方法的测量上限也大致相同，均为$k<1$cm/s。与其他暂态法相比，阻抗法还存在下限。

当反应速率常数 k 很小时，由于 R_r很大，使 $Z_f \gg 1/(\omega C_d)$，整个电解池的等效电路相当于 $C_d R_\Omega$串联，故无法精确测量 Z_f。其测量下限约为 $k > 10^{-5}$ cm/s。

实际上，电化学体系的电极过程十分复杂，电极表面有时不只发生一个电极反应。例如在腐蚀电势 E_{corr}下，电极表面至少有一个阳极反应和一个阴极反应同时进行。合金电镀时在同一电势下至少有两种以上的金属离子发生阴极还原。影响一个电极反应的状态变量不仅仅有电极电势，还有电极过程具有的可逆与不可逆之分。对于多个电极反应，多状态变量和不可逆电极过程的电化学阻抗谱的理论研究和讨论的难度较大，但近年来仍然取得了显著的进展[1-5]。

本章重点介绍电化学阻抗谱法的基本理论和分析方法，并介绍阻抗谱在电极反应机理、电沉积、腐蚀及化学电源中的应用。

6.1 电化学阻抗的基本知识

6.1.1 阻抗和电子元件的阻抗

一个交流电信号作用在无源支路两端时，其两端的电势与通过该电路电流之比称为阻抗，用 Z 表示，即

$$Z(\omega)=\frac{\Delta E(\omega)}{\Delta I(\omega)} \tag{6-1}$$

式中，$Z(\omega)$ 即称为复阻抗（Ω），简称阻抗，一般用 Z 表示阻抗（impedance）；阻抗的倒数称为导纳（admittance），一般用 Y 表示，两者合称阻纳（immittance）。

$Z(\omega)$ 是一个复数，复阻抗的代数式为

$$Z=Z_{real}+jZ_{image}=Z'+jZ'' \tag{6-2}$$

式中，复阻抗的实部 Z_{real} 称为有功电阻（也记为 Z'）；复阻抗的虚部 Z_{image} 称为电抗（也记为 Z''），其中电容在电路中对交流电所起的阻碍作用称为容抗，电感在电路中对交流电所起的阻碍作用称为感抗，电容和电感在电路中对交流电引起的阻碍作用总称为电抗。

复阻抗的辐角 ϕ 等于电势电流的相位差，称为阻抗角，有

$$\phi=\arctan\frac{Z''}{Z'} \tag{6-3}$$

复阻抗既反映了这段电路阻抗的大小（用复阻抗的模表示），又反映在这段电路上电势与电流间的相位差（用复阻抗的辐角表示）。复阻抗的复数平面图见图 6-1。复阻抗 Z 是电路元件对电流的阻碍作用和移相作用的反映。复阻抗的阻碍和移相作用见图 6-2。

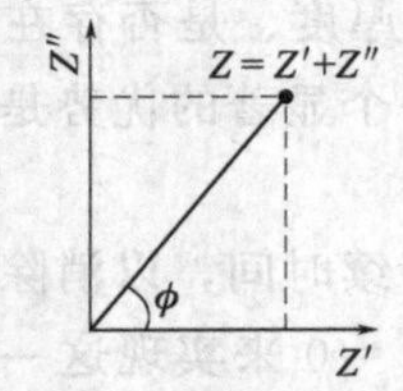

图 6-1 复阻抗的复数平面图

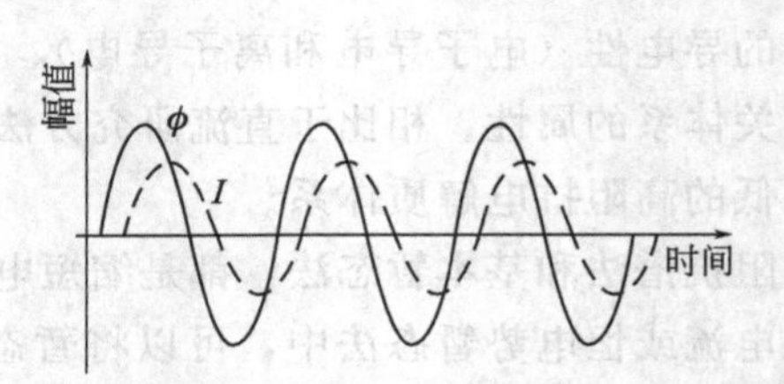

图 6-2 复阻抗的阻碍和移相作用

和复数一样，复阻抗也可以采用三角表示法和指数表示，由于复数的模

$$|Z|=\sqrt{Z'^2+Z''^2}=\frac{Z'}{\cos\phi}=\frac{Z''}{\sin\phi} \tag{6-4}$$

故

$$Z=Z'+jZ''=|Z|\cos\phi+j|Z|\sin\phi \tag{6-5}$$

或

$$Z=|Z|e^{j\phi} \tag{6-6}$$

若在电阻两端加上正弦电势 U_R，令

$$U_R=U_m\sin\omega t \tag{6-7}$$

式中，U_m 为电势的幅值。在此电势作用下，流经电阻的电流 I 符合欧姆定律，

$$I=\frac{U_R}{R}=\frac{U_m\sin\omega t}{R}=I_m\sin\omega t \tag{6-8}$$

式中，I_m 为电流的幅值。

比较式（6-7）和式（6-8）可以看出，电阻两端的电势与流经电阻的电流是同频同相的正弦交流电。

若在电感线圈两端加上正弦电压 U_L 时，将产生电流 I 。该电流流过线圈时，将在线圈内部和周围产生感应磁场，磁通的变化将在线圈上产生感应电动势 e_L 。e_L 的方向总是阻碍磁通的变化，并且与电感量 L 和电流 I 对时间的变化率成正比，即

$$e_L=-L\frac{dI}{dt} \tag{6-9}$$

设流过线圈的正弦交流电流为 I ，令

$$I=I_m\sin\omega t \tag{6-10}$$

代入式（6-9）得

$$e_L=-L\frac{dI}{dt}=-L\frac{d}{dt}(I_m\sin\omega t)=-I_m\omega L\cos\omega t=-I_m\omega L\sin(\omega t+\frac{\pi}{2}) \tag{6-11}$$

由于 U_L 与 e_L 方向相反，大小相等，即 $U_L=-e_L$ ，所以线圈两端电压为

$$U_L=-e_L=I_m\omega L\sin(\omega t+\frac{\pi}{2})=U_m\sin(\omega t+\frac{\pi}{2}) \tag{6-12}$$

式中，$U_m=I_m\omega L$ ，为电压 U_L 的最大值。且

$$I=\frac{U_L}{\omega L}=\frac{U_L}{X_L} \tag{6-13}$$

式中，$X_L=\omega L=2\pi fL$ ，称为电感元件的阻抗，简称感抗。

比较式（6-10）和式（6-12）可知，电感两端的电压与流经电感元件的电流也是同频率的正弦量，但在相位上电压 U_L 比电流 I 超前 $\pi/2$。电感元件的复阻抗为

$$Z_L=jX_L=j\omega L \tag{6-14}$$

在电容量为 C 的电容两端，加上正弦电压 U_C 时，就会给电容充电，其电量 Q 与电容量和电压 u_C 成正比，

$$Q=CU_C \tag{6-15}$$

由电流的定义知，电流 I 是单位时间通过的电量，$I=\frac{dQ}{dt}$ ，将式（6-15）代入得

$$I=C\frac{\mathrm{d}U_C}{\mathrm{d}t} \tag{6-16}$$

设加在电容两端的电压为

$$U_C=U_m\sin\omega t \tag{6-17}$$

代入式（6-16）得

$$I=C\frac{\mathrm{d}}{\mathrm{d}t}(U_m\sin\omega t)=U_m\omega C\cdot\sin(\omega t+\frac{\pi}{2})=I_m\sin(\omega t+\frac{\pi}{2}) \tag{6-18}$$

式中，$I_m=U_m\omega C$，是流过 C 的电流的最大值。且

$$U_m=\frac{I_m}{\omega C}=I_mX_C$$

式中，$X_C=\frac{1}{\omega C}=\frac{1}{2\pi fC}$ 称为电容器的阻抗，简称容抗。

比较式（6-17）和式（6-18）可知，加在电容器两端的电压和流经的电流是同频率的正弦量，只是电流 I 在相位上比电压 U_C 超前 $\pi/2$。电容元件的复阻抗为

$$Z_C=-\mathrm{j}X_C=-\mathrm{j}\frac{1}{\omega C} \tag{6-19}$$

电阻、电感和电容元件的复阻抗在复数平面图上分别如图 6-3 所示。需要说明的是，由于在电化学系统中电容性元件非常普遍，所以习惯上将虚轴的负方向画为向上的方向。

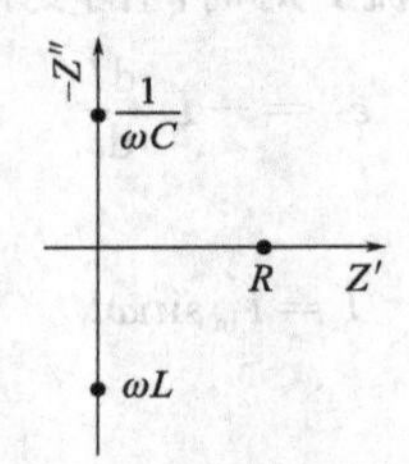

图 6-3 电阻 R、电容 C 和电感 L 的复阻抗

当电路中有多个元件串联时，总的复阻抗等于各复阻抗的和。例如一个电阻 R、一个电感 L 和一个电容 C 串联时，总复阻抗为

$$Z=Z_R+Z_L+Z_C=R_L+\mathrm{j}\omega L-\mathrm{j}\frac{1}{\omega C}=R+\mathrm{j}\left(\omega L-\frac{1}{\omega C}\right) \tag{6-20}$$

几个复阻抗并联时，总复阻抗的倒数（即总的导纳）等于各并联复阻抗的倒数和（即各元件导纳之和），$Y=Y_R+Y_C+Y_L$。例如一个电阻 R、一个电感 L 和一个电容 C 并联时，总复阻抗的倒数为

$$\frac{1}{Z}=\frac{1}{Z_R}+\frac{1}{Z_L}+\frac{1}{Z_C}=\frac{1}{R}+\frac{1}{\mathrm{j}\omega L}-\frac{1}{\mathrm{j}\frac{1}{\omega C}}=\frac{1}{R}-\mathrm{j}\left(\frac{1}{\omega L}-\omega C\right) \tag{6-21}$$

为了表述及书写方便，可以采用电路描述码（circuit description code，CDC）来表示多元件组合成的电路。其核心规则为：元件串联时直接排列写在一起，如 RLC 或 CLR 表示三者串联；元件并联时用括号，如（RLC）表示三者并联；对于复杂的电路，采用括号表示优先运算。因此若某元件外总括号层数为奇数，则该元件第一层运算为并联，若元件外总括号层数为偶数，则该元件第一层运算为串联。

例如CDC码为$R_1(C_1R_2(R_3L(C_2R_4)))$表示的电路如图6-4所示。

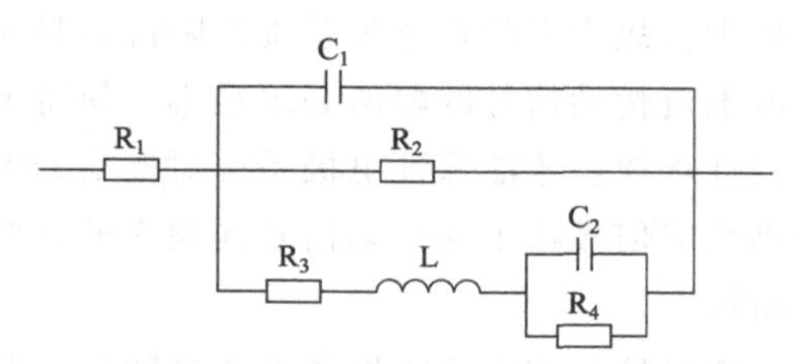

图6-4 CDC码R_1 $(C_1R_2(R_3L(C_2R_4)))$对应的电路

6.1.2 电化学阻抗的定义与基本条件

设一个系统的输入函数为$x(t)$，输出函数为$y(t)$，则$y(t)$的拉氏变换$Y(s)$与$x(t)$的拉氏变换$X(s)$的商$G(s)=Y(s)/X(s)$称为这个系统的传递函数。

传递函数是由系统的本质特性确定的，与输入量无关。知道传递函数以后，就可以由输入量求输出量，或者根据需要的输出量确定输入量了。

如果不知道系统的传递函数，则可通过引入已知输入量并研究系统输出量的实验方法，确定系统的传递函数。系统的传递函数一旦被确定，就能对系统的动态特性进行充分描述，它不同于对系统的简单静态描述。

对于一个稳定的线性系统M，如以一个频率为ω的小振幅的正弦波电流（或电势）信号X为扰动信号，使电极系统产生近似线性关系的响应，那么该系统将输出一个频率为ω的正弦波电势（或电流）信号Y，此时电极系统的频响函数G就是电化学阻抗（或者导纳）。

$$G(\omega)=Y/X \tag{6-22}$$

式中，G为频率的函数，它反映系统M的频响特性，由系统的内部结构所决定。

在一定的频率范围内测得的一组频响函数值就是电极系统的电化学阻抗谱，以此来研究电极系统的方法就是交流阻抗谱法（AC impedance spectroscopy），现在又称为电化学阻抗谱（electrochemical impedance spectroscopy，EIS）。

人们可以根据输入X和输出Y，解得G。在一系列不同频率下进行测量，就可以得到G随频率的变化，进而获得稳定的线性系统内部结构的信息。

要想满足式（6-22）且保证输出Y和输入X是同频率的，要求扰动信号与响应信号之间必须具有因果关系，响应信号必须是扰动信号的线性函数，被测量的体系在扰动下是稳定的。这就是阻纳的三个前提条件：因果性、线性和稳定性。对于导纳来说，还必须满足的一个条件是：导纳必须为有限值。也即，被测体系的阻抗不可为零。

当用一个正弦波的电位信号对电极系统进行扰动，因果性条件要求电极系统只对该电位信号进行响应。这就要求控制电极过程的电极电位以及其他状态变量都必须随扰动信号——正弦波的电位波动而变化。控制电极过程的状态变量则往往不止一个，有些状态变量对环境中其他因素的变化又比较敏感，要满足因果性条件必须在阻抗测量中十分注意对环境因素的控制，必须排除任何其他噪声信号的干扰，确保扰动信号和系统的响应之间是唯一的因果关系。

由于电极过程的动力学特点，电极过程速度随状态变量的变化与状态变量之间一般都不服从线性规律。只有当一个状态变量的变化足够小，才能将电极过程速度的变化与该状态变量的关系作线性近似处理。故为了使在电极系统的阻抗测量中线性条件得到满足，对体系的正弦波电位或正弦波电流扰动信号的幅值必须很小，使得电极过程速度随每个状态变量的变化都近似地符合线性规律，才能保证电极系统对扰动的响应信号与扰动信号之间近似地符合线性条件，否则响应信号除了和扰动信号同频率的正弦波信号以外，还含有高次谐波信号，即“非线性阻抗”。

电极过程动力学表明，电极体系的电流密度和电势之间并不是线性的，电化学阻抗谱的线性条件只能被近似地满足。我们把近似地符合线性条件时扰动信号振幅的取值范围叫做线性范围。每个电极过程的线性范围是不同的，它与电极过程的控制参量有关。对于一个简单的只有电荷转移过程的电极反应而言，其线性范围的大小与电极反应的塔费尔常数有关，塔费尔常数越大，其线性范围越宽。

稳定性条件是指对电极系统的扰动停止后，电极系统能恢复到原先的状态。稳定性要求扰动信号不会引起系统内部结构发生变化，这往往与电极系统的内部结构亦即电极过程的动力学特征有关。

一般而言，对于一个可逆电极过程，稳定性条件比较容易满足。电极系统在受到扰动时，其内部结构所发生的变化不大，可以在受到小振幅的扰动之后又回到原先的状态。在对不可逆电极过程进行测量时，要近似地满足稳定性条件往往是很困难的。这种情况在使用频率域的方法进行阻抗测量时尤为严重，因为用频率域的方法测量阻抗的低频数据往往很费时间，有时可长达几小时。这么长的时间中，电极系统的表面状态就可能发生较大的变化。

阻抗测量中的三个基本条件满足与否直接影响到阻抗数据的可靠性，这一点可以通过 Kramers-Kronig 转换来验证，具体见 6.4.1 小节。

阻纳是一个矢量。电化学阻抗谱是体系在不同频率下的阻纳频谱特征，可以采用不同的形式来表达体系的阻抗特性。一种是图 6-1 和图 6-3 所示的 Z''-Z' 之间的关系曲线，称为阻抗复数平面图，也称为 Nyquist 图，阻抗复数平面图是阻抗数据中应用最广泛的形式之一，除此以外，表征阻抗的模或相位角随频率变化的 Bode 图也应用很广，即 $|Z|$-$\lg\omega$（或 $|Z|$-$\lg f$）和 ϕ-$\lg\omega$（或 ϕ-$\lg f$）的关系曲线。

在阻抗分析中，有时也采用实频特性曲线或虚频特性曲线，即 Z'-$\lg f$ 或 Z''-$\lg f$。还有导纳复数平面图 Y''-Y'、容抗复数平面图 C''-C' 等多种表现形式。可根据实际情况，列出其中一种或者几种图谱都可以，因为各图谱之间可以相互推算出来。

6.2 电极过程理论模型的 EIS 行为

6.2.1 理想极化电极的 EIS

理想极化电极为不发生电荷转移过程，其等效电路如图 4-16(a) 所示，即由溶液电阻 R_Ω 与双电层电容 C_d 串联形成。$R_\Omega C_d$ 的总复阻抗等于各元件复阻抗之和。

$$Z=Z_{R_\Omega}+Z_{C_d}=R_\Omega+\frac{1}{\mathrm{j}\omega C_d}=R_\Omega-\mathrm{j}\frac{1}{\omega C_d}=R_\Omega-\mathrm{j}\frac{1}{2\pi f C_d} \tag{6-23}$$

式（6-23）表明，电解池的总阻抗的实部 Z' 为 R_Ω，是一个常数，虚部 Z'' 为 $-\dfrac{1}{2\pi f C_d}$，它的大小与频率有关，频率越高，Z'' 越小。

6.2.1.1 Nyquist 图

由式（6-23）可知，Z' 为一常数 R_Ω，而 Z'' 随 f 而改变，f 越大，Z'' 越小。因此，理想极化电极其阻抗复数平面图是一条与 Z'' 轴平行的直线，直线与 Z' 轴相交点的横坐标等于 R_Ω，如图 6-5 所求。由图可直接读出 R_Ω 的值。

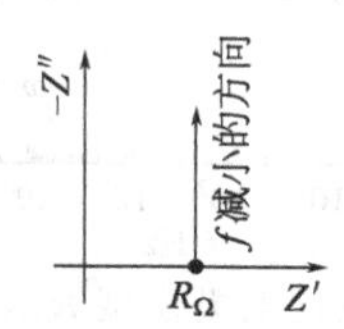

图 6-5 理想极化电极模型 $R_\Omega C_d$ 的阻抗复数平面图

6.2.1.2 lg|Z|-lgω 图

理想极化电极电化学阻抗的实部为 R_Ω，虚部为 $\dfrac{1}{\omega C_d}$，得

$$|Z|=\sqrt{R_\Omega^2+\frac{1}{\omega^2 C_d^2}}=\frac{\sqrt{1+(\omega R_\Omega C_d)^2}}{\omega C_d}$$

$$\lg|Z|=\frac{1}{2}\lg[1+(\omega R_\Omega C_d)^2]-\lg\omega-\lg C_d \tag{6-24}$$

在高频区

$$\lim_{\omega\to\infty}\lg|Z|=\lim_{\omega\to\infty}\left\{\frac{1}{2}\lg[1+(\omega R_\Omega C_d)^2]-\lg\omega-\lg C_d\right\}=\lg R_\Omega$$

表明高频时 $\lg|Z|$-$\lg\omega$ 是一条平行于横轴的水平线，与频率 ω 无关。

在低频区

$$\lim_{\omega\to 0}\lg|Z|=\lim_{\omega\to 0}\left\{\frac{1}{2}\lg[1+(\omega R_\Omega C_d)^2]-\lg\omega-\lg C_d\right\}=-\lg\omega-\lg C_d$$

表明低频时 $\lg|Z|$ - $\lg\omega$ 是一条斜率为-1 的直线，如图 6-6 所示。

6.2.1.3 ϕ-lgω 图

将 $Z''=\dfrac{1}{\omega C_d}$，$Z'=R_\Omega$ 代入式（6-3），有

$$\phi=\arctan\frac{\frac{1}{\omega C_d}}{R_\Omega}=\arctan\frac{1}{\omega R_\Omega C_d} \tag{6-25}$$

在高频区

$$\lim_{\omega\to\infty}\arctan\frac{1}{\omega R_\Omega C_d}=\arctan 0$$

即高频时其相位角等于零。

在低频区

$$\lim_{\omega\to 0}\arctan\frac{1}{\omega R_\Omega C_d}=\arctan\infty$$

即低频时其相位角趋近 $\pi/2$，如图 6-6 所示。

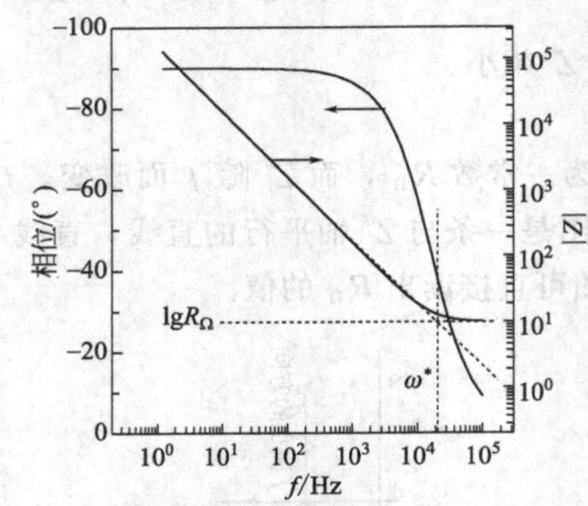

图 6-6　理想极化电极模型 $R_\Omega C_d$ 的 Bode 图

$R_\Omega=10\Omega$，$C_d=10^{-6}$ F

6.2.1.4　时间常数

当 ω 处于高频和低频之间时，有一个特征频率 ω^*，在这个特征频率，R_Ω 和 C_d 的复合阻抗的实部和虚部相等，即

$$R_\Omega=\frac{1}{\omega^* C_d} \tag{6-26}$$

$$\omega^*=\frac{1}{R_\Omega C_d}$$

特征频率 ω^* 的倒数 $\frac{1}{\omega^*}$ 称为复合元件的时间常数，用 τ 表示，即

$$\tau=\frac{1}{\omega^*}=R_\Omega C_d$$

特征频率 ω^* 可从 $\lg|Z|$-$\lg\omega$ 图上求得。对式（6-26）取对数，有

$$\lg R_\Omega=-\lg\omega^*-\lg C_d$$

结合式（6-24）的高低频近似，考虑等式的左边 $\lg|Z|=\lg R_\Omega$ 表示高频端是一条水平线，右边 $\lg|Z|=-\lg\omega-C_d$ 表示低频端是一条斜率为-1 的直线，两直线的延长线的交点所对应的频率就是 ω^*（图 6-6）。有了 ω^*，就可以用式（6-26）求得双电层电容 C_d 。

6.2.2　电化学极化时的 EIS

体系受电化学极化控制时，其等效电路如图 4-15 所示。即由电化学反应电阻 R_r 与双电层电容 C_d 并联后再与溶液电阻 R_Ω 串联形成。$R_\Omega(C_d R_r)$ 的总复阻抗为

$$Z=R_\Omega+\frac{R_r}{1+j\omega R_p C_d}=\left[R_\Omega+\frac{R_r}{1+(\omega R_r C_d)^2}\right]-j\frac{\omega R_r^2 C_d}{1+(\omega R_r C_d)^2} \tag{6-27}$$

实部为

$$Z'=R_\Omega+\frac{R_r}{1+(\omega R_r C_d)^2} \tag{6-28}$$

虚部为

$$Z''=\frac{\omega R_r^2 C_d}{1+(\omega R_r C_d)^2} \tag{6-29}$$

6.2.2.1 Nyquist 图

在式（6-28）和式（6-29）中通过演算消去 ω，得到 Z' 和 Z'' 的关系式。由式（6-29）除以式（6-28）可得

$$\omega R_r C_d = \frac{Z''}{Z' - R_\Omega}$$

将此式代入式（6-28）中，有

$$Z' - R_\Omega = \frac{R_r}{1 + \left(\dfrac{Z''}{Z' - R_\Omega}\right)^2} = \frac{R_r (Z' - R_\Omega)^2}{(Z' - R_\Omega)^2 + Z''^2}$$

两边同时消去 $Z' - R_\Omega$，得 $R_r(Z' - R_\Omega) = (Z' - R_\Omega)^2 + Z''^2$，即

$$(Z' - R_\Omega)^2 - R_r(Z' - R_\Omega) + Z''^2 = 0$$

两边同时加 $\left(\dfrac{R_r}{2}\right)^2$ 得

$$\left(Z' - R_\Omega - \frac{R_r}{2}\right)^2 + Z''^2 = \left(\frac{R_r}{2}\right)^2 \tag{6-30}$$

这是一个圆心为 $\left(R_\Omega + \dfrac{R_r}{2}, 0\right)$，半径为 $\dfrac{R_r}{2}$ 的圆的方程。由于虚部 $Z''>0$，实部 $Z'>0$，所以是一个位于第一象限的半圆，如图 6-7 所示。由 Nyquist 图可知，由圆弧与实轴的交点可求得欧姆电阻 R_Ω 和 R_r。

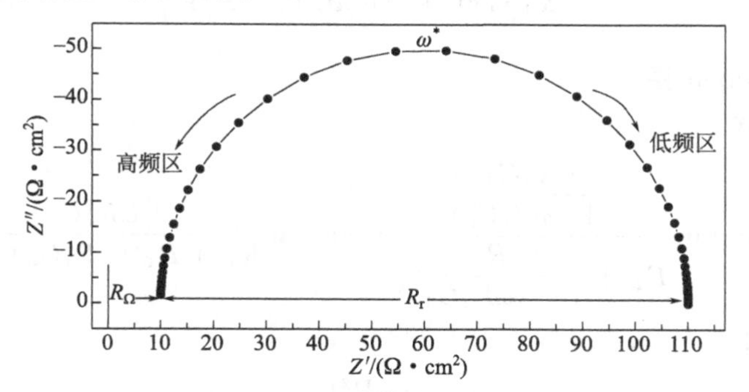

图 6-7 电化学极化电极模型 $R_\Omega(C_d R_r)$ 的 Nyquist 图

$R_\Omega = 10\Omega$，$R_r = 100\Omega$，$C_d = 10^{-6}$F

6.2.2.2 lg|Z|-lgω 图

由式（6-27）有

$$Z = \frac{(R_\Omega + R_r) + j\omega R_\Omega R_r C_d}{1 + j\omega R_r C_d} = \frac{(R_\Omega + R_r)\left(1 + \dfrac{j\omega R_\Omega R_r C_d}{R_\Omega + R_r}\right)}{1 + j\omega R_r C_d}$$

设 $\tau_1 = R_r C_d$，$\tau_2 = \dfrac{C_d R_r R_\Omega}{R_\Omega + R_r}$，有

$$Z = \frac{(R_\Omega + R_r)(1 + j\omega\tau_2)}{1 + j\omega\tau_1}$$

故

$$\lg|Z| = \lg(R_\Omega + R_r) + \lg|1 + j\omega\tau_2| - \lg|1 + j\omega\tau_1| \tag{6-31}$$

在低频区，$\omega\tau_1 \ll 1$，$\omega\tau_2 \ll 1$，式（6-31）就简化为 $\lg|Z|=\lg(R_\Omega+R_r)$，由低频区数据可以直接得出 $R_\Omega+R_r$。

在高频区，$\omega\tau_1 \ll 1$，$\omega\tau_2 \ll 1$，则

$$\lim_{\omega\to\infty}|1+j\omega\tau_2|=\sqrt{1+\omega^2\tau_2^2}=\omega\tau_2$$

$$\lim_{\omega\to\infty}|1+j\omega\tau_1|=\sqrt{1+\omega^2\tau_1^2}=\omega\tau_1$$

式（6-31）成为

$$\lg|Z|=\lg(R_\Omega+R_r)+\lg\omega\tau_2-\lg\omega\tau_1=\lg(R_\Omega+R_r)+\lg R_\Omega-\lg(R_\Omega+R_r)=\lg R_\Omega$$

由高频区数据可以直接得到 R_Ω，如图 6-8 所示。

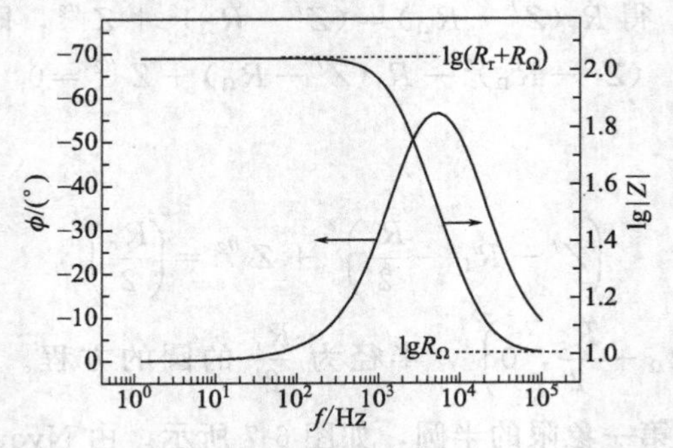

图 6-8 电化学极化电极模型 $R_\Omega(C_dR_r)$ 的 Bode 图

$R_\Omega=10\Omega$，$R_r=100\Omega$，$C_d=10^{-6}$F

6.2.2.3 ϕ-lg ω 图

由式（6-3）有

$$\phi=\arctan\frac{\dfrac{\omega R_r^2C_d}{1+(\omega R_rC_d)^2}}{R_\Omega+\dfrac{R_r}{1+(\omega R_rC_d)^2}}=\arctan\frac{\omega R_r^2C_d}{R_\Omega+R_\Omega(\omega R_rC_d)^2+R_r}$$

在低频区，因

$$\lim_{\omega\to 0}\tan\frac{\omega R_r^2C_d}{R_\Omega+R_\Omega(\omega R_rC_d)^2+R_r}=0$$

故 $\phi=0$

在高频区，因

$$\lim_{\omega\to\infty}\tan\frac{\omega R_r^2C_d}{R_\Omega+R_\Omega(\omega R_rC_d)^2+R_r}=0$$

故 $\phi=0$

其中间频率区，ϕ 在 $0\sim\pi/2$ 之间变化，如图 6-8 所示。

6.2.2.4 时间常数

在 Nyquist 图中，半圆上 Z'' 的极大值处的频率就是特征频率 ω^*（图 6-7），在式（6-29）中，令 $\left.\dfrac{dZ''}{d\omega}\right|_{\omega^*}=0$，有

$$\frac{R_r^2C_d[1+(\omega R_rC_d)^2]-\omega R_r^2C_d\times 2\omega R_r^2C_d^2}{[1+(\omega R_rC_d)^2]^2}=0$$

化简可得 $1=\omega^{*2}R_r^2C_d^2$，即

$$\omega^{*}=\frac{1}{R_rC_d} \tag{6-32}$$

根据式（6-32）可以由 ω^{*} 的数值计算双电层电容 C_d。特征频率 ω^{*} 的倒数就是电极过程的时间常数，即

$$\tau=\frac{1}{\omega^{*}}=R_rC_d \tag{6-33}$$

由于双电层电容的数值 C_d 一般很小，因此时间常数 R_rC_d 的数值通常也不大。时间常数表征了电极过程弛豫速度的快慢，其大小取决于系统本身的属性。

6.2.3 平面电极存在半无限扩散时的 EIS

在用一个振幅只有几毫伏的交变电流信号来极化电极时，如果电化学步骤反应速率远小于反应粒子的扩散速度，则电极过程完全由电化学步骤所控制，不会出现可察觉的反应粒子的浓度波动。即使存在反应粒子的浓度波动，但这种波动与电流波动同相位。此时，交变的极化电流与电极电势波动显然是有相同的相位（$\phi=0$），因此，电化学步骤控制时的法拉第阻抗具有电阻的特征。

如果电化学步骤的反应速率足够快，远超过反应粒子的扩散过程的速度，则体系受浓度极化通常是界面区活性粒子的扩散控制。下面首先讨论浓度极化时电流波动、反应粒子浓度波动及电势波动之间的关系，由此得出浓度极化阻抗的特征。在此基础上，推导出电化学极化和浓度极化同时存在时电极的电化学阻抗谱。

6.2.3.1 平面电极的半无限扩散阻抗 Z_W

给电解池施加一交变电流 I，$I=I_0\sin\omega t$ 。根据法拉第定律，以下边界条件成立，

$$I_0\sin\omega t=nFD_O\left(\frac{\partial c}{\partial x}\right)_{x=0} \tag{6-34}$$

式中，c 为反应物浓度；D_O 为反应物扩散系数；$\left(\frac{\partial c}{\partial x}\right)_{x=0}$ 表示电极表面反应物的浓度梯度。

此外，时间为 t 时，距电极表面无限远处的反应物浓度等于其初始浓度，这是另一个边界条件，

$$c(\infty,\ t)=c^{B} \tag{6-35}$$

当时间为 0 时，任何位置的反应物的浓度都是初始浓度，这是初始条件，

$$c(x,\ 0)=c^{B} \tag{6-36}$$

根据上述三个条件可以得到扩散方程 $\frac{\partial c}{\partial t}=D_O\frac{\partial^2 c}{\partial x^2}$ 的解为

$$\Delta c=c-c^{B}=\frac{I_0}{nF\sqrt{\omega D_O}}\exp\left(-\frac{x}{\sqrt{2D_O/\omega}}\right)\sin\left(\omega t-\frac{x}{\sqrt{2D_O/\omega}}-\frac{\pi}{4}\right) \tag{6-37}$$

当 $x=0$ 时，在电极表面处的浓度波动为

$$\Delta c^{S}=\Delta c(x=0)=\frac{I_0}{nF\sqrt{\omega D_O}}\sin(\omega t-\frac{\pi}{4}) \tag{6-38}$$

式（6-38）表示，电极表面反应粒子浓度波动的相位正好比交变电流落后 $\pi/4$。

根据能斯特公式，电极电势波动 $\Delta\varphi$ 为

$$\Delta\varphi=\frac{RT}{nF}\ln\frac{c^{S}}{c^{B}}=\frac{RT}{nF}\ln\left(1+\frac{\Delta c^{S}}{c^{B}}\right)$$

如果浓度波动幅度很小，即 $\Delta c^{S}\ll c^{B}$，则根据近似公式，当 $x\ll1$ 时有 $\ln(1+x)=x$，上式可线性化为

$$\Delta\varphi=\frac{RT}{nF}\frac{\Delta c^{S}}{c^{B}} \tag{6-39}$$

此式表明，电极电势的波动与电极表面反应粒子浓度波动的相位相同。

将式（6-38）代入式（6-39）得

$$\Delta\varphi=\frac{I_0RT}{n^2F^2c^{B}\sqrt{\omega D_O}}\sin\left(\omega t-\frac{\pi}{4}\right) \tag{6-40}$$

此式表明电极电势的波动相位比交变电流落后 $\pi/4$。

设 $\Delta\varphi_0=\dfrac{I_0RT}{n^2F^2c^{B}\sqrt{\omega D_O}}$，式（6-40）可写成

$$\Delta\varphi=\Delta\varphi_0\sin\left(\omega t-\frac{\pi}{4}\right)$$

式中，$\Delta\varphi_0$ 为电极电势波动的振幅，电流波动的振幅为 I_0，则扩散阻抗的模 $|Z_W|$ 为

$$|Z_W|=\frac{\Delta\varphi_0}{I_0}=\frac{RT}{n^2F^2c^{B}\sqrt{\omega D_O}} \tag{6-41}$$

上述讨论已知，浓度极化时，电极电势的波动落后于电流波动 $\pi/4$。因此，由扩散步骤控制的阻抗是由电阻部分 R_W 和电容部分 C_W 串联组成的，

$$Z_W=Z_{R_W}+Z_{C_W}=R_W-\mathrm{j}\frac{1}{\omega C_W}$$

Z_W 即通常所说的 Warburg 阻抗。考虑 $\phi=\pi/4$，必然有 $R_W=\dfrac{1}{\omega C_W}$，$Z_W$ 的模 $|Z_W|$，

$$|Z_W|=\sqrt{R_W^2+\left(\frac{1}{\omega C_W}\right)^2}=\sqrt{R_W^2+R_W^2}=\sqrt{2}R_W \tag{6-42}$$

由式（6-41）和式（6-42）可得

$$R_W=\frac{RT}{\sqrt{2}n^2F^2c^{B}\sqrt{\omega D_O}}=\frac{\sigma}{\sqrt{\omega}} \tag{6-43}$$

所以

$$C_W=\frac{1}{\omega R_W}=\frac{\sqrt{2}n^2F^2c^{B}\sqrt{D_O}}{RT\sqrt{\omega}}=\frac{1}{\sigma\sqrt{\omega}} \tag{6-44}$$

式中

$$\sigma=\frac{RT}{\sqrt{2}n^2F^2c^{B}\sqrt{D_O}} \tag{6-45}$$

σ 称为 Warburg 系数。已知 σ 可以计算扩散系数，由式（6-43）和式（6-44）可知，R_W 和 C_W 都与角频率的平方根成反比。

6.2.3.2 Nyquist 图

当电化学极化和浓度极化同时存在时，电极的总阻抗由电化学极化阻抗和浓度极化阻

抗串联组成，即 $Z=Z_{\mathrm{r}}+Z_{\mathrm{W}}$。等效电路 $R_{\Omega}(C_{\mathrm{d}}(R_{\mathrm{r}}R_{\mathrm{W}}C_{\mathrm{W}}))$ 的总阻抗为

$$Z=R_{\Omega}+\cfrac{1}{\mathrm{j}\omega C_{\mathrm{d}}+\cfrac{1}{R_{\mathrm{r}}+R_{\mathrm{W}}-\mathrm{j}\cfrac{1}{\omega C_{\mathrm{W}}}}}$$

$$=R_{\Omega}+\frac{R_{\mathrm{r}}+R_{\mathrm{W}}-\mathrm{j}\left[\frac{1}{\omega C_{\mathrm{W}}}\left(1+\frac{C_{\mathrm{d}}}{C_{\mathrm{W}}}\right)+\omega C_{\mathrm{d}}(R_{\mathrm{W}}+R_{\mathrm{r}})^{2}\right]}{\left(1+\frac{C_{\mathrm{d}}}{C_{\mathrm{W}}}\right)^{2}+(\omega C_{\mathrm{d}}R_{\mathrm{W}}+\omega C_{\mathrm{d}}R_{\mathrm{r}})^{2}}$$

实部为

$$Z'=R_{\Omega}+\frac{R_{\mathrm{r}}+R_{\mathrm{W}}}{\left(1+\frac{C_{\mathrm{d}}}{C_{\mathrm{W}}}\right)^{2}+(\omega C_{\mathrm{d}}R_{\mathrm{W}}+\omega C_{\mathrm{d}}R_{\mathrm{r}})^{2}} \tag{6-46}$$

虚部为

$$Z''=\frac{\frac{1}{\omega C_{\mathrm{W}}}\left(1+\frac{C_{\mathrm{d}}}{C_{\mathrm{W}}}\right)+\omega C_{\mathrm{d}}(R_{\mathrm{W}}+R_{\mathrm{r}})^{2}}{\left(1+\frac{C_{\mathrm{d}}}{C_{\mathrm{W}}}\right)^{2}+(\omega C_{\mathrm{d}}R_{\mathrm{W}}+\omega C_{\mathrm{d}}R_{\mathrm{r}})^{2}} \tag{6-47}$$

将式（6-43）和式（6-44）代入式（6-46）、式（6-47）中得

$$Z'=R_{\Omega}+\frac{\frac{\sigma}{\sqrt{\omega}}+R_{\mathrm{r}}}{(1+\sigma\sqrt{\omega}C_{\mathrm{d}})^{2}+\omega^{2}C_{\mathrm{d}}^{2}\left(\frac{\sigma}{\sqrt{\omega}}+R_{\mathrm{r}}\right)^{2}} \tag{6-48}$$

$$Z''=\frac{\frac{\sigma}{\sqrt{\omega}}(1+\sigma\sqrt{\omega}C_{\mathrm{d}})^{2}+\omega C_{\mathrm{d}}\left(\frac{\sigma}{\sqrt{\omega}}+R_{\mathrm{r}}\right)^{2}}{(1+\sigma\sqrt{\omega}C_{\mathrm{d}})^{2}+\omega^{2}C_{\mathrm{d}}^{2}\left(\frac{\sigma}{\sqrt{\omega}}+R_{\mathrm{r}}\right)^{2}} \tag{6-49}$$

下面进行极限讨论。

（1）低频区

$$\lim_{\omega\to 0}(1+\sigma\sqrt{\omega}C_{\mathrm{d}})=1$$

$$\lim_{\omega\to 0}\omega^{2}C_{\mathrm{d}}\left(\frac{\sigma}{\sqrt{\omega}}+R_{\mathrm{r}}\right)^{2}=\lim_{\omega\to 0}\omega^{2}C_{\mathrm{d}}\left(\frac{\sigma^{2}}{\omega}+\frac{2\sigma R_{\mathrm{r}}}{\sqrt{\omega}}+R_{\mathrm{r}}^{2}\right)$$

$$=\lim_{\omega\to 0}(\omega C_{\mathrm{d}}\sigma^{2}+2R_{\mathrm{r}}C_{\mathrm{d}}\sigma\omega^{3/2}+\omega^{2}C_{\mathrm{d}}R_{\mathrm{r}}^{2})=0$$

$$\lim_{\omega\to 0}\omega C_{\mathrm{d}}\left(\frac{\sigma}{\sqrt{\omega}}+R_{\mathrm{r}}\right)^{2}=\lim_{\omega\to 0}(\sigma^{2}C_{\mathrm{d}}+2\sigma\sqrt{\omega}C_{\mathrm{d}}R_{\mathrm{r}}+\omega C_{\mathrm{d}}R_{\mathrm{r}}^{2})=\sigma^{2}C_{\mathrm{d}}$$

所以

$$Z'=R_{\Omega}+\frac{\sigma}{\sqrt{\omega}}+R_{\mathrm{r}} \tag{6-50}$$

$$Z''=\frac{\sigma}{\sqrt{\omega}}(1+\sigma\sqrt{\omega}C_{\mathrm{d}})+\sigma^{2}C_{\mathrm{d}}=\frac{\sigma}{\sqrt{\omega}}+2\sigma^{2}C_{\mathrm{d}} \tag{6-51}$$

由式（6-51）得 $\frac{\sigma}{\sqrt{\omega}}=Z''-2\sigma^{2}C_{\mathrm{d}}$，代入式（6-50）得

$$Z' = Z'' + R_{\Omega} + R_{r} - 2\sigma^{2}C_{d} \tag{6-52}$$

式（6-52）表明，电极过程受扩散控制时，其 Nyquist 图在低频区是一条斜率为 1 的直线，直线在 Z'轴上的截距为 $R_{\Omega}+R_{r}-2\sigma^{2}C_{d}$，如图 6-9 所示。在低频区，Nyquist 图上出现实分量和虚分量的线性相关，这是电极过程扩散控制的最鲜明的阻抗特征。

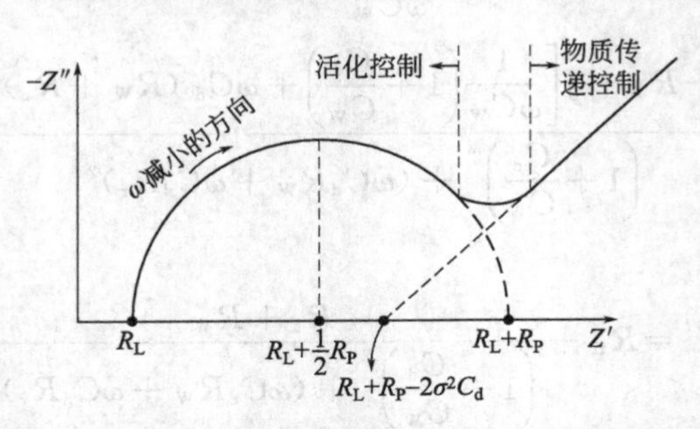

图 6-9 电化学极化和浓度极化同时存在时电极阻抗的 Nyquist 图

（2）高频区

当 $\omega\to\infty$时，可以求得

$$Z' = R_{\Omega} + \frac{R_{r}}{1+\omega^{2}C_{d}^{2}R_{r}^{2}} \tag{6-53}$$

$$Z'' = \frac{\omega C_{d}^{2}R_{r}^{2}}{1+\omega^{2}C_{d}^{2}R_{r}^{2}} \tag{6-54}$$

从两式中消去 ω 后得到

$$\left(Z' - R_{\Omega} - \frac{R_{r}}{2}\right)^{2} + Z''^{2} = \left(\frac{R_{r}}{2}\right)^{2} \tag{6-55}$$

式（6-55）表示，复平面图上相应于高频区的阻抗曲线是一个半圆，圆心在 Z'轴上 $R_{\Omega}+\frac{R_{r}}{2}$处，半径等于$\frac{R_{r}}{2}$（图 6-9）。这与 6.2.2 小节的结论是一致的。图 6-10 是一个实际例子。

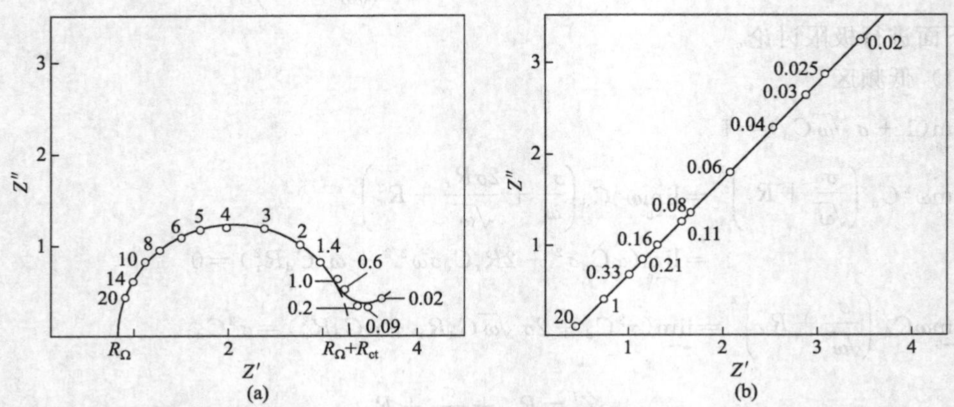

图 6-10 实际电化学体系（电化学极化和浓度极化共存）的 Nyquist 图

图上的点对应的数字为频率（kHz）。

(a) 电极反应 $Zn^{2+}+2e^{-}\rightleftharpoons Zn(Hg)$，$C^{B}_{Zn^{2+}}=C^{B}_{Zn(Hg)}=8\times10^{-3}$ mol/L。

电解质是 1mol/L $NaClO_{4}$+10^{-3}mol/L $HClO_{4}$。

(b) 电极反应 $Hg^{2+}+2e^{-}\rightleftharpoons Hg$，电解质是 1mol/L $NaClO_{4}$+ 2×10^{-3}mol/L Hg_{2}^{2+}

根据 Nyquist 图的特征可求出 R_Ω 和 R_r。式（6-54）对 ω 微分并根据 $\frac{dZ''}{d\omega}=0$，得出相应于半圆顶点的频率值（即特征频率 ω^*）的表达式为

$$\omega^*=\frac{1}{C_d R_r}$$

由此可以求 C_d，由低频区阻抗直线与 Z' 轴截距 $R_\Omega+R_r-2C_d\sigma^2$ 可求得 σ，并根据式（6-45）可求得扩散系数 D_O。

6.2.3.3 $\lg|Z|$-$\lg\omega$ 图

在讨论 Nyquist 图时，我们已经推导了低频区和高频区电化学阻抗的实部 Z' 和虚部 Z'' 的表达式。下面将推导的结果用于 Bode 图的推导。

根据式（6-50）和式（6-51），当 $\omega\to 0$ 时，有

$$\lg|Z|=\lg\sqrt{\left(\frac{\sigma}{\sqrt{\omega}}\right)^2+\left(\frac{\sigma}{\sqrt{\omega}}\right)^2}=\lg\frac{\sigma}{\sqrt{\omega}}+\lg\sqrt{2}=\lg\sqrt{2}\sigma-\frac{1}{2}\lg\omega \tag{6-56}$$

这表明，$\lg|Z|$-$\lg\omega$ 曲线在低频区是一条斜率为 $-1/2$ 的直线（图 6-11）。

在高频区，相当于浓度极化可以忽略，其结果与溶液电阻不能忽略的电化学极化的情况一致，即

$$\lg|Z|=\lg R_\Omega$$

此时 $\lg|Z|$ 与 ω 无关，平行于 $\lg\omega$ 轴，由此可求 R_Ω（图 6-11）。

6.2.3.4 ϕ-$\lg\omega$ 图

根据式（6-50）和式（6-51），低频区有

$$\phi=\arctan\frac{Z''}{Z'}=\arctan\frac{\frac{\sigma}{\sqrt{\omega}}+2\sigma^2 C_d}{R_\Omega+\frac{\sigma}{\sqrt{\omega}}+R_r}\xrightarrow{\omega\to 0}\arctan\frac{\frac{\sigma}{\sqrt{\omega}}}{\frac{\sigma}{\sqrt{\omega}}}=\frac{\pi}{4} \tag{6-57}$$

在高频区，相当于浓度极化可以忽略，其结果与电化学极化电极的情况（即 $\phi=0$）一样，如图 6-11 所示。

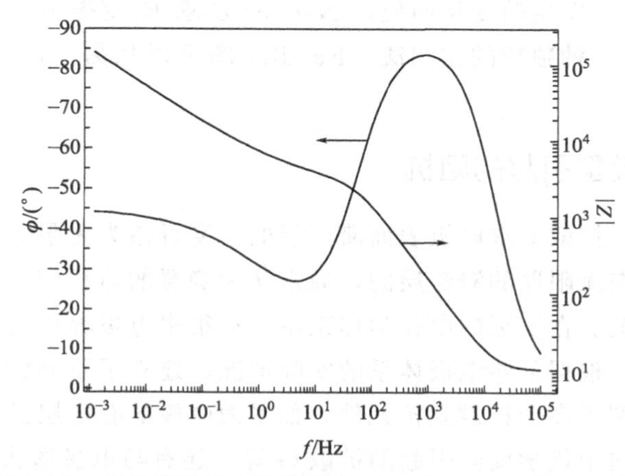

图 6-11 存在扩散的电极模型 $R_\Omega(C_d(R_r Z_W))$ 的 Bode 图

$R_\Omega=10\Omega$，$R_r=3000\Omega$，$C_d=10^{-6}$F，$D_O=10^{-5}$cm²/s，$c^B=10^{-5}$mol/L

6.2.3.5 时间常数

高频区容抗弧的极值点的特征频率 ω^*，可由式（6-54）求得

$$Z''=\frac{\omega C_{\rm d}R_{\rm r}^2}{1+\omega^2C_{\rm d}^2R_{\rm r}^2}$$

求极值点，由 $\left.\frac{{\rm d}Z''}{{\rm d}\omega}\right|_{\omega^*}=0$，根据 $\left(\frac{\mu}{v}\right)'=\frac{\mu'v-uv'}{v^2}$，可得

$$C_{\rm d}R_{\rm r}^2(1+\omega^{*2}C_{\rm d}^2R_{\rm r}^2)-\omega^*C_{\rm d}R_{\rm r}^2\times2\omega^*C_{\rm d}^2R_{\rm r}^2=0$$

化简后得，$1=\omega^{*2}C_{\rm d}^2R_{\rm r}^2$，即 $\omega^*=\frac{1}{C_{\rm d}R_{\rm r}}$。由 ω^* 和 $R_{\rm r}$ 可求得 $C_{\rm d}$。

6.2.3.6 Randles 图

对于电极模型 $R_\Omega(C_{\rm d}(R_{\rm r}Z_{\rm W}))$ 表示的电化学系统，系统的参数 $R_{\rm r}$、σ 等可以通过作图方法来求得。前面已经说明了从 Nyquist 图求取 $R_{\rm r}$、σ、R_Ω 和 $C_{\rm d}$ 等的方法，除此以外，还有多种其他作图方法。例如，将 $Z_{\rm F}'$ 和 $Z_{\rm F}''$ 分别在同一张图上对 $\omega^{-1/2}$ 作图，称为 Randles 图。

先将 $Z_{\rm F}'$ 和 $Z_{\rm F}''$ 从 Z' 和 Z'' 中分离出来。

$$Z_{\rm F}=R_{\rm r}+Z_{\rm W}=R_{\rm r}+R_{\rm W}-{\rm j}\,\frac{1}{\omega C_{\rm W}}$$

结合式（6-43）和式（6-44）有

$$Z_{\rm F}'=R_{\rm r}+\frac{\sigma}{\sqrt{\omega}}$$

$$Z_{\rm F}''=\frac{\sigma}{\sqrt{\omega}}$$

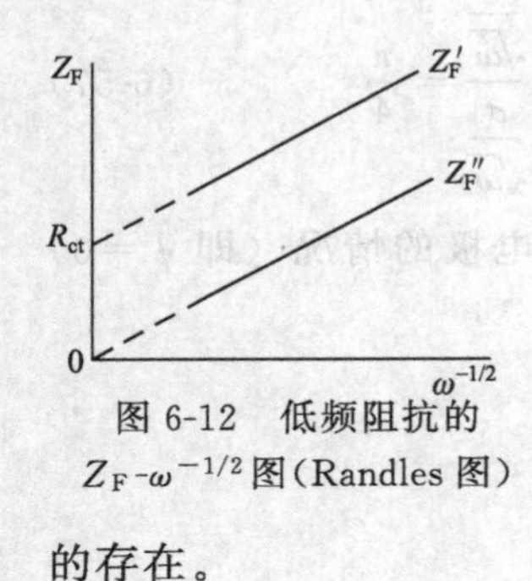

图 6-12 低频阻抗的 $Z_{\rm F}$-$\omega^{-1/2}$ 图（Randles 图）

由此可见，$Z_{\rm F}'$-$\omega^{-1/2}$ 和 $Z_{\rm F}''$-$\omega^{-1/2}$ 均为直线，且为两条斜率相等的互相平行的直线（图 6-12），斜率$=\sigma$。当 $\omega\to\infty$ 时，$\omega^{-1/2}\to0$。所以 $Z_{\rm F}''$-$\omega^{-1/2}$ 直线外推必通过原点，而 $Z_{\rm F}'$-$\omega^{-1/2}$ 直线外推到 $\omega^{-1/2}=0$ 时在 Z 轴上的截距等于 $R_{\rm r}$。即 $\omega^{-1/2}\to0$ 时，就可以利用电化学阻抗谱的低频数据作 Randles 图求 $R_{\rm r}$和σ。当高频区半圆发生畸变从而使按 Nyquist 图求 $R_{\rm r}$变得不大可靠时，可以尝试这种独特的作图法。Randles 图可以从另一侧面确定 Warburg 阻抗的存在。

6.2.4 其他扩散模型引起的阻抗

上面论述的半无限扩散要求电极表面滞流层的厚度近似为无限大且溶液本体浓度保持不变，实际上是不存在无限厚的滞流层的，通常认为静置的体积较大的液相在恒温下可以近似认为是半无限扩散。在实际的电化学体系中，有很多电极界面的传质情况远不能满足这一条件。因此，人们根据某些电极体系的实际情况，建立了不同的扩散边界条件，构建了多种扩散模型，得到了多个扩散阻抗元件，如平面电极的有限层扩散阻抗 O、平面电极的阻挡层扩散 T、由均相化学反应引起的扩散 G 等，还有与电极形状有关的[6]，如球形电极、柱形电极、盘电极、丝束电极、微阵列电极上的扩散，多孔电极内的扩散，旋转圆盘

电极[7]、单晶电极上的扩散[8]等，下面仅对平面电极上常见的几种作简单介绍。

6.2.4.1 平面电极的有限层扩散阻抗

有限层扩散是指电极界面滞流层厚度为有限值，即求解 Fick 第二定律时的边界条件有变化，设滞流层的有限厚度为 d，则边界条件式（6-35）改变为

$$c(d, t) = c^{\mathrm{B}} \tag{6-58}$$

初始条件和另一个边界条件不变，即式（6-34）和式（6-36）不变，求解扩散方程 $\frac{\partial c}{\partial t} = D_{\mathrm{O}} \frac{\partial^2 c}{\partial x^2}$ 可得

$$\Delta c^{\mathrm{S}} = \frac{I_0}{nF\sqrt{\mathrm{j}\omega D_{\mathrm{O}}}} \tanh(B\sqrt{\mathrm{j}\omega}) \tag{6-59}$$

继而可求得平面电极有限层扩散阻抗为

$$Z_{\mathrm{O}} = \frac{\sigma}{\sqrt{\mathrm{j}\omega}} \tanh(B\sqrt{\mathrm{j}\omega}) \tag{6-60}$$

式中，σ 为 Warburg 系数，如式（6-45）所示，$\sigma = \frac{RT}{\sqrt{2}n^2F^2c^{\mathrm{B}}\sqrt{D_{\mathrm{O}}}}$；$B$ 为与滞流层厚度 d 及物种扩散系数有关的参数

$$B = \frac{d}{\sqrt{D_{\mathrm{O}}}} \tag{6-61}$$

用导纳来表示，可写成

$$Y_{\mathrm{O}} = Y_0\sqrt{\mathrm{j}\omega}\coth(B\sqrt{\mathrm{j}\omega}) \tag{6-62}$$

有限层扩散常见于通过薄液膜的扩散，如旋转圆盘电极表面的扩散、透过钝化膜或涂层中慢速氧的扩散，离子选择性电极表面的扩散等。平面电极的有限层扩散也称为 Nernst 扩散。

图 6-13 是电极模型 $R_{\Omega}(C_{\mathrm{d}}(R_{\mathrm{r}}Z_{\mathrm{O}}))$ 的阻抗行为。由图 6-13 可见，在频率不太低时与半无限扩散 Z_{W} 接近，Nyquist 图中也出现了一段斜率为 -1 的直线，但在更低频率区类似于由电阻电容并联产生的容抗弧，但该“假容抗弧”弦长偏大。其中 B 值对“假容抗弧”开始出现的频率及“假容抗弧”弦长影响很大，当 B 值非常小，即滞流层厚度非常小时，其阻抗行为非常接近于两个容抗弧。

6.2.4.2 平面电极的阻挡层扩散阻抗

阻挡层扩散是指在电极界面不远处（$x=l$）有一个障碍物阻挡扩散的物质，扩散只能在厚度为 l 的液层中进行。求解 Fick 第二定律时的边界条件有变化，边界条件（6-35）改变为

$$\left(\frac{\partial \Delta c}{\partial x}\right)_{x=l} = 0$$

初始条件和另一个边界条件不变，即式（6-34）和式（6-36）不变，求解扩散方程 $\frac{\partial c}{\partial t} = D_{\mathrm{O}} \frac{\partial^2 c}{\partial x^2}$ 可得

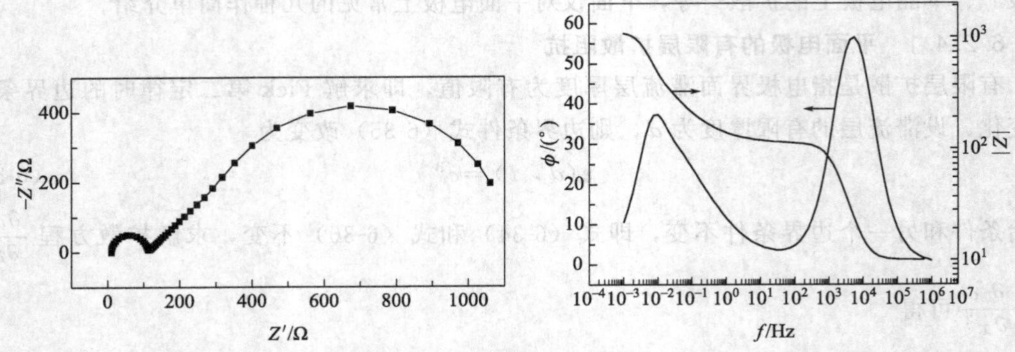

图 6-13 存在有限层扩散的电极模型 $R_\Omega(C_d(R_r Z_O))$ 的阻抗行为

$R_\Omega=10\Omega$，$R_r=100\Omega$，$C_d=10^{-6}$F，$Y_0=0.01\ \mathrm{S\cdot s^{1/2}}$，$B=10\mathrm{s}^{1/2}$

$$\Delta c^S=\frac{I_0}{nF\sqrt{\mathrm{j}\omega D_O}}\coth(B\sqrt{\mathrm{j}\omega})$$

继而可求得平面电极有限层扩散阻抗为

$$Z_T=\frac{\sigma}{\sqrt{\mathrm{j}\omega}}\coth(B\sqrt{\mathrm{j}\omega}) \tag{6-63}$$

式中，σ 为 Warburg 系数；B 为与障碍物所在位置 l 及物种扩散系数有关的参数，

$$B=\frac{l}{\sqrt{D_O}} \tag{6-64}$$

用导纳来表示，可写成

$$Y_T=Y_0\sqrt{\mathrm{j}\omega}\tanh(B\sqrt{\mathrm{j}\omega}) \tag{6-65}$$

图 6-14 是电极模型 $R_\Omega(C_d(R_r Z_T))$的阻抗行为。由图 6-14 可见，在频率不太低时与半无限扩散 Z_W 接近，Nyquist 图中也出现了一段斜率为－1 的直线，但在更低频率区类似于电容，随着频率的降低，阻抗虚部垂直向上且相位角急剧增大，其中 B 值对低频区曲线的转折出现的频率影响很大。

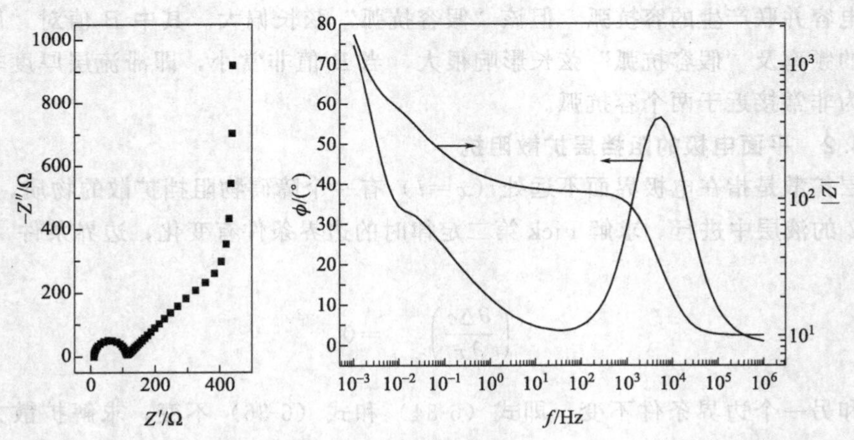

图 6-14 存在阻挡层扩散的电极模型 $R_\Omega(C_d(R_r Z_T))$ 的阻抗行为

$R_\Omega=10\Omega$，$R_r=100\Omega$，$C_d=10^{-6}$F，$Y_0=0.01\ \mathrm{S\cdot s^{1/2}}$，$B=10\mathrm{s}^{1/2}$

6.2.4.3 由均相化学反应引起的扩散

当电极反应由前置化学反应和电荷转移步骤组成，即遵循 CE 反应机理（表 5-3 中反应类型Ⅲ）时，活性物质 O 的表面浓度 c_O^S 受前置化学反应影响，这种由溶液中的均相反应产生或消耗的活性物质引起的扩散过程，可以用 Gerischer 阻抗（homogenous reaction impedance gerischer impedance）Z_G描述。

$$Z \underset{k_b}{\overset{k_f}{\rightleftharpoons}} O$$

$$O + ne^- \rightleftharpoons R$$

如表 5-3 所列，上述反应中各物种的扩散方程为

$$\begin{aligned} \frac{\partial c_Z}{\partial t} &= D_Z \frac{\partial^2 c_Z}{\partial x^2} - k_f c_Z + k_b c_O \\ \frac{\partial c_O}{\partial t} &= D_O \frac{\partial^2 c_O}{\partial x^2} + k_f c_Z - k_b c_O \\ \frac{\partial c_R}{\partial t} &= D_R \frac{\partial^2 c_R}{\partial x^2} \end{aligned} \tag{6-66}$$

当 $t=0$，$x \geqslant 0$ 或 $t>0$，$x \to \infty$时，有

$$c_O/c_Z = K,\ c_O + c_Z = c_O^B,\ c_R = 0 \tag{6-67}$$

当 $t>0$，$x=0$ 时，有

$$D_O \frac{\partial c_O}{\partial x} = -D_R \frac{\partial c_R}{\partial x} = \frac{i}{nF},\ D_Z \frac{\partial c_Z}{\partial t} = 0 \tag{6-68}$$

令前置的均相化学反应平衡常数 $K = \frac{k_f}{k_b} = \frac{c_O^S}{c_Z^S}$，均相化学反应总速率常数 $k = k_f + k_b$，则可解得

$$\Delta c_O^S = \frac{I_0 \exp(j\omega t)}{nF\sqrt{D_O}} \frac{K}{K+1}\left(\frac{1}{\sqrt{j\omega}} + \frac{1}{K\sqrt{j\omega + k}}\right) \tag{6-69}$$

$$\Delta c_R^S = -\frac{I_0 \exp(j\omega t)}{nF\sqrt{j\omega D_R}} \tag{6-70}$$

又假定电荷转移步骤处于近平衡状态，且交流扰动幅度小，有

$$\frac{d\varphi}{dc_O} = \frac{RT}{nF} c_O^S \tag{6-71}$$

$$\frac{d\varphi}{dc_R} = -\frac{RT}{nF} c_R^S \tag{6-72}$$

由 $Z = d\varphi/di$，联立式（6-69）～式（6-72）可得

$$Z_G = \sigma_O\left(\frac{K}{K+1}\frac{1}{\sqrt{j\omega}} + \frac{1}{K+1}\frac{1}{\sqrt{j\omega + k}}\right) + \sigma_R \frac{1}{\sqrt{j\omega}} \tag{6-73}$$

上式通常被简化为

$$Z_G = \frac{Z_0}{\sqrt{k + j\omega}} \text{ 或 } Y_G = Y_0\sqrt{k + j\omega} \tag{6-74}$$

式（6-74）中的 k、Z_0和 Y_0与均相化学反应的反应速率常数、反应级数、化学计量系数、O 的浓度、O 的扩散系数等有关。

图 6-15 是电极模型 $R_{\Omega}(C_d(R_rZ_G))$ 的阻抗行为，与图 6-13 对比可见，均相反应扩散阻抗 Z_G与平面电极的有限层扩散 Z_O的 Nyquist 图有些相似，在较高频率下与半无限扩散 Z_W接近，Nyquist 图中也出现了一段直线，但在更低频率区类似于由电阻电容并联产生的容抗弧。但两者的 Bode 图有明显区别，$R_{\Omega}(C_d(R_rZ_G))$ 的相位角在高频区和低频区均趋近于 0°，且这一特征是 CE 反应历程决定的，不受 Y_0和 k 值的影响。但 $R_{\Omega}(C_d(R_rZ_G))$ 只有在 B 值较小（<1）时才会出现低频区相位角接近 0°的特征。当 k 值增大时，$R_{\Omega}(C_d(R_rZ_G))$ 的阻抗行为非常接近于两个容抗弧。

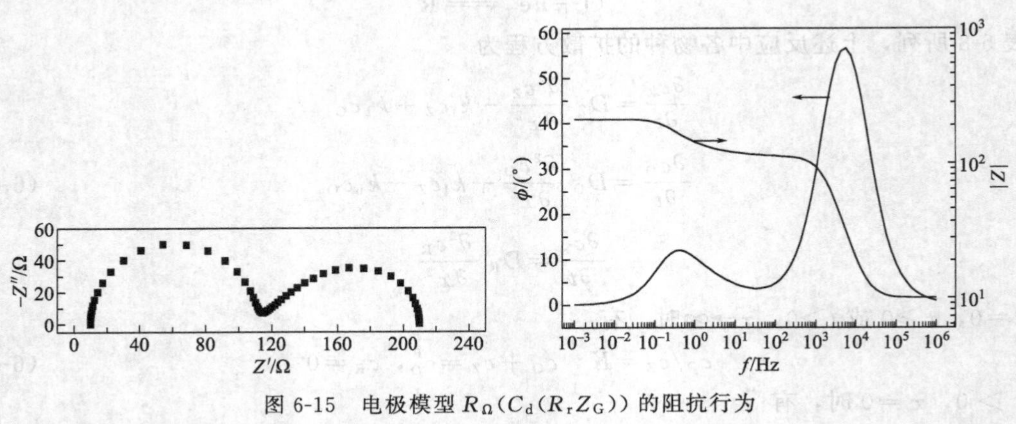

图 6-15　电极模型 $R_{\Omega}(C_d(R_rZ_G))$ 的阻抗行为

$R_{\Omega}=10\Omega$，$R_r=100\Omega$，$C_d=10^{-6}$F，$Y_0=0.01\ S\cdot s^{1/2}$，$k=1s^{1/2}$

均相化学反应扩散阻抗最先由 Gerischer 提出，故称为 Gerischer 阻抗。Z_G也可用于描述多孔电极内的扩散[9]。在混合导体的氧交换过程[10]、缓慢的吸附耦合表面扩散过程[11]及固态离子相关研究[12,13]中也常常用到 Gerischer 阻抗。有学者在固体氧化物燃料电池的相关研究中提出了均相化学反应有限层扩散[14]。

由于实际电化学体系中的扩散过程非常复杂且多样化，随着人们对阻抗谱研究的深入，越来越多的扩散模型被建立，涉及金属/膜层/溶液、溶液/膜层/溶液、多孔电极、球坐标体系及微电极等各种电极体系，在不同的体系中，因扩散的边界条件不同，其扩散阻抗也不同。因此，针对扩散途径复杂的电极体系，其扩散阻抗的解析需区别对待且必须符合扩散过程特征。

6.2.5 弥散效应与常相位角元件 Q

在实际电化学体系的阻抗测定中，人们常常观察到阻抗图上压扁的半圆（depressed semi-circle)，即在 Nyquist 图上的高频半圆的圆心落在了 x 轴的下方，因而变成了圆的一段弧。一般认为，出现这种半圆向下压扁的现象，亦即通常说的阻抗半圆旋转现象的原因与电极/电解液界面性质的不均匀性有关，比如电极表面粗糙引起双电层电容的变化和电场不均匀。固体电极的双电层电容的频响特性与“纯电容”并不一致，而有或大或小的偏离，这种现象，一般称为“弥散效应”。实际原因可能更复杂，在多孔电极表面及电极表面膜层成分或厚度有变化时，弥散效应更为显著。有人提出阻抗半圆旋转可能与界面电容的介电损耗有关。有人认为，由于电极表面的不均匀性，电极表面各点的电化学活化能可能不是一样的，因而表面上各点的电荷传递电阻不会是一个值。于是提出了平均时间常数

(mean time constant）的概念。有人则认为，不同晶面、棱角、或晶界上的速度常数可能有明显区别，所以应该考虑法拉第阻抗的分布。总之，阻抗谱半圆的旋转现象迄今尚未完全弄清楚。

下面介绍两种说明阻抗半圆旋转的修正的等效电路。一种是利用双电层电容 C_d 并联一个与频率成反比的阻抗 b/ω 来表示，另一种是利用一个电阻与一个常相位角元件（constant phase element，CPE）并联来表示。现在分别讨论这两种等效电路的阻抗谱。

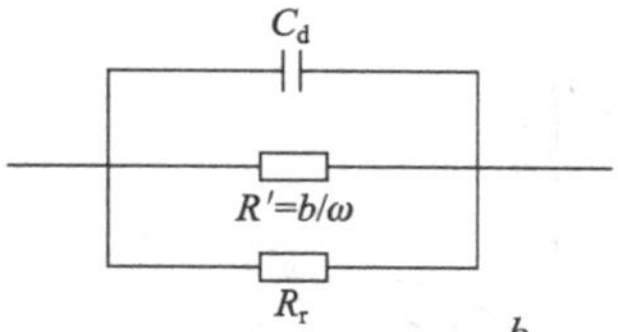

1. 双电层电容 C_d 同一个与频率成反比的电阻并联的等效电路

图 6-16　C_d 与 $R'=\dfrac{b}{\omega}$ 并联的等效电路

等效电路如图 6-16 所示。

总阻抗为

$$Z=\frac{1}{\dfrac{\omega}{b}+\dfrac{1}{R_r}+j\omega C_d}=\frac{bR_r}{R_r\omega+b+jbR_r\omega C_d}=\frac{bR_r(R_r\omega+b-jbR_rC_d\omega)}{(R_r\omega+b)^2+(bR_r\omega C_d)^2}$$

$$=\frac{bR_r(R_r\omega+b)}{(R_r\omega+b)^2+(bR_r\omega C_d)^2}-j\frac{b^2R_r^2\omega C_d}{(R_r\omega+b)^2+(bR_r\omega C_d)^2}$$

实部为

$$Z'=\frac{bR_r(R_r\omega+b)}{(R_r\omega+b)^2+(bR_r\omega C_d)^2} \tag{6-75}$$

虚部为

$$Z''=\frac{\omega b^2R_r^2C_d}{(R_r\omega+b)^2+(bR_r\omega C_d)^2} \tag{6-76}$$

通过以下运算消去 ω

$$\frac{Z'}{Z''}=\frac{\omega R_r+b}{\omega R_rbC_d}=\frac{1}{bC_d}+\frac{1}{\omega R_rC_d} \tag{6-77}$$

故

$$\frac{1}{\omega R_rC_d}=\frac{Z'}{Z''}-\frac{1}{bC_d} \tag{6-78}$$

将式（6-76）分子分母同除以 $(\omega bR_rC_d)^2$ 得

$$Z''=\frac{R_r}{\omega R_rC_d}\times\frac{1}{\left(\dfrac{\omega R_r+b}{\omega R_rbC_d}\right)^2+1} \tag{6-79}$$

将式（6-77）和式（6-78）代入式（6-79）得

$$Z''=R_r\left(\frac{Z'}{Z''}-\frac{1}{bC_d}\right)\times\frac{1}{\left(\dfrac{Z'}{Z''}\right)^2+1}$$

整理后得

$$Z'^2-R_rZ'+Z''^2+\frac{R_r}{bC_d}Z''=0$$

两边同时加 $\left(\dfrac{R_r}{2}\right)^2+\left(\dfrac{R_r}{2bC_d}\right)^2$ 得

$$Z'^2 - R_r Z' + \left(\frac{R_r}{2}\right)^2 + Z''^2 + \frac{R_r}{bC_d} Z'' + \left(\frac{R_r}{2bC_d}\right)^2 = \left(\frac{R_r}{2}\right)^2 + \left(\frac{R_r}{2bC_d}\right)^2$$

整理后得

$$\left(Z' - \frac{R_r}{2}\right)^2 + \left(Z'' + \frac{R_r}{2bC_d}\right)^2 = \left(\frac{R_r}{2}\sqrt{1 + \frac{1}{bC_d}}\right)^2 \tag{6-80}$$

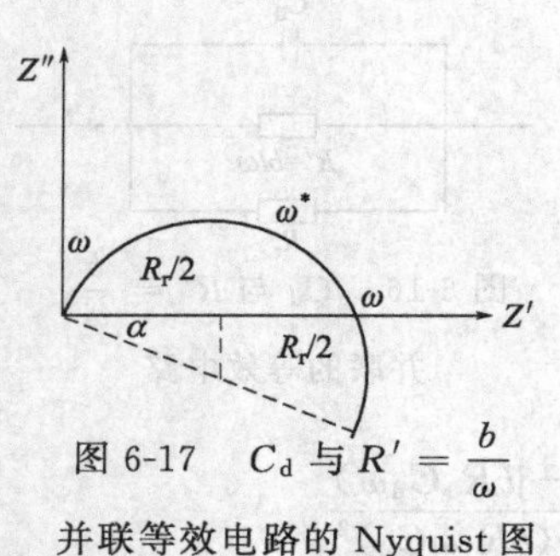

图 6-17 C_d 与 $R' = \frac{b}{\omega}$ 并联等效电路的 Nyquist 图

这是一个以 $\left(\frac{R_r}{2}, -\frac{R_r}{2bC_d}\right)$ 为圆心，以 $\frac{R_r}{2}\sqrt{1 + \frac{1}{bC_d}}$ 为半径的圆的方程。由于 Z'' 不可能为负，所以阻抗图是一段位于第一象限的圆弧（图 6-17）。前面已经讨论过 C_d 与 R_r 并联，不存在 $R' = \frac{b}{\omega}$ 时的等效电路（图 6-7）的方程［式(6-30)］为

$$\left(Z' - \frac{R_r}{2}\right)^2 + Z''^2 = \left(\frac{R_r}{2}\right)^2$$

两式相比较，式（6-80）表示的弧的圆心下移了 $\frac{R_r}{2bC_d}$。

由图 6-17 可知，

$$\tan\alpha = \frac{\frac{R_r}{2bC_d}}{\frac{R_r}{2}} = \frac{1}{bC_d} \tag{6-81}$$

下面利用阻抗复平面图求 R_r，C_d 和 b。由图 6-17 可见，R_r 等于圆弧与实轴相交的一段弦长。利用圆弦极值点的以下性质可以求得 C_d 和 b。

$$\frac{dZ''}{d\omega}\bigg|_{\omega=\omega*} = 0$$

$$Z'' = \frac{\omega b^2 R_r^2 C_d}{(R_r\omega + b)^2 + (bR_r\omega C_d)^2} \tag{6-82}$$

根据导数公式 $\left(\frac{u}{v}\right)' = \frac{u'v - uv'}{v^2}$

$$\frac{dZ''}{d\omega} = \frac{b^2 R_r C_d[(\omega R_r + b)^2 + (\omega b R_r C_d)^2] - \omega b^2 R_r^2 C_d[2(\omega R_r + b)R_r + 2\omega b^2 R_r^2 C_d^2]}{[(\omega R_r + b)^2 + (\omega b R_r C_d)^2]^2}$$

$$= \frac{b^2 R_r^2 C_d(b^2 - \omega^2 b^2 R_r^2 C_d^2 - \omega^2 R_r^2)}{[(\omega R_r + b)^2 + (\omega b R_r C_d)^2]^2}$$

令 $\frac{dZ''}{d\omega}\big|_{\omega=\omega*} = 0$，有

$$b^2 R_r^2 C_d(b^2 - \omega*^2 b^2 R_r^2 C_d^2 - \omega*^2 R_r^2) = 0$$

$$b^2 = \omega*^2 R_r^2(1 + b^2 C_d^2)$$

将式（6-81）代入，有

$$b^2 = \omega*^2 R_r^2(1 + \text{ctg}^2\alpha) = \frac{\omega*^2 R_r^2}{\sin^2\alpha}$$

即

$$b = \frac{\omega* R_r}{\sin\alpha} \tag{6-83}$$

式（6-83）表明，根据圆心下移的倾斜角 α 和圆弧顶点的特征频率可以求得 b 。再利用 b 的数值和式（6-81）求得 C_d 。

关于常数 b 的意义我们尚不十分清楚。由于 R'与 ω 成反比，因此可以把 R'理解为与电容性质上类似的一个元件。R'与 C_d并联，实际上也就意味着对 C_d作了修正。

2. 常相位角元件

上面已经谈到，在 EIS 实验中电极的双层电容经常没有表现出理想的行为而导致高频半圆的压扁。这种对理想行为的偏离还可以用一个具有电容性质的常相位角元件(constant phase element，CPE）来描写，它的等效元件用 Q 表示，Q 的相位角与频率无关，因而称为常相位角元件。Q 的阻抗定义为

$$Z_{\mathrm{CPE}}=\frac{1}{\mathrm{j}\,(\omega Q)^{n}}$$

通常 n 在 0.5 和 1 之间。对于理想电极（表面平滑、均匀)，Q 等于双层电容，$n=1$。$n=1$ 时，

$$Z_{\mathrm{C}}=\frac{1}{\mathrm{j}\,(\omega Q)^{1}}=\frac{1}{\mathrm{j}\omega C}$$

真实电化学体系的双层电容常常表现为 CPE($n<1$)。当 n 值接近于 1 时，CPE 的行为与电容近似，但相位角小于 90°。

采用三角函数表示 Q 的阻抗为

$$Z=\frac{1}{Y_0\omega^{n}}\cos\left(\frac{n\pi}{2}\right)-\mathrm{j}\,\frac{1}{Y_0\omega^{n}}\sin\left(\frac{n\pi}{2}\right),\quad 0<n<1 \tag{6-84}$$

等效电阻 R 与常相位角元件 Q 并联组成的复合元件（RQ）的导纳为

$$Y=\frac{1}{R}+Y_0\omega^{n}\cos\left(\frac{n\pi}{2}\right)+\mathrm{j}Y_0\omega^{n}\sin\left(\frac{n\pi}{2}\right)$$

它的阻抗为

$$Z=\frac{\frac{1}{R}+Y_0\omega^{n}\cos\left(\frac{n\pi}{2}\right)-\mathrm{j}Y_0\omega^{n}\sin\left(\frac{n\pi}{2}\right)}{\left(\frac{1}{R}\right)^{2}+\left(\frac{2}{R}\right)Y_0\omega^{n}\cos\left(\frac{n\pi}{2}\right)+(Y_0\omega^{n})^{2}}$$

实部为

$$Z'=\frac{\frac{1}{R}+Y_0\omega^{n}\cos\left(\frac{n\pi}{2}\right)}{\left(\frac{1}{R}\right)^{2}+\left(\frac{2}{R}\right)Y_0\omega^{n}\cos\left(\frac{n\pi}{2}\right)+(Y_0\omega^{n})^{2}} \tag{6-85}$$

虚部为

$$Z''=\frac{Y_0\omega^{n}\sin\left(\frac{n\pi}{2}\right)}{\left(\frac{1}{R}\right)^{2}+\left(\frac{2}{R}\right)Y_0\omega^{n}\cos\left(\frac{n\pi}{2}\right)+(Y_0\omega^{n})^{2}} \tag{6-86}$$

消去两式中的 ω 后并整理，得一个圆的方程，

$$\left(Z'-\frac{R}{2}\right)^{2}+\left[Z''-\frac{R\cos\left(\frac{n\pi}{2}\right)}{2}\right]^{2}=\left[\frac{R}{2\sin\left(\frac{n\pi}{2}\right)}\right]^{2} \tag{6-87}$$

这个圆的圆心为$\left(\dfrac{R}{2}, \dfrac{R\cos\left(\dfrac{n\pi}{2}\right)}{2}\right)$，半径为$\dfrac{R}{2\sin\left(\dfrac{n\pi}{2}\right)}$，由于$Z'$取正值，故是一段位于第一象限的圆弧，如图 6-18 所示。显然，R 等于圆弧与实轴相交的一段弧长。由 R 和半径可求得 Q 的一个参数 n，它的取值在 0～1 之间。

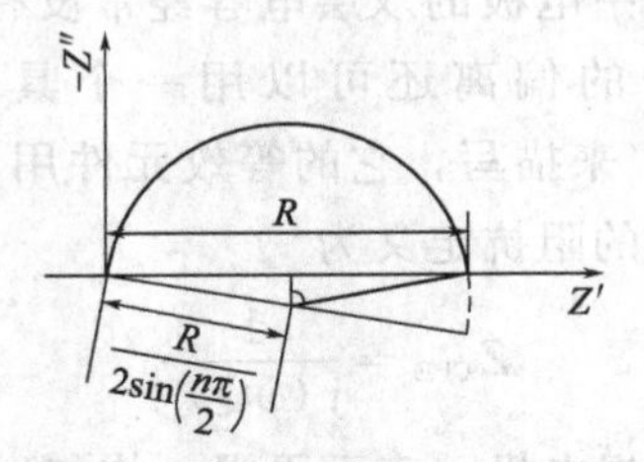

图 6-18　常相位角元件与电阻并联电路的 Nyquist 图

常相位角元件在阻抗谱的解析中很常见，人们大多解释为电极表面活性分布不均、轴向分布、膜层介电性能或电阻不均等。

针对金属表面的氧化层内介电常数或电阻率发生指数衰减的界面电容性质，Göhr 等提出的杨氏表面层阻抗 Z_Y 在某些情况下与 CPE 元件具有物理一致性，因而可以代替 CPE[15-17]。也有研究者将 Z_Y 用于涂层内的介质渗入的分析[18,19]。

如图 6-19 所示，氧化物薄膜的有效阻抗可表述为

$$Z_Y = -\frac{\lambda}{j\omega\varepsilon_r\varepsilon_0}\ln\frac{1+j\omega\varepsilon_r\varepsilon_0\rho_0 e^{-x/\lambda}}{1+j\omega\varepsilon_r\varepsilon_0\rho_0} \tag{6-88}$$

式中，x 为导电渗透深度；λ 为氧化物薄膜的厚度；ρ_0 为 $x=0$ 即氧化物/电解液界面处的电阻率，即为电阻率的最大值；ε_r 为平均相对介电常数。

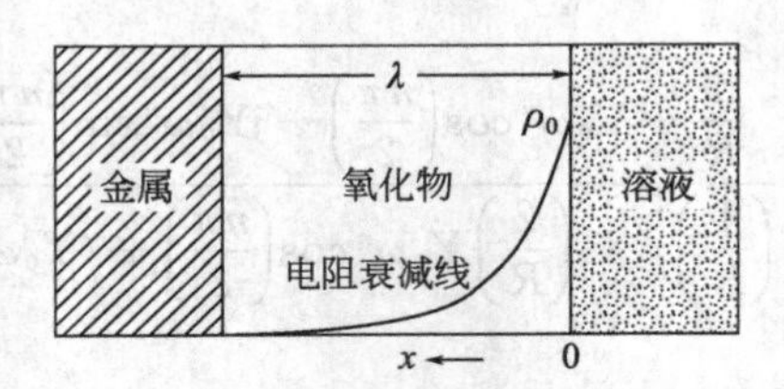

图 6-19　金属/氧化物/溶液体系中的杨氏阻抗示意图

随着电极材料及电极结构的复杂化，人们建立了多达近十种元件用于电极过程的阻抗描述，部分阻抗解析软件还允许用户自定义新元件。在各元件的应用中，应注意理解其物理意义。

6.3　电化学阻抗谱的测量

6.3.1　电化学阻抗谱测试的实现方法

电极体系的阻抗测量方法历史上经历了交流电桥法、Lissajous（李萨育）图形法、选相法（选相调辉技术、选相检波技术）、载波扫描法和相位敏感性测试（锁相放大器）等。

交流电桥法是阻抗的经典测量方法。电桥由四个臂组成，第一、二两个臂分别为电阻 R_1 和 R_2，第三个臂为电解池，第四个臂由可变电阻箱和可变电容箱组成，调节电桥达到平衡，使电桥两端之间的交流电压的幅值和相位均为零，即可得到电解池等效电阻和电容。电桥法测量阻抗具有精度高、电路简单等优点，但电桥难以调节平衡，测量过程耗时长，且测的是平衡时阻抗的净结果，无法测量瞬间阻抗。电桥法只能用于 $30\sim10^4$ Hz 内的信号，频率范围窄，基本上只能用来测量电化学极化控制的体系。

Lissajous 图形法，又称椭圆分析法。两个沿着互相垂直方向的同频正弦振动的合成的轨迹是椭圆。当一交流正弦波电流流过某一阻抗时，如果将此阻抗上的电势和电流信号分别加在示波器或 X-Y 函数记录仪的 X 轴和 Y 轴上，则此时将显示出 Lissajous 椭圆。对 Lissajous 椭圆进行解析，可以求得该阻抗的电势和电流间的相位差和阻抗模值，如图6-20所示。Lissajous 法测试方法简单，能同时测量阻抗的实部和虚部，测量频率范围较宽，尤其适合于低频区的阻抗测量。但该法测量精度较低，一次只能测量一个频率下的阻抗。

值得一提的是，当 6.1.2 小节中所提到的阻抗基本条件（因果性、稳定性和线性）能很好地满足时，阻抗测量过程中能出现重现的、形状很规则的椭圆。由于电极过程的特殊性，当阻抗基本条件不能很好地满足时，尤其是线性和稳定性条件不能满足时，电势和电流信号不再是同频的，则测量过程中的 φ-i 曲线将不能形成平滑、稳定、重现的椭圆，甚至得不到椭圆。因此，尽管 Lissajous 椭圆法作为阻抗测量的试验方法已经过时，但采用椭圆法跟踪阻抗的测量对于评估阻抗数据的质量很有帮助。

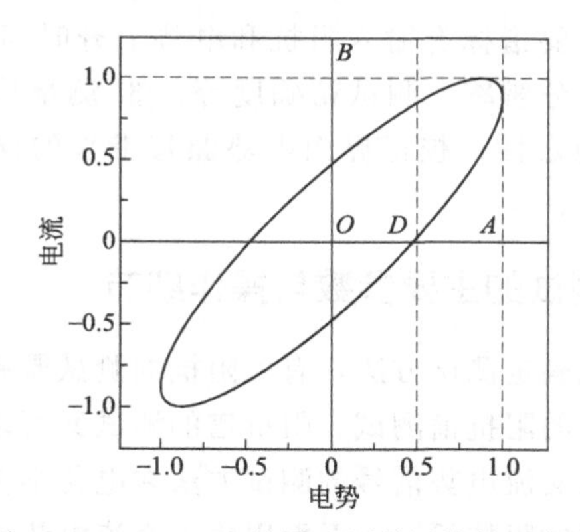

图 6-20 Lissajous 椭圆法测量阻抗的示意图

$|Z|=OA/OB$，$\sin\phi=OD/OA$

载波扫描法是在低速线性扫描的电势信号上叠加高频交流电，多用于双电层电容的测量。载波扫描法是一种快速的连续测量方法，但其受电解池的阻抗影响很大，只有当 $R_\Omega\rightarrow0$ 时，$i\propto\omega$ 才能很好地满足，由其斜率可求 C_d。

选相调辉法，是通过移相器调节正弦波出现亮点（即调节正弦波使其他点变暗，特征相点变亮），实验中先用已知电阻代替电解池，完成选相、调辉，然后再接入电解池进行选相调辉即可。电极阻抗的电阻和电容是分开测量的。选相检波法与选相调辉法类似，只是不采用示波器显示，而是用电表读取电阻电容值或者用 X-Y 记录仪记录电阻电容值。由测量过程可知，该方法测量操作烦琐，精度不高。

相敏检测技术是利用相敏检测器来比较两种正弦波信号，以得到这两个信号之间振幅的比例和相位差。这两个信号之一为振幅和相位已知的参考信号，依据相敏检测器检测到的另一信号的振幅和相位，可以计算得到电极的阻抗。目前相敏检测技术发展很快，主要有锁相放大器和频率响应分析仪。不但提高了测量时的抗干扰能力，而且能高精度地直接读出电极的复阻抗值，可测量的频率范围也大大扩宽，约为 $10^{-3}\sim10^{6}$ Hz。

锁相放大器可以检测出同一频率下与某参比信号保持一定相位关系的信号部分，频率敏感性好。但不能抑制奇次谐波的影响，单通道转换测量时间长，不能单独进行阻抗测量（须与恒电位仪配合）。

频响分析仪（frequency response analyzer）是基于信号的相关分析原理。把响应信号与激励信号相关，根据相关原理和三角函数的正交性质，阻抗测量中的激励信号和响应信号的三角波相关函数只与其模和幅角有关，由这两个测得信号的比值（幅值比和相位比），计算出系统的传递函数。该技术在分析过程中能抑制所有谐波信号，不管是简单体系还是复杂的系统均适用。通过增加积分时间，则即使淹没在噪声中的信号也能精确地测量，所以在低频区的阻抗测量中有明显的优势。

目前市面上多数电化学工作站均配备频响分析仪，测试频率范围的标准配置为 $10^{-5}\sim5\times10^{6}$ Hz。该方法能直接计算阻抗，测量精度高，测量速度快，抑制直流分量、谐波和噪声能力强；适用线性和非线性体系；真实准确地反映测量时刻的阻抗。

但电化学阻抗谱并不是采用简单的 FRA 等设备就能实现的。要想获得高质量的 EIS 数据，在测试仪器方面有如下要求：① 电化学接口，为研究电极提供恒定的电极电势，这是恒电位仪的功能，最主要指标有输入阻抗和电势上升时间等；② 频谱解析仪器，主要指标有频率分辨率、相角分辨率、测试精确度等；③ 测量控制软件和实时数据处理软件，由于电化学体系的不稳定性，校正界面电势漂移带来的误差，滤除高次谐波及噪声等，对硬件和软件都有要求。

6.3.2 电化学阻抗谱测试的主要参数与操作细节

进行阻抗测试前，要先确定测试方法，有关阻抗的测试既有单频率点的阻抗测试，也有特定电势下某一频率范围的阻抗谱测试。阻抗谱的测试又可以分为输入交流电势信号和输入交流信号。其中，输入交流电势信号的测试方法在电化学体系研究中应用最广，输入电流信号常用于生物电化学的阻抗研究。下面以输入交流电势信号的阻抗谱测试为例说明电化学阻抗谱测试的参数设置及注意事项。

阻抗谱测试的主要参数有起止频率范围、直流电势和交流电势幅值。其他参数还有测试频率点的数量、在每个频率点读取阻抗数据时的测量周期数等。

1. 主要参数设置

测试的频率范围要足够宽，且通常由高频到低频进行测量。

一般使用的频率范围是 $10^{5}\sim10^{-4}$ Hz。较宽的频率范围可以保证一次测量就能获得足够的高频和低频信息。阻抗测量中特别重视低频段的扫描。电极上发生的某些重要过程例如物种尤其是反应中间产物的吸脱附和成膜过程，只有在低频时才能在阻抗谱上表现出来。这时吸附物和膜被解除“冻结（frozen）”状态而发生松弛，在阻抗谱上表现为电容（capacitive）或电感（inductive）弧或环（arc or loop）。频率不够低，这些有用的信息就会失去。当然测量频率很低时，实验时间会很长，电极表面状态的变化会很大，所以扫描频率的低值要结合实际情况而定。还要注意在高频端会出现不合理的阻抗图和相位移。

一般来说，测量频率 ω 所取的范围可根据特征频率 ω^* 而定，要求频率高端 $\omega > 5\omega^*_{max}$，频率低端 $\omega < \omega^*_{min}/5$。

电极过程中电极电势直接影响电极反应的活化能（参阅第 1 章）。电极所处的电势不同，测得的阻抗谱必然不同。因此，电化学阻抗谱的测定必须指定电极电势，可以根据实验需要，在平衡电势、混合电势或腐蚀电势或确定的某极化电势下测量。

为了研究不同极化条件下的电化学阻抗谱，可以先测定极化曲线，然后根据极化曲线和研究目的在电化学反应控制区（Tafel 区）、混合控制区和扩散控制区各选取若干确定的电势值，然后在响应电势下测定阻抗。这样做有利于综合比较和分析，能获得电极过程的比较全面的认识。

在对二次电池测试 EIS 时，除了交代电池或电极的制备外，还必须说明清楚电池的充放电历史及所处状态。测试前通常需要进行活化，比如在 0.1C 循环 2～5 次。同一批样品进行对比时，要在同样的开路电势和同样的充电状态下测量，有时选用半充电即 SOC (state of charge) 50％的状态下测量。

正弦波信号的幅值的确定与电极体系的属性有关，主要根据测量点的线性区范围和体系活性（响应信号强弱）来定。通常为 5mV 或者 10mV，对于某些稳定性较差的高阻抗体系，电势幅值可以取 20mV，甚至更高。在对一个测试对象进行长时间阻抗跟踪测量时，也可以在不同的阶段采用不同的电势幅值，但不能频繁变化。

2. 注意事项

细致的实验准备是获得良好阻抗谱的前提。详细内容可参阅本书第 2 章，这里就参比电极的阻抗的影响作进一步分析。

参比电极是三电极电解池的必要组成。许多初学者并不清楚参比电极是会经常出问题的，而且会使电势发生剧烈变化。理想参比电极的阻抗是零，实际上远非如此。参比电极的阻抗可以强烈影响恒电势仪的性能，进而影响阻抗谱的可靠性。

实验室用参比电极的阻抗通常决定于把参比电极的溶液和试验溶液分隔开来的接界。带有维克玻璃熔体（Vycor frit）接界的 SCE 的阻抗为 1kΩ，石棉线接界的阻抗则要高得多。参比电极常常会被堵塞，原因是有有机物的吸附，不溶性盐的沉积。但是，如果参比电极内有气泡，电解液通路被阻断，就会产生高阻抗。这种气泡可以是截留的空气、电解反应产生的气体，也可以是除 O_2 时通进溶液的 N_2 或 Ar。根据欧姆定律估计，参比电极 20kΩ 的电阻所引起的直流电压的测定误差还不到 1μV，而参比电极的重现性大约是 1mV。所以参比电极的阻抗必须相当高时才会引起显著的直流变化。但是对于交流讯号情况就完全不同了。典型的参比电极的输入端电容是 5pF（10^{-12}F），一个 20kΩ 参比电极与此相连时组成了 RC 低通滤波器，时间常数 RC＝100ns，这个滤波器会使 1.5MHz 的正弦波严重衰减，并且发生相位移。如果参比电极阻抗增大，情况会变得更糟。所以，在阻抗实验时尤其要认真检查和维护参比电极。为了减轻参比电极阻抗的不良影响，Mansfeld 等[20]提出了几种办法，其中之一是用一根与电容串联的铂线与参比电极组成并联电路，如图 6-21 所示，这种由普通参比电极、Pt 丝和电容件构成的参比电极称为双参比电极，它的电势由普通参比电极电势决定。这就保证直流电压通过 SCE，交流电压通过电容和 Pt 线。

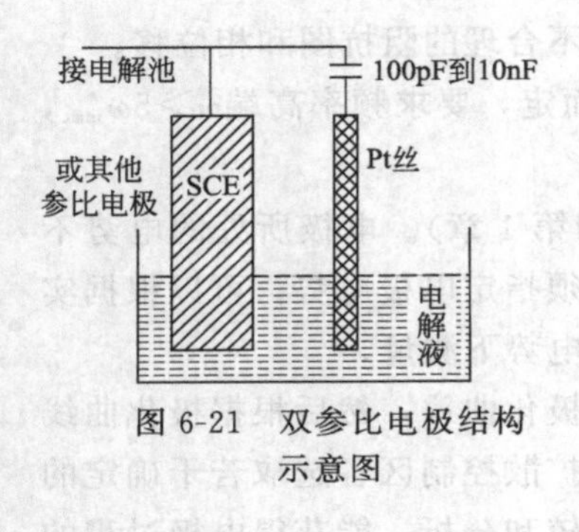

图 6-21 双参比电极结构示意图

阻抗实验中另一个值得注意的问题是要尽量减少测量连接线的长度，减小杂散电容、电感的影响。互相靠近和平行放置的导线会产生电容。即使没有电感线圈，导线自身特别是当它绕圈时就是电感元件。在频率很高的情况下，杂散电容和电感会使噪声变大，频率响应降低，甚至使系统不稳定。为此，甚至要把仪器和导线屏蔽起来再测定阻抗。电池的阻抗小，但有的电池把很薄的阳极-电解液-阴极"夹心面包"卷进圆筒，这时所产生的杂散电感只有几个微亨（μH），也会对电池的阻抗行为产生很大影响（尤其在高频下）。

6.4 电化学阻抗谱的解析方法

在测量得到阻抗谱后，重要的是分析阻抗谱数据，从中获得尽可能多的有用信息。真实电化学体系的 EIS 图常常是比较复杂的，有的甚至显得奇怪。正是由于电化学体系的复杂性，电化学阻抗谱的数据在分析之前需要进行数据可靠性评估。

6.4.1 阻抗谱数据可靠性评估

当物理系统满足线性、因果性和稳定性条件时，就可以用 Kramers-Kronig 积分公式（简称 K-K 关系）描述系统复变量实部与虚部之间的关系。这些关系由 Kramers 和 Kronig 独立推导得到。起初 K-K 关系是为了描述物质内部电磁场，现在则广泛应用于诸多研究领域。比如 K-K 关系在光谱学中已成为从反射光谱或者透射光谱获取光学常数的重要方法之一。

在电极系统的阻抗测试中，如果复阻抗的实部与虚部之间不满足 K-K 关系时，则可以认为阻抗数据不可信，这意味着电极体系的阻抗实验中线性、因果性和稳定性三者中有一项或者多项不满足。因此，可以用阻纳数据的实部 $Z'(\omega)$ 与虚部 $Z''(\omega)$ 之间是否符合 K-K 关系来验证阻抗数据的可靠性。K-K 关系的表达式如下：

$$Z''(\omega)=-\frac{2\omega}{\pi}\int_0^{\infty}\frac{Z'(x)-Z'(\omega)}{x^2-\omega^2}\mathrm{d}x$$

$$Z'(\omega)=Z'(\infty)+\frac{2}{\pi}\int_0^{\infty}\frac{xZ''(x)-\omega Z''(\omega)}{x^2-\omega^2}\mathrm{d}x$$

$$Z'(\omega)=Z'(0)+\frac{2\omega}{\pi}\int_0^{\infty}\frac{(\omega/x)Z''(x)-Z''(\omega)}{x^2-\omega^2}\mathrm{d}x$$

$$\phi(\omega)=-\frac{2\omega}{\pi}\int_0^{\infty}\frac{\ln|Z(x)|}{x^2-\omega^2}\mathrm{d}x$$

目前可以借助电化学阻抗分析软件进行阻抗数据的 K-K 关系验证。部分分析软件还可以依据 K-K 关系在已测数据的基础上向更低频率外推。

如果阻抗数据经 K-K 转换后误差很大，则应该检查测试时可能存在的不当实验操作。常见的问题有：

（1）电解池设计和电极位置：研究电极表面电力线应分布均匀，电极表面各处的极化强度应均匀一致，这主要考虑对电极和工作电极的形状及大小配套性；

（2）工作电极表面发生了大的变化：如电极表面产生了黏滞气泡使极化回路阻抗急剧增大甚至断路，或者电极表面的膜层大量溶解或脱落等，这些大的变化如果发生在对电极上，也会给测量带来影响；

（3）参比电极的问题：参比电极本身的电势稳定性差、参比电极的内阻高、参比电极与研究体系之间的离子导通受阻、鲁金毛细管或盐桥阻抗太高等问题均需要改善，更换新的参比电极或者采用简单的准参比电极代替，可以帮助我们明确问题所在；

（4）溶液电阻的影响；

（5）仪器连接错误。

实验中，可以采用电子元件电路（最简单的可以用一个电阻或者电阻和电容并联）取代电解池，将工作电极接电子电路的一端，将参比电极和对电极接在另一端，通过测量结果可以判断仪器或连接接头是否存在故障。仔细检查后未能找到数据异常的可能原因时，可改变实验参数重新进行测试。

显然，上面提到的引起阻抗测试误差的因素，在其他电化学测量中也需设法完善。

6.4.2 阻抗谱图直观解读

分析阻抗谱时首先要观察高频区和低频区的图形。Nyquist 图上高频区出现半圆或者压扁的半圆，表明电荷传递步骤最有可能是控制步骤，而低频区实分量和虚分量呈线性相关，则表明在此电势下电极过程是扩散控制。人们常常对于低频信息很感兴趣，因为低频段阻抗谱所揭示的信息例如某一物种的吸附对于研究反应机理有启发性。如果在第一象限出现低频电容弧或者第四象限出现低频电感弧，很可能在电极表面发生了某种物种的吸附，例如反应中间产物的吸附。但是，电化学阻抗谱只能提供启示，不能确定吸附的物种。在研究反应机理时，阻抗法必须与其他电化学测量技术相结合，例如极化曲线法测量 Tafel 斜率，旋转环盘电极法检出反应中间产物，光谱电化学法鉴定反应中间体等。

有的体系的阻抗谱显得与众不同（图 6-22）。对于金属的钝化，实验表明，在活化-钝化电势范围内出现了负电阻（negative resistance），也就是说，低频下的 Nyquist 图移到了第二象限，于是阻抗谱与实轴的交点落到了左边，实分量变为负值。对于许多阻抗谱来说，这是不可思议的现象。然而这个现象却反映了钝化的本质。金属处于钝态时，电极电势增加，电流反而下降，因而 $\frac{d\varphi}{di}<0$，所以低频负电阻现象与钝化有关。

针对实际的电化学体系进行阻抗测试时，时常会遇到 Nyquist 图中阻抗的虚部为正，即数据点落在第四象限，这说明电极体系中某些因素具有电感性质。落在第四象限的数据通常称为“电感”或“感抗弧”，感抗弧可能在高频区出现也可能在低频区出现。

有交流电通过的线圈旋绕会引起感应电势，频率越高，感抗值越大，这是电子元件 L 最初的起源。在电化学体系的阻抗测试中，由测试连接线等引起的电子电感通常出现在高频区；出现在中频区或低频区的感抗一般称为“假感抗（pseudo inductive element）”，多数情况下与能影响界面电阻的弛豫现象有关，如难溶性化合物或中间产物在电极表面的吸附易引起中频区的感抗，而不溶性物质或成相膜的生产则易产生低频区的感抗。

在进行现象分析时，需要对电化学阻抗谱的图形进行描述。可以用高频和低频时出现

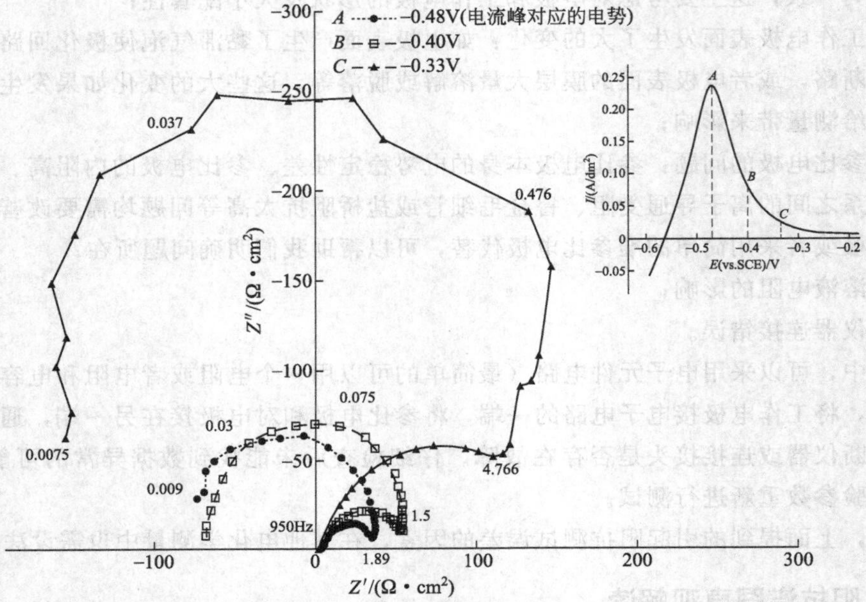

图 6-22 热处理后的铬钢 X20Cr13 在 0.1mol/L H_2SO_4 中的 Nyquist 图

$60kHz \sim 10^{-3}Hz$，图中右上角为铬钢在 0.1mol/L H_2SO_4 中的极化曲线，

右下角为计算机拟合 Nyquist 图（拟合结果与实测值吻合很好）[21]

的电容、电感半圆或弧来描述，也常常利用时间常数来说明。由于电化学阻抗理论中的等效电路采用 RC 或 RL 并联（也可以是串联）电路表示电极过程中的某些步骤，如电荷传递步骤和物种的吸脱附步骤，而每个串并联单元电路可用相应的时间常数来表征，所以可以说在阻抗谱上有几个电容性的时间常数（capacitive time constant）或几个电感性的时间常数（inductive time constant）。简单地说，Nyquist 图上有一个半圆或弧，就有一个时间常数。

电极体系时间常数的个数由子过程的数量及状态变量的数量决定，但在实际测量过程中，常常会因为时间常数相近而使得多个阻抗特征重叠，只有时间常数相差 5 倍以上时，其阻抗特征才能明显区分开。在 Nyquist 图上，第 1 象限有多少个容抗弧就表明电极过程有多少个电容性的时间常数。一般说来，如果系统有电极电势 E 和另外 n 个表面状态变量，那么就有 $n+1$ 个时间常数，如果时间常数相差 5 倍以上，在 Nyquist 图上就能分辨出 $n+1$ 个容抗弧（或感抗弧）。

电极上有 n 个电极反应同时进行时，如果又有影响电极反应的 x 个表面状态变量，此时时间常数的个数比较复杂。一般地说，时间常数的个数小于电极反应个数 n 和表面状态变量 x 之和，这种现象叫做混合电势下 EIS 的退化。例如，腐蚀体系中的阴阳极过程在同一电极上发生，但其阻抗谱数据经常性地发生 EIS 的退化现象，仅表现出阳极过程或仅表现出阴极过程。

从所测的阻抗数据来分析时间常数的个数时，从复数平面图 Z''-Z'、阻抗模 $|Z|$-$\lg f$、相位角 ϕ-$\lg f$ 的曲线细节均可看出，通常 Z''-Z' 和 ϕ-$\lg f$ 这两个图现象最明显，分别体现为弧的段数和 ϕ 的极值数（只算极大值的数量或者只算极小值的数量）。需要注意的是，由于测试频率范围所限，某些慢速过程在低频区未能完整体现。

6.4.3 图解分析与计算

根据 EIS 理论，常用作图法对阻抗测定值进行定量分析。

早期人们采用频谱曲线法进行电化学极化体系的阻抗数据进行解析。频谱法包括实频特性曲线法和虚频特性曲线法。根据式（6-28），有 $(Z'-R_\Omega)^{-1}$-ω^2 为一条直线，由直线的截距和斜率可以分别求算 R_r 和 C_d，这就是实频特性曲线法，但该方法必须已知 R_Ω 或者 R_Ω 可忽略。根据式（6-29），有 $(\omega Z'')^{-1}$-ω^{-2} 为一条直线，由直线的截距和斜率也可以分别求算 R_r 和 C_d，这就是虚频特性曲线法，该方法不必事先测算 R_Ω。但不论是实频特性曲线还是虚频特性曲线均只能用于电化学极化控制的频率范围。

目前常用的有 Nyquist 图、Bode 图和 Randles 图，其中尤以 Nyquist 图用得最普遍。利用作图法可以求得最基本的参数，例如电荷传递电阻 R_{ct} 以及 Warburg 系数。作图法往往受到图形复杂性和测定点数目（尤其是低频点）的限制。这时，合理外推是需要的，如图 6-23 所示。

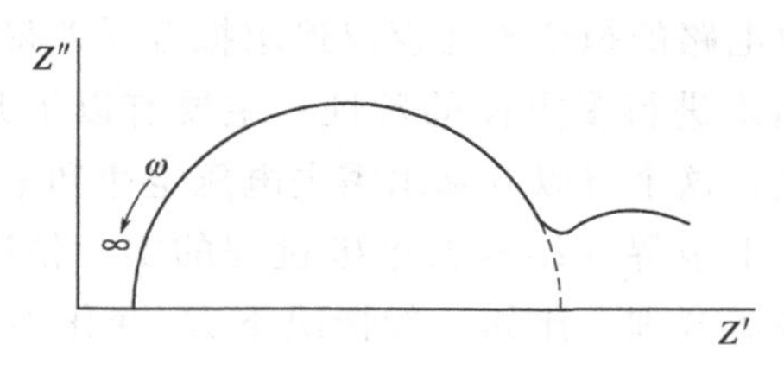

图 6-23 Nyquist 图合理外推示意图

电极表面吸附粒子的覆盖度和某种膜的厚度都会影响反应速度。但在高频条件下，吸脱附和成膜过程都被“冻结”，它们的影响可以忽略不计。这时 $R_r=R_{ct}$。求出 R_{ct} 后，就可算出交换电流密度 i°。

$$i^0=\frac{RT}{nF}\cdot\frac{1}{R_r}=\frac{RT}{nF}\cdot\frac{1}{R_{ct}}$$

R_{ct} 还可以从 Randles 图求得。如果从 Randles 图求得斜率 σ，就可以算出扩散系数 D。

6.4.4 电化学阻抗谱的等效电路解析

如果能设计出一个系统，在同样的输入作用下，它的输出和所模拟的对象的输出相同或相似，就可以确认实现了模拟的目标。基于这一基本思想，人们已开发出了不少电化学阻抗谱的模拟软件。计算机模拟有助于建立电化学体系的等效电路，确定与电化学体系等效的诸电学元件（包括常相位角元件及扩散元件等）的数值。

通过 EIS 的计算机模拟建立等效电路，对于推测反应机理是有帮助的。但是阐明等效电路的物理意义却不容易，不仅需要排除难以和电化学体系建立联系的等效电路，还需要结合更多的实验事实，认真思考和分析。

6.4.4.1 建立等效电路模型的基本方法

一般地，建立等效电路模型的步骤如下。

（1）确定元件类型和数量。根据电化学阻抗响应特征确定时间常数的个数（具体见 6.4.2 小节），进而确定元件性质和数量，即初步确定包含几个容抗弧几个感抗弧，以及是否存在扩散属于哪种扩散等信息。

（2）初步拟定等效电路。根据已知电极过程信息确定元件类型、数量和联接方式，基于电极界面结构和各子过程的初步认识，从高频响应特点、低频响应特点及阻抗性质（电阻、电容、电感、特殊扩散、负电阻）等出发，拟定几个可能的等效电路。在此过程中要充分考察 Nyquist 图、相角频率图、阻抗频率图及容抗图等多种图谱的特点，初步拟定的等效电路一定要结合电极界面结构特点。

（3）拟合与调整。建立等效电路的过程具有一定的试探性，尤其是对电极过程了解甚少的情况下，这时更需要借助于拟合软件。通过对比测量数据与拟合数据之间的误差对初拟的电路进行确认或调整。查看拟合误差时，不能只看误差值的大小，还要关注各阻抗数据的变化趋势（尤其是低频区的）是否一致，查看出现较大差异的数据点落在高频、中频还是低频区。可以根据这些情况对等效电路进行调整，如电容 C 调整为 CPE、扩散元件 W 调整为 T 或 O、（RC）（RC）调整为（R（RC））等，但建议不要轻易改变时间常数的个数。

（4）合理性验证。等效电路的拟合不能仅仅追求拟合误差最小，必须重视电极界面结构及过程的信息，对拟合结果进行多方面的验证。主要有以下几方面：① 等效电路与界面结构及电极过程的一致性，这个可以从基尔霍夫电压定律和电流定律来验证，等效电路中的电压与电流分布要符合电极界面结构及电极过程的实际情况；② 拟合结果中的所有参数的数值大小及变化趋势需合理，比如一般情况下 R_Ω 变化不大，微分电容、CPE 元件及其 n 值等的数值均有合理的大小范围，由 Warburg 扩散元件的阻抗可以估算扩散系数 D，多数物种在液相中的扩散系数以及部分物种的固相扩散系数均有资料可查；③ 如电路中有扩散元件，则需明确扩散物种及对应的子过程；④ 阻抗分析结果要与其他试验结果能相互验证，包括极化曲线分析、直流暂态分析等电化学测试结果，也包括其他非电化学测量结果。

6.4.4.2　EIS 等效电路解析的注意事项

需要指出的是，根据一套阻抗数据得到的模拟等效电路并不是唯一的，而是有几个。例如，金属基体上存在膜（转化膜、自组装膜等）时，从高频段延伸到低频段在 Nyquist 图上至少会出现两个电容弧，或者说出现两个电容性时间常数，但是模拟得到的等效电路却有三个，见图 6-24。

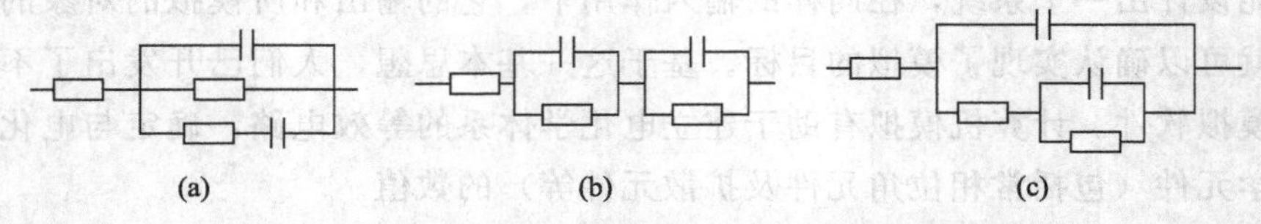

图 6-24　相应于两个电容时间常数的等效电路

单单以拟合误差最小时，同一阻抗数据，可以用不同的等效电路来拟合，如图 6-25(a)所示的阻抗数据，可以用图 6-25(b)、图 6-25(c)和图 6-25(d)三种不同的电路来拟合，其计算误差均可控制在 5%以内，但各元件的数值有差异，同时这三个电路对应的界面结构及电极反应特点明显不同。

同一个阻抗数据用不同的等效电路拟合得到的各元件的数值是不同的，有时还会出现

Nyquist 图重合度很好，但 Bode 图误差很大，甚至时间常数的个数明显不同但计算误差不大等情况。

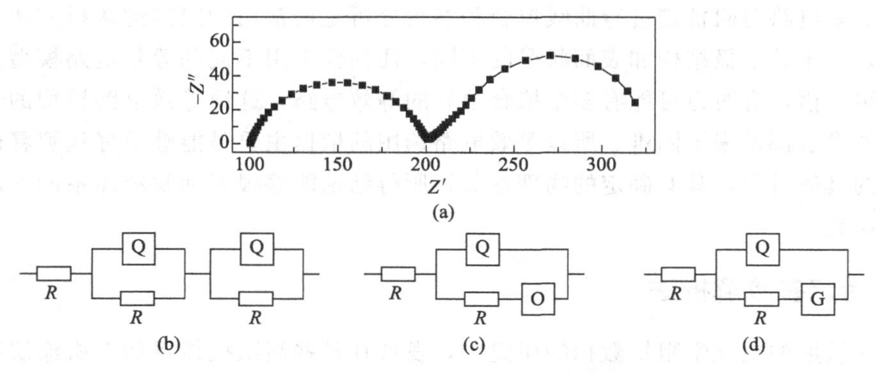

图 6-25 同一阻抗数据用不同等效电路拟合示例

同一个等效电路，当电路中元件数值发生变化时，呈现的阻抗谱图也可能出现很大的差异，图 6-26 是图 6-24(c) 所示的等效电路可能呈现的复数平面图。

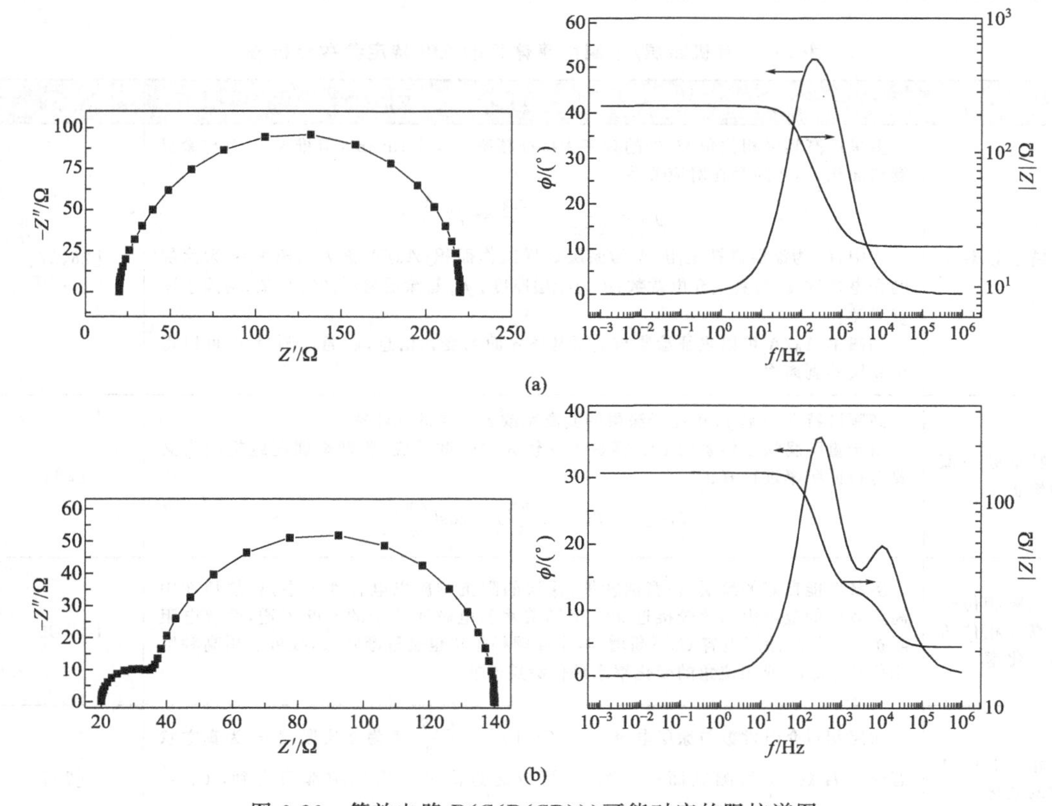

图 6-26 等效电路 R(C(R(CR)))可能对应的阻抗谱图

(a) 元件数值从左至右分别为 20Ω，10^{-5}F，100Ω，10^{-5}F，100Ω

(b) 元件数值从左至右分别为 20Ω，10^{-6}F，20Ω，10^{-5}F，100Ω

由于阻抗数据拟合过程的复杂性，我们强调，合理的等效电路必须全面符合电极界面结构、电极过程特征和阻抗响应三方面的信息，确定的等效电路，必须通过多方面的检验。必要时可以增补试验内容，如不同直流电势、溶液搅拌等相关条件下的阻抗实验可以对电路中的电荷转移、扩散等过程提供佐证，也可以补充稳态或暂态针对性实验。

通过等效电路对阻抗谱进行曲线拟合和参数分析是最常用的阻抗谱解析方法。对于不同的电极，由于其电极结构和表面状况的不同，往往要采用不同的等效电路模型；同时对于同一个阻抗谱，有时也可能有多个拟合很好的等效电路，这给等效电路模型的选定以及等效电路的求解都带来了困难。所以等效电路选用的依据主要是能够很好地解释研究体系中所进行的具体过程，具有确定的物理意义，所得结论能够很好地解释体系的性质并指导进一步的研究。

6.4.5 特定参数解析法

人们在长期的电化学阻抗数据的研究中，发现在某些高阻抗体系如有机涂层防腐的研究中，可以在谱图中直接读取或者计算某些特定值，以实现防腐性能的快速评估[22-25]。目前主要有特征频率值、高频区相位角为45°的频率、最小相位角及对应频率、最大相位角及对应频率、低频 $|Z|$、高频相位角及高频相位角的变化率等。表6-1归纳了采用某些特定参数进行有机涂层/金属阻抗数据分析的方法，并列举了部分文献。

表 6-1 有机涂层/金属防腐体系的 EIS 特定参数分析法

特征值	方法原理及代表的意义	文献
特征频率值	多采用高频区相位角45°处的频率为特征频率 f_b，Haruyama 等推导了 f_b 与涂层剥离面积 A_d 之间存在对应关系 $$f_b=\frac{1}{2\pi\varepsilon\varepsilon_0 R_c}\frac{A_d}{A}=f_b^0\frac{A_d}{A}$$ 式中，R_c 为涂层微孔电阻；A 为涂层试样工作面积；A_d/A 称为剥离率；ε 为涂层的介电常数；ε_0 为真空介电常数；d 为涂层厚度；f_b^0 是涂层材料的特征值，与涂层厚度无关。 剥离率 A_d/A 可以表征涂层与金属基体界面的变化信息，而通过测量 f_b 可以得出涂层的剥离率	[26,27]
特征频率值的修正	高频区特征频率 f_b 正比于涂层的剥离率或者涂层的孔隙率。 由于重防腐涂层体系的 EIS 容易出现较大的弥散效应，曹楚南课题组提出有必要对特征频率进行修正 $$f_{b修正}=f_b\left[\sin(\frac{n\pi}{2})-\cos(\frac{n\pi}{2})\right]$$	[28]
高频相位角或高频相位角的变化率	屏蔽性能良好的涂层，在腐蚀初期，涂层的阻抗响应以电容性为主，相位角在中高频较广的范围内均比较接近90°，但随着水和电解质离子的不断渗透，涂层电阻阻抗 R_c 下降，涂层电容 C_c 不断增加，中高频相位角也会逐渐降低，故可以用高频区相位角 ϕ_{10kHz} 或相位角的变化率来评价涂层性能	[24,25]
相对介电常数的变化	涂层相对介电常数与涂层电容 C_c 之间有 $\varepsilon_r=\frac{C_c\delta}{\varepsilon_0 A}$，$\delta$ 为涂层厚度，ε_0 为真空状态介电常数，A 为测试面积。而 C_c 可以通过高频下阻抗虚部值得到，$C_c=\frac{1}{2\pi fZ''}$，一般地，f 取10kHz，Z'' 即为10kHz处涂层的阻抗虚部值	[29]
阻抗模值变化率	阻抗模值变化率 $k(f)=\frac{d(\lg\|Z\|)}{d(\lg f)}$，当 $k(f)$ 趋于−1时，整个涂层体系表征为“电容性”，此时涂层具有良好的防护性能；当 $k(f)$ 趋于0时，整个涂层体系表征为“电阻”性，此时涂层基本丧失防护性能	[30-32]

续表

特征值	方法原理及代表的意义	文献
低频$\|Z\|$	涂层/金属体系中，涂层电阻 R_c，溶液电阻 R_Ω，涂层微孔或缺陷中电解质电阻 R_{po}，以及腐蚀界面电荷转移电阻 R_{ct} 存在如下关系：$R_c=R_\Omega+R_{po}+R_{ct}\approx\|Z\|_{0.1Hz}$ 经诸多文献验证，$\|Z\|_{0.1Hz}$ 拥有较高的准确性，应用广泛	[33]
最小相位角及对应频率	最小相位角 ϕ_{min} 及对应频率 $f_{\phi min}$ 满足以下关系式， $f_{\phi min}=\sqrt{\dfrac{D}{4\pi^2\varepsilon_r\varepsilon_0C_d^0\rho^2d}}$ $\tan\phi_{min}=\sqrt{\dfrac{4\varepsilon_r\varepsilon_0}{DC_d^0d}}$ $\dfrac{f_b}{f_{\phi min}}=\sqrt{\dfrac{C_d}{C_c}}=\sqrt{\dfrac{C_d^0D}{C_c^0}}$ 式中，d 为涂层厚度；ρ 为涂层电阻率；D 为剥离率，$D=A_d/A$。 为避免 ε 和 ρ 的影响，Mansfeld 和 Tsai 建议使用 $\dfrac{f_b}{f_{\phi min}}$ 或 $\tan\phi_{min}$ 进行涂层性能评估。 Mansfeld 等还推导出了专门用于表征涂层电阻率的参数 $\dfrac{f_b}{(f_{\phi min})^2}=2\pi dC_d^0\rho$	[23,25]
最大相位角及对应频率	研究表明，任何树脂，有无填料及何种填料，其阻抗谱的最大相位角及对应频率 $f_{\phi max}$ 和涂层电阻 R_c 总成直线关系，即使考虑弥散效应，对 ϕ_{max} 和 $f_{\phi max}$ 进行修正，其结果仍然很好地符合 $\lg f_{\phi max}=-\lg2\pi-0.5\lg(R_\Omega C_c^2)-0.5\lg R_c$ 故 $f_{\phi max}$ 可以作为评价涂层性能的指标	[34-36]
中高频区阻抗值的比值	中高频阻抗值的比值： $R_1=\lg(\|Z\|_{100Hz}/\|Z\|_{10000Hz})$ $R_2=\lg(\|Z\|_{1Hz}/\|Z\|_{100Hz})$ 对于在整个测量频率范围内阻抗都是电容性的完好的涂层，$R_1=R_2=2$。如果在测定 R_1 或 R_2 的频率范围内受到 R_{po} 的影响，R_1 与 R_2 就会随 R_{po} 的减小而减小。 R_1 与涂层的厚度 d 无关，且对 D 在 0.1%～10% 的涂层破坏最灵敏。 R_2 在 $D<0.1\%$ 时变化明显，更适合于涂层破坏的初期	[25]
Bode 图下的面积、面积变化比值	在 Bode 图中，随着浸泡时间的增加，曲线和数值均会下降，曲线下的面积 S 随着浸泡时间的增加逐渐减小，Bode 图线下面积代表着涂层被腐蚀后剩下的防护性能	[37,38]

利用这些特定参数可以快速评价有机涂层的防腐性能，在各参数之间也存在较好的对应关系，因此引起了研究者的广泛关注。由于中高频的阻抗数据的数据质量高且测试时间短，其相关参数的研究热情更高。

但这些评价方法均存在一定的局限性，且在实际应用上还存在较大的困难。从原理上看，各参数与涂层性能（如孔隙率、剥离率等）的公式推导过程中均或多或少地采取了近似条件或假设条件；从适用对象来看，有机涂层的结构成分差异非常大，颜（填）料体积浓度、树脂的含水性能、树脂耐水性能、涂层电阻率、介电常数、涂层厚度等均有很大的差异；从实用价值来看，在重防腐工程上通常采用底涂、中涂、面涂等构成的复层防腐体系，且底涂、中涂、面涂在树脂成分、颜（填）料、电阻率等方面也往往相差很大。这些因素导致了有机涂层/金属体系的快速评价方法还不够完善，有待于发展。针对涂层结构成分较简单的防腐体系，可以在实验室积累的大量数据的基础之上总结出适用性最好的某几个特征参数，然后再在实际工程中试用并逐步修正、推广。

本小节介绍的特征参数解析阻抗谱的方法主要应用于有机涂层/金属体系，在其他体系如超级电容器的研究中也有文献[39]在探索某些特定参数表征的意义。

6.5 电化学阻抗谱应用实例

6.5.1 在电化学反应机理和电化学参数测量中的应用

对于较简单的电极过程，如仅包含溶液欧姆极化、双电层充放电及电荷传递三个子步骤的电极过程，可以采用等效电路法，利用电化学阻抗谱解析电路中各元件的数值，可以求算 R_{ct}、i^0 等电化学参数。EIS 方法也可以应用于更复杂的电化学体系，例如偶合有均相反应的体系，或者有吸附中间体的体系，这些子过程在 Nyquist 图或 Bode 图上都有其特征。因此，电化学阻抗谱法广泛应用于电化学反应机理的探讨及电化学参数的求算[30-36]。

马洁、蒋雄测定了电极上 NaOH 溶液中在不同过电势下的析氢反应的 EIS[40]，并由此计算出交换电流密度等电化学参数。他们采用金、银、玻碳电极等作为工作电极，电解液为 7mol/L 的 KOH 溶液，频率范围为 10^5～0.001Hz，正弦波振幅 5mV。以银为工作电极析氢过电势分别为 130mV，190mV，250mV，310mV 时的阻抗复平面图如图 6-27 所示。

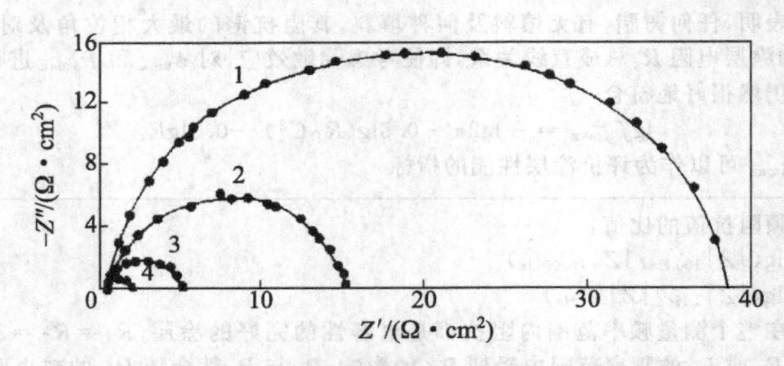

图 6-27　碱性溶液中析氢反应的阻抗复平面图

Ag 电极，2000r/min；过电势：1—130mV；2—190mV；3—250mV；4—310mV

依据 Butler-Volmer 方程：

$$\eta = a + b\lg i$$

式中，$b = 2.3\dfrac{RT}{\alpha nF}$，当 $\eta = 0$ 时，$a = -b\lg i^0$

考虑到 $\dfrac{d\eta}{di} = R_{ct}$，以上方程可写成

$$i = \frac{RT}{\alpha nF}\cdot\frac{1}{R_{ct}}$$

由上两式可以得到

$$\eta = -b\lg i + b\lg\frac{RT}{\alpha nF} + b\lg\frac{1}{R_{ct}}$$

此式可以看出，η 与 $\lg\dfrac{1}{R_{ct}}$ 具有线性关系，由 η 与 $\lg\dfrac{1}{R_{ct}}$ 作图所得到的直线，其斜率等于 b，将直线外推到 $\eta = 0$，可以得到 $R_{ct,0}$，由 $R_{ct,0}$ 值可以求得交换电流密度为

$$i^0 = \frac{RT}{\alpha nF}\cdot\frac{1}{R_{ct,0}} = \frac{b}{2.3R_{ct,0}}$$

在实验条件下求得的动力学参数如表 6-2。

表 6-2　用阻抗法求得的不同电极上析氢反应的动力学参数

电极材料	$R_{ct,0}$/(Ω·cm²)	i^0/(μA/cm²)	b/mV	α
Ag	339	171	131	0.44
Ni	501	97.3	112	0.53
Au	661	82.3	125	0.47
碳	5.25×10^5	0.083	101	0.59

裘晓滨、宋诗哲等[41]测定了以聚酞菁铁和四对氯苯基卟啉镍修饰的电极上不同过电势下析氧反应的阻抗复平面图。谱图表明，电极过程由电荷传递过程控制，阻抗图都表现为圆心下降的半圆。他们认为这是由于修饰电极表面粗糙度及表面电场不均匀所引起的，从而推断在宽的频率范围内存在一电容性的常相位角元件 CPE，氧析出反应的电化学模型如图 6-28 所示。

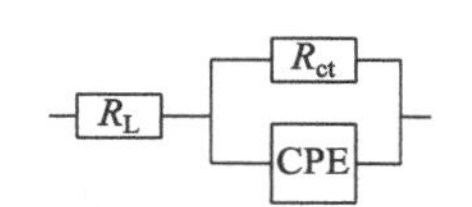

图 6-28　由 R_L、R_{ct}及 CPE 构成的等效电路图

以图 6-28 所示等效电路为基础经计算机拟合阻抗谱图曲线，求得了不同极化条件下电极的 R_L，R_{ct} 见表 6-3。

表 6-3　修饰电极上氧析出的电化学参数

H/mV	R_L/(Ω·cm²)	R_{ct}/(Ω·cm²)
60	0.55	—
180	—	478.43
200	0.50	201.60
230	0.59	59.04
280	0.59	14.53

蒋雄[42]用 EIS 方法研究了 Co^{2+} 在弱酸性条件下阴极还原的机理。他测定了 Co^{2+} 在 pH＝4.0 和 5.0 时的极化曲线（图 6-29），Co^{2+} 在 pH＝4.0 时不同电势时的阻抗复数平面图（图 6-30）以及 Co^{2+} 在 pH＝5.0 时不同电势时的阻抗复数平面图（图 6-31）。

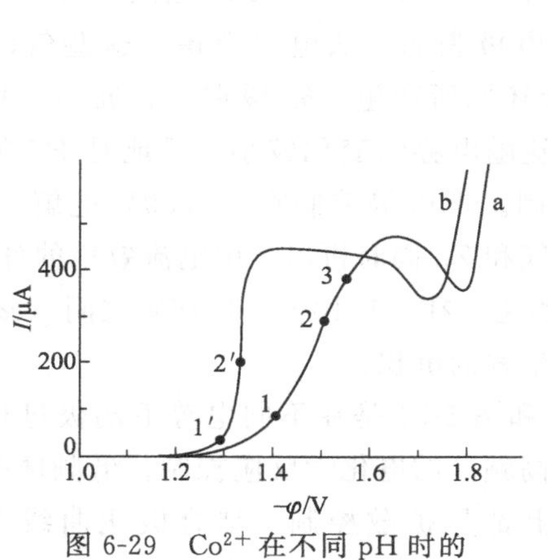

图 6-29　Co^{2+} 在不同 pH 时的阴极极化曲线

a—pH＝4.0；b—pH＝5.0

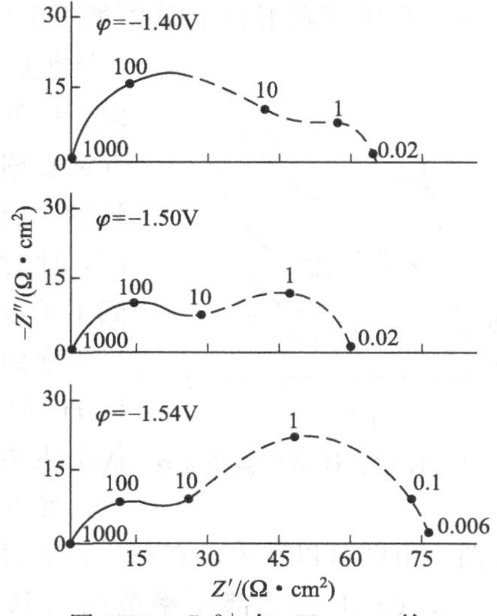

图 6-30　Co^{2+} 在 pH＝4.0 的溶液中不同电势下的阻抗复数平面图

各电势分别对应于图 6-29 曲线 a 的 1，2，3

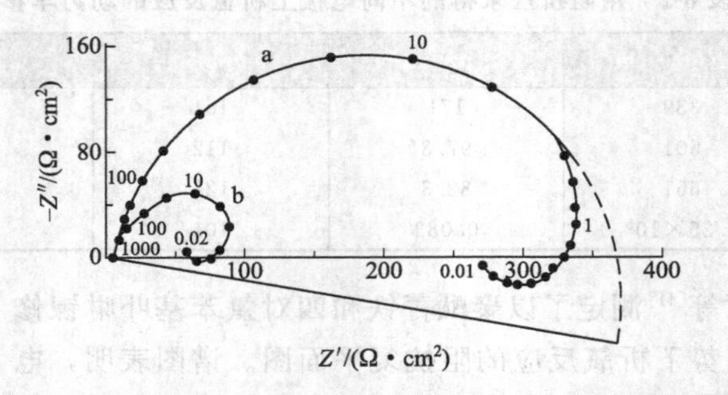

图 6-31 Co^{2+} 在 pH=5.0 的溶液中不同电势下的阻抗复数平面图

各电势分别对应于图 6-29 曲线 b 的 1′和 2′

由图 6-30 可知，pH=4.0 时，所有的阻抗谱图的特征都是在高频和低频段出现电容弧。高频电容弧随阴极极化的增加而减小，这是电化学反应控制的必然结果。低频容抗弧随负电势的增加而有所扩大。低频段的容抗弧可能与吸附氢有关。图 6-31 是 pH=5.0 时相应于图 6-29 图曲线 b 中 1′和 2′电势下的阻抗图。此图的特点是高频区呈一个压扁的半圆，低频区在第四象限出现一个电感弧。这说明 pH=5.0 时与 pH=4.0 时低频部分分别产生不同物种的覆盖度的松弛。pH=5.0 时的低频电感弧可归之于电极表面上吸附中间物 $(CoOH)_{ad}$ 的松弛。根据阻抗测定和塔费尔斜率，可提出 Co^{2+} 的阴极还原机理如下：

$$Co^{2+} + H_2O \rightleftharpoons CoOH^+ + H^+ \quad 快$$

$$CoOH^+ + e^- \rightleftharpoons (CoOH)_{ad} \quad 快$$

$$(CoOH)_{ad} + H^+ + e^- \longrightarrow Co + H_2O \quad 慢$$

他们还以上述反应机理为模型，建立了反应的法拉第阻抗的数学式和等效电路。

6.5.2 阴极电沉积过程中的EIS

蒋雄等[43]研究了弱酸性 KCl 溶液中 Zn^{2+} 的沉积机理。图 6-32 为极化曲线，曲线 1 和 2 分别是 Zn^{2+} 在铜电极和锌电极上沉积的极化曲线。曲线 1 中的 ab 段在 −1.0～−1.08V之间，可以观察到有气泡吸附在电极表面。从电势考虑，这些气泡可能是 H^+ 在电极上还原所产生。bc 段在 −1.08～−1.10V 之间，此时电流随电势的变化较小，可能是 H^+ 的放电达到了扩散控制。把电势控制在 −1.09V 电解 5min，可以观察到氢气和 Zn 同时析出，由电流效率的计算可知，以 H^+ 放电为主。在 −1.10～−1.15V 之间（cd 段）电极上主要发生锌的沉积。

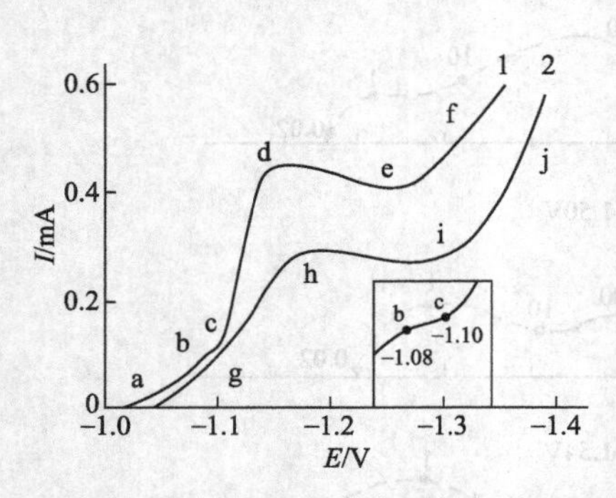

图 6-32 氯化钾镀锌体系的极化曲线

图 6-33 和图 6-34 是在不同电势下阴极过程的复数阻抗平面图。由图可以看出，在 −1.15V 时，高频区的电化学反应控制，低频区是扩散控制。而在 −1.10V 时，全部频率范围内基本上都是扩散控制。结合极化曲线来看，−1.15V 为 Zn^{2+} 在电极上的还原沉积，而在 −1.10V，则为极限条件下的 H^+ 还原反应，H^+ 还原已达到扩散控制。

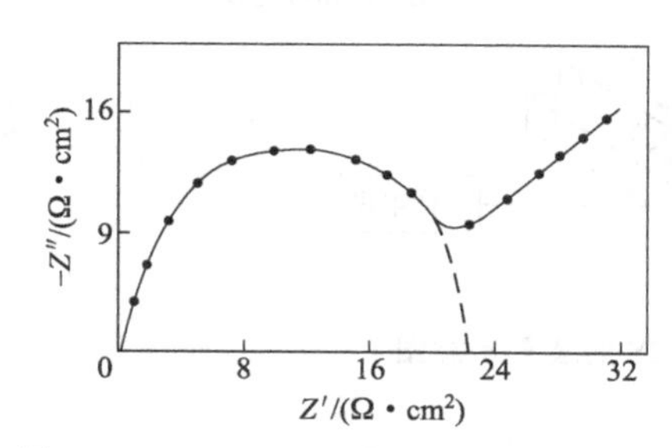

图 6-33 −1.15V 下氯化钾镀锌体系的阻抗平面图

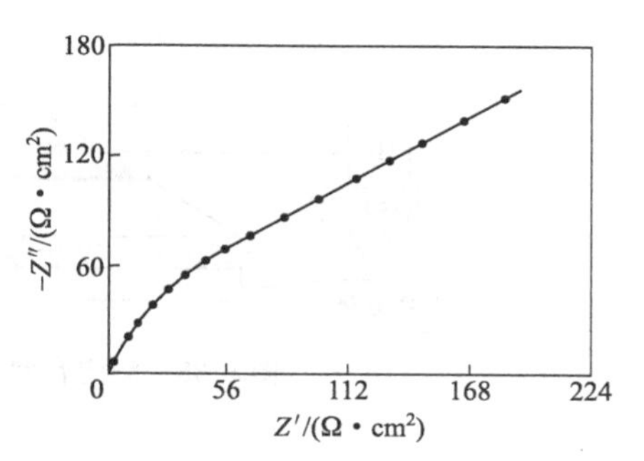

图 6-34 −1.10V 下氯化钾镀锌体系阻抗平面图

电化学阻抗谱在表面处理科学包括电沉积技术研究方面的报道逐年增加。在常规金属电沉积、合金电沉积、复合电沉积、化学镀及镀层耐蚀性方面都有较多报道。

6.5.3 在腐蚀科学研究中应用

腐蚀科学与工程是 EIS 应用的重要领域，已经形成了 ISO 标准[44-47]。通过测量 EIS 可以得到与腐蚀电流大小成反比的极化电阻和反映腐蚀金属表面变化（粗糙度变化、缓蚀剂的吸附、钝化膜的形成与破坏、表面固体腐蚀产物的形成等）的界面电容。涂层是防止金属腐蚀的一种重要手段，用 EIS 方法可以在不同频率段分别得到涂层电容、微孔电容以及涂层下基底腐蚀反应电阻、双电层电容等与涂层性能及涂层破坏过程有关的信息。缓蚀剂的研究是腐蚀科学中重要组成部分，几何覆盖效应和负催化效应两种类型的缓蚀剂都可以用到以吸附粒子的表面覆盖度作为状态变量的法拉第阻抗表达式。用 EIS 方法还可以研究金属的阳极溶解和钝化过程，以及研究钝化金属的孔蚀过程。

（1）在涂料防护性能研究方面的应用

H. Marchebois 等[48]用 EIS 方法研究了富锌粉末涂料在人造海水中的特性。先在钢板上形成 5μm 厚的磷化层，然后静电喷涂 80μm 厚的富锌涂料。按图 6-35 进行 EIS 测量，频率范围为 1MHz～5mHz，在开路电势下进行。干涂层的 EIS 图如图 6-36 所示。由图可知，低频阻抗值大约为 $10^6\Omega \cdot cm^2$，同时存在两个半圆。H. Marchebois 等认为第一个时间常数是涂层介电特征的贡献，第二个时间常数与不同锌粒之间的接触电阻有关。将此涂层浸入人造海水中的 EIS 谱图如图 6-37 所示。在浸泡初期（20 天以前），低频部分阻抗的模比干燥时低 100 倍，且谱图中只显示一个半圆，此时，表现出明显的阴极保护作用。浸泡后期，电解质溶液进一步向内渗入，由于涂层中添加物颗粒的阻挡作用，呈现出 Warburg 阻抗特征的阻抗谱，此时基体已遭到腐蚀。

（2）在缓蚀剂研究中的应用

K. Rahmouni 等[49]研究了硫离子存在时 3-甲基 1,2,4-三氮唑-5-硫酮（MTS）对铜在 3%NaCl 溶液中的缓蚀作用。文章利用电化学阻抗谱测得的 R_{ct} 计算缓蚀剂的缓蚀效率

$$H=\frac{R_{ct}-R_{ct,0}}{R_{ct}}\times 100\%$$

所得的结果如表 6-4 所示。

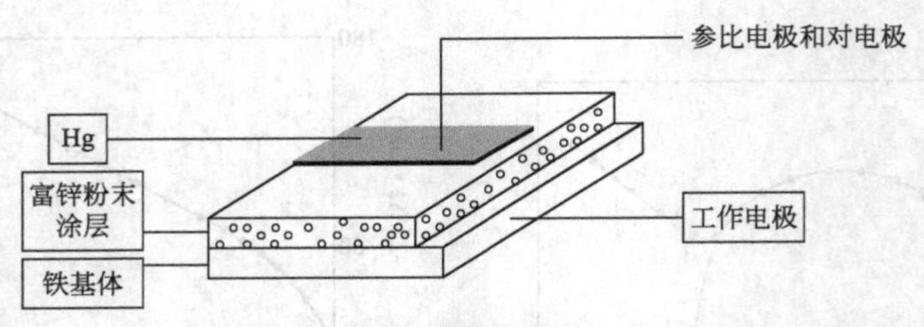

图 6-35 测定富锌涂层 EIS 的装置示意图

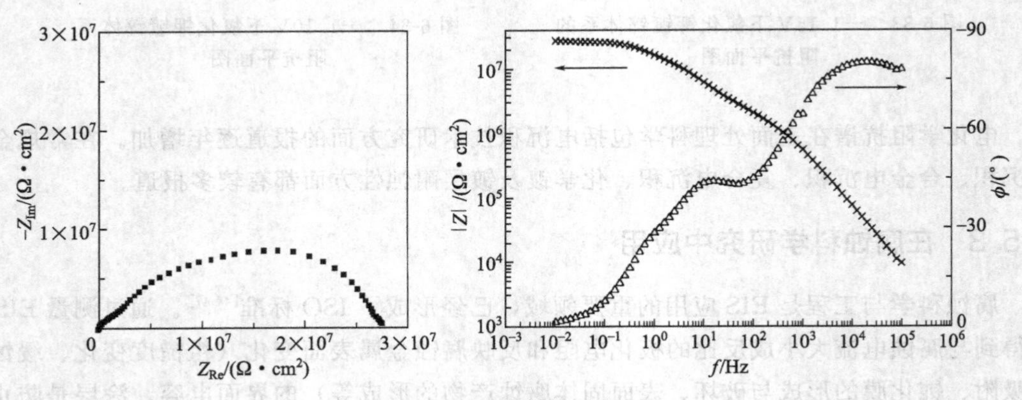

图 6-36 干的富锌涂层的 EIS

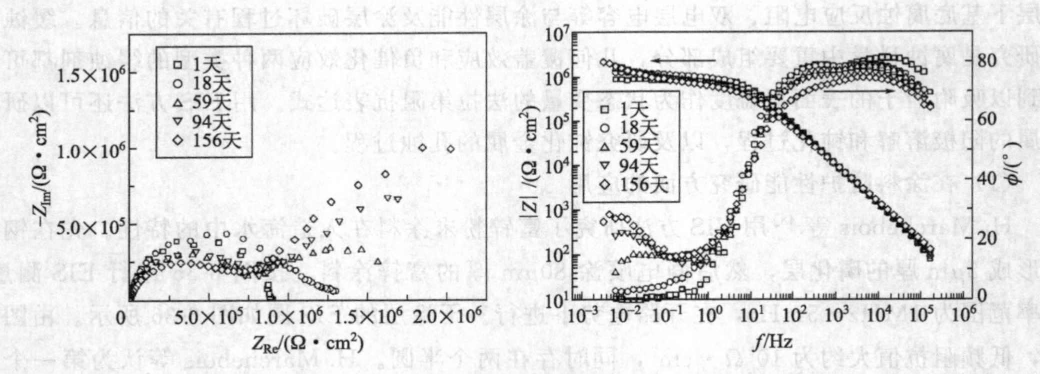

图 6-37 在人工海水中浸泡不同时间后富锌涂层的 EIS

表 6-4 不同浓度的 MTS 的缓蚀效率

MTS 的浓度/(mmol/L)	R_{ct}/(kΩ·cm²)	H 的浓度/%
0	0.424	—
0.1	2.04	79.2
1	2.30	81.5
10	4.19	89.9

在实际工作中，利用阻抗法测定缓蚀剂的缓蚀效率对筛选缓蚀剂是有帮助的。

(3) 在钝化膜性能研究中的应用

C. Gabrielli 等[50]利用电化学阻抗技术详细研究了六价铬钝化的机理，对钝化过程进行了阻抗的理论分析，提出了成膜模型。认为质子穿过钝化膜和溶液的扩散是动力学限制步骤，由此计算出了锌上形成铬酸盐钝化膜的阻抗图，与实验阻抗图吻合得相当好。实验溶液成分为 5.3×10^{-2}mol/L $Na_2Cr_2O_7$ +7×10^{-3}mol/L Na_2SO_4 +8.7×10^{-2}mol/L HNO_3（pH=2）。图 6-38 和图 6-39 分别是浸渍时间和钝化液 pH 值对钝化膜 EIS 的影响（浸渍 4min 后测定）。

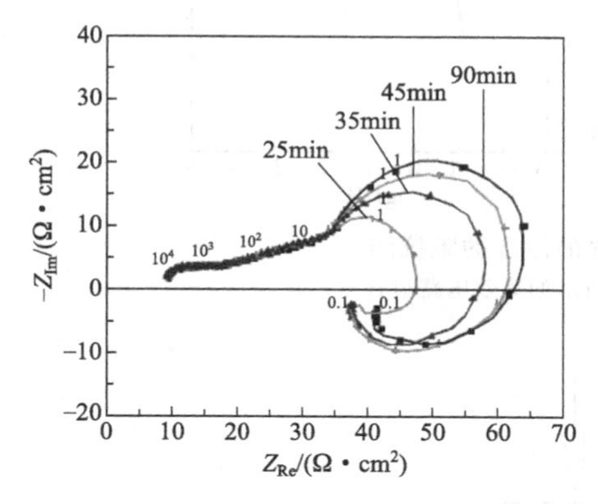

图 6-38 浸渍时间对钝化膜 EIS 的影响

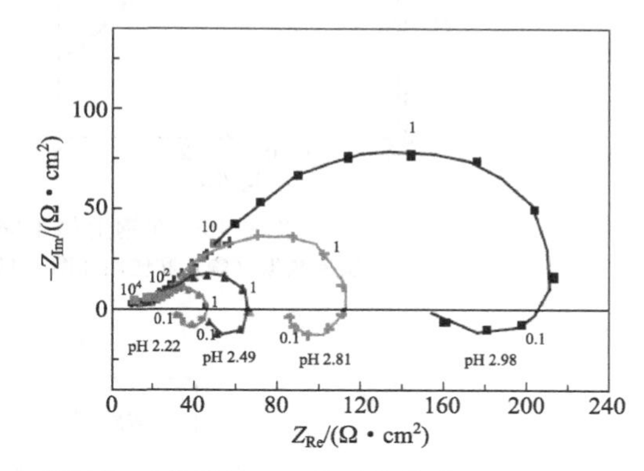

图 6-39 钝化液 pH 值对钝化膜 EIS 的影响

由图 6-38 可见，浸渍时间增加时，阻抗图的低频末端所体现的极化电阻实际上不变。C. Gabrielli 等认为，由于极化电阻通常与腐蚀速度成反比，开路电势下极化电阻不变意味着浸渍时间增加但是腐蚀速度不变。pH 值对阻抗谱的影响表现了质子对反应动力学的重要作用，这支持了质子的扩散是钝化膜形成的速度控制步骤的假定。

（4）电化学阻抗谱测量有机涂层的破坏

已经提出了不同的模型来分析各种涂层体系的 EIS，这些模型已经应用于在 0.5mol/L NaCl 溶液在裸露和磷酸盐化了的钢的有机涂层的工业监测[51]。

图 6-40 是一个典型的近乎理想的涂层的阻抗谱，该涂层暴露半年多后没有任何腐蚀攻击的迹象。Bode 图表明在很宽频率范围下的涂层接近纯电容，而在低频率下的阻抗为 $10^{11}\Omega \cdot cm^2$ 的数量。有涂覆的电极体系等效电路见图 6-41，由图 6-41 可见，电极的阻抗由电容 C_L 和膜层电阻 R_L 并联组成，

$$Z_L(j\omega)=\frac{R_L}{1+j\omega R_L C_L} \tag{6-89}$$

涂层电容为

$$C_c=\varepsilon\varepsilon_0\frac{A}{d} \tag{6-90}$$

式中，ε 为相对介质常数；ε_0 为真空介质常数；A 为涂层面积；d 为涂层厚度。

由于极性分子的介入会导致涂层介质常数的增加。因此，用 EIS 测试所得的电容可以提供涂层吸收水的信息。

金属表面防护层的失效可以分三种情况：在涂层本身无任何缺陷时，发生在涂层下的腐蚀；有到达金属表面的划痕的部分破损涂层；引起涂层逐渐腐蚀破坏的部分破损涂层。

van Westing[52] 研究了第一种情况。在冷轧钢表面涂覆有填料和无填料的环氧涂层上进行测量。作者用一个常相位角元素（CPE）来模拟涂层的阻抗。图 6-42 显示了环氧涂层/冷轧钢长期暴露在 3%NaCl 溶液中的 CPE 参量 Y_0 和 n 随时间的变化。参量 Y_0 反映了

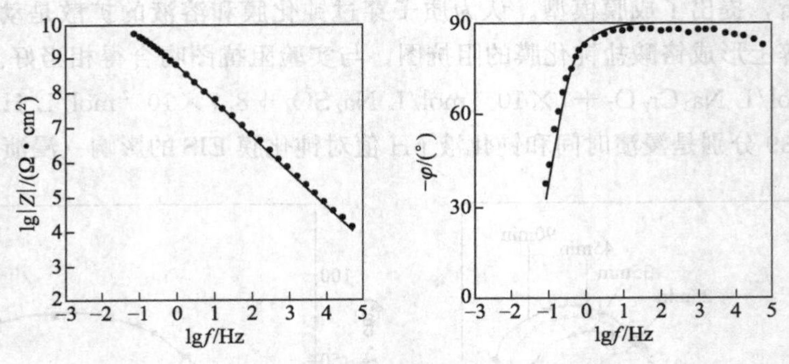

图 6-40 在钢上趋于完善的涂层的阻抗图

实验数据（●）和使用如图 6-41 所示的等效电路拟合（一）

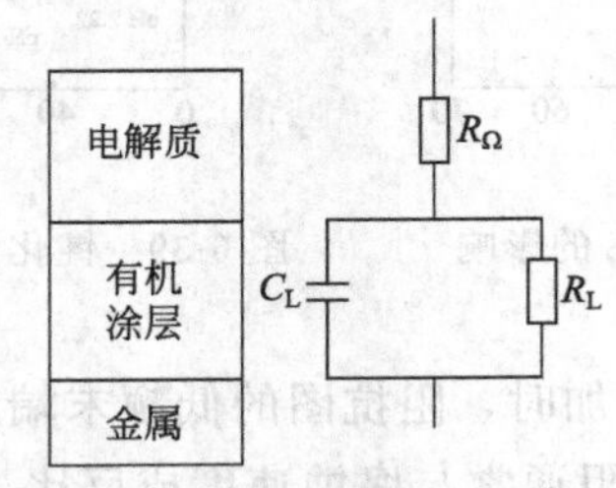

图 6-41 表面被无缺陷有机涂层覆盖的金属与电解质相接触时的等效电路

总可极化性（polarisability），而 n 是可极化物质互作用的量度[52]。

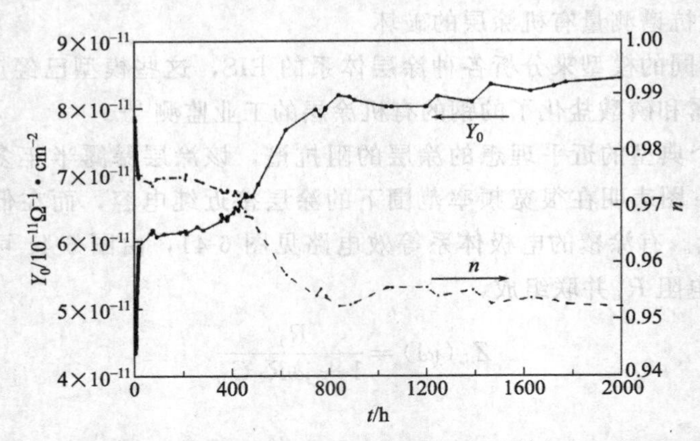

图 6-42 长期暴露在 3% NaCl 溶液中环氧涂层/冷轧钢体系的 CPE 参量 Y_0 和 n 随时间变化图[52]

两个参数中的第一个突跃变化是由聚合物涂层的膨胀和离子渗入引起的。当涂层达到饱和（约 400h）后，CPE 常数 Y_0 基本为一稳定值。常相位角元件的弥散指数 n 也可以观察到相应的特征。用体式显微镜对经 400h 浸泡的金属表面进行观测，观测表明在涂层下存在小的腐蚀点。在含有填料的环氧涂层上也发现了同样的行为，只是阻抗值更大。

用于暴露于腐蚀性电解质涂覆聚合物涂层的金属的缺陷的阻抗谱可根据如图 6-43 所示的电路（EC）进行拟合。R_{po} 称微孔阻抗，它是由于离子导电通道的形成。R_{dl} 是与离子导电通道相接触的金属表面的极化阻抗，而 C_{dl} 是对应的电容。由此得到的阻抗图如图 6-44所示。

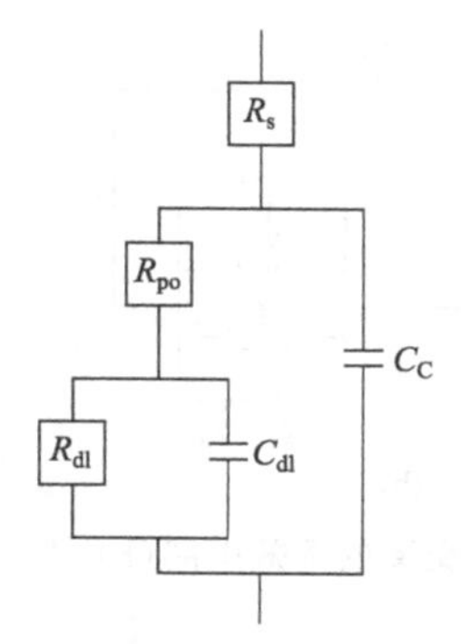

图 6-43 表面被有缺陷的有机涂层覆盖的金属与电解质相接触的等效电路模型

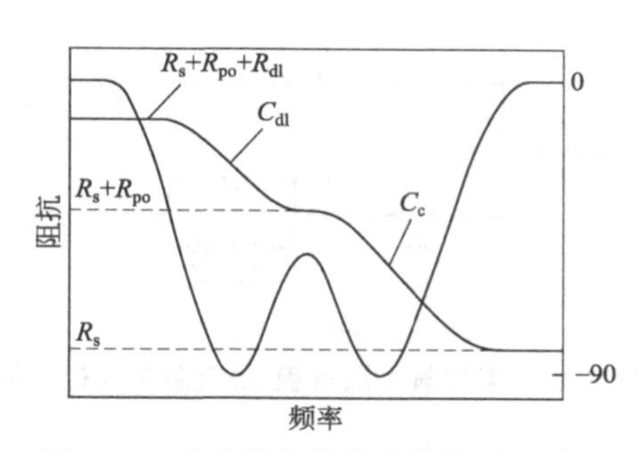

图 6-44 在有缺陷的聚合物涂层覆盖的金属的阻抗谱示意图

图 6-45 以传输线模型描述了在涂层之下的腐蚀扩张的情况下。阻抗值 $R_{s(i)}$ 描绘的是在缺陷和在涂层之下的各活性点之间的欧姆阻抗。只有欧姆阻抗 $R_{s(i)}$ 足够小时，代表微孔内和涂层下的电容的总和的有效电容 C_{dl} 才与剥离的面积成比例。

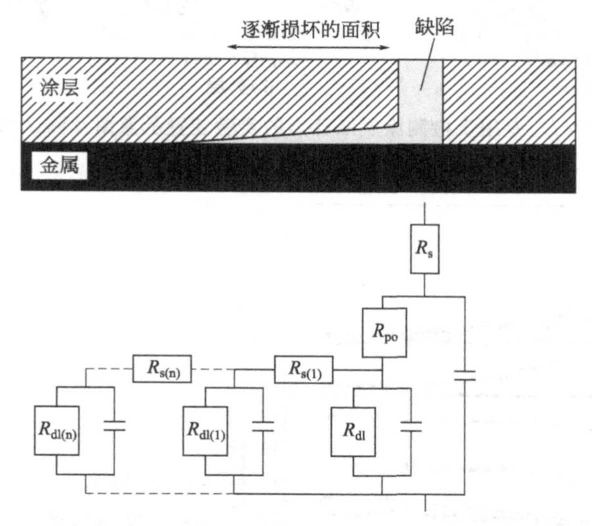

图 6-45 因划伤引起涂层剥离的体系等效电路模型

Santágata 等[53]提出了考虑涂层内氧的扩散过程的等效电路，如图 6-46(a) 所示，当阴阳极过程对应的时间常数不发生交叉时，为了获得较好的拟合结果，需要采用更复杂的等效电路图 [图 6-46(b)]。

Kittel 等[54]提出了专门用于检测涂层结合力的新方法。通过在涂层中植入一个惰性金属作为内参比电极，将涂层阻抗分为内部阻抗和外部阻抗（图 6-47)。结果表明，内部电容和阻抗的变化趋势均和外层明显不同，与溶液相接触的外层与未涂覆的无支承膜层相似(图 6-48)，由于介质的渗入引起阻抗值迅速减小说明涂层的机械阻挡作用很有限，而即使是浸泡了 80 天后，内层阻抗仍然很高，这说明在采用有机涂层作为防护层时，与基体间的结合力更为重要。

由于大多数涂层仅仅有非常小的部分被损坏，这控制了整体暴露表面的电化学行为。

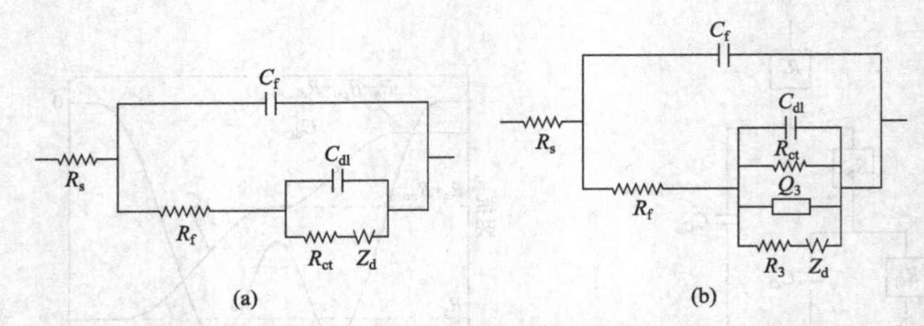

图 6-46　考虑氧扩散过程(a)及阴阳极过程的时间常数不交叉的等效电路(b)[53]

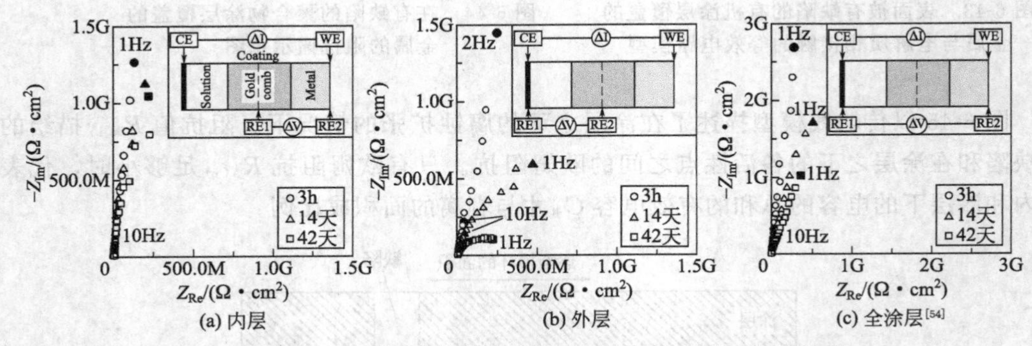

图 6-47　专用于检测涂层结合力的实验装置示意图及测试结果

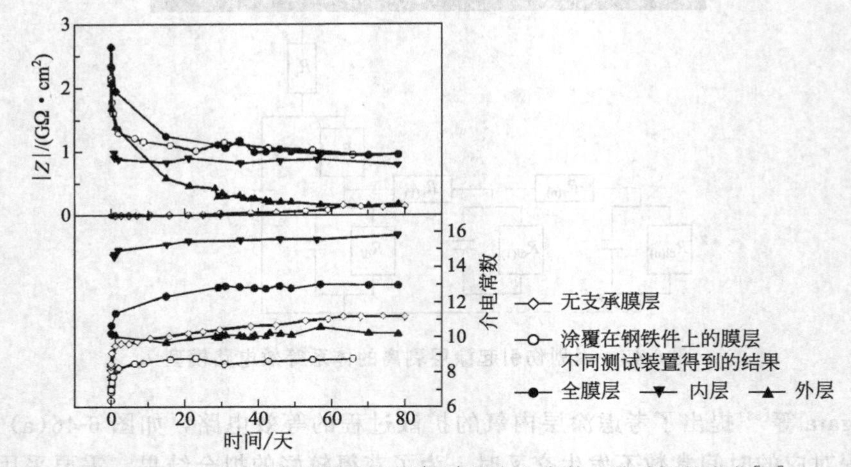

图 6-48　1.26Hz 对应的阻抗的模 $|Z|$ 及介电常数 ε 随时间的变化[54]

在这种情况下，扫描参比电极技术能帮助确定缺陷和分离腐蚀原电池中阴极和阳极区域。

6.5.4　在化学电源研究中的应用

化学电源是电化学应用的重要领域。电化学阻抗谱是研究化学电源如锂电池、镍氢（镉）电池、燃料电池及铅蓄电池等的正负极和电解质电化学性能的一种重要工具。

大家知道，可充电锂电池的容量受到正极容量的限制，因此，一方面要开发高容量的正极，另一方面，要研究正极制作方法的影响。Jiang Fan 等的实验表明[55]，对于没有经过充放电的电池，高频半圆（100Hz 以上）的直径随正极压实时的压力的增加而减小（图

6-49）。压得最紧的正极其阻抗最小，而仅仅浇铸而没经压实的正极阻抗很大，不能充放电。

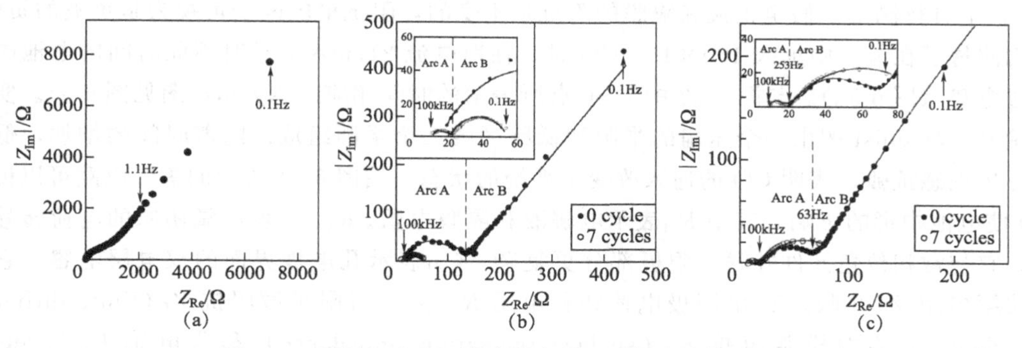

图 6-49 经过 0 次和 7 次充放电循环后锂电池的 EIS 图

$LiNiO_2$ 正极的制法：(a) 浇铸；(b) 270bar 压实；(c) 540bar 压实

Guenne 等[56]用 EIS 方法研究了高功率镍氢电池的使用寿命。使用容量为 1.2A·h 的 AA 电池，贮氢合金成分是 $M_m Ni_{3.55} Co_{0.75} Al_{0.3} Mn_{0.4}$，其中 $M_m = La_{0.33} Ce_{0.47} Nd_{0.15} Pr_{0.05}$。把经过一定数量和方式充放电循环以后的电池在相同的充电状态下（80%）测量其阻抗谱。频率范围为 1000～0.1Hz，交流电流幅度为 50mA。测得的阻抗谱及拟合用的等效电路如图 6-50 所示，图中的 R_{LF} 和 C_{LF} 是低频部分的阻抗和电容，R_{HF} 和 C_{HF} 是高频部分的阻抗和电容，R_∞ 是电解液的接触电阻。第一个环（高频部分）的 R_{HF} 和 C_{HF} 是电荷转移电阻和双电层电容。

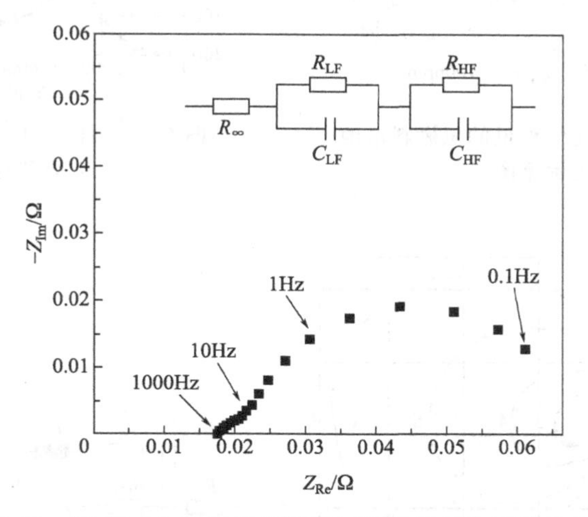

图 6-50 Ni-H AA 电池的复数平面图及其拟合用等效电路

由图 6-50 可以看到阻抗谱由两个容抗环组成。低频部分元件与合金的电化学表面性质有关。实验结果表明，当放电深度增加时，R_{LF} 减小，C_{LF} 增加，电化学活性面积增大。当放电次数增加时，R_{LF} 也减小，电化学活性面积增大。用 SEM 分析合金颗粒的破裂 (decrepitation) 情况也表明，随着充放电次数的增加，放电深度增加，合金颗粒的破裂程度也增加。据此，Guenne 等认为，EIS 可以作为判断镍氢电池工作寿命的一种方法。

N. Wagner 等[57]研究了在隔膜燃料电池中铂负极 CO 中毒时 EIS 谱随时间的改变。用于电化学测量的氢燃料电池的结构示意图如图 6-51 所示。测量电化学阻抗谱的频率范围为 10kHz～0.05Hz，正弦波信号的电流波幅为 200mA。电化学阻抗谱在恒电流（217mA/cm²）下进行测量。假定正极和隔膜的阻抗是不变的，阻抗谱的改变可视为是负极的贡献。他们测量了在氢气中加入 100×10^{-6}CO 时，在恒电流 217mA/cm² 时不同时间的电池电势和过电势（图 6-52）。与图 6-52 中 1～6 点所表示的时间相应的 Nyquist 图见图 6-53。实验开始时，Nyquist 图由一个压扁的半圆和低频区第二个半圆组成。随着时间的增加，低频部分出现感抗弧，表明 CO 的通入改变了系统的状态。用图 6-54 所示的等效电路可以说明 CO 使电池中毒的影响，其中 R_{el}表示电解液和隔膜电阻。R_{ct,O_2} 表示氧还原的电荷转移电阻，它与常相位角元件并联。阳极部分更复杂，C_{dl}表示孔电极界面的双电层电容，它与法拉第电阻 Z_F 并联。Z_F 由阳极电荷转移电阻 R_{ct,H_2}，有限扩散阻抗 Z_C（finite diffusion impedance），表面松弛阻抗 R_K（surface relaxation impedance）和假电感 L_K（pseudo-inductance）组成。他们还讨论了 CO 使阳极中毒时 R_{ct,H_2}，R_K 的变化，得出了以下结论：CO 使阳极中毒是由于阳极铂的催化表面被封闭，阳极电荷传递电阻增加，氢和 CO 在阳极上的竞争氧化形成了阴极表面的松弛过程。

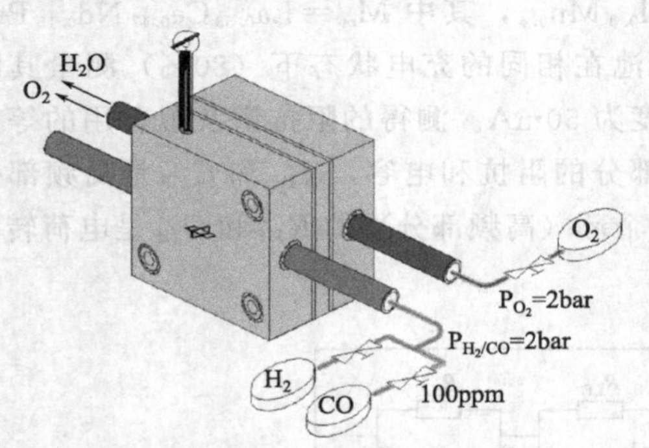

图 6-51　用于电化学测量的氢燃料电池结构示意图

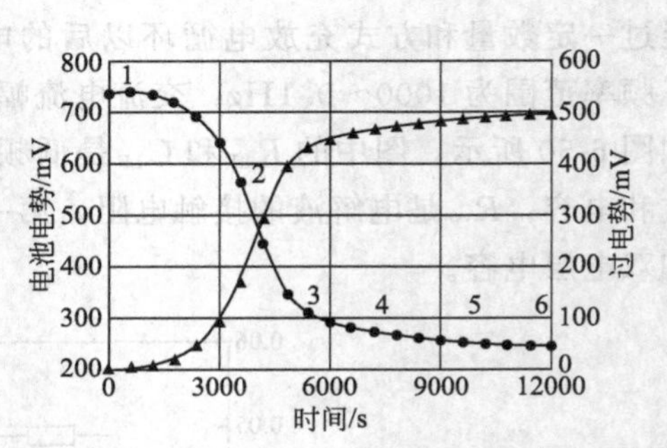

图 6-52　通入 CO 后氢燃料电池的电势和过电势

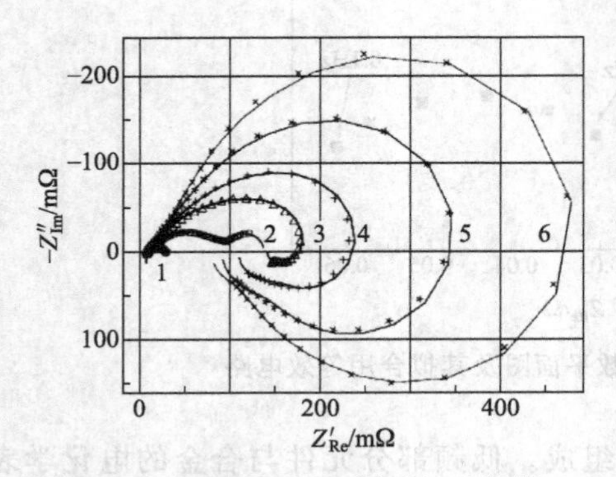

图 6-53　通入 CO 不同时间后燃料电池的 Nyquist 图

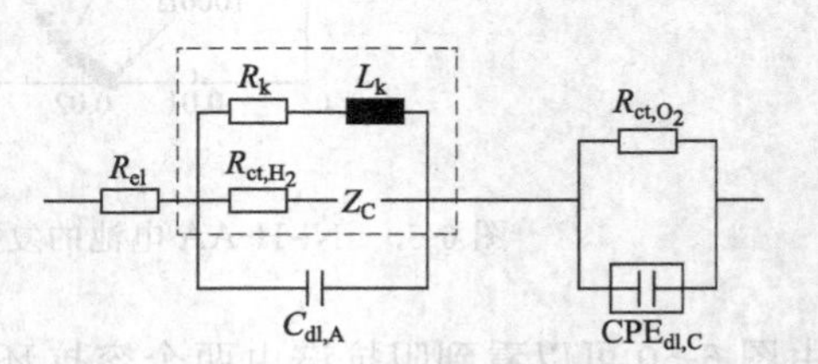

图 6-54　通入 CO 后氢燃料电池阻抗的等效电路

M Metikoš-Hukovič等[58]用 EIS 方法研究了铅蓄电池中负极膜的特征。以 Sb 或 Pd-Sb 合金作工作电极，0.5mol/L H_2SO_4 作电解液测量了电极在不同过电势下的 Bode 图。图 6-55是 Sb 电极在－0.11V，－0.08V 和－0.05V 时的 Bode 图。由于过电势较小，Sb 活性

溶解形成 SbO^+。由图可知，在高频区，$\lg|Z|$ 趋于恒定，相位角趋近于零，这是典型的电阻表现，相应于溶液电阻。在中频区，$\lg|Z|$ 与 $\lg f$ 呈线性关系，斜率接近 −1，相位角为 −90°。在低频区，电阻行为更为明确。Bode 图表明，电极阻抗具有图 6-28 所表示的等效电路，由于低频时 $\lg|Z|\sim\lg f$ 的斜率不等于 −1，相位角也不是 −90°，电极的阻抗可以用常相位角元件 CPE 来表示。表 6-5 列出了电路各参数的数值。因为 n 接近 1，所以 CPE 表示双电层电容，它与电荷转移电阻 R_{ct} 并联，随着阳极极化增加，R_{ct} 减小，表明阳极溶解增加。

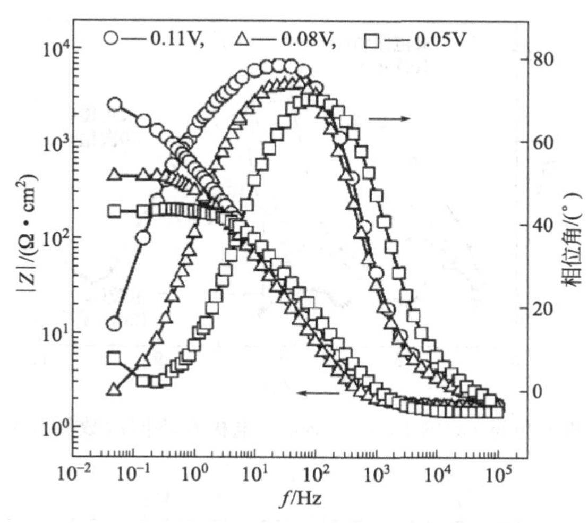

图 6-55 Sb 电极在不同过电势时的 Bode 图

表 6-5 Sb 电极等效电路各参数的数值

E/V	$Q/(10^6\,\Omega^{-1}\cdot cm^{-2}\cdot s^n)$	n	$R_{ct}/(10^{-2}\,\Omega\cdot cm^2)$
−0.11	314	0.90	22.20
−0.08	359	0.95	4.29
−0.05	205	0.89	1.96

电化学阻抗谱还可以研究二次电极在循环过程中的性能变化。如镧系储氢合金粉末由于 La 在充放电过程中会发生表面偏析富集，进而导致合金表面被氧化、粉化，导致在循环过程中容量下降、性能衰减。A. Durairajan 等[59]用 EIS 研究了储氢合金电极 $LaNi_{4.27}Sn_{0.24}$ 及在其表面进行包覆 Co 处理后所制电极在循环过程中的电阻变化情况，从而推断合金的氧化情况。图 6-56 是两种电极在不同次数循环后开路条件下测得的阻抗谱图，测试频率范围为 $10^{-3}\sim10^5$ Hz。

储氢合金电极体系中主要的电阻有：电解质溶液电阻、集流体与储氢合金颗粒之间的接触电阻、合金颗粒之间的相互接触电阻以及合金表面的电化学反应极化电阻（与活性表面的面积成反比）。用图 6-57 所示等效电路模拟取得了很好的拟合效果。图中 R_{el} 代表电解液电阻；C_{cp} 和 R_{cp} 代表集流体与合金颗粒的电容及接触电阻；C_{pp} 和 R_{pp} 代表合金颗粒之间的电容及接触电阻；常相位元件 Q_{cpe1} 代表双电层电容；R_p 代表电荷传递电阻；常相位元件 Q_{cpe2} 和 R_w 并联代表离子扩散阻抗。图 6-56 中第一个半圆为 $C_{cp}R_{cp}$ 和 $C_{pp}R_{pp}$ 叠加而成，其实部反映了电极欧姆电阻的大小；第二个半圆的实部反映了电荷传递电阻的大小。

如图 6-56 所示，虽然包覆 Co 电极开始时电阻稍大，但循环 120 次以后，电极欧姆电阻和电荷传递电阻均增加不多；而未包覆 Co 的电极 50 次循环后已经有很大的电极欧姆电阻，第二个半圆也消失了，说明其电荷传递电阻也很大。从图 6-58 所示的 Bode 图上也可以清楚地看到，未包覆 Co 的电极电阻随循环次数的增加而很快增大，说明循环过程中合金表面逐渐被氧化物覆盖，表面氧化物无法被还原，故造成阻抗增加、容量下降；而包覆 Co 的电极电阻在循环过程中变化不大，说明 Co 包覆处理后有效地抑制了 La 的富集，防止了氧化，而且保证了合金颗粒间良好的电接触，大大地改善了合金的电化学性能。

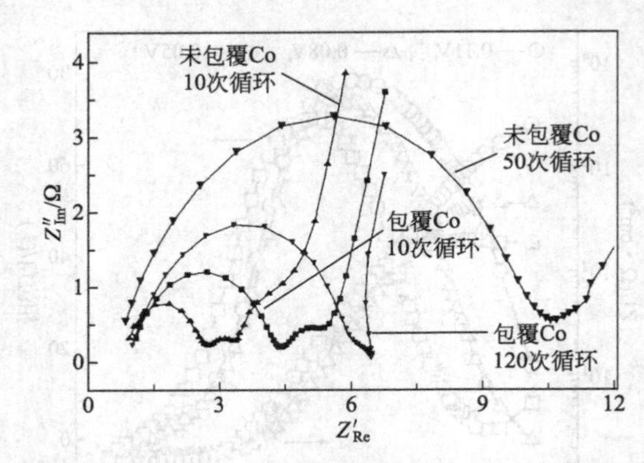

图 6-56　包覆和未包覆 Co 的 $LaNi_{4.27}Sn_{0.24}$ 电极在不同次数循环后测得的阻抗谱

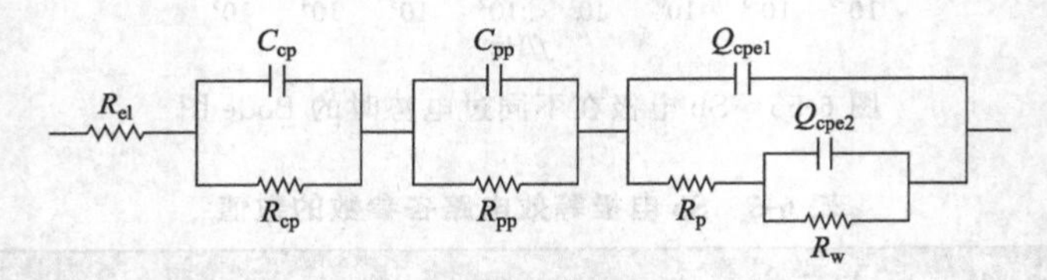

图 6-57　储氢合金电极等效电路示意图

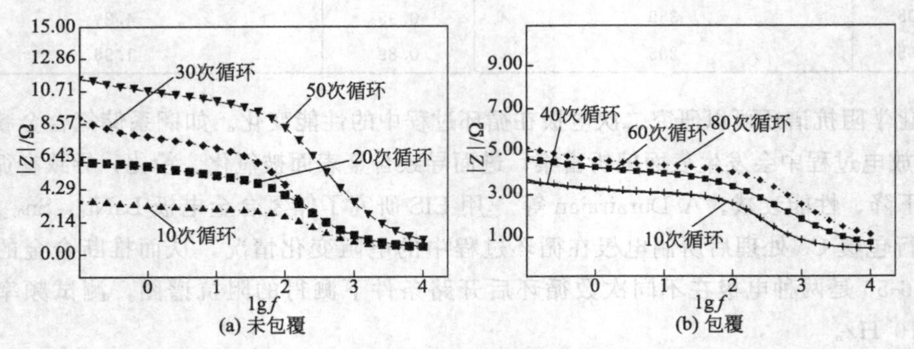

图 6-58　$LaNi_{4.27}Sn_{0.24}$ 电极在不同次数循环后测得的 Bode 图

如果对电池进行 EIS 测试，则要考虑正负极在谱图上的反映。如图 6-59 是一个铅酸电池的阻抗复数平面图[60]。其等效电路可采用图 6-60 中所示的电路。在超高频范围内，出现了一段实轴以下的感抗，这通常是由导线电感和电极卷绕电感产生的，这一电感和电池等效电路的其余部分之间应为串联关系。这种超高频（通常在 10kHz 以上）电感往往只在阻抗很小的体系，如电池、电化学超级电容器中才能被明显地观察到。在高频段出现的容抗弧对应的是铅负极的界面阻抗，其阻抗值相对较小，可以用图中所示的 Q 和 R_2 代表其双层电容和反应电阻。在低频段出现的容抗弧对应的是二氧化铅正极的界面阻抗，可以用图中所示的 C 和 R_3 代表其双层电容和反应电阻。欧姆电阻用串联的电阻 R_1 模拟。由于阻抗谱没有出现扩散特征，故可以忽略扩散阻抗。用此等效电路对阻抗数据拟合的结果如图 6-59 中的实线所示，可以看出拟合的效果较好。

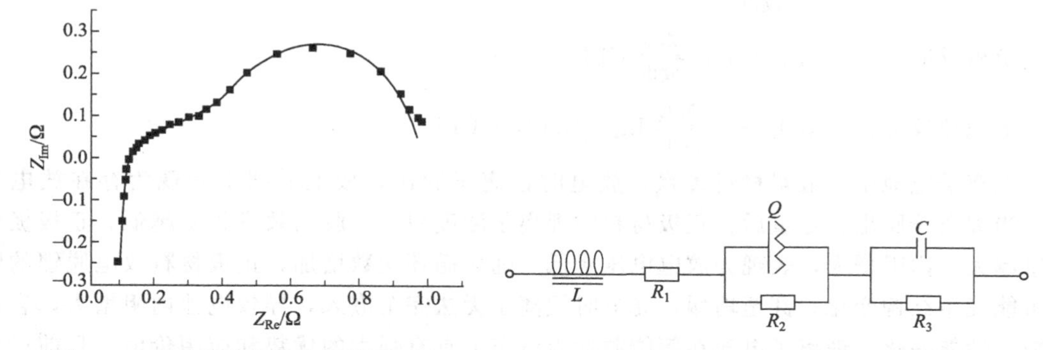

图 6-59 铅酸电池的阻抗复数平面图
方块为测量数据，实线为拟合数据

图 6-60 铅酸电池阻抗谱对应的等效电路

由于电化学阻抗谱（EIS）能够提供丰富的界面结构及电极过程特征的信息，在电化学研究中的应用已经普遍化，但 EIS 反映的是所测试样面积整体的平均信息，随着电化学研究的不断发展和深入，传统的宏观电化学测量技术已经不能满足研究的需要，出现了多种先进的微区电化学测量技术，如局部电化学阻抗谱（Local Electrochemical Impedance Spectroscopy，LEIS）、扫描开尔文探针（scanning kelvin probe，SKP）、电化学扫描探针显微镜（electrochemical scanning probe microscope，ECSPM）（包括电化学扫描隧道显微镜 ECSTM 和电化学原子力显微镜 ECAFM）、扫描电化学显微镜（scanning electrochemical microscope，ECSPM））等。这些微区电化学测量技术可以从微观层面分析材料的局部电化学、化学或物理特征，对材料的特性差异在微小尺寸上（典型的空间分辨率为 0.1～50μm）进行区分，为电化学各领域的研究提供了新的更深入的研究方法，也得到了越来越广泛的应用。

实验内容

一、嵌入反应的电化学阻抗谱行为

（一）实验目的

① 掌握测量电化学阻抗谱的基本方法；

② 了解嵌入反应原理，掌握典型的嵌入反应的 EIS 谱图特征；

③ 掌握应用 ZSimpWin 软件进行电化学阻抗谱解析的方法。

（二）实验原理

锂离子电池是一种二次电池（充电电池），在充放电过程中，Li^+ 在两个电极之间往返嵌入和脱嵌，发生电化学嵌入型反应。电化学嵌入型反应，是指电解质中的离子（或原子、分子）在电极电势的作用下嵌入电极材料主体晶格（或从晶格中脱嵌）的过程。嵌入和脱嵌反应的进行速度与电极电势有关，嵌入粒子的数量决定于嵌入反应过程消耗的电量。

锂离子电池多数以含锂的化合物（如层状结构 $LiNiO_2$、尖晶石型 $LiMn_2O_4$、橄榄石型 $LiFePO_4$及三元材料等）作正极，以炭材料为负极。充电时，Li^+从正极脱嵌，经过电解质嵌入负极，负极处于富锂状态；放电时则相反。以 $LiCoO_2$为例，电极反应如下：

正极反应：$LiCoO_2 \underset{放电}{\overset{充电}{\rightleftharpoons}} Li_{1-x}CoO_2 + x Li^+ + xe^-$

负极反应：$C + x Li^+ + xe^- \underset{放电}{\overset{充电}{\rightleftharpoons}} CLi_x$

电池总反应：$LiCoO_2 + C \underset{放电}{\overset{充电}{\rightleftharpoons}} Li_{1-x}CoO_2 + CLi_x$

锂离子电池中一般炭材料过量，放电时锂离子脱出，放电曲线上表现为存在放电平台。当锂离子脱出一定量后，正极材料中锂离子浓度减小，脱出效率越来越低，正极极化越来越大，内阻增大，表现为放电电压降低。随着循环次数增加，正极材料放电脱锂的同时可能发生结构变化，甚至坍塌，充电时锂离子无法完全嵌入，导致电池内阻增大，容量衰减，性能恶化。锂离子电池在新能源动力汽车上具有强大的优势和应用价值，目前世界各国的诸多研究者正在全力开发应用安全、高比容量、高比能量且循环性能好的锂离子电池。

电化学阻抗谱在锂离子电池正负极、电解质及隔膜材料的研究中得到了广泛的应用。图 6-61 是嵌入型电极上测得的典型阻抗谱，图中的标注是引起相应频率范围阻抗影响的电极弛豫过程。

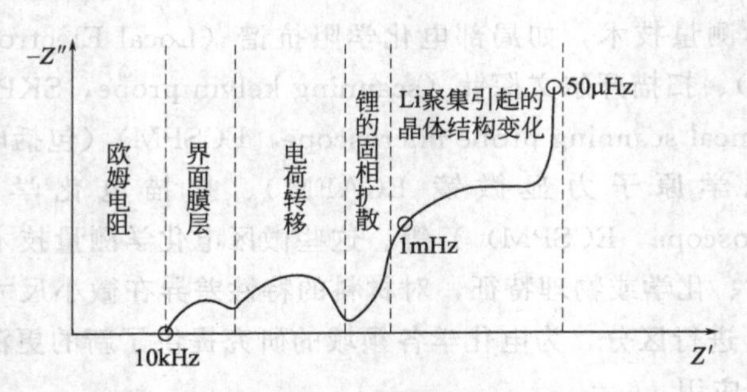

图 6-61　嵌入型电极的典型电化学阻抗谱

如图 6-61 所示，锂离子在嵌合物电极中的嵌入和脱出过程的典型 EIS 谱包括 5 个部分：① 超高频区域（10^4kHz 以上），欧姆电阻 R_Ω，包括锂离子和电子通过电解液、多孔隔膜、导线等过程有关的欧姆电阻；② 高频区域，（$R_{SEI}C_{SEI}$）并联引起的容抗弧，R_{SEI}为锂离子扩散迁移通过 SEI 膜的电阻；③ 中频区域，（R_rC_d）并联引起的容抗弧，R_r为电化学反应电阻，也可记为 R_{ct}，C_d为双电层电容；④ 低频区域，Warburg 阻抗 Z_W，由于锂离子在电极材料内部的固体扩散过程引起的扩散直线；⑤ 超低频区域（<10^{-2}Hz），电容 C_{int}，C_{int}表征电极材料内部锂聚集引起相变的电容。也有研究[61]指出，当电极材料的电子导电性较差时，在中高频范围内（介于上述②和③之间）应考虑电子在电极材料内部的输运，采用（R_bC_b）并联电路，其中，R_b和 C_b表征电极材料内部的电子电阻和电容。

由于在界面膜的形成过程中，随着膜厚度的增加，参与成膜反应的物质逐渐减少，反应地点也离活性表面越来越远，所以界面膜在电极表面一侧和溶液一侧的组成、结构和导电性都有所不同，一般认为界面膜按照从溶液本体到电极方向分别为多孔层和紧密层，而且紧密层也是多孔结构。所以（$R_{SEI}C_{SEI}$）表述为（$R_{film}C_{film}$）更恰当，尤其是对应的容抗弧不够圆滑出现部分歪曲，这是由多层膜阻抗叠加在一起造成的，它反映了多层膜的离子导电性和电容。该段容抗弧可以用2～4个串联的（RC）电路来进行等效模拟，每一个时间常数都对应着界面膜上的不同膜层，如图6-62所示。就界面膜层结构而言，结构紧密的（RC）出现在更高频且电容值偏小，结构疏松多孔的（RC）出现在相对较低频且电容值偏大。

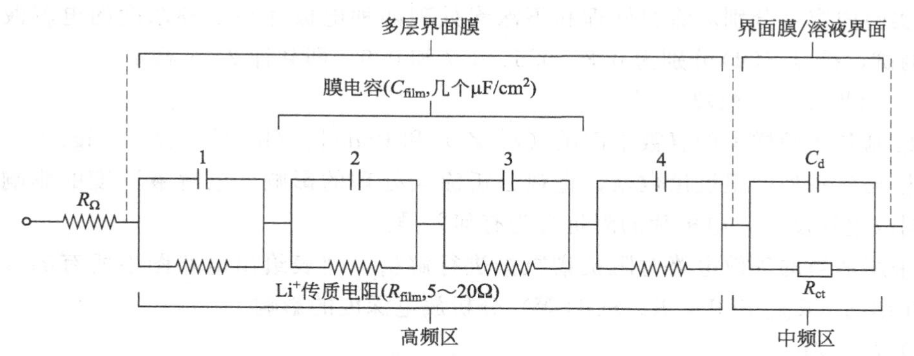

图6-62 锂离子电池电极材料的界面膜层阻抗构成示意图[62]

在EIS的实际测量中，多数情况下测量频率范围为10^5～10^{-2}Hz，而锂的聚集及电极材料的相变过程发生在更低频率区，因而常见的锂离子电池EIS谱的Nyquist图由（$R_{film}C_{film}$）并联电路和（R_rC_d）并联电路对应的两个容抗弧和Z_W即锂离子固相扩散的斜线组成。多数情况下，Li^+通过界面膜的嵌入迁移过程成为速率控制步骤，所以出现与界面膜有关的容抗弧是阻抗谱的主要特征。由于电极材料的多样性和特殊性，部分体系中只观察到了一个容抗弧和一条斜线，这可能是因R_{SEI}值较小而（$R_{SEI}C_{SEI}$）消失，或者由于界面膜层结构的原因，使得（$R_{SEI}C_{SEI}$）和（R_rC_d）的频率范围接近而相互重叠。

本实验对锂离子电池中$LiMn_2O_4$正极性能进行阻抗谱行为测试。

（三）主要仪器与试剂

仪器：电化学工作站（具备电化学阻抗谱测试功能，型号不限），氩气保护的手套箱，球磨机、锂离子电池专用三电极电解池体系，$LiMn_2O_4$正极片作为工作电极，金属锂丝作为参比电极，锂片作为对电极。

试剂与溶液：$LiMn_2O_4$正极浆料［尖晶石型$LiMn_2O_4$、质量分数为5%乙烯丙烯二烃单体（EPDM）的环己烷溶液和炭黑］，铝箔，电解液$LiBF_4$/2∶1 EC∶DMC。

（四）实验内容与步骤

① $LiMn_2O_4$正极片的制备：将尖晶石型$LiMn_2O_4$、EPDM的环己烷溶液和炭黑按照质量比为80∶15∶5混合得到正极浆料，进行手动搅拌后用球磨机球墨1h。球磨后的浆料颗粒直径约8μm。用玻璃棒将球磨后的浆料铺展在铝箔（涂炭处理和不涂炭处理两种）上，待其干燥，干燥后的浆料层厚度约40μm。

② 电解池的配置与安装：由正极片冲出直径为2cm的圆片作为工作电极（每个正极片上电极材料约15 mg），相同大小的锂箔为对电极，参比电极为金属锂丝（直径0.7mm），焊上引线Ni丝后嵌在PTFE的毛细管中，置于离工作电极表面2mm处。电解液为0.5mol/L $LiBF_4$/2∶1 EC∶DMC、1mol/L $LiBF_4$/2∶1 EC∶DMC和2mol/L $LiBF_4$/

2∶1 EC∶DMC。

③ 测试前的极化处理：以 C/12 的电流在 3.3～4.3V(vs. Li^+/Li) 范围内进行 5 次充放循环。

④ 阻抗测试参数：将电极片以 C/12 的电流放电至某一放电深度（SOD）后在开路电势下静置 1h 后开始测量。起始频率 10^5 Hz，终止频率 10^{-2} Hz，Points/decade 为 10，交流幅值 5mV。

⑤ 实验内容：分别对涂炭处理和不涂炭处理两种电极片在三种浓度的电解液中进行阻抗谱测试，控制 SOD 分别为 0.3、0.5、0.7 和 0.9。即共计 24 个样本。

（五）数据记录与处理

① 绘制各实验样本的复数平面图（Z''-Z'）和 Bode 图（lg|Z|-lg$f$、ϕ-lg$f$）。

② 根据各系列的阻抗谱数据，直观分析涂炭处理的影响、电解液浓度的影响，并分析在不同放电深度下，电极片的阻抗行为有何差异。

③ 采用适当的等效电路对阻抗谱数据进行解析，列表给出电路图中所有的参数拟合结果，并作图（R_{film}-SOD，R_{ct}-SOD 等）分析放电深度的影响。

（六）思考题

锂离子电极材料的阻抗谱中，高频区的（$R_{SEI}C_{SEI}$）容抗弧受哪些因素影响？如果所得的阻抗谱数据中只包含一个容抗弧和低频区的扩散直线，如何判断该容抗弧是（R_{SEI} C_{SEI}）还是（R_rC_d）引起的？

二、有机涂层防护下的金属腐蚀过程的 EIS 行为

（一）实验目的

① 掌握测量电化学阻抗谱的基本方法；

② 掌握典型的阴极性涂层防护下金属腐蚀反应的 EIS 谱图特征；

③ 掌握应用 ZSimpWin 软件进行电化学阻抗谱解析的方法。

（二）实验原理

现代工业的发展促进了运输、船舶、码头等工程的大规模兴建，其中钢铁是最为常见的材料，但是这些钢铁设施长期经受海水、盐雾、大气及紫外线等多种破坏作用而产生严重的腐蚀。各国的防腐实践证明：涂料防腐蚀是最有效、最经济的方法。重防腐涂料的应用涉及现代化的其他各个领域，如大型的工矿企业：石油化工、钢铁及大型矿山冶炼的管道、储槽、设备等；重要的能源工业：天然气、油管、油罐、输变电、核电设备及煤矿矿井等；现代化的交通运输：桥梁、船舶、集装箱、火车和汽车等；新兴的海洋工程：海上设施、海岸及海上石油钻井平台等。

表面涂覆有机涂层是防止金属发生腐蚀的最有效、简便和经济的方法之一。但涂层金属结构件在长期的服役过程中，不可避免地会遭到环境中腐蚀因子的侵蚀。目前涂装金属耐蚀性能的测试方法包括现场腐蚀试验、实验室加速腐蚀试验（如盐雾试验、湿热试验等）和电化学测试快速评价法。用于腐蚀研究的电化学测试方法有直流极化曲线、恒电势阶跃、电流阶跃法、电化学阻抗谱和电化学噪声等。针对具有很高欧姆阻抗的有机涂层防腐体系，电化学阻抗谱具有独特的优势。

EIS 技术仅需对体系施加一个微小幅度的正弦波扰动，几乎不会对涂层产生影响，从而可实现一个样品多次测量，进而能够跟踪监测腐蚀介质向涂层内渗透过程、基体金属腐

蚀过程及涂层失效过程。EIS可以通过测量涂层电阻、腐蚀电阻、界面电容等了解涂层性质完整性与缺陷失效等信息，EIS还具有测试结果定量化、测试时间较短等优点，是一种准确度很高的快速评价有机涂层防腐性能的方法，也可用于有机涂层防腐机理的研究。

曹楚南和张鉴清[1]在腐蚀电化学领域做出了许多重要成果，其中就包括有机涂层防护下的金属电极阻抗谱的演变规律。以下对该理论模型做简单介绍。

依据有机涂层下的金属电极的阻抗谱特征，可以将有机涂层/金属基体在中性介质中（典型的是3.5%的NaCl溶液中的浸泡试验）的腐蚀过程划分为三个阶段。

第一阶段，腐蚀初期涂层的屏蔽性能较好，只存在一个时间常数，可采用等效电路$R_\Omega(R_cC_c)$进行拟合（图6-63）。浸泡初期涂层体系相当于一个“纯电容”，求解涂层电阻R_c会有较大的误差，而涂层电容C_c可以较准确地估算。随着浸泡时间的延长，腐蚀介质不断向涂层内部即涂层/金属界面渗透，C_c不断增大，R_c逐渐减小。

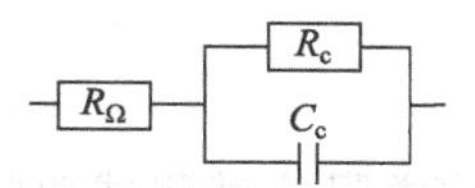

图6-63 浸泡初期涂层/金属体系的阻抗等效电路

R_Ω—溶液电阻；R_c—涂层电阻；C_c—涂层电容

第二阶段，阻抗谱图出现两个时间常数，涂层的阻抗行为与涂层的结构有关，如图6-64所示。如果介质是通过涂层微孔或局部缺陷渗入，可采用等效电路$R_\Omega(C_c(R_{po}(C_dR_r)))$；如果腐蚀介质是均匀地渗入涂层体系且界面的腐蚀电池是均匀分布的，则采用$R_\Omega(C_cR_c)(C_dR_r)$；如果涂层中含有大量的颜填料等添加物，有的有机涂层中还专门添加阻挡溶液渗入的片状物，此时介质的渗入较困难，参与界面腐蚀反应的反应粒子（如溶解在水中的氧或Cl^-）的传质过程就可能是个慢步骤，EIS中往往会出现扩散过程引起的阻抗，采用电路$R_\Omega(C_c(R_{po}Z_w(C_dR_r)))$可以得到较好的拟合效果。在实际的阻抗数据解析时，扩散阻抗可以是半无限扩散Z_w、有限层扩散Z_O或阻挡层扩散Z_T中的任何一种，或者在腐蚀过程中会先后出现不同类型的扩散过程，这取决于涂层的具体成分和结构。

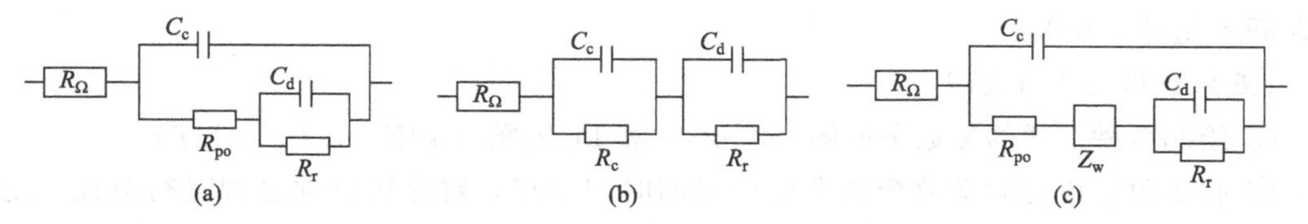

图6-64 腐蚀中期涂层/金属体系的EIS等效电路

(a) 介质通过涂层微孔或局部缺陷渗入；(b) 介质均匀地渗入涂层体系；(c) 介质的扩散较慢。

R_{po}—通过涂层微孔途径的电阻值；C_d—双电层电容；R_r—电荷转移电阻；Z_w—介质扩散阻抗

到腐蚀后期，随着涂层中宏观孔或裂缝的形成，原本存在于有机涂层中的介质浓度梯度消失，而在界面区因基底金属的腐蚀反应产生的腐蚀产物的堵塞引起新的浓度梯度层，则可采用电路$R_\Omega(C_c(R_{po}(C_d(R_rZ_w))))$进行拟合，见图6-65。这里的扩散阻抗也可以是半无限扩散Z_w、有限层扩散Z_O或阻挡层扩散Z_T中的任何一种，或者依次出现不同的扩散过程。

对于重防腐的多层涂装体系，其服役失效过程的EIS变化较大，时间常数的个数由1个增加到2个甚至3个。可以分阶段解读阻抗数据，通常认为，R_c表征涂层抗腐蚀性介

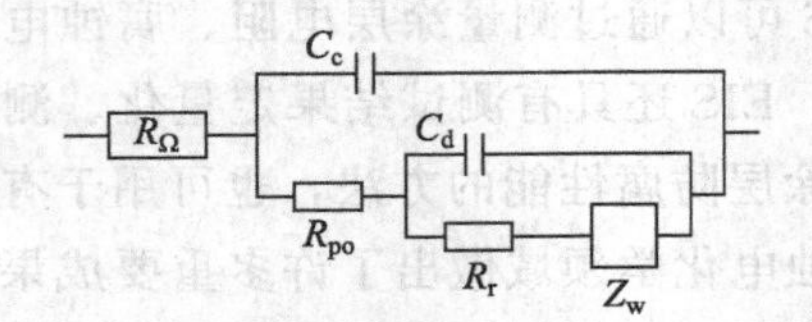

图 6-65 腐蚀后期涂层/金属体系的 EIS 等效电路

质的渗透能力，由 C_c值可估算界面处介质的介电常数，从而间接表征涂层含水率，R_r可反映电化学反应速率，C_d则表征界面区腐蚀介质的渗透量或涂层与基体金属的剥离程度，Z_w一般出现在阻抗谱低频区，反映扩散过程。可以基于这些参数对涂层防护体系进行评价或研究。

本实验以环氧清漆/低碳钢、环氧铁红/低碳钢为试样，分别跟踪测量这两种防护体系在中性介质中的阻抗行为变化。

（三）主要仪器与试剂

仪器：电化学工作站（具备电化学阻抗谱测试功能，型号不限），三电极电解池体系（图 2-26 所示的电解池最好），环氧清漆/低碳钢或环氧铁红/低碳钢试样为工作电极，饱和甘汞电极为参比电极，铂片或者铂网作为对电极。

试剂与溶液：有机涂层试样尺寸为 60mm×60mm×1mm（工作电极的有效面积以电解池的尺寸为准），底板采用冷轧低碳钢板 Q345B，涂层厚度为（75±10）μm，用环氧清漆或环氧铁红漆刷涂两道制成。腐蚀介质为质量分数为 3.5% 的 NaCl 溶液。室温浸泡，每两天更换一次溶液。

（四）实验内容与步骤

① 阻抗测试参数：在开路电势下进行阻抗测量。起始频率 10^5 Hz，终止频率 10^{-2} Hz，每 10 倍频率范围取 10 个点，交流幅值 20mV。

② 实验内容：前 30 天的测量时间为 1 天、3 天、6 天、12 天、18 天、24 天、30 天，第 31 天以后，每 10 天测一次，一直到试样表面出现肉眼可见的鼓泡或锈斑为止，总的测量时间不超过 350 天。

（五）数据记录与处理

① 绘制两种试样的复数平面图（Z''-Z'）和 Bode 图（$\lg|Z|$-$\lg f$、ϕ-$\lg f$）。

② 找出阻抗谱时间常数个数发生变化的时间节点，对涂层腐蚀过程进行分段，定性分析两种试样的阻抗谱行为的异同。

③ 根据阻抗谱的特征，采用适当的等效电路进行拟合，并绘制各参数随时间的变化，如 R_c-t、C_c-t、R_c-t、C_d-t 等。对两种涂层体系的结果进行对比讨论。

（六）思考题

除了采用等效电路法，也可以采用 6.4.5 小节中介绍的某些特征参数来进行有机涂层性能评价，可对比各参数在该实验中的适用性并思考其原因。

参考文献

[1] 曹楚南，张鉴清．电化学阻抗谱导论［M］．北京：科学出版社，2002.

[2] 史美伦．交流阻抗谱原理及应用［M］．北京：国防工业出版社，2001.

[3] Evgenij Barsoukov, J Ross Macdonald. Impedance Spectroscopy Theory, experiment, and applications (Second Edition) [M] . John Wiley & Sons, Inc., 2005.

[4] Mark E Orazem, Bernard Tribollet. Electrochemical Impedance Spectroscopy [M] . John Wiley & Sons, Inc., 2008.

[5] Andrzej Lasia. Electrochemical Impedance Spectroscopy and its Applications [M] . Springer, 2014.

[6] Torben Jacobsen, Keld West. Diffusion impedance in planar, cylindrical and spherical symmetry. Electrochimica Acta, 1995, 40(2): 255-262.

[7] Madhav Durbha, Mark E Orazem, Bernard Tribollet. A Mathematical Model for the Radially Dependent Impedance of a Rotating Disk Electrode [J] . J Electrochem Soc, 1999 146(6): 2199-2208.

[8] Barber J, Morin S, Conway B E. Specificity of the kinetics of H_2 evolution to the structure of single-crystal Pt surfaces, and the relation between opd and upd H [J] . Journal of Electroanalytical Chemistry, 1998, 446(1-2): 125-138.

[9] Gonzμlez-Cuenca M, Zipprich W, Boukamp B A, et al. Impedance Studies on Chromite-Titanate Porous Electrodes under Reducing Conditions [J] . Fuel Cells, 1 (2001), 256-264.

[10] Adler S B, Lane J A, Steele B C H. Electrode Kinetics of Porous Mixed-Conducting Oxygen Electrodes [J] . J Electrochem Soc, 1996, 143(11): 3554-3564.

[11] Atangulov R U, Murygin I V. Gas electrode impedance with slow adsorption and surface diffusion [J] . Solid State Ion., 1993, 67(1-2): 9-15.

[12] Bernard A Boukamp, Henny J M. Bouwmeester. Interpretation of the Gerischer impedance in solid state ionics [J] . Solid State Ionics, 2003, 157(1-4): 29-33.

[13] Bernard A Boukamp. Electrochemical impedance spectroscopy in solid state ionics: recent advances [J] . Solid State Ionics, 2004, 169(1-4): 65-73.

[14] Boukamp B A, Verbraeken M, Blank D H A, et al. SOFC-anodes, proof for a finite-length type Gerischer impedance [J] . Solid State Ionics, 2006, 177(26-32): 2539-2541.

[15] Göhr H, Schaller J, Schiller C A, Electrochim [J] . Acta 38(14)(1993) 1961.

[16] Young L. Anodic oxide films 4: The interpretation of impedance measurements on oxide coated electrodes on niobium [J] . Transactions of the Faraday Society, 1955, 51:1250-1260

[17] Bryan Hirschorn, Mark E Orazem, Bernard Tribollet, et al. Determination of effective capacitance and film thickness from constant-phase-element parameters [J] . Electrochimica Acta, 2010, 55: 6218-6227.

[18] Anh Son Nguyen, Marco Musianib, Mark E Orazem, et al. Impedance analysis of the distributed resistivity of coatings in dry and wet conditions [J] . Electrochimica Acta, 2015, 179: 452-459.

[19] Anh Son Nguyen, Marco Musiani, Mark E Orazem, et al. Impedance study of the influence of chromates on the properties of waterborne coatings deposited on 2024 aluminium alloy [J] . Corrosion Science, 2016, 109: 174-181.

[20] Mansfeld F, Lin S, Chen Y C, Shih H. Minimization of high-frequency phase shifts in impedance measurements [J] . JES, 1988, 135: 906

[21] Slemnik M, Doleček V, Gaberšček M. Impedance measurements of stainless different heat treated steels in the active-passive region. Acta Chim. Slov., 2003, 50: 43-55.

[22] Mansfeld F, Tsai C H. Determination of Coating Deterioration with EIS: Ⅰ. Basic Relationships [J] . Corrosion, 1991, 47(12): 958-963.

[23] Tsai C H, Mansfeld F. Determination of Coating Deterioration with EIS: Ⅱ. Development of a Method for Field Testing of Protective Coatings [J] . Corrosion, 1993, 49(9): 726-737.

[24] 张鉴清，曹楚南．电化学阻抗谱方法研究评价有机涂层 [J] ．腐蚀与防护，1998，19(3)：99-104.

[25] Mansfeld F. Use of electrochemical impedance spectroscopy for the study of corrosion protection by polymer coatings. Journal of Applied Electrochemistry, 1995, 25: 187-202.

[26] Haruyama S, Asari S, Tsuru T. Corrosion protection by organic coatings [J] . Electrochem Soc, 1987, 87: 197

[27] Shiro H, Shirohi S. Electrochemical Impedance for a Large Structure in Soil [J] . Electrochimica Acta, 1993, 38

(14)：1857-1865.

[28] 刘倞，胡吉明，张鉴清，等．基于高频电化学阻抗谱测试的涂层防护性能评价方法［J］．腐蚀科学与防护技术，2010，22(4)：325-328.

[29] Deflorian F，Fedrizzi L，Rossi S，Bonora P L. Organic coating capacitance measurement by EIS：ideal and actual trends. Electrochim［J］. Acta，1999，44：4243.

[30] XIA Da-hai，SONG Shi-zhe，WANG Ji-hui，et al. Fast Evaluation of Degradation Degree of Organic Coatings by Analyzing Electrochemical Impedance Spectroscopy Data［J］. Transactions of Tianjin University，2012，18(1)：15-20.

[31] Yasuda H，Yu Q S，Chen M. Interfacial factors in corrosion protection：an EIS study of model systems［J］. Progress in organic Coatings，2001，41(4)：273-279.

[32] 宋诗哲．腐蚀电化学研究方法［M］．北京：化学工业出版社，2004.

[33] Potvin E，Brossard L，Larochelle G. Corrosion protective performances of commercial low-VOC epoxy /urethane coatings on hot-rolled 1010 mild steel［J］. Progress in organic coatings，1997，31(4)：363-373.

[34] Isao Sekine. Recent evaluation of corrosion protective paint films by electrochemical methods［J］. Progress in Organic Coatings，1997，31：73-80.

[35] Kouloumbi N J. Coating Tech.，1994，66：839.

[36] 吴丽蓉，胡学文，许崇武．用 EIS 快速评估有机涂层防护性能的方法［J］．腐蚀科学与防护技术，2000(3)：60-62.

[37] Akbarinezhad E，Bahremandi M，Faridi H R，et al. Another Approach for Ranking and Evaluating Organic Paint Coatings Via Electrochemical Impedance Spectroscopy［J］. Corrosion Science，2009，51(2)：356-363.

[38] 赵必江．湿热海上钢构件涂层体系耐蚀性电化学快速评价技术的研究［D］．广州：华南理工大学，2016.

[39] Taberna P L，Simon P，Fauvarque J F. Electrochemical characteristics and impedancespectroscopy studies of carbon-carbon supercapacitors［J］. J Electrochem Soc，2003，150(3)，A292-A300.

[40] 马洁，蒋雄．析氢反应动力学的交流阻抗法研究［J］．应用化学，1995，12(6)：25-28.

[41] 裘晓滨，宋诗哲，赵天从．金属卟啉、酞菁修饰电极的研究（Ⅳ）-金属卟啉，酞菁修饰电极的频率响应分析［J］．中南矿冶学院学报，1986，1：101-109.

[42] 蒋雄．钴（Ⅱ）离子阴极还原研究［J］．物理化学学报，1993，9(1)：129-133.

[43] 杨新红，蒋雄，江琳才．弱酸性 KCl 溶液中 Zn^{2+} 在铜电极上沉积机理的探讨［J］．华南师范大学学报（自然科学版），1993，2：61-67.

[44] ISO 16773-1：2016. Electrochemical impedance spectroscopy (EIS) on coated and uncoated metallic specimens—Part 1：Terms and definitions.

[45] ISO 16773-2：2016. Electrochemical impedance spectroscopy (EIS) on coated and uncoated metallic specimens—Part 2：Collection of data.

[46] ISO 16773-3：2016. Electrochemical impedance spectroscopy (EIS) on coated and uncoated metallic specimens—Part 3：Processing and analysis of data from dummy cells.

[47] ISO 16773-4：2017. Electrochemical impedance spectroscopy (EIS) on coated and uncoated metallic specimens—Part 4：Examples of spectra of polymer-coated and uncoated specimens.

[48] Marchebois H，Keddam M，Savall C，et al. Zinc-rich powder coatings characterisation in artificial sea water EIS analysis of the galvanic action［J］. Electrochimica Acta，2004，49(11)：1719-1729.

[49] Rahmouni K，Keddam M，Srhiri A，et al. Corrosion of copper in 3% NaCl solution polluted by sulphide ions［J］. Corrosion Science，2005，47(12)：3249-3266.

[50] Gabrielli C，Keddam M，Minouflet-Laurent F，et al. Investigation of zinc chromatation Part Ⅱ. Electrochemical impedance techniques［J］. Electrochimica Acta，2003，48(11)：1483-1490.

[51] Titz J，Wagner G H，Spahn H，et al. Characterization of organic coatings on metal substrates by electrochemical impedance spectroscopy［J］. Corrosion，1990，46(3)：221-229

[52] E P M van Westing，G M Ferrari，J H W de Wit. The determination of coating performance with impedance

measurements-I. Coating polymer properties [J]. Corrosion Science, 1993, 34(9): 1511-1530.

[53] Santágata D M, Seré P R, Elsner C I, et al. Evaluation of the surface treatment effect on the corrosion performance of paint coated carbon steel [J]. Progress in Organic Coatings, 1998, 33(1): 44-54

[54] Kittel J, Celati N, Keddam M, et al. New methods for the study of organic coatings by EIS: New insights into attached and free films [J]. Progress in Organic Coatings, 2001, 41(1-3): 93-98

[55] Jiang Fan, Peter S Fedkiw. Electrochemical impedance spectra of full cells: Relation to capacity and capacity-rate of rechargeable Li cells using $LiCoO_2$, $LiMn_2O_4$, and $LiNiO_2$ cathodes [J]. Journal of Power Sources 1998, 72(2): 165-173.

[56] Laure Le Guenne, Patrick Bernard. Life duration of Ni-MH cells for high power applications [J]. Journal of Power Sources, 2002, 105(2): 134-138.

[57] Wagner N, Gülzow E. Change of electrochemical impedance spectra (EIS) with time during CO-poisoning of the Pt-anode in a membrane fuel cell [J]. Journal of Power Sources, 2004, 127(1-2): 341-347.

[58] Metikoš-Huković M, Babić R, Brinić S. EIS-in situ characterization of anodic films on antimony and lead-antimony alloys. Journal of Power Sources, 2006, 157(1): 563-570.

[59] Durairajan A, Haran B S, White R E, et al. Pulverization and corrosion studies of bare and cobalt-encapsulated metal hydride electrodes [J]. Journal of Power Sources. 2000, 87(1-2): 84-91.

[60] 贾铮，戴长松，陈玲. 电化学测量方法 [M]. 北京：化学工业出版社，2006：180-185.

[61] 庄全超，徐守冬，邱祥云，等. 锂离子电池的电化学阻抗谱分析 [J]. 化学进展，2010，22(6)：1044-1057.

[62] Levi MD, Aurbach D. Simultaneous measurements and modeling of the electrochemical impedance and the cyclic voltammetric characteristics of graphite electrodes doped with lithium [J]. J Phys Chem B, 1997, 101: 4630-4640.

第7章

电化学测量综合实验

本书前面几章介绍了各种电化学测量方法的基本原理及应用方法，也列举了应用实例。在面对具体的研究对象时，初学者往往困惑于如何综合运用多种测试手段进行多方面测试、综合分析并获取丰富的特征数据。本章参照各研究领域的典型文献，以研究型实验的形式，注重实验方案的设计及实验数据的整理分析。针对不同的研究对象，阐述多种电化学测量方法的综合运用，联合分析体系的稳态极化及暂态激励特征响应，通过解读 i-φ、i-t、φ-t 及阻抗等数据，表征体系的电化学行为，深入分析体系的电化学特性。希望本章内容能有助于学生熟练掌握电化学研究方法，使其能够学以致用。

在书写过程中，着重于试验设计与内容安排，并列出了详尽的实验参数。为体现研究中的试验设计思路，本章列出了“数据整理”部分，读者可以根据列出的图题和表题学习试验设计方法、理清研究思路；为了激发学生的自主思考及探索热情，本章在“数据示例”部分仅给出了部分实验数据。如有需要，可以按照本章的参考文献找到原始文献，但本章内容与原始文献并不完全相同。

7.1 锌铝铬涂层和锌铝涂层的耐蚀性研究

一、实验原理

（一）电化学噪声简介

目前，大部分的电化学测量技术都是通过在工作电极表面施加某一扰动信号（电势、电流、温度或光学信号等），准确测量参比电极或者辅助电极上得到的反馈电势和电流，根据响应函数进行分析，从而得到研究电极表面的各种电极反应信息。如前所述，测量的扰动信号越小，对电极的表面状态影响越小；但无论扰动信号大小，必然存在或大或小的影响，从而导致在测量过程中数据失真。电化学噪声测量法是一种原位的、无损的、无干扰的电极检测方法。

电化学噪声（electrochemical noise，EN）即电极表面上的电化学反应动力系统的演化过程中，该系统的电学状态参量（如电极电势、外测电流），随时间发生随机的非平衡波动。在此所说的波动是指研究电极的界面发生不可逆电化学反应而引起的电极表面的电势和电流的自发变化。电化学噪声产生于电化学系统本身，而不是来源于控制仪器的噪声或其他的外来干扰。这种波动信号提供了大量的系统演化信息，包括系统从量变到质变的信息。

电化学噪声的测量方法，依据系统非扰动原理（即可以不必施加任何电流或者电势信号来扰动系统），仅仅是对所研究的电化学系统进行观测和研究。目前，电化学噪声已经与电势扫描法、循环伏安法、控制电流法和电化学阻抗谱等常规的电化学测量方法相结合，广泛地应用于电化学的基础研究和各应用领域，如金属的腐蚀与防护、化学电源和金属电沉积和生物电化学等诸多学科领域的研究工作中。

（二）电化学噪声的测量

电化学噪声一般测量体系的电流噪声和电势噪声，其中电流噪声是测量系统的电极界面发生电化学反应而引起的两个工作电极之间的外测电流的波动数值；而电势噪声则是测量系统的工作电极（研究电极）表面的电极电势的波动数值（一般相对于参比电极）。

目前，绝大部分的电化学噪声测量都采用同种工作电极（两个工作电极材料相同）、异种参比电极（参比电极仍然为传统的参比电极，如 SCE 电极等）的电化学测量方法，它要求两个工作电极采用零电阻电流计（zero resistance amplifier，ZRA）进行连接。目前，两个相同工作电极的 ZRA 测量模式在电化学噪声测量方法中是最普遍采用的测量模式之一，而且由此模式得到的数据具有更高理论价值。

在实际测量过程中，选择合适的取样频率十分关键，它直接关系到测量结果的真实可靠性。如何选择合适的取样频率，一般根据被测体系可能产生噪声的来源而进行选择。电化学噪声最佳取样频率取决于产生噪声的过程及其采用的分析方法。若主要采用噪声功率谱密度分析，在这种情况下，取样速率不需要特别快，但是需要一个性能较好的低通去假频滤波器，以保证测量数据尽可能不被外界干扰。合适的采样频率对测量结果的影响是比较大的，目前常用的 0.5Hz、2Hz 或 5Hz 的采样频率对一般的电化学体系是比较合适的；但为了保证能够捕捉到闪烁噪声，采样频率一定要高于某一个最低频率值。一般来说，对于腐蚀研究，如果需要获得全部可能的信息，这就意味着所使用的取样频率应该尽可能快，以获得最大可能高频信息。但频率过高，电化学噪声的功率谱密度变小，此时仪表噪声接近于白噪声，这就给数据分析带来了困难。因此，最佳取样频率与所测系统的容量和电化学噪声相匹配，在一定范围内取样频率适当高一些。

选择的采样频率是否合适，可以通过测量固有噪声与体系的电化学噪声在时域内进行比较，或者将信号进行频谱转换，再对比其功率谱密度，就可以知道所研究的电化学系统采样频率设置是否合理。将测量系统的测量电势信号端断路，测量电流信号端短路，此时测得的噪声信号即为系统固有噪声的信号。如果所研究电化学体系采样频率设置过高，测量得到的电化学噪声将会被系统固有噪声所淹没而无法获得电极表面的有用信息，如果采样频率过低，许多有意义的噪声信号将会丢失。

（三）电化学噪声的数据处理

对于电化学噪声数据，在进行数据处理之前需要进行预处理。因为，随后的数据分析的前提条件是产生噪声数据的过程是稳定过程，然而，在测试时间内实际得到的噪声数据往往具有不稳定性，表现为噪声谱中存在明显的直流漂移现象，这种漂移能显著影响噪声数据的时域和频域分析结果。目前对于噪声数据中的漂移消除方法仍处于探索之中，消除漂移的方法主要有以下几种：高通滤波法、线性拟合消除法、二阶多项式消除法、移动平均值消除法（moving average removal，MAR）和多项式拟合消除法等。

（1）统计分析法

统计分析法是指在时间域内对电化学噪声信号采用统计数学的方法研究电极过程的方法，又称为时域分析。对于测量得到的电化学噪声数据，可以根据需要，对部分数据或者全部数据进行统计分析。典型的时域分析是通过对数据进行适当处理，得到一些重要的统计样本数据，这些样本数据往往包含了大量的系统电化学特征信息，它们的计算方法如表7-1所列。

表 7-1　噪声数据统计分析法的主要参数及计算公式

参数	计算公式	参数	计算公式
平均值，$\bar{X}$	$\bar{X}=\frac{1}{n}\sum_{i=1}^{n}X_i$	相对标准差，RSD	$\mathrm{RSD}=\frac{s}{\bar{X}}\times 100\%$
偏差，d	$d_i=X_i-\bar{X}$	均方根，RMS	$\mathrm{RMS}=\sqrt{\frac{1}{n}\sum_{i=1}^{n}X_i^2}$
极差，r	$r=X_{\max}-X_{\min}$	局部因子，LI	$\mathrm{LI}=\frac{s_{\mathrm{I}}}{\mathrm{RMS_I}}$
算术平均差，AD	$\mathrm{AD}=\frac{1}{n}\sum_{i=1}^{n}d_i$	不对称度，Sk	$\mathrm{Sk}=\frac{1}{(n-1)s^3}\sum_{i=1}^{n}(X_i-\bar{X})^3$
方差，σ	$\sigma=\frac{1}{n-1}\sum_{i=1}^{n}(X_i-\bar{X})^2$	峭度，Ku	$\mathrm{Ku}=\frac{1}{(n-1)s^4}\sum_{i=1}^{n}(X_i-\bar{X})^4$
标准差，s	$s=\sqrt{\frac{1}{n-1}\sum_{i=1}^{n}(X_i-\bar{X})^2}$	噪声电阻，R_n	$R_n=\frac{s_{\mathrm{E}}}{s_{\mathrm{I}}}$

注：n—进行分析的 n 个电化学噪声数据；i—第 i 个数据；X_i—第 i 个数据的电化学噪声数据；下脚标 I 表示电流噪声信号、E 表示电势噪声信号。

（2）频域分析法

电化学噪声信号具有较强的随机性与非稳定性，属于非线性信号，仅仅采用传统的数据解析手段（统计分析）很难全面反映电化学噪声信号的本质特征。因此，人们采用了频域分析法，频域分析，即将电流或电势信号随时间变化的规律通过某种数学处理转变为频域函数，也就是将电化学噪声信号由时间函数转变为电化学噪声谱，习惯上总是变换为功率谱密度（power spectral density，PSD）曲线。其变换过程为：将电流或者电势信号波动转化为单个的波峰，每一个被记录的电势梯度的直接变化作为一个启动信号和所需的时间间隔（峰期），得到的横坐标为频率，纵坐标为功率谱密度（PSD）曲线图，典型的PSD图如图7-1。

从图7-1可以看出，PSD曲线主要有如下几个特征参数：① 白噪声水平（white noise level，W），即PSD曲线中水平部分的高度（数值）；② 高频段斜率 k，即PSD曲线中高频段线性部分斜率值；③ 转折频率 f_c，即低频的白噪声水平段与高频段的线性部分交点（转折点）对应的频率；④ 截止频率 f_z，即高频段曲线没入基底水平对应的频率值。

目前，电化学噪声的频域分析主要集中在上述四个特征参数。人们普遍认为频域分析比时域分析更重要，因为频域的高频区往往对应着快步骤的动力学特征，而低频区则反映慢步骤的动力学特征。一般而言，PSD曲线的高频段变化的快慢可以用于区分不同类型的腐蚀，变化越快（即倾斜段坡度越大），则电极表面可能处于钝化或者均匀腐蚀状态。在此需要指出的是，在进行转换的过程中，背景噪声（直流漂移）对PSD会有很大的影响，

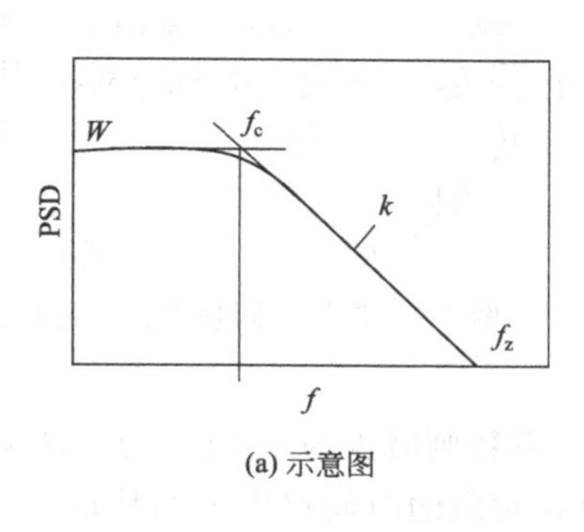

(a) 示意图

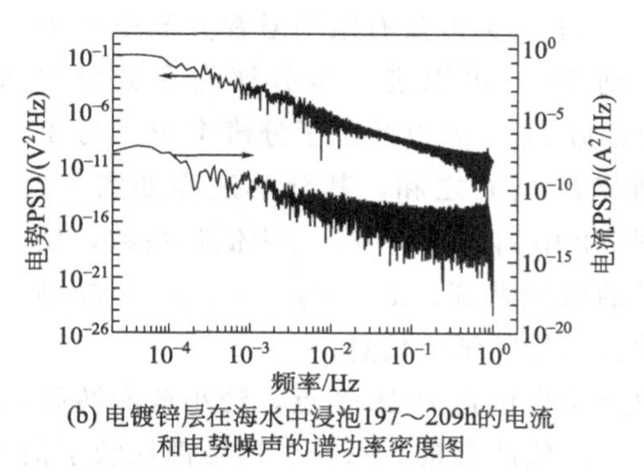

(b) 电镀锌层在海水中浸泡197～209h的电流和电势噪声的谱功率密度图

图 7-1 谱功率密度图[1]

所以在频域变换之前应消除直流部分。

目前，电化学噪声的频谱变换可采用的数学工具很多；但常见的时频转换技术主要有快速 Fourier 变换（fast fourier transform，FFT）和最大熵值法（maximum entropy method，MEM），这两种方法各有优缺点。FFT 是目前使用最广泛的时频转换的数学工具，适用于长期的稳态过程，其多元变换可以被平均，变换过程中能尽量避免有用信息的丢失，计算也比较简单，但分析数据量少，误差值较大，而且 FFT 在一个单数据集上的应用将不可避免地产生噪声谱。MEM 更适用于单数据集的分析，而且可以解决数据点较少的问题，得到的曲线也比较光滑；但是 MEM 的级数 m 需要人工给定，随意性较大导致容易产生错误的结果；而且它会受到非随机现象存在的影响，而使最后的分析变得十分复杂，难以进行下去。但是，对于非稳态体系，FFT 与 MEM 都将会产生错误结果，此时可以通过假设在某一小范围区间内电化学反应处于稳态，因此采用窗口函数是十分必要的。

尽管 MEM 和 FFT 能够将电化学噪声信号从时域转变至频域进行分析，但是由于 MEM 和 FFT 分析使用的是一种全局的变换，要么完全在时域，要么完全在频域，因此无法表述信号的时频局域性质，而这种性质对于某些非稳态的电化学噪声恰恰是最根本和最关键的性质。因此，为了分析和处理非平稳信号，人们提出并发展了一系列新的信号分析理论：如短时 Fourier 变换、Gabor 变换、时频分析、小波变换、分数阶 Fourier 变换、线调频小波变换、循环统计量理论和调幅-调频信号分析等。在电化学噪声分析领域中，最常用时频联合分析方法主要有两种：短时傅里叶（Fourie）变换（short-time Fourier transformation，STFT）和小波分析（wavelet transformation，WT）。

(3) 小波分析

小波分析是 Fourier 分析思想方法的发展与延拓。它自产生以来，就一直与 Fourier 分析密切相关。但是 FFT 适合于研究线性的、不变的稳态系统，而对于大量的非稳态信号，采用 FFT 就不很恰当。小波变换是一种信号的时间尺度分析方法，它具有多分辨率分析的特点，而且在时域和频域上都具有表征信号局部特征的能力，是一种窗口大小固定不变，但其形状可以改变，即时间窗和频率窗都可以改变的时频局部化分析方法。因此，在低频部分具有较高的频率分辨率，在高频部分具有较高的时间分辨率和较低的频率分辨率，很适合于探测正常信号中夹带的瞬态反常现象并展示其成分，被誉为分析信号的显微镜。所以，人们十分倾向于利用小波变换进行电化学噪声的杂散信号的滤除和有用信息的提取。

设信号 $H_j f$ 为能量有限信号在分辨率 2^j 下的近似，则 $H_j f$ 可以进一步分解为在分辨率 2^{j-1} 下的近似 $H_{j-1} f$ 以及位于分辨率 2^{j-1} 与 2^j 之间的细节 $D_{j-1} f$ 之和，其分解过程如图 7-2 所示。图 7-2 中 s_1、s_2、…、s_j 为低频系数，反映了信号的概貌特征，d_1、d_2、…、d_j 为高频系数，代表信号的细节信息。

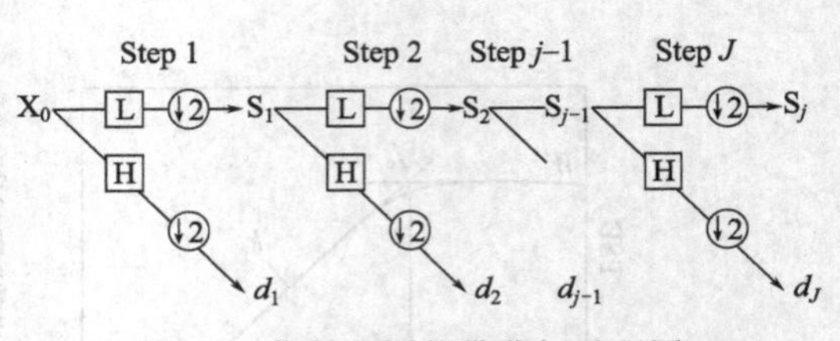

图 7-2 信号不同频带分解过程图

若原始信号包含 2048 个点，经小波变换后，d_1 系数则减少为 1024 个点，d_2 系数减少为 512 个点，依此类推。每一个尺度都反映了信号在对应的时间尺度上的特征。可以采用以下公式粗略计算尺度范围：

$$(C_1^j,\ C_2^j)=(2^j\Delta t,\ 2^{j-1}\Delta t) \tag{7-1}$$

式中，Δt 为取样间隔；j 代表相应的尺度。

小的时间尺度和大的时间尺度分别对应着快和慢的过程。表征时间尺度的尺度系数 d 按此顺序增大：$d_1<d_2<d_3<d_4<d_5<d_6<d_7<d_8$。

与频域分析的功率谱相类似，在小波分析中采用某尺度上的相对能量以表征噪声信号在对应的时间尺度上的分布。将各尺度上的相对能量对各尺度作图，即得到能量分布曲线。信号的能量 E 定义为

$$E=\sum_{n=1}^{N}x_n^2,\ n=1,\ 2,\ \cdots,\ N \tag{7-2}$$

用于估算各尺度上的信号强度占总信号的比重的相对能量分布为

$$E_j^d=\frac{1}{E}\sum_{k=1}^{N/2^j}d_{j,k}^2,\ j=1,\ 2,\ \cdots,\ J \tag{7-3}$$

$$E_j^s=\frac{1}{E}\sum_{k=1}^{N/2^j}s_{j,k}^2,\ j=1,\ 2,\ \cdots,\ J \tag{7-4}$$

如果选择的小波函数是正交的，则有

$$E=E_j^s+\sum_{j=1}^{j}E_j^d \tag{7-5}$$

通常人们广泛认为，亚稳态点蚀的萌芽、生长和死亡总是优先于其他的局部腐蚀，而且亚稳态点蚀比其他的过程如侵蚀性离子的扩散、腐蚀产物的迁移以及析氢过程要快得多[1]。而在 d_1、d_4-d_6 和 d_8 尺度上的相对能量分布则分别与亚稳态点蚀、点蚀和扩散相对应[2]。

(4) 分形理论分析

对于电极反应，当外界其他因素固定不变时，电化学噪声信号就随各种时间尺度（频率）形成一个特征谱，假设在此过程中不再存在其他特征尺度（外界影响因素）；由 PSD 定义式知道：随着放大倍数的增加，PSD 曲线中噪声信号所包含的频率成分增多，对于随机产生的信号，很有可能出现了复杂的分岔结构，最后出现无限多个周期，进入混沌状态；这说明电化学噪声具有时间意义上的分形结构，在频域谱中，电化学噪声的 PSD 曲线仍然具有分形结构。

通过分形理论分析，可以比较准确可信的求取 Hurst 指数 H 和 PSD 曲线分形维数 D_f，判断发生腐蚀的类型，甚至可以得到腐蚀速率、噪声电阻等参量，但这些情况缺乏足够的理论支持，仍有待进一步的研究。

尽管电化学噪声具有种种优点，但是它的缺点也比较明显。主要表现在：① 它仅仅可以用于监控腐蚀机理的变化，不能给出所涉及的动力学的信息，也不能给出扩散步骤的信息；② 电化学噪声的来源十分广泛，其产生机理至今仍然没有完全清楚；③ 由于电极反应的过程中，研究电极表面的电学状态参量本身会发生随机波动，其电化学信号和电极反应的过程之间的关系迄今为止尚未建立完整可靠的一一对应关系；④ 噪声数据的处理尽管采用了不少先进的方法，如统计学、Fourier 变换、小波理论和分形等数学方法，但各种方法都存在一定欠缺，不同的方法得到的结果相差很大，无法令人满意；因此，寻求更先进的数据解析方法已成为当前电化学噪声技术的一个关键问题。

二、实验内容与数据整理

针对高耐蚀性涂层特别是有机涂层、混凝土环境等高阻抗腐蚀体系，直流极化技术（如 Tafel 曲线及线性极化技术）因公式适用条件受限，所得结果误差大。本实验采用腐蚀电势、电化学阻抗谱和电化学噪声技术跟踪监测高耐蚀性涂层的腐蚀演变过程。

本实验可参考文献 [2-4]。

（一）锌铝铬与锌铝涂层的制备

制备涂层用涂料由金属粉浆和钝化液两部分组成，其中，锌铝铬涂料（简称 ZAC）和锌铝涂料（简称 ZA）的金属粉浆是一样的，只是锌铝铬涂料的钝化液中含铬酐，而锌铝涂料的钝化液中不含铬。

金属粉浆配制工艺如下：称取适量的片状锌粉和片状铝粉，然后加入分散剂，搅拌混匀后加入溶剂，搅拌均匀后加入附着力促进剂，最后加入稳定剂，搅拌 2h 后采用三辊磨粗研磨分散 2 次，细研磨分散 2 次后，真空包装。

钝化液配制工艺如下：取总量 50%（质量分数）的去离子水，加入稳定剂和钝化剂；然后另取总量 50 %（质量分数）的去离子水，滴加硅烷，50℃水浴熟化 4h 后再自然放置 24h，将上述两者快速混合且搅拌，得到澄清透明的胶体溶液。

涂料配制方法：将金属粉浆和钝化液按照 3：2 质量比进行混合，采用磁力（或者电动机）快速搅拌 1h 后，加入适量增稠剂，搅拌 48h。

涂层底板为 45 钢板，规格为 10mm×6mm×1mm，采用甩涂工艺制备。试验选定在转速 400 rad/s 下，甩液 1min 后在 800～1000 rad/s 的转速下甩液 1min。本次试验可采用经二次涂覆或三次涂覆的样板。

试样制备的流程如图 7-3 所示。

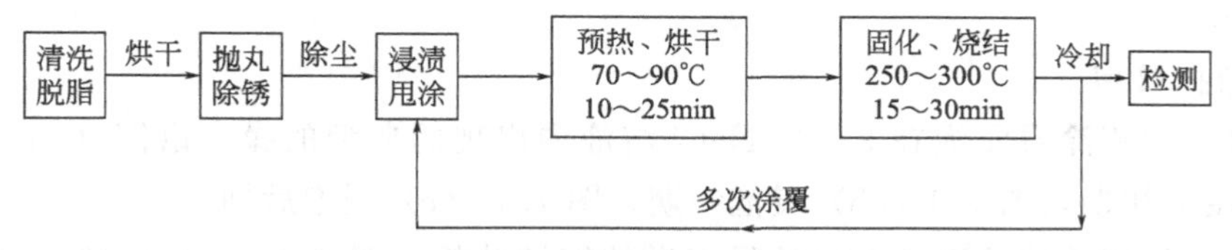

图 7-3 锌铝铬涂层或锌铝涂层试样的制备流程示意图

（二）开路电势随时间的变化趋势

（1）实验参数

试样半浸在 3.5%NaCl 溶液中，敞口放置在室温下。浸泡期间需用滴管添加去离子水，以维持液面不变。

测量时间：在浸泡前三天测量时间为1h、2h、3h、6h、9h、12h、18h、24h、32h、40h、48h、60h、72h，第四天开始，每天测一次，即96h、120h、144h等，一直到试样表面出现肉眼可见的红色锈点为止，约80天。

饱和甘汞电极为参比电极。

(2) 数据整理

图7.1-1 锌铝涂层和锌铝铬涂层在3.5%NaCl溶液中的腐蚀电势的变化。

(三) 电化学阻抗谱测试

在室温下进行锌铝涂层或锌铝铬涂层在3.5%NaCl溶液中的电化学阻抗谱测试。

(1) 实验参数

直流电势：开路电势；交流电势幅值：5mV；频率范围：10^5～10^{-2} Hz。

测试时间：在浸泡前三天测量时间为8h、9h、10h、14h、18h、24h、32h、40h、48h、60h、72h，第四天开始，每天测一次，即96h、120h、144h等，一直到试样表面出现肉眼可见的红色锈点为止，约80天。

(2) 数据整理

图7.1-2 锌铝涂层在3.5% NaCl溶液中的阻抗行为（Z''-Z'，lg$|Z|$-lg$f$，ϕ-lg$f$），可选取部分具有典型意义的数据，如浸泡时间为8h，1天，3天，6天，18天，45天，70天等。

图7.1-3 用于锌铝涂层阻抗谱数据拟合的等效电路。

图7.1-4 锌铝涂层的阻抗数据主要的拟合参数随浸泡时间的变化。

图7.1-5 锌铝铬涂层在3.5% NaCl溶液中的阻抗行为（Z''-Z'，lg$|Z|$-lg$f$，ϕ-lg$f$），可选取部分具有典型意义的数据，如浸泡时间为8h，1天，3天，6天，18天，45天，70天等。

图7.1-6 锌铝涂层和锌铝铬涂层在3.5% NaCl溶液中的$|Z|_{0.1Hz}$随时间的变化。

(四) 电化学噪声测试

在室温下进行锌铝涂层或锌铝铬涂层在3.5%NaCl溶液中的电化学噪声测试。

(1) 实验参数

测量模式：零电阻电流计ZRA模式，采用同种电极为工作电极和对电极，参比电极为饱和甘汞电极。

采样频率：5Hz；单次测量时间：8h。

测试时间：在浸泡前三天测量时间为1h、12h、24h、36h、48h、60h、72h，第四天开始，每天测一次，即96h、120h、144h等，一直到试样表面出现肉眼可见的红色锈点为止，约80天。

(2) 数据整理

图7.1-7 锌铝涂层浸泡在3.5% NaCl溶液中出现的典型的噪声谱图（i-t、φ-t），图7.1-7(a) 浸泡初期，图7.1-7(b) 浸泡中期，图7.1-7(c) 浸泡后期。

图7.1-8 锌铝涂层浸泡过程中的噪声谱的统计分析，图7.1-8(a) 电势统计分布图数量-φ和电流统计分布图数量-i，图7.1-8(b) 电势偏度$Sk\varphi$-t和电流偏度Sk_I-t，图7.1-8(c) 噪声电势的平均值φ_{mean}-t，图7.1-8(d) 噪声电流的均方根RMS_I-t，图7.1-8(e) 噪声电阻R_n-t。

图7.1-9(a) 用Sym4小波对试样浸泡271h后的噪声电势进行八尺度分解，图7.1-9(b) 与图7.1-9(a) 对应的电势噪声的能量分布图（用Matlab完成）。

图 7.1-10 锌铝涂层浸泡过程中的电势噪声的相对能量分布随浸泡时间的变化。

图 7.1-11 锌铝铬涂层浸泡在 3.5% NaCl 溶液中出现的典型的噪声谱图（i-t、φ-t），图 7.1-11(a) 浸泡初期，图 7.1-11(b) 浸泡中期，图 7.1-11(c) 浸泡后期。

图 7.1-12 锌铝铬涂层浸泡过程中的噪声谱的统计分析，图 7.1-12(a) 电势统计分布图数量-φ 和电流统计分布图数量-i，图 7.1-12(b) 电势偏度 $Sk\varphi$-t 和电流偏度 Sk_I-t，图 7.1-12(c) 噪声电势的平均值 φ_{mean}-t，图 7.1-12(d) 噪声电流的均方根 RMS_I-t，图 7.1-12(e) 噪声电阻 R_n-t。

图 7.1-13 锌铝铬涂层浸泡过程中的电势噪声的相对能量分布随浸泡时间的变化。

三、数据示例

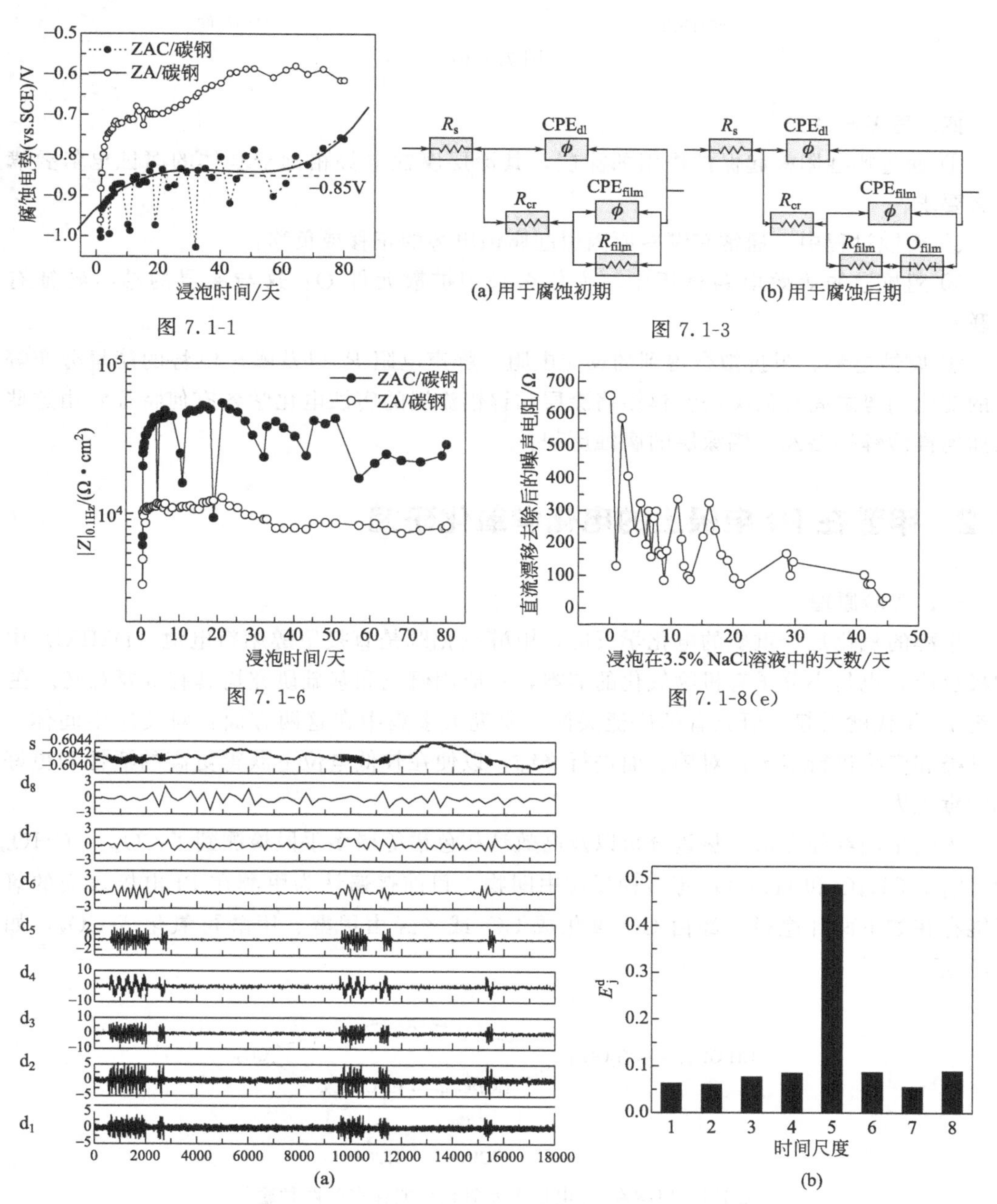

图 7.1-1

图 7.1-3

图 7.1-6

图 7.1-8(e)

图 7.1-9

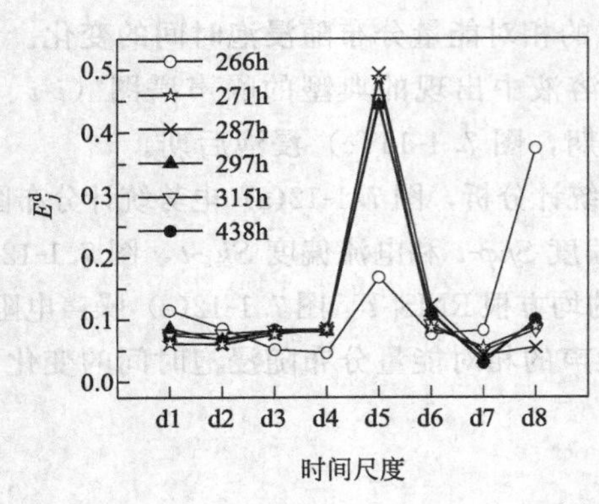

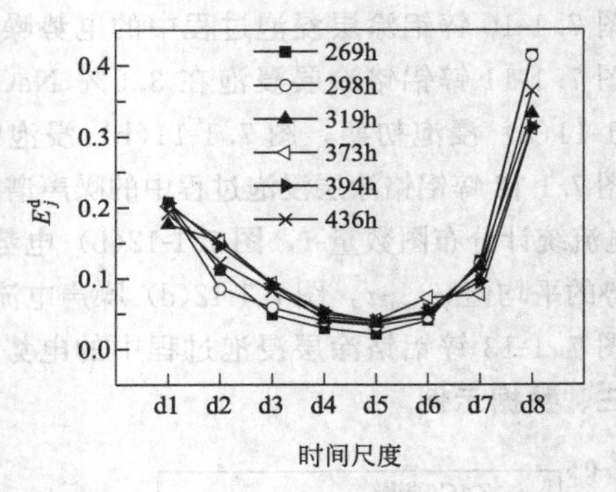

图 7.1-10

四、思考与总结

① 通过牺牲阳极起保护作用的涂层，其涂层腐蚀电势相比于基体的腐蚀电势要满足什么要求？

② 腐蚀过程中，通常有哪些原因引起腐蚀电势的正移或负移？

③ 阻抗谱的等效电路分析中，为什么采用扩散元件 O？这与涂层的结构特征有何关联？

④ 腐蚀电势、阻抗拟合得到的反应电阻、噪声电阻 R_n 以及噪声电势的能量分布等参数的变化趋势之间有何关联？锌铝铬涂层和锌铝涂层的腐蚀电化学各有何特征？由这些数据如何推演锌铝铬及锌铝涂层的腐蚀历程？

7.2 甲醇在 Pt 电极上的电化学氧化研究

一、实验原理

甲醇的氧化是个重要的电化学反应，甲醇氧化既是直接甲醇燃料电池（DMFC）中的阳极反应，也是小分子有机物氧化的蓝本，对应用研究和基础研究均具有重要意义。在 20 世纪 70 年代就引起了研究者的广泛关注，研究大多集中在这两方面：对反应中间体、中毒种类和产物进行鉴定；对铂表面进行修饰，以便在较低电位下获得更高的活性和更好的抗中毒能力。

人们采用红外光谱、热重分析以及高效液相色谱等诸多手段检测到了 CO_{ads}、CHO_{ads}、COH_{ads}、CH_3O 和 $HCOO^-$ 等多种反应中间物，目前普遍认为甲醇在 Pt 电极表面的氧化可能存在如下两种途径：经由 CO 氧化成 CO_2 或者经由甲醛、甲酸再氧化成 CO_2，如图 7-4所示。

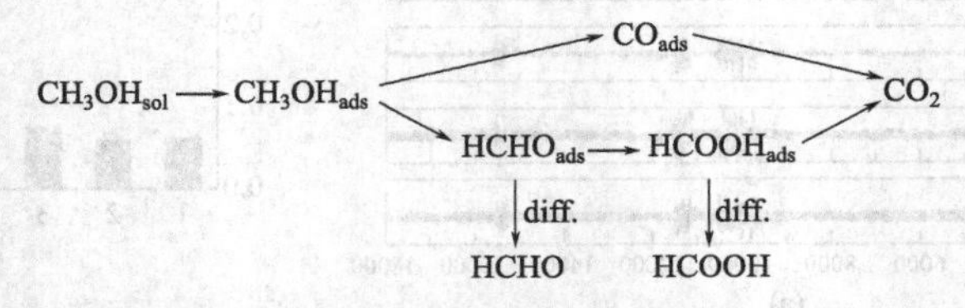

图 7-4 甲醇在 Pt 电极表面氧化可能存在的两种途径

若甲醇经由 CO 氧化成 CO_2 时，不涉及 H^+，但另一氧化途径，即经由甲醛、甲酸再氧化成 CO_2 过程中有 H^+ 的参与，因此本实验将设计 H^+ 影响的相关实验内容。

二、实验内容与数据整理

实验以静态电极和旋转圆盘电极对比研究溶液对流、甲醇浓度、H^+ 浓度等对甲醇氧化过程的影响。

本实验可参考文献 [5]。

实验可在水浴的玻璃电解池中进行。参比电极为饱和甘汞电极，螺旋状 Pt 丝为对电极，分别采用多晶 Pt 电极和碳载铂涂层玻碳电极 Pt/C 在静止及电极旋转（500r/min、1000r/min）下进行研究。

甲醇浓度系列溶液：0.1mol/L $HClO_4$ + 1×10^{-4} mol/L CH_3OH；0.1mol/L $HClO_4$ + 1×10^{-3} mol/L CH_3OH；0.1mol/L $HClO_4$ + 1×10^{-2} mol/L CH_3OH；0.1mol/L $HClO_4$ + 1×10^{-1} mol/L CH_3OH；0.1mol/L $HClO_4$ +1mol/L CH_3OH。

高氯酸浓度系列溶液：0.2mol/L CH_3OH + 0.02mol/L $HClO_4$；0.2mol/L CH_3OH + 0.05mol/L $HClO_4$；0.2mol/L CH_3OH + 0.1mol/L $HClO_4$；0.2mol/L CH_3OH + 0.2mol/L $HClO_4$；0.2mol/L CH_3OH + 0.5mol/L $HClO_4$；0.2mol/L CH_3OH + 1mol/L $HClO_4$。

无甲醇系列溶液：0.02mol/L $HClO_4$；0.05mol/L $HClO_4$；0.1mol/L $HClO_4$；0.2mol/L $HClO_4$；0.5mol/L $HClO_4$；1mol/L $HClO_4$。

溶液均需用超纯水配制。

每次实验前溶液均需通高纯 N_2（可预先经偏钒酸铵溶液净化）进行除氧处理，测试过程中在溶液上方继续通氮气。

（一）研究电极的制备与前处理

多晶 Pt 电极：Pt 盘电极经 Al_2O_3 浆料（5μm，1μm，0.1μm 和 0.05μm）逐级抛光后在超纯水中超声清洗 2min。

碳载铂（Pt/C）电极：在玻碳电极（直径为 3mm）表面制备碳载铂催化层。将 1mL 纯水和 3.0 mgPt/C 粉末混合后超声分散 60min。然后用微量移液器将 6μL 悬浮液置于洁净的玻碳电极表面（Pt 的负载量为 255μg/L），室温放置 2h 后，再将 Nafion 溶液（6μL，200∶1）涂覆在催化层表面静置干燥过夜后备用。

（二）研究电极真实表面积的测算

由稳态伏安曲线中氢的吸脱附电量来计算 Pt 电极的活性面积。稳态伏安曲线在支持电解质溶液中测得，扣除双电层充放电电流后，在阳极氢区 0.05～0.38V 之间积分。氢的单分子层吸附消耗的电量为 $210\mu F/cm^2$。

测算的结果表明，光滑的多晶 Pt 电极的粗糙度为 2.8，Pt/C 电极的活性面积为 $1.25cm^2 \pm 0.17cm^2$，即表观粗糙度为 17.7。

（三）阳极极化曲线测试

（1）操作过程

将 Pt 盘电极（或 Pt/C 电极）浸在 $HClO_4$ 溶液中以 0.1V/s 的扫描速率进行极化，电势范围以阴极析出氢气、阳极析出氧气为限，直至呈现出稳定重复的 CV 曲线为止。然后加入甲醇溶液并将电势保持在 0.1V(vs. RHE) 2min。随后再进行阳极极化曲线测试。

（2）实验参数

扫描速率：1mV/s；起始电势：开路电势；终止电势：1.35V(vs. RHE)。

（3）数据整理

图 7.2-1 多晶 Pt 电极在 0.1mol/L $HClO_4$＋1×10^{-1}mol/L CH_3OH 中的 Tafel 曲线，电极静止及 1000r/min 旋转。

图 7.2-2 甲醇浓度对多晶 Pt 电极阳极极化曲线上各参数的影响（电极静止、500r/min、1000r/min)，0.1mol/L $HClO_4$为支持电解质，图 7.2-2(a) Tafel 区中部（0.6V vs. RHE）的电流密度（$i_{0.6V}$-c_{CH_3OH}）；图 7.2-2(b) 最大电流密度 i_{max}(i_{max}-c_{CH_3OH})；图 7.2-2(c) 最初到达 i_{max}时的电势 φ_{max}(φ_{max}-c_{CH_3OH})。

图 7.2-3 $HClO_4$浓度（H^+）对多晶 Pt 电极阳极 Tafel 区中部（0.55V vs. SHE）的电流密度的影响（$i_{0.55V}$-c_{HClO_4})，电极静止、500r/min、1000r/min，溶液中含 0.2mol/L CH_3OH。

图 7.2-4 $HClO_4$浓度（H^+）对多晶 Pt 电极阳极极化电流最初到达 i_{max}时的电势 φ_{max}的影响（φ_{max}-c_{HClO_4})，电极静止、500r/min、1000r/min，溶液中含 0.2mol/L CH_3OH。

图 7.2-5 $HClO_4$ 浓度（H^+）对多晶 Pt 电极开始形成氧化层的电势的影响（$\varphi_{Pt\text{-}oxide}$-$c_{HClO_4}$)，电极静止，溶液中含 0.2mol/L CH_3OH。

图 7.2-6 Pt/C 电极在 0.1mol/L $HClO_4$＋1×10^{-1}mol/L CH_3OH 中的 Tafel 曲线，电极静止及 1000r/min 旋转。

图 7.2-7 甲醇浓度对 Pt/C 电极阳极极化曲线上各参数的影响（电极静止、500r/min、1000r/min)，0.1mol/L $HClO_4$为支持电解质，图 7.2-7(a) Tafel 区中部（0.6V vs. RHE）的电流密度（$i_{0.6V}$-c_{CH_3OH})；图 7.2-7(b) 最大电流密度 i_{max}(i_{max}-c_{CH_3OH})；图 7.2-7(c) 最初到达 i_{max}时的电势 φ_{max}(φ_{max}-c_{CH_3OH})。

图 7.2-8 $HClO_4$浓度（H^+）对 Pt/C 电极阳极 Tafel 区中部（0.55V vs. SHE）的电流密度的影响（$i_{0.55V}$-c_{HClO_4})，电极静止、500r/min、1000r/min，溶液中含 0.2mol/L CH_3OH。

图 7.2-9 $HClO_4$浓度（H^+）对 Pt/C 电极阳极极化电流最初到达 i_{max}时的电势 φ_{max}的影响（φ_{max}-c_{HClO_4})，电极静止、500r/min、1000r/min，溶液中含 0.2mol/L CH_3OH。

三、数据示例

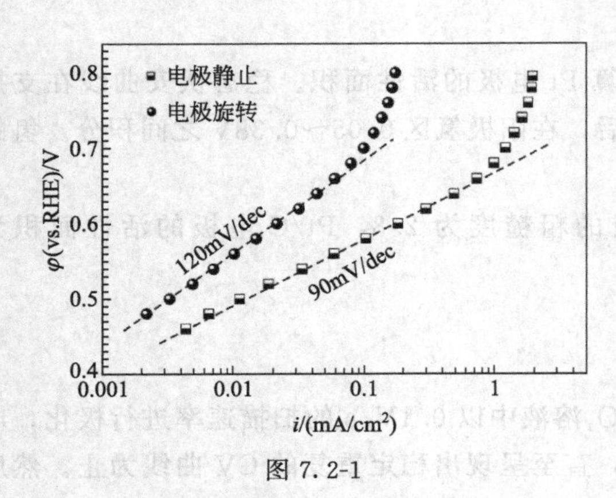

图 7.2-1

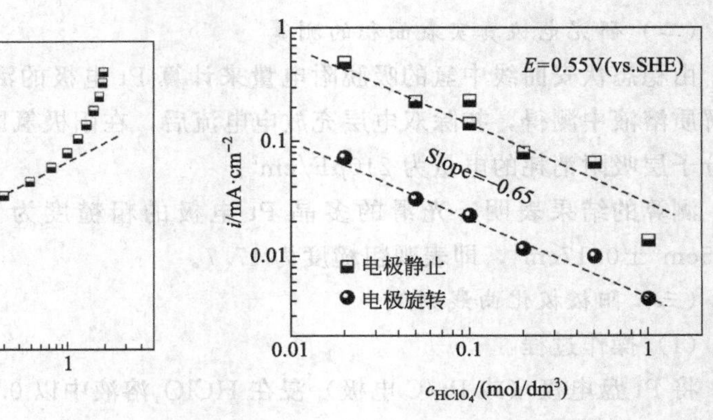

图 7.2-3

四、思考与总结

① Tafel 斜率在反应机理推测中有什么作用?

② 极化曲线上最大电流密度 i_{max} 和最初到达 i_{max} 时的电势 φ_{max} 的物理意义分别是什么?

③ 本实验中，电极转速提高，阳极电流反而下降，同时 Tafel 斜率增大，为什么?这个现象对甲醇氧化机理分析有何帮助?

7.3　铝合金在高氯酸钠溶液中的点蚀行为研究

一、实验原理

点蚀（pitting，也称孔蚀）是优先发生在金属的薄弱部分的一种局部腐蚀。点蚀引起的局部溶解会导致材料表面形成孔洞。表面有阴极性涂膜覆盖的金属材料因表面膜层局部破坏容易产生这种局部腐蚀。易钝化的金属或合金暴露在含侵蚀性离子（如 Cl^-）的中性溶液中时也易发生点蚀，这种局部腐蚀一个最典型的特征就是在金属/电解液体系中存在一个临界点电势，当负于该电势时点蚀不会发生，而电势正于该电势时会发生点蚀。这个临界电势称为钝化破坏电势（breakdown potential of passivity），近来更多地称为点蚀形核临界电势（critical potential for pit nucleation）或点蚀电势（pitting potential）。点蚀电势的测量是点蚀研究的重要目标，利用点蚀电势可以定量地评估金属材料在特定环境条件下的抗点蚀能力。

电化学测量法是通过测量金属和合金的点蚀特征电势来评定它们的点蚀敏感性。某些具有钝化-活化转变的金属，如不锈钢或铝合金等在某些介质中，阳极电势朝正方向扫描到达临界钝化电势 φ_{cp}，电流开始下降，金属逐渐进入钝态。继续增加电势至钝化区的某一电势时，由于发生点蚀，会出现电流密度突然增大的现象，在析氧电势以下由于点蚀而使电流密度急剧上升的电势定义为击穿电势 φ_b（又称点蚀电势 φ_{pit}），当电流密度达到某一数值（如 $1mA/cm^2$）时换向电势扫描即向负方向扫描。若逆向极化时电流高于正向极化曲线，且与正向极化曲线相交，形成电流回滞环，则认为该金属在该介质中具有点蚀倾向，交点对应的电势称为保护电势 φ_p(又称再钝化电势 φ_{rp})。逆向扫描中即使电势是负向变化，但先前已经形成的蚀孔内的自催化体系使得蚀孔继续生长，所以电流增大。如果逆向极化曲线从正向极化曲线的下方经过，没有形成交点，则通常认为该金属在介质中不会发生点蚀，或点蚀倾向非常小。

点蚀电势 φ_{pit} 和再钝化电势 φ_{rp} 是表征金属材料点蚀敏感性的两个基本电化学参数，它们把具有活化-钝化转变行为的阳极极化曲线划分为三个区段（图 7-5）。

(1) $\varphi>\varphi_{pit}$，已形成的蚀孔继续发展长大，且会形成新的蚀孔，有越来越多的点蚀坑形成；

(2) $\varphi_{pit}>\varphi>\varphi_{rp}$，不会形成新的蚀孔，但已形成的蚀孔将继续发展长大；

(3) $\varphi<\varphi_{rp}$，已形成的蚀孔发生再钝化，也不会形成新蚀孔。

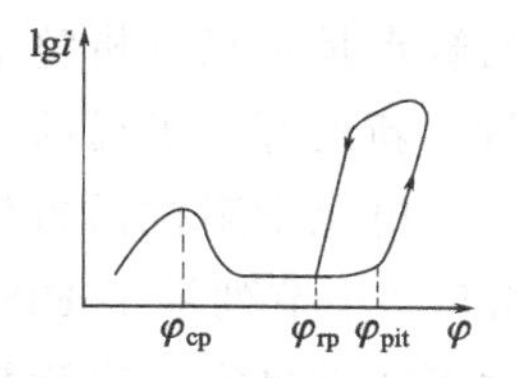

图 7-5　具有钝化倾向的金属的典型阳极极化曲线

在相同的试验条件下，φ_{pit} 值越正，说明金属与合金表面膜层越稳定，耐点蚀性能越好，对点蚀的敏感性越低。但若两种材

料 φ_{pit} 接近，只有把 φ_{pit} 和 φ_{rp} 这两个参数综合考虑，才能对它们的耐蚀性作出全面的评价。因此常用电势扫描曲线中 φ_{pit} 与 φ_{rp} 之间的电流滞后环的面积来表征点蚀程度。回滞环面积越大，蚀孔越难进入再钝化状态，点蚀倾向性越大。回滞环面积小的材料耐孔蚀性能相对要强些。也可以用两个特征电势参数之差 $\varphi_{pit}-\varphi_{rp}$ 作为材料耐点蚀性能的量度，差值越小的材料耐孔蚀性能越优异。

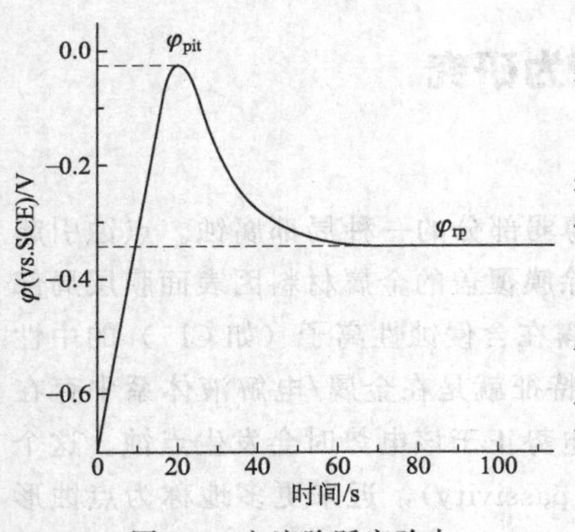

图 7-6　电流阶跃实验中典型的电势响应曲线

对可发生点蚀的试样进行阳极电流阶跃实验，可获得典型的电势响应曲线如图 7-6 所示。在阳极极化的初始阶段，伴随着氧化膜层的形成和增长，电势发生急剧的近线性变化，并在某一电势下达到最大值，该电势即为点蚀电势 φ_{pit}。点蚀电势的出现与两个过程的竞争有关，即氧化膜层的继续生长和破裂。越过 φ_{pit} 后，较多膜层的破裂导致电势负向变化并逐渐趋于稳定，即达到再钝化电势 φ_{rp}。在恒定的阳极电流作用下，当电势为 φ_{rp} 时，电极表面的活性面积保持不变。

在电势-时间曲线（图 7-6）中，电势线性正向变化的斜率可以表征氧化物膜层的增长。当阳极电流增大时，O_2^- 透过已生成的氧化物膜层向金属/氧化物界面（氧化物膜层生长的地方）的传质速率在增加。电流增大同时也导致了氧化物膜层的电场的增强，离子的传递速率也会增加。阳极极化的电流密度越高，氧化物膜增长的速率就会越快，点蚀电势会以更大的速率正向变化。

在电势阶跃实验中，电流响应曲线的形状与阶跃电势的幅值有关。如图 7-7 所示，在所有的电势数值 $\varphi_{s,a}$ 下，在短时间内电流都出现了明显的下降，阳极电流随时间的下降说明形成了氧化物膜层，电流随时间的下降意味着氧化物膜层厚度的增加或者是氧化物膜层的结构有序化。

当 $\varphi_{sa}<\varphi_{pit}$ 时，电势阶跃后，体系电流急剧下降，然后趋于稳定，达到该电势下的稳态电流值。当 $\varphi_{sa}>\varphi_{pit}$ 时，电势阶跃后，体系电流先下降达到最低值后上升，发生点蚀。在这个过程中，体系电流下降到最低值所需的时间是点蚀孕育期 t_i。点蚀孕育时间意味着点蚀成核阶段的开始，它的长短反映了氧化物膜层破裂的难易程度[6-8]。通常情况下，电势阶跃 $\varphi_{s,a}$ 值越正，点蚀孕育期越短，点蚀电流密度越大，亦即点蚀坑生长越迅速。

经历孕育期后，电流开始增大，意味着点蚀的生长，并能观察到大量的点蚀坑。由点蚀发生后体系的电流随时间的变化，可推测点蚀生长模型[9,10]。

电化学阻抗谱（EIS）能很好地用于检测在金属/溶液界面发生的现象。传统 EIS 最大的缺点是它只分析整个表面的平均情况，为此人们将扫描电极和微电极技术用于 EIS 的测量，新近开发了局部电化学阻抗谱。

电化学阻抗谱方法广泛用于评价不锈钢、Fe-Cr 合金及铝合金等的点蚀情况。前面 6.5.3 小节列举了 EIS 用于多种金属腐蚀体系，也给出了若干情况下的等效电路，但这远远不能满足实际实验数据的拟合要求。试样表面初始状况和点蚀过程特性的多样性使得合理解析阻抗结果有困难。

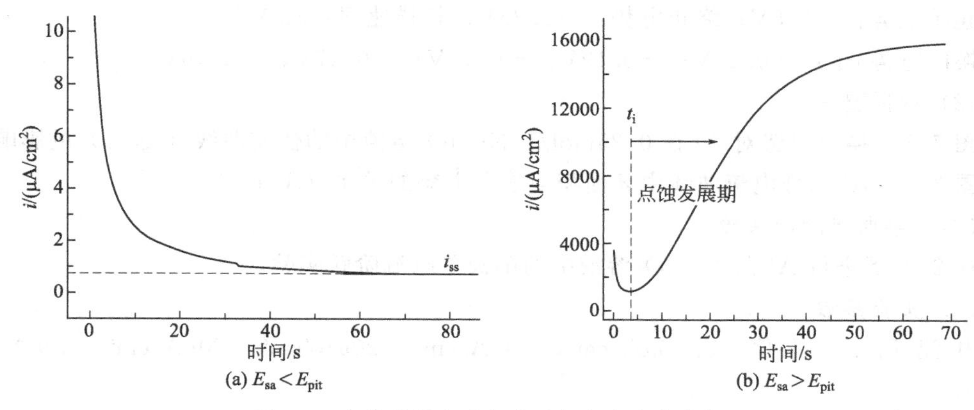

图 7-7　电势阶跃实验中典型的电流响应曲线

二、实验内容与数据整理

本实验采用极化曲线、电势阶跃法测量 i-t 曲线，电流阶跃法测量 φ-t 曲线及电化学阻抗方法研究铝合金在 $NaClO_4$ 溶液中的点蚀行为。

本实验可参考文献［11］。

（一）阳极极化曲线测试

1. $NaClO_4$ 溶液浓度的影响

在 25℃下进行 Al 在不同浓度 $NaClO_4$ 溶液中的阳极极化曲线测试。

（1）实验参数

起止电势：−1.0～0.5V(vs. SCE，下同)；终止条件：电流密度 $>10^4\mu A/cm^2$；扫描速率 5mV/s。

$NaClO_4$ 溶液浓度：0.001mol/L，0.002mol/L，0.005mol/L，0.01mol/L，0.02mol/L，0.05mol/L，0.10mol/L，0.25mol/L，0.50mol/L，0.70mol/L。

（2）数据整理

图 7.3-1 Al 在不同浓度 $NaClO_4$ 溶液中的动电势极化曲线（$\lg i$-φ）。

图 7.3-2 点蚀电势 φ_{pit} 与 $NaClO_4$ 浓度的关系（φ_{pit} -$\lg c_{NaClO_4}$），以图 7.3-1 中电流密度达到 $15\mu A/cm^2$ 时的电势为 φ_{pit}。

2. 扫描速率的影响

在 25℃下进行 Al 在 0.25mol/L 的 $NaClO_4$ 溶液中的阳极极化曲线测试。

（1）实验参数

起止电势：−1.0～0.1V；终止条件：电流密度 $>10^4\mu A/cm^2$。

扫描速率：1mV/s；5mV/s；10mV/s；25mV/s；50mV/s；100mV/s。

（2）数据整理

图 7.3-3 电势扫描速率对 Al 在 0.25mol/L $NaClO_4$ 中的极化曲线（$\lg i$-φ）的影响。

图 7.3-4 0.25mol/L $NaClO_4$ 浓度溶液中 Al 的点蚀电势 φ_{pit} 与扫描速率 v 的关系（φ_{pit} -$\lg v$）。

3. 环电流曲线测试

在 25℃下进行 Al 在 0.25mol/L 的 $NaClO_4$ 溶液中的阳极环电流曲线测试。

（1）实验参数

起始电势：$-0.5V$；终止电势：$-0.35V$；扫描速率：$5mV/s$；

换向电势 φ_{λ}：$-0.20V$；$-0.19V$；$-0.18V$；$-0.17V$；$-0.16V$。

（2）数据整理

图 7.3-5 换向电势对 Al 在 0.25mol/L $NaClO_4$ 溶液中的伏安曲线（$\lg i$-φ）的影响。

图 7.3-6 Al 的环电流曲线中环面积与换向电势的关系（A-φ_{λ}）。

（二）单电流阶跃实验

在 25℃下进行 Al 在 $NaClO_4$ 溶液中的阳极单电流阶跃实验。

（1）实验参数

电流阶跃幅值 i_a：$5\mu A/cm^2$，$10\mu A/cm^2$，$20\mu A/cm^2$，$30\mu A/cm^2$，$40\mu A/cm^2$，$50\mu A/cm^2$。

阶跃时间：120s。

$NaClO_4$ 溶液浓度：0.001mol/L，0.002mol/L，0.005mol/L，0.01mol/L，0.02mol/L，0.05mol/L，0.10mol/L，0.25mol/L，0.50mol/L，0.70mol/L。

（2）数据整理

图 7.3-7 Al 在 0.25mol/L $NaClO_4$ 溶液中的电势-时间（φ-t）暂态曲线。

图 7.3-8 Al 在 0.25mol/L $NaClO_4$ 溶液中的点蚀电势与阳极电流密度阶跃幅值的关系（φ_{pit}-i_a）。

图 7.3-9 阶跃幅值为 $30\mu A/m^2$ 时 Al 的点蚀电势与 $NaClO_4$ 溶液浓度的关系（φ_{pit}-c_{NaClO_4}）。

图 7.3-10 不同浓度 $NaClO_4$ 溶液中两种方法测得的 φ_{pit}，在图 7.3-1 中取电流密度为 $50\mu A/cm^2$ 对应的电势为 $\varphi_{pit阳极}$，在电流阶跃法中取 i_a 为 $50\mu A/cm^2$ 时的点蚀电势为 $\varphi_{pit阶跃}$。

（三）单电势阶跃实验

在 25℃下进行 Al 在 $NaClO_4$ 溶液中的阳极单电势阶跃实验。

（1）实验参数

低电势为开路电势，高电势 φ_a（在 0.25mol/L $NaClO_4$ 溶液中，溶液浓度不同时应适当调整电势具体数值）分别为 $-0.90V$，$-0.80V$，$-0.75V$，$-0.70V$，$-0.65V$，$-0.60V$，$-0.55V$，$-0.50V$，$-0.45V$，$-0.40V$，$-0.35V$，$-0.30V$。

阶跃时间：120s。

$NaClO_4$ 溶液浓度：0.001mol/L，0.002mol/L，0.005mol/L，0.01mol/L，0.02mol/L，0.05mol/L，0.10mol/L，0.25mol/L，0.50mol/L，0.70mol/L。

（2）数据整理

图 7.3-11 Al 在 0.25mol/L $NaClO_4$ 溶液中的电流-时间暂态曲线（i-t）。(a) $\varphi_a < \varphi_{pit}$，(b) $\varphi_a > \varphi_{pit}$。

图 7.3-12 Al 在 0.25mol/L $NaClO_4$ 溶液中的稳定电流密度［在图 7.3-11(a) 中取 $i_{t=60s}$］与所施加的阳极电势 φ_a 的关系。

图 7.3-13 不同电势阶跃下，Al 在 0.25mol/L $NaClO_4$ 溶液中的点蚀发展速率曲线（i_{pit}-$t^{1/2}$），在图 7.3-11(b) 中，取电流上升即点蚀发生后的数据。

图 7.3-14 Al 在 0.25mol/L $NaClO_4$ 溶液中的点蚀成核速率与电势阶跃值的关系（$1/t_i$-φ_a）。在图 7.3-13 中，取横轴的截距，即 i_{pit} 为零时的时间，该时间值即为点蚀孕育时间 t_i。

图 7.3-15 不同浓度 $NaClO_4$ 溶液中 Al 当 $\varphi_a > \varphi_{pit}$（如 $\varphi_a = -0.30V$）的计时电流曲线（i-t）。

图 7.3-16 浓度对 Al 在 $NaClO_4$ 溶液中的点蚀发展速率的影响（i_{pit}-$t^{1/2}$），φ_a ＝－0.30V。

图 7.3-17 不同浓度 $NaClO_4$ 溶液中 Al 的点蚀成核速率与电势阶跃值的关系（$1/t_i$-c_{NaClO_4}），φ_a＝－0.30V。

（四）电化学阻抗测试

在 25℃下进行 Al 在 0.25mol/L 的 $NaClO_4$ 溶液中的电化学阻抗谱测试。

（1）实验参数

直流电势：－0.90V，－0.80V，－0.75V，－0.70V，－0.65V，－0.60V，－0.55V，－0.50V，－0.45V，－0.40V，－0.35V，－0.30V。

交流电势幅值：5mV；频率范围：10^5～10^{-2}Hz。

（2）数据整理

图 7.3-18 不同电势阶跃幅值下 Al 在 0.25mol/L $NaClO_4$ 溶液中的阻抗谱图（Z''-Z'，lg｜Z｜-lg$f$，ϕ-lg$f$），(a) $\varphi_a < \varphi_{pit}$，(b) $\varphi_a > \varphi_{pit}$。

图 7.3-19 Al 在 0.25mol/L $NaClO_4$ 溶液中的阻抗元件值。当 $\varphi_{sa} < \varphi_{pit}$ 时，采用 $R_\Omega(R_{ct}Q)$拟合；当 $\varphi_{sa} > \varphi_{pit}$时，采用 $R_\Omega((R_{ct}Z_d)Q)$ 拟合。

图 7.3-20 Al 在 0.25mol/L $NaClO_4$ 溶液中的钝化膜厚度变化。由图 7.3-19 的 C_{dl}的值根据 $d=\varepsilon\varepsilon_0/C_{dl}$ 计算得到，氧化物 ε 取 22，ε_0＝885×10^{-14}F/cm。

三、数据示例

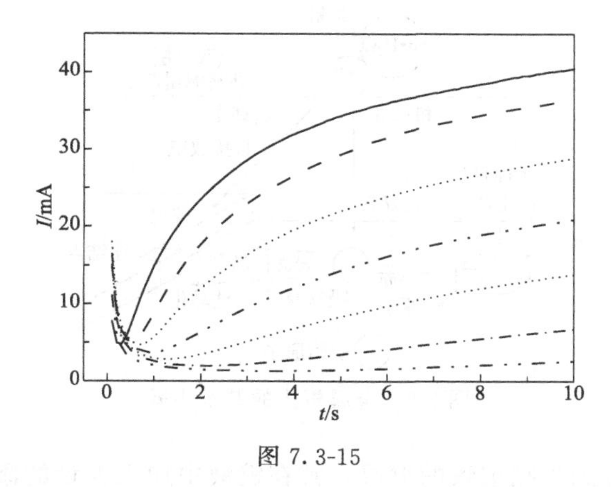

图 7.3-15

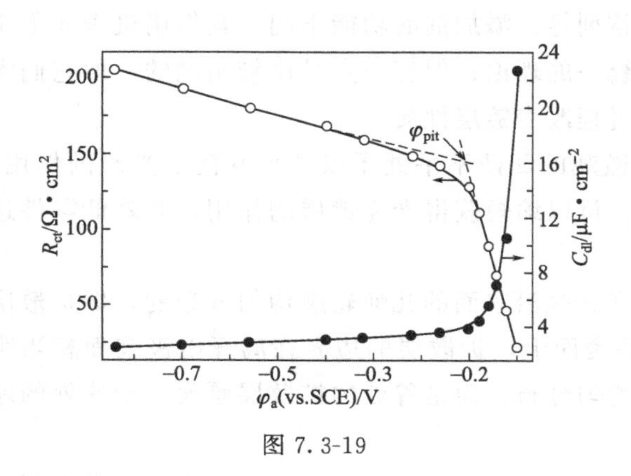

图 7.3-19

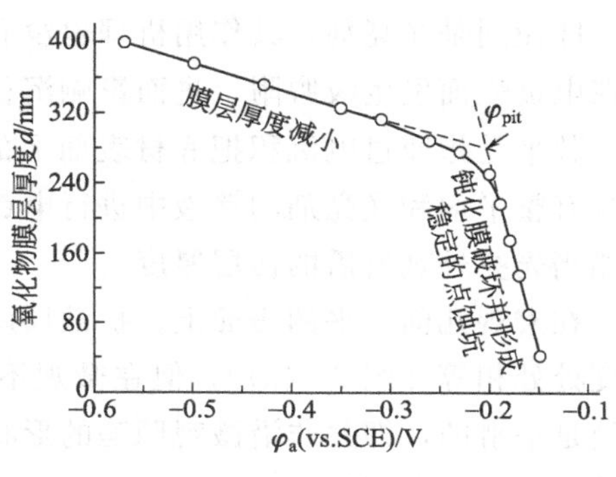

图 7.3-20

四、思考与总结

① 电极表面状态对点蚀和钝点蚀孕育时间有较大的影响，在实验中需特别注意。

② 采用阳极极化曲线、单电流阶跃、单电势阶跃、电化学阻抗谱均可获得点蚀电势的值，比较不同方法得到的 φ_{pit}。

③ 不同材质在不同的介质中的腐蚀过程差异较大，但电化学特征值的变化规律相似，如混凝土中钢筋的腐蚀与缓蚀剂研究[12]。

7.4 添加剂在铜电沉积过程的作用研究

一、实验原理

电沉积是指金属离子或配离子在电子导电的电极表面获得电子的异相还原过程。其目的在于改变固体材料的表面特性，或制取特定成分和性能的金属材料。金属离子在阴极被还原为金属原子并组成金属晶格的过程是相当复杂的，这要经过许多步骤。图 7-8 表示金属析出的某些基本步骤。

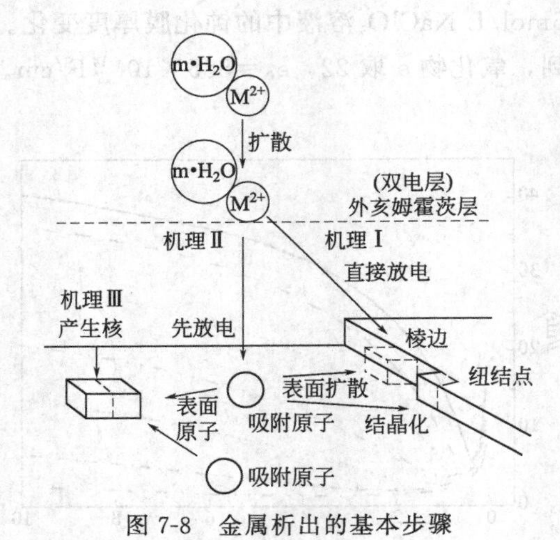

图 7-8 金属析出的基本步骤

电镀工业中为了得到光亮细致的镀层，常在镀液中加入少量的添加剂。依添加剂的作用，有光亮剂、润湿剂、整平剂、应力调整剂等。添加剂的功能不同，其作用机理亦不相同，即使同是光亮剂，其作用机理也没有统一的理论；但有一点是比较明确的，即它们大都在电极表面发生吸脱附，进而影响沉积过程改变镀层性质。

整平是指通过电沉积把底材表面上的微观的凹凸不平处予以填平并使之光滑的作用。在含有整平剂和光亮剂的镀液中进行电镀，可以缩短获得光亮镀层的作用，并降低零件达到相当光亮外观所需的镀层厚度。

在宏观几何不平的表面上，扩散层厚度 δ 是沿表面的几何轮廓均匀分布的，即扩散层厚度处处相等［图 7-9(a)］，但在微观不平表面上，扩散层的边界在离开电极表面相当距离处是平滑的，即并非沿微观凹陷的形状均匀分布，而是谷处的扩散层厚度大于峰处的厚度［图 7-9(b)］，即 $\delta_r > \delta_p$。

若用图 7-9(b)中类似的三角凹陷来代表典型的微观不平表面，并假定金属在微观剖面

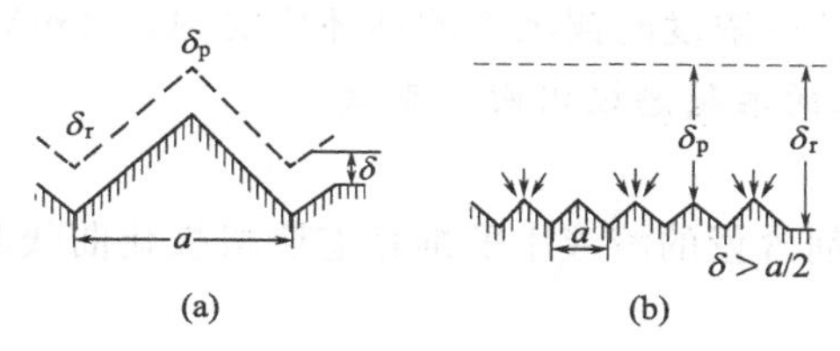

图 7-9 宏观表面（a）和微观表面（b）的扩散层

(a) $\delta_r=\delta_p$，$i_r>i_p$；(b) $\delta_r>\delta_p$，$i_r\approx i_p$

各个区域内的电流效率是相等的，则整平能力可理解为电流（或镀层厚度）在微观凹陷的峰、谷两点间的差异程度。

添加剂的整平作用早在20世纪40年代已被许多实验事实所证明，但整平剂的作用机理直至70年代才开始明朗。目前，人们所公认的整平作用机理是O. Kardos所提出的扩散控制抑制理论。根据这种理论，在一个微观的表面轮廓上，能产生显著整平作用的条件是：① 金属离子放电是电荷传递控制；② 整平剂对金属离子的放电有阻碍作用；③ 整平剂在电极上随着金属离子的电沉积而被消耗掉，其消耗速度受扩散控制；④ 整平剂对金属离子放电的阻碍作用，随整平剂浓度的提高而增加。

该理论认为，由于在电极表面上的凸出处扩散层有效厚度薄，整平剂易于扩散到该处而吸附量大，从而对金属电沉积的阻碍作用大；而在低洼处，扩散层有效厚度大，整平剂在该处吸附量少，从而对金属电沉积阻碍较弱，因此，凹洼处金属电沉积的速率反比凸起处大，可起到整平作用。

根据扩散控制机理，搅拌有助于整平剂到达阴极表面，因而增加金属离子的放电阻力，极化必然增大。由于旋转圆盘电极可以产生一个比较稳定的、重现性好的扩散层厚度，因此在整平剂的研究中得到了广泛的应用。

对电沉积过程有较大影响的添加剂通常在阴极极化曲线及阻抗谱上有明显特征。例如，阴极极化过程中电流上升更缓慢，或者在更负的电势下才有明显的阴极电流；阴极极化区斜率的增大表明有利于形成更多的微晶；明显减小容抗弧的弦长、减小界面电容；改变过程时间常数；出现新的容抗弧或者感抗弧等。

二、实验内容与数据整理

本实验采用循环伏安法、阴极极化曲线（旋转圆盘电极）及电化学阻抗方法研究1，4-双(2-羟基乙氧基)-2-丁炔(简称EBYD)在硫酸镀铜液中的整平作用。

本实验可参考文献[13]。

EBYD的分子结构式为 $HO—CH_2—CH_2—O—CH_2—C\equiv C—CH_2—O—CH_2—CH_2—OH$

基础溶液为 H_2SO_4 100g/L ＋ $CuSO_4$ 75g/L。

研究电极为铜盘电极，参比电极为SCE，对电极为Pt片。

（一）循环伏安曲线测试

(1) 实验参数

扫描速率：20mV/s。

添加剂含量：0，3mL/L，8mL/L，15mL/L。

(2) 数据整理

图 7.4-1 含不同 Ferasine 浓度时铜沉积的循环伏安图，20mV/s。

（二）旋转圆盘电极上的准稳态极化曲线测试

（1）实验参数

铜盘电极在不同添加剂含量的溶液中的准稳态阴极极化曲线测试。

扫描速率：20mV/s。

添加剂含量：0，3mL/L，8mL/L，15mL/L。

电极旋转速度：250r/min，500r/min，1000r/min，1500r/min，2000r/min 和 2500r/min。

（2）数据整理

图 7.4-2 含不同 Ferasine 浓度时铜沉积的准稳态极化曲线，1000r/min。

图 7.4-3 电极旋转速度对极化曲线Ⅱ区（扩散控制区）的影响（i_L-$\omega^{1/2}$）。

图 7.4-4 铜沉积的 Tafel 曲线（φ-lg$i$），取图 7.4-2 中Ⅰ区（活化控制区）的数据。

表 7.4-1 为不同 Ferasine 浓度下铜沉积的动力学参数（由图 7.4-4 拟合得到）和扩散系数 D（由图 7.4-3 的斜率 $i_L=0.62nFD^{2/3}\nu^{-1/6}\omega^{1/2}c^B$ 得到）。

表 7.4-1

Ferasine 浓度/（mL/L）	Tefal 斜率 mV/dec	传递系数 α	交换电流密度 i^0/（mA/cm²）	Cu^{2+} 的 D/（10^{-6}cm²/s）

（三）电化学阻抗谱测试

（1）实验参数

添加剂含量：0，3mL/L，8mL/L，15mL/L。

电极旋转速度：250r/min，500r/min，1000r/min，1500r/min，2000r/min 和 2500r/min。

直流电势：在图 7.4-2 中的Ⅰ区（活化控制区）取 4～5 个点，在Ⅱ区（传质控制区）取 1～2 个点，在Ⅰ、Ⅱ过渡区取 1 个点，例如 −0.10V，−0.125V，−0.15V，−0.175V，−0.20V，−0.30V，−0.55V。

交流电势幅值：5mV；频率范围：10^5～10^{-2}Hz。

（2）数据整理

图 7.4-5 活化控制区铜沉积过程的复数平面图，$\varphi=-0.175$V（vs. SCE），1000r/min，Ferasine 的浓度（mL/L）：a—0；b—8；c—15。

图 7.4-6 电极过程参数随电势变化曲线（R_{ct}-φ、iR_{ct}-φ、C_d-φ），电荷传递电阻 R_{ct} 和双电层电容 C_d 由图 7.4-5 中高频区的容抗弧解析得到。

表 7.4-2 为电极旋转速度对中频区容抗弧特性参数的影响（15mL/L Ferasine）。

表 7.4-2

添加剂浓度	φ/mV（vs. SCE）	ω/（r/min）	τ_1/s	τ_2/s	R_1/Ω·cm²	R_2/Ω·cm²

图 7.4-7 混合控制区铜沉积过程的复数平面图，$\varphi=-0.30V$(vs. SCE)。

图 7.4-8 传质控制区铜沉积过程的复数平面图，$\varphi=-0.55V$(vs. SCE)。

三、数据示例

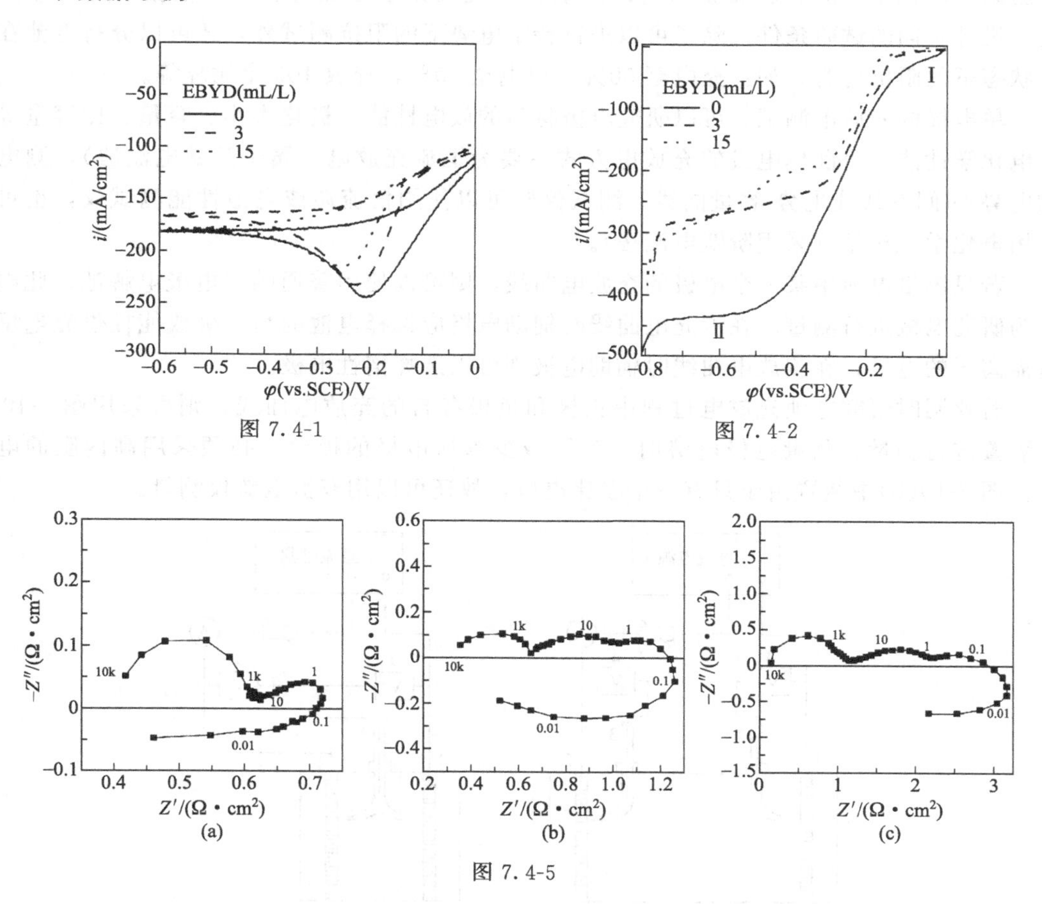

图 7.4-1　　图 7.4-2

图 7.4-5

四、思考与总结

根据极化曲线的形状，分析电极过程特征，针对不同动力学特征区的数据采取不同的解析方法，并得到不同的动力学参数。由动力学参数推演、验证反应机理。基于极化曲线的测量结果，合理设计电化学阻抗谱的实验参数。直流极化分析与阻抗谱相互验证，使研究更加深入。

7.5 三元正极材料的嵌锂脱锂行为研究

一、实验原理

在化学电源的试验研究及工业生产中，单个电极或整体电池的电性能测试中离不开电化学测量方法。其中应用最广的有充放电测试、循环伏安测试和阻抗谱技术。

循环伏安法是目前在电极性能测试中应用较广的方法。它可以探测物质的电化学活性，测量物质的氧化还原电势，考察电极反应的可逆性和反应机理，以及用于反应速率的半定量分析等。还可以使研究电极在一定的电势区间内进行多次的电势扫描，这样可看出被研究电极在充、放电过程中的性能变化，这对于二次电池是很有意义的。

电化学阻抗谱可以提供丰富的有关电极反应的机理信息，如欧姆电阻（隔膜性能）、吸脱附、电化学反应、表面膜结构以及电极过程动力学参数等。可以根据研究工作的需要，设计不同的试验条件，除了可以进行特定电势下的阻抗测试外，还可以分析电池在各种状态下的阻抗行为，如：充电至50%，放电至90%，充放100个循环等。

单电极的充放电测试，可以研究电极材料的放电性能、极化大小、容量、比容量等基本电化学性能。目前单电极的充放电方式主要为恒流充放电（属于阶跃电流法），测电极的电势-时间曲线或电势-容量曲线。测试仪器可以使用恒流源或电池性能测试仪，也可以使用电化学工作站（采用阶跃电流法）。

若只测量电池中某一个电极的充放电曲线，则可以使用普通的三电极电解池，此电极作为研究电极进行测量。在测充电曲线时辅助电极应选择电池的另一极或能提供充电反应所需离子的电极，在测放电曲线时辅助电极则可以选择惰性电极。

若要同时研究电池充放电过程中正极和负极各自的充放电曲线，则可采用图 7-10 所示装置进行测量。测量电极电势时，为了减少参比电极的极化，必须采用高内阻的电位计。图 7-10(b)中装置由于只有一个参比电极，故还可以用双恒电势仪测量。

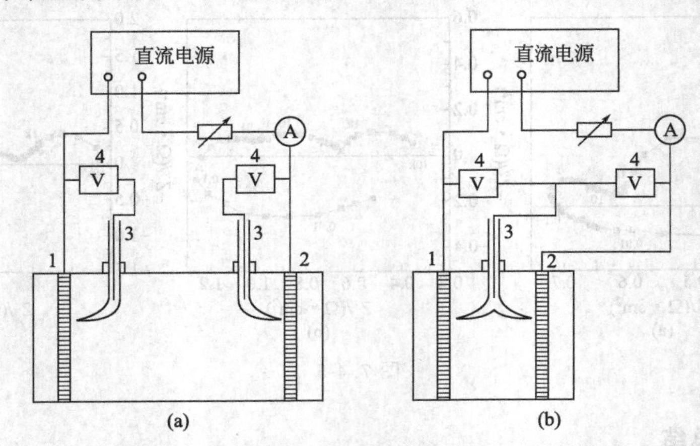

图 7-10 同时测量正极和负极各自充放电曲线的装置
1，2—正极和负极；3—参比电极；4—电压表

锂离子电池于1991年首次成功实现商品化，与传统的铅酸蓄电池、镍氢电池等相比较而言，具有较高的比能量、优异的循环性能、绿色环保等优点。锂离子电池主要由正负极、电解液和隔膜等组成，工作原理如图 7-11 所示，放电时负极中的锂失去电子，成为锂离子，从负极开始迁移，经过电解液和隔膜后到达正极材料表面，并嵌入正极当中，正极嵌锂的同时发生金属离子的还原反应，得到电子；负极上的电子经过外电路到达正极，金属离子得到电子发生还原反应，整个过程对外放电。充电时发生反应与放电时正好相反。

商品化电池一般以碳材料为负极，且碳材料过量，放电时锂离子脱出，放电曲线上表现为存在放电平台。当锂离子脱出一定量后，正极材料中锂离子浓度减小，脱出效率越来越低，正极极化越来越大，内阻增大，表现为放电电压降低。锂离子脱出时速度越快，其大倍率性能越好。随着循环次数增加，正极材料放电脱锂的同时可能发生结构变化，甚至

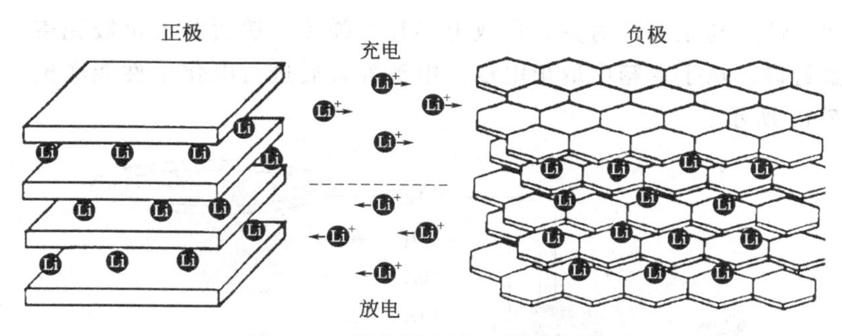

图 7-11 锂离子电池工作原理图

坍塌，充电时锂离子无法完全嵌入，导致电池内阻增大，容量衰减，性能恶化。因此，正极材料作为锂离子电池的重要组成之一，其性能的优劣在很大程度上影响电池的性能，并且决定着电池的成本高低。

二、实验内容与数据整理

本实验测试锂离子电池高镍三元正极材料 $LiNi_{1-x-y}Co_xAl_yO_2$（简称 NCA）的电化学性能，探讨 $LiNi_{1-x-y}Co_xAl_yO_2$体系中 Ni、Co、Al 三种元素的协同作用机理。

本实验可参考文献 [14]。

（一）电极材料、正极片的制备及电池组装

（1）电极材料的制备

本实验采用共沉淀法合成 NCA 前驱体。即以 $NiSO_4 \cdot 6H_2O$、$CoSO_4 \cdot 7H_2O$ 和 $NaAlO_2$为原料，按照设定的摩尔比配制溶液。氨水和 NaOH 分别作为配位剂和沉淀剂，控制 pH＝11.5±0.04、总氨浓度为 0.6mol/L，反应温度为 50℃±1℃，搅拌速度为 800r/min，反应 30h 以上。

将得到的前驱体与 $LiOH \cdot H_2O$ 按照摩尔比 $n(M):n(Li)=1:1.05$ 混合并研磨均匀，再置于 500℃下预煅烧 4h，空气氛围中，再升温至 750℃保温 12h 后自然冷却，研磨破碎得到 NCA 材料粉末。

（2）正极片的制备

将制备的 NCA 材料研磨后作为活性物质，使用乙炔黑作导电剂，聚偏氟乙烯 PVDF 的 *N*-甲基-2-吡咯烷酮溶液（浓度为 35mg/mL）为黏结剂，三者质量比为8：1：1。将 0.8g 活性物质和 0.1g 导电剂置于小称量瓶中磁力搅拌 2h，搅拌均匀后滴加 PVDF 溶液 2.9mL，继续搅拌 12h，得到混合均匀的浆料。用涂片器把混合均匀的上述浆料均匀涂在铝箔上，然后置于真空干燥箱中 120℃的条件下干燥 12h。将干燥后的正极片裁剪成需要尺寸的小圆片（$d=12.0$mm），用分析天平准确称取质量并记录以待后面制作扣式电池使用。

（3）电池组装

本实验采用 2025 扣式电池，隔膜采用 Celgard2400，聚丙烯微隔膜，电解液采用 1.0mol/L 的 $LiPF_6$溶解在碳酸乙烯酯(EC)＋碳酸二甲酯(DMC)＋碳酸二乙酯(DEC)(体积比为 1：1：1)混合溶液中。在充满高纯氩气气氛的手套箱内，将裁剪称量好的电极小片压在正极盖上，作为工作电极，滴加 3～4 滴电解液，将正极充分润湿，随即放入大小裁剪好的隔膜，调整正极片于正中间位置，再滴入 3 滴电解液润湿。接着将作为对电极的锂

片放入正中间，恰好与正极片对齐，再放上垫片与弹片，然后盖上负极壳盖，用封口机将扣式电池压紧封口，从手套箱中取出电池。电池静置后进行电化学性能测试。扣式电池结构组成如图 7-12 所示。

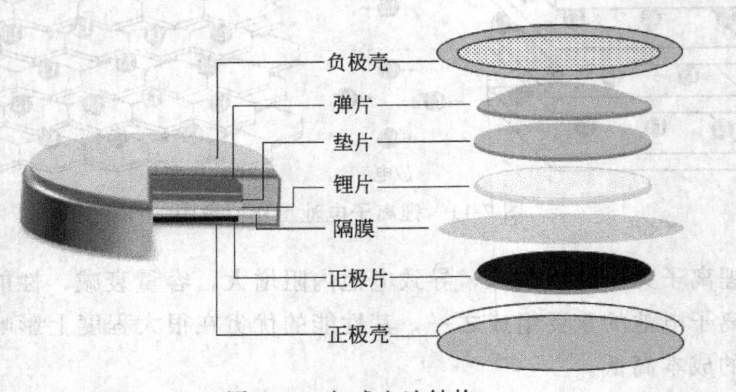

图 7-12　扣式电池结构

（二）循环伏安曲线测试

采用电化学工作站进行循环伏安测试研究 NCA 正极材料相关电化学性能。试验材料有 Al 含量不同的 $Ni_{0.83}Co_{0.15}Al_{0.02}(OH)_2$、$Ni_{0.80}Co_{0.15}Al_{0.05}(OH)_2$ 和 $Ni_{0.75}Co_{0.15}Al_{0.10}(OH)_2$，以及 Co 含量不同的 $LiNi_{0.85}Co_{0.10}Al_{0.05}O_2$、$LiNi_{0.80}Co_{0.15}Al_{0.05}O_2$ 和 $LiNi_{0.75}Co_{0.20}Al_{0.05}O_2$。

（1）实验参数

扫描速率：0.1mV/s；电位扫描区间：2.5～4.3V。

（2）数据整理

图 7.5-1 NCA 体系正极材料的 CV 曲线。

图 7.5-2 NCA 体系正极材料的 CV 曲线峰电势差柱状图。

（三）电池充放电测试

（1）实验参数

将由不同的正极材料制成的正极片组装成扣式电池，组装好的电池静置至开路电压稳定后即可进行充放电测试（本实验静置 24h）。采用 LAND 电池测试系统。

恒倍率充放电：0.1C、0.2C、0.5C、1.0C、2.0C 和 5.0C。

充放电截止电压：4.3V 和 2.5V。

（2）数据整理

图 7.5-3 NCA 正极材料首次充放电曲线：图 7.5-3(a) 铝含量对材料首次放电比容量的影响；图 7.5-3(b) 钴含量对材料首次放电比容量的影响。

图 7.5-4 NCA 体系正极材料循环及倍率性能测试曲线：图 7.5-4(a) 铝含量对循环性能的影响；图 7.5-4(b) 铝含量对倍率性能的影响。

（四）电化学阻抗谱（electrochemical impedance spectroscopy，EIS）

采用电化学工作站在室温下进行电化学阻抗谱测试。对制备的不同正极材料经不同次数循环在不同放电深度时进行测量。

（1）实验参数

交流电势幅值：5mV；频率范围：10^5～10^{-2} Hz。

（2）数据整理

图 7.5-5 在不同放电深度正极片（$LiNi_{0.80}Co_{0.15}Al_{0.05}O_2$）vs. Li 的 EIS 谱图。

图 7.5-6 EIS 曲线拟合等效电路图。

图 7.5-7 不同正极材料对应的 R_{ct} 值，放电深度为 80%，1st 循环。

图 7.5-8 正极片（$LiNi_{0.80}Co_{0.15}Al_{0.05}O_2$）在不同放电深度下的 R_{ct} 值，1st 循环。

图 7.5-9 正极片（$LiNi_{0.80}Co_{0.15}Al_{0.05}O_2$）经数次循环后的 R_{ct} 值，放电深度为 80%。

三、数据示例

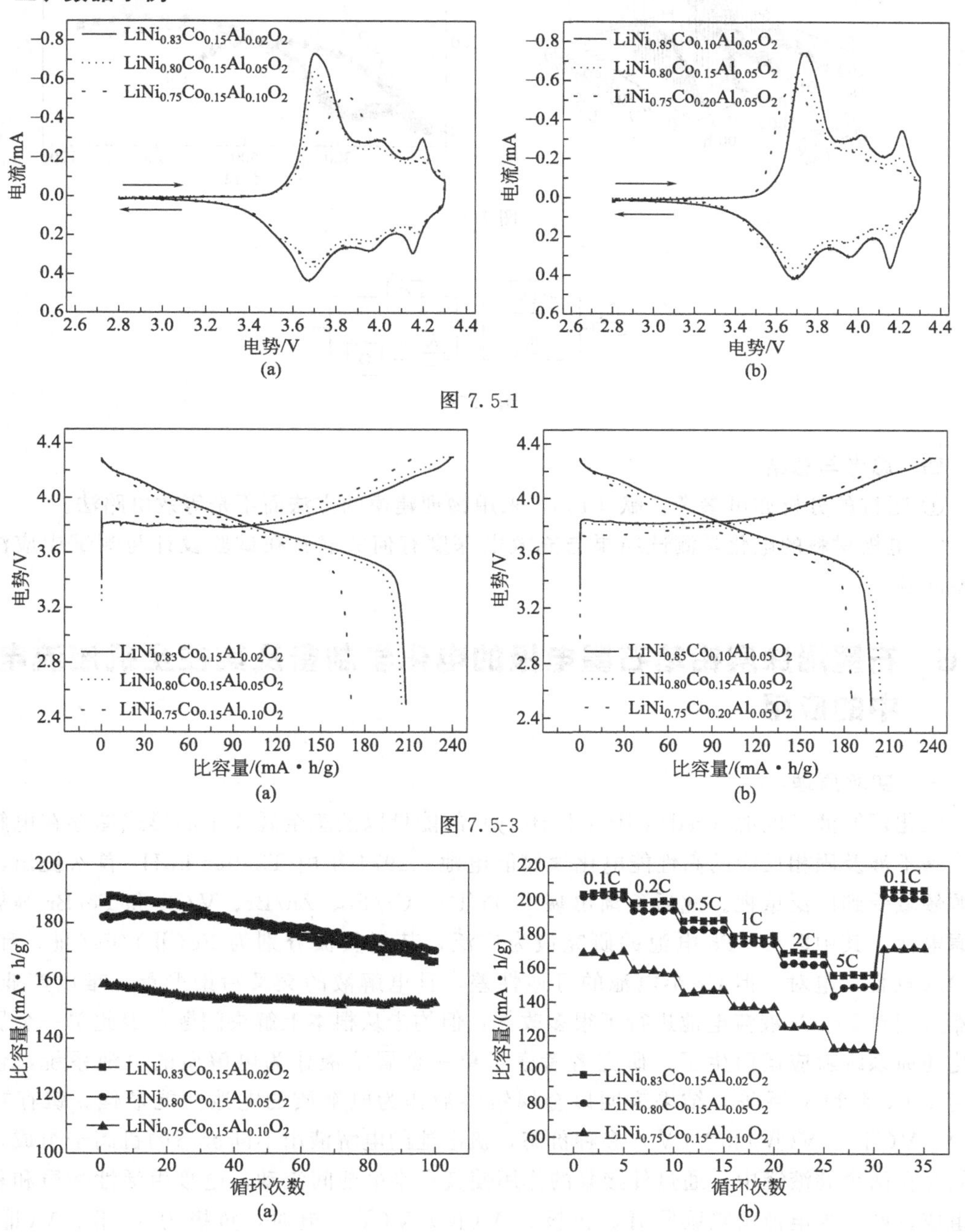

图 7.5-1

图 7.5-3

图 7.5-4

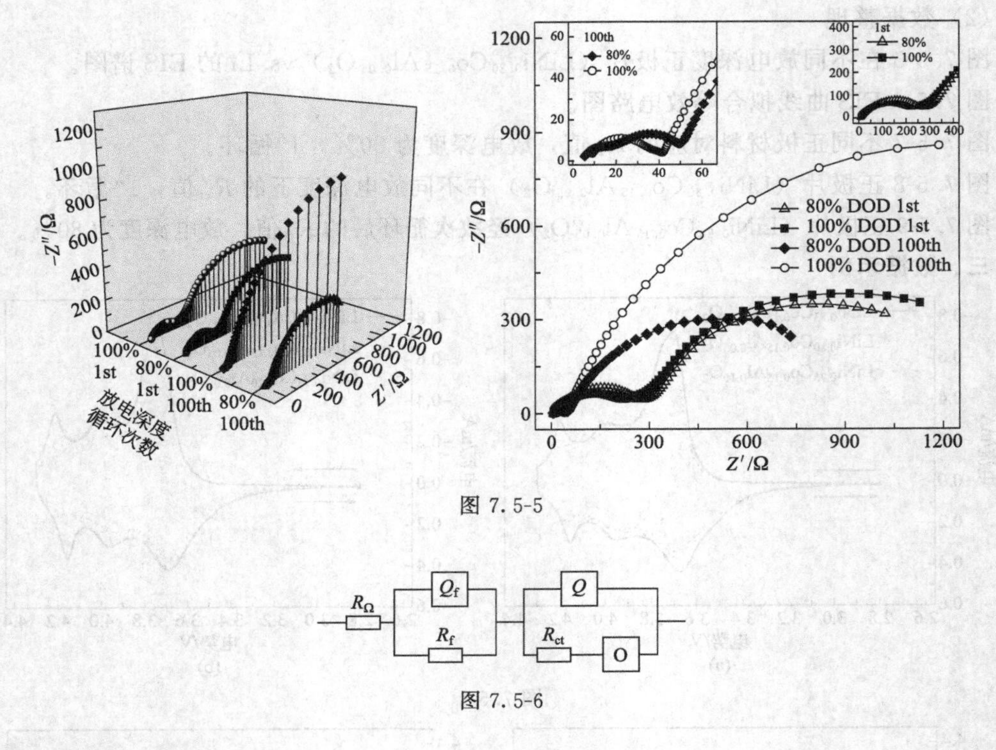

图 7.5-5

图 7.5-6

四、思考与总结

① 阻抗的分析亦可参考文献 [15]，采用物理建模的方法而不是等效电路法。

② 电极材料的电化学测试结果与充放电深度有何关联？在试验设计与测试中应注意哪些问题？

7.6 石墨烯涂层铅笔石墨电极的电化学制备及其在全钒液流电池中的应用

一、实验原理

氧化还原液流电池（redox flow battery）的能量以液态金属离子的形式储存在电解液中，是不涉及固相反应的高性能电化学储能电池。1974 年由 Thaller L. H. 首次提出，在能源领域受到广泛重视。此后逐渐出现了 Ti/Fe、Cr/Fe、Zn/Br、V/Br 和 Fe/Br 等氧化还原电池，其中以 Cr/Fe 电池的研究最为广泛，其正负极分别为 Fe(Ⅱ)/Fe(Ⅲ) 和 Cr(Ⅱ)/Cr(Ⅲ) 电对，但 Cr 半电池的可逆性差，且电解液的交叉污染严重，难以产业化。虽然人们对 Fe/Cr 液流电池进行了很多改进，但均未从根本上解决问题，因此单一金属的氧化还原系统就应运而生了。研究者考察了单一金属溶液作为电解质的电池系统，包括 Cr 系、Ce 系和 V 系等，结果表明以金属钒溶液作为电解质的电池性能最佳。钒存在 V(Ⅱ)、V(Ⅲ)、V(Ⅳ)和 V(Ⅴ) 多种价态，钒电池的电解液由不同价态的钒离子组成，分别储存在两个储液罐中，通过外接泵的作用使其在半电池间流动，电极由活性物质和集流体组成，两个半电池由隔膜隔开，正极为 V(Ⅳ)/V(Ⅴ) 电对，负极为 V(Ⅱ)/V(Ⅲ)电对，硫酸为支持电解质，充电时正极的 V(Ⅳ) 氧化为 V(Ⅴ)，负极的V(Ⅲ)还原为 V

(Ⅱ)，放电过程相反。钒电池的工作原理如图 7-13 所示，钒电池的正极反应如式（7-6）所示，负极反应如式（7-7）所示。由于正负极电对分别为 1.00V 和−0.26V，所以电池电动势为 1.26V。

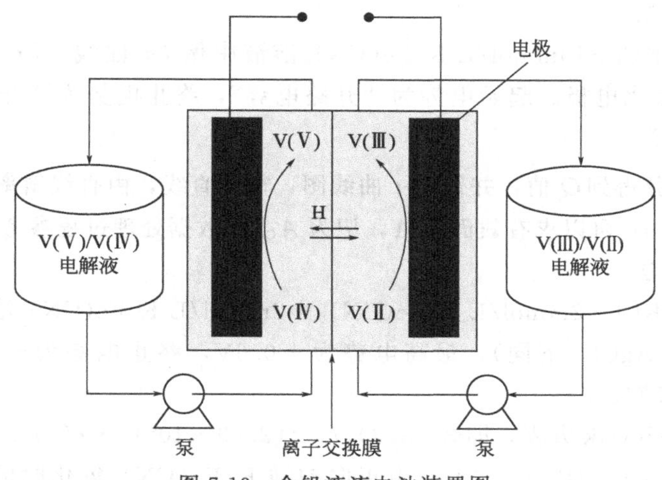

图 7-13 全钒液流电池装置图

$$VO_2^+ + 2H^+ + e^- \underset{\text{充电}}{\overset{\text{放电}}{\rightleftharpoons}} VO^{2+} + H_2O \tag{7-6}$$

$$V^{2+} \underset{\text{充电}}{\overset{\text{放电}}{\rightleftharpoons}} V^{3+} + e^- \tag{7-7}$$

钒电池的电化学反应主要发生在电极材料上，由于电解液中含有氧化性非常强的 VO_2^+ 和硫酸，因此作为钒电池的电极材料需要具备较高的活性、导电性和稳定性，同时要具备良好的力学性能和较低的成本。目前用作钒电池的电极材料主要包括金属类、碳素类和石墨类。石墨烯基电极用作钒氧化还原电池的正极，其电化学性能优于玻璃碳电极。

二、实验内容与数据整理

本实验以铅笔石墨电极（PGE）为原料，采用循环伏安法在 PGE 上制备石墨烯涂层，得到石墨烯涂层铅笔石墨电极（GPGE），并测试该电极用作全钒液流电池的正极时的电化学性能。

本实验可参考文献［16］。

在硝酸溶液中，以铅笔石墨电极（PGE）作为工作电极，用循环伏安法在 PGE 表面形成石墨烯。在氧化过程中，石墨表面氧化生成氧化石墨烯，随后又还原成石墨烯。亦即可以一步得到石墨烯涂层铅笔石墨电极（GPGE）。

（一）GPGE 电极的制备

（1）实验参数

25℃下，将 PGE 电极（HB，直径 0.5mm）置于 1.0～6.0mol/L 的硝酸溶液中，在−1.0～+1.9V(vs. Ag/AgCl)之间以 50mV/s 进行循环伏安扫描，重复进行 1、10、20、30、40 和 50 次，分别记为 GPGE1、GPGE10、GPGE20、GPGE30、GPGE40 和 GPGE50。Pt 片电极为对电极，Ag/AgCl 电极（3mol/LKCl）为参比电极。PGE 电极使用前需经二次去离子水清洗并干燥，用适当的夹具固定好。

（2）数据整理

图 7.6-1 PGE 电极在 5.0mol/L 的硝酸溶液中的循环伏安曲线。

（二）GPGE 电极的有效面积测算

（1）计时库伦法

在 1.0mol/L KCl+10mmol/L $K_3Fe(CN)_6$ 溶液中做 i-t 曲线，Pt 片电极为对电极，Ag/AgCl 电极为参比电极。起始电势为“开路电势”，终止电势为“开路电势+0.3V”，时间 2s，温度 25℃。

将 i-t 曲线积分得到 Q 值，并做 Q-t 曲线图，得到直线，由直线斜率（$nFAc_O^B\sqrt{D/\pi}$，$D=7.6\times10^{-6}cm^2/s$）可以求有效面积 A，记为 A_{CC}。数据处理过程参考图 4-36。

（2）循环伏安法

在 1.0mol/L KCl+2mmol/L $K_3Fe(CN)_6$+2mmol/L $K_4Fe(CN)_6$ 溶液中，起始电势为−0.1V（vs. Ag/AgCl，下同），最高电势为+0.6V，终止电势为−0.1V，扫描速率 100mV/s，温度 25℃。

依据 Randles-Sevcik 方程，即式(5-33) $i_p=(2.69\times10^5)\cdot n^{3/2}D_O^{1/2}\nu^{1/2}c_O^B$ 乘以面积，$I_p=(2.69\times105)\cdot n^{3/2}D^{1/2}\nu^{1/2}c^BA$，由正向扫描 $K_4Fe(CN)_6$ 氧化时的电流峰值（$D=6.6\times10^{-6}cm^2/s$）计算有效面积 A，记为 A_{CV}。

（3）小幅度三角波扫描法

在 1.0mol/L K_2SO_4 溶液中进行，Pt 片电极为对电极，Hg/Hg_2SO_4 电极为参比电极。起始电势为“开路电势”，最高电势为“开路电势+0.015V”，最低电势为“开路电势−0.015V”，扫描速率 50mV/s，扫描 4 个周期，温度 25℃。

由式(5-3) 测算微分电容 C_d 的值，除以单位面积电容值 C_N（38μF/cm²）可得电极有效面积，记为 A_{TV}。

（4）电化学阻抗法

在 1.0mol/L KCl+100mmol/L $K_3Fe(CN)_6$+100mmol/L $K_4Fe(CN)_6$ 溶液中，直流电势 0.2V，交流电势幅值 5mV，频率范围 10^5～1Hz，温度 25℃。

Nyquist 图高频区半圆弧的弦长为 R_r，圆弧顶点对应频率为特征频率 ω^*，由 $\omega^*=1/(R_rC_d)$ 可算得 C_d，除以单位面积电容值 C_N（38μF/cm²）可得电极有效面积，记为 A_{EIS}。

（5）数据整理

表 7.6-1 为 PGE 电极及 GPGE 电极的有效面积。

表 7.6-1 单位：cm²

电极	A_{CC}	A_{CV}	A_{TV}	A_{EIS}
PGE				
GPGE1				
GPGE10				
GPGE20				
GPGE30				

续表

电极	A_{CC}	A_{CV}	A_{TV}	A_{EIS}
GPGE40				
GPGE50				

（三）GPGE 电极的电化学表征

（1）实验参数

采用循环伏安法来表征 GPGE 电极的电化学行为。在 0.1mol/L $LiClO_4$ 溶液中，在 −1.75～+2.0V(vs. Ag/AgCl) 之间以 50mV/s 进行循环伏安扫描。

（2）数据整理

图 7.6-2 GPGE 电极（GPGE1、GPGE10、GPGE20、GPGE30、GPGE40 和 GPGE50）在 0.1mol/L 的 $LiClO_4$ 溶液中的循环伏安曲线。

（四）GPGE 电极在全钒液流电池中的应用

1. GPGE 电极在 $VOSO_4$ 溶液中的循环伏安行为

（1）实验参数

在 5mol/L H_2SO_4 + 2mol/L$VOSO_4$ 溶液中，针对 PGE 电极及不同循环次数得到的 GPGE 电极，进行循环伏安曲线测量。饱和甘汞电极为参比电极，Pt 片为对电极。

电势范围：0.45～1.45V（vs. SCE）

扫描速率（mV/s）：5，10，20，30，40，50，60，70，80，90，100，200，300，400，500。

扫描次数：1～200。

（2）数据整理

图 7.6-3 不同扫描速率下 PGE 电极及 GPGE 电极在 $VOSO_4$ 溶液中的循环伏安曲线（扫描次数 10）。

图 7.6-4 不同扫描次数下 GPGE50 电极在 $VOSO_4$ 溶液中的循环伏安曲线（扫描速率 50mV/s，扫描次数 1，10，50，100，150，200）。

图 7.6-5 PGE 电极及 GPGE 电极（GPGE1、GPGE10、GPGE20、GPGE30、GPGE40 和 GPGE50）在 $VOSO_4$ 溶液中的循环伏安曲线，扫描次数 10，扫描速率 50mV/s。

图 7.6-6 PGE 电极及 GPGE 电极（GPGE1、GPGE10、GPGE20、GPGE30、GPGE40 和 GPGE50）在 $VOSO_4$ 溶液中的循环伏安曲线特征参数（阳极电流峰值及峰面积 i_{pa}&Q_{pa}-v、阴极电流峰值及峰面积 i_{pc}&Q_{pc}-v），扫描次数 10，扫描速率 50mV/s。

图 7.6-7 GPGE50 电极在 $VOSO_4$ 溶液中的循环伏安曲线特征参数与扫描速率的关系（阳极电流峰值及峰面积 i_{pa}&Q_{pa}-v、阴极电流峰值及峰面积 i_{pc}&Q_{pc}-v、阳极电流峰值及阴极电流峰值 i_{pa}&i_{pc}-$v^{1/2}$），扫描次数 10。

2. GPGE 电极在 $VOSO_4$ 溶液中的电化学阻抗行为

（1）实验参数

在 5mol/LH_2SO_4 + 2mol/L $VOSO_4$ 溶液中，针对 PGE 电极及不同循环次数得到的 GPGE 电极，进行电化学阻抗测量。饱和甘汞电极为参比电极，Pt 片为对电极。

直流电势：开路电势；交流幅值：10mV；频率范围：10^5～10^{-2}Hz。

（2）数据整理

图 7.6-8 PGE 电极及 GPGE 电极在 $VOSO_4$ 溶液中的电化学阻抗谱及拟合结果（等效电路为 $R_{\Omega}(R_{SEI}Q_1)(Q_2(R_{ct}Z_w))$，$Z'\sim Z''$）。

表 7.6-2 为 PGE 电极及 GPGE 电极在 $VOSO_4$ 溶液中的阻抗分析结果。

表 7.6-2

电极	R_{Ω}	R_{SEI}	Q_1	Q_2	R_{ct}	Z_w
PGE						
GPGE1						
GPGE10						
GPGE20						
GPGE30						
GPGE40						
GPGE50						

图 7.6-9 PGE 电极及 GPGE 电极在 $VOSO_4$ 溶液中的阻抗相位角曲线（ϕ-$\lg f$）。

三、数据示例

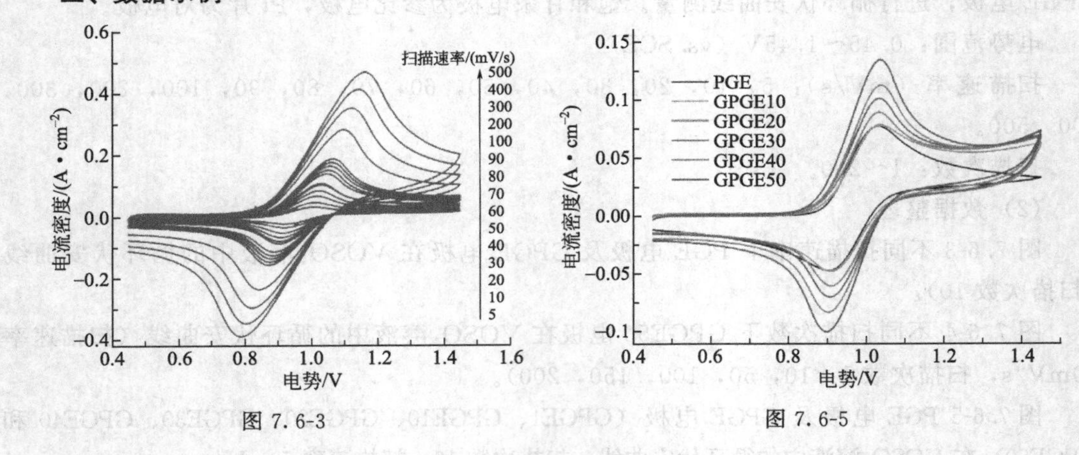

图 7.6-3　　图 7.6-5

四、思考与总结

① 有哪些电化学方法可以测算多孔电极的有效面积？与 BET 吸附法相比，由电化学方面测算的结果有何优势？

② 图 7.6-9 中低频区相位角的大小表征了电极的什么性能？

7.7 自组装膜修饰金三维纳米阵列电极在黄曲霉毒素检测中的应用

一、实验原理

黄曲霉毒素（aflatoxin，AF）作为一类由曲霉菌类产生的次生代谢产物，包括了已发现的 AFB_1、AFB_2、AFG_1、AFG_2 和 AFM_1 等 18 种毒素，其中尤以 Ⅰ 类致癌物质 AFB_1 的危害性最大，构建一种灵敏的，能快速、准确地对 AFB_1 进行分析的检测方法对保证人类生命安全具有重要意义。

相比于高效液相色谱法、薄层层析法、酶联免疫法等，电化学生物传感分析具有快速、灵敏、仪器设备简单等特殊优势，电化学生物传感器主要包括免疫传感器、酶传感器和 DNA 传感器。其中，电化学免疫传感器是以抗原-抗体免疫反应为分子识别过程，并结合了适宜的电信号如电流、电压、阻抗和电导等形式的转换技术，直接测定抗原抗体免疫反应时理化性质的变化，极大地简化了制备和检测过程，成为 AFB_1 电化学生物传感器发展的一个重要方向。

AF 电化学生物传感器有伏安型和阻抗型两种。其中，伏安型 AF 免疫传感器通过测量抗原与抗体免疫反应前后的电势或电流变化来实现 AF 的免疫分析，而阻抗型 AF 免疫传感器通过检测抗原与抗体特异性反应前后的电化学阻抗及相关参数的变化。

为了解决 AFB_1 传感器电化学响应信号小、抗体活性降低等问题，可以采用化学修饰纳米阵列电极。纳米阵列电极可以明显提高电化学生物传感器的检测灵敏度，并有助于实现传感器的微型化、集成化和在线监测。而化学修饰电极可以实现电极的多功能化。

半胱胺分子式为 $HSCH_2CH_2NH_2$，是能够稳定存在的最简单的氨基硫醇，同时也是半胱氨酸的降解产物。半胱胺结构中两端分别为一个巯基和一个氨基，其中巯基在贵金属表面及其他表面具有很强的活性，可以自发地吸附在银表面、铂表面以及钯表面等，在金电极表面可以形成特别强的 S-Au 键从而在电极上得到一层稳定的自组装膜，如图 7-14 所示。同时半胱胺的修饰还提供了大量的活性氨基基团，在生物传感器中也得到了广泛的应用。

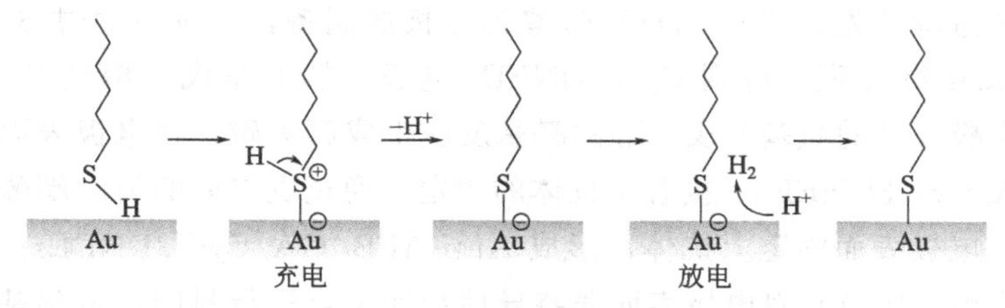

图 7-14 硫金键形成示意图

二、实验内容与数据整理

本实验采用半胱胺自组装膜修饰金三维纳米阵列电极（3DNEEs），对于修饰电极进行电化学表征。采用定向固定机制将 AFB_1 抗体（Anti-AFB_1）固定于修饰电极上，得到取向有序的生物活性膜层，制备无标记 AFB_1 电化学免疫传感器并实现对 AFB_1 的检测。

本实验可参考文献 [17，18]。

（一）金三维纳米阵列电极（3DNEEs）的制备与清洗

（1）实验参数

本实验以孔径 100 nm 的聚碳酸酯滤膜为模板，经醇清洗、敏化、活化后进行化学沉积金，化学镀金的工艺：金浓度为 7.20×10^{-3} mol/L，甲醛浓度为 0.42mol/L，亚硫酸钠浓度为 0.13mol/L，pH 值为 10.50 ～ 10.00，温度为 4℃，时间为 24h。将化学镀金后的聚碳酸酯滤膜置于 25% HNO_3 水溶液中浸泡 12h 以纯化，再用超纯水清洗，常温自然晾干。以体积比为 1∶1 的甲醇和二氯甲烷混合溶液进行刻蚀，得到金 3DNEEs。

得到的 3DNEEs 在组装之前需要进行清洁处理。将电极浸入硫酸溶液中进行循环伏安扫描（电势范围为−0.2～1.2V vs. SSE，扫描速率为 50mV/s），使其表面的金反复地氧化还原，直至得到稳定的扫描曲线，表明电极清洗干净。

（2）数据整理

图 7.7-1 3DNEEs 在 0.5mol/L 硫酸溶液中的电化学清洗过程的循环伏安曲线。

（二）金三维纳米阵列电极（3DNEEs）的电化学表征

采用循环伏安法在 10mmol/L $K_3Fe(CN)_6$ ＋10mmol/L $K_4Fe(CN)_6$ ＋ 0.1mol/L KCl 溶液中对 3DNEEs 进行表征。铂电极为对电极，饱和硫酸亚汞电极 SSE 为参比电极。

（1）实验参数

电势范围：0.25～−0.65V(vs. SSE)。

扫描速率：5mV/s，10mV/s，25mV/s，50mV/s，75mV/s，100mV/s，125mV/s，150mV/s，175mV/s，200mV/s，250mV/s，300mV/s。

（2）数据整理

图 7.7-2 3DNEEs 在 $K_3Fe(CN)_6/K_4Fe(CN)_6$ 溶液中的 CV 曲线。

图 7.7-3 图 7.7-2 中的还原峰电流与 $v^{1/2}$ 的关系（i_p-$v^{1/2}$）。

（三）基于半胱胺修饰 Au-3DNEEs 传感器的组装

实验参数

基于半胱胺（cysteamine，Cys）修饰金 3DNEEs 电极的 AFB_1 免疫传感器的组装过程主要有半胱胺的自组装、戊二醛（glutaraldehyde，GA）的交联、抗体的固定以及封闭等步骤。

传感器组装过程首先是 Cys/3DNEEs 修饰电极的制备，半胱胺通过 S—Au 键的作用在金电极上形成自组装膜，得到 Cys/3DNEEs 电极。然后是戊二醛的交联，通过 Cys/3DNEEs 修饰电极表面的氨基与戊二醛的醛基反应生成席夫碱，在电极表面交联上一层戊二醛，形成 GA/Cys/3DNEEs；接着是抗体的固定，通过戊二醛的另一端醛基与抗体的氨基反应，从而在电极表面固定上抗体，形成 Anti-AFB_1/GA/Cys/3DNEEs；最后是封闭过程，利用小牛血清（BSA）对电极表面非特异性活性位点进行封闭，得到基于三维阵列电极的电化学免疫传感器（BSA/Anti-AFB_1/GA/Cys/3DNEEs）。

传感器组装过程中用到的溶液列在下面。

半胱胺盐酸盐溶液：称量 0.568g 半胱胺盐酸盐，用超纯水溶解，定容至 100mL，即可获得 0.05mol/L 的半胱胺修饰液。

交联液：取 5mL 50％的戊二醛溶液，用 PBS 缓冲液稀释定容至 100mL，即得到含戊二醛 2.5％的交联液。

Anti-AFB_1 抗体：将高浓度的 anti-AFB_1 抗体（7.2mg/mL）进行每 10μL 一份的分装，保存在−20℃冷冻保存。使用时，在 4℃下进行解冻后，采用 PBS-T 进行稀释即可。再进行稀释使用。

封闭液：取 1.5mL 的小牛血清，用 PBS-T 溶液稀释定容至 50mL，即得到含小牛血清 3％的封闭液。

磷酸盐缓冲溶液（PBS）：称量 35.8140g $Na_2HPO_4 \cdot 12H_2O$、15.6010g $NaH_2PO_4 \cdot 2H_2O$ 和 7.1020g 无水 Na_2SO_4，用超纯水溶解，定容至 1L。

PBS-T 溶液：移取 250μL 的 Tween 20，加入到 500mL PBS 溶液，即得含 0.5‰ Tween-20 的 0.2mol/L PBS 溶液。主要用于稀释抗体和抗原，也用在免疫传感器组装各阶段电极的清洗。

AFB_1抗原：AFB_1抗原为干粉试剂。先将 1 mg 的 AFB_1 干粉试剂用 1mL 的无水甲醇溶解，然后 10μL 每份进行分装，在－20℃下避光保存。使用时用含 20%甲醇（体积比）的 PBS 溶液稀释至目标浓度即可。

（四）传感器组装过程的表征

分别采用循环伏安法和电化学阻抗法来表征传感器（BSA/Anti-AFB_1/GA/Cys/3DNEEs）组装各阶段电极的行为，在 10mmol/L $K_3Fe(CN)_6$＋10mmol/L $K_4Fe(CN)_6$＋PBS(pH＝7.00）中进行。

1. 循环伏安法表征

（1）实验参数

电势范围：0.25 ～－0.65V(vs. SSE)；扫描速率：50mV/s。

（2）数据整理

图 7.7-4 免疫传感器 BSA/Anti-AFB_1/GA/Cys/3DNEEs 组装各阶段电极的循环伏安表征。

2. 电化学阻抗谱表征

（1）实验参数

直流电势：－200mV(vs. SSE)；交流幅值：5mV；频率范围：10^5～0.05Hz。

（2）数据整理

图 7.7-5 免疫传感器 BSA/Anti-AFB_1/GA/Cys/3DNEEs 组装各阶段电极的电化学阻抗表征。

（五）测定 AFB_1 的浓度

依次将传感器浸入到不同浓度的抗原溶液中，在 25℃水浴条件下免疫反应 40 分钟，用 PBS 溶液清洗后，在 1mmol/L $K_3Fe(CN)_6$＋1mmol/L $K_4Fe(CN)_6$＋PBS(pH＝7.00）中进行电化学阻抗或方波伏安法的测试。每次测量之后需要将传感器在解离液中浸泡 15 分钟进行传感器的再生。

解离液：称取 1.5014 g 甘氨酸，用 0.2mol/L 的盐酸稀释溶解后在 100mL 容量瓶中定容。用氢氧化钠调节溶液 pH 值至 2.60，即得到 0.2mol/L 的甘氨酸-盐酸解离液。

1. 电化学阻抗法测定 AFB_1 的浓度

（1）实验参数

直流电势：－200mV(vs. SSE)；交流幅值：5mV；频率范围：10^5～0.05Hz。

（2）数据整理

图 7.7-6 与不同浓度 AFB_1 反应后的传感器在 $K_3Fe(CN)_6$/$K_4Fe(CN)_6$ 溶液中的 Nyquist 图。

表 7.7-1 图 7.7-6 中的阻抗数据拟合结果，等效电路为 $R_s(Q(R_{ct}W))$。

图 7.7-7 免疫反应前后电极的传荷阻抗 R_{ct} 的变化值与 AFB_1 浓度的对数之间的关系曲线。

2. 方波伏安法测定 AFB_1 的浓度

(1) 实验参数

电势范围：－0.6 ～0.2V；电势增量：4mV；方波振幅：10mV；方波频率：20Hz。

(2) 数据整理

图 7.7-8 AFB_1 浓度检测的方波伏安曲线。

图 7.7-9 免疫反应前后电极的电流峰值的减小值与 AFB_1 浓度的对数之间的关系曲线。

三、数据示例

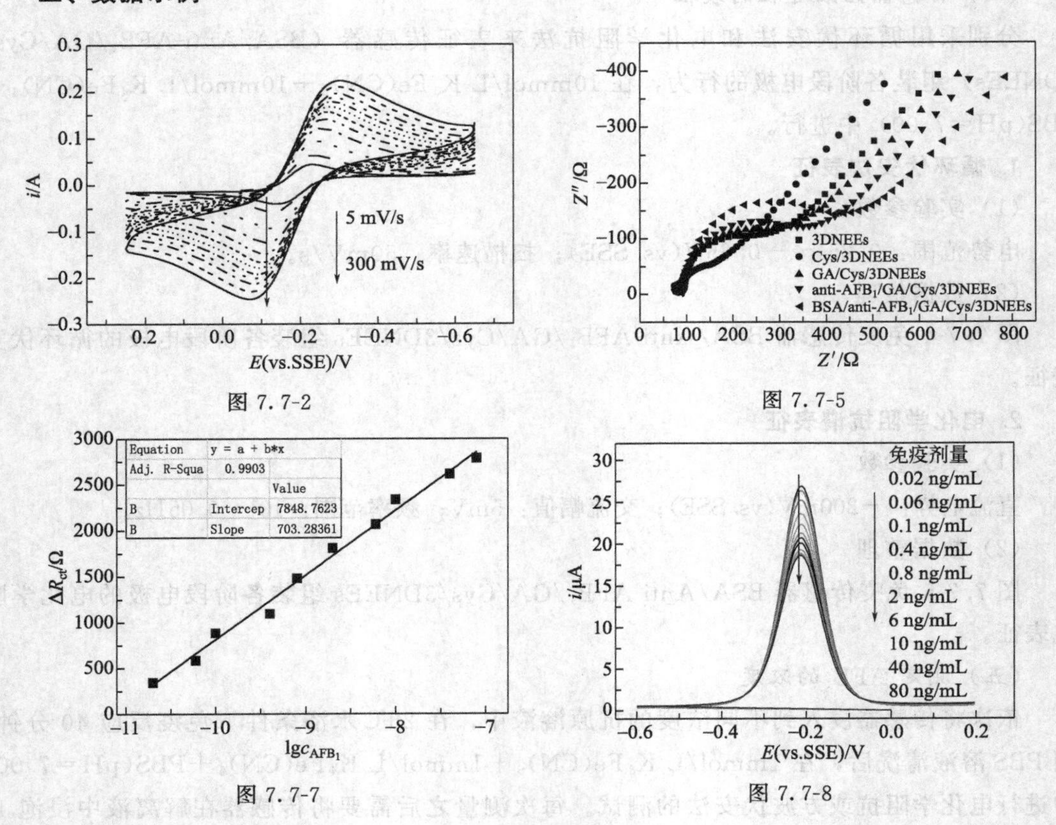

图 7.7-2　图 7.7-5　图 7.7-7　图 7.7-8

四、思考与总结

应用于电化学分析领域的溶出伏安法和脉冲伏安法各有何特征？针对不同的检测对象，要提高检测灵敏度和抗干扰能力，从测试参数来说，应注意哪些问题；从测试仪器的性能来说，可以从哪些方面着手提高？

参考文献

[1] 胡会利，李宁，程瑾宁，等．用电化学噪声法研究镀锌层在海水中的腐蚀行为［J］．材料保护，2007，40(8)：1-5.

[2] 胡会利．无铬锌铝烧结涂料的研制及耐蚀机理［D］．哈尔滨工业大学，2008.

[3] Hu H L，Li N，Zhu Y M. Effect of chromate on the electrochemical behavior of sintered Zn-Al coating in seawater［J］. Surface & Coatings Technology，2008，202(24)：5847-5852.

[4] Hu Huili，Li Ning，Cheng Jinning，et al. Corrosion behavior of chromium-free dacromet coating in seawater［J］. Journal of Alloys and Compounds，2009，472(3)：219-224.

[5] Snežana Lj. Gojković. Mass transfer effect in electrochemical oxidation of methanol at platinum electrocatalysts [J]. Journal of Electroanalytical Chemistry，2004，573：271-276.

[6] Sayed S Abd El Rehim，E EFoad El-Sherbini，Mohammed A. Amin Pitting corrosion of zinc in alkaline medium by thiocyanate ions [J]. Journal of Electroanalytical Chemistry，2003，560(2)：175-182.

[7] Mohammed A Amin，Sayed S Abdel Rehim. Pitting corrosion of lead in sodium carbonate solutions containing NO_3^- ions [J]. Electrochimica Acta，2004，49(15)：2415-2424.

[8] Mohammed A Amin. Passivity and passivity breakdown of a zinc electrode in aerated neutral sodium nitrate solutions [J]. Electrochim Acta，2005，50(6)：1265-1274.

[9] Z. Szklarska-Smialowska. Pitting Corrosion of Metals，NACE，Houston，TX，1986.

[10] S. S. Abd El Rehim，H. H. Hassan，M. A. Ibrahim，M. A. Amin. Perchlorate Pitting Corrosion of a Passivated Silver Electrode [J]. Monatsh Chem，1999，130(10)：1207-1216.

[11] Mohammed A. Amin，Sayed S. Abd El Rehim，Essam E. F. El Sherbini. AC and DC studies of the pitting corrosion of Al in perchlorate solutions [J]. Electrochimica Acta，2006，51(22)：4754-4764.

[12] Dhouibi L，Triki E，Raharinaivo A，et al. Electrochemical methods for evaluating inhibitors of steel corrosion in concrete [J]. British Corrosion Journal，2000，35(2)：145-149.

[13] Simona Varvara，Liana Muresan，Popescu IC，et al. Copper electrodeposition from sulfate electrolytes in the presence of hydroxyethylated 2-butyne-1，4-diol [J]. Hydrometallurgy，2004，75(1-4)：147-156.

[14] 阮泽文．锂离子电池高镍三元正极材料的制备及改性研究 [D]．哈尔滨工业大学，2016.

[15] Abraham D P，Kawauchi S，Dees D W. Modeling the impedance versus voltage characteristics of $LiNi_{0.8}Co_{0.15}Al_{0.05}O_2$ [J]. Electrochimica Acta，2008，53(5)：2121-2129.

[16] Hürmüs Gürsu，Metin Gençten，Yücel Şahin. One-step electrochemical preparation of graphene-coated pencil graphite electrodes by cyclic voltammetry and their application in vanadium redox batteries [J]. Electrochimica Acta，2017，243：239-249.

[17] 李庆川．金三维纳米阵列电极及其在AFB1免疫分析中的应用 [D]．哈尔滨工业大学，2014.

[18] 胡海峰．基于SpA定向修饰的金3DNEEs的AFB1无标记免疫传感分析 [D]．哈尔滨工业大学，2015.

一般性参考文献

[1] 查全性．电极过程动力学导论［M］．第3版．北京：科学出版社，2002.

[2] Bagotsky V S. Fundamentals of Electrochemistry［M］. Second Edition. John Wiley & Sons，Inc，2006.

[3] 阿伦·J·巴德，拉里·R·福克纳．电化学方法、原理和应用［M］．第2版．邵元华，朱果逸，董献堆，等译．北京：化学工业出版社，2005.

[4] Allen J Bard，Larry R Faulkner. Electrochemical methods fundamentals and Applications［M］. Second Edition. John Wiley & Sons，Inc，2001.

[5] 郭鹤桐，覃奇贤．电化学教程［M］．天津：天津大学出版社，2000.

[6] 吴浩青，李永舫．电化学动力学［M］．北京：高等教育出版社，1998.

[7] 曹楚南．腐蚀电化学原理［M］．第2版．北京：化学工业出版社，2004.

[8] Evgenij Barsoukov，J Ross Macdonald. Impedance spectroscopy theory，experiment and applications［M］. Second Edition. John Wiley & Sons，Inc，2005.

[9] Joseph Wang. Analytical Electrochemistry［M］. Third Edition. John Wiley & Sons，Inc，2006.

[10] 田昭武．电化学研究方法［M］．北京：科学出版社，1984.

[11] 周伟舫．电化学测量［M］．上海：上海科学技术出版社，1985.

[12] 刘永辉．电化学测试技术［M］．北京：北京航空航天大学出版社，1987.

[13] 藤屿昭，湘泽益男，井上澈．电化学测定方法［M］．陈震，姚建年，译．北京：北京大学出版社，1995.

[14] 曹楚南．电化学阻抗谱导论［M］．北京：科学出版社，2002.

[15] Mark E. Orazem. Bernard Tribollet. Electrochemical Impedance Spectroscopy［M］. John Wiley & Sons，Inc.，2008.

[16] Andrzej Lasia. Electrochemical Impedance Spectroscopy and its Applications［M］. Springer，2014.

[17] Nestor Perez. Electrochemistry and Corrosion Science. Kluwer Academic Publishers，2004.

[18] 李启隆．电分析化学［M］．北京：北京师范大学出版社，1995.

[19] 贾铮，戴长松，陈玲．电化学测量方法［M］．北京：化学工业出版社，2006.

[20] 吴辉煌．应用电化学基础［M］．厦门：厦门大学出版社，2006.

[21] 吴辉煌．电化学［M］．北京：化学工业出版社，2004.

[22] John O' M. Bockris，Amulya K. N. Reddy. Modern electrochemistry. Volume 1，Ionics. Second edition. Kluwer Academic Publishers，1998.

[23] 英国南安普顿电化学小组．电化学中的仪器方法［M］．柳厚田，等译．上海：复旦大学出版社，1992.

附录　标准电极电势

半反应	$E^{\ominus}/V$	半反应	$E^{\ominus}/V$
$F_2(\text{气})+2H^++2e^-=2HF$	3.06	$HNO_2+H^++e^-=NO(\text{气})+H_2O$	1.00
$O_3+2H^++2e^-=O_2+2H_2O$	2.07	$VO_2^++2H^++e^-=VO^{2+}+H_2O$	1.00
$S_2O_8^{2-}+2e^-=2SO_4^{2-}$	2.01	$HIO+H^++2e^-=I^-+H_2O$	0.99
$H_2O_2+2H^++2e^-=2H_2O$	1.77	$NO_3^-+3H^++2e^-=HNO_2+H_2O$	0.94
$MnO_4^-+4H^++3e^-=MnO_2(s)+2H_2O$	1.695	$ClO^-+H_2O+2e^-=Cl^-+2OH^-$	0.89
$PbO_2(s)+SO_4^{2-}+4H^++2e^-=PbSO_4(s)+2H_2O$	1.685	$H_2O_2+2e^-=2OH^-$	0.88
		$Cu^{2+}+I^-+e^-=CuI(s)$	0.86
$HClO_2+H^++e^-=HClO+H_2O$	1.64	$Hg^{2+}+2e^-=Hg$	0.845
$HClO+H^++e^-=1/2\ Cl_2+H_2O$	1.63	$NO_3^-+2H^++e^-=NO_2+H_2O$	0.80
$Ce^{4+}+e^-=Ce^{3+}$	1.61	$Ag^++e^-=Ag$	0.7995
$H_5IO_6+H^++2e^-=IO_3^-+3H_2O$	1.60	$Hg_2^{2+}+2e^-=2Hg$	0.793
$HBrO+H^++e^-=1/2\ Br_2+H_2O$	1.59	$Fe^{3+}+e^-=Fe^{2+}$	0.771
$BrO_3^-+6H^++5e^-=1/2\ Br_2+3H_2O$	1.52	$BrO^-+H_2O+2e^-=Br^-+2OH^-$	0.76
$MnO_4^-+8H^++5e^-=Mn^{2+}+4H_2O$	1.51	$O_2(\text{气})+2H^++2e^-=H_2O_2$	0.682
$Au(Ⅲ)+3e^-=Au$	1.50	$AsO_8^-+2H_2O+3e^-=As+4OH^-$	0.68
$HClO+H^++2e^-=Cl^-+H_2O$	1.49	$2HgCl_2+2e^-=Hg_2Cl_2(s)+2Cl^-$	0.63
$ClO_3^-+6H^++5e^-=1/2\ Cl_2+3H_2O$	1.47	$Hg_2SO_4(s)+2e^-=2Hg+SO_4^{2-}$	0.6151
$PbO_2(s)+4H^++2e^-=Pb^{2+}+2H_2O$	1.455	$MnO_4^-+2H_2O+3e^-=MnO_2+4OH^-$	0.588
$HIO+H^++e^-=1/2\ I_2+H_2O$	1.45	$MnO_4^-+e^-=MnO_4^{2-}$	0.564
$ClO_3^-+6H^++6e^-=Cl^-+3H_2O$	1.45	$H_3AsO_4+2H^++2e^-=HAsO_2+2H_2O$	0.559
$BrO_3^-+6H^++6e^-=Br^-+3H_2O$	1.44	$I_3^-+2e^-=3I^-$	0.545
$Au(Ⅲ)+2e^-=Au(I)$	1.41	$I_2(s)+2e^-=2I^-$	0.5345
$Cl_2(\text{气})+2e^-=2Cl^-$	1.3595	$Mo(Ⅵ)+e^-=Mo(V)$	0.53
$ClO_4^-+8H^++7e^-=1/2\ Cl_2+4H_2O$	1.34	$Cu^++e^-=Cu$	0.52
$Cr_2O_7^{2-}+14H^++6e^-=2Cr^{3+}+7H_2O$	1.33	$4SO_2(\text{水})+4H^++6e^-=S_4O_6^{2-}+2H_2O$	0.51
$MnO_2(s)+4H^++2e^-=Mn^{2+}+2H_2O$	1.23	$HgCl_4^{2-}+2e^-=Hg+4Cl^-$	0.48
$O_2(\text{气})+4H^++4e^-=2H_2O$	1.229	$2SO_2(\text{水})+2H^++4e^-=S_2O_3^{2-}+H_2O$	0.40
$IO_3^-+6H^++5e^-=1/2\ I_2+3H_2O$	1.20	$Fe(CN)_6^{3-}+e^-=Fe(CN)_6^{4-}$	0.36
$ClO_4^-+2H^++2e^-=ClO_3^-+H_2O$	1.19	$Cu^{2+}+2e^-=Cu$	0.337
$Br_2(\text{水})+2e^-=2Br^-$	1.087	$VO^{2+}+2H^++2e^-=V^{3+}+H_2O$	0.337
$NO_2+H^++e^-=HNO_2$	1.07	$BiO^++2H^++3e^-=Bi+H_2O$	0.32
$Br_3^-+2e^-=3Br^-$	1.05	$Hg_2Cl_2(s)+2e^-=2Hg+2Cl^-$	0.2676

续表

半反应	$E^{\ominus}$/V	半反应	$E^{\ominus}$/V
$HAsO_2+3H^++3e^- = As+2H_2O$	0.248	$S+2e^- = S^{2-}$	−0.48
$AgCl(s)+e^- = Ag+Cl^-$	0.2223	$2CO_2+2H^++2e^- = H_2C_2O_4$	−0.49
$SbO^++2H^++3e^- = Sb+H_2O$	0.212	$H_3PO_3+2H^++2e^- = H_3PO_2+H_2O$	−0.50
$SO_4{}^{2-}+4H^++2e^- = SO_2$(水)$+H_2O$	0.17	$Sb+3H^++3e^- = SbH_3$	−0.51
$Cu^{2+}+e^- = Cu^-$	0.519	$HPbO_2{}^-+H_2O+2e^- = Pb+3OH^-$	−0.54
$Sn^{4+}+2e^- = Sn^{2+}$	0.154	$Ga^{3+}+3e^- = Ga$	−0.56
$S+2H^++2e^- = H_2S$(气)	0.141	$TeO_3{}^{2-}+3H_2O+4e^- = Te+6OH^-$	−0.57
$Hg_2Br_2+2e^- = 2Hg+2Br^-$	0.1395	$2SO_3{}^{2-}+3H_2O+4e^- = S_2O_3{}^{2-}+6OH^-$	−0.58
$TiO^{2+}+2H^++e^- = Ti^{3+}+H_2O$	0.1	$SO_3{}^{2-}+3H_2O+4e^- = S+6OH^-$	−0.66
$S_4O_6{}^{2-}+2e^- = 2S_2O_3{}^{2-}$	0.08	$AsO_4{}^{3-}+2H_2O+2e^- = AsO_2{}^-+4OH^-$	−0.67
$AgBr(s)+e^- = Ag+Br^-$	0.071	$Ag_2S(s)+2e^- = 2Ag+S^{2-}$	−0.69
$2H^++2e^- = H_2$	0.000	$Zn^{2+}+2e^- = Zn$	−0.763
$O_2+H_2O+2e^- = HO_2{}^-+OH^-$	−0.067	$2H_2O+2e^- = H_2+2OH^-$	−0.828
$TiOCl^++2H^++3Cl^-+e^- = TiCl_4{}^-+H_2O$	−0.09	$Cr^{2+}+2e^- = Cr$	−0.90
$Pb^{2+}+2e^- = Pb$	−0.126	$HSnO_2{}^-+H_2O+2e^- = Sn+3OH^-$	−0.91
$Sn^{2+}+2e^- = Sn$	−0.136	$Se+2e^- = Se^{2-}$	−0.92
$AgI(s)+e^- = Ag+I^-$	−0.152	$Sn(OH)_6{}^{2-}+2e^- = HSnO_2{}^-+H_2O+3OH^-$	−0.93
$Ni^{2+}+2e^- = Ni$	−0.246	$CNO^-+H_2O+2e^- = CN^-+2OH^-$	−0.97
$H_3PO_4+2H^++2e^- = H_3PO_3+H_2O$	−0.276	$Mn^{2+}+2e^- = Mn$	−1.182
$Co^{2+}+2e^- = Co$	−0.277	$ZnO_2{}^{2-}+2H_2O+2e^- = Zn+4OH^-$	−1.216
$Tl^++e^- = Tl$	−0.3360	$Al^{3+}+3e^- = Al$	−1.66
$In^{3+}+3e^- = In$	−0.345	$H_2AlO_3{}^-+H_2O+3e^- = Al+4OH^-$	−2.35
$PbSO_4(s)+2e^- = Pb+SO_4{}^{2-}$	−0.3505	$Mg^{2+}+2e^- = Mg$	−2.37
$SeO_3{}^{2-}+3H_2O+4e^- = Se+6OH^-$	−0.366	$Na^++e^- = Na$	−2.71
$As+3H^++3e^- = AsH_3$	−0.38	$Ca^{2+}+2e^- = Ca$	−2.87
$Se+2H^++2e^- = H_2Se$	−0.40	$Sr^{2+}+2e^- = Sr$	−2.89
$Cd^{2+}+2e^- = Cd$	−0.403	$Ba^{2+}+2e^- = Ba$	−2.90
$Cr^{3+}+e^- = Cr^{2+}$	−0.424	$K^++e^- = K$	−2.925
$Fe^{2+}+2e^- = Fe$	−0.440	$Li^++e^- = Li$	−3.042